U0265177

国家社会科学基金重大项目（13&ZD158）

城市生态文明建设机制、评价方法与政策工具研究

钟茂初　等著

南开大学出版社
中国社会科学出版社

图书在版编目(CIP)数据

城市生态文明建设机制、评价方法与政策工具研究／
钟茂初等著. — 天津：南开大学出版社；北京：中国
社会科学出版社，2022.9
  ISBN 978-7-310-06100-6

Ⅰ.①城… Ⅱ.①钟… Ⅲ.①城市–生态文明–文明
建设–研究–中国 Ⅳ.①X321.2

中国版本图书馆 CIP 数据核字(2021)第 013819 号

城市生态文明建设机制、评价方法与政策工具研究
CHENGSHI SHENGTAI WENMING JIANSHE JIZHI、
PINGJIA FANGFA YU ZHENGCE GONGJU YANJIU

南开大学出版社　中国社会科学出版社　出版发行
出版人：陈　敬　赵剑英
地址：天津市南开区卫津路 94 号　　邮政编码：300071
营销部电话：(022)23508339　营销部传真：(022)23508542
http://www.nkup.com.cn

河北文曲印刷有限公司印刷　全国各地新华书店经销
2022 年 9 月第 1 版　　2022 年 9 月第 1 次印刷
240×170 毫米　16 开本　38.75 印张　2 插页　593 千字
定价：190.00 元

如遇图书印装质量问题,请与本社营销部联系调换,电话：(022)23508339

本书作者

钟茂初　南开大学经济研究所

李梦洁　山东工商学院经济学院

王　杰　河南财经政法大学经济学院

黄　娟　浙江工商大学马克思主义学院

夏　勇　南京财经大学国际经贸学院

孙坤鑫　中国人民银行天津分行

张彩云　中国社会科学院经济研究所

闫文娟　西安工业大学经济管理学院

姜　楠　辽宁大学经济学院

朱　欢　北京大学新结构经济学研究院

荆克迪　南开大学经济学院

徐双明　江西财经大学协同创新中心

邹蔚然　江西师范大学财政金融学院

史亚东　国际关系学院国际经济系

许海平　海南大学管理学院

郑佳佳　河南大学商学院

解　晋　中央党校（国家行政学院）经济学教研部

前　　言

2013 年，本人作为首席专家申报了国家社会科学基金重大课题《城市生态文明建设机制、评价方法与政策工具研究》并获得立项（批准号 13&ZD158），此后经过合作团队 5 年多时间的共同努力，完成了该课题研究并顺利结项（结题号 2019&J129）。本书即是该重大项目的最终成果。

从总体思路上，我们是如何认识"城市生态文明建设"的呢？首先，要认识什么是"生态文明"？生态文明的理论基础是可持续发展。即：在满足当代人合理需求的同时，把适合人类生存和传承的自然生态系统（亦即地球生态系统），完好地传承给后代人（亦即"生态可持续"），既是人类整体的"需求"，也是人类社会个体成员的内在"需求"，这就是人类经济社会各主体的"可持续"目标；与此同时，自然生态系统的承载力是有限的，人类经济活动已经接近了这一限度，所以，当代人各主体的物质利益追求与发展目标追求，必须在"生态承载力"约束之下。"生态承载力"约束，决定了人类各主体的发展模式和行为规范，全社会各主体顺应自然地自觉遵从这一发展模式和行为规范，就是"生态文明"。其次，要认识什么是"城市生态文明"："城市"作为人类经济社会活动的一种主要聚集形式，首要目标是城市宜居（就业与收入宜居、消费宜居、生活环境宜居），其发展理应遵从"可持续"目标、严守"生态承载力"对城市发展的约束，与此同时，还应防范或治理工业化、城市化过程中形成"城市病"，由此而决定了城市合理人口规模、经济规模、产业结构及城市居民的消费生活方式。城市各主体遵从生态红线约束下的城市发展模式和行为规范，即为"城市生态文明"。从另一角度来看，城市生态文明就是，改变那些不断累积生态环境问题的理念、政策、制度。最后，要明确什么是"城市生态文明建设"？要逐步实现"城市生态文明"，就必须形成相应的基本原则、制定预期达成的基本目标、建立有效的基本制度。"城市生态文明建设"，一要以"可持续"为基本理念，以"生态承载力"为基准形成"生态消耗红线"，把它作为顶层约束，融入城市发展中经济、政治、文化、社会的各领域和全过程，达成经济—生态—民生的协调。防范各主体、各领域、各过程中可能出现的不顾及生态约束、不顾城市生态宜居的"超速超规模发展"和"过度发展"。二要在城市经济社会发展过程中，以最具效率、最适配的方式、有效衔接的进程优化配置各种资源（如，生态环境可损耗额度、生态建设资金、各主体的生态意愿支付、生态制度等），以市场经济等方式追求其最大效率，亦即"生态效率"，以使各主体有利益动机来采取生态文明行为。三要以"生态公平"为原则使城市各主体承担维护自然生态系统的责任，即，各主体之间公平地分享生态功能、公平地承受生态环境影响、公平地承担生态维护和环境治理责任及成本。四要制度化地推进生态文明建设。把可持续目标与生态承载力约束所决定的行为规范制度化，把有助于通过利益机制引导政府、企业、消费者的政策杠杆制度化，形成各主体的生态伦理等非正式制度。综合而言，生态可持续顶层约束理念、经济—生态—民生相协调的城市宜居、提高生态文明建设资源的生态效率、促进城市与相关主体间的生态公平、系统构建城市生态文明制度，就是城市生态文明建设的核心内容。

按照上述思路，完成了该课题的总体研究，归纳起来，我们对于生态文明建设在若干方面做出了有新意的分析和认识。其一，生态文明建设，并非单纯重视生态环境问题，而是重视生态—经济—民生的协调；"生态承载力"，应作为生态文明建设的前置性约束；"生态可损耗权"配置，应作为生态文明建设的关键性机制；要从制度政策的有效性出发确定生态文明建设的制度取向；"提高生态效率"，应作为生态文明建设和绿色发展的根本路径；协调区域间的生态利益，是体现"生态公平"的重要内容。其二，基于中国地理规律——"胡焕庸线"及其生态含义，有所创新地提出"中国区域生态承载力存在自西北方向朝东南方向（沿着胡焕庸线的垂直方向）的梯度递增性"的理论假说，并得到了实证证实。基于该假说，构造"生态承载力表征指标"，可用于表征各城市相对生态承载力水平；以生态承载力和生态负载，构建"生态环境质量表征指标"，与现实生态环境状况相符。这两个指标都具有在实际分析中推广应用的价值。如，根据合意"生态环境质量表征指标"，可计算各城市的合理生态负载，与其实际生态负载对比，即可判断各城市是否生态超载，是否还有扩张空间。将各城市的实际环境质量与其"生态环境质量表征指标"对比，还可作为评价各城市环境治理绩效和努力程度的客观判据。其三，对城市生态文明建设进行总体评价，可分别从生态承载力、生态效率、生态公平、生态—经济—民生协调发展的角度，予以分析。其思路和方法是：生态承载力方面应评价：各城市所进行的经济活动是否符合其生态承载力条件；其经济活动的生态负载是否超过了生态承载力的合理范围；是否通过有效的环境治理和努力，达到了正常的环境质量水平；生态效率方面应评价：其"生态效率"水平的改进和提升程度，其为"生态效率"改进和提升的能力建设；生态公平方面应考核：是否对区域及周边城市带来了外部性，是否为这一外部性承担了相应的生态补偿；生态—经济—民生的协调发展，可以从经济增长—环境污染关系的视角，从城市经济、社会、生态文明建设协调发展的视角，还可从民众感受的就业—获取收入、生态宜居、社会服务和保障完善的视角进行评价。对各城市生态文明建设各个方面所处的状态进行归总，就可发现各城市生态文明建设优势和劣势所在以及进一步发展的努力方向。其四，对于各种环境规制、政策工具，应分析其政策效应，以此作为环境规制、政策工具的适用选择的依据。如，从生态—经济—民生效应视角，对环境规制如何影响企业行为（规模分布、技术创新、全要素生产率、出口等），如何影响民生（就业、健康、居民幸福感），如何影响经济增长—环境污染脱钩等效应展开分析；分别对环保投资、环保财政支出、环境相关税收、排污费、环境行政罚款、环保标准、短期减排措施、能源政策、公众参与等政策工具的经济—环境效果，展开分析。在上述分析的基础上，对于国家层面和城市层面的生态文明建设提出政策主张。以上问题的阐释分析构成了本书的核心内容。

　　本书是合作团队共同完成的。具体完成情况如下：第一章，钟茂初；第二章，钟茂初；第三章，孙坤鑫、邹蔚然、李梦洁、郑佳佳；第四章，钟茂初，孙坤鑫；第五章，黄娟、解晋、夏勇；第六章，朱欢、姜楠、李梦洁、王杰、张彩云、孙坤鑫；第七章，姜楠、孙坤鑫、朱欢、李梦洁、张彩云、闫文娟；第八章，钟茂初、黄娟、孙坤鑫、姜楠、朱欢、解晋。全书是在阶段性成果的基础上完成的，阶段性成果集中体现为 68 篇学术论文，其主要贡献者分别为：钟茂初、李梦洁、王杰、黄娟、夏勇、孙坤鑫、张彩云、闫文娟、姜楠、朱欢、荆克迪、徐双明、邹蔚然、史亚东、许海平、郑佳佳、解晋，等等。全书编辑成稿过程中，黄娟博士、孙坤鑫博士、姜楠博士、朱欢博士、解晋博士以及博士生尚秀丽、赵天爽、寇冬雪等付出了较多的心力。

本书作为国家社会科学基金重大课题《城市生态文明建设机制、评价方法与政策工具研究》的最终成果，在体例上保持了课题最终成果的形式，一是，第一章，对该项目的整体执行情况进行了概述（包括研究成果概览、阶段性研究成果、最终成果、既有成果的社会评价和社会影响、可能的创新和不足等内容）；二是，为保持项目成果的原有状态，本书出版时，未对成果提交鉴定（2018 年 12 月）之后的资料、数据进行更新；三是，结项申请提交之后，仍有多篇论文作为该项目成果发表，未将其纳入成果概览，其内容亦未纳入本书之中。

本书的完成，得到了众多同仁的帮助，在此对他们表示诚挚的谢意。首先，要感谢国家社科基金重大项目的立项评审专家、结项评审专家，尽管我们无从知晓他们的具体姓名，但发自内心感谢他们对课题组学术观点和学术思路的认可，使我们得以承担并完成这一课题。再者，则要感谢项目研究过程中的诸多咨询专家和贡献者，衷心感谢南开大学环境科学与工程学院朱坦教授、徐鹤教授，天津市社会科学联合会李家祥教授，天津理工大学李健教授，天津大学陈通教授、陈士俊教授，南开大学社会科学研究部管健教授，南开大学经济学院段文斌教授、包群教授、安虎森教授、周京奎教授、周云波教授、王璐教授、郭金兴副教授、薄文广副教授、张海鹏副教授、乔晓楠教授，嘉兴学院张学刚副教授，天津市委党校（天津市行政学院）王芳副教授，南开大学法学院刘芳副教授等。最后，衷心感谢全国哲学社会科学规划办公室、南开大学社会科学研究部、南开大学经济学院的领导和同事，衷心感谢中国社会科学出版社和南开大学出版社以及张潜副编审为本书出版所做的辛勤工作。

钟茂初

2020 年 11 月 8 日于南开园

目　录

第 一 章

《城市生态文明建设机制、评价方法与政策工具研究》项目概述

本书作为国家社会科学基金重大项目《城市生态文明建设机制、评价方法与政策工具研究》的最终成果①，首先对该项目的整体执行情况做一概述。本章，即从研究成果概览、阶段性研究成果（学术论文）、最终成果、既有成果的社会评价和社会影响、可能的创新和不足五个方面进行概述。

第一节 项目研究成果概览

《城市生态文明建设机制、评价方法与政策工具研究》立项以来，经过 5 年的研究，首席专家、课题组主要成员、课题组参与者，取得的主要研究成果（截至 2018 年 12 月），概述如下。

（1）作为阶段性研究成果发表的学术论文 68 篇，其中，CSSCI 核心期刊发表的学术论文 49 篇。各篇论文被引用总计约为 780 次。6 篇分别被《新华文摘》（网络版）、《中国社会科学文摘》、《人大复印报刊资料》转载或转摘。

（2）完成最终研究成果两项。其一为《生态文明建设的理论机制探索》；其二为《城市生态文明建设机制、评价方法与政策工具研究》。

①　本书作为该项目的最终成果出版，为保持项目成果的原有状态，保留了对项目执行情况的概述。另外，为保持项目成果的原有状态，本书出版时，未对成果提交鉴定（2018 年 12 月）之后的资料、数据进行更新。特此说明。

（3）依托本项目，培养生态文明建设和环境经济学领域专门研究人才。依托本项目，共培养博士研究生 13 人、博士后研究人员 2 人。其中 7 人获得经济学博士学位，5 人专门从事资源与环境经济学、可持续发展、生态文明建设等领域的教学和研究工作。

（4）依托本项目的研究成果，向对国家生态文明建设提出政策建议。依托本项目的研究成果，项目首席专家本人，或委托全国政协委员向全国政协十二届委员会、十三届委员会历次会议，提交了 10 份有关生态文明建设和生态环境治理方面的相关提案，被立案并得到相关部门的办理回复，部分建议得到积极回应。依托本项目的研究成果，项目首席专家等，通过不同途径，对于国家生态文明建设提交了 6 份"智库报告"。

（5）依托本项目成果，传播生态文明理念和生态文明建设认识。依托本项目成果，项目首席专家等，在《中国社会科学报》《中国环境报》《人民论坛》等重要报刊，发表生态文明建设方面的文章和采访 8 篇，对生态文明建设进行了积极的传播。

第二节　阶段性研究成果及其逻辑关系综述

本项目的阶段性研究成果，以学术研究论文形式发表于《中国工业经济》《中国人口·资源与环境》《学术月刊》《天津社会科学》《经济评论》《经济科学》《当代经济科学》《软科学》《中国地质大学学报（社会科学版）》等学术期刊。这些学术论文，涵盖了本项目的各主要研究内容。各篇论文与本项目研究的逻辑关系综述如下。

一　探讨生态文明建设理论机制的论文综述

多篇学术论文从生态环境问题的成因、生态文明建设的全球视角、生态文明建设的理论准则以及生态文明建设的前置性约束、核心机制、制度有效性机理、路径、协同机制的不同视角，较为系统地探讨了生态文明建设相关的理论机制。

《"庞局机理"对生态环境危机的理论阐释及政策路径》《基于"庞局机理"探讨环境危机的成因与解决途径》等学术论文，探讨了生态文明建设的历史背景——工业文明及生态环境问题的成因问题。

《人类命运共同体视角的生态文明》《人类整体观经济学：理论探索与研究框架》等学术论文，从"人类命运共同体""人类整体观经济学"视角探讨了生态文明建设的全球价值。

《"人与自然和谐共生"的学理内涵及其发展准则》《中国城市生态文明建设的问题及出路》等学术论文，以习近平生态文明思想为遵循，参考借鉴可持续发展思想，探讨了生态文明建设的理论准则以及在"人与自然和谐共生"理念下应当遵循的具体发展准则。

《中国城市生态承载力、生态赤字与发展取向——基于"胡焕庸线"生态涵义对 74 个重点城市的分析》《长江经济带生态优先绿色发展的若干问题分析》等学术论文，探讨分析了生态文明建设的前置性约束——生态承载力，并提出了理论解说和相应的测度方法和分析思路。并据此分析提出了"依据生态承载力重新划分东—中—西区域""确立东南沿海新发展战略"等政策主张。

《"生态可损耗配额"是生态文明建设的核心机制》等学术论文，探讨分析了生态文明建设的关键性机制——"生态可损耗权"的配置问题，并据此提出了宏观和微观上的政策主张，即，把生态可损耗额度作为一个国家或一个地区经济社会发展目标和政策的顶层约束，微观上探索引导消费者生态友好型消费进而诱导生产者绿色生产的机制（如"碳票"机制）。

《经济增长—生态环境规制从"权衡"转向"制衡"的制度机理》等学术论文，探讨了生态文明建设的制度取向机制——生态制度政策的有效性问题。并据此提出政策主张：生态制度的构建中，应以形成经济增长与生态环境规制"制衡关系"为主要制度取向，逐步取代传统的多目标"权衡关系"思维。

《产业绿色化内涵及其发展误区的理论阐释》等学术论文，探讨了生态文明建设的根本路径——提高生态效率的绿色发展等问题。据此提出了"以高生态效率产能替代低生态效率产能"作为环保产业的评判依据。

《绿色发展理念如何融入区域协调发展战略的对策思考》《长江经济带生态优先绿色发展的若干问题分析》《生态功能区保护的科斯机理与策略》等学术论文，探讨了生态文明建设的协同机制——区际生态利益协调与生态公平问题。提出：对于重要生态功能区，宜以"非开发性所有权的分散化"方式来强化交易成本以永久保护其不被开发的制度主张；提出：以生态价值分享指数为依据确定生态功能区的责任分担和生态补偿。

二　探讨城市生态文明建设评价的论文综述

多篇学术论文探讨了中国城市生态文明建设核心评价——生态承载力问题，提出评价方法，进行评价结果分析。《如何表征区域生态承载力与生态环境质量？——兼论以胡焕庸线生态承载力涵义重新划分东中西部》一文，由胡焕庸线揭示的中国人口区域分布特性，引申出中国生态承载力沿胡焕庸线垂直方向梯度递减的假说，建立了中国各地生态承载力关于该地与胡焕庸线垂直距离的函数方程，提出以"瑷珲—腾冲线""烟台—河池线"为基准，重新划分"西部""中部""东部"，以真正表征各区域生态承载力的显著差异，在此基础上构建了表征各区域生态环境质量的指标，指出中国当前生态环境最严重的区域是地处胡焕庸线附近且人口密度高、经济密度高的"中部"地区；《中国城市生态承载力、生态赤字与发展取向——基于"胡焕庸线"生态涵义对 74 个重点城市的分析》一文，通过测算全国 74 个重点城市的生态承载力和生态环境质量发现全国三大主要城市群中，长三角地区生态承载力和生态环境质量高于京津冀地区，珠三角地区高于长三角地区，且相对其生态承载力，多数全国性中心城市和区域性中心城市人口经济规模已处于严重超载状态；《长江经济带生态优先绿色发展的若干问题分析》一文，测度分析了长江经济带 47 个主要城市的生态承载力，并根据生态环境质量合意指标与实际指标之比较分析了各城市的合理发展取向，得出：长江经济带主要城市的基本态势是，多数城市处于生态环境质量"良好"的边缘，多数城市"宜维持当前规模"。还讨论了长江经济带生态功能区生态保护的责任分担与生态补偿的理论机制，得出：某一生态功能区的保护责任，应基于"生态价值分享指数"，由所在城市、相邻周边城市、递延周边城市分担；《中国城市生态承载力的相对表征》一文，利用 2001—2012 年的城市大气环境面板数据和 2004—2015 的城市水环境面板数据验证了中国区域生态承载力沿胡焕庸线垂直方向梯度递增的假说。测度了 336 个城市（地区）的相对生态承载力，提出：在制定区域发展政策时，要充分认识各城市的生态承载力格差，使各城市的生态负载与之相适应；《经济集聚、生态承载力与环境质量》一文，实证分析得出：城市环境质量是生态承载力和与之相关的经济集聚共同作用的结果，较高的生态承载力会提高地区的经济集聚能力。

多篇学术论文探讨了中国城市生态文明建设综合评价——经济增长与环境污染脱钩问题，提出评价方法，进行了测度并展开了多层次的分析。《经济发展与环境污染脱钩理论及 EKC 假说的关系——兼论中国地级城市的脱钩划分》一文，将城市的经济发展与环境污染脱钩关系类型划分为 6 种形态——"高收入未脱钩""低收入未脱钩""低收入相对脱钩""高收入相对脱钩""低收入绝对脱钩"和"高收入绝对脱钩"，得出：中国地级及以上城市近一半尚处于"低收入未脱钩"和"低收入相对脱钩"状态，意味着城市发展不平衡且城市内部的脱钩发展与经济发展不匹配问题突出；《脱钩与追赶：中国城市绿色发展路径研究》一文，分析得出：中国各区域脱钩状态呈现出"俱乐部收敛"特征，表明，一般城市存在向标杆城市追赶的可能，但多数城市尚处于"未追赶脱钩"状态，即，与标杆城市之间在经济增长与污染减排的差距还在扩大；《环境规制能促进经济增长与环境污染脱钩吗？——基于中国 271 个地级城市的工业 SO_2 排放数据的实证分析》一文，实证得出：递增的环境规制通过"倒逼"企业调整生产方式，有助于经济增长与环境污染脱钩，环境规制对脱钩的影响受自身规制强度影响，也受到自身科技投入的影响，各地需综合权衡规制强度和绿色科技投入强度；《经济增长与环境污染脱钩的因果链分解及内外部成因研究——来自中国 30 个省份的工业 SO_2 排放数据》一文，实证分析得出：环境规制通过优化产业结构助推经济增长与环境污染脱钩，而以刺激经济增长为目的的措施不利于脱钩发展。

三 探讨城市生态文明建设相关的环境规制及其影响的论文综述

多篇论文探讨分析了环境规制促进产业结构调整和产业转移的问题。《环境规制能否倒逼产业结构调整——基于中国省际面板数据的实证检验》一文，讨论了环境规制引致企业行为调整等问题，得出：环境规制只有越过环境规制的门槛值，才能促进产业结构调整，并根据这两个门槛值可将产业结构变迁划分为外延式、半内涵式、内涵式发展三个阶段；

《环境规制、产业结构优化与城市空气质量》一文，讨论分析了环境规制会通过产业结构合理化和高度化两条路径改善环境质量，得出：各城市应根据自身产业发展特征，发挥环境规制和产业结构优化的交互作用；《产业转移对承接地与转出地的环境影响研究——基于皖江城市带承接产业转移示范区的分析》一文，实证分析实施产业转移并不一定会使承接地的环境恶化，只要加强转移进入门槛和环境管制，承接地和转出地可实现环境"双赢"；《污染产业转移能够实现经济和环境双赢吗？——基于环境规制视角的研究》一文，探讨分析了环境规制水平与污染产业转移的动态关系，得出：地方政府只注重的末端治理会激励企业提高生产率并增加产出，同时也会引致污染产业转入；《产业承接、经济增长与环境污染的关系——以甘肃省为例》一文，分析得出：产业转移对于承接地和转出地的环境影响关键在于转移产业的类型；《科技创新、产业集聚与环境污染》和《制造业、生产性服务业共同集聚与污染排放——基于285个城市面板数据的实证分析》，实证分析得出：制造业集聚、制造业与生产性服务业共同集聚、工业集聚对污染排放的影响均呈"倒U型"曲线关系。不同城市产业集聚对环境污染的作用存在差异，各地应采取差异化的政策取向。

多篇论文探讨分析了环境规制的就业影响效应问题。《环境规制与就业的双重红利适用于中国现阶段吗？——基于省际面板数据的经验分析》一文，讨论分析了环境规制对就业的规模效应和替代效应，得出：环境规制跨过了"U型"曲线的拐点可实现环境规制与就业的双重红利；《环境规制、行业异质性与就业效应——基于工业行业面板数据的经验分析》一文，探讨分析了环境规制对于劳动力需求的规模效应、替代效应及治污减排效应，得出：环境规制与总就业之间呈"U型"关系，且行业的异质性导致"U型"曲线的形态及位置存在显著差异；《中国环境治污技术的就业效应检验》一文，讨论分析了末端治理和清洁生产的就业效应，得出：末端治理对就业产生正向拉动作用，清洁生产对就业则有负面削弱作用；《中国环境规制如何影响了就业——基于中介效应模型的实证研究》一文，从产业结构、技术进步和FDI的角度，实证得出：环境规制对就业不仅存在直接正向作用，还会通过倒逼产业结构调整间接促进就业，各城市应根据在环境污染与就业关系中所处位置、不同行业的异质性、不同环境治理政策的效应进行综合选择。

多篇论文探讨了环境规制对居民幸福感的影响效应。《环境污染、政府规制与居民幸福感——基于 CGSS（2008）微观调查数据的经验分析》一文，探讨分析了环境污染通过影响居民的身体健康、生活质量和社会活动对居民幸福感具有显著的负向影响，处于社会经济不利地位的群体因环境污染承担了更大的福利损失；《空气污染对居民健康的影响及群体差异研究——基于 CFPS（2012）微观调查数据的经验分析》一文实证得出：空气污染会对居民健康产生消极影响，且经济社会地位不利的群体因空气污染承担了更大的健康损失，环境规制强度的提升有利于降低这种负效应。

多篇论文探讨了环境规制对企业行为（企业规模、企业生产率、企业创新、企业出口以及企业产品质量等）的影响。《环境规制对中国企业规模分布的影响》一文，实证得出：环境规制能够改善自然环境和企业分布不均匀，促进生态环境与经济环境的良性循环；《环境规制对中国企业生产率分布的影响研究》一文，分析得出：环境规制显著降低了生产率离散程度，有利于促进生态环境与经济环境的良性循环；《环境规制与企业全要素生产率——基于中国工业企业数据的经验分析》一文，分析得出：环境规制与企业全要素生产率之间存在"倒 N 型"关系，中国企业整体上环境规制水平尚处于第一个拐点之前，少数重度污染行业突破了第一个拐点，为提高污染治理和企业全要素生产率，需强化污染产业的环境规制水平；《环境规制、引致性研发与企业全要素生产率——对"波特假说"的再检验》一文，分析得出：由环境规制引致的企业研发显著促进了企业生产率的提升；《环境规制与企业生产率：出口目的地真的很重要吗?》一文，实证得出：环境规制促进了企业出口发达国家，环境规制通过引致企业研发、影响企业出口目的地选择等提高企业全要素生产率，有利于促进生态和经济的良性循环；《环境规制与中国企业出口表现》一文，实证分析得出：在环境规制的压力下，企业更倾向于提升现有出口产品的质量和价格，而不是追求出口产品种类的多元化和数量的扩张；《环境规制与企业出口产品质量：基于制度环境与出口持续期的分析》一文，分析得出：环境规制对企业出口质量的提升具有促进作用，且环境规制有利于提升新进入企业和在位企业的出口产品质量；《环境规制对企业产品创新的非线性影响》一文，分析了环境规制对于企业创新的"遵循成本"效应和"创新补偿"效应，得出：环境规制与企业产品创新呈现"U型"关系，大多数企业环境规制强度还未达到"U型"曲线的拐点，且重度污染的企业需要更高的环境规制强度才能达到"U型"曲线的拐点。

《政府环境规制内生性的再检验》一文，讨论分析了环境规制的内生影响机制，得出：总量排放规制指标与经济发展水平呈现显著的线性正相关，而单位工业产值污染排放规制与经济发展水平呈现显著的"倒U型"关系。因此，为实现环境与经济的协调发展，不同城市应根据自身发展情况在总量污染与单位产值污染规制间做出选择。已跨越拐点的东部发达城市，经济产出的增加不再单纯依靠高排放，在经济增长的同时应着重控制总量污染，未跨越拐点的中西部城市和资源型城市，经济产出增加依靠要素的投入，应该着力于尽可能降低单位产出的污染排放。

四 探讨城市生态文明建设相关的政策工具及其效应的论文综述

多篇论文针对生态文明建设相关的政策工具——"环保投资""环境标准""能源政策""环保财政支出""公众参与"等，探讨分析了各种政策工具的"生态—经济—民生"效应。

《环保投资的经济—环境—民生综合绩效测算及影响因素研究——基于省际面板数据的分析》一文，实证分析得出：近10年间，中国环保投资的经济—环境—民生综合绩效普遍偏低，且呈现逐年递减的趋势，以GDP为核心的财政分权考评机制和依赖于重工业的经济增长模式是造成综合绩效低下的重要原因；《环保财政支出有助于实现经济和环境双赢吗?》一文，分析得出：环保财政具有引致经济和环境规制的双重属性，中国环保财政支出的规模和增速低于环境治理预期，各级政府应以发挥环保财政支出对经济和污染减排的传递机制为基础制定环保财政预算；《机动车排放标准的雾霾治理效果研究——基于断点回归设计的分析》一文，探讨分析了环境标准的提升对环境质量的改善效果，以油品京V标准的实施为例，分析得出：在严格环境排放的同时，应着力于从污染源出发改进能源体系；《中国式财政分权、公众参与和环境规制——基于1997—2011年中国30个省份的实证研究》一文，实证分析得出：财政分权不利于地方环境规制水平的提高，分权程度的降低有利于公众参与作用的发挥。因此，中央政府应该适当参与地方环境管理，发挥公众对地方环境政策的影响作用。

《环境政策与经济绩效——基于污染的健康效应视角》一文，通过考察环境污染对居民健康的负面影响、进而由健康水平影响有效劳动和经济产出的作用机制，探讨了环境污染、健康人力资本与经济增长之间的动态关系。探讨分析得出：政府在制定环境政策时，面对着"环境污染→社会成员健康水平→人力资本的有效劳动→经济产出""环境投资（环境税）→物质资本投资→经济产出"的双重影响关系，亦即，决策者面临"经济产出"与"社会福利"的权衡。

《城市化与能源强度的非线性关系研究——采用跨国数据的门限效应分析》一文，实证分析得出：城市化与能源强度之间存在显著的双门限效应，从中国目前的发展阶段来看，城市化对能源利用效率的负面影响还有一段"缓冲期"，应在此期间转变城市化发展模式，提高城市化质量；《海南省新型城镇化对能源效率影响的实证研究》一文，以海南城镇化为例，分析得出：城镇化水平的提升对能源效率有负向影响，而产业结构的调整和收入水平的提高则对能源效率有正向影响，新能源技术的应用和普及对未来能源效率提升有持续促进作用。

五　探讨城市生态文明建设其他问题的论文综述

多篇论文针对生态文明建设其他方面——"生态城""金融发展对环境的影响""碳排放与环境不公平""消费库兹涅茨曲线""地理区位与污染排放""生态产权制度""资源型城市转型"等问题展开了分析讨论。《生态城具有改善环境全影响的作用吗？——基于生态城、普通城环境影响偏差的分析》一文，分析得出：基于"环境全影响"分析，"生态城"比普通城的"环境全影响"是否更小，主要在于生态城内居民消费行为而非生产行为，因此实现生态城改进环境影响目标的有效手段是设置门槛，使生态城入住居民真正具有生态友好型消费偏好；《金融发展会加剧环境污染吗？基于 Hansen 门槛模型的检验》一文，分析得出：经济增长对环境污染的影响存在"双门槛效应"，整体上金融发展显著减少了环境污染，因此各地在权衡经济增长与环境保护时，应根据当地的金融发展水平制定相应的政策，使金融发展成为促进绿色发展的重要手段；《碳排放的区际比较及环境不公平——消费者责任角度下的实证分析》一文，实证得出：居民消费是导致碳排放增加的主要因素之一，东部地区居民消费将通过产品贸易方式将部分碳排放转移到中、西部地区，导致中国地区间环境不公平现象，政府可通过适度增加对中、西部的转移支付，缩小东中西部消费差距、碳减排技术水平和产业结构的差距，逐步减少地区间环境不公平现象；《消费的环境库兹涅茨曲线存在吗？——基于空间杜宾模型的实证分析》一文，分析得出：污染转移是消费的环境库兹涅茨曲线和生产的环境库兹涅茨曲线形状产生差异的重要原因，可通过引导居民向生态友好型消费偏好转变，通过消费偏好变化调整消费结构，降低消费对环境的影响；《地理区位影响工业污染排放吗？——基于空间距离视角》一文，分析得出：现阶段中国工业污染排放表现出向北京、上海和香港三大核心城市集聚的空间分布特征，局部区域范围内工业污染排放同样向区域核心城市集聚，表明，地理区位与工业污染排放之间存在关系，环境治理政策应当因应这一污染聚集特征；《基于产权分离的生态产权制度优化研究》一文，分析得出：生态领域的根本利益冲突，既是生态产品极强的正外部性且无法内部化或市场化所引致的，也是产权制度失效的根本成因，应构建涵盖"非开发性所有权"和"开发性所有权"等权利相兼容的生态产权制度，使生态产品正外部性得以内部化的有效路径；《以新发展理念推动资源型城市转型》一文，分析提出：发挥市场机制作用以激发资源型城市转型创新能力，引入先进主体参与转型制度设计以激活资源型城市经济活力，以政策性反哺"撬动"资源型城市转型。

第三节　项目最终成果综述

本项目的最终研究成果，由《生态文明建设理论机制探索》和《城市生态文明建设机制、评价方法与政策工具研究》构成。这两项成果的架构和主要内容，综述如下。

一 《生态文明建设理论机制探索》的主要内容

该成果,力图在"生态文明"的统一概念下,从工业文明向生态文明转变的历史视角、"人类命运共同体"的全球视角,结合中国生态文明思想的实践,借鉴"可持续发展"思想,与经济社会发展、生态环境问题等领域的相关研究对接起来,形成逻辑一致的阐释体系,使之成为符合现代研究规范的"生态文明建设"的理论架构。理论上阐述清楚"把生态文明建设融入到经济、社会、文化各方面和全过程"的逻辑机制,探讨"人与自然和谐共生"的学理机制,使之成为指导"生态文明建设"的理论基础。力图对"生态文明建设"所涉及的"生态承载力约束""生态可损耗权配置""提高生态效率的路径""区域生态利益协调与生态公平""经济—环境的'权衡''制衡'机制"等问题,展开较为深入的理论探讨。通过这些问题的探讨,为生态文明建设的目标与政策选择提供依据和路径方向。

第一章"导论"。

第二章"生态文明建设的历史背景:工业文明及生态环境问题的成因"。从生产力演进视角、从资本经济运行的"庞局机理"视角、从"成本外部化"方式获取利润而转嫁生态损耗的视角、从环境库兹涅茨曲线辨析的视角,对工业文明经济活动导致生态环境问题乃至生态环境危机的机制展开了分析。

第三章"生态文明建设的全球视角:'人类命运共同体'与'人类整体观经济学'"。从"人类命运共同体"视角、从"全球可持续发展"视角、从中国生态文明建设对全球生态环境问题的因应实践,论证了生态文明建设的全球视野和全球价值及其机制。

第四章"生态文明建设的理论准则:'人与自然和谐共生'"。从以习近平生态文明思想为遵循、以可持续发展思想为理论借鉴、探讨"人与自然和谐共生"的学理意涵等视角,论述了"人与自然和谐共生"理念下的发展准则。

第五章"生态文明建设的前置性约束:生态承载力"。提出以胡焕庸线的生态意涵为基础评价中国各区域生态承载力的认识和分析方法。以生态承载力的分析为基础,分析各城市各区域相对于其生态承载力的生态盈余（生态赤字），进而分析各城市各区域的合理发展取向，并提出相应的区域发展政策主张。

第六章"生态文明建设的关键性机制：'生态可损耗权'的配置"。提出并论证：生态文明建设的关键性机制是"生态可损耗权"的配置。并从宏观层面、微观层面提出构建"生态可损耗权"的制度机制。还提出：宏观层面以"生态可损耗配额"作为中长期经济社会发展前置约束、微观上以"碳票"引导生态友好型消费偏好进而引致绿色生产的政策主张。

第七章"生态文明建设的制度取向机制：生态制度政策的有效性"。从生态环境规制有效性的角度分析并提出，生态文明制度的构建，应以形成经济增长与生态环境规制"制衡关系"为主要制度取向，逐步取代传统的多目标"权衡关系"思维。并分析了现实中的"绿色 GDP""环保机构垂直管理""河长制"等制度的有效性问题。还从博弈论角度、借鉴塞勒行为经济学认识的角度，提出具体的生态环境规制制度构建中如何使之更为有效的问题。

第八章"生态文明建设的根本路径：提高生态效率的绿色发展"。分析提出：生态文明建设中，"环保产业""产业绿色化"等绿色发展，其本质内涵是提高生态效率。并以此为依据提出判定"环保产业""是否作为环保产业予以产业政策支持"的理论判据。提出：注重"替代性"（以高生态效率产能替代低生态效率产能）而不是注重"新增长点"等绿色发展政策主张。

第九章"生态文明建设的协同机制：区际生态利益协调与生态公平"。从区域经济发展中的生态利益关系及其协调、生态功能区的生态责任分担与生态补偿等角度分析和讨论了区际生态公平问题。并以重要生态功能区的"永不开发"保护为目标，提出了借鉴科斯机理实现所有权分散化的生态保护政策机制。

第十章"以改革和法治思维推进生态文明建设的若干认识与政策主张"。在梳理以改革和法治思维推进生态文明建设的发展进程的基础上，从经济社会发展与生态文明建设相衔接的宏观视角、生态文明建设体制机制构建视角、生态文明建设中推进绿色发展视角，归纳总结提出了 10 条政策主张。

政策主张之一：确立经济社会发展中的"生态承载力红线"，并作为国民经济中长期发展规划的前置约束；之二：跨越人均 GDP 超 14000 美元门槛的城市和地区率先实施绝对碳减排规划；之三：基于生态承载力重新划分东部、中部、西部，落实国家发展战略过程中重视生态承载力格差；之四：基于"人与自然和谐共生"理念确立经济社会发展与生态文明建设相协调的发展准则，并使之制度化；之五："绿色 GDP"核算未必是有效的制度，应以经济—环境"制衡"为生态制度构建的基本取向；之六：以"生态—经济—民生"相协调为原则，提高生态环境保护政策的有效性；之七：生态环境保护政策出台前，应进行经济—民生影响评估，以实现生态环境政策决策的科学性；之八：对于重要生态功能区推行"非开发性权益"制度探索，国家公园可先行先试；之九：以"生态效率高的产能替代生态效率低的产能"为原则，根据环保产业的替代水平来制定环保产业（如，新能源汽车产业）的发展规划；之十：对于重点碳减排领域（建筑、交通运输等），探索试点"碳票"引导生态友好型消费的机制。

二　《城市生态文明建设机制、评价方法与政策工具研究》的架构

该成果，拟在生态文明建设理论机制探索的基础上，对中国城市生态文明建设的背景状态进行描述；从生态承载力、生态效率测度分析的视角对城市生态文明建设进行核心评价；从经济增长—环境污染脱钩、城市生态宜居、城市协调发展等视角，对城市生态文明建设进行综合评价；从经济—民生—生态效应的视角，对环境规制促进城市生态文明建设的路径进行评价；从经济—环境—民生影响，或经济—环境影响、或环境规制效果的角度，对城市生态文明建设中的各种政策工具进行分析，讨论政策工具的选择与适用问题；从相关评价和分析中，归纳总结出相应的政策主张。

主要内容为：

第一章"《城市生态文明建设机制、评价方法与政策工具研究》项目概述"；

第二章"城市生态文明建设的理论机制简述"；

第三章"城市生态文明建设的背景状态：区域和产业视角的'经

济—环境'状态特征";

第四章"城市生态文明建设的核心评价：生态承载力、生态效率、生态公平视角"；

第五章"城市生态文明建设的综合评价：与经济建设社会建设相协调的视角"；

第六章"环境规制促进城市生态文明建设的路径：'生态—经济—民生'效应视角"；

第七章"生态文明建设的政策工具选择与适用"；

第八章"有针对性地促进城市生态文明建设的政策主张"。

提出的政策主张，包括以下四个方面：

其一，关于城市生态文明建设差异化路径的政策主张；

其二，基于多元视角认识的城市生态文明建设差异化路径主张；

其三，关于城市生态文明建设差异化环境规制的政策主张；

其四，关于城市生态文明建设选择适用政策工具的主张。

第四节 既有成果的社会评价与影响

本项目既有成果的社会评价和社会影响，主要体现在学术论文的引用转载、依托研究成果对国家生态文明建设提供政策建议、依托项目研究培养从事生态文明建设和环境经济学的专门人才、依托项目研究成果传播生态文明理念和生态文明建设思想等方面。综述如下。

一 学术论文引用与转载情况

截至 2018 年 12 月，作为阶段性研究成果发表的学术论文 68 篇，其中，CSSCI 核心期刊发表的学术论文 49 篇。

根据"中国知网"数据，各篇论文被引用次数总计约为 780 篇次（单篇最高被引 193 次）、论文被下载频次总计约为 35000 篇次（单篇最高下载频次 7990 次）。

其中，1 篇被《新华文摘》（网络版）全文转载；1 篇被《中国社会科学文摘》转摘；4 篇被《人大复印报刊资料》全文转载。

二 依托项目成果的全国政协提案及智库报告

（1）依托本项目的研究成果，项目首席专家本人，或委托全国政协委员向全国政协十二届委员会、十三届委员会历次会议，提交了以下提案，相关提案得到了国家发展和改革委员会、国家林业和草原局、国家工业和信息化部等部门的办复，部分建议得到积极回应。

《关于在"十三五"规划制定中将"碳排放配额"作为顶层约束的提案》，全国政协十二届三次会议，2015年；

《关于借鉴清洁发展机制推动京津冀生态协同发展的提案》，全国政协十二届三次会议，2015年；

《关于"整合各项低碳产业政策，在汽车领域试行碳消费配额机制"的提案》，全国政协十二届四次会议，2016年；

《关于发达城市率先实施碳峰值规划的提案》，全国政协十二届四次会议，2016年；

《关于"发展低碳绿色产能"应匹配"削减传统产能"的提案》，全国政协十二届五次会议，2017年；

《关于落实国家发展战略过程中重视生态承载力的提案》，全国政协十二届五次会议，2017年；

《关于依据生态承载力定位国家生态文明实验区的提案》，全国政协十二届五次会议，2017年；

《关于国家公园试点推行"非开发性权益"制度的提案》，全国政协十三届一次会议，2018年；

《关于将"西部大开发战略"调整为"西部新发展战略"的提案》，全国政协十三届一次会议，2018年；

《关于立法保障生态保护红线区域、国家公园永久禁止开发的提案》，全国政协十三届一次会议，2018年。

（2）依托本项目的研究成果，项目首席专家等，通过相关途径，对于国家生态文明建设提交了以下智库报告。

《把握环保产业替代性，防范"经济绿色化"误区》，入选《中国大学智库论坛2015年会咨询报告》，应邀参加"中国大学智库论坛"年会（教育部和上海市人民政府主办），2015年，上海；

《生态文明建设与中国在可持续发展领域的话语权》，入选第三届全国哲学社会科学话语体系建设理论研讨会（中国社会科学院、中宣部国际传播局、中共中央党校等部门主办），2016 年，上海；

《依据生态承载力重划东—中—西部，合理确立区域发展取向》，《中国大学智库论坛 2017 年会咨询报告》，应邀参加"中国大学智库论坛"年会（教育部和上海市人民政府主办），2017 年，上海；

《区域协调发展中，需正视胡焕庸线表征的区域生态承载力格差》，中国特色社会主义经济建设协同创新中心成果要报，2017 年；

《生态文明制度构建应从经济增长—环境规制"权衡"转向"制衡"》，中国特色社会主义经济建设协同创新中心成果要报，2017 年；

《对长江经济带主要城市生态优先绿色发展的若干政策建议》，中国特色社会主义经济建设协同创新中心成果要报，2018 年。

三 依托项目研究的人才培养情况

国家社科基金重大项目《城市生态文明建设机制、评价方法与政策工具研究》立项以来，依托该项目，共培养博士研究生 13 人、博士后研究人员 2 人。其中 6 人获得经济学博士学位；1 人已完成博士论文；5 名博士研究生在读；2 名博士后研究人员在研。他们均为本项目的主要研究人员或参与研究的成员。其中，5 人成为高校或科研机构的教学研究人员，专门从事资源与环境经济学、可持续发展、生态文明建设等领域的教学和研究工作。

7 名获得经济学博士学位的人员，均为本项目的主要研究者，他们的博士论文均为本项目的阶段性成果。他们的博士学位论文分别是：

王杰：《环境规制对企业行为及其绩效的影响研究》，南开大学博士学位论文，2015 年；

张彩云：《中国地区间污染转移的机制与影响因素分析——基于环境规制视角》，南开大学博士学位论文，2015 年；

李梦洁：《环境规制的民生效应研究》，南开大学博士学位论文，2016 年；

夏勇：《经济增长与环境污染脱钩的理论与实证研究》，南开大学博士学位论文，2017 年；

孙坤鑫：《环境规制、产业特征和环境效率》，南开大学博士学位论文，2018 年；

邹蔚然：《中国工业污染排放的空间特征研究》，南开大学博士学位论文，2018 年；

徐双明：《生态文明视域下生态产权制度研究》，南开大学博士学位论文，2018 年。

四 依托项目成果的生态文明传播

依托本项目成果，项目首席专家等，在《中国社会科学报》《中国环境报》《人民论坛》等报刊，发表生态文明建设方面的文章和采访，对生态文明建设进行了积极的传播。相关情况如下：

《探索生态文明法律原则的具体实施》，《中国社会科学报》，2018 - 03 - 14；

《人与自然和谐共生的新发展理念》，《中国社会科学报》，2018 - 01 - 31；

《依据生态承载力重新划分区域》，《中国社会科学报》，2017 - 04 - 12；

《推动绿色发展关键在于提高生态效率》，《中国环境报》，2016 - 06 - 05；

《以简约创新推进绿色发展共享发展》，《中国环境报》，2016 - 03 - 29；

《绿色消费：你的选择决定未来》，《中国环境报》，2015 - 06 - 05；

《雾霾是经济环境失衡的一种表征》，《中国社会科学报》，2014 - 01 - 10；

《将"人与自然和谐共生"转化为全体人民共同的价值追求》，《人民论坛》，2018 - 03 - 25。

上述文章和采访被新华网、光明网、求是等多家门户网站和生态环境保护类网站转载。

第五节 可能的创新与不足

一 可能的创新点

其一，对于生态文明建设理论机制的探索，提出了若干独到见解。如，要以"生态承载力"作为生态文明建设的前置性约束，要以"生态可损耗权"的配置作为生态文明建设的关键性机制；要从制度政策的有效性出发确定生态文明建设的制度取向；要把提高生态效率作为生态文明建设的根本路径。

其二，对于城市生态文明建设评价分析，与既有研究对比，没有采取构建一个庞大的指标体系进而以加权加总构造一个"城市生态文明建设指数"对各城市进行排名的方式，而是试图从生态承载力水平及其超载状态、生态效率及其提升来源、生态公平的绿色贡献程度、经济增长—环境污染脱钩状态及其区域追赶脱钩状态、城市生态宜居水平、城市发展协调水平等多个视角，考察各城市在城市生态文明建设各个方面的特点和短板，进而可根据这些评价分析对各城市的生态文明建设提出差异化的路径。

其三，对于生态承载力的测度分析，与生态经济学等领域既有研究中所采用或设想的方法相比，没有拘泥于传统思路，而是从中国全域自然地理条件的"规律"——胡焕庸线出发，发掘其生态承载力含义，进而提出中国区域"生态承载力存在自西北方向朝东南方向（沿着胡焕庸线的垂直方向）的梯度递增性"的理论假说，根据现实的生态环境质量资料对此假设进行了验证。

在理论假说得以验证的基础上，提出了计算中国各区域"生态承载力表征指标"（相对生态承载力）的方法。对于分析中国各区域各城市的相对生态承载力提供了较为简洁适用的方法。

在上述基础上，构建了"生态环境质量表征指标"及测度方法，通过对比分析发现，该指标与现实生态环境质量状态高度吻合，表明：这一指标的有效性并具推广应用价值。

在此基础上，还提出了各城市生态超载状态的测度评价方法，进而可对各城市未来的合理发展取向做出判断。

与此同时，还可以通过比较各城市的"生态环境质量表征指标"与其生态环境质量的现实水平，作为各城市的生态环境治理绩效及其努力程度的合理判据。

其四，通过对环境规制实施的"生态—经济—民生"效应（环境规制对企业规模和分布的影响、对企业创新的影响、对企业生产率的影响、对企业出口行为的影响、对产业结构调整的倒逼效应；对经济增长—环境污染脱钩的影响、对经济—环境双重红利的影响、对环境质量改善的影响；对居民幸福感的影响、对居民就业的影响、对居民健康水平的影响等），进行量化分析，得出以"生态—经济—民生"效应来权衡确定合理环境规制强度的政策主张。

其五，通过对各种政策工具（环保财政支出、环保投资、环保税收、环保处罚、环保标准、临时性环保措施、能源政策、公众参与等）的实施效果进行量化分析，得出在不同情形下选择适用政策工具的政策主张。

其六，从生态承载力、生态超载程度、生态效率提升来源、生态绿色贡献程度、经济增长—环境污染脱钩状态及追赶脱钩状态、生态宜居水平、协调发展水平、碳排放阶段等多元视角，综合整理了各城市的生态文明建设的状态。并针对若干有特色或有代表性的城市及其发展方向，提出了相应的政策主张。

其七，从经济社会发展与生态文明建设相衔接的宏观视角、生态文明建设体制机制构建视角、生态文明建设中推进绿色发展视角，提出了若干条有一定新意的政策理念和政策主张。政策理念方面，如，应以经济—环境"制衡"为生态制度构建的基本取向；提高生态环境保护制度政策的有效性；以"生态承载力红线"作为国民经济中长期发展规划的前置约束；基于生态承载力重新划分东部、中部、西部，并纳入国家发展战略考量。具体政策方面，如，跨越人均 GDP 超 14000 美元门槛的城市和地区，率先实施绝对"碳减排"；生态环境保护政策出台前，应进行经济—民生影响评估；对于重要生态功能区，探索推行"非开发性权益"制度；以"生态效率高的产能替代生态效率低的产能"为原则，判定是否纳入环保产业并予以产业支持的范围；探索试点"碳票"引导生态友好型消费的机制。

二　问题与不足

其一，"城市生态文明建设"问题，涉及众多学科领域（如，环境科学、社会学、政治学、国际关系、法学、管理学等），本项目主要是从理论经济学与应用经济学的视角，对这一问题展开研究分析。研究中，虽然对相关领域有所涉及，但限于研究团队成员专业知识等因素，没有更为系统地从其他学科角度或跨学科的角度展开分析讨论。

其二，对于"城市生态文明建设评价"，本项目着重于生态承载力、经济增长—环境污染脱钩状态等专题性的分析。而没有构建全面系统的指标体系，也没有加总计算"城市生态文明建设指数"并对各城市进行排名，虽然是出于对"城市生态文明建设各领域状态指标逻辑上能否加权加总"的考虑，以及若干领域数据可得性的考虑，但在这方面仍然是本项目研究的一个不足。

其三，对于"生态文明制度体系和政策工具"的分析，本项目研究着重于针对环境规制的"生态—经济—民生"效应、针对若干有代表性的政策工具及其实施效果展开分析讨论。并没有尝试构建系统化的生态文明制度体系及其完备的政策工具体系。在制度体系的系统化构建方面，有所不足。

第 二 章

城市生态文明建设的理论机制简述

本书与另一成果《生态文明建设理论机制探索》，构成《城市生态文明建设机制、评价方法与政策工具研究》研究项目的最终成果。《生态文明建设理论机制探索》，对生态文明建设的理论机制进行了较为系统的探索。这些理论机制，也是本书关于城市生态文明建设机制的理论基础。限于篇幅，本章仅对城市生态文明建设相关的内容，以及本书所涉及的"城市生态文明建设评价""城市生态文明建设政策工具分析"的相关内容，做一简述。

其一，以习近平生态文明思想为遵循，借鉴可持续发展的理论思想，探索"人与自然和谐共生"的学理含义，在此基础上，归纳总结出中国生态文明建设所应当遵循的发展准则，结合城市发展的特点，也就构成了城市生态文明建设所应当遵循的发展准则。这些发展准则包括：

（1）"最小安全面积。"即，"人类经济活动开发利用的土地面积"与"维护自然生态系统功能的保护土地面积"之间的关系。体现在城市生态文明建设中，各城市所辖行政区域范围内，用于生态保护的土地面积占国土面积的比例，不得低于25%—30%，才能整体上有效地维护生态系统及其生态功能的完好性，才能保证整体上的生态安全。其中，也包括生态脆弱区的生态保护、重要生态区域的生态修复等。这一准则和标准，既反映国家及区域为全球生态系统安全承担责任的状况，也反映国家及区域落实保护优先、自然恢复为主方针的现实状况。

（2）"生态功能区红线。"即，"人类经济活动可开发利用的区域"与"维护自然生态系统重要生态功能的禁止开发利用区域"之间的关系。体现在城市生态文明建设中，各城市所管辖范围内的重要生态功能区

（湿地、森林、生物多样性资源丰富区域等），应严格禁止任何形式的经济开发活动，才能有效维护以生物多样性（物种多样性、种群多样性、基因多样性）为主要表征的生态系统稳定性，才能维护人类生存传承环境的稳定性。这一准则和标准，既是一项生态环境保护的制度安排，也是生态环境保护空间格局的具体落实。

（3）"资源消耗与环境损耗的承载力约束。"即，"人类经济活动可消耗资源可损耗环境的额度"与"维护自然生态系统资源再生能力和环境自净化能力"之间的关系。体现在城市生态文明建设中，在遵循可再生资源利用速度不超过资源再生速度、不可再生资源利用速度不超过替代资源替代能力、污染排放量不超过生态系统自净化能力的原则下，根据各城市的生态承载力，确定各经济活动区域内的自然资源可消耗额度、污染物及废弃物排放额度，以此作为经济活动规划的前置约束条件，在额度指标约束下，来规划确定可承载的经济规模和经济增长指标。

（4）"生态承载力的人口经济规模约束。"即，"人类经济活动人口规模经济规模对自然生态系统形成的负载"与"维护自然生态系统功能可承载人口规模经济规模"之间的关系。体现在城市生态文明建设中，各城市应根据当地自然地理条件及累积的发展水平，评判其人口经济规模是否超过了自然生态系统的承载容量，并根据是否超载、超载严重程度来决定其未来的发展取向。

（5）"全球生态系统安全的贡献。"即，"区域人类经济活动"与"维护全球自然生态系统责任"之间的关系。体现在城市生态文明建设中，各城市经济活动主体应合理分担全球生态环境责任，如，全球二氧化碳减排额度分担等。

（6）"生态环境公平与生态补偿。"即，"人类享受生态利益"与"维护自然生态系统功能的责任分担"之间的关系。由于人类经济活动形成的群体间的经济差距和不公平，往往会转化为生态环境利益分享的不公平、承受生态环境影响的不公平以及承担维护治理生态环境责任的不公平；如果生态环境方面的不公平，不能得到有效治理，则最终将转化为对自然生态系统的强化损耗；体现在城市生态文明建设中，要分担周边区域的生态功能区和生态脆弱区的保护责任。因此唯有通过合理的生态保护责任分担机制和生态补偿机制，才能实现生态公平。

其二，基于生态文明建设与经济建设、政治建设、文化建设、社会建设并列的"五位一体"发展战略，基于"树立尊重自然、顺应自然、保护自然的理念，把生态文明建设放在突出地位，融入经济建设、政治建设、文化建设、社会建设的各方面和全过程"的发展原则，进一步对生态文明建设的理论机制总结归纳为以下几个方面。这些方面，也是城市生态文明建设的重要机制。

（1）要从工业文明经济活动导致生态环境问题的历史背景，要从"人类命运共同体"、从"全球可持续发展"、从中国生态文明建设的全球价值角度，来认识生态文明建设的理论和实践意义。

（2）城市生态文明建设过程中，必须遵循"人与自然和谐共生"理念下的各条发展准则。而最根本的是实现"生态—经济—民生"的协调发展。

（3）城市生态文明建设过程中，要把生态承载力作为各城市经济社会发展的前置性约束。

（4）城市生态文明建设过程中，要把"生态可损耗权"的配置作为生态文明建设的关键性机制。

（5）城市生态文明建设过程中，要以生态制度政策的有效性为依据来确立生态文明建设的制度取向机制。

（6）城市生态文明建设过程中，要把提高生态效率的绿色发展作为生态文明建设的根本路径。

（7）城市生态文明建设过程中，要把促进区际生态利益协调与生态公平作为生态文明建设的协同机制。

其三，展开"城市生态文明建设评价"和"城市生态文明建设政策工具分析"，分析中充分体现上述生态文明建设准则和生态文明建设机制。具体体现如下。

（1）为体现"人与自然和谐共生"理念下的发展准则，在城市生态文明建设的核心评价、综合评价、环境规制的效应、政策工具的适用效果等各问题的讨论中，多视角地分析相应的"生态—经济—民生"协调问题。

（2）为体现"要把生态承载力作为各城市经济社会发展的前置性约束"的机制，把城市生态承载力作为城市生态文明建设的核心评价，进行了专题讨论和拓展讨论，为各城市选择合理的发展取向，为合理评价各城市的生态环境治理绩效和努力程度提出评判依据。

（3）为体现"要以生态制度政策的有效性为依据来确立生态文明建设的制度取向机制"，专门对环境规制的效应、政策工具的实施效果进行深入讨论，为选择合理环境规制、选择适用政策工具提供依据。

（4）为体现"要把提高生态效率的绿色发展作为生态文明建设的根本路径""要把促进区际生态利益协调与生态公平作为生态文明建设的协同机制"，专门对各城市的"生态效率"和"绿色贡献"进行测度分析，为城市促进提高生态效率、促进生态公平提供参考依据。

第三章

城市生态文明建设的背景状态：区域和产业视角的"经济—环境"状态特征

生态文明建设，首先需要了解其背景状态。各城市生态文明建设的背景状态，主要是由工业化城市化进程中的区域经济和产业活动对生态环境造成的影响及其累积。那么，中国城市生态文明建设的背景状态的基本特征，也是由区域经济和产业活动的生态环境影响及生态环境治理的状态特征所决定的。只有对中国区域和产业视角的经济活动的生态环境影响及其治理状况，进行学理性的描述，各个城市才能基于所处区域、所聚集产业的特征，来确定其生态文明建设路径及其政策工具选择的针对性。正是基于这样的目的，本书拟在进入评价和政策工具效应分析之先，通过对相应数据整理，从中国的工业污染排放、环境规制以及产业发展等方面对中国生态文明建设的背景（区域和产业视角的"经济—环境"状态特征）进行描述分析。本章中所讨论的这些特征，都是生态文明研究中所涉及的内容，也为后续的相关分析提供现实背景。本章的核心内容包括：从区域视角对中国的工业污染排放特征进行描述；对中国的环境规制特征进行描述；从产业视角对中国的产业特征及其环境影响进行描述。

本章所描述的内容，是从区域和产业视角的描述，可作为认识各个城市生态文明建设的背景资料。即，在讨论某一城市生态文明建设相关问题时，可从该市所处省级区域的工业污染排放特征、环境规制特征、该城市主导产业的产业特征等视角，对该城市的生态文明建设背景有一个区域视角和产业视角的初步认识。

第一节　中国工业污染排放的区域特征分析

本节[①]，将对中国工业污染排放的分布特征进行分析。工业污染排放是环境污染的最主要来源，是经济活动带来生态环境影响的首要表征。因此，在讨论中国的生态文明时，首先需要了解中国工业污染排放的主要特征。由于工业污染排放包含的种类较多，考虑到数据的可得性，在本节中选取了 285 个地级及以上城市的三类工业污染排放物，即工业废水、工业二氧化硫和工业烟尘排放作为工业污染排放的代表进行分析。本节中的数据主要来源于历年的《中国城市统计年鉴》。对于缺失数据，则通过两种方法进行填充，其一是查找相应的省或者城市的统计年鉴，其二是插值法。

一　中国工业污染排放的区域布局特征分析

本小节，将通过对 2003—2010 年间三种工业污染排放物在东部、中部和西部三大地区[②]整体排放量变化特征进行分析，来初步把握工业污染排放在中国三大地区布局上的整体变化特征[③]。在绘制三大地区工业污染排放的变化特征时，将以 2003 年三大地区相应的工业污染排放为基数进行绘制，即将 2003 年三大地区的工业废水排放量、工业二氧化硫排放量和工业烟尘排放量视为 100%。

图 3—1 是中国 2003—2010 年间工业废水排放在中国三大地区的整体排放趋势变化图。可以看到，在 2003—2010 年期间，中国工业废水排放在东部和西部地区呈现出先上升后下降的变化趋势，并且上升的变化幅度大于下降的变化幅度。在中部地区则是持续增长。到 2010 年，三大地

---

① 本节主要内容，参见邹蔚然《中国工业污染排放的空间特征研究》，南开大学博士学位论文，2018 年。

② 本书，一般所指的东部、中部、西部，即为目前常用的区域划分。后文，以"生态承载力"划分东—中—西部时，将明确表述为生态东部、生态中部、生态西部。以避免两种划分方法的混淆。这一说明，适用于全书，后文不再一一说明。

③ 此处的三大地区三种工业污染排放量为本节样本中的 285 个地级及以上城市的工业污染排放量按照东部、中部和西部进行分类后的加总数据，可能和其他统计口径的工业污染排放数据有一定的出入。

区工业废水排放的增长趋势对比是东部地区＞中部地区＞西部地区。

具体而言，东部地区的工业废水排放量从2003—2007年间都保持较高的增长势头，到2007年，东部地区工业废水排放达到最高，此时排放量是其在2003年排放量的122.438%，之后东部地区工业废水排放量有一定的回落，在2010年时，其排放量是2003年排放量的116.161%。中部地区工业废水排放量则一直增长较为缓慢，到2010年时，中部地区工业废水排放量是其在2003年排放量的108.178%。西部地区工业废水排放量在前期增长速度较快，低于东部地区的增长速度，但高于中部地区。在2007年时同样达到最高，此时的排放量是其2003年排放量的116.798%，之后西部地区的工业废水排放量开始出现回落，到2010年时，其排放量是2003年排放量的105.113%。

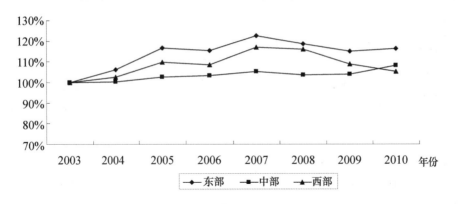

图3—1 中国工业废水排放地区布局变化图

图3—2是中国2003—2010年间工业二氧化硫排放在中国三大地区的整体排放趋势变化图。可以看到，整体上在三大地区，工业二氧化硫排放量在2003—2010年间都呈现出先增长、后下降的变化趋势，东部地区工业二氧化硫排放量的下降幅度大于上升幅度，所以东部地区整体来看，工业二氧化硫排放量有所下降，中部和西部地区则是下降的幅度小于上升幅度，所以整体来看，工业二氧化硫排放量依旧有所上升，并且中部地区增长幅度大于西部地区。

具体而言，东部地区工业二氧化硫排放量虽然在2003—2005年间出现了增长势头，在 2005 年时排放量达到其在 2003 年排放量的 127.437%，但之后就转为下降的变化趋势，到 2010 年，东部地区工业二氧化硫排放量为其在 2003 年排放量的 99.484%。中部地区工业二氧化硫排放量在 2003—2006 年表现出增长的变化趋势，在 2006 年达到其最大值，此时排放量为其在 2003 年排放量的 142.578%，之后其表现出下降的变化趋势，到 2010 年时中部地区工业二氧化硫排放量为其在 2003 年排放量的 122.333%。西部地区工业二氧化硫排放量在 2003—2007 年表现出增长趋势，在 2007 年达到其最大值，此时西部地区工业二氧化硫排放量是其在 2003 年排放量的 127.484%，之后在 2008 年和 2009 年表现出下降的趋势，在 2010 年其排放量又有所上升，在 2010 年时，西部地区工业二氧化硫排放量为其在 2003 年排放量的 115.510%。对比中国工业废水在三大地区的整体变化趋势，中国工业二氧化硫排放的变化幅度相对更大。

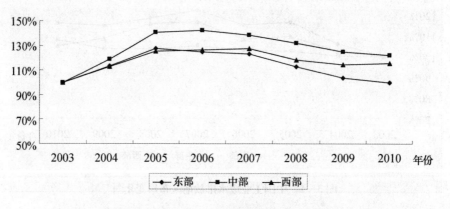

图 3—2　中国工业二氧化硫排放地区布局变化图

图 3—3 是中国 2003—2010 年间工业烟尘排放在三大地区的整体排放趋势变化图。可以看到，整体上在三大地区，工业烟尘排放都表现出先上升后下降的变化趋势，并且下降幅度都大于上升幅度。所以三大地区工业烟尘排放量都是有所减少的，到 2010 年，整体下降幅度对比是西部地区 > 中部地区 > 东部地区。

具体而言，东部地区工业烟尘排放量在 2003—2005 年间表现出上升的变化趋势，在 2005 年达到其最大值，此时排放量为其在 2003 年排放量的116.973%，之后一直表现出下降趋势，在2010年时东部地区工业烟尘排放量为其在2003年排放量的85.490%。中部地区工业烟尘排放量同样是在2003—2005年间表现出上升的变化趋势，在2005年达到其最大值，此时排放量为其在2003年排放量的116.890%，之后其排放量转为下降的变化趋势，在2010年时中部地区工业烟尘排放量为其在2003年排放量的69.549%。西部地区工业烟尘排放量同样在2003—2005年间表现出上升变化的趋势，在2005年达到其最大值，此时排放量为其在2003年排放量的112.592%，在这之后转为下降的变化趋势，在2010年时西部地区工业烟尘排放量为其在2003年排放量的59.625%。同时，对比另外两种工业污染排放物，工业烟尘排放的变化幅度相对更大，整体来看，工业烟尘排放量在三大地区都有非常明显的下降。

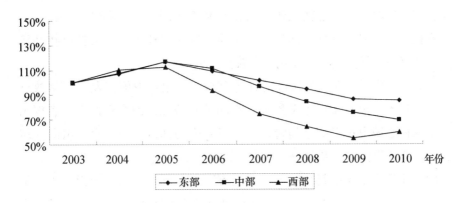

图3—3　中国工业烟尘排放地区布局变化图

通过对中国三种工业污染排放分地区的数据分析，整体表明，2003—2010年间，中国三种工业污染排放在三大地区的变化以先上升后下降的变化趋势为主，其中工业烟尘排放的整体变化幅度相对最大，工业二氧化硫排放次之，工业废水排放变化幅度相对最小。

二　中国工业污染排放空间特征的进一步认识

本小节，对中国工业污染排放空间特征做出了进一步的分析。限于篇幅，不对分析过程进行介绍，仅列出该研究的主要结论。这也是各个城市结合其所在区域特征认识其生态文明建设背景的参考。

其一，对三种工业污染排放空间重心的分析。得出：整体来看，工业废水排放整体空间布局偏东南，工业二氧化硫和工业烟尘排放整体空间布局偏西北。和经济规模、人口规模空间重心的对比表明，整体来看，偏西地区经济发展更依赖于产生三种工业污染排放的相关工业，偏南地区经济发展更依赖于产生工业废水排放的相关工业，偏北地区的经济发展更依赖于产生工业二氧化硫和工业烟尘排放的相关工业。偏东地区的人口承受了更多的工业废水排放，偏西地区的人口承受了更多的工业二氧化硫排放，偏南地区的人口承受了更多的工业废水排放，偏北地区的人口承受了更多的工业二氧化硫和工业烟尘排放。动态来看，工业烟尘排放的整体空间布局发生了较大程度的东移，其余两种工业污染排放物空间布局较为稳定。三大地区中，西部地区工业污染排放空间布局较为不稳定。同时，中部地区工业二氧化硫和工业烟尘排放和经济规模、人口规模空间布局呈现反方向运动，而西部地区三种工业污染排放物经济重心和经济规模空间布局变化方向较为一致。

其二，中国工业污染排放的计量分析。得出：中国工业污染排放整体上表现出向核心城市体系集聚的空间分布特征，即在整体上，表现出向全国核心城市集聚的空间特征，在每一个局部范围内，表现出向区域核心城市集聚的空间特征（三大核心城市区域，分别为以"北京"为核心的工业污染排放集聚区域，以"上海"为核心地区的工业污染排放集聚区域，以"香港"为核心的工业污染排放集聚区域），区域核心城市表现出更强的工业污染集聚能力。

其三，对中国整体和三大地区三种工业污染排放的非均衡程度的分析。根据基尼系数的计算得出：中国整体三种工业污染排放物空间非均衡程度较为接近。东部地区的工业二氧化硫和工业烟尘排放，以及中部地区的工业废水排放的空间非均衡程度是相对较低的，中部的工业二氧化硫排放，以及西部地区的工业二氧化硫和工业烟尘排放的空间非均衡程度是相对较高的。对中国整体三种工业污染排放物的基尼系数分解，表明三大地区之间的整体差距并非造成中国工业污染排放空间非均衡的主要原因，三大地区之间工业污染排放存在着较大的重叠部分。

其四，对中国工业污染排放的分布特征的分析。得出：中国三种工业污染排放都表现出负偏态分布的特点，工业污染排放较低的地区相互之间存在着更大的空间规模分布差异。

其五，中国各区域工业污染排放和经济规模、人口规模的空间一致性的分析。得出：整体来看，工业废水排放和经济规模空间一致性程度较好，并且这一特征在三大区域内体现出区域一致性。

第二节　中国工业环境规制的特征分析

本节将对中国工业环境规制的特征展开分析。经济活动必然带来生态环境影响，而生态环境影响的程度，则取决于环境规制水平。因此，在对城市生态文明建设进行讨论时，应注意到各个地区对环境污染的管制力度，即各区域的环境规制水平。一个地区的环境规制水平，是该地区的生态文明发展水平的一个重要表现特征。

本节[①]，将通过对中国 30 个省、直辖市和自治区[②]的工业二氧化硫去除率、工业烟尘去除率、工业粉尘去除率、工业废水排放达标率、工业固体废物综合利用率五个单项指标，通过改进的熵值法进行计算，得到各个地区的综合环境规制强度，并对环境规制的变化特征进行分析。本节的研究范围为 2000—2010 年，本节中所使用的数据来源于历年的《中国环境统计年鉴》。

一　"环境规制"表征指标的构造

在展开对中国环境规制特征的分析之前，先对本书使用的表征"环境规制"的指标和衡量方法进行介绍。

基于环境规制方式的多样性，要想综合衡量环境规制的强度既涉及政策工具本身的性质，也和政策工具的执行相关。因此，目前国内外学界关于环境规制的测度方法并没有形成一致的观点，比较常用的衡量指标包括：（1）采用某种典型污染物的治污水平作为环境规制的衡量指标，

---

① 本节主要内容，参见李梦洁《环境规制的民生效应研究》，南开大学博士学位论文，2016 年。

② 由于西藏自治区相关数据存在较大的缺失，所以未包含在本研究范围中。

例如二氧化硫去除率、废水达标率等［列文森（Levinson A.），1996］；（2）以人均收入水平或者人均 GDP 作为环境规制强度的代理变量［安特韦勒等（Antweiler W. et al.），2001］；（3）利用企业治理污染的投资与成本或产值的比重来衡量环境规制强度｛兰尼等（Lanoie P. et al.），2008］；（4）用厂商受到稽查的严厉程度作为环境规制的指标，如环境规制法律政策的数量等［迪利和格雷（Deily M. E. and Gray W. B.），1991］。

但上述衡量方法都是基于环境治理过程中的某一方面进行衡量的，可能具有一定程度的片面性，因为在实际的环境规制过程中，政府并没有特定不变的治理方式，也不可能只用一种规制工具，通常都是命令控制型、基于市场型和自愿型环境规制工具并存。此外，环境规制强度的高低不仅和政策工具本身的性质相关，同时也取决于政策工具的执行过程，即使同样一种政策工具，执行过程的差异使其达到的强度效果也会不一样。因此，本节中将构建环境规制综合体系（赵细康，2003；李玲、陶锋，2012），试图从一个更全面的角度去衡量环境规制强度，这个体系从上到下主要包括：目标层是构建环境规制综合指数，同时涵盖废水、废气和固体废物三个评价指标层，具体包含若干个单项衡量指标。基于中国各类污染物排放的现状及数据的可得性，本节中选取二氧化硫去除率、工业烟尘去除率、工业粉尘去除率、工业废水排放达标率、工业固体废物综合利用率五个单项指标，使用改进的熵值法[①]客观地确定各项指标的权重（郭显光，1998）。

（1）首先对不同指标进行无量纲化处理，标准化的处理过程为：

$$x_{ij}{}^* \frac{x_{ij} - \overline{x_j}}{\sigma_j} \qquad \text{式（3—1）}$$

其中，$x_{ij}{}^*$ 为标准化后的赋值，i 为年份，j 为污染指标，x_{ij} 为指标的初始值，$\overline{x_j}$ 为第 j 项指标的均值，σ_j 为第 j 项指标的标准差。由于指标为负时不能取对数，也不能直接计算比重，为消除负值，可将坐标平移，令平移后的指标为 $x_{ij}{}^{**}$，C 为坐标平移幅度，本节在计算各区域环境规制强度时，C 取 5，则：

---

① 本节选用了改进的熵值法来确定指标的权重，可以克服传统的熵值法无法解决个别指标中存在负值或者极端值的情况，更为准确地确定指标的权重。

$$x_{ij}^{**} = x_{ij}^{*} + C \qquad\qquad 式（3—2）$$

（2）计算第 i 年第 j 项指标值的比重 G_{ij}：

$$G_{ij} = \frac{x_{ij}^{**}}{\sum_{i=1}^{m} x_{ij}^{**}} \qquad\qquad 式（3—3）$$

（3）计算第 j 项指标的熵值 h_j：

$$h_j = \left(\frac{1}{\ln m}\right) \sum_{i=1}^{m} G_{ij} \ln G_{ij} \qquad\qquad 式（3—4）$$

（4）第 j 项指标的差异系数 f_j，f_j 值越大，则指标 x_j 在综合评价中的重要性就越强。

$$f_j = 1 - h_j \qquad\qquad 式（3—5）$$

⑤根据差异系数 f_j 确定指标 x_j 的权重 K_j：

$$K_j = f_j / \sum_{n=1}^{n} f_j = (1 - h) / \sum_{j=1}^{n} (1 - h_j)，且 \ 0 \leqslant K_j \leqslant 1$$

$$式（3—6）$$

（6）则第 i 年的环境规制综合指数 $regu_i$ 为：

$$regu_i = \sum_{j=1}^{n} (K_j \times 100) \times (G_{ij} \times 100) \qquad 式（3—7）$$

式（3-7）中环境规制综合指数 $regu_i$ 越大，表示环境规制强度越大。

二　中国工业环境规制的区域特征分析

本小节，根据表征"环境规制"的指标，对中国环境规制的区域特征进行分析。

首先，利用中国 30 个省份（不包含西藏）的面板数据进行测算分析。图3—4 为2000—2010 年以来中国环境规制强度的变化趋势，可以看出，中国环境规制水平整体呈现上升趋势，这与中国的现实情况也是相符合的。随着近年来环境问题的日益严峻，国家采取了一系列环境规制措施，环境治理体系不断完善，环境规制经历了由无到有、由弱到强的过程，这也表明中国对于环境问题的重视程度不断加强。

考虑到当前中国区域发展并不均衡，各区域环境保护的现状也各不

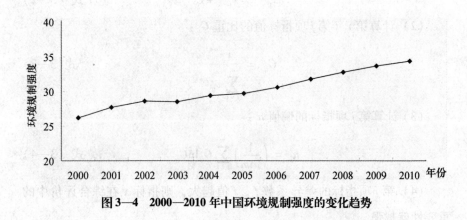

图3—4 2000—2010年中国环境规制强度的变化趋势

相同，因此，具体考察各区域的环境规制强度及其变化趋势显得很必要。图3—5为中国东部地区、中部地区和西部地区2000—2010年环境规制强度的变化趋势及比较，可以看出，东部地区、中部地区和西部地区环境规制强度均呈现明显的上升趋势，这也进一步验证了中国各区域对于环境问题的治理力度都有所加强，说明了从中央政府到地方各级政府，都已经开始重视环境恶化的问题，并且也相应采取了一些治理手段。虽然环境问题可能在短时间内很难彻底解决，但是政府采取行动进行治理并且治理程度逐年加强，这是解决环境问题的基础所在。

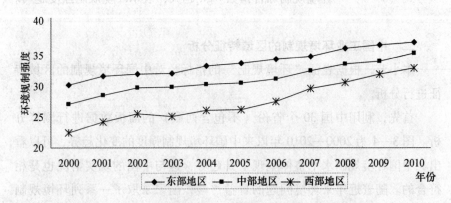

图3—5 东部、中部和西部地区环境规制强度的变化趋势

进一步由图3—5比较东部、中部和西部地区环境规制的强度，可以

看到东部地区、中部地区和西部地区的环境规制强度差异性较大，东部地区环境规制强度最高，中部地区次之，而西部地区的环境规制强度明显最低。探究各区域环境规制强度差异的原因，一方面，东部发达地区经济发展质量较高，产业结构相对合理，民众对于环境质量的要求较高，政府更加重视环境保护和民生诉求，相对来说政府治理环境的决心和投入力度都更大；另一方面，中西部地区依然处于追求经济高速增长的阶段，粗放型的发展使其在很多情况下，为了经济增长牺牲了当地的环境，承接发达地区大量污染产业的转移，重工业和加工业发展迅速，对环境造成了严重的破坏，而"唯GDP至上"的政绩观也使得政府的环境治理相对滞后，长此以往，中西部地区对环境的透支日益加剧，造成了不可逆的严重后果。

第三节　中国工业产业特征及其环境影响分析

一个城市的经济活动规模和结构决定了其生态环境影响的状态特征，而该城市的主要产业及其特征，则决定了其经济活动影响生态环境的基本特征。因此，本节，将对中国的产业特征进行分析，以期进一步认识其生态环境影响的特征。本节将从中国产业的市场集中度、空间集聚度和市场关联度三个方面对中国的产业特征进行分析。① 基于中国工业企业数据库（2001—2013）的微观企业销售产值数据，并根据 GB/T4754 - 2002 进行了行业调整，本节计算并分析了 37 个工业行业 2001—2013 年间的各产业特征，进一步地，为了更直观地对各行业的产业特征做出差异性的评价，比较异质性行业各产业特征的变动趋势，本节将各污染物的排放强度（排放量/工业总产值）进行标准化处理，在此基础上赋予等值权重加权加总，得到各行业的污染状况，据此将 37 个工业行业进行分类，得到煤炭开采和洗选业等 12 个重度污染行业、石油和天然气开采业等 12 个中度污染行业、烟草制品业等 13 个轻度污染行业，具体分析将在以下各小节中展示。

---

① 本节主要内容，参见孙坤鑫《环境规制、产业特征与环境效率》，南开大学博士学位论文，2018 年。

一 中国产业市场集中度的特征分析

产业市场集中度是指某行业的资源或者利润等其他经济效益指标向某特定或者某几个特定企业集中的程度。一般有两个衡量指标：行业集中度 CRn（Concentration Ratio）和赫芬达尔指数（Herfindahl – Hiachman Index，HHI，有时也简写作 HI 或 H）。

本小节中使用赫芬达尔指数来计算各产业的市场集中度，其计算公式为：

$$H_i = HHI_i = \sum_{k=1}^{N} S_{ik}^2 = \sum_{k=1}^{N} \left(\frac{X_{ik}}{X_i} \right)^2 \qquad 式（3—8）$$

其中，X_{ik} 表示产业 i 中企业 k 的市场规模，X_i 表示产业 i 总规模，N 表示该产业内的所有企业数，S_{ik} 表示企业 k 的市场份额。

赫芬达尔指数可以表征产业市场集中度的相对程度。HHI 值介于 0 到 1 之间，且其数值大小与市场集中度的高低成正比关系：当 $HHI = 1$ 时，整个行业的市场结构表现为完全垄断；当 $HHI = 1/N$ 时，市场上各竞争主体具有同等市场份额；当 $HHI = 0$ 时，行业中企业的数量趋近于无穷大，市场结构接近于完全竞争。在具体的测度过程中，HHI 不可能完全等于 1 或者 0。经济学家普遍认为，$HHI > 0.3$ 即象征着高度寡占型市场结构，而 $HHI < 0.1$ 则象征着竞争型市场结构。HHI 对 CRn 指数进行了改进，它以全行业的企业为测算对象，包含了行业内所有企业的规模信息，使结果更加连续和稳健，可以更好地计算全产业市场结构的变化情况，另外，由于"平方和"计算的"放大性"，HHI 指数对规模最大前几个企业的市场份额的变化反应特别敏感，因此它能真实地反映市场中企业之间规模的差距大小（孙智君，2010）。

图 3—6 进一步显示了 37 个工业行业 2001、2007 和 2013 年的产业市场集中度结果，横轴为行业代码，纵轴为 HHI 指数。可见，中国工业行业的市场集中度是普遍偏低的，呈现出了高度分散的竞争型市场结构，这与其他学者的计算结果相一致。其中，只有石油和天然气开采业的市场集中度在个别年度超过了 0.1，按照相关标准可知该行业的市场结构属低寡占型，其他行业均属竞争型行业。进一步地，市场集中度相对较高的行业如烟草制品业 16，石油加工、炼焦及核燃料加工业 25，化学纤维

制造业28，燃气生产和供应业45均属于高度或中度污染行业。

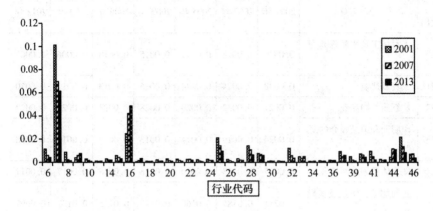

图3—6　各工业行业市场集中度的初步描述

表3—1是37个工业行业2001—2013年的市场集中度。

表3—1　　　　　　　　**工业行业的市场集中度（HHI）**

行业代码	行业名称	2001 年	2003 年	2005 年	2007 年	2009 年	2011 年	2013 年
6	煤炭开采和洗选业	0.0115	0.0102	0.0074	0.0059	0.0065	0.0040	0.0042
7	石油和天然气开采业	0.1013	0.0946	0.0816	0.0698	0.0780	0.0671	0.0615
8	黑色金属矿采选业	0.0087	0.0092	0.0033	0.0022	0.0021	0.0022	0.0014
9	有色金属矿采选业	0.0040	0.0088	0.0115	0.0060	0.0081	0.0056	0.0077
10	非金属矿采选业	0.0030	0.0037	0.0024	0.0017	0.0014	0.0013	0.0009
13	农副食品加工业	0.0012	0.0012	0.0011	0.0008	0.0008	0.0005	0.0005
14	食品制造业	0.0031	0.0030	0.0028	0.0021	0.0018	0.0019	0.0020
15	饮料制造业	0.0059	0.0071	0.0057	0.0044	0.0039	0.0030	0.0032
16	烟草制品业	0.0249	0.0237	0.0286	0.0423	0.0514	0.0486	0.0488
17	纺织业	0.0006	0.0009	0.0012	0.0016	0.0017	0.0028	0.0033
18	纺织服装、鞋、帽制造业	0.0011	0.0008	0.0010	0.0009	0.0009	0.0014	0.0010
19	皮革毛皮羽毛（绒）及其制品业	0.0023	0.0022	0.0014	0.0011	0.0012	0.0011	0.0012

续表

行业代码	行业名称	2001 年	2003 年	2005 年	2007 年	2009 年	2011 年	2013 年
20	木材加工及木竹藤棕草制品业	0.0030	0.0018	0.0019	0.0015	0.0013	0.0006	0.0005
21	家具制造业	0.0028	0.0024	0.0024	0.0016	0.0013	0.0011	0.0010
22	造纸及纸制品业	0.0027	0.0032	0.0029	0.0028	0.0023	0.0021	0.0020
23	印刷业和记录媒介的复制	0.0024	0.0019	0.0014	0.0013	0.0012	0.0010	0.0008
24	文教体育用品制造业	0.0027	0.0023	0.0019	0.0018	0.0018	0.0017	0.0017
25	石油加工、炼焦及核燃料加工业	0.0211	0.0186	0.0160	0.0143	0.0135	0.0107	0.0097
26	化学原料及化学制品制造业	0.0026	0.0024	0.0021	0.0015	0.0011	0.0009	0.0007
27	医药制造业	0.0031	0.0030	0.0026	0.0020	0.0022	0.0018	0.0017
28	化学纤维制造业	0.0143	0.0153	0.0136	0.0108	0.0108	0.0090	0.0066
29	橡胶制品业	0.0077	0.0085	0.0078	0.0068	0.0060	0.0069	0.0061
30	塑料制品业	0.0010	0.0010	0.0008	0.0006	0.0006	0.0004	0.0004
31	非金属矿物制品业	0.0006	0.0004	0.0004	0.0003	0.0003	0.0003	0.0002
32	黑色金属冶炼及压延加工业	0.0122	0.0090	0.0069	0.0058	0.0065	0.0045	0.0037
33	有色金属冶炼及压延加工业	0.0049	0.0034	0.0035	0.0034	0.0034	0.0028	0.0050
34	金属制品业	0.0009	0.0009	0.0008	0.0007	0.0007	0.0005	0.0004
35	通用设备制造业	0.0014	0.0015	0.0012	0.0009	0.0007	0.0005	0.0004
36	专用设备制造业	0.0018	0.0022	0.0018	0.0016	0.0023	0.0013	0.0017
37	交通运输设备制造业	0.0093	0.0102	0.0059	0.0049	0.0060	0.0043	0.0060
39	电气机械及器材制造业	0.0049	0.0033	0.0026	0.0019	0.0019	0.0015	0.0012
40	通信计算机及其他电子设备制造业	0.0073	0.0062	0.0064	0.0063	0.0065	0.0051	0.0044
41	仪器仪表及文化办公用机械制造业	0.0096	0.0076	0.0065	0.0049	0.0035	0.0027	0.0021
42	工艺品及其他制造业	0.0026	0.0019	0.0015	0.0015	0.0021	0.0022	0.0020

行业代码	行业名称	2001 年	2003 年	2005 年	2007 年	2009 年	2011 年	2013 年
44	电力、热力的生产和供应业	0.0044	0.0058	0.0116	0.0116	0.0148	0.0109	0.0109
45	燃气生产和供应业	0.0216	0.0180	0.0158	0.0135	0.0208	0.0206	0.0083
46	水的生产和供应业	0.0069	0.0060	0.0057	0.0072	0.0064	0.0045	0.0037

为进一步分析产业市场集中度的行业异质性，更直观地对各行业竞争程度做出差异性的评价，比较异质性行业产业市场集中度的变动趋势，本小节进一步按照污染排放强度对行业市场集中度进行分类汇总，测度结果如表3—2所示。

表3—2　　　　　　　　工业行业的市场集中度分类统计

年份	全行业平均	重度污染行业均值	中度污染行业均值	轻度污染行业均值
2001	0.0086	0.0075	0.0131	0.0055
2002	0.0087	0.0073	0.0137	0.0054
2003	0.0082	0.0074	0.0123	0.0050
2004	0.0077	0.0070	0.0115	0.0049
2005	0.0074	0.0068	0.0107	0.0048
2006	0.0071	0.0060	0.0102	0.0052
2007	0.0067	0.0055	0.0094	0.0054
2008	0.0064	0.0056	0.0084	0.0052
2009	0.0074	0.0065	0.0098	0.0062
2010	0.0059	0.0047	0.0085	0.0045
2011	0.0064	0.0053	0.0085	0.0055
2012	0.0062	0.0046	0.0085	0.0055
2013	0.0059	0.0043	0.0078	0.0055

根据表3—2绘制了分行业分组的产业市场集中度变动趋势图，如图3—7所示。

可以看出，2001—2013年间，不同污染强度的工业行业的市场集中度变动趋势是不同的。具体而言，中国工业行业的市场集中度总体上呈现出波动下降的趋势，重度污染行业和中度污染行业的波动趋势与平均水平相同，而轻度污染行业的市场集中度基本保持不变。综合而言，中国工业行业的市场集中度是普遍偏低的，这种高度分散的竞争型市场结构尽管一定程度上有利于提升消费者福利，但并不利于规模经济（亦即，不利于资源和要素使用效率的提高），也不利于共享技术外溢。

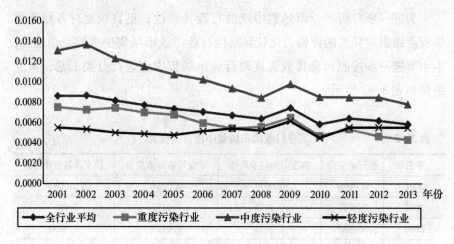

图3—7　各工业行业市场集中度的变动趋势图分类统计

二　中国产业空间集聚的特征分析

产业空间集聚度，反映了产业在空间上的分布状况。根据可行性，近年来在研究中较为广泛的产业空间集聚测度指标有：区位熵（Haggett P.，1965）、区位基尼系数（Krugman P.，1991）和 EG 指数（Ellison G.，Glaeser E. L.，1997）。

区位基尼系数的计算公式为：

$$G_i = \sum_{j=1}^{i} (Z_{ij} - Y_j)^2 \qquad 式（3—9）$$

其中 i 表示产业，j 表示地区，Z_{ij} 表示产业 i 在地区 j 的总产值在该经济体产业 i 总产值的比重。Y_j 表示地区 j 所有行业总产值占该经济体总产值的比重。

基尼系数最开始用以衡量居民收入分配不公问题，后被著名新经济地理学家克鲁格曼引用并创造出区位基尼系数（Locational Gini Indices）这一概念用以衡量行业在地区间的分配均衡程度。随着新经济地理学的发展，区位基尼系数逐渐成为国内外经济学者研究产业空间集聚程度的重要测量指标。$G_i = 0$ 时，产业空间分布呈现完全平均状态，G_i 越趋近于 1，产业空间分布的集聚状态越明显。区位基尼系数直观而简便地衡量了产业空间分布的状态，因而应用较为广泛。

EG 指数的计算公式为：

$$EG_i = \frac{G_i - \left(1 - \sum_{j=1}^{i} Y_j^2\right)H_i}{\left(1 - \sum_{j=1}^{i} Y_j^2\right)(1 - H_i)} \qquad 式（3—10）$$

其中 i 表示产业，j 表示地区，Z_{ij} 表示产业 i 在地区 j 的总产值在该经济体产业 i 总产值的比重。Y_j 表示地区 j 所有行业总产值占该经济体总产值的比重，H_i 表示产业 i 的赫芬达尔指数。

EG 指数结合了区位基尼系数和赫芬达尔指数，当 $EG < 0.02$ 时，该产业为低集聚行业，当 $0.02 \leqslant EG < 0.05$ 时，为中度集聚行业；当 $EG \geqslant 0.05$ 则为高度集聚行业。EG 指数充分考虑了企业规模及区域差异带来的影响，弥补了基尼系数的缺陷。

本小节中分别计算了 2001—2013 年间 37 个工业行业的区位基尼系数（GI 系数）和 EG 指数。测算结果如表 3—3 和表 3—4 所示（限于篇幅，仅展示部分年份的测算结果）。

表 3—3　　　　　　　　　　工业行业区位基尼系数

行业代码	行业名称	2001 年	2003 年	2005 年	2007 年	2009 年	2011 年	2013 年
6	煤炭开采和洗选业	0.0231	0.0190	0.0184	0.0175	0.0176	0.0164	0.0174
7	石油和天然气开采业	0.1311	0.0945	0.0841	0.0741	0.0789	0.0676	0.0653
8	黑色金属矿采选业	0.0414	0.0419	0.0266	0.0282	0.0356	0.0393	0.0379
9	有色金属矿采选业	0.0799	0.0971	0.0701	0.0552	0.1566	0.0642	0.0813
10	非金属矿采选业	0.0179	0.0187	0.0147	0.0135	0.0113	0.0120	0.0089

续表

行业代码	行业名称	2001 年	2003 年	2005 年	2007 年	2009 年	2011 年	2013 年
13	农副食品加工业	0.0105	0.0119	0.0122	0.0104	0.0089	0.0093	0.0059
14	食品制造业	0.0067	0.0068	0.0073	0.0071	0.0071	0.0083	0.0053
15	饮料制造业	0.0095	0.0108	0.0101	0.0093	0.0104	0.0122	0.0109
16	烟草制品业	0.0209	0.0188	0.0188	0.0325	0.0378	0.0356	0.0365
17	纺织业	0.0129	0.0154	0.0166	0.0158	0.0137	0.0157	0.0120
18	纺织服装、鞋、帽制造业	0.0094	0.0100	0.0093	0.0096	0.0094	0.0109	0.0079
19	皮革毛皮羽毛（绒）及其制品业	0.0193	0.0205	0.0260	0.0278	0.0342	0.0397	0.0290
20	木材加工及木竹藤棕草制品业	0.0114	0.0095	0.0140	0.0163	0.0191	0.0201	0.0189
21	家具制造业	0.0054	0.0086	0.0115	0.0114	0.0132	0.0137	0.0085
22	造纸及纸制品业	0.0070	0.0082	0.0082	0.0076	0.0067	0.0089	0.0054
23	印刷业和记录媒介的复制	0.0060	0.0067	0.0074	0.0056	0.0060	0.0070	0.0035
24	文教体育用品制造业	0.0183	0.0164	0.0166	0.0156	0.0152	0.0150	0.0128
25	石油加工、炼焦及核燃料加工业	0.0239	0.0189	0.0175	0.0164	0.0155	0.0121	0.0125
26	化学原料及化学制品制造业	0.0043	0.0046	0.0046	0.0038	0.0043	0.0065	0.0041
27	医药制造业	0.0068	0.0078	0.0073	0.0064	0.0065	0.0085	0.0058
28	化学纤维制造业	0.0261	0.0362	0.0486	0.0482	0.0640	0.0644	0.0587
29	橡胶制品业	0.0158	0.0196	0.0161	0.0130	0.0153	0.0243	0.0263
30	塑料制品业	0.0047	0.0050	0.0051	0.0048	0.0052	0.0064	0.0039
31	非金属矿物制品业	0.0054	0.0068	0.0076	0.0083	0.0086	0.0083	0.0053
32	黑色金属冶炼及压延加工业	0.0133	0.0125	0.0125	0.0115	0.0145	0.0140	0.0111
33	有色金属冶炼及压延加工业	0.0121	0.0106	0.0103	0.0102	0.0200	0.0121	0.0152
34	金属制品业	0.0046	0.0052	0.0052	0.0051	0.0056	0.0061	0.0038

续表

行业代码	行业名称	2001 年	2003 年	2005 年	2007 年	2009 年	2011 年	2013 年
35	通用设备制造业	0.0071	0.0076	0.0073	0.0061	0.0046	0.0068	0.0039
36	专用设备制造业	0.0052	0.0057	0.0040	0.0035	0.0046	0.0048	0.0044
37	交通运输设备制造业	0.0208	0.0222	0.0149	0.0154	0.0156	0.0161	0.0139
39	电气机械及器材制造业	0.0104	0.0089	0.0087	0.0076	0.0087	0.0101	0.0059
40	通信计算机及其他电子设备制造业	0.0374	0.0392	0.0479	0.0491	0.0637	0.0514	0.0351
41	仪器仪表及文化办公用机械制造业	0.0336	0.0207	0.0198	0.0178	0.0138	0.0157	0.0129
42	工艺品及其他制造业	0.0143	0.0155	0.0134	0.0149	0.0164	0.0256	0.0194
44	电力、热力的生产和供应业	0.0047	0.0052	0.0095	0.0106	0.0137	0.0127	0.0110
45	燃气生产和供应业	0.0189	0.0155	0.0178	0.0113	0.0203	0.0214	0.0077
46	水的生产和供应业	0.0047	0.0039	0.0057	0.0100	0.0087	0.0087	0.0048

表3—4　　　　　　　　工业行业的 EG 指数

行业代码	行业名称	2001 年	2003 年	2005 年	2007 年	2009 年	2011 年	2013 年
6	煤炭开采和洗选业	0.0122	0.0092	0.0114	0.0118	0.0115	0.0127	0.0134
7	石油和天然气开采业	0.0355	0.0016	0.0042	0.0057	0.0020	0.0014	0.0046
8	黑色金属矿采选业	0.0337	0.0336	0.0238	0.0264	0.0341	0.0376	0.0369
9	有色金属矿采选业	0.0775	0.0907	0.0603	0.0502	0.1304	0.0597	0.0749
10	非金属矿采选业	0.0152	0.0154	0.0126	0.0120	0.0101	0.0109	0.0081
13	农副食品加工业	0.0095	0.0109	0.0113	0.0097	0.0082	0.0089	0.0055
14	食品制造业	0.0038	0.0039	0.0047	0.0051	0.0053	0.0065	0.0033
15	饮料制造业	0.0038	0.0039	0.0046	0.0051	0.0067	0.0093	0.0079
16	烟草制品业	− 0.0038	− 0.0047	− 0.0098	− 0.0097	− 0.0138	− 0.0132	− 0.0126
17	纺织业	0.0124	0.0148	0.0157	0.0144	0.0134	0.0131	0.0088
18	纺织服装、鞋、帽制造业	0.0085	0.0093	0.0085	0.0088	0.0086	0.0096	0.0070

续表

行业代码	行业名称	2001 年	2003 年	2005 年	2007 年	2009 年	2011 年	2013 年
19	皮革毛皮羽毛（绒）及其制品业	0.0174	0.0187	0.0250	0.0272	0.0335	0.0391	0.0281
20	木材加工及木竹藤棕草制品业	0.0085	0.0078	0.0123	0.0150	0.0180	0.0197	0.0186
21	家具制造业	0.0027	0.0063	0.0092	0.0099	0.0120	0.0128	0.0075
22	造纸及纸制品业	0.0045	0.0052	0.0055	0.0049	0.0045	0.0069	0.0034
23	印刷业和记录媒介的复制	0.0037	0.0049	0.0061	0.0044	0.0049	0.0061	0.0027
24	文教体育用品制造业	0.0159	0.0144	0.0150	0.0140	0.0136	0.0134	0.0112
25	石油加工、炼焦及核燃料加工业	0.0032	0.0006	0.0018	0.0024	0.0022	0.0016	0.0030
26	化学原料及化学制品制造业	0.0018	0.0023	0.0026	0.0023	0.0033	0.0056	0.0034
27	医药制造业	0.0038	0.0049	0.0048	0.0045	0.0044	0.0068	0.0042
28	化学纤维制造业	0.0124	0.0218	0.0362	0.0384	0.0546	0.0567	0.0530
29	橡胶制品业	0.0085	0.0115	0.0086	0.0065	0.0096	0.0178	0.0206
30	塑料制品业	0.0037	0.0041	0.0044	0.0043	0.0047	0.0060	0.0036
31	非金属矿物制品业	0.0048	0.0065	0.0074	0.0081	0.0084	0.0081	0.0051
32	黑色金属冶炼及压延加工业	0.0014	0.0037	0.0058	0.0059	0.0082	0.0097	0.0076
33	有色金属冶炼及压延加工业	0.0074	0.0073	0.0069	0.0071	0.0169	0.0095	0.0104
34	金属制品业	0.0038	0.0044	0.0044	0.0044	0.0050	0.0056	0.0034
35	通用设备制造业	0.0058	0.0063	0.0062	0.0052	0.0040	0.0064	0.0035
36	专用设备制造业	0.0035	0.0036	0.0024	0.0019	0.0023	0.0036	0.0028
37	交通运输设备制造业	0.0119	0.0126	0.0093	0.0107	0.0098	0.0120	0.0081
39	电气机械及器材制造业	0.0058	0.0057	0.0063	0.0058	0.0069	0.0086	0.0047
40	通信计算机及其他电子设备制造业	0.0309	0.0338	0.0425	0.0438	0.0584	0.0472	0.0311
41	仪器仪表及文化办公用机械制造业	0.0247	0.0135	0.0137	0.0131	0.0105	0.0132	0.0109

续表

行业代码	行业名称	2001 年	2003 年	2005 年	2007 年	2009 年	2011 年	2013 年
42	工艺品及其他制造业	0.0120	0.0138	0.0121	0.0136	0.0145	0.0238	0.0176
44	电力、热力的生产和供应业	0.0004	0.0023	-0.0020	-0.0008	-0.0010	0.0020	0.0002
45	燃气生产和供应业	-0.0025	-0.0023	0.0023	-0.0021	-0.0003	0.0011	-0.0006
46	水的生产和供应业	-0.0022	-0.0021	0.0000	0.0029	0.0024	0.0043	0.0011

为了更清晰直观地观察产业市场集中度，图3—8 和图3—9 进一步显示了 37 个工业行业 2001 年、2007 年和 2013 年的 GI 系数和 EG 指数，横轴为行业代码，纵轴分别 GI 系数和 EG 指数。

可以发现，总体而言，一方面，各工业行业的区位基尼系数与 EG 指数基本上呈现了相同的变动趋势，原因在于这两个指标从定义上具有显著的相关性，二者均可作为产业空间集聚程度的表征；另一方面，大多数行业的 EG < 0.02，为低集聚行业，这些产业的空间集聚状态呈现出了较低水平，没有实现空间上的规模经济。

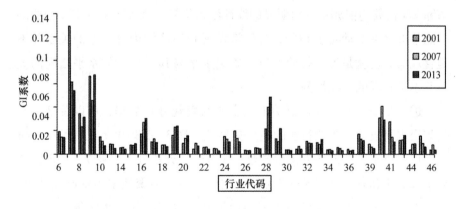

图3—8　工业行业的区位基尼系数

观察具体行业的空间集聚水平，发现空间集聚度普遍较高的行业主要为石油和天然气开采业 7、黑色金属矿采选业 8、有色金属矿采选业 9、

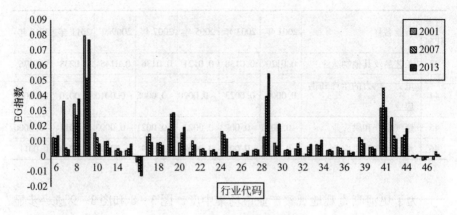

图3—9 工业行业的 EG 指数

化学纤维制造业 28 和通信计算机及其他电子设备制造业 40，其中，除通信计算机及其他电子设备制造业 40 外，其他的高集聚度行业均为重污染行业。然而，这并不意味着高的空间集聚水平一定带来高污染，反之，一些高污染的行业如造纸及纸制品业 22、化学原料及化学制品制造业 26、非金属矿物制品业 31 等的空间集聚水平很低。此外，从时间趋势看，不同行业的空间集聚水平呈现出了各异的波动状态，所有行业的 GI 系数均值和 EG 指数均值亦呈现出明显的线性波动趋势，这表明中国工业行业的空间集聚水平变动是复杂的，与经济发展和环境污染等变量的关系并不是直观的。也就是说，行业的空间集聚水平与其污染排放水平之间的关系并不是直观的、线性的。

进一步地，通过分析原始工业企业的微观分布数据，可以总结出空间集聚水平较高的工业行业的主要集聚地，表 3—5 列出了统计结果。可以发现，对于一些能源密集型产业，如石油和天然气开采业 7、黑色金属矿采选业 8 和有色金属矿采选业 9，它们的主要集聚地多为资源性城市，且会根据自身行业需求的自然资源向拥有特定资源的城市集聚，如大庆作为中国的石油石化基地，成为了石油和天然气开采业的重要集聚地。化学纤维制造业 28 则主要在江浙地区集中生产经营，这源于江浙地区发达纺织行业对化学纤维原料的大规模需求。通信计算机及其他电子设备制造业 40 作为高新技术产业和绿色清洁产业，对高新技术人才和经济发展水平的需求较高,因而主要集聚在北上广深等一线城市,便于高新技术的流动和技术溢出的共享。

表3—5　　　　　　　　空间集聚度较高的工业行业的主要集聚地

行业	主要集聚地
石油和天然气开采业(7)	大庆、西安、天津、东营、石嘴山、鄂尔多斯、巴音
黑色金属矿采选业(8)	唐山、承德、辽阳、朝阳、本溪、凉山、包头、临沂
有色金属矿采选业(9)	三门峡、烟台、赤峰、凉山、郴州、桂林
化学纤维制造业(28)	苏州、绍兴、杭州、无锡、嘉兴、福州、南通、泉州
通信计算机及其他电子设备制造业(40)	深圳、苏州、上海、东莞、天津、成都、北京

三　中国产业关联的特征分析

产业关联理论主要研究产业间的投入与产出关系,所以产业关联理论也称为投入产出理论。投入产出表即反映了国民经济各产业部门在投入与产出、生产与分配上存在着的极其密切的生产技术联系和经济联系,它用简洁的数学模型反映了国民经济各产业部门之间生产活动的投入产出数量关系。其中,价值型投入产出表将各产业部门之间的实物运动过程用统一的货币价值进行计量和统计,可以充分反映国民经济系统的全过程。表3—6即为价值型投入产出表。

表3—6中,X_{ij}代表j产业生产过程中对i产业产品消耗的价值量,X_i代表i产业的总产值,Y_i代表i产业生产的最终产品价值量,V_j代表j产业的劳动者报酬,D_j代表j产业的固定资产折旧价值量;T_j代表j产业的生产税净额;M_j代表j产业向社会提供的纯收入。表中,第一象限为中间产品象限,是投入产出表的基本象限,其横行代表各行业分配给包括本产业在内的其他产业的价值量,纵列代表各产业对包括本产业在内的其他产业的中间投入和消耗;第二象限为最终产品象限,代表各产业生产的产品供社会使用的构成结构;第三象限为增加值象限,代表各产业新创造的价值量,可以用于收入法国内生产总值的核算。分析可知,投入产出表中存在以下平衡关系:

$$\sum_{j=1}^{n} X_{ij} + Y_i = X_i \ (i = 1, \ 2, \ \cdots, \ n) \qquad 式（3—11）$$

即从横行看，各产业提供的中间产品价值量与最终产品价值量之和为各产业的总产值，这代表了产业的分配关系。

$$\sum_{i=1}^{n} X_{ij} + N_j = X_j \ (j = 1, \ 2, \ \cdots, \ n) \qquad 式（3—12）$$

即从纵列看，各产业的中间投入品价值量与其增加值价值量之和为各产业的总产值，这代表了产业的构成关系。

$$\sum_{i=1}^{n} \left(\sum_{j=1}^{n} X_{ij} + Y_i \right) = \sum_{j=1}^{n} \left(\sum_{i=1}^{n} X_{ij} + N_j \right),$$

$$即 \sum_{i=1}^{n} Y_i \sum_{j=1}^{n} N_j \qquad 式（3—13）$$

这表明全社会最终产品产值等于其增加值之和，即为国内生产总值。

表3—6 　　　　　　　　　　价值型投入产出表

产出＼投入		中间产品						最终产品			总产出
		产业1	产业2	…	产业j	…	产业n	小计	消费	资本形成总额	净出口	小计	
中间投入	产业1	X_{11}	X_{12}		X_{1j}		X_{1n}					Y_1	X_1
	产业2	X_{21}	X_{22}		X_{2j}		X_{2n}					Y_2	X_2
	…	…	…	I	…		…		II			…	…
	产业i	X_{i1}	X_{i2}		X_{ij}		X_{in}					Y_i	X_i
	…	…	…		…		…					…	…
	产业n	X_{n1}	X_{n2}		X_{nj}		X_{nn}					Y_n	X_n
	中间投入合计												
增加值	劳动者报酬	V_1	V_2		V_j		V_n						
	固定资产折旧	D_1	D_2	II	D_j		D_n						
	生产税净额	T_1	T_2		T_j		T_n						
	营业盈余	M_1	M_2		M_j		M_n						
	增加值合计			…									
总投入		X_1	X_2		X_j	…	X_n						

目前，学术界对于产业关联度的测度均基于投入产出表实现，主要通过投入产出表计算直接消耗系数矩阵和完全消耗系数矩阵、产业影响力和感应力系数、产业间购买距离矩阵和销售距离矩阵这三个层面来衡量产业关联程度。

直接消耗系数 a_{ij} 又称投入系数，指的是生产单位 j 产业产品时对 i 产业产品的直接消耗量，计算公式为：

$$a_{ij} = X_{ij}/X_j \qquad\qquad 式（3—14）$$

全部直接消耗系数所构成的矩阵即为直接消耗系数矩阵，记为 A。A 矩阵反映了国民经济各产业部门之间的直接经济联系。如果将投入产出表用矩阵形式表示，根据前文所述的投入产出平衡关系（式3—11）可知，$AX + Y = X$，进而有 $Y = (I-A) X$ 以及 $X = (I-A)^{-1} Y$，其中，矩阵 $(I-A)$ 称为里昂惕夫矩阵，其纵列各元素反映了各产业产品的投入与产出关系。这表明，直接消耗系数矩阵不仅可以直接反映各产业之间的投入产出联系，也可以通过里昂惕夫矩阵在国民经济总产出与最终使用之间建立联系。

然而，在复杂的国民经济运行过程中，各产业之间不仅有直接消耗关系，还通过产业链存在着层次清晰的间接消耗关系，每一个产业的变化都会通过产业联系影响到所有产业。某一行业对另一行业的直接消耗和全部间接消耗的总和即为完全消耗，完全消耗系数 b_{ij} 即为生产单位 j 产业产品时对 i 产业产品的完全消耗量，计算公式为：

$$b_{ij} = a_{ij} + \sum_{k=1}^{n} b_{ik} a_{ik} \qquad\qquad 式（3—15）$$

全部完全消耗系数所构成的矩阵即为完全消耗系数矩阵，记为 B。B 的计算公式为 $B = (I-A)^{-1} - I$，结合直接消耗系数矩阵可知 $X = (I+B) Y$。这表明，完全消耗系数可以更全面而深入地反映国民经济各产业之间的经济联系，也直接建立了国民经济总产出与最终使用之间的联系。

从需求的角度出发，某一产业部门增加一个单位需求会通过产业关联影响整个国民经济总产出的需求。影响力系数即衡量了这种需求的波及程度，如果一个产业对其他产业的中间产品需求越大，则该产业的影响力越大，所以影响力系数常用于分析产业对其他产业的拉动作用，即后向关联程度。产业影响力系数的计算基于里昂惕夫逆矩阵，在里昂惕夫逆矩阵中，每一列的合计是 j 产业的需求增加一个单位时，对国民经济最终需求的影响，将之与所有产业各列合计的平均值相除，即得到影响力系数 r_j，其计算式为：

$$r_j = \sum_{i=1}^{n} \bar{b}_{ij} \bigg/ \frac{1}{n} \sum_{j=1}^{n} \sum_{i=1}^{n} \bar{b}_{ij} \qquad\qquad 式（3—16）$$

$r_j > 1$ 时，表明 j 产业对社会生产的影响程度高于平均水平。

从供给的角度出发，某一产业部门增加一个单位的最初投入会通过产业关联推动整个国民经济的总供给，感应力系数即衡量了这种供给的推动程度。如果某一产业提供给其他产业的中间使用越多，那么其感应度越大。感应力系数反映了一个产业对其他产业的支撑作用，因此常用来分析产业的前向关联度。产业感应力系数的计算亦基于里昂惕夫逆矩阵，在里昂惕夫逆矩阵中，每一行的合计是 i 产业的供给增加一个单位时，对国民经济最终供给的影响，将之与所有产业各行合计的平均值相除，即得到感应力系数 s_j，其计算式为：

$$s_j = \sum_{j=1}^{n} \bar{b}_{ij} \bigg/ \frac{1}{n} \sum_{i=1}^{n} \sum_{j=1}^{n} \bar{b}_{ij} \qquad\qquad 式（3—17）$$

$s_j > 1$ 时，表明 j 产业受到社会生产的影响程度高于平均水平。

一些学者认为，在某一变量的测度中，观测值之间的相互依赖关系可借用数学的 Euclidean 距离来进行分析，每个观测值可以对应到 Euclidean 空间中的一个点，两点之间的距离即为二者之间的经济距离。Conley & Dupor（2003）应用此方法通过投入产出表数据构建了行业间购买距离和销售距离，分析了行业间生产率的相互联系。赵放和刘秉镰（2012）在此基础上适当调整，计算出了工业部门与其他所有产业部门之间的相互作用关系。

投入产出表中，X_{ij} 代表 j 产业生产过程中对 i 产业产品消耗的价值量，即为 i 产业产品被 j 产业使用的价值，则产业 i 与产业 j 的购买关系为：

$$B(i, j) = X_{ij} \bigg/ \sum_{k=1}^{n} X_{ij} \qquad 式(3—18)$$

进一步地，产业间的购买距离表示为：

$$d_b(i, j) = \sqrt{\sum_{k=1}^{n} \left[B(k, i) - B(k, j) \right]^2} \qquad 式(3—19)$$

同理，则产业 i 与产业 j 的销售关系为：

$$S(i, j) = X_{ij} \bigg/ \sum_{k=1}^{n} X_{ik} \qquad 式(3—20)$$

进一步地，产业间的销售距离表示为：

$$d_z(i, j) = \sqrt{\sum_{k=1}^{n} \left[S(i, k) - S(j, k) \right]^2} \qquad 式(3—21)$$

产业 i 和产业 j 之间的购买距离越小，意味着二者越有相似的中间品购买结构，产业 i 和产业 j 之间的销售距离越小，意味着二者越有相似的中间品销售结构。具有相似购买销售结构的产业具有相似的投入产出结构和相似的生产技术，生产成本变化、要素需求变动和技术溢出等因素会通过产业关联影响相关行业的生产率等宏观效应，因此购买距离矩阵和销售距离矩阵可以清晰表征产业之间的关联程度。

目前，学术界对于产业关联度的测度均基于投入产出表实现，主要通过投入产出表计算直接消耗系数矩阵和完全消耗系数矩阵、产业影响力和感应力系数、产业间购买距离矩阵和销售距离矩阵这三个层面的指标数据来衡量产业关联程度。本小节的计算与中国 2002、2007 和 2012 年的细分行业投入产出表进行行业匹配，得到了 37 个工业二位码行业的直接消耗系数矩阵和完全消耗系数矩阵、产业影响力和感应力系数、产业间购买距离矩阵和销售距离矩阵。下面基于以上三种测度方法进行产业关联度的描述性统计。

以 2012 年的投入产出表为例，根据上文中所提及的相关公式计算得到产业间的直接消耗系数和完全消耗系数，将其进行关联度排名，得到除本产业之外排前三位的工业行业，并按照污染排放程度进行分类统计，如表 3—7、表 3—8、表 3—9 所示。

表3—7　重度污染行业的直接消耗系数和完全消耗系数关联度排名

重度污染行业	直接消耗系数关联度排名			完全消耗系数关联度排名		
	关联度 1	关联度 2	关联度 3	关联度 1	关联度 2	关联度 3
煤炭开采和洗选业（6）	黑色金属冶炼及压延加工业	电力、热力的生产和供应业	金属制品业	塑料制品业	化学原料及化学制品制造业	石油加工、炼焦及核燃料加工业
黑色金属矿采选业（8）	电力、热力的生产和供应业	石油加工、炼焦及核燃料加工业	化学原料及化学制品制造业	非金属矿物制品业	金属制品业	通用设备制造业
有色金属矿采选业（9）	电力、热力的生产和供应业	石油加工、炼焦及核燃料加工业	化学原料及化学制品制造业	黑色金属冶炼及压延加工业	金属制品业	电气机械及器材制造业
非金属矿采选业（10）	电力、热力的生产和供应业	石油加工、炼焦及核燃料加工业	化学原料及化学制品制造业	塑料制品业	化学原料及化学制品制造业	电气机械及器材制造业
造纸及纸制品业（22）	化学原料及化学制品制造业	废弃资源和废旧材料回收加工品	电力、热力生产和供应	印刷业和记录媒介的复制	塑料制品业	电气机械及器材制造业
化学原料及化学制品制造业（26）	石油加工、炼焦及核燃料加工业	电力、热力的生产和供应业	塑料制品业	橡胶制品业	塑料制品业	电气机械及器材制造业

续表

重度污染行业	直接消耗系数关联度排名			完全消耗系数关联度排名		
	关联度1	关联度2	关联度3	关联度1	关联度2	关联度3
化学纤维制造业(28)	化学原料及化学制品制造业	石油加工、炼焦及核燃料加工业	电力、热力的生产和供应业	纺织业	纺织服装、鞋、帽制造业	橡胶制品业
非金属矿物制品业(31)	非金属矿采选业	化学原料及化学制品制造业	电力、热力的生产和供应业	金属制品业	通用设备制造业	交通运输设备制造业
黑色金属冶炼及压延加工业(32)	黑色金属矿采选业	石油加工、炼焦及核燃料加工业	煤炭开采和洗选业	金属制品业	电气机械及器材制造业	通用设备制造业
有色金属冶炼及压延加工业(33)	有色金属矿采选业	电力、热力的生产和供应业	化学原料及化学制品制造业	金属制品业	塑料制品业	电气机械及器材制造业
电力、热力的生产和供应业(44)	煤炭开采和洗选业	电气机械及器材制造业	石油加工、炼焦及核燃料加工业	化学原料及化学制品制造业	塑料制品业	金属制品业
燃气生产和供应业(45)	石油和天然气开采业	煤炭开采和洗选业	电力、热力的生产和供应业	化学原料及化学制品制造业	塑料制品业	金属制品业

表3—8　中度污染行业的直接消耗系数和完全消耗系数关联度排名

中度污染行业	直接消耗系数关联度排名			完全消耗系数关联度排名		
	关联度1	关联度2	关联度3	关联度1	关联度2	关联度3
石油和天然气开采业（7）	电力、热力的生产和供应业	黑色金属冶炼及压延加工业	石油加工、炼焦及核燃料加工业	化学原料及化学制品制造业	石油和天然气开采业	石油加工、炼焦及核燃料加工业
农副食品加工业（13）	食品制造业	塑料制品业	电力、热力的生产和供应业	食品制造业	化学原料及化学制品制造业	皮革毛皮羽毛（绒）及其制品业
食品制造业（14）	农副食品加工业	塑料制品业	造纸及纸制品业	农副食品加工业	饮料制造业	化学原料及化学制品制造业
饮料制造业（15）	农副食品加工业	食品制造业	塑料制品业	化学原料及化学制品制造业	塑料制品业	电气机械及器材制造业
纺织业（17）	化学纤维制造业	电力、热力的生产和供应业	化学原料及化学制品制造业	纺织服装、鞋、帽制造业	皮革毛皮羽毛（绒）及其制品业	塑料制品业
皮革毛皮羽毛（绒）及其制品业（19）	纺织业	农副食品加工业	化学原料及化学制品制造业	纺织服装、鞋、帽制造业	家具制造业	专用设备制造业
木材加工及木竹藤棕草制品业（20）	化学原料及化学制品制造业	金属制品业	电力、热力的生产和供应业	家具制造业	塑料制品业	金属制品业

续表

中度污染行业	直接消耗系数关联度排名			完全消耗系数关联度排名		
	关联度 1	关联度 2	关联度 3	关联度 1	关联度 2	关联度 3
石油加工、炼焦及核燃料加工工业 (25)	石油和天然气开采业	煤炭开采和洗选业	化学原料及化学制品制造业	化学原料及化学制品制造业	塑料制品业	金属制品业
医药制造业 (27)	化学原料及化学制品制造业	电力、热力的生产和供应业	农副食品加工业	化学原料及化学制品制造业	农副食品加工业	纺织业
橡胶制造业 (29)	化学原料及化学制品制造业	化学纤维制造业	塑料制品业	化学原料及化学制品制造业	电气机械及器材制造业	金属制品业
金属制品业 (34)	黑色金属冶炼及压延加工业	有色金属冶炼及压延加工业	电力、热力的生产和供应业	通用设备制造业	交通运输设备制造业	塑料制品业
水的生产和供应业 (46)	电力、热力的生产和供应业	化学原料及化学制品业制造业	金属制品业	化学原料及化学制品制造业	塑料制品业	金属制品业

表3—9　轻度污染行业的直接消耗系数和完全消耗系数关联度排名

轻度污染行业	直接消耗系数关联度排名			完全消耗系数关联度排名		
	关联度1	关联度2	关联度3	关联度1	关联度2	关联度3
烟草制品业（16）	造纸及纸制品业	印刷业和记录媒介的复制	化学纤维制造业	金属制品业	电气机械及器材制造业	化学原料及化学制品制造业
纺织服装、鞋、帽制造业（18）	纺织业	皮革毛皮羽毛（绒）及其制品业	化学纤维制造业	塑料制品业	纺织业	金属制品业
家具制造业（21）	木材加工及木竹藤棕草制品业	金属制品业	纺织业	专用设备制造业	交通运输设备制造业	金属制品业
印刷业和记录媒介的复制（23）	造纸及纸制品业	化学原料及化学制品制造业	塑料制品业	化学原料及化学制品制造业	电气机械及器材制造业	金属制品业
文教体育用品制造业（24）	中间投入合计	有色金属冶炼及压延加工业	纺织业	电气机械及器材制造业	金属制品业	化学原料及化学制品制造业
塑料制品业（30）	化学原料及化学制品制造业	纺织业	电力、热力的生产和供应业	电气机械及器材制造业	金属制品业	化学原料及化学制品制造业
通用设备制造业（35）	黑色金属冶炼及压延加工业	有色金属冶炼及压延加工业	电气机械及器材制造业	塑料制品业	化学原料及化学制品制造业	金属制品业

续表

轻度污染行业	直接消耗系数关联度排名			完全消耗系数关联度排名		
	关联度 1	关联度 2	关联度 3	关联度 1	关联度 2	关联度 3
专用设备制造业（36）	黑色金属冶炼及压延加工业	通用设备制造业	金属制品业	通用设备制造业	金属制品业	塑料制品业
交通运输设备制造业（37）	黑色金属冶炼及压延加工业	通用设备制造业	有色金属冶炼及延加工业	金属制品业	塑料制品业	化学原料及化学制品制造业
电气机械及器材制造业（39）	有色金属冶炼及延加工业	通信计算机及其他电子设备制造业	化学原料及化学制品制造业	金属制品业	通信计算机及其他电子设备制造业	通用设备制造业
通信计算机及其他电子设备制造业（40）	电气机械及器材制造业	有色金属冶炼及延加工业	化学原料及化学制品制造业	电气机械及器材制造业	交通运输设备制造业	金属制品业
仪器仪表及文化办公用机械制造业（41）	通信计算机及其他电子设备制造业	电气机械及器材制造业	金属制品业	电气机械及器材制造业	金属制品业	塑料制品业
工艺品及其他制造业（42）	纺织业	有色金属冶炼及延加工业	化学原料及化学制品制造业	非金属矿物制品业	黑色金属冶炼及延加工业	金属制品业

　　总结以上三表可以发现：首先，从直接消耗系数的总体水平上而言，与多数行业关联度较高的行业的污染排放程度较高，如电力、热力的生产和供应业 44，石油加工、炼焦及核燃料加工业 25，化学原料及化学制品制造业 26 和黑色金属冶炼及压延加工业 32，这些几乎是能源消耗水平处于高位的行业，其被需求水平较高，这表明中国多数工业行业的初次生产在一定程度上依赖于能源消费；其次，从完全消耗系数的总体水平上而言，与多数行业关联度较高的行业的污染排放程度相对有所下降，如金属制品业 34、通用设备制造业 35 和电气机械及器材制造业 39，尤其后两位行业为技术密集型行业，它们会通过产业关联对其他行业发展存在着显著的带动作用；最后，不同污染程度的行业的直接消耗系数和完全消耗系数呈现了显著的行业异质性，某一行业常常与自己污染程度相近的行业关联度较高，因此在制定相关环境保护政策时，针对某一行业进行的环境规制往往会通过产业关联效应改变其他行业的环境表现，这具有一定的政策指导意义。

　　同样，以 2012 年的投入产出表为例，根据上文中所提到的相关公式计算得到 37 个工业行业的影响力系数和感应力系数，如图 3—10 所示。观察该图可以发现：首先，影响力系数较高的行业依次为化学原料及化学制品制造业 26，电气机械及器材制造业 39，农副食品加工业 13，电力、热力的生产和供应业 44，石油加工、炼焦及核燃料加工业 25 和黑色金属冶炼及压延加工业 32，这些多数为重度污染行业，这与前文中对直接消耗系数的统计结果是相一致的，是对前文的进一步肯定，表明重污染行业通过产业关联对国民经济产生巨大的拉动作用；其次，影响力系数较高的行业主要为国民经济基础性行业，它们或是为消费者提供消费品，或是为工业行业提供能源基础和生产设备，这种统计结果是符合经济学直觉的；最后，电力、热力的生产和供应业 44 和石油加工、炼焦及核燃料加工业 25 的感应力系数显著低于影响力系数，这表明，这两个基础性能源行业对其他行业的拉动作用更强，然而被其他行业带动的能力是较弱的，因此在制定政策时应重点关注这些影响力较强但感应力较弱的行业，使其发挥出更大的影响力。

　　以 2012 年为例，按照上文中的相关公式计算得到产业间的购买距离矩阵和销售距离矩阵，将其按照距离由小至大进行关联度排名，得到除

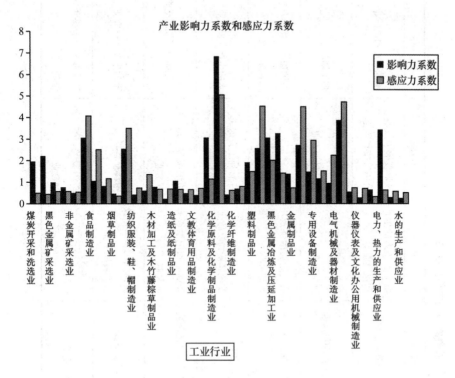

图3—10　工业行业影响力系数和感应力系数

本产业之外排前三位的工业行业，并按照污染排放程度进行分类统计，如以下各表所示（见表3—10、表3—11、表3—12）。

　　总结以上三表可以发现，从购买距离和销售距离出发，一些国民经济基础行业与其他行业的关联程度较强，如水的生产和供应业46和金属制品业34，除此之外，多数行业与其上下游保持了密切的行业关联，如造纸及纸制品业22和印刷业23、农副食品加工业13和食品制造业14、家具制造业21和木材加工业20等，而这正是购买距离矩阵和销售距离矩阵所代表的含义：关联度较强的行业具有相似的购买结构和销售结构，代表了直接的产业部门需求供给联系。

表3—10

重度污染行业的购买距离和销售距离排名

重度污染行业	Db1	Db2	Db3	Ds1	Ds2	Ds3
煤炭开采和洗选业（6）	非金属矿采选业	工艺品及其他制造业	有色金属矿采选业	电力、热力的生产和供应业	仪器仪表及文化办公用机械制造业	水的生产和供应业
黑色金属矿采选业（8）	非金属矿采选业	有色金属矿采选业	水的生产和供应业	黑色金属冶炼及压延加工业	石油加工、炼焦及核燃料加工业	烟草制品业
有色金属矿采选业（9）	非金属矿采选业	水的生产和供应业	工艺品及其他制造业	有色金属冶炼及压延加工业	烟草制品业	石油加工、炼焦及核燃料加工业
非金属矿采选业（10）	有色金属矿采选业	水的生产和供应业	工艺品及其他制造业	非金属矿物制品业	石油加工、炼焦及核燃料加工业	水的生产和供应业
造纸及纸制品业（22）	印刷业和记录媒介的复制	烟草制品业	工艺品及其他制造业	印刷业和记录媒介的复制	纺织服装、鞋、帽制造业	工艺品及其他制造业
化学原料及化学制品制造业（26）	塑料制品业	橡胶制品业	化学纤维制造业	石油加工、炼焦及核燃料加工业	塑料制品业	水的生产和供应业
化学纤维制造业（28）	化学原料及化学制品制造业	橡胶制品业	塑料制品业	纺织业	纺织服装、鞋、帽制造业	印刷业和记录媒介的复制

续表

重度污染行业	Db1	Db2	Db3	Ds1	Ds2	Ds3
非金属矿物制品业（31）	非金属矿采选业	有色金属矿采选业	工艺品及其他制造业	纺织服装、鞋、帽制造业	水的生产和供应业	印刷业和记录媒介的复制
黑色金属冶炼及压延加工业（32）	金属制品业	专用设备制造业	黑色金属矿采选业	金属制品业	烟草制品业	石油加工、炼焦及核燃料加工业
有色金属冶炼及压延加工业（33）	电气机械及器材制造业	文教体育用品制造业	工艺品及其他制造业	电气机械及器材制造业	金属制品业	烟草制品业
电力、热力的生产和供应业（44）	水的生产和供应业	煤炭开采和洗选业	有色金属矿采选业	煤炭开采和洗选业	仪器仪表及文化办公用机械制造业	水的生产和供应业
燃气生产和供应业（45）	石油加工、炼焦及核燃料加工业	工艺品及其他制造业	非金属矿采选业	印刷业和记录媒介的复制	水的生产和供应业	纺织服装、鞋、帽制造业

表3—11　中度污染行业的购买距离和销售距离排名

重度污染行业	Db1	Db2	Db3	Ds1	Ds2	Ds3
石油和天然气开采业（7）	非金属矿采选业	有色金属矿采选业	专用设备制造业	石油加工、炼焦及核燃料加工业	烟草制品业	燃气生产和供应业
农副食品加工业（13）	食品制造业	饮料制造业	烟草制品业	食品制造业	印刷业和记录媒介的复制	水的生产和供应业
食品制造业（14）	饮料制造业	农副食品加工业	工艺品及其他制造业	农副食品加工业	饮料制造业	水的生产和供应业
饮料制造业（15）	食品制造业	工艺品及其他制造业	农副食品加工业	印刷业和记录媒介的复制	水的生产和供应业	纺织服装、鞋、帽制造业
纺织业（17）	纺织服装、鞋、帽制造业	工艺品及其他制造业	文教体育用品制造业	化学纤维制造业	纺织服装、鞋、帽制造业	工艺品及其他制造业
皮革毛皮羽毛（绒）及其制品业（19）	工艺品及其他制造业	文教体育用品制造业	非金属矿采选业	工艺品及其他制造业	纺织服装、鞋、帽制造业	橡胶制品业
木材加工及木竹藤棕草制品（20）	家具制造业	工艺品及其他制造业	非金属矿采选业	印刷业和记录媒介的复制	纺织服装、鞋、帽制造业	工艺品及其他制造业

续表

重度污染行业	Db1	Db2	Db3	Ds1	Ds2	Ds3
石油加工、炼焦及核燃料加工业（25）	燃气生产和供应业	非金属矿采选业	有色金属矿采选业	水的生产和供应业	烟草制品业	纺织服装、鞋、帽制造业
医药制造业（27）	工艺品及其他制造业	非金属矿采选业	饮料制造业	印刷业和记录媒介的复制	工艺品及其他制造业	纺织服装、鞋、帽制造业
橡胶制品业（29）	化学原料及化学制品制造业	塑料制品业	工艺品及其他制造业	家具制造业	纺织服装、鞋、帽制造业	工艺品及其他制造业
金属制品业（34）	专用设备制造业	黑色金属冶炼及压延加工业	通用设备制造业	纺织服装、鞋、帽制造业	工艺品及其他制造业	印刷业和记录媒介的复制
水的生产和供应业（46）	非金属矿采选业	有色金属矿采选业	电力、热力的生产和供应业	印刷业和记录媒介的复制	纺织服装、鞋、帽制造业	工艺品及其他制造业

表 3—12 轻度污染行业的购买距离和销售距离排名

重度污染行业	Db1	Db2	Db3	Ds1	Ds2	Ds3
烟草制品业（16）	饮料制造业	工艺品及其他制造业	非金属矿采选业	印刷业和记录媒介的复制	纺织服装、鞋、帽制造业	水的生产和供应业
纺织服装、鞋、帽制造业（18）	纺织业	工艺品及其他制造业	文教体育用品制造业	工艺品及其他制造业	印刷业和记录媒介的复制	水的生产和供应业
家具制造业（21）	木材加工及木竹藤棕草制品业	工艺品及其他制造业	文教体育用品制造业	橡胶制品业	纺织服装、鞋、帽制造业	工艺品及其他制造业
印刷业和记录媒介的复制（23）	造纸及纸制品业	文教体育用品制造业	烟草制品业	工艺品及其他制造业	纺织服装、鞋、帽制造业	水的生产和供应业
文教体育用品制造业（24）	工艺品及其他制造业	电气机械及器材制造业	非金属矿采选业	工艺品及其他制造业	印刷业和记录媒介的复制	纺织服装、鞋、帽制造业
塑料制品业（30）	化学原料及化学制品制造业	橡胶制品业	化学纤维制造业	工艺品及其他制造业	水的生产和供应业	纺织服装、鞋、帽制造业
通用设备制造业（35）	专用设备制造业	金属制品业	电气机械及器材制造业	金属制品业	橡胶制品业	电气机械及器材制造业

续表

重度污染行业	Db1	Db2	Db3	Ds1	Ds2	Ds3
专用设备制造业（36）	通用设备制造业	金属制品业	非金属矿采选业	金属制品业	工艺品及其他制造业	纺织服装、鞋、帽制造业
交通运输设备制造业（37）	专用设备制造业	通用设备制造业	工艺品及其他制造业	家具制造业	橡胶制品业	仪器仪表及文化办公用机械制造业
电气机械及器材制造业（39）	文教体育用品制造业	工艺品及其他制造业	通用设备制造业	金属制品业	烟草制品业	工艺品及其他制造业
通信计算机及其他电子设备制造业（40）	仪器仪表及文化办公用机械制造业	电气机械及器材制造业	工艺品及其他制造业	电气机械及器材制造业	工艺品及其他制造业	塑料制品业
仪器仪表及文化办公用机械制造业（41）	专用设备制造业	工艺品及其他制造业	通用设备制造业	电力、热力的生产和供应业	水的生产和供应业	烟草制品业
工艺品及其他制造业（42）	文教体育用品制造业	非金属矿采选业	有色金属矿采选业	纺织服装、鞋、帽制造业	印刷业和记录媒介的复制	水的生产和供应业

四 中国工业产业环境效率的特征分析

本节，拟将产业特征的经济和环境影响综合为"环境效率"[1]，以此视角考察产业特征的经济环境影响[2]。

（一）测度方法

近年来，资源环境问题对经济发展的约束越发明显，越来越多的学者在传统的生产率测度方法基础上加入资源环境要素以考察经济环境综合效率问题。目前，环境效率的测度方法有：（1）"经济—环境"比值评价法。该方法从生态效率的定义演变而来，基本表征为单位环境成本的经济效益或产品价值，其公式为：环境效率 = 产品和服务的价值/环境影响，其中环境影响包括水污染排放、SO_2排放等要素。（2）环境效率指标评价体系分析法。该方法构建了包括能源消耗、水消耗、原材料消耗、二氧化硫排放量、废水排放量等指标在内的指标体系，通过熵值法或层次分析法形成综合的环境效率指标。这种方法因其全面性和综合性得到了广泛的应用，如范·坎尼格姆等（Van Caneghem et al.，2010）使用水生态毒性、富营养化、挥发酸等指标综合测度了钢铁产业的环境效率；毛建素等（2010）选择了工业产值和能源消费及其与废水、固体废物、二氧化硫、工业烟尘、粉尘等污染物的排放量之间比率，表征中国工业行业的生态效率。（3）数据包络分析法（Data Envelopment Analysis，以下简称 DEA），DEA 是一种基于被评价对象之间相对比较的非参数技术效率分析方法，它具有灵敏度高、可靠性强、测算简单等优点，因其在分析多投入多产出情况时具有的特殊优势而得到了广泛的应用。一些学者在传统的 DEA 框架中加入环境资源要素，将自然资源作为投入要素，将污染排放作为非期望产出计算环境效率（涂正革、谌仁俊，2013；屈小娥，2014；韩晶等，2014；张子龙等，2015）。

传统 DEA 模型计算环境效率至少存在以下问题：第一，依赖于径向

---

[1] 指产业有效利用各种经济环境资源，在提供高效的经济收益的同时减少污染排放，以实现产业的高质量可持续发展。

[2] 本节主要内容，参见孙坤鑫《环境规制、产业特征与环境效率》，南开大学博士学位论文，2018 年。

和角度的度量，无法充分考虑投入指标和产出指标的松弛改进空间，因而效率值是有偏的；第二，DEA 模型得出的效率值最大为 1，有效评价单元（DMU）效率值相同，而这些有效 DMU 的效率高低则无法进一步区分；第三，在对环境效率的影响因素的进一步分析中，效率指标为截尾数据，必须采用 Tobit 模型进行回归。超效率 SBM 模型是对基本的 DEA 模型进行的优化模型，它不仅可以解决松弛改进问题，也使得效率测度结果可以大于 1，使各决策单元可以有效排序，因此得到了较为广泛的应用。钱争鸣和刘晓晨（2013）运用 DEA – SBM 模型对 1996—2010 年中国各省区绿色经济效率值进行测算；任海军和姚银环（2016）运用包含非期望产出的 SBM 超效率模型测算了 2003—2012 年中国 30 个省市的生态效率，分析了不同资源依赖度下环境规制对生态效率的影响差异。本节即采用含有非期望产出的超效率 SBM 模型对各工业行业的环境效率进行测度。

对于有 n 个评价单元（DMU），m 个投入指标（设为 x），q_1 个期望产出指标（设为 y），q_2 个非期望产出指标（设为 b）的规模报酬不变的 SBM 超效率模型而言，其模型要解决如下问题：

$$
\min\rho = \frac{1 + \dfrac{1}{m}\displaystyle\sum_{i=1}^{m} s_i^- / x_{ik}}{1 - \dfrac{1}{q_1 + q_2}\left(\displaystyle\sum_{r=1}^{q_1} s_r^+ / y_{rk} + \displaystyle\sum_{t=1}^{q_2} s_t^- / b_{tk}\right)}
$$

$$
s.t. \begin{cases} \displaystyle\sum_{j=1, j\neq k}^{n} x_{ij}\lambda_j - s_i^- \leqslant x_{ik} \\ \displaystyle\sum_{j=1, j\neq k}^{n} y_{rj}\lambda_j + s_r^+ \geqslant y_{rk} \\ \displaystyle\sum_{j=1, j\neq k}^{n} b_{tj}\lambda_j - s_t^- \leqslant b_{tk} \\ 1 - \dfrac{1}{q_1 + q_2}\left(\displaystyle\sum_{r=1}^{q_1} s_r^+ / y_{rk} + \displaystyle\sum_{t=1}^{q_2} s_t^- / b_{tk}\right) > 0 \\ \lambda, s^-, s^+ \geqslant 0 \\ i = 1, 2, \cdots, m; r = 1, 2, \cdots, q_1; \\ t = 1, 2, \cdots, q_2; j = 1, 2, \cdots n(j \neq k) \end{cases} \quad \text{式（3—22）}
$$

其中，目标函数 ρ 为产业环境效率，si^-、sr^+、st^- 分别表示第 i 个投入要素、第 r 个期望产出和第 t 个非期望产出的松弛变量，λ 是权重向量。目标函数 ρ 是关于 s^-，s^+ 严格递减的，并且 $\rho > 0$。对于特定的被评价单元，ρ 越小表明向最优产出的改进距离越远，改进空间越大，被评价单元的效率越低。

（二）测度结果和分析

本节按照前述分类方法计算得到了不同行业的平均环境效率（由于篇幅限制，仅展示部分年份的测算结果，计算结果保留四位小数）。观察表 3—13 可知：首先，21 世纪以来，几乎所有工业行业的环境效率均呈现了明显的上升趋势，这可能是来源于经济规模总量的不断上涨；其次，一些高污染、高耗能产业的环境效率显著低于同期其他行业的平均水平，如煤炭开采和洗选业、黑色金属矿采选业、黑色金属冶炼及压延加工业和造纸及纸制品业等，这表明环境效率与行业能源消耗水平呈现明显的负相关关系；最后，一些技术密集型产业的环境效率显著高于同期其他行业的平均水平，如通用设备制造业、交通运输设备制造业和通信计算机及其他电子设备制造业等，这在一定程度上表明产业环境效率与技术水平的相关性，为后文的因素分析提供数据基础。

上述分析表明，环境效率呈现出了显著的行业异质性。为了更直观地对各行业环境效率做出差异性的评价，比较异质性行业环境效率的变动趋势，本节将各污染物的排放强度（排放量/工业总产值）进行标准化处理，在此基础上赋予等值权重加权加总，得到各行业的污染状况。

表 3—13   **工业行业的环境效率**

行业代码	行业名称	2001 年	2003 年	2005 年	2007 年	2009 年	2011 年	2013 年
6	煤炭开采和洗选业	0.0097	0.0143	0.0274	0.0385	0.0609	0.1074	0.1547
7	石油和天然气开采业	0.0495	0.0578	0.0959	0.1125	0.0780	0.1705	0.3642
8	黑色金属矿采选业	0.0193	0.0277	0.0473	0.0766	0.1137	0.1778	0.2279
9	有色金属矿采选业	0.0244	0.0313	0.0580	0.0874	0.1101	0.2173	0.3644
10	非金属矿采选业	0.0168	0.0226	0.0373	0.0585	0.0813	0.1396	0.2643
13	农副食品加工业	0.0616	0.0847	0.1180	0.1627	0.2134	0.3283	0.5064

续表

行业代码	行业名称	2001 年	2003 年	2005 年	2007 年	2009 年	2011 年	2013 年
14	食品制造业	0.0428	0.0550	0.0746	0.1045	0.1312	0.1970	0.3087
15	饮料制造业	0.0465	0.0567	0.0751	0.1063	0.1363	0.2007	0.2775
16	烟草制品业	0.1415	0.2168	0.2940	0.4059	0.6138	1.0163	1.0362
17	纺织业	0.0381	0.0452	0.0599	0.0782	0.0964	0.1407	0.3010
18	纺织服装、鞋、帽制造业	0.1693	0.1727	0.1758	0.2750	0.3183	0.3711	1.0044
19	皮革毛皮羽毛（绒）及其制品业	0.1053	0.1942	0.1541	0.2777	0.3064	0.4270	0.3707
20	木材加工及木竹藤棕草制品业	0.0407	0.0448	0.0597	0.0925	0.1255	0.1970	0.5185
21	家具制造业	0.0642	0.0982	0.1444	0.2216	0.3312	0.5241	1.0733
22	造纸及纸制品业	0.0296	0.0389	0.0527	0.0745	0.0865	0.1254	0.1986
23	印刷业和记录媒介的复制	0.0533	0.0573	0.1193	0.1550	0.1863	0.2525	0.3117
24	文教体育用品制造业	0.0753	0.1895	0.2168	0.2892	0.2911	0.3178	0.1596
25	石油加工、炼焦及核燃料加工业	0.0794	0.1056	0.1581	0.2037	0.2118	0.3140	1.0581
26	化学原料及化学制品制造业	0.0319	0.0455	0.0705	0.0961	0.1119	0.1596	0.2400
27	医药制造业	0.0484	0.0569	0.0788	0.1105	0.1475	0.2044	0.3324
28	化学纤维制造业	0.0378	0.0611	0.0930	0.1366	0.1335	0.2047	0.3299
29	橡胶制品业	0.0350	0.0485	0.0628	0.0858	0.1087	0.1628	0.3286
30	塑料制品业	0.0655	0.1081	0.1040	0.1342	0.2112	0.2598	0.4590
31	非金属矿物制品业	0.0199	0.0262	0.0370	0.0562	0.0761	0.1194	0.1947
32	黑色金属冶炼及压延加工业	0.0329	0.0505	0.0819	0.1073	0.1184	0.1694	0.2216
33	有色金属冶炼及压延加工业	0.0356	0.0508	0.0896	0.1627	0.1494	0.2241	0.3051
34	金属制品业	0.0543	0.0690	0.0885	0.1120	0.1370	0.1754	0.2636
35	通用设备制造业	0.0492	0.0750	0.1036	0.1945	0.2264	0.3584	1.0337

行业代码	行业名称	2001 年	2003 年	2005 年	2007 年	2009 年	2011 年	2013 年
36	专用设备制造业	0.0496	0.0679	0.0947	0.1919	0.1920	0.3567	0.6737
37	交通运输设备制造业	0.0685	0.1129	0.1445	0.2149	0.2935	0.3849	1.1098
39	电气机械及器材制造业	0.1225	0.1728	0.2880	0.4009	0.4126	0.5488	1.0182
40	通信计算机及其他电子设备制造业	0.2388	0.3369	0.3719	0.4001	0.3864	0.4731	1.5538
41	仪器仪表及文化办公用机械制造业	0.1266	0.1063	0.1835	0.2464	0.3112	0.5814	1.1235
42	工艺品及其他制造业	0.0340	0.1060	0.1191	0.2060	0.2387	0.1766	1.1158
44	电力、热力的生产和供应业	0.0214	0.0247	0.0536	0.0703	0.0783	0.1129	0.1427
45	燃气生产和供应业	0.0187	0.0255	0.0405	0.0677	0.1177	0.2465	0.4101
46	水的生产和供应业	0.0196	0.0259	0.0220	0.1767	0.2879	0.3747	1.2917

按照行业分类结果将环境效率进行年度平均，得到不同污染程度的行业的平均环境效率。如表 3—14 所示。

表 3—14　　　　　　　　分行业的平均环境效率

年份	全行业平均	重度污染行业均值	中度污染行业均值	轻度污染行业均值
2001	0.0588	0.0248	0.0518	0.0968
2002	0.0661	0.0281	0.0558	0.1106
2003	0.0833	0.0349	0.0703	0.1400
2004	0.0994	0.0493	0.0766	0.1666
2005	0.1107	0.0574	0.0873	0.1815
2006	0.1346	0.0705	0.1058	0.2203
2007	0.1619	0.0860	0.1353	0.2566
2008	0.1763	0.0995	0.1358	0.2847
2009	0.1954	0.1032	0.1650	0.3087
2010	0.2315	0.1259	0.1895	0.3678
2011	0.2843	0.1670	0.2410	0.4324
2012	0.3874	0.2066	0.3537	0.5854
2013	0.5310	0.2545	0.4935	0.8210

　　根据表3—14绘制了分行业分组的环境效率变动趋势图，如图3—11所示。

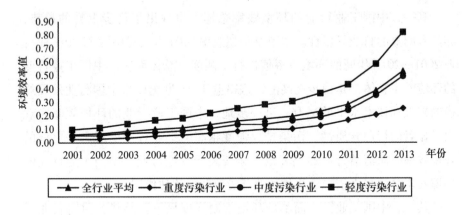

图3—11　2001—2013年间中国工业行业的环境效率变动趋势图

　　可以看出，2001—2013年间，首先，不同污染排放强度的工业行业的环境效率均呈现了不断增加的特征，即总体上，中国工业行业的环境效率是稳步提升的，这在一定程度上表明了21世纪以来中国经济发展总体质量水平的逐步提高，其与中国近年来经济的快速发展、技术水平的显著进步息息相关；其次，不同污染排放强度的工业行业的环境效率亦存在显著差异，污染排放强度越低的工业行业呈现出了更高的环境效率，可见在下文的实证分析中考虑行业异质性是十分必要的；最后，值得说明的是，全部工业行业环境效率的平均值介于"轻度污染"行业和"中度污染"行业的环境效率值之间，这表明中国工业行业的环境效率总体水平依赖于清洁产业的拉动作用，因此在异质性行业分析中应给予轻度污染行业足够的重视。

五　中国工业产业特征对环境效率影响的分析

　　综上分析发现，目前学术界通常将对于产业市场集中、空间集聚和产业关联的经济与环境影响单独分析，而并未讨论各产业特征对经济和环境的综合影响。在实证分析方面，既有研究的样本多为区域层面，较少对工业行业进行相关实证分析。本节，将产业特征的经济和环境影响综合为"环境效率"（基于超效率 SBM 方法），考察产业特征的经济环境影响。限于篇幅，仅将研究结论列出。①

（一）工业行业环境效率及其环境规制强度的现状

其一，中国工业行业的环境效率总体上呈现出了稳步上升的趋势，亦具有明显的行业异质性。本节基于超效率 SBM 方法对中国 37 个工业行业 2001—2013 年间的环境效率值进行了测度。总体而言，中国工业行业的环境效率整体上是稳步提高的，这得益于 21 世纪以来中国行业发展规模的扩大和技术水平的提升。进一步地，中国工业行业的环境效率表现出了显著的行业异质性，污染排放强度越高的工业行业呈现出了更低的环境效率，而清洁行业的环境效率显著高于其他行业，中国工业行业的环境效率总体水平依赖于清洁产业环境效率的拉动作用。

其二，中国工业行业面临的环境规制强度呈下降趋势且具有行业异质性。鉴于行业数据的可得性，本节的环境规制强度主要基于环境治理投入的视角，用单位产值的工业污染治理费用度量，该指标可以直观反映行业环境规制的投入强度和工业污染物的治理强度。测度结果显示，尽管各产业对污染治理投入的总体规模越来越大，但相对于其生产产值的比重却是下降的，各行业对环境污染的治理没有给予足够的重视程度。环境规制的总体规模和相对强度亦呈现出了显著的行业异质性，在一定程度上表现出了"先污染，后治理"的思想。

（二）环境规制、产业市场集中和环境效率

其一，中国工业行业的市场集中度是普遍偏低的，产业市场集中度只有跨过固定的门槛才可以提高环境效率。本节基于赫芬达尔指数对工业行业的市场集中度进行了测度，统计发现多数工业行业呈现出了高度分散的竞争型市场结构。进一步地，对环境规制、产业市场集中和环境效率的实证分析表明，产业市场集中度只有超过固定的门槛（HHI = 0.002）才可以提高环境效率，而在全部 481 个样本中，未能跨过这一门槛值的样本约占 1/3。

其二，环境规制可以通过产业市场集中过程提高环境效率。环境规

---

① 本节主要内容，参见孙坤鑫《环境规制、产业特征与环境效率》，南开大学博士学位论文，2018 年。

制会通过增加企业的生产成本和倒逼企业进行技术升级等途径进入企业的市场决策，环境规制也可以看作是潜在企业进入一个行业的进入壁垒，其对产业市场集中度存在显著的正向促进作用。对环境规制、产业市场集中和环境效率的实证分析表明，环境规制和产业市场集中的交互作用对环境效率的影响是正向促进的，进一步地，对于市场集中度偏低的现象，环境规制可以促进产业市场集中。

其三，环境规制、产业市场集中和环境效率之间的关系存在着行业异质性。一方面，污染排放强度越高的行业，产业市场集中促进环境效率所需的门槛值越高，而污染排放强度越低的行业跨过市场集中度门槛的比例越高。而对于环境规制和产业市场集中的关系而言，重度污染行业的环境规制政策可以线性促进产业市场集中，而中度和轻度污染行业则不宜采取过强的环境规制政策，否则会降低市场集中度。此外，污染排放程度越低的行业生产越清洁，环境规制和产业市场集中的交互作用促进环境效率的效果越明显。

（三）环境规制、产业空间集聚和环境效率

其一，中国多数工业行业的空间集聚水平是较低的，其对环境效率的影响具有动态的阶段性特征。对各工业行业空间集聚度指数（空间基尼系数和 EG 指数）的初步统计可以发现，只有个别行业的空间集聚程度属于中度集聚状态，多数行业仍处于低集聚状态，这不利于规模经济和正外部性的产生。进一步地，基于系统 GMM 方法对环境规制、产业空间集中和环境效率的实证分析表明，总体而言，产业空间集聚对环境效率的基础影响是"正 N 形"的，只有产业空间集聚水平跨过了第二个极值点，集聚过程中才可以兼顾经济效应与生态效应，而多数工业行业的空间集聚水平处于"正 N 形"曲线的下降阶段，表明中国工业行业普遍处于低水平无效率集聚状态。

其二，环境规制与产业空间集聚的交互作用可以改进环境效率，减少低水平产业空间集聚对环境效率的负面影响。对环境规制、产业空间集中和环境效率的基准实证回归表明，环境规制会通过与产业空间集聚的交互作用改变"正 N 形"曲线极值点的位置。环境规制强度的提高会缩短产业空间集聚降低环境效率的区间，使其促进环境效率的极值点提前到来。进一步地，在其他条件不变的情况下，环境规制强度的增加使

"正N形"曲线的下降阶段变得更平缓，上升阶段变得更陡峭。这意味着，环境规制的增加可以在一定程度上减少产业空间集聚对环境效率带来的负面影响，增加产业空间集聚对环境效率的正面影响。该结论为积极的环境规制政策提供了依据。

其三，不同行业的产业空间集聚对环境效率的影响具有异质性影响。对于重度和中度污染行业而言，其空间集聚与环境效率之间的关系呈现了"正N形"的规律，其产业空间集聚系数普遍处于"正N形"的第二阶段，这种空间集聚是低效率的，环境规制强度的增加可以改变这种低效率状态；对于轻度污染行业而言，其产业空间集聚与环境效率呈现了迥异"倒N形"关系，且"倒N形"曲线的上升阶段是较短的，部分高技术产业的空间集聚处于该阶段，在其产业空间集聚过程中技术创新和知识溢出发挥了显著作用，带来了经济发展和环境保护的双赢。此外，对于轻度污染行业而言，环境规制政策的增加会缩短"倒N形"曲线的上升阶段，这对于环境效率的增加而言效果是负面的。

（四）环境规制、产业关联和环境效率

其一，中国的工业行业存在显著的投入产出关联，其产业间环境效率总体上存在显著的关联依赖性。基于中国投入产出表对工业行业的直接消耗系数和完全消耗系数、产业影响力和感应力、产业间购买距离和销售距离的测度表明，工业行业间存在显著的投入产出关联，这种产业关联使得其环境效率总体上呈现出了关联依赖性。分析全局莫兰指数 I 检验和局部莫兰指数散点图可知，从全局分析，产业环境效率较高的行业存在着正向的相互促进作用，而环境效率较低的行业亦存在着恶性循环；从局部分析，部分行业没有充分利用相邻产业的关联效应提高自身的环境效率水平。

其二，本行业的环境效率不仅与自身的环境规制强度和产业特征表现直接相关，亦通过产业关联间接受制于相关产业面临的环境规制强度和产业特征。具体而言，环境规制和产业市场集中度对环境效率的直接影响和间接影响都是正向的，环境规制一方面通过成本增加效应使企业在产业链的上下游寻求合作厂商的规模经济；另一方面通过创新补偿效应带来了关联产业清洁技术水平的提高，两种作用相结合，带来了自身产业和关联产业环境效率的优化。而产业空间集聚对环境效率的直接影响和间接影响都是负向的，产业空间集聚水平的增加带来的马歇尔外部性并未能覆盖其污染的规模效应，产业空间集聚不仅未能带来本行业环境效率的改善，而且会通过产业关联恶化上下游产业的环境效率。

其三，环境效率的产业关联存在着明显的行业异质性，产业关联视角下，环境规制强度和产业特征对环境效率的影响亦呈现出了行业异质性。具体而言，某一行业常常与自己污染程度相近的行业关联度较高。重度污染行业的环境效率呈现出了"低—低关联"，中度污染产业的环境效率呈现出了"低—高关联"，"轻度污染"产业的环境效率呈现出了"高—高关联"。另外，本行业及关联行业的环境规制强度与"重度污染"产业和"中度污染"产业的环境效率呈正相关，而与轻度污染产业的环境效率呈负相关；本行业及关联行业的产业空间集聚显著降低了"重度污染"产业和"中度污染"产业的环境效率，而与"轻度污染"产业的环境效率无明显关系；本行业及关联行业的产业市场集中显著提高了"重度污染"产业和"中度污染"产业的环境效率，而与"轻度污染"产业的环境效率无明显关联。

第 四 章

城市生态文明建设的核心评价：
生态承载力、生态效率、生态公平视角

　　基于关于城市生态文明建设理论机制的探索分析，本书提出的核心认识是："城市生态文明建设"，一要以"生态承载力"为基准形成"生态可损耗配额"，把它作为顶层约束和关键性约束，融入到城市发展中经济、政治、文化、社会的各领域和全过程，防范各主体、各领域、各过程中可能出现的不顾及生态承载力约束的"超载发展"；二要在城市经济社会发展过程中，以最具效率、最适配的方式配置各种生态环境资源，以市场经济等方式追求其最大效率，亦即"生态效率"，以使各主体有利益动力来采取生态文明行为；三要以"生态公平"作为城市各主体维护"生态可持续"的重要内容，否则将有损于整体的生态可持续目标，城市之间应当公平地分享生态功能、公平地承受生态环境影响、公平地承担生态维护和环境治理责任及成本。

　　基于以上核心认识，本章选取"生态承载力""生态效率""生态公平"等作为"城市生态文明建设"的核心概念，从这些方面对城市生态文明建设进行专题性的评价分析。本章作者认为，这些方面是城市生态文明建设的关键性内容，因此，这些方面的评价分析称之为"城市生态文明建设的核心评价"。在各节中，首先进行核心概念的界定，其次进行文献梳理，进而分别进行表征指标的测度，最后对现阶段中国城市的"生态承载力""生态效率""生态公平"特征现状进行分析和总结。

第一节　中国城市生态承载力、生态超载状态及其发展取向的测度分析

城市生态文明建设的首要目标是，使各城市的经济活动、经济规模及其增长水平在其生态承载力可承载范围内进行，尽可能地降低其因生态负载超载导致的生态环境影响。为达成这一目标，我们必须对各城市的生态承载力进行评估测算，进而对其生态负载的现实状况，提出未来的合理发展取向。这是本节所要展开讨论的思路和内容。①

一　中国城市生态承载力的表征——理论假说的提出

近年来，随着理论研究的不断深入，生态承载力的量化方法亦不断进步，关于生态承载力的分析方法主要包括生态足迹法、能值分析法和指标综合评价法等。生态足迹法是由里斯（Rees，1995）提出。用生产性土地面积来度量一个确定人口或经济规模的资源消费和废物吸收水平的账户工具，从而对人类活动的可持续性做出评价。生态足迹的大小受人口规模、生活水平、技术和生态生产力等因素的影响，通过生态盈余/生态赤字能判断区域可持续发展的实现状态。生态足迹法对判断人类经济活动是否超出生态系统承载力范围给出了一种简单而实用的计算方法。综合指标评价法则是基于指标体系，通过描述可度量参数的集合来综合评价。如，经合组织（OECD，1991）建立的 P－S－R（压力—状态—响应）框架，腾纳等（Turner）提出的 P－S－I－R（压力—状态—影响—响应）框架，经合组织（OECD，1993）提出的 D－P－S－I－R（驱动力—压力—状态—影响—响应）发展模型框架。美国生态学家敖德姆（H. T. Odum，1987）等提出的能值分析法则综合系统生态、能量生态和生态经济学原理，以太阳能值来分析生态系统中不同的能量流和物质流，通过一系列能值指标来反映系统结构特征和效率。

本节，尝试采用一种基于中国特征的实证规律，借鉴"胡焕庸线"

---

① 一、二、三、四各小节的主要内容，参见钟茂初、孙坤鑫《中国城市生态承载力的相对表征——从胡焕庸线出发》，《地域研究与开发》2018 年第 37（05）期，第 152—157 页。

的相关概念，引入"生态承载力存在自西北方向朝东南方向（沿着胡焕庸线的垂直方向）的梯度递增性"假说，基于该假说进一步计算中国城市的生态承载力。

1935 年，《地理学报》上刊登了一篇名为《论中国人口之分布》的论文，文章指出，"自黑龙江之瑷珲，向西南作一直线，至云南之腾冲为止。分全国为东南与西北两部：则此东南之面积，计四百万平方公里，约占全国总面积之百分之三十六；西北部之面积，计七百万平方公里，约占全国总面积之百分之六十四。惟人口之分布，则东南部计四万四千万，约占总人口之百分之九十六，西北部之人口，仅一千八百万，约占全国总人口之百分之四"。该文章的作者是著名地理学家胡焕庸，而文章中提到的这条直线即被学术界称之为"胡焕庸线"。胡焕庸线是一条大致的人口地理分界线，这条线北起黑龙江省瑷珲（今黑河），一路向着西南延伸，直至云南腾冲。该线东南部以中国 36% 的面积承载了中国总人口的 94%，而此线以西只承载了中国总人口的 6%。近年来，学术界对此规律展开了诸多探讨，多数学者的研究表明，这一规律至今 80 多年以来几乎没有发生变化（原华荣，1993；戚伟等，2015）。

为什么这一规律如此显著而稳定呢？仔细研究不难发现，胡焕庸线象征着中国生态环境的转变，该线两侧生态环境上的差异导致了中国人口分布的差别。胡焕庸线西北部的气候条件十分严峻，地理上分布的多为草原、沙漠和雪域高原；相反，胡焕庸线东南部的人居环境则较为优越，其地理结构以广阔的平原、森林和丘陵等为主（方瑜等，2012）。可见，胡焕庸线不仅是中国人口分布差异的分界线，也是中国生态环境突变的分界线（陈明星等，2016）。进一步地，胡焕庸线两侧的生态系统承载力呈现渐进增加趋势。一些学者的研究从侧面印证了这一趋势，刘春腊等（2015）发现胡焕庸线东西两侧的生态环境有着显著差别，胡焕庸线附近的中段地区，大都是黄土高原、农牧交错地带和喀斯特地貌等生态脆弱的区域，胡焕庸线穿过的省份也大多为生态补偿大省，龙冬平等（2014）发现中国农业的可持续发展依次沿京沪地区→东部沿海地区→东北地区→华南地区→西南地区→西北地区递减。笔者发现，中国近年来污染严重的城市多处于离胡焕庸线垂直距离较近的区域，进而提出了中国生态承载力存在自西北方向朝东南方向（沿着胡焕庸线的垂直方向）

的梯度递增性的假说。[①] 那么，这个假说是否成立？是否可以用城市中心距胡焕庸线的垂直距离来表征其生态承载力？如果可以，据此表征的城市生态承载力又具有哪些特征？本节就试图从胡焕庸线出发，验证"生态承载力存在自西北方向朝东南方向（沿着胡焕庸线的垂直方向）的梯度递增性"假说，并进一步计算中国城市的生态承载力。

二　中国生态承载力理论假说的验证

根据本节的定义，生态承载力是资源与环境子系统的供容能力及其可维育的社会经济活动强度和具有一定生活水平的人口数量。城市生态承载力是城市环境质量的基础，其表征着城市生态系统的自我维持和调节能力，城市生态承载力越强，其抵御污染和破坏的能力越强，城市环境质量越高。城市人口的聚集和经济的发展对其生态系统造成了一定的负荷，这种负荷降低了城市的生态环境质量。可见，生态承载力和生态负荷共同影响了城市的环境质量，城市生态承载力越高，其环境质量越好，生态负荷越重，环境质量越差。根据前文提出的假说，本节用各城市中心至胡焕庸线的垂直距离初步表征其生态承载力。为保持东西部差异，西部城市距胡焕庸线的垂直距离为负，东部为正，如果这一距离确实与城市环境质量成正比，假说即得到验证。

（一）模型的建立和数据来源

以下，建立模型来验证中国区域承载力梯度性假说。公式如下：

$$Env_{it} = \alpha_0 + \alpha_1 L_i + \alpha_2 \sum (\ln GDP_{it})^j + \alpha_3 \ln P_{it} + \beta C_{it} + \varepsilon_{it}$$

式（4—1）

式中：Env_{it} 为环境质量；L_i 为城市中心距胡焕庸线的垂直距离；GDP_{it} 为城市经济发展水平；P_{it} 为市辖区人口密度，人类的经济社会活动是城市生态负荷的最终来源，因此城市人口密度和经济发展水平共同表征了城市的生态负荷；C_{it} 为影响城市环境质量的其他控制变量（S_{it} 为产业结构，用市辖区第三产业占比表示；T_{it} 为科技水平，用市辖区科技从

---

① 钟茂初：《如何表征区域生态承载力与生态环境质量？——兼论以胡焕庸线生态承载力涵义重新划分东中西部》，《中国地质大学学报》（社会科学版）2016 年第 16（01）期，第 1—9 页。

业人员数表示）等。α 为各指标的回归系数。指标数据来源于《中国城市统计年鉴》《中国区域经济统计年鉴》。

城市环境包括大气、水体、土壤、声等多种要素，其中，城市大气环境和水环境是近年来学者和公众关注的焦点，生态环境部（原环境保护部）也公布了比较详尽的指标数据，因此，环境质量 Env_{it} 引用城市大气环境质量和水环境质量两个层面来分别表征城市环境质量，分别为大气环境质量（G_{it}）和水环境质量（W_{it}）。

在对城市大气环境质量（G_{it}）的回归方程中，本节采用生态环境部（原环境保护部）数据中心公布的空气污染指数 API 来表征城市空气环境质量，API 越大表明城市空气环境质量越差。此外，由于 2013 年指标统计口径的变化，2013 年之后的空气质量数据不再适用于研究分析，因此，仅选取 2001—2012 年的除拉萨以外的监测城市作为研究对象。将监测到的日度 API 进行平均得到其年均空气污染指数，年均的过程降低了数据的方差，因而在回归中不再进行对数处理。

在对城市水环境质量（W_{it}）的回归方程中，引用生态环境部（原环境保护部）数据中心公布的主要流域重点断面水质监测指标 DO 浓度（mg/L）、COD_{mn} 浓度（mg/L）以及 NH_3-N 浓度（mg/L）数据，表征城市水环境质量。DO 浓度指溶解在水中的氧含量浓度，COD_{mn} 浓度指以高锰酸钾检测的化学需氧量，NH_3-N 浓度则指水中氨氮含量浓度，因此 DO 浓度越大，COD_{mn} 浓度和 NH_3-N 浓度越小，城市水环境质量越好。此外，同样由于监测站点的逐年变化，城市水环境质量的回归方程中，选取 2004—2015 年的监测站点，并根据其所在位置将监测到的环境质量数据匹配到相应城市，即可得到 2004—2015 年间 945 个样本水环境质量数据。

核心解释变量为城市中心距胡焕庸线的垂直距离 L_i，城市中心（即其政府所在地）经纬度数据来源于 google earth，在此基础上根据球面距离公式计算得到各城市中心距胡焕庸线的垂直距离。在城市大气环境质量的回归模型中，如果 L_i 的系数为负并且通过了显著性检验，则表明城市中心距胡焕庸线越远，API 越小，大气环境质量越好，假说即得到验证；而在城市水环境质量的回归模型中，如果 L_i 与 DO 浓度成正相关，与

COD_{mn} 浓度和 NH_3-N 浓度成负相关关系，则表明城市中心距胡焕庸线越远，水环境质量越好，假说即得到验证。

（二）计量方法及其回归结果

本模型中存在不随时间变化而变化的恒量 L_i，如果采用普通固定效应面板回归则会丢失 L_i 的回归系数，因此本节采用 Plümper T.、Troeger V. E.（2007）提出的固定效应向量分解（fixed effects vector decomposition，FEVD）模型作为对传统的固定效应模型的优化，回归结果如表 4—1 所示。

表 4—1 的实证结果表明：

其一，在大气环境质量的验证回归中，城市中心距胡焕庸线的垂直距离与城市空气污染指数 API 呈显著的负相关，表明在其他条件不变的情况下，城市中心距胡焕庸线距离越远，城市空气污染指数越低，城市大气环境质量越好，假说得到了验证；而在水环境质量的验证回归中，城市中心距胡焕庸线的垂直距离与水中的 DO 浓度呈显著的正相关，与 COD_{mn} 浓度和 NH_3-N 浓度呈显著的负相关，表明在其他条件不变的情况下，城市中心距胡焕庸线距离越远，水域中溶解氧含量越高，化学需氧量越低，氮氧化物浓度越低，城市水环境质量越好，假说得到了验证。

其二，在大气环境质量的验证回归中，GDP 及其多次项的系数均十分显著，这表明城市经济发展与其空气质量和水环境质量呈现了显著的非线性关系，并且城市空气质量与经济发展水平呈现"倒 N 型"关系，而城市水环境质量与经济发展水平呈现"倒 U 型"或"U 型"关系，因此，当前中国城市经济发展对环境质量带来的影响十分显著，这种关系是非线性的，并且具有异质性。

其三，在大气环境质量的验证回归中，城市人口密度的系数显著为正，说明在其他条件不变的情况下，城市人口集聚带来的生态负荷使环境污染指数增加，大气环境质量恶化；而在水环境质量的验证回归中，城市人口密度与 COD_{mn} 浓度和 NH_3-N 浓度呈显著的正相关，说明在其他条件不变的情况下，城市人口集聚带来的生态负荷使水环境污染指数增加，水环境质量恶化。

表 4—1　　　　　　　中国生态承载力理论假说验证的实证结果

变量	大气环境质量（G_{it}）	水环境质量（W_{it}）		
	API	DO 浓度	COD_{mn} 浓度	$NH_3 - N$ 浓度
L_i	-0.0062 ***	0.0007 ***	-0.0023 ***	-0.0003 ***
	(0.0004)	(0.0001)	(0.0006)	(0.0001)
$lnGDP_{it}$	-396.8278 ***	0.5504 ***	-3.0079 ***	-0.7028 ***
	(69.3972)	(0.1009)	(0.5638)	(0.1003)
$(lnGDP_{it})^2$	24.3711 ***	-0.0232 ***	0.1343 ***	0.0293 ***
	(4.3543)	(0.0044)	(0.0249)	(0.0044)
$(lnGDP_{it})^3$	-0.5073 ***			
	(0.0908)			
lnP_{it}	3.0097 ***	-0.0797	1.0294 ***	0.0954 **
	(0.4213)	(0.0492)	(0.2701)	(0.0490)
lnS_{it}	-0.2579 ***	0.0167 ***	-0.2936 ***	-0.0269 ***
	(0.0228)	(0.0039)	(0.0226)	(0.0039)
lnT_{it}	0.3105 ***	0.0398 *	0.0168 *	0.0381 **
	(0.0662)	(0.0092)	(0.0989)	(0.0176)
Constant	2293.5170 ***	4.0750 ***	26.1809 ***	5.1266 ***
	(367.2138)	(0.4545)	(2.5490)	(0.4542)
R^2	0.8143	0.7336	0.6389	0.7758
观测值	966	945	945	945
城市个数	119	91	91	91

说明：***、** 和 * 分别表示在 1%、5% 和 10% 的检验水平上显著，括号内为标准差。下表同。

以上分析综合表明，在控制城市经济发展与人口集聚对环境的负荷的基础上，城市中心距胡焕庸线距离越远，城市空气污染指数越低、水域中 DO 浓度越高、$NH_3 - N$ 浓度和 $NH_3 - N$ 浓度越低，因此，城市中心距胡焕庸线距离与城市环境质量成正比，而人口集聚带来的生态负荷使大环境质量恶化。因此，"中国生态承载力沿着胡焕庸线的垂直方向自西北方向朝东南方向的梯度递增性"的假说得到了验证，亦即，城市生态承载力可以从胡焕庸线出发，用其中心距胡焕庸线的垂直距离来相对表征。

三　中国城市生态承载力的测度

近年来，随着理论研究的不断深入，生态承载力的量化方法亦不断进步，W. E. Rees 提出的生态足迹方法在目前得到了广泛的推广与应用，美国生态学家 H. T. Odum 等提出的能值分析法也不断改进，国内学者多采用此两种方法对中国部分地区和城市的生态承载力进行测度。然而，生态足迹法和能值转换法需要基于等价因子、生产力系数以及能值转换率等参数通过繁杂的测算再行转换才能确定最终的承载力数值，所以二者测算较为复杂，难以推广。本节作者，提出并验证理论假说——中国城市生态承载力沿着胡焕庸线的垂直方向白西北方向朝东南方向的梯度递增性。因此，中国城市的生态承载力可以由其中心距胡焕庸线的垂直距离来相对表征，进而可以从这一距离出发，计算得到中国各区域各城市的生态承载力。

（一）中国城市生态承载力的相对表征

自黑龙江的黑河市（以政府所在地为基准）始，向西南画一条直线至云南省腾冲县（以政府所在地为基准），画出胡焕庸线，该线将中国大陆地区划分为东南半壁和西北半壁，各市域行政区按照其政府所在地进行划归。据此计算出，中国大陆的西北半壁包括：青海省、西藏、新疆、宁夏的全部地区，以及内蒙古除赤峰和通辽市以外的地区，甘肃省除庆阳市外的地区，陕西省的榆林市，四川省的甘孜、阿坝地区，黑龙江省的大兴安岭地区，云南省的怒江、迪庆地区，共计 63 个地级行政区；东南半壁包括：北京市、天津市、河北省、山西省、辽宁省、吉林省、安徽省、江苏省、上海市、浙江省、福建省、江西省、山东省、河南省、湖北省、湖南省、广东省、广西壮族自治区、海南省、重庆市、贵州省的全部地区，以及内蒙古的赤峰和通辽市，甘肃省的庆阳市，陕西省除榆林以外的地区，四川省除甘孜、阿坝以外的地区，黑龙江省除大兴安岭以外的地区，云南省除怒江、迪庆以外的地区，共计 4 个直辖市和 270 个地级市（区）。

在得到各城市中心距胡焕庸线垂直距离的基础上，构建城市单位面积生态承载力方程：

$$E_i = A/(B - L_i)^2 \qquad\qquad 式 (4—2)$$

其中：E_i为城市的生态承载力；A，B 为根据实际数据推算得出的相关参数。进一步地，设胡焕庸线东南半壁的区域为 i（$i = 1$，2，…，274），胡焕庸线西北半壁的区域为 j（$j = 1$，2，…，63），则东南半壁和西北半壁的人口承载力分别表示为生态承载力方程在两个半壁上的积分，即

$$\iint_{D1} \frac{A}{(B - L_i)^2} d\sigma \ 和 \iint_{D2} \frac{A}{(B - L_j)^2} d\sigma \qquad 式 (4—3)$$

式中：被积区域 D1，D2 分别为东南半壁和西北半壁。由于胡焕庸线东南区域与西北区域人口比例的稳定性（94%：6%），因此，可计算如下：

$$\iint_{D1} \frac{A}{(B - L_i)^2} d\sigma \Big/ \iint_{D2} \frac{A}{(B - L_j)^2} d\sigma = 94/6 \qquad 式 (4—4)$$

计算得到 B 为 1887 公里，即中国城市生态承载力方程为：

$$E_i = \frac{A}{(1887 - L_i)^2} \qquad\qquad 式 (4—5)$$

由于各地区参数 A 相同，因此是一个相对的概念，设全国人口重心武汉市的生态承载力数值为100，将之作为比较基准，计算得到其他各市域行政区和四个直辖市的生态承载力表征指标（亦即，相对生态承载力，武汉为100）。[①]

由计算结果可知，中国各地区的生态承载力存在显著差异：以黑河市为界，黑河市正好位于胡焕庸线上，其相对生态承载力为31.1，因此胡焕庸线以西北的地级行政区的生态承载力表征指标均小于31.1，平均约为10，如乌鲁木齐的生态承载力表征指标为7.76，这反映了其恶劣的生态条件，因此其人口密度引致的生态负荷很低，但其年均 API 较高，环境质量较差，这显然是由其脆弱的生态承载力导致的；而胡焕庸线以东南地区的区域生态承载力呈现了显著的梯度性变化，由于本书的研究对象具体到了地级行政区层面，而城市群发展已经成为中国区域经济社会发展的重要特点，据国家发改委国地所课题组（2009）的分析，中国

① 作者计算除三沙市以外的 336 个地区的生态承载力，限于篇幅，此处不再列举。

十大城市群均位于胡焕庸线以东南，以 1/10 多一点的土地面积，承载了 1/3 以上的人口，因此，本节以主要城市群为例分析中国区域尤其是胡焕庸线以东南区域生态承载力的格差。

中国十大城市群的代表城市在 2012 年的生态承载力表征指标、生态负荷及以 API 为例表征的环境质量（见表 4—2），分析表 4—2 可知。

表 4—2　中国主要城市的生态承载力、生态负荷及环境质量的比照

地区或城市群	代表城市	生态承载力表征指标（武汉为 100）	市辖区人口密度（人/平方公里）	年均 API
西部地区	乌鲁木齐	7.76	262.96	101.63
京津冀城市群	北京	42.43	1006.40	78.53
关中城市群	西安	38.48	1598.99	84.85
川渝城市群	成都	34.29	2551.57	84.21
中原城市群	郑州	56.06	2813.86	77.57
辽中南城市群	大连	73.20	1165.45	58.99
山东半岛城市群	青岛	95.86	1105.07	61.99
长江中游城市群	武汉	100.00	1887.38	72.64
长江三角洲城市群	上海	286.83	2635.09	58.24
珠江三角洲城市群	广州	329.47	1764.17	57.23
海峡西岸城市群	福州	845.41	1075.36	51.50

其一，不同地理位置的城市群的生态承载力表征指标显著不同，随着其距胡焕庸线垂直距离的增加表现出了显著的梯度变化。如京津冀城市群、关中城市群和川渝城市群距胡焕庸线距离较近，因此生态承载力表征指标较低，约为 40，中原城市群、辽中南城市群的生态承载力表征指标次之，约为 60，进而是山东半岛城市群和长江中游城市群，约为 90，再次便是长三角城市群、珠三角城市群和海峡两岸城市群，其距胡焕庸线的距离不断增加，越来越靠近东南沿海，生态承载力表征指标也越强。

其二，对于人口密度导致的生态负荷相近的城市和城市群，其生态承载力的相对差异直接导致了环境质量的差异。城市群尤其是城市群的核心城市，集聚了大量的人口和经济，因此其人口密度都非常高，市辖区人口密度均超过了 1000 人/平方公里，而对于人口密度相近的城市，如北京市和大连市（人口密度均为 1000 人/平方公里），成都市和上海市（人口密度均为 2500 人/平方公里），其生态承载力表征指标存在着显著差异，生态承载力表征指标更高的城市，年均 API 更低，城市环境质量更好。

其三，对于生态承载力表征指标接近的城市群，人口密度引致的生态负荷的差异是环境质量的差异的重要因素。对于生态承载力表征指标接近的城市群，如京津冀城市群、关中城市群和川渝城市群，其距胡焕庸线的垂直距离比较接近，生态承载力表征指标均约为 40，而三者集聚的人口密度却存在显著差异，人类活动是造成生态负荷的根本原因，因此在生态承载力接近的情况下，人口密度越大的城市，其生态负荷越重，环境质量越差。总之，各区域的生态承载力存在显著差异，而区域相对承载力的差异与人口聚集带来的生态负荷差异相结合造成了各地区生态环境质量的差异。

（二）生态承载力相对表征的进一步验证

尽管前述假说在实证部分得到验证，但用各城市中心至胡焕庸线的垂直距离表征中国区域的生态承载力表征指标毕竟是一种新方法的尝试，有必要将本方法与传统方法的测算结果进行比对以进一步验证研究的科学性。

传统的生态承载力测度方法包括生态足迹法、能值分析法、供需平衡法、状态空间法和综合评价法等，由于数据的可得性问题，目前在国内应用较为广泛的测度方法为生态足迹法和综合评价法。然而，生态足迹表示人类对相关土地提供的生态产品与生态服务的需求量（黄宝荣等，2016），而生态承载力的实质则是区域生态资源的供给（供容）而非需求能力（史丹、王俊杰，2016），因此对中国区域生态承载力的评价多采用指标综合评价法。户艳领（2014）对中国省际土地生态承载力进行了测度，其结果表明，生态承载力为负的省份均在胡焕庸线以西北，而胡焕庸线以东南的省份的梯度性规律较为明显，如上海市的生态承载力约为北京市的 2 倍，吉林省的 4 倍。魏超（2015）对长三角沿海城市生态承载力的测度结果进一步表明，生态承载力较高的城市如舟山、宁波相对于生态承载力较低的城市如南通、绍兴、上海距离胡焕庸线更远。王奎峰（2015）对山东半岛城市生态承载力的测度结果亦表明，距离胡焕庸线较远的沿海城市表现出了更高的综合生态承载力。这些既有研究均可以在一定程度上对前述假说做进一步的佐证。

（三）基于生态承载力视角的中国区域划分

现行的中国东—中—西三大地带的划分方案是国民经济和社会发展"七五"计划时期确立的，方案形成后偶有微调，但基本格局变化不大。该划分方案大体上反映了中国宏观区域经济的发展水平由西向东逐步递增的基本态势，然而这一方案并未考虑各区域生态条件的差异，应基于在生态承载力表征指标的视角对中国的东—中—西格局进行重新划分。西部地区亦即胡焕庸线以西北区域，包括 63 个地级行政区，其生态承载力表征指标小于 31；中部地区为胡焕庸线以东且靠近该线的区域，该区域的生态承载力表征指标约在 31—90 之间，其中山东烟台市的生态承载力表征指标为 87.87，广西河池市的生态承载力表征指标为 88.13，因此我们的划分方法是：在生态承载力为 90 附近做一条与"瑷珲—腾冲线"大致平行的连线"烟台—河池线"。这两条线中间区域即为中部地区，包括 161 个地级行政区；东部地区显然为"烟台—河池线"以东区域，包括 113 个地级行政区，其生态承载力表征指标大于 90。这种对中国东—中—西部的重新划分一方面更加清晰明了地反映了中国区域的生态承载力的相对差异，另一方面与现行的大致反映经济发展状况东—中—西部划分方案有所重合，此外又将区域的划分具体到了城市层面，这样既细化了研究结论，使各地区生态承载力更为清晰，亦有利于政策制定者采取差别化政策以兼顾经济发展与生态环境保护。

四　中国城市生态环境质量表征指标的分析——以全国重点城市、长江经济带城市、京津冀城市、长三角珠三角城市为例

以下各小节，采用前文关于相对生态承载力的测度，对城市生态文明建设的相关问题展开讨论分析。①

前文提出理论假说：中国各区域的生态承载力沿胡焕庸线垂直方向呈梯度递减特征，并对此理论假说进行了验证，此外还得出以下几点适用于中国各城市的分析结论。

其一，中国各城市的生态承载力见式（4-5）$E_i = \dfrac{A}{(1887 - L_i)^2}$。其中，$E_i$ 为城市 i 的生态承载力（单位土地面积承载的人口规模或经济规模），L_i 为城市 i 中心点与胡焕庸线的垂直距离，A 为参数。由此可实际计算出各城市的生态承载力。

其二，根据生态环境质量、生态承载力、生态负载三者间的逻辑关系，可计算出各城市由其生态承载力和生态负载决定的"生态环境质量表征指标"。

$$Q_i = \frac{E_i}{p_i^{0.5} u_i^{0.3} v_i^{0.2}} \qquad \text{式（4—6）}$$

式中，Q_i 为城市 i 的生态环境质量表征指标，p_i 为该城市的人口密度，u_i 为周边相邻区域的生态负载，v_i 为更大范围周边区域（所在省域）之生态负载的影响，式中 $p_i^{0.5}$、$u_i^{0.3} v_i^{0.2}$ 表征了各城市承受自身、承受周边地区的生态影响。根据各城市生态环境质量表征指标与实际环境质量监测指标较好概率、较差概率对比可得出：表征指标大于 600（以武汉为 100 的相对值，下同）的城市为生态环境质量"优秀"（即，环境质量为"较好"的概率极高），大于 155 的城市为生态环境质量"良好"（即，环境质量为"较差"的概率极小），大于 100 的城市为生态环境质量"一般"（即，环境质量为"较好"概率较低、"较差"概率也低）；小于 100 的城市为生态环境质量"较差"（即，环境质量为"较差"的概率极高）。

上述分析方法适合分析中国各城市的生态承载力相关问题。以下沿用上述分析思路对全国重点城市、长江经济带主要城市、长三角珠三角

---

① 以下各小节五、六、七的内容参见钟茂初《长江经济带生态优先绿色发展的若干问题分析》，《中国地质大学学报》（社会科学版）2018 年第 6 期，第 8—22 页。

主要城市、京津冀及周边主要城市的相关问题展开。①

（一）对36个重点城市的生态承载力、生态环境质量表征指标的测度分析

依据上述分析思路，对全国36个重点城市的生态承载力、生态环境质量表征指标进行测算与分析（本节所讨论的"全国重点城市"包括：直辖市、省级行政区的首府城市、计划单列市等，共计36个重点城市）。如表4—3所示。

表4—3　　　　36个重点城市的生态承载力、生态环境质量表征指标

重点城市：直辖市、省级首府、计划单列市	该城市与胡焕庸线垂直距离（公里）	生态承载力表征指标（武汉为100）	本区域人口密度（人／平方公里）	相邻区域人口平均密度（人／平方公里）	所在省级区域人口密度（人／平方公里）	生态环境质量表征指标（武汉为100）
福州	1525	845.41	613	109	307	1849
拉萨	-892	14.36	19	2.6	2.6	1421
厦门	1562	1051.45	2271	62	307	1415
海口	1290	310.81	964	16	255	1000
宁波	1378	428.65	797	50	541	928
南宁	949	126.02	317	164	201	369
呼和浩特	-85	28.5	166	22	21	331
杭州	1255	277.74	543	699	541	330
大连	656	73.2	505	18	297	305
南昌	1085	172.46	708	263	272	276

① 本节相关测度分析结果所列各表以生态环境质量表征指标为序（降序）。资料来源：根据相关各省级政府、各地级市政府官方网站公布的2015年人口、土地面积等基础数据计算得到。本表及计算各项指标的几点说明：（1）本研究以各城市经纬度计算其与"胡焕庸线"的垂直距离。采用不同方法计算，数值会有所不同，但不会影生态承载力、生态环境表征等相对指标。（2）计算得出的是生态承载力的相对值、生态环境质量表征指标的相对值，即，以接近中国全域"人口重心"及"经济重心"的武汉市为比较基准（设定武汉的生态承载力为100，武汉的生态环境质量表征指标为100）。（3）计算 u_i，本研究采用周边相邻各地级市人口密度的几何平均值；计算沿海区域 u_i，根据其海岸线占该区域边界线的比例，视作1个或多个人口密度为"1"的相邻区域。（4）计算上海、江苏各城市所在省域的人口密度 v_i 时，将上海、江苏视作同一省域。

重点城市：直辖市、省级首府、计划单列市	该城市与胡焕庸线垂直距离（公里）	生态承载力表征指标（武汉为100）	本区域人口密度（人／平方公里）	相邻区域人口平均密度（人／平方公里）	所在省级区域人口密度（人／平方公里）	生态环境质量表征指标（武汉为100）
哈尔滨	341	46.4	200	82	81	253
上海	1265	286.83	3466	66	889	248
深圳	1410	487.65	5397	307	596	231
西宁	-471	19.94	288	20	9	214
银川	-281	23.59	570	13	9.2	204
广州	1307	329.47	1708	1033	596	193
长沙	911	116.33	596	410	318	172
合肥	941	123.9	825	338	435	155
青岛	812	95.86	694	151	623	155
长春	451	53.79	373	175	147	152
兰州	-287	23.45	276	39	57	146
贵阳	549	61.93	567	150	199	140
昆明	366	47.96	309	249	121	139
南京	1026	149.67	1213	715	889	107
武汉	834	100	1217	466	313	100
沈阳	521	59.41	638	267	297	98
重庆	344	46.59	363	284	363	96
乌鲁木齐	-1893	7.76	285	13	13.8	88
太原	181	38.1	614	193	233	74
天津	381	48.91	1275	171	341	63
石家庄	294	43.69	670	378	341	62
西安	189	38.48	961	222	183	60
济南	555	62.47	863	590	623	60
成都	89	34.29	1164	144	318	50
北京	270	42.43	1312	245	341	49
郑州	481	56.06	1259	799	565	42

如表4—3所示，36个重点城市中，生态环境质量表征状态如下。

（1）生态环境质量表征指标大于 600 的城市（即，环境质量为"较好"的概率极高）仅有：福州、拉萨、厦门、海口、宁波等。这几个城市的环境质量均位列生态环境部公布的 2018 年 1—9 月 169 个重点城市中排名前 20 位。[①] 表明本节所使用的方法是客观有效的。

（2）生态环境质量表征指标小于 600 而大于 155 的城市（即，环境质量为"较差"的概率极小）有：南宁、呼和浩特、杭州、大连、南昌、哈尔滨、上海、深圳、西宁、银川、广州、长沙、合肥、青岛等。

（3）生态环境质量表征指标小于 155 而大于 100 的城市（即，环境质量为"较好"概率较低、"较差"概率也低）有：长春、兰州、贵阳、昆明、南京、武汉等。

（4）小于 100 的城市（即，环境质量为"较差"的概率极高）有：沈阳、重庆、乌鲁木齐、太原、天津、石家庄、西安、济南、成都、北京、郑州等。

（5）拉萨的生态承载力表征指标很低，但其生态环境质量指标较高，这与实际状况完全相符。这一典型城市的测度结果表明，以生态承载力和生态负载来刻画各城市的生态环境质量表征是有效的，即使对于一些极端地理条件的城市也适用。

（6）生态环境质量表征指标所反映的状态，对于大部分城市而言是与实际状况相符的。但部分城市与实际状况有所偏差，恰恰反映了各城市的努力程度不同，应以此作为评判各城市努力程度的重要判据。后文对此有相关分析。

（二）长江经济带主要城市的生态承载力、生态环境质量表征指标的测度分析

依据上述分析思路，对长江经济带主要城市的生态承载力及其超载与否状态进行测算与分析（本节所讨论的"长江经济带主要城市"包括：长江流经的直辖市、省级行政区的首府城市，长江沿线地级市，重要支流流经的地级市等，共计 47 个地级以上行政区）。据此可得出：长江经济带"不搞大开发"的发展取向是符合现实生态承载力及各城市超载与

---

① 《生态环境部通报 2018 年 9 月和 1—9 月全国空气质量状况》，2018－10－18，中国网（http：//news. china. com. cn/2018－10/18/content_ 66799810. htm）。

否状态的，这一发展取向，必须作为基本原则长久坚持。

如表4—4所示，对于长江经济带主要城市发展中与生态承载力相关的问题，得到以下分析结论。

（1）由于长江经济带各城市的生态承载力、生态负载存在显著差距，因此各城市的生态环境质量表征指标也存在明显差距。总体上来看，比起中国其他区域（西部、京津冀、中原、东北等区域），其生态环境质量尚处于相对较好水平，相较于其他地区生态环境的压力较小。绝大多数城市处于生态环境质量表征指标大于100，且多数城市处于大于155的"良好"范围。处于小于100"较差"范围的仅有：成都、广安、宜宾、达州、泸州、重庆等长江中上游城市。

（2）一方面，长江经济带没有任何一个城市的生态环境质量表征指标处于大于600"优秀"范围，多数城市处于略大于155"良好"范围的边缘（南通、咸宁、铜陵、嘉兴、芜湖、马鞍山、宜昌、岳阳、常德、十堰、黄冈、恩施、黄石、荆门、长沙、攀枝花、合肥等），如果这些城市的生态负载有所增加，或者在局部区域强化生态负载，那么，这些城市就将转入小于155的"一般"范围，甚至转为小于100的"较差"范围；另一方面，也有为数不少的城市处于略小于155的"一般"范围的边缘（襄阳、荆州、扬州、遵义、苏州、泰州、无锡、贵阳、昆明、常州、鄂州、镇江），如果能够适当降低生态负载或者适当使局部生态负载均衡化，那么，这些城市就可转入大于155的"良好"范围。这些"边缘"城市的环境质量差异，最为能够体现其生态环境治理绩效和努力程度。

表4—4　　　　长江经济带主要城市的生态承载力表征指标、
生态环境质量表征指标

长江经济带主要城市	该城市与胡焕庸线垂直距离（公里）	生态承载力表征指标（武汉为100）	本区域人口密度（人/平方公里）	相邻区域人口平均密度（人/平方公里）	所在省级区域人口密度（人/平方公里）	生态环境质量表征指标（武汉为100）
景德镇	1133	195	317	244	272	477
池州	1048	157	193	312	435	416
九江	1019	147	261	402	272	341

长江经济带主要城市	该城市与胡焕庸线垂直距离（公里）	生态承载力表征指标（武汉为100）	本区域人口密度（人/平方公里）	相邻区域人口平均密度（人/平方公里）	所在省级区域人口密度（人/平方公里）	生态环境质量表征指标（武汉为100）
杭州	1255	278	543	699	541	330
湖州	1202	236	499	813	541	280
安庆	1028	150	404	303	435	277
南昌	1085	172	708	263	272	275
上海	1265	287	3466	66	889	248
南通	1168	215	852	340	889	229
咸宁	892	112	308	515	313	216
铜陵	1048	157	616	451	435	209
嘉兴	1257	280	1150	1037	541	203
芜湖	1058	161	639	505	435	203
马鞍山	1038	154	566	547	435	202
宜昌	614	68	187	301	313	198
岳阳	843	102	380	379	318	194
常德	763	88	322	342	318	187
十堰	441	53	146	246	313	185
黄冈	884	110	426	523	313	180
恩施	514	59	189	254	313	180
黄石	915	117	585	393	313	178
荆门	655	73	274	288	313	178
长沙	911	116	596	410	318	172
攀枝花	166	37	150	96	318	169
合肥	941	124	825	338	435	155
襄阳	579	65	300	274	313	154
荆州	708	80	451	315	313	148
扬州	1040	155	672	733	889	147
遵义	499	57	258	356	199	147

续表

长江经济带主要城市	该城市与胡焕庸线垂直距离（公里）	生态承载力表征指标（武汉为100）	本区域人口密度（人/平方公里）	相邻区域人口平均密度（人/平方公里）	所在省级区域人口密度（人/平方公里）	生态环境质量表征指标（武汉为100）
苏州	1202	237	1233	1177	889	144
泰州	1069	166	797	792	889	142
无锡	1170	215	1331	848	889	140
贵阳	549	62	567	150	199	140
昆明	366	48	309	249	121	139
常州	1122	190	1050	946	889	134
鄂州	891	112	690	672	313	133
镇江	1057	161	819	908	889	130
昭通	276	43	267	366	121	119
毕节	398	50	337	357	199	113
南京	1026	150	1213	715	889	107
武汉	834	100	1217	466	313	100
重庆	344	47	363	284	363	97
泸州	308	44	414	369	318	81
达州	302	44	412	425	318	77
宜宾	255	42	416	412	318	74
广安	291	43	736	413	318	57
成都	89	34	1164	144	318	49

（三）对京津冀及周边城市的生态承载力、生态环境质量表征指标的测度分析

依据上述分析思路，对京津冀及周边城市的生态承载力、生态环境质量表征指标进行测算与分析（本节所讨论的"京津冀及周边城市"包括：北京市、天津市，河北省的保定、唐山、石家庄、廊坊、秦皇岛、张家口、承德、沧州、衡水、邢台、邯郸以及周边省级行政区的首府城市郑州、太原、济南，共计16个重点城市）。如表4—5所示。

表4—5　　　　　　　京津冀及周边城市的生态承载力表征指标、
生态环境质量表征指标

京津冀及周边城市	该城市与胡焕庸线垂直距离（公里）	生态承载力表征指标（武汉为100）	本区域人口密度（人／平方公里）	相邻区域人口平均密度（人／平方公里）	所在省级区域人口密度（人／平方公里）	生态环境质量表征指标（武汉为100）
承德	282	43.05	88	155	341	219
张家口	109	35.07	118	84	341	185
秦皇岛	457	54.26	400	96	341	149
唐山	398	50	574	169	341	97
太原	181	38.1	614	193	233	74
沧州	419	51.47	532	587	341	71
衡水	390	49.46	492	583	341	71
保定	291	43.53	505	419	341	69
邢台	366	47.92	571	553	341	65
天津	381	48.91	1275	171	341	63
石家庄	294	43.69	670	378	341	62
济南	555	62.47	863	590	623	60
邯郸	401	50.23	759	591	341	58
廊坊	315	44.88	689	819	341	50
北京	270	42.43	1312	245	341	49
郑州	481	56.06	1259	799	565	42

如表4—5所示，京津冀及周边共16个重点城市中，生态环境质量表征状态如下。

（1）没有任何一个城市的生态环境质量表征指标大于600（即，环境质量为"较好"的概率极高）。

（2）生态环境质量表征指标小于600而大于155的城市（即，环境质量为"较差"的概率极小）仅有：承德、张家口两个城市。

（3）生态环境质量表征指标小于155而大于100的城市仅有：秦皇岛一个城市。

（4）其余城市均为小于100的城市（即，环境质量为"较差"的概率极高）分别是：唐山、太原、沧州、衡水、保定、邢台、天津、石家庄、济南、邯郸、廊坊、北京、郑州 13 个城市。

（5）承德、张家口，在京津冀城市群之中，其生态承载力表征指标也是偏低的，但其生态环境质量指标却相对较高，这与实际状况也相符。这一测度结果也表明，以生态承载力和生态负载来刻画各城市的生态环境质量表征是有效的，并不需要对地理条件做出专门的考察。

（6）京津冀及周边城市，其生态环境质量表征指标所反映的状态，与其环境质量低的实际状况是相符的。这一测度结果也表明，以生态承载力和生态负载来刻画各城市的生态环境质量表征是有效的，并不需要对产业结构、能源结构做出专门的考察。这也反映出，京津冀及其周边城市的雾霾等污染问题，产业结构和能源结构只是表层成因，而更本质的成因是生态承载力偏低而生态负载过高。认识这一特征，对于京津冀及周边城市的生态环境治理，应当有独到的启示价值。

（四）对长三角及珠三角城市的生态承载力、生态环境质量表征指标的测度分析

长三角、珠三角城市是中国经济社会最为发达的区域。依据上述分析思路，对中国经济社会最为发达区域城市的生态承载力、生态环境质量表征指标进行测算与分析（本节所讨论的"长三角及珠三角城市"共计 34 个城市）。如表 4—6 所示。

表 4—6   长三角及珠三角城市的生态承载力表征指标、
生态环境质量表征指标

长三角及珠三角城市	该城市与胡焕庸线垂直距离（公里）	生态承载力表征指标（武汉为100）	本区域人口密度（人/平方公里）	相邻区域人口平均密度（人/平方公里）	所在省级区域人口密度（人/平方公里）	生态环境质量表征指标（武汉为100）
舟山	1412	491.89	796	28	541	1267
丽水	1381	433.38	118	490	541	1229
台州	1467	627.82	634	134	541	1133
温州	1471	640.35	774	108	541	1116
宁波	1378	428.65	797	50	541	928
惠州	1395	458.62	407	502	596	682

续表

长三角及珠三角城市	该城市与胡焕庸线垂直距离（公里）	生态承载力表征指标（武汉为100）	本区域人口密度（人／平方公里）	相邻区域人口平均密度（人／平方公里）	所在省级区域人口密度（人／平方公里）	生态环境质量表征指标（武汉为100）
衢州	1274	295.01	240	304	541	677
江门	1333	361.39	472	198	596	660
珠海	1393	455.08	949	145	596	643
肇庆	1252	274.94	260	478	596	519
金华	1315	339.03	491	357	541	518
绍兴	1302	324.43	595	606	541	384
中山	1361	401.39	1749	270	596	347
杭州	1255	277.74	543	699	541	330
湖州	1202	236.35	499	813	541	280
上海	1265	286.83	3466	66	889	248
盐城	1013	145.19	499	176	889	246
深圳	1410	487.65	5397	307	596	231
南通	1168	214.7	852	340	889	229
东莞	1352	387.04	3335	364	596	221
嘉兴	1257	279.68	1150	1037	541	203
佛山	1304	326.09	1860	778	596	199
广州	1307	329.47	1708	1033	596	193
连云港	856	104.22	590	172	889	164
扬州	1040	154.66	672	733	889	147
苏州	1202	236.55	1233	1177	889	144
泰州	1069	165.52	797	792	889	142
无锡	1170	215.42	1331	848	889	140
淮安	920	118.47	536	585	889	135
常州	1122	189.66	1050	946	889	134
镇江	1057	160.97	819	908	889	130
南京	1026	149.67	1213	715	889	107
宿迁	845	102.05	649	603	889	105
徐州	762	87.62	762	752	889	78

如表4—6所示，长三角、珠三角共34个城市中，生态环境质量表征状态如下：

（1）生态环境质量表征指标大于600的城市（即，环境质量为"较好"的概率极高）有：舟山、丽水、台州、温州、宁波、惠州、衢州、江门、珠海9个城市，实际状况与之相符，其中，舟山、丽水、台州、宁波、惠州、衢州、珠海7个城市的环境质量均位列在生态环境部公布的2018年1—9月169个重点城市中排名前20位，高度吻合，表明本节所使用的方法——以生态承载力和生态负载来刻画各城市的生态环境质量表征是客观有效的。

（2）生态环境质量表征指标小于600而大于155的城市（即，环境质量为"较差"的概率极小）有：肇庆、金华、绍兴、中山、杭州、湖州、上海、盐城、深圳、南通、东莞、嘉兴、佛山、广州、连云港15个城市。

（3）生态环境质量表征指标小于155而大于100的城市有：扬州、苏州、泰州、无锡、淮安、常州、镇江、南京、宿迁9个城市。

（4）生态环境质量表征指标小于100的城市（即，环境质量为"较差"的概率极高）仅有徐州1个城市。与实际环境状况也相符。

（5）徐州尽管行政区划属于长三角区域，但是，无论从生态承载力表征指标还是生态环境质量表征指标来看，都应当划入"生态中部"区域，其生态环境治理政策，也应采取"生态中部"的针对性政策。

（6）长三角、珠三角城市在其经济社会较为发达的状况下，其生态环境质量表征指标相对较好，根本原因在于其生态承载力相对较高，而其生态负载相对适度。可见，全国各城市如果不考虑生态承载力的格差，而采取"同一"的标准来规划经济活动、生态环境保护的话，可能导致生态环境问题得不到有效解决，而经济社会发展也受到影响的"双输"结果。

五 中国城市生态超载状态及合理发展取向的分析——以全国重点城市、长江经济带城市、京津冀城市、长三角珠三角城市为例

本节基于生态承载力假说，还得到以下分析结论。

根据各城市表征指标与实际监测对比可得出：生态环境质量表征指

标超过 155 的城市，实际环境质量"较差"的概率极小。这一判断与生态环境部公布的 2018 年 1—9 月 169 个重点城市排名前 20 位和后 20 位城市名单高度重合。环境质量后 20 位的城市，没有一个是生态环境质量指标大于 155 的。因此，可确定合意的生态环境质量目标为 155。在合意生态环境质量目标下的生态负载，可作为评判一个城市合意人口密度的标准。

$$p_i^A = \frac{E_i}{Q_i^A} \qquad\qquad 式（4—7）$$

式中，p_i^A 为 i 城市基于合意生态环境目标的人口密度，Q_i^A 为该城市合意的生态环境质量表征指标，E_i 为该城市生态承载力。由此，可比对各城市的合意人口密度标准与实际人口密度，计算出各城市人口经济规模的生态盈余率 R_i。

$$R_i = （1 - \frac{p_i}{p_i^A}）\times 100\% \qquad\qquad 式（4—8）$$

根据中国各城市当前实际人口经济规模，计算各城市的生态盈余率水平，根据生态盈余率水平设定 5 类"超载与否状态"：（1）$R_i > 30\%$，判定该城市的合理发展取向为"可适度扩张规模"。（2）$-30\% < R_i < 30\%$，判定该城市"规模合理，宜维持当前规模"。（3）$-30\% > R_i > -150\%$，判定该城市"规模已超载，宜适当减少生态负载"。（4）$-150\% > R_i > -300\%$，判定该城市"规模显著超载"。（5）$R_i < -300\%$，判定该城市"规模严重超载"。

上述分析方法适合分析中国各城市的生态承载力相关问题。以下沿用上述分析思路对全国重点城市、长江经济带城市、京津冀城市、长三角珠三角城市的相关问题展开。

（一）对 36 个重点城市的生态超载状况、合理发展取向的测度分析

依据上述分析思路，对 36 个重点城市的生态超载状况、合理发展取向进行测算与分析。如表 4—7 所示。

表 4—7　　　　　　　36 个重点城市的生态盈余率、合理的发展取向

重点城市：直辖市、省级首府、计划单列市	生态环境质量表征指标当前状态（武汉为100）	本区域当前实际人口密度（人／平方公里）	对比合意环境质量目标下的人口经济规模，生态盈余率（％）	考虑合意环境质量目标，合理的人口经济规模发展取向
福州	1849	613	84	可适度增加
拉萨	1421	19	70	可适度增加
宁波	928	797	59	可适度增加
杭州	330	543	56	可适度增加
厦门	1415	2271	52	可适度增加
南宁	369	317	44	可适度增加
海口	1000	964	31	可适度增加
南昌	276	708	8	宜维持
哈尔滨	253	200	4	宜维持
长沙	172	596	−14	宜维持
广州	193	1708	−16	宜维持
呼和浩特	331	166	−30	宜维持
昆明	139	309	−43	已超载
合肥	155	825	−48	已超载
大连	305	505	−54	已超载
长春	152	373	−55	已超载
青岛	155	694	−61	已超载
重庆	96	363	−74	已超载
南京	107	1213	−81	已超载
贵阳	140	567	−104	已超载
沈阳	98	638	−140	已超载
深圳	231	5397	−147	已超载
兰州	146	276	−163	显著超载
上海	248	3466	−170	显著超载
武汉	100	1217	−172	显著超载
济南	60	863	−208	显著超载
西宁	214	288	−224	显著超载
石家庄	62	670	−242	显著超载

续表

重点城市：直辖市、省级首府、计划单列市	生态环境质量表征指标当前状态（武汉为100）	本区域当前实际人口密度（人/平方公里）	对比合意环境质量目标下的人口经济规模，生态盈余率（%）	考虑合意环境质量目标，合理的人口经济规模发展取向
太原	74	614	−259	显著超载
郑州	42	1259	−402	严重超载
银川	204	570	−438	严重超载
西安	60	961	−455	严重超载
天津	63	1275	−482	严重超载
北京	49	1312	−591	严重超载
成都	50	1164	−656	严重超载
乌鲁木齐	88	285	−714	严重超载

如表4—7所示，对于36个重点城市的合理发展取向，得到以下分析结论。

对比合意环境质量目标，分析36个重点城市的生态盈余率，可知：

（1）在生态承载力范围内、且能够保证合意环境质量目标，尚可适度扩张人口经济规模的城市不多，仅有：福州、拉萨、宁波、杭州、厦门、南宁、海口等；

（2）"宜维持现有规模"的状态，包括南昌、哈尔滨、长沙、广州、呼和浩特等；

（3）已经有所超载，但超载程度不严重的城市，包括昆明、合肥、大连、长春、青岛、重庆、南京、贵阳、沈阳、深圳等；

（4）处于"显著超载"的城市，计有：兰州、上海、武汉、济南、西宁、石家庄、太原等；

（5）处于"严重超载"的城市，计有：郑州、银川、西安、天津、北京、成都、乌鲁木齐等。

从上述结果可以看出，分析得出的"显著超载""严重超载"城市，与现实状况相符。这一测度结果，也反映本节所采用分析方法是有效的。其分析结果，可为各城市未来的发展取向提供参考。

（二）对长江经济带主要城市的生态超载状况、合理发展取向表征指标的测度分析

依据上述分析思路，对长江经济带 47 个主要城市生态超载状况、合理发展取向进行测算与分析。如表4—8 所示。如表4—8 所示，对于长江经济带主要城市的合理发展取向，得到以下分析结论。

对比合意环境质量目标，分析长江经济带主要城市的生态盈余率，可知：在生态承载力范围内、且能够保证合意环境质量目标，尚可适度扩张人口经济规模的城市不多，仅有：池州、景德镇、九江、杭州、湖州、安庆、咸宁、宜昌、十堰等；多数城市处于"宜维持现有规模"的状态，包括：恩施、常德、马鞍山、岳阳、荆门、黄冈、铜陵、南通、芜湖、攀枝花、南昌、嘉兴、扬州、遵义、襄阳、泰州、黄石、镇江、长沙、苏州、常州、荆州等；若干城市已经有所超载，但超载程度不高，包括：鄂州、无锡、昭通、昆明、合肥、毕节、重庆、南京、贵阳、泸州、达州、宜宾等；处于"显著超载"的城市较少，计有：上海、武汉、广安；成都处于"严重超载"。针对上海、武汉、成都显著或严重超载的现实条件，不宜扩大这些中心城市及其周边城市群的城市规模，而应以创新、信息、人才等方式发挥它们在长江经济带的引领、辐射、集散功能。

表4—8　　长江经济带主要城市的生态盈余率、合理的发展取向

长江经济带主要城市	生态环境质量表征指标当前状态（武汉为100）	本区域当前实际人口密度（人/平方公里）	对比合意环境质量目标下的人口经济规模，生态盈余率（%）	考虑合意环境质量目标，合理的人口经济规模发展取向
池州	157	193	73	可适度扩张
景德镇	195	317	64	可适度扩张
九江	147	261	60	可适度扩张
杭州	278	543	56	可适度扩张
湖州	236	499	53	可适度扩张
安庆	150	404	40	可适度扩张
咸宁	112	308	39	可适度扩张

续表

长江经济带 主要城市	生态环境质量表 征指标当前状态 （武汉为100）	本区域当前实际 人口密度 （人/平方公里）	对比合意环境质 量目标下的人口 经济规模，生态 盈余率（%）	考虑合意环境质量 目标，合理的人口 经济规模发展取向
宜昌	68	187	39	可适度扩张
十堰	53	146	39	可适度扩张
恩施	59	189	29	宜维持
常德	88	322	18	宜维持
马鞍山	154	566	18	宜维持
岳阳	102	380	17	宜维持
荆门	73	274	16	宜维持
黄冈	110	426	14	宜维持
铜陵	157	616	13	宜维持
南通	215	852	12	宜维持
芜湖	161	639	12	宜维持
攀枝花	37	150	10	宜维持
南昌	172	708	8	宜维持
嘉兴	280	1150	8	宜维持
扬州	155	672	3	宜维持
遵义	57	258	−1	宜维持
襄阳	65	300	−3	宜维持
泰州	166	797	−7	宜维持
黄石	117	585	−11	宜维持
镇江	161	819	−13	宜维持
长沙	116	596	−15	宜维持
苏州	237	1233	−16	宜维持
常州	190	1050	−23	宜维持
荆州	80	451	−26	宜维持
鄂州	112	690	−37	已超载
无锡	215	1331	−38	已超载
昭通	43	267	−38	已超载
昆明	116	309	−43	已超载

长江经济带 主要城市	生态环境质量表 征指标当前状态 （武汉为100）	本区域当前实际 人口密度 （人/平方公里）	对比合意环境质 量目标下的人口 经济规模，生态 盈余率（%）	考虑合意环境质量 目标，合理的人口 经济规模发展取向
合肥	124	825	−48	已超载
毕节	50	337	−50	已超载
重庆	47	363	−72	已超载
南京	150	1213	−80	已超载
贵阳	62	567	−104	已超载
泸州	44	414	−109	已超载
达州	44	412	−110	已超载
宜宾	42	416	−121	已超载
上海	287	3466	−169	显著超载
武汉	100	1217	−171	显著超载
广安	43	736	−281	显著超载
成都	34	1164	−663	严重超载

注：本表以生态盈余率为序（降序）。

资料来源：根据表4—4的相关数据计算得到。

（三）对京津冀及周边城市的生态超载状况、合理发展取向的测度分析

依据上述分析思路，对京津冀及周边16个重点城市的生态超载状况、合理发展取向进行测算与分析。如表4—9所示。

表4—9   京津冀及周边城市的生态盈余率、合理的发展取向

京津冀及 周边城市	生态环境质量表 征指标当前状态 （武汉为100）	本区域当前 实际人口密度 （人/平方公里）	对比合意环境质 量目标下的人口 经济规模，生态 盈余率（%）	考虑合意环境质 量目标，合理的 人口经济规模发 展取向
承德	219	88	54	可适度增加
张家口	185	118	25	宜维持
秦皇岛	149	400	−65	已超载

京津冀及周边城市	生态环境质量表征指标当前状态（武汉为100）	本区域当前实际人口密度（人/平方公里）	对比合意环境质量目标下的人口经济规模，生态盈余率（％）	考虑合意环境质量目标，合理的人口经济规模发展取向
衡水	71	492	−122	已超载
沧州	71	532	−130	已超载
唐山	97	574	−156	显著超载
保定	69	505	−159	显著超载
邢台	65	571	−166	显著超载
济南	60	863	−208	显著超载
邯郸	58	759	−237	显著超载
石家庄	62	670	−242	显著超载
廊坊	50	689	−243	显著超载
太原	74	614	−259	显著超载
郑州	42	1259	−402	严重超载
天津	63	1275	−482	严重超载
北京	49	1312	−591	严重超载

如表4—9所示，对于京津冀及周边16个城市的合理发展取向，得到以下分析结论。

对比合意环境质量目标，分析16个城市的生态盈余率，可知：

（1）在生态承载力范围内、且能够保证合意环境质量目标，尚可适度扩张人口经济规模的城市仅有承德；"宜维持现有规模"的城市，仅有张家口。

（2）其他城市，均已超载、显著超载、严重超载。特别是这一区域内的所有特大城市（济南、石家庄、太原、郑州、天津、北京）均为显著超载或严重超载。

由上述分析可知：北京市疏解非首都功能，对于未来的合理发展取向而言是必要的。但是，在京津冀区域内完全疏解未必现实，因为，京津冀区域内绝大多数城市均已超载。所以，从生态承载力的视角来看，合理的思路是向"生态承载力范围内、且能够保证合意环境质量目标"

的其他区域疏解，只有在更大范围内的协同发展，才是较为可行的方向。

（四）对长三角及珠三角城市的生态超载状况、合理发展取向的测度分析

依据上述分析思路，对长三角及珠三角34个城市的生态超载状况、合理发展取向进行测算与分析。如表4—10所示。

如表4—10所示，对于长三角及珠三角34个城市的合理发展取向，得到以下分析结论。

对比合意环境质量目标，分析34个城市的生态盈余率，可知：

（1）在生态承载力范围内、且能够保证合意环境质量目标，尚可适度扩张人口经济规模的城市有：丽水、衢州、惠州、肇庆、台州、温州、江门、金华、舟山、宁波、绍兴、杭州、珠海、湖州等。且多集中于东南沿海区域。

（2）"宜维持现有规模"的状态，包括：盐城、南通、嘉兴、扬州、中山、淮安、泰州、镇江、苏州、广州、常州、连云港、佛山等。

（3）已经有所超载，但超载程度不高的城市，包括：无锡、宿迁、南京、东莞、徐州、深圳等。

（4）处于"显著超载"的城市只有上海；没有处于"严重超载"的城市。

表4—10　　长三角及珠三角城市的生态盈余率、合理的发展取向

长三角及珠三角城市	生态环境质量表征指标当前状态（武汉为100）	本区域当前实际人口密度（人/平方公里）	对比合意环境质量目标下的人口经济规模，生态盈余率（%）	考虑合意环境质量目标，合理的人口经济规模发展取向
丽水	1229	118	94	可适度增加
衢州	677	240	82	可适度增加
惠州	682	407	80	可适度增加
肇庆	519	260	79	可适度增加
台州	1133	634	77	可适度增加
温州	1116	774	73	可适度增加
江门	660	472	71	可适度增加

续表

长三角及珠三角城市	生态环境质量表征指标当前状态（武汉为100）	本区域当前实际人口密度（人/平方公里）	对比合意环境质量目标下的人口经济规模，生态盈余率（%）	考虑合意环境质量目标，合理的人口经济规模发展取向
金华	518	491	68	可适度增加
舟山	1267	796	64	可适度增加
宁波	928	797	59	可适度增加
绍兴	384	595	59	可适度增加
杭州	330	543	56	可适度增加
珠海	643	949	54	可适度增加
湖州	280	499	53	可适度增加
盐城	246	499	23	宜维持
南通	229	852	12	宜维持
嘉兴	203	1150	8	宜维持
扬州	147	672	3	宜维持
中山	347	1749	3	宜维持
淮安	135	536	-1	宜维持
泰州	142	797	-7	宜维持
镇江	130	819	-13	宜维持
苏州	144	1233	-16	宜维持
广州	193	1708	-16	宜维持
常州	134	1050	-24	宜维持
连云港	164	590	-26	宜维持
佛山	199	1860	-27	宜维持
无锡	140	1331	-38	已超载
宿迁	105	649	-42	已超载
南京	107	1213	-81	已超载
东莞	221	3335	-92	已超载
徐州	78	762	-94	已超载
深圳	231	5397	-147	已超载
上海	248	3466	-170	显著超载

由上述分析结果可知：长三角、珠三角尽管已经是中国经济社会最为发达的区域，但依然具有较大的发展空间。鉴于在生态承载力范围内、且能够保证合意环境质量目标，尚可适度扩张人口经济规模的城市多集中于东南沿海区域的现状，建议实施"东南沿海新发展战略"，通过这一区域的新发展，以吸纳中西部、京津冀超载严重的人口经济规模的疏解。

（五）如何协调城市发展取向与减排步骤——以长江经济带主要城市为例

推动长江经济带发展，前提是坚持生态优先。所以，长江经济带各城市的发展，要以生态承载力作为前置约束条件。由上文分析已知，长江经济带部分城市还可适当扩张其规模，部分城市宜维持其规模，部分城市则已经处于超载状态。另一方面，部分城市已经进入了碳排放等污染排放的绝对减排阶段，部分城市尚未进入绝对减排阶段。①如何针对各城市的现实超载与否状态、各城市的减排目标步骤，选择协调有效的发展路径，是长江经济带各城市面对的一个现实问题。

对比长江经济带主要城市的"发展取向"及其是否已经跨过了人均GDP 14000 美元的绝对减排门槛，如表4—11 所示。

表4—11　　　　　长江经济带主要城市的发展取向与其是否
跨过绝对减排门槛的对比

发展水平 发展取向	跨过或接近绝对减排门槛 （人均 GDP 超过或接近 14000 美元）	尚未跨过绝对减排门槛 （人均 GDP 低于 14000 美元）
发展取向为"可适度扩张"	杭州（18282）、宜昌（13630）	池州（6160）、景德镇（7690）、九江（6560）、湖州（11399）、安庆（5045）、咸宁（6670）、十堰（6350）

---

① 为应对全球气候变化，中国提出了"二氧化碳排放 2030 年左右达到峰值并争取尽早达峰"等自主行动目标，根据这一目标测算，当人均 GDP 达到 14000 美元时，中国整体上即达到碳峰值而进入绝对减排阶段。所以，人均 GDP 接近或超过 14000 美元发达城市，应率先进入绝对减排。人均 GDP 14000 美元这一门槛指标，主要是针对二氧化碳排放。但由于碳排放与其他污染排放的关联性，实际上也可判定，凡是须率先进入碳排放绝对减排的城市，同时也应是其他污染排放率先进入绝对减排的城市。

续表

发展水平 发展取向	跨过或接近绝对减排门槛 （人均 GDP 超过或接近 14000 美元）	尚未跨过绝对减排门槛 （人均 GDP 低于 14000 美元）
发展取向为"宜维持"	长沙（18739）、苏州（22000）、常州（18570）、镇江（18270）、泰州（13298）、扬州（15020）、南通（14050）	荆州（4615）、黄石（8030）、襄阳（9920）、遵义（5860）、嘉兴（12308）、南昌（12285）、攀枝花（12400）、芜湖（11097）、铜陵（9027）、黄冈（4138）、荆门（7940）、岳阳（8270）、马鞍山（5670）、常德（7670）、恩施（3340）
发展取向为"已超载""显著超载"	无锡（214000）、南京（19240）、上海（17200）、武汉（16890）	鄂州（11300）、昭通（2120）、昆明（9660）、合肥（12064）、毕节（3720）、重庆（8717）、贵阳（10270）、泸州（5210）、达州（3930）、宜宾（5570）、广安（3500）、成都（11660）

注：表中数据为 2016 年的人均 GDP，单位为美元。资料来源：根据相关各市《2016 年国民经济和社会发展统计公报》整理得到。

如表 4—11 所示，根据各城市的"发展取向"及与其是否跨过绝对减排门槛的对比，不同的城市应当采取不同的发展方向和对策。大致可以划分为四种情形：

（1）发展取向为"已超载""显著超载"，且已经跨过绝对减排门槛的城市——无锡、南京、上海、武汉等，它们唯一可行的发展方向是大幅降低单位经济规模的生态环境影响，主要途径是以生态环境效率较高的产能去替代生态环境效率较低的传统产能。

（2）发展取向为"已超载""显著超载"，同时尚未跨过绝对减排门槛的城市——鄂州、昭通、昆明、合肥、毕节、重庆、贵阳、泸州、达州、宜宾、广安、成都等，多为中西部城市。这些城市，可能采取的发展途径是：在逐步降低单位经济规模的生态环境影响的同时，向生态承载力较高、发展取向为"可适度扩张规模"的城市合理转移人口。

（3）发展取向为"可适度扩张""宜维持"，而已经跨过绝对减排门槛的城市——杭州、宜昌、长沙、苏州、常州、镇江、泰州、扬州、南通等，多为长三角城市。这些城市可能的发展方向是，通过适当降低单位经济规模的生态环境影响，获取一定的增长空间，同时适当吸纳生态承载力较低、发展取向为"已超载""显著超载"城市的转移人口。

（4）发展取向为"可适度扩张""宜维持"，而尚未跨过绝对减排门槛的城市——池州、景德镇、九江、湖州、安庆、咸宁、十堰、荆州、黄石、襄阳、遵义、嘉兴、南昌、攀枝花、芜湖、铜陵、黄冈、荆门、岳阳、马鞍山、常德、恩施等，多数为长江经济带的大中城市。这些城市可能的发展方向是，在进入到绝对减排门槛之前，有较大的时间空间进行结构调整、提升生态环境效率，为未来阶段的绝对减排做出较为充分的准备。

六 中国城市生态环境治理绩效的合理评判——以长江经济带主要城市为例

生态文明建设进程中，如何更合理地评判各城市生态环境治理绩效？生态环境部2018年7月22日发布了2018年1—6月169个地级及以上城市空气质量改善幅度相对较好和相对较差的20个城市名单。其中，改善幅度相对较差的长江经济带城市包括：常州、嘉兴、宜宾、苏州、上海、荆门、达州、广安、芜湖、马鞍山，这样的评判是否合理？根据本节前文的分析可知，一个城市生态环境质量，其基础是由其生态承载力和生态负载决定，而生态承载力和生态负载，在短时期内都很难显著改变。所以，评价一个城市生态环境的治理绩效、努力程度，不宜简单地依据其空气质量、水环境质量等实际指标的短期变化来评判，而应充分考虑各城市自然地理条件决定的生态承载力和生态负载的历史累积等基础性条件的差异。唯有如此，才能真实合理地评价各城市的治理绩效和努力程度，才能有针对性地确定各城市的生态环境治理的中长期目标和短期目标，才能有效避免治理过程中的各式各样的短期行为和"应对"环保监督的各种行为。

依据前文的分析，我们认为，评判各城市的生态环境治理绩效和努力程度的过程中，以下两种情况可作为生态环境治理绩效好坏、努力程度高低的情形来评判。一种情形是，生态环境质量表征指标相差不大的城市之间相比较，某些城市的空气质量、水环境质量等实际指标明显偏低，表明这些城市的生态环境治理绩效不佳或努力程度不足。

以长江经济带城市为例，从空气质量的角度来看（以 2015 年为例），如表 4—12 所示，从各城市生态环境质量表征指标与空气质量指标①的对比分析来看，生态环境质量表征指标在 200 左右及以上的城市，其空气质量理应优良，然而现实中，仍有部分城市只处于良好的边缘状态（AQI ＞ 90）；生态环境质量表征指标在 155 左右的城市，其空气质量良好的概率理应较高，但现实中，仍有部分城市空气质量处于轻度污染状态（AQI ＞ 100）。这些城市可评判为空气污染治理绩效偏低或努力程度有所不足，主要包括：杭州、湖州、上海、南通、嘉兴、宜昌、襄阳、荆州、荆门等。而部分城市的空气质量优于其生态环境质量表征指标同等水平的城市，这些城市则可评判为空气污染治理绩效较好、努力程度较高，主要包括：攀枝花、遵义、昭通、毕节等。

同理，从长江经济带主要城市生态环境质量表征指标与水质指标②的对比分析可以得出：生态环境质量表征指标处于大于 155 的水平，其水质为Ⅰ类、Ⅱ类的概率理应较高，但是现实中，仍有部分城市相关断面的水质处于Ⅲ类或劣于Ⅲ类的概率较高，这些城市可判定为"水污染治理绩效偏低或努力程度有所不足"，主要包括：南昌、岳阳、常德、长沙、上海、嘉兴等城市。尽管重庆、南京、武汉、达州、广安、成都等城市相关断面的水质为Ⅲ类或劣于Ⅲ类的概率较高，但由于这些城市的生态环境质量表征指标处于 100 左右及以下水平，因此，这些城市对于水污染的治理绩效及努力程度尚可评判为"正常"。

---

　　①　空气质量，按照空气质量指数大小划分等级，指数越大、表明污染的情况越严重。根据《环境空气质量指数（AQI）技术规定（试行）》（HJ 633—2012）规定：空气污染指数为 0—50，空气质量状况优；空气污染指数为 51—100，空气质量状况良；空气污染指数为 101—150，空气质量状况轻度污染。

　　②　本研究所依据的水质指标来自生态环境部（原环境保护部）各期《全国地表水水质月报》有关长江流域省界断面水质类别、各期《全国主要流域重点断面水质自动监测周报》有关长江水系断面水质等资料。根据《地表水环境质量标准》（GB3838—2002），DO 浓度、COD 浓度、NH3－N 浓度等标准将地表水水质划分为Ⅰ类、Ⅱ类、Ⅲ类、Ⅳ类、Ⅴ类和劣Ⅴ类等。

表 4—12   长江经济带主要城市的空气污染治理及努力程度的评判

长江经济带主要城市	生态环境质量表征指标 （武汉为100）	空气质量指数 AQI （2015 年日平均）	环境治理绩效、 努力程度
景德镇	477	65	正常
池州	416	56	正常
九江	341	77	正常
杭州	330	90	偏低
湖州	280	95	偏低
安庆	277	76	正常
南昌	275	71	正常
上海	248	90	偏低
南通	229	92	偏低
咸宁	216	88	正常
铜陵	209	84	正常
嘉兴	203	92	偏低
芜湖	203	82	正常
马鞍山	202	90	正常
宜昌	198	99	偏低
岳阳	194	81	正常
常德	187	80	正常
十堰	185	81	正常
黄冈	180	90	正常
恩施	180	78	正常
黄石	178	94	正常
荆门	178	102	偏低
长沙	172	88	正常
攀枝花	169	60	较好
合肥	155	92	正常

长江经济带主要城市	生态环境质量表征指标（武汉为100）	空气质量指数 AQI（2015 年日平均）	环境治理绩效、努力程度
襄阳	154	112	偏低
荆州	148	102	偏低
扬州	147	93	正常
遵义	147	65	较好
苏州	144	94	正常
泰州	142	94	正常
无锡	140	95	正常
贵阳	140	61	较好
昆明	139	55	较好
常州	134	94	正常
鄂州	133	101	正常
镇江	130	97	正常
昭通	119	65	较好
毕节	113	53	较好
南京	107	96	正常
武汉	100	106	正常
重庆	97	82	正常
泸州	81	86	正常
达州	77	92	正常
宜宾	74	84	正常
广安	57	85	正常
成都	49	102	正常

资料来源：空气质量指数 AQI（2015 年日平均），根据原环境保护部每日公布的相关数据整理计算得到。

与环境污染治理绩效和治理努力程度评价相关的治理途径和对策问题，过去一段时期内，往往不考虑各地生态承载力的差异程度，"一刀切"地强化产业结构、能源结构的调整。根据前文的分析可知，强化产业结构、能源结构调整的政策举措，更适合那些"治理绩效不佳、努力程度不足"的城市；而那些"治理绩效较好、努力程度较高"的城市，强化其结构调整，其治理效果有限，极有可能导致"事倍功半"甚至是负面效果远超治理绩效的结果。

七 本节小结

本节尝试采用一种基于中国地理特征的实证规律——"胡焕庸线"及其生态含义，提出"生态承载力存在自西北方向朝东南方向（沿着胡焕庸线的垂直方向）的梯度递增性"假说，基于该假说计算中国各城市的生态承载力表征指标、生态环境质量表征指标，并分析了各城市的生态超载状态及其合理发展取向。对于本节的内容，可以从以下三个方面来归纳总结。

（一）从生态承载力的测度方法角度来看，本节有以下结论和应用价值

其一，实证分析表明：一方面，在实证中控制了城市经济发展与人口集聚对环境的负荷的基础上，城市中心距胡焕庸线距离越远，城市空气污染指数越低、水域中 DO 浓度越高、COD_{mn} 浓度和 NH_3-N 浓度越低，因此，城市中心距胡焕庸线距离与城市环境质量（包括大气环境质量和水环境质量）成正比，这使假说得到了验证。表明：本节所提出的中国区域生态承载力假说"生态承载力存在自西北方向朝东南方向（沿着胡焕庸线的垂直方向）的梯度递增性"是成立的；同时表明：基于该理论假说所得出的中国城市"生态承载力表征指标"具有表征各城市相对的生态承载力水平的能力，可以在实际分析中推广应用。

其二，分析表明：基于中国区域生态承载力假说提出的中国城市"生态环境质量表征指标"，与现实的生态环境状况相符。特别是一些极端自然地理条件的城市（如，拉萨、承德等），其结果也与现实相符。充分表明：以生态承载力和生态负载所构建的"生态环境质量表征指标"是有效的。在现实分析中有推广应用价值。

其三，根据生态承载力理论假说测度中国城市生态承载力，进而按照生态承载力差异将中国的东—中—西部进行了重新划分。东—中—西部的重新划分，有利于研究者有差别地分析各区域的经济—生态水平及其相互作用关系以得到更真实的结论。这一创新性的东—中—西部划分方法，对于生态环境问题的研究，有推广应用的价值。

其四，本节所使用的生态承载力测度方法，是一个相对简洁而有效的方法，但仍然有进一步细化分析的改进空间。对于这一生态承载力测度方法的改进有以下思考。[①] 一是，本节之所以没有推算出方程中的参数A，原因在于全国及各地合理的人口规模、经济规模没有一个普遍认可的标准。但是，在客观计算各区域生态承载能力难以实现的条件下，以此方程来表征，虽然无法计算出各地具体的人口承载量、经济承载量，但对各地的生态承载力做比较分析还是适用的，从比较视角也能够得出若干有现实意义的研究结论。预期这一方程对生态承载力相关研究有一定的参考价值。二是，本节只是基于胡焕庸线所反映全国全域的生态承载力梯度递减规律，而没有更深入地讨论各局部区域生态条件的差异（各地周边的森林、湖泊、海洋等条件）。如果考虑到各地具体生态条件的差异，那么，各地的生态承载力方程中的参数A就会不完全相同。亦即，在区域间做比较分析时，不仅要比较各自与胡焕庸线的垂直距离，而且还要比较分析有差别的参数A。三是，尽管以人口密度和经济密度能够较好地表征各地的生态负载，进而较好地表征各地的生态环境质量，但如果考虑到人口消费活动的生态友好程度、经济活动的绿色化程度，则会对各地的生态负载起到调节作用，亦即，提高人口生态友好程度、经济绿色化程度是各地可能提升生态环境质量的根本手段。所以，在进一步的研究中，应当将这些细化因素纳入到生态环境质量因素指标之中。四是，新划分的中部区域之所以是生态环境质量较差区域，在于其生态承载力较低，而人口密度和经济密度却高。更深入地观察，会发现这个区域的大部分地区是中国古代先秦时期的发达地区。也就意味着，当代生

---

① 参见钟茂初《如何表征区域生态承载力与生态环境质量？——兼论以胡焕庸线生态承载力涵义重新划分东中西部》，《中国地质大学学报》（社会科学版）2016 年第 16（01）期，第1—9 页。

态环境质量的劣化与该地区开发历史的长短有关。所以，各地的"开发历史"似应作为该区域生态负载的影响因素之一。

（二）基于生态承载力相关测度结果，对于生态文明建设提出的政策主张

其一，从国家政策层面而言，经济发展和生态保护的相关政策制定不宜"一刀切"，应基于各地生态承载力进行差异化的政策目标制定和执行。本节根据生态承载力理论假说提出按照生态承载力差异将中国的东—中—西部进行重新划分，有利于政策制定者在考虑生态承载力的基础上采取差别化政策以兼顾经济发展与生态环境保护。即，宏观政策部门应在充分认识"胡焕庸线"所包含的生态承载力内涵的基础上，以"尊重自然、顺应自然、保护自然"的理念，适应各区域生态承载力的显著差异，制定出有针对性的生态环境治理和保护目标政策，以此为约束性前提来确定各区域的发展目标和政策。

其二，对京津冀及周边城市的生态环境质量表征指标所做分析表明，以生态承载力和生态负载来刻画各城市的生态环境质量表征是有效的，并不需要对产业结构、能源结构做出专门的考察。这也反映出，京津冀及其周边城市的雾霾等污染问题，产业结构和能源结构只是表层成因，而更本质的成因是生态承载力偏低而生态负载过高。认识这一特征，对于京津冀及周边城市的生态环境治理，应当有独到的启示价值。对于该区域的生态超载状况及其合理的发展取向的分析，结果表明：京津冀及其周边区域绝大部分城市已经处于"显著超载""严重超载"的状态，应当适当地对其生态负载予以疏解。同时，也表明：在京津冀及其周边区域内疏解转移无助于这一区域的生态环境治理，因此，应当向生态承载力方面尚有发展空间的区域疏解转移。

其三，本节分析了长江经济带主要城市生态承载力相关问题的主要特征。综合而言：长江经济带主要城市生态环境方面当前及今后较长时期内的基本态势是，多数城市处于生态环境质量"良好"的边缘范围，多数城市处于"宜维持当前规模"的边缘范围。未来阶段，进则可继续维持"良好"状态，退则易转向"一般"甚至"较差"状态。是进是退，取决于各城市的发展理念和对于生态环境治理和保护的努力程度。对于这些特征，在制定整个流域、局部区域、相关城市的发展规划时，

应予充分考量。这一基本态势表明，长江经济带"不搞大开发"的发展取向是符合现实条件的，这一发展取向必须作为整个经济带的基本原则长久坚持。

其四，本节测度分析了长三角、珠三角这一中国经济社会最为发达的区域的生态超载状态和合理发展取向。结果表明：从生态承载力角度来看，这一区域依然具有较大的发展空间。鉴于在生态承载力范围内、且能够保证合意环境质量目标，尚可适度扩张人口经济规模的城市多集中于东南沿海区域的现状，应提出"东南沿海新发展战略"，通过这一区域的新发展，以吸纳中西部、京津冀超载严重的人口经济规模的疏解转移。

（三）从测度结果用于生态文明建设努力程度的评价的合理判据

依据本节的分析，得出：评判各城市的生态环境治理绩效和努力程度的过程中，其判据为：

其一，生态环境质量表征指标大于600的城市，理论上应为生态环境质量"优秀"。但是，个别城市的现实环境质量为"较好"的概率不够高，即可判定为生态环境治理绩效偏低、努力程度不足。

其二，指标大于155的城市理论上应为生态环境质量"良好"。个别城市现实环境质量为"较差"的概率偏大，即可判定为生态环境治理绩效偏低、努力程度不足。有个别城市现实环境质量"较好"的概率较高，即可判定为生态环境治理绩效优秀、努力程度较高。

其三，指标大于100的城市，理论上应为生态环境质量"一般"。但是，个别城市现实环境质量"较差"概率偏高，即可判定为生态环境治理绩效偏低、努力程度不足。有个别城市现实环境质量"较差"概率极小，即可判定为生态环境治理绩效优秀、努力程度较高。

其四，指标小于100的城市理论上应为生态环境质量"较差"，但个别城市现实环境质量"较差"的概率不高，即可判定为生态环境治理绩效优秀、努力程度较高。

其五，生态环境质量表征指标相差不大的城市之间相比较，某些城市的空气质量、水环境质量等实际指标明显偏低，可判定这些城市的生态环境治理绩效不佳或努力程度不足。

与环境污染治理绩效和治理努力程度评价相关的治理途径和对策问

题，过去一段时期内，往往不考虑各地生态承载力的差异程度，"一刀切"地强化产业结构、能源结构的调整。根据前文的分析可知，强化产业结构、能源结构调整的政策举措，更适合那些"治理绩效不佳、努力程度不足"的城市；而那些"治理绩效较好、努力程度较高"的城市，强化其结构调整，其治理效果有限，极有可能导致"事倍功半"甚至是负面效果远超治理绩效的结果。

第二节　中国城市生态效率的测度分析

上一节，对城市生态文明建设的核心问题之一——"生态承载力"进行了测度和分析。本节，依据本章开篇所论述的认识，拟对城市生态文明建设的另一核心问题——"生态效率"进行测度和分析。

一　"生态效率"的概念界定及既有研究简述

对于中国各城市的"生态效率"进行评价分析之先，应对其概念进行界定，并梳理既有的研究方法。

（一）生态效率的概念界定

生态效率（Eco – Efficiency），1992 年世界可持续发展商业理事会（WBCSD）正式提出，并将其定义为："经济增加值与环境影响的比值。"德沃尔等（Derwall et al.，2005）从企业视角将生态效率定义为，企业相对于其产生的污染物所创造的经济价值。Figge et al.（2004）从可持续视角认为生态效率应衡量经济效益、生态效益和社会效益的可持续性。国内学者对生态效率进行了如下讨论：诸大建和朱远（2005）认为，生态效率是经济社会发展的价值量和资源环境消耗的实物量比值，表示经济增长与环境压力的分离关系。吕彬和杨建新（2006）认为生态效率是经济效率与环境效率的统一，他将宏观尺度上的生态效率渗透到微观和中观的发展规划与管理中。总体而言，生态效率的核心是少投入、少排放、多产出，是在不对生态环境构成威胁的前提下努力发展区域经济，因而符合可持续发展有关经济、资源和环境协调发展的核心理念，成为测度可持续发展的重要概念和工具（李胜兰等，2014）。

应注意的是，与本书第三章中的产业"环境效率"不同，生态效率中的"生态"涵盖了区域层面的自然禀赋和生态条件，本节所定义的生态效率主要针对区域层面的城市而言，城市生态效率是指城市有效利用各种经济资源、生态环境资源、生态环境要素，在提供高效的经济收益和生态环境效益的同时减少污染排放，以实现城市的高质量可持续发展。换言之，提高生态效率，是城市生态文明建设的应有之义，也是城市生态文明建设的必经路径。

（二）生态效率的测度问题

近年来，资源环境问题对经济发展的约束越发明显，越来越多的学者在传统的生产率测度方法基础上加入资源环境要素以考察经济环境综合效率问题。目前，生态效率的测度方法有：

其一，"经济—环境"比值评价法。该方法从生态效率的定义演变而来，基本表征为单位环境成本的经济效益或产品价值，其表达式为：环境效率＝产品和服务的价值/环境影响，其中环境影响可包括水污染排放、SO_2排放等众多要素。

其二，生态效率指标评价体系分析法。该方法构建了包括能源消耗、水消耗、原材料消耗、二氧化硫排放量、废水排放量等指标在内的指标体系，通过熵值法或层次分析法形成综合的环境效率指标。这种方法因其全面性和综合性得到了广泛的应用，如 Van 等（2010）使用水生态毒性、富营养化、挥发酸等指标综合测度了钢铁产业的生态效率，毛建素等（2010）选择了工业产值和能源消费及其与废水、固体废物、二氧化硫、工业烟尘、粉尘等污染物的排放量之间比率，表征中国工业行业的生态效率，贾冯睿等（2018）运用物质流分析方法，建立了金属铜资源物质流模型，通过层次分析与熵权法构建了铜资源生态效率评价体系，对中国 1990 年、1995 年、2000—2015 年铜资源生态效率进行评价。

其三，数据包络分析法（Data Envelopment Analysis，以下简称 DEA）。DEA 是一种基于被评价对象之间相对比较的非参数技术效率分析方法，它具有灵敏度高、可靠性强、测算简单等优点，因其在分析多投入多产出情况时具有的特殊优势而得到了广泛的应用。DEA 的衍生方法包括非期望产出 DEA、Malmquist – DEA、SBM – DEA 等。一些学者在传统的DEA 框架中加入环境资源要素，将自然资源作为投入要素，将污染排放作为非期望产出计算环境效率。钱争鸣和刘晓晨（2013）运用 DEA - SBM 模型对 1996—2010 年中国各省区绿色经济效率值进行测算，任海军和姚银环（2016）运用包含非期望产出的 SBM 超效率模型测算了 2003—2012 年中国 30 个省份的生态效率，分析了不同资源依赖度下环境规制对生态效率的影响差异。马晓君等（2018）以中国 30 个省、直辖市、自治区的年度面板数据为研究对象，重点将生态资源存量和环境污染造成的经济浪费两项指标纳入新的生态效率评价体系，运用优化的引入非期望产出的超效率 SBM 模型测算了生态效率。本节即采用含有非期望产出的超效率 SBM 模型对各城市的环境效率进行测度。

（三）生态效率的影响因素

对于影响生态效率的因素分析，学者们主要针对经济发展、产业结构、能源消费、创新驱动、对外贸易和区域关联等视角进行了分析。

钱龙（2018）利用中国 285 个地级市 2004 年至 2015 年工业层面数据，使用 VRS - DEA 模型分别测度了绿色经济效率。研究结果显示，绿色经济效率与经济发展水平呈现"U 型"关系，中国大部分城市位于"U型"曲线的上升通道，资本深化、产业结构调整和升级、信息化、经济集聚和技术进步有利于提升绿色经济效率，外商直接投资、人力资本尚未发挥积极促进作用，政府干预则阻碍了绿色经济效率改善，认为需要加强联防联控和区域协同治理统筹解决绿色发展问题。

王兵等（2010）运用 DEA - SBM 方向性距离函数和卢恩伯格生产率指标测度了考虑资源环境因素下中国 30 个省份 1998—2007 年的生态效率，并对其影响因素进行了实证研究。研究认为，能源的过多使用以及 SO_2 和 COD 的过度排放是环境无效率的主要来源，而人均 GRP、FDI、结构因素、政府和企业的环境管理能力、公众的环保意识对环境效率和环境全要素生产率有不同程度的影响。

黄永春和石秋平（2015）基于研发驱动理论，构建了包含研发投入的 DEA - SBM 模型，测算了中国区域的生态环境效率和环境全要素增长率，并借助 Tobit 模型对区域环境全要素生产率的影响因素进行了实证分析。研究表明，经济发展水平与区域环境全要素生产率呈"U 型"关系，产业结构、能源结构与区域环境全要素生产率呈负向关系，对外开放水平与区域环境全要素生产率呈正向关系。R&D 来源和 R&D 结构对区域环境全要素生产率的影响具有地区差异性，其中东部地区企业研发投入的驱动作用较大，并应提高基础研究投入。

龚新蜀等（2018）从新经济地理理论与市场经济理论出发，在运用DEA－SBM模型测算中国省域生态效率水平的基础上，深入探讨了外商直接投资、市场分割对区域生态效率的影响，研究发现，中国区域生态效率在样本期内呈不断恶化的趋势，并表现出较强的空间依赖和空间分异，FDI对本地区生态效率的效应为负，但对邻近地区具有较强的正向空间溢出效应，地方保护主义引致的市场分割导致资源扭曲错配，技术进步缓慢，不利于生态效率的提升。

李东方和杨柳青青（2018）利用2004—2013年269个地级市的面板数据对中国城市生态效率的空间关联进行分析，并使用空间杜宾模型进行实证检验。研究发现：中国城市生态效率在分布上存在正的空间相关性，且随着时间推移高值与低值集聚具有逐渐增强趋势，固定资产投资规模的扩大会显著降低城市生态效率，但其他城市会从中受益；政府支出和个人财富增长有利于城市生态效率的提升，但会对其他城市产生负面影响；外商直接投资与产业结构的调整并不能显著提升本地区的生态效率，且本地产业结构的调整会对其他城市产生不良影响。

二　城市生态效率的测度

本节拟采用以下测度方法和测度指标，尝试对中国城市的生态效率进行测度。以期通过生态效率的测度，比较分析各城市生态文明建设的差距及努力方向。

（一）测度方法——Malmquist－Luenberger效率指数模型

在计算城市生态效率指标时，传统DEA模型存在以下两点问题：第一，多基于截面数据进行，而城市发展是一个长期的连续的过程，在这一过程中，效率会因为技术进步而发生变化，截面数据无法反映效率的动态变化过程；第二，传统DEA只能得到单一效率值，无法进一步分解以考察技术和规模对效率的改进作用。

城市发展是一个长期的连续的过程，生态效率随城市发展不断提高的过程本质上源于技术水平的提高，而在这一过程中，不仅各城市利用技术的效率得到了提高，技术本身也必然发生了变化。当被评价单元（DMU）

的数据为包含多个时间点的观测值的面板数据，就可以对生态效率的变动情况、技术效率和技术进步等各自对生态效率的变动所起的作用进行分析，这就是常用的 Malmquist 效率指数分析。然而，初始的 Malmquist 效率指数无法处理包含负产出（如本节涉及的环境污染）的情况，随后，钱伯斯（Chambers，1996）对此进行了改进，将包含非期望产出的方向距离函数应用于 Malmquist 效率指数模型，这就是 Malmquist – Luenberger 效率指数模型（ML）。ML 效率指数模型由于其在含有非期望产出的面板数据效率测算方面的优越性，被学者们广泛运用于生态环境效率的测算。如齐亚伟和陶长琪（2012）运用方向性距离函数和全局 Malmquist – Luenberger（GML）指数测算了 2000—2009 年中国各省份的环境效率及其变动状况，并将环境全要素生产率变动分解为纯技术进步、纯技术效率变动、规模效率变动和技术规模变动 4 个因素进行了对比分析。岳立和李文波（2017）基于 DDF – Global Malmquist – Luenberger 指数方法测度了中国城市土地利用效率，对其整体特征及其区域差异进行了探讨，探讨提升各省份的城市土地利用效率改革方案。

本节考虑生态环境因素，将能源投入与其他生产要素共同作为投入指标（x），将城市绿化覆盖率和 GDP 共同作为期望产出（y），将环境污染作为非期望产出（b），利用 ML 效率指数测算城市生态效率。ML 的方向距离函数表达式为：

$$\overrightarrow{D_T} = (y^t,\ b^t,\ x^t;\ g_y,\ -g_b,\ -g_x)$$

$$= \max\{\beta:\ (y^t + \beta g_y,\ b^t - \beta g_b,\ x^t - \beta g_x)\} \qquad 式（4—9）$$

其中，$g = (g_y,\ -g_b,\ -g_x)$ 表示一个方向向量，若向量 $g = (1,\ -1,\ -1)$，则表示城市在给定的技术条件下预期产出的最大单位扩大，投入和非期望产出的最大单位收缩。本节定义 $g = (y,\ -b,\ -x)$，则规模报酬不变情况下投入产出导向的 Malmquist – Luenberger 效率指数定义为：

$$ML_t^{t+1} = \left| \frac{1 + \overrightarrow{D_0^t}(y^t, b^t, x^t; y^t, -b^t, -x^t)}{1 + \overrightarrow{D_0^t}(y^{t+1}, b^{t+1}, x^{t+1}; y^{t+1}, -b^{t+1}, -x^{t+1})} \right.$$

$$\times \left. \frac{1 + \overrightarrow{D_0^{t+1}}(y^t, b^t, x^t; y^t, -b^t, -x^t)}{1 + \overrightarrow{D_0^{t+1}}(y^{t+1}, b^{t+1}, x^{t+1}; y^{t+1}, -b^{t+1}, -x^{t+1})} \right|^{1/2} \quad \text{式（4—10）}$$

$ML > 1$ 即表示生态效率提升。上式中，第 t 期的方向性距离函数可通过求解以下线性规划得出：

$$\overrightarrow{D_0^t} = (y^t, b^t, x^t; y^t, -b^t, -x^t) = \max\beta$$

$$s.t. \begin{cases} \sum_{k=1}^{K} z_k y_{km}^t \geqslant (1+\beta) y_{km}^t, \\[2mm] \sum_{k=1}^{K} z_k b_{km}^t \leqslant (1-\beta) b_{kn}^t, \\[2mm] \sum_{k=1}^{K} z_k x_{km}^t \leqslant (1-\beta) x_{kq}^t, \\[2mm] z_k \geqslant 0; k = 1, \cdots K; m = 1, \cdots, M; n = 1, \cdots, N; q = 1, \cdots, Q \end{cases}$$

$$\text{式（4—11）}$$

（二）测度指标和数据

本节基于全局 Malmquist - Luenberger 指数模型，整理了中国 105 个重点城市 2006—2015 年间的相关经济和环境数据，选取的投入指标为：劳动力（用年末总人口表征）、资本（用城市固定资产投资额表征）、土地（用行政区域面积表征）、能源（用燃料煤消耗量表征）和技术（用科研从业人员数表征）；期望产出指标为年末 GDP 和环境质量（用建成区绿化覆盖率表征）；非期望产出包括工业废水排放量、工业二氧化硫排放量、工业氮氧化物排放量、工业固体废物产生量、生活污水量以及 PM2.5 浓度，数据主要来源于《中国城市统计年鉴》《中国环境统计年鉴》和《中国环境年鉴》，其中 PM2.5 数据来源于哥伦比亚大学发布的 1998—2016 年世界 PM2.5 密度图。各指标的描述性统计如表 4—13 所示。

表 4—13　　　　　　计算生态环境效率的各投入产出指标

	指标	均值	标准差	最小值	最大值	数据来源
投入指标	年末总人口（万人）	539.59	389.82	29.97	3375.20	《中国城市统计年鉴》
	行政区域土地面积（平方公里）	14040.93	13367.61	1569.00	90659.00	《中国城市统计年鉴》
	全社会固定资产投资总额（万元）	17200000	17600000	437341	154000000	《中国城市统计年鉴》
	科研从业人员数（万人）	2.28	5.39	0.02	59.80	《中国城市统计年鉴》
	工业燃料煤消耗量（万吨）	1195.60	965.94	0.01	5919.00	《中国环境年鉴》
期望产出指标	地区生产总值（万元）	19600000	31200000	667013	248000000	《中国城市统计年鉴》
	城市绿化覆盖率（%）	39.95	6.31	5.55	70.30	《中国城市统计年鉴》
非期望产出指标	工业废水排放量（万吨）	11181.96	11951.53	23.00	86496.00	《中国环境年鉴》
	工业二氧化硫排放量（万吨）	8.67	7.06	0.01	71.15	《中国环境年鉴》
	工业氮氧化物排放量（万吨）	6.68	5.64	0.00	32.70	《中国环境年鉴》
	工业固体废物产生量（万吨）	1096.86	1338.52	1.00	10663.00	《中国环境年鉴》
	城镇生活污水排放量（万吨）	23082.76	27837.55	877.00	211554.00	《中国环境年鉴》
	PM2.5 浓度（微克/立方米）	55.90	21.80	14.19	116.85	1998—2016 年世界PM2.5 密度图

三　中国城市生态效率的测度结果分析

根据前文的方法、指标和数据，可以得到以下测度结果和分析结论。

（一）基础结果及分析

在数据收集的基础上利用 MaxDEA 软件测算了全局 Malmquist – Luenberger 指数模型下 105 个环保重点城市 2006—2015 年间的生态效率数值。应注意的是，ML 测度的是由 t 期到 t + 1 期的效率，因此，当我们使用 2006—2015 年的原始数据时，可得到 2006—2015 年各年度的生态效率值。进一步地，本书前述章节按照胡焕庸线重新将中国东—中—西部进行了重新划分，同时将城市按照是否为省会城市和计划单列市进行分类，本节分别按照这两种分类对各重点城市的生态效率指数（ML）进行了分类汇总求均值，测算结果如表 4—14 所示。

表 4—14　　　　　　重点城市生态环境效率——分类均值

年度	平均值	生态东部城市	生态中部城市	生态西部城市	省会和计划单列市	其他城市
2006—2007	1.0428	1.0387	1.0496	1.0172	1.1052	1.0116
2007—2008	1.0174	1.0168	1.0245	0.9746	1.0352	1.0084
2008—2009	1.0381	1.0811	1.0124	1.0150	1.1173	0.9986
2009—2010	1.0321	1.0503	1.0232	1.0095	1.0620	1.0172
2010—2011	0.9964	1.0099	0.9943	0.9513	1.0278	0.9808
2011—2012	1.0162	1.0491	1.0082	0.9237	1.0245	1.0120
2012—2013	0.9956	1.0090	0.9892	0.9773	1.0167	0.9850
2013—2014	1.0268	1.0387	1.0215	1.0092	1.0543	1.0131
2014—2015	1.0265	1.0451	1.0137	1.0268	1.0620	1.0087

为了使结果更加清晰明了，进一步做了折线图和柱状图进行展示，如图 4—1、图 4—2 所示。

观察表 4—14、图 4—1、图 4—2，可以得出以下几点初步结论。

其一，近年来，重点城市的生态效率呈现了波动式发展的趋势。观察图表可知，除 2011 年和 2013 年之外，105 个重点城市的平均生态效率均有所提升，但提升效率呈现了波动趋势。这可能是由于：生态效率本身包含了环境污染排放的全要素增长率的内涵，那么在经济增长给生态效率带来正向影响的同时，伴随着经济增长的污染排放亦在一定程度上

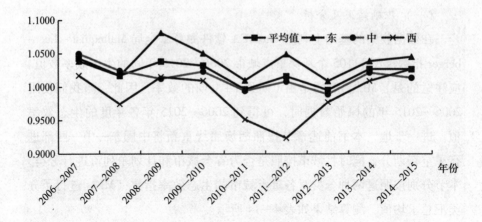

图4—1　重点城市生态环境效率——分区域均值

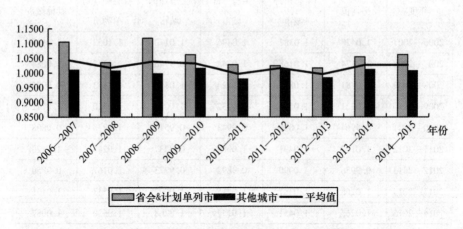

图4—2　重点城市生态环境效率——分类别均值

抵消了前者的正向影响，这使得总体的生态效率并未呈现显著的线性趋势。

其二，特定时期的经济刺激政策，对城市生态效率带来的冲击应是短期而不可持续的。观察图表可以发现，2008—2009年，多数城市的生态效率较之前有了显著的上升，尤其是东部城市和区域性中心城市（省会城市和计划单列市），这应是经济危机下国家出台的经济刺激政策带来的短期生态效率的提升。同时，可以看到，2009年之后几年内的城市生态效率并未延续之前的上升趋势，尤其是西部城市，2009—2013 年间的生态效率呈现出小于 1 的无效率状态。相对而言，经济政策刺激对西部城市带来的短期效应并不能很好地转化为技术进步和治理效率提升，也不能抗击风险带来的滞后效应，这进一步表明，基于生态效率视角，经济刺激政策的效果是短期的，是不可持续的。

其三，环保政策，对城市生态效率带来的冲击是显著的。观察图表可以发现，2013 年之后，城市生态效率的上升趋势较为显著，这应是源于"雾霾"等环境问题的凸显导致的强势环保政策的反映。在这种政策背景下，各城市纷纷加强了对企业的环境规制强度，在加大环保巡视力度的同时，一方面利用行政手段降低污染排放总量，另一方面倒逼企业环保技术的提高，这在一定程度上带来了生态效率的提高。然而，这种强势的环保政策效果是否具有持续性仍值得观察和分析。

其四，不同城市的生态环境效率变动，具有异质性。对于东部城市和区域性中心城市（省会城市和计划单列市），其能够更充分地利用经济政策带来的正向刺激，显著提高 2008—2009 年的生态效率；同时，面临着强势环保政策，也可以在抵御强势环保风暴的同时尽可能地降低对经济的冲击，使得 2013—2015 年的生态效率略有提升。对于西部城市而言，近年来生态效率上升较为显著的原因可能在于，西部城市经济增长和环境治理能力的基础较低，因而具有明显的"后发优势"。然而对于大多数的中部城市而言，其境遇相对"尴尬"，因其既不具备东部城市的先进技术和抗风险能力，亦不具备中部城市的后发优势，因此其生态效率并未发生显著波动。

其五，总体上而言，城市生态效率与其生态承载力呈现出了较为明显的正相关关系。按照生态承载力划分的"生态东部"城市的平均生态效率是最高的，其次是"生态中部"城市，最后是"生态西部"城市。这应是源于，生态承载力内含了"在一定生态条件下可承载的人口和经济发展极限"，这与生态效率的内涵具有一定的一致性。因此，我们可以认为，城市生态文明的建设，应是在生态承载力约束下，尽可能地提高生态效率，这也是城市生态文明建设的应有之义。

（二）中国城市生态效率的累积和分解分析

为具体分析各城市生态效率的来源，可将规模报酬不变情况下的 ML

效率指数进一步分解，分解为纯效率变化（PEC）、纯技术进步（PTC）、规模效率变化（SEC）和技术规模变化（STC）。则 PEC、PTC、SEC 和 STC > （<）1 分别表示效率改善（效率恶化）、技术进步（技术倒退）、规模效率提高（规模效率下降）和技术规模报酬提高（技术规模报酬下降）。本节在生态效率 ML 指数的基础上进一步按此分解，并将所考察的重点城市分类求各分解值的均值，结果如表4—15、表4—16 所示。

表4—15　　　　　重点城市生态环境效率分解——分区域均值

均值	生态东部城市				生态中部城市				生态西部城市			
年度	PEC	PTC	SEC	STC	PEC	PTC	SEC	STC	PEC	PTC	SEC	STC
2006—2007	1.0236	1.0085	0.9961	1.0154	1.0156	1.0225	0.9958	1.0204	1.0756	0.9681	1.0285	1.0282
2007—2008	1.0036	1.0221	1.0334	0.9802	1.0382	1.0159	0.9799	1.0331	0.9422	1.1003	1.0480	0.9226
2008—2009	1.2142	0.9125	0.9687	1.0736	1.1241	0.9155	1.0261	1.0109	1.3200	0.7727	0.9428	1.1231
2009—2010	0.9544	1.1194	1.0409	0.9671	0.9944	1.0530	1.0065	1.0207	1.0002	0.9989	1.0104	1.0272
2010—2011	0.9815	1.0242	1.0077	1.0277	0.9375	1.1025	1.0225	0.9957	0.9418	1.0208	1.0025	1.0045
2011—2012	1.0294	1.0346	1.0042	0.9955	1.0145	1.0121	1.0112	0.9857	1.0073	0.9547	0.9999	0.9701
2012—2013	1.0536	0.9672	1.0470	0.9805	1.0227	0.9718	1.0316	0.9858	1.0219	0.9421	0.9613	1.0722
2013—2014	0.9981	1.0547	0.9832	1.0147	0.9778	1.0592	0.9969	1.0101	0.9647	1.0516	1.0424	0.9704
2014—2015	0.9894	1.0534	1.0178	0.9938	1.0061	1.0169	1.0060	1.0046	1.0226	1.0369	0.9941	0.9826

表4—16　　　　　重点城市生态环境效率分解——分类别均值

均值	省会城市和计划单列市				其他城市			
年度	PEC	PTC	SEC	STC	PEC	PTC	SEC	STC
2006—2007	1.0215	1.0476	1.0229	1.0186	1.0248	0.9951	0.9866	1.0195
2007—2008	1.0220	1.0392	1.0281	0.9759	1.0147	1.0185	0.9943	1.0180
2008—2009	1.1544	0.9718	1.0272	1.0268	1.1843	0.8673	0.9829	1.0523
2009—2010	1.0081	1.0444	0.9861	1.0299	0.9660	1.0873	1.0364	0.9870
2010—2011	0.9578	1.0873	1.0384	0.9742	0.9524	1.0560	1.0038	1.0254
2011—2012	1.0603	0.9833	0.9814	1.0171	0.9990	1.0317	1.0208	0.9735
2012—2013	1.0529	0.9792	1.0318	0.9761	1.0248	0.9617	1.0310	0.9988
2013—2014	0.9940	1.0732	0.9875	1.0108	0.9794	1.0487	0.9998	1.0072
2014—2015	0.9982	1.0542	1.0202	0.9981	1.0029	1.0212	1.0040	0.9991

此外，全局 ML 指数具有循环可加性，将被考察城市各年度的 ML 指数及其分解值进行乘积，即可得到 2006—2015 年间各城市生态效率的累积变化值，可进一步反映中国主要城市近十年的生态效率及其内含的技术和规模的总体变动程度。计算结果如表 4—17 所示（按照 2006—2015 年间 ML 累积值进行排序）。

表 4—17　　　　2006—2015 年间重点城市生态环境累积效率及其分解

2006—2015 年累积	生态东—中—西部	省会城市或其他城市	ML	PEC	PTC	SEC	STC
天津	中	1	4.8303	1.0250	2.8586	1.0075	1.6362
广州	东	1	2.3307	1.4740	1.4906	1.0184	1.0417
上海	东	1	1.8265	0.9669	1.6941	0.9943	1.1215
深圳	东	1	1.7618	1.2818	1.1867	0.8034	1.4417
北京	中	1	1.7056	1.0907	1.5009	0.9878	1.0547
重庆	中	1	1.6094	1.2011	1.0891	1.2000	1.0253
包头	西	0	1.5772	1.5604	0.9996	1.0210	0.9904
常州	东	0	1.5678	1.3397	1.1566	1.0085	1.0034
日照	东	0	1.5039	1.3897	1.0589	1.0461	0.9769
武汉	东	1	1.4354	1.2031	1.0746	1.1155	0.9953
曲靖	中	0	1.3637	1.9246	0.6892	0.7136	1.4409
北海	东	0	1.3322	0.9772	1.3677	1.0598	0.9405
赤峰	中	0	1.3217	1.2207	1.0749	1.0152	0.9922
南京	东	1	1.3027	1.1805	1.0517	1.0472	1.0019
青岛	东	1	1.2900	1.2744	1.0240	1.0147	0.9742
桂林	东	0	1.2828	1.2264	1.0292	1.0009	1.0154
绍兴	东	0	1.2781	1.2481	1.0241	0.9997	1.0002
安阳	中	0	1.2627	1.1785	1.0706	0.9995	1.0012
昆明	中	1	1.2575	1.5559	1.0681	0.9993	0.7573
成都	中	1	1.2561	1.0879	1.1123	1.0969	0.9463
西宁	西	1	1.2486	1.1932	0.9797	1.0273	1.0397
杭州	东	1	1.2479	1.1347	1.0719	1.0254	1.0006
石嘴山	西	0	1.2421	1.0000	0.7053	1.6241	1.0843
长春	中	1	1.2264	1.4726	0.8429	1.0096	0.9785
乌鲁木齐	西	1	1.2072	0.7643	1.5804	1.5603	0.6406

2006—2015 年累积	生态东—中—西部	省会城市或其他城市	ML	PEC	PTC	SEC	STC
开封	中	0	1.2045	1.0979	1.0235	1.0766	0.9955
济南	中	1	1.1955	1.0805	1.0786	1.0027	1.0231
阳泉	中	0	1.1943	1.1377	1.0169	1.0366	0.9959
潍坊	中	0	1.1931	1.0844	1.0493	1.0399	1.0083
淄博	中	0	1.1873	0.9465	1.3204	0.9948	0.9550
宜宾	中	0	1.1865	1.2050	0.9921	1.0053	0.9872
温州	东	0	1.1862	1.1557	1.0214	1.0011	1.0038
焦作	中	0	1.1847	1.0482	1.1165	1.0166	0.9958
泸州	中	0	1.1842	1.2375	0.9473	1.0099	1.0002
平顶山	中	0	1.1767	1.1202	1.0503	1.0003	0.9998
荆州	中	0	1.1751	1.1576	1.0064	1.0023	1.0064
沈阳	中	1	1.1644	1.0866	1.1009	0.9887	0.9844
石家庄	中	1	1.1638	1.0865	1.0858	1.0058	0.9808
保定	中	0	1.1625	1.0417	1.1269	1.0473	0.9455
福州	东	1	1.1602	1.1407	1.0148	0.9775	1.0253
本溪	中	0	1.1569	1.5913	0.7150	1.0000	1.0169
邯郸	中	0	1.1555	1.0635	1.0639	1.0180	1.0033
银川	西	1	1.1516	1.0457	1.0282	1.0346	1.0353
洛阳	中	0	1.1512	1.0484	1.0900	1.0207	0.9870
韶关	东	0	1.1498	1.1889	0.9482	0.9919	1.0283
扬州	东	0	1.1493	1.1291	1.0177	1.0135	0.9869
徐州	中	0	1.1480	1.1235	1.0271	1.0110	0.9841
宝鸡	中	0	1.1381	1.1674	0.9730	0.9991	1.0029
南宁	东	1	1.1380	1.0748	1.0928	0.9917	0.9771
长沙	东	1	1.1344	1.0495	1.1328	0.9943	0.9596
抚顺	中	0	1.1341	1.1790	0.9519	0.9889	1.0219
遵义	中	0	1.1317	1.0928	1.0274	0.9970	1.0111
济宁	中	0	1.1316	1.0495	1.0660	0.9928	1.0188
贵阳	中	1	1.1271	1.0556	1.0662	0.9909	1.0107
柳州	东	0	1.1234	1.0871	1.0367	0.9988	0.9981
湘潭	东	0	1.1163	1.1325	1.0028	1.0023	0.9807
呼和浩特	西	1	1.1139	1.1114	1.0041	1.0128	0.9856

续表

2006—2015 年累积	生态东—中—西部	省会城市或其他城市	ML	PEC	PTC	SEC	STC
宜昌	中	0	1.1120	1.0468	1.0694	0.9918	1.0016
西安	中	1	1.1113	1.0446	1.0747	0.9797	1.0104
绵阳	中	0	1.1029	1.0598	1.0410	1.0017	0.9981
大同	中	0	1.1018	1.1090	0.9885	0.9993	1.0057
兰州	西	1	1.0957	1.0612	1.0327	0.9957	1.0042
连云港	东	0	1.0942	1.0767	1.0098	1.0041	1.0023
常德	中	0	1.0906	1.0789	1.0109	1.0076	0.9924
泉州	东	0	1.0886	1.5572	0.6973	1.0006	1.0020
株洲	东	0	1.0872	1.0990	0.9893	0.9924	1.0076
湖州	东	0	1.0833	1.1729	0.9316	0.9666	1.0257
湛江	东	0	1.0818	1.1253	0.9693	1.0111	0.9808
秦皇岛	中	0	1.0814	1.0615	0.9937	1.0039	1.0212
九江	东	0	1.0788	1.1028	1.0017	0.9887	0.9878
齐齐哈尔	中	0	1.0785	0.6525	0.9558	1.6389	1.0553
南通	东	0	1.0781	1.0389	1.0807	0.9947	0.9654
唐山	中	0	1.0736	0.9966	1.1508	1.0637	0.8800
太原	中	1	1.0649	1.0167	1.0556	0.9941	0.9981
宁波	东	1	1.0633	1.0317	1.0208	1.0026	1.0070
无锡	东	0	1.0612	0.6827	1.5706	0.9965	0.9932
郑州	中	1	1.0567	1.0814	1.0800	0.9263	0.9767
苏州	东	0	1.0553	0.9921	1.2903	1.0042	0.8209
枣庄	中	0	1.0498	1.0252	1.0075	1.0268	0.9899
哈尔滨	中	1	1.0451	1.0081	1.0896	0.9587	0.9925
吉林	中	0	1.0415	1.0431	1.0340	1.0143	0.9520
合肥	东	1	1.0403	1.0153	1.0962	0.9814	0.9524
泰安	中	0	1.0393	1.0280	1.0101	1.0031	0.9978
攀枝花	中	0	1.0390	1.1260	0.8895	0.9416	1.1018
延安	中	0	1.0386	1.0049	0.6922	1.4595	1.0230
汕头	东	0	1.0365	1.0000	1.0997	1.0843	0.8693
岳阳	东	0	1.0339	1.0174	1.0317	1.0029	0.9822
咸阳	中	0	1.0320	1.0302	1.0112	0.9987	0.9919
海口	东	1	1.0084	1.0000	1.0378	0.9999	0.9717

续表

2006—2015 年累积	生态东—中—西部	省会城市或其他城市	ML	PEC	PTC	SEC	STC
克拉玛依	西	0	1.0038	1.0000	1.0000	0.9379	1.0702
厦门	东	1	0.9994	1.0000	1.0231	1.0023	0.9746
南昌	东	1	0.9938	0.6523	1.5332	1.4374	0.6913
大连	中	1	0.9802	0.6550	1.5109	1.0144	0.9764
芜湖	东	0	0.9793	0.9820	0.9826	1.0113	1.0036
长治	中	0	0.9782	1.0310	0.9998	0.9830	0.9655
珠海	东	0	0.9741	1.0000	1.0611	0.9814	0.9354
烟台	中	0	0.9723	0.9757	1.0345	1.0061	0.9574
鞍山	中	0	0.9670	0.9529	1.0287	1.0003	0.9862
临汾	中	0	0.9628	1.0241	1.0022	1.0018	0.9364
张家界	中	0	0.9609	1.0000	1.0774	0.9875	0.9031
金昌	西	0	0.9520	1.0000	1.0013	0.9488	1.0020
铜川	中	0	0.9505	1.0000	1.0165	1.0197	0.9169
锦州	中	0	0.9393	0.9687	0.9492	1.0115	1.0100
马鞍山	东	0	0.6464	0.6666	0.9890	0.9379	1.0454
牡丹江	中	0	0.6142	0.6369	0.9091	1.0035	1.0571
按生态承载力划分区域	东部		1.2000	1.0992	1.1003	1.0130	0.9921
	中部		1.1924	1.0898	1.0682	1.0230	1.0082
	西部		1.1769	1.0818	1.0368	1.1292	0.9836
按城市分类	省会和计划单列市		1.3527	1.0915	1.1938	1.0343	1.0055
	其他		1.1145	1.0931	1.0192	1.0254	0.9974
全体平均值			1.1939	1.0926	1.0774	1.0284	1.0001

分析表 4—17 可对 2006—2015 年间的城市生态效率做进一步分析如下:

其一,总体上而言,2006—2015 年间中国重点城市的生态效率有所增长,在 105 个重点城市中只有 15 个城市的累积生态效率值大于 1,105 个城市的 ML 平均指数为 1.1939,表明在资源环境约束下,十年间中国生态效率增长了 19.39%,这主要是来源于纯效率的变动(PEC)和技术的进步(PTC)。这进一步表明,城市生态效率的提高得益于一定技术条件下的效率改进和生产技术本身的进步。

其二，生态效率的分解具有区域差异。总体上看，生态效率与生态承载力具有正相关关系，十年累积的生态环境效率仍是生态东部城市 > 生态中部城市 > 生态西部城市。对于生态东部城市而言，其生态效率的改进主要得益于技术的进步（PTC），纯效率改进（PEC）次之，两种规模效率（SEC & STC）对生态东部城市生态效率的拉动作用较弱；对于生态中部城市而言，其生态效率的改进主要得益于纯效率改进（PEC），纯技术的进步（PTC）次之，两种规模效率（SEC & STC）对生态中部城市生态效率的拉动作用亦较弱；而对于生态西部城市而言，其生态效率的改进主要得益于规模效率的提高（SEC），技术进步和纯效率提升并未提高其生态效率。

其三，省会城市和计划单列市的生态效率值高于其他城市。省会城市和计划单列市十年累积生态效率平均提升了 35.27%，相对而言，其他城市累积生态效率平均仅提升了 11.45%，可见，省会城市和计划单列市显著拉高了全体城市的平均水平。省会城市和计划单列市生态效率的提升主要源于纯技术进步（PTC），而其他城市生态效率的提升主要依靠纯效率提升（PEC），可见，多数城市并未充分利用技术变革本身带来的效率提升，而是依靠其他因素（可能包括但不限于制度改进、管理改善、行政手段等）来提高一定技术水平下的投入产出效率。

四　本节小结

本节，在总结既有研究成果和研究方法的基础上，基于全局 Malmquist - Luenberger 指数模型，测算了 105 个环保重点城市 2006—2015 年间的生态效率 ML，并将十年的生态效率进行累积，进一步分解为纯效率变化（PEC）、纯技术进步（PTC）、规模效率变化（SEC）和技术规模变化（STC）。探讨了中国城市生态效率的波动情况和核心源泉，得出以下几点结论和政策建议。

其一，短期经济刺激政策，并不能长期提高城市生态效率，因为这是不可持续的。基于生态效率视角，抗击经济周期的短期经济刺激政策并不能很好地转化为技术进步和治理效率提升，也不能抗击风险带来的滞后效应。因此，应制定长效的可预期的经济政策机制，不能追求短期的经济效应。

其二，环保政策对城市生态效率带来的冲击是显著的，但其可持续性具有异质性。环境政策使得政府加大环保巡视力度，利用行政手段降低污染排放总量，"倒逼"企业环保技术的提高，这在一定程度上带来了生态效率的提高，然而，这种强势的环保政策效果的持续性具有异质性：东部城市和区域性中心城市（省会城市和计划单列市）面临着强势环保政策，可以在抵御强势环保风暴的同时尽可能地降低对经济的冲击，而西部城市经济基础和环境治理能力较差，抵御环保风暴的能力较差。因此，不应采取"一刀切"式的强势环保政策以追求短期的环境效应。

其三，城市生态效率与其生态承载力呈现出了较为明显的正相关关系。生态承载力内含了"在一定生态条件下可承载的人口和经济发展极限"，这与生态效率的内涵具有一定的一致性。因此，我们可以认为，城市生态文明的建设，应是在生态承载力约束下，尽可能地提高生态效率。

其四，近十年中国重点城市的生态效率改进主要来源于"纯效率变动"和"纯技术进步"，即，城市生态效率的提高得益于一定技术条件下的效率改进和生产技术本身的进步。因此，城市政府应一方面依靠制度改进、管理改善、行政干预等手段来提高一定技术水平下的投入产出效率，另一方面通过引进人才和技术、提高研发投入等方式提高生产技术水平，改进污染治理技术。

其五，生态效率的分解具有异质性，因此政策的制定应具有差异化。生态东部城市和生态中部城市，应在改进效率和利用技术的同时，提高规模效率，提高规模经济效应；生态西部城市，则应加强与生态中部、东部城市的联系，利用知识外溢效益等途径享受到技术进步带来的生态效率改进。

其六，针对环境治理问题，往往会提出"依靠技术进步"的主张。但应当认识到有两类不同取向的技术进步，一类是促进经济增长的技术进步，这类技术进步在促进经济增长的同时也会加剧环境影响；另一类则是提高生态效率的技术进步，此类技术进步未必能够促进经济增长，而只是生态效率较低的产能替代生态效率较高的产能。两类技术如何发展，很大程度上也就决定了生态效率提升的源泉问题。

第三节　中国城市绿色贡献水平及
生态公平的测度分析

上两节，分别对城市生态文明建设的核心问题——"生态承载力""生态效率"进行了测度和分析。本节，拟对城市生态文明建设的另一核心问题——"生态公平"进行测度和分析。

生态文明的一个重要理念，就是尽可能地减少经济社会发展中，对其他地区、对区域或区域的生态环境系统带来外部性影响，亦即，尽可能地降低因经济发展差距所带来的"经济不公平"进而转化为"生态不公平"。换言之，生态文明建设的一个不可或缺的目标是推进"生态公平"。因此，城市生态文明建设过程中，也应不断提升其生态公平水平。本节，对城市的"生态公平"测度问题展开讨论分析。

一　"生态公平"的研究背景及既有研究简述

在对中国各城市的"生态公平"进行分析之前，应对"生态公平"问题研究背景做出分析，并梳理既有的研究思路和方法。

（一）研究背景

近年来，区域性环境污染、生态破坏问题多发，不仅使生态环境治理问题成为研究重点，也引起了学界对区域生态环境不平衡问题的关注。中国地域面积辽阔，各地区自然资源禀赋和经济发展水平都存在显著差异，就生态环境问题而言，各省份不仅在污染物排放总量上存在巨大差距，其经济增长的生态环境代价也存在着显著的不平衡问题。党的十九大报告明确指出："中国特色社会主义进入新时代，中国社会主要矛盾已经转化为人民日益增长的美好生活需要和不平衡不充分的发展之间的矛盾。"这种不平衡不充分不仅仅表现为各地区、各城市经济的经济发展差距，也表现为各地区、各城市间的生态环境状况差距、承受生态环境影响的差距、生态环境责任分担的差距。

生态文明建设成为了国家发展战略，但生态文明建设的内涵不仅限于绿色增长，还包括经济与生态均衡的可持续发展。一个国家、一个地区的发展可持续性包括了各方面发展的均衡性。各地区在经济发展和环境利用方面存在一定的差距是正常的，但如果差距过大甚至在环境污染方面存在以邻为壑的恶性竞争则是一种失衡。这种失衡体现在：一是城市自身的经济和环境失衡，结果即是通过长期累积出现环境污染问题，可持续发展动力不足；二是城市为了摆脱自身的经济和环境，追求经济增长，选择将负外部性转嫁到其他地区，相互竞争形成恶性循环，最终导致地区间的发展失衡。不同城市之间、城市与农村之间在资源利用、产出分配与污染治理方面的失衡。①

"保护生态环境就是保护生产力，改善生态环境就是发展生产力。良好生态环境是最公平的公共产品，是最普惠的民生福祉"，是习近平生态文明思想的重要构成。这一思想认识表明，所有地区、所有群体、所有民众都有权利享有良好的生态环境。然而，不同于经济增长，生态环境问题的特殊性在于其公共物品属性，市场对于良好生态环境的供给和配置存在失灵，这就要求各级政府通过发展战略和相应具体措施保障良好生态环境的供给和配置公平，促进经济发展与生态环境协调、可持续发展。如何量化地区经济增长与污染排放的不平衡，比较各地区、各城市经济增长的生态环境代价，体现其对全国经济的绿色贡献程度，对完善环境治理体系、提高地区甚至全国的经济增长效率和优化产业布局都具有重要意义。正是针对中国目前存在着的空间经济发展不平衡不充分，区域差距、城乡差距、人民收入水平差距的"短板"与"弱项"，国家提出继续坚持和推进"区域协调发展战略""乡村振兴战略"和"精准扶贫战略"，并且根据"一地一策"的要求，对中国不同地带提出了不同的发展目标和战略部署，以建立更加有效的区域协调发展新机制。

（二）既有研究简述

对于生态环境公平问题，一些学者借鉴了发展不平衡的概念，陈鸿宇（2017）从空间视角对不平衡发展问题做出阐释：理论上可以将各区域间发展水平不一致的客观状况，称为"不平衡发展"，以此范畴表示在资源要素不均质的空间配置和不同的利用效率下，自发形成的生产力空间分布状态。即通常所说的区域发展差距、城乡发展差距，都是空间经济发展不平衡的结果。

---

① 钟茂初等：《可持续发展的公平经济学》，经济科学出版社 2013 年版。

同时指出了生态不公平的原因，认为空间经济发展差距的发生大致取决于地理和区位因素、资源禀赋程度、人文因素（制度、科技、文化等）三个基本方面。既然空间经济不平衡发展是区域工业化、城市化进程中必然经历的客观状态，也就不存在"好"或者"坏"的价值判断问题。但空间经济发展不平衡的"度"，却是必须做出评估的。如果区域间、城乡间经济社会发展过度失衡，很可能造成城市地带产能过剩、资源严重浪费、环境恶化、城市病频发；欠发达地区和乡村地带经济活力衰退、财力匮缺、群众生活水平改善迟缓，人民对美好生活不断增长的需要难以得到满足。反之，如果区域工业化、城市化成长期的要素配置过度均衡，则可能造成的资源要素配置分散化，使用效率低下。对空间经济发展不平衡的"度"做出正确评估，是制定和实施区域经济发展战略和区域政策的现实基础（陈鸿宇，2017）。而对于生态不平衡，不仅包含各经济主体间的生态环境质量、生态环境消耗数量、污染物总量排放等直接的生态环境差距，同时也包含其经济发展的生态效率、生态贡献程度差距。

对中国地区发展绿色化程度的测度可以反映中国当前所面临的生态不公平问题，既有研究对地区或城市发展绿色化大多是通过构建绿色化测度指标体系来测度。刘凯等（2017）运用综合指数法测度了2015年中国289个地级以上城市绿色化水平，以此表征中国绿色化程度的空间格局，结果表明地级以上城市绿色化水平整体呈现从东部沿海向西部内陆递减的趋势。学术界对环境不均衡问题的研究最初借鉴于对收入分配不均衡的分析，最初的以不同国家截面数据验证的EKC（环境库兹涅茨曲线）实际上也体现了不同国家间经济和环境发展的不平衡。一些学者以污染物的基尼系数和基于污染物计算的各省份绿色贡献程度分析污染排放的地区间不均衡问题（Heil & Wodon，1997；Millimet & Slottje，2002；王金南，2006；吴悦颖，2006）。然而，仅以单一的污染排放量指标计算基尼系数，并未考虑到地区的经济贡献，必然会忽略污染排放的效率问题；而对各省份的绿色贡献度的分析也限于测算，并未分析其影响因素。因此，分析地区环境不均衡的问题必须同时考虑总量排放与绿色贡献程度，并具体分析其经济发展与生态禀赋等原因。

王金南首次提出绿色贡献系数（Green Contribution Coefficient，GCC）

概念，是指某一地区当年 GDP 占全国 GDP 的比例与资源消耗或污染物排放占全国资源消耗或污染物排放比例的比值，体现了某一地区对全国的经济产出贡献率与污染排放贡献率的相对程度。如果某一地区的经济贡献率低于其资源消耗或者污染排放量占全国总量的比例，则属于侵占了其他地区的分配公平性；相反，则是对其他地区公平性的贡献，近年来得到了学者们的广泛应用。钟晓青等（2008）构建了基于各城市污染物排放量与生态容量的绿色负担系数（Green Burden Coefficient，GBC），王秋贤等（2014）设计了对比排放一定比例的 CO_2 需要贡献的相应比例的 GDP 的经济效率指数（Economic Efficiency Index，EEI），对环境基尼系数的概念和内涵加以拓展，类似地，朱英明等（2012）用"环境相对损害指数"（RDI）来表征地区环境损害状况。中国对污染排放均衡与效率问题的定量分析仍以上述指数测算为主，如王金南等（2006）计算了中国各省份的资源消耗的绿色贡献度、乔丽霞等（2016）分析了各省份工业污染排放的绿色贡献度、郑佳佳（2016）分析了东—中—西部地区间碳排放绿色贡献度（CGCC）的影响效应及作用机制，结果都表明中国地区间存在严重的环境不均衡。地区层面来看，部分学者对广东省、江西省、河北省的分析均表明各省内部也存在明显的生态不公平问题。

二 中国城市经济和污染排放的不公平演变与现状

对于生态不公平的测度方法主要可以分为两类：一是通过统计性描述，对数据进行基本分析，可以看出样本的分布状态、总体差异等，如平均程度、离散程度等；二是通过构建相关指标，结合其他经济指标等做出更为客观的、相对的分析，如绿色贡献系数、绿色负担系数等。李君（2017）运用了 GDP、农业、工业、建筑业、对外贸易、固定资产投资、消费品零售等论证了中国地区之间、城乡之间、省份之间等方面的区域发展不平衡的现状。李健等（2017）运用泰尔指数的三区域分解以及基尼系数的三次产业分解方法对京津冀经济发展的非均衡特征进行了实证分析，并在证实京津冀经济发展存在空间相关性之后采用空间计量模型揭示了京津冀经济非均衡发展的内在来源。

以碳排放为例，张彩云和张运婷（2014）测算了中国 1995—2010 年中、西部地区 19 个省份的碳排放量研究结果表明，居民消费是导致碳排放增加的主要因素之一，东部地区居民消费将通过产品贸易方式将部分碳排放转移到中、西部地区，从而导致中国存在地区间环境不公平现象。据此，认为政府可通过适度增加对中、西部的转移支付，缩小东—中—西部消费差距、碳减排技术水平和产业结构的差距，从而逐步减少地区间环境不公平现象。根据张彩云和张运婷（2014）的测算，1995—2010年，中国中、西部省份人均碳排放量的均值为3.8583吨，小于东部省份的人均碳排放4.9629；中、西部地区15—65岁人口比重为69.8%，小于东部地区的73.1%，说明中、西部地区劳动人口比重小于东部地区；中、西部地区城市化水平为37.05%，小于东部地区的56.23%；中、西部地区每元GDP二氧化碳排放为0.000602吨，大于东部地区的每元0.000343吨，说明技术水平低于东部地区；另外，中、西部地区的人口密度为每平方公里190.1252人，小于东部地区的每平方公里780.0965人；中、西部地区对外依赖度为10.64%，远小于东部地区的对外依存度，为72.91%。

对中国285个城市的经济发展和污染排放数据进行初步统计分析，可以看出城市间的经济和生态发展差距和不平衡现象，数据根据《中国城市统计年鉴》整理。

（一）经济发展水平的不平衡

经济发展水平方面，分别对2004年、2009年和2014年样本城市人均地区生产总值进行描述分析，结果如表4—18所示。可以看出，2004—2014年，样本城市全市人均地区生产总值均值逐年提高，然而在经济保持高速增长的同时极差也不断拉大，说明不同城市间的经济发展水平差距呈现扩大趋势。结合直方图（见图4—3、图4—4、图4—5）可以更加直观地看出，城市人均地区生产总值总体上呈现为尖峰、右偏的分布状态，目前中国的大部分城市相对处于中低发展水平，少数大城市发展迅速，发展水平远远超过其他城市，对照分布中相应的分位数，各城市可以定位自身的相对发展程度。总体上看，城市总体发展现状距离"金字塔形"结构还具有一定差距。另外，对比"全市域"与"市辖区"数据可以看出，"全市域"层面的统计量与"市辖区"层面的统计量存在较大差距，"市辖区"的人均地区生产总值数值上高于"全市域"，这也反映了城市的经济增长更多地集中于"市辖区"。

表4—18   城市经济发展的不公平

统计量		"全市域"人均地区生产总值（元）			"市辖区"人均地区生产总值（元）		
		2004 年	2009 年	2014 年	2004 年	2009 年	2014 年
样本量	有效	282	285	285	283	280	281
	缺失	3	0	0	2	5	4
均值		13863. 75	28090. 16	48936. 85	20195. 47	38415. 25	62329. 24
中值		9964. 00	22198. 00	42291. 00	16328. 00	32537. 50	54503. 00
极小值		2126. 00	4491. 00	10171. 00	1847. 00	5753. 00	13946. 00
极大值		71997. 00	134400. 00	200152. 00	97491. 00	146324. 00	372525. 00
极差		69871. 00	129909. 00	189981. 00	95644. 00	140571. 00	358579. 00
标准差		11844. 89	20479. 30	29112. 60	14556. 53	24025. 09	39000. 44
方差		1. 40E + 08	4. 19E + 08	8. 48E + 08	2. 12E + 08	5. 77E + 08	1. 52E + 09
偏度		2. 40	2. 03	1. 73	1. 86	1. 51	2. 80
偏度的标准误		0. 15	0. 14	0. 14	0. 14	0. 15	0. 15
峰度		6. 50	5. 15	3. 98	4. 81	2. 95	15. 76
峰度的标准误		0. 29	0. 29	0. 29	0. 29	0. 29	0. 29
百分位数	10	4833. 60	11103. 20	22503. 80	6496. 00	13726. 00	25473. 40
	20	6103. 60	13046. 20	26130. 00	8928. 00	19328. 20	32781. 60
	25	6798. 25	14291. 00	27886. 00	10007. 00	21349. 75	35517. 00
	30	7457. 40	15526. 60	30080. 00	11393. 80	23482. 40	40462. 40
	40	8889. 40	18601. 20	34709. 60	13942. 80	28506. 00	46435. 00
	50	9964. 00	22198. 00	42291. 00	16328. 00	32537. 50	54503. 00
	60	11448. 40	25468. 40	48391. 80	18816. 40	37081. 20	62509. 60
	70	13882. 00	31345. 60	55316. 80	24049. 60	44253. 50	70545. 00
	75	15986. 25	33352. 00	59824. 00	26112. 00	48185. 00	80408. 00
	80	18615. 80	37730. 80	65790. 40	29595. 60	54433. 20	86835. 00
	90	28675. 00	56608. 60	88707. 60	37063. 60	71848. 90	110191. 20

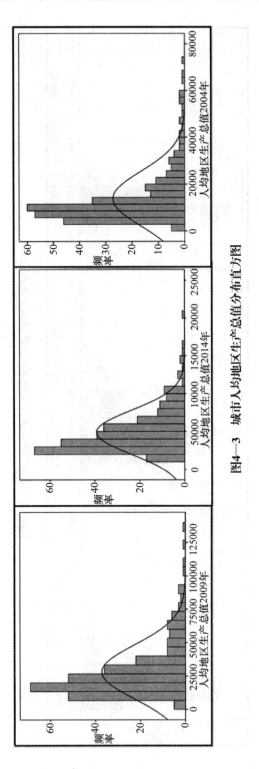

图4—3　城市人均地区生产总值分布直方图

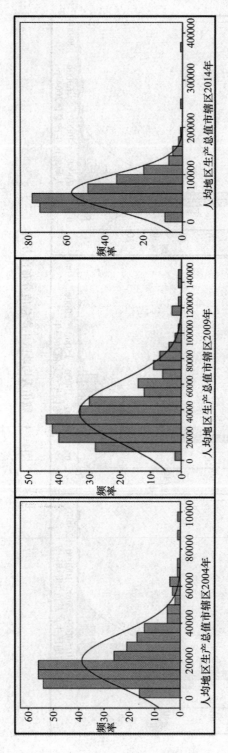

图4—4 城市"市辖区"人均地区生产总值分布直方图

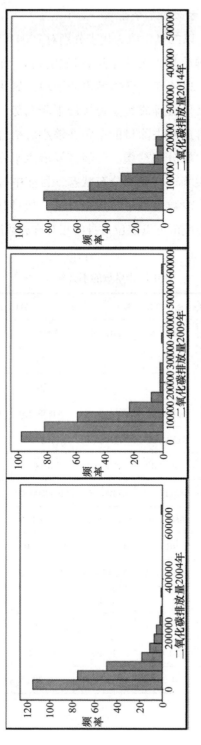

图4—5　城市二氧化硫量分布直方图

（二）污染物排放方面的不平衡

污染物排放方面，以二氧化硫为代表分别对2004年、2009年和2014年样本城市二氧化硫排放量和去除量进行描述分析，结果如表4—19所示。可以看出，2004—2014年，样本城市的平均二氧化硫去除量逐年提高，相应地，平均二氧化硫排放量呈现缓慢下降趋势，极差的下降趋势也反映了城市间污染排放和去除量的差距在缩小。结合二氧化硫排放量直方图也可以看出，尖峰分布趋缓。与经济发展水平一致，二氧化硫排放总体上仍然呈现为尖峰、右偏的分布状态，目前中国的大部分城市相对处于中低发展位置，少数大城市排放量较高，超过其他城市，对照分布中相应的分位数，各城市可以定位自身的相对排放额度。

表4—19 城市污染排放的不公平

		二氧化硫排放量（吨）			二氧化硫去除量（吨）		
		2004年	2009年	2014年	2004年	2009年	2014年
样本量	有效	285	278	282	274	269	282
	缺失	5	12	8	16	21	8
均值		61108.71	60159.63	54465.02	84178.15	94479.46	141486.76
中值		44679.00	51724.00	41796.00	7125.00	40575.00	74721.50
极小值		64.00	103.00	1709.00	0.00	7.00	0.00
极大值		641088.00	586117.00	474805.00	14040000.00	1274200.00	2040771.00
极差		641024.00	586014.00	473096.00	14040000.00	1274193.00	2040771.00
标准差		6.56E+04	5.56E+04	4.84E+04	8.50E+05	1.64E+05	2.21E+05
方差		4.30E+09	3.09E+09	2.34E+09	7.22E+11	2.70E+10	4.87E+10
偏度		3.49	4.05	3.23	16.34	4.02	4.26
偏度的标准误		0.14	0.15	0.15	0.15	0.15	0.15
峰度		22.63	30.67	20.66	269.14	20.92	26.02
峰度的标准误		0.29	0.29	0.29	0.29	0.30	0.29

续表

		二氧化硫排放量（吨）			二氧化硫去除量（吨）		
		2004 年	2009 年	2014 年	2004 年	2009 年	2014 年
样本量	有效	285	278	282	274	269	282
	缺失	5	12	8	16	21	8
百分位数	10	6091.40	10564.00	11688.30	587.00	2489.00	2069.00
	20	13983.80	20051.20	19488.40	1569.00	6250.00	16909.80
	25	19013.00	23492.25	22148.25	2711.25	10886.00	26790.25
	30	23515.60	29826.20	26443.70	3542.00	15632.00	37821.60
	40	32863.20	41500.60	34589.20	4828.00	25889.00	53184.00
	50	44679.00	51724.00	41796.00	7125.00	40575.00	74721.50
	60	56147.00	61852.20	52706.40	11354.00	53767.00	95946.60
	70	72040.60	74749.60	64974.80	19497.50	82380.00	135517.50
	75	81322.00	82984.25	71345.00	23782.00	94475.00	172875.00
	80	93174.60	88725.00	82410.20	37532.00	138760.00	202877.40
	90	131299.60	109470.50	108520.60	70973.50	256518.00	354136.90

三　中国城市生态公平的测度分析——基于绿色贡献系数视角

以下拟从绿色贡献系数的角度对中国城市生态公平问题展开测度和分析见表4—20。

（一）绿色贡献系数的计算

王金南等（2006）根据资源环境基尼系数的内涵，提出绿色贡献系数作为评价污染物排放或资源消耗公平性的指标，若一个地区对国家做出的经济贡献率大于同期污染物排放量，则该地区经济发展绿色化程度较高；反之，其经济绿色化程度处于低水平。即基于排放一定比例的污染物（或消耗一定比例的资源），需要贡献相同比例的 GDP，则污染物排放（或资源消耗）分配为绝对平均，地区绿色贡献系数越小说明经济单元贡献的 GDP 比例小于贡献的污染排放比例，是一种"不公平因子"。

这种"不公平"实质上反映的是经济产量与污染排放量贡献"不均衡""不平衡"问题,虽然不同理论对公平的界定存在差异,但发展过程中出现的各地区经济与生态环境"不均衡""不平衡"是客观存在的,直观上即是各城市工业产值与其所排放的污染物占比不匹配。

绿色贡献系数的具体公式可表述为:

$$GCC = \frac{G_i/G}{P_i/P} \qquad \text{式 (4—12)}$$

其中,G_i、P_i 别为地区 GDP 与污染物排放量,G、P 分别为所有城市 GDP 与污染物排放量总和。以绿色贡献系数作为判断不公平因子的依据,若 GCC 小于 1,则表明污染排放的贡献率大于 GDP 的贡献率,公平性相对较差;若 GCC 大于 1,则表明污染物排放的贡献率小于 GDP 的贡献率,体现的是一种绿色发展的模式。绿色贡献系数通常用于省级或地区发展不公平的测算,由于城市的经济产出和污染排放总量占据了全国总量的绝大部分,可以借鉴这种方法对城市层面进行专门研究,实质上反映了各城市发展的相对绿色贡献度。

表 4—20 各城市的绿色贡献系数

城市	2004 年	2009 年	2014 年	城市	2004 年	2009 年	2014 年
北京	4.04	5.79	8.32	济南	2.36	1.88	1.12
天津	2.52	2.38	2.29	青岛	2.74	3.50	3.78
石家庄	0.80	0.98	0.83	淄博	0.97	1.15	0.90
唐山	0.61	0.75	0.60	枣庄	0.74	1.12	0.88
秦皇岛	0.74	0.63	0.34	东营	1.06	—	4.06
城市	2004	2009	2014	城市	2004	2009	2014
邯郸	0.42	0.62	0.51	烟台	3.09	3.26	2.80
邢台	0.47	0.44	0.43	潍坊	1.64	1.80	1.50
保定	1.30	1.12	1.02	济宁	0.66	0.92	0.74
张家口	0.20	0.19	0.27	泰安	0.84	—	1.95
承德	0.51	0.41	0.36	威海	3.94	3.14	3.06
沧州	2.03	2.88	2.06	日照	0.67	1.15	0.90

城市	2004 年	2009 年	2014 年	城市	2004 年	2009 年	2014 年
廊坊	1.01	1.59	1.13	莱芜	0.50	0.54	0.37
衡水	0.88	0.50	0.73	临沂	1.53	1.56	1.57
太原	0.37	0.54	0.42	德州	0.54	0.95	1.85
大同	0.23	0.17	0.13	聊城	1.21	1.46	1.53
阳泉	0.16	0.14	0.11	滨州	0.77	–	0.74
长治	0.38	0.35	0.23	菏泽	0.60	1.14	1.33
晋城	0.21	0.26	0.17	郑州	1.07	1.33	1.48
朔州	0.13	0.14	0.17	开封	1.03	0.88	0.69
晋中	0.36	0.32	0.18	洛阳	0.36	0.42	0.88
运城	0.43	0.22	0.18	平顶山	0.38	0.41	0.36
忻州	0.18	0.10	0.17	安阳	0.52	0.59	0.39
临汾	0.64	0.47	0.28	鹤壁	0.30	0.39	0.65
吕梁	0.38	0.37	0.23	新乡	0.68	1.14	1.07
呼和浩特	0.44	0.49	0.26	焦作	0.53	0.96	1.30
包头	0.40	0.44	0.25	濮阳	2.02	1.69	2.06
乌海	0.10	0.13	0.10	许昌	1.34	3.08	2.14
赤峰	0.07	0.16	0.25	漯河	2.84	1.57	2.13
通辽	2.21	0.00	0.30	三门峡	0.28	0.38	0.48
鄂尔多斯	0.10	0.28	0.32	南阳	0.74	0.62	0.92
呼伦贝尔	0.19	0.19	0.23	商丘	0.52	0.53	1.18
巴彦淖尔	0.18	0.25	0.18	信阳	0.84	0.55	1.02
乌兰察布	0.11	0.19	0.25	周口	1.86	2.27	2.65
沈阳	4.19	2.91	1.51	驻马店	0.73	1.31	1.24
大连	2.58	2.37	1.63	武汉	1.23	1.59	2.04
鞍山	1.16	0.70	0.45	黄石	0.41	0.32	0.48
抚顺	0.88	0.51	0.74	十堰	2.02	1.04	1.54
本溪	0.92	0.36	0.54	宜昌	0.53	1.38	12.02
丹东	0.63	0.68	0.62	襄樊	0.44	0.74	2.01

城市	2004 年	2009 年	2014 年	城市	2004 年	2009 年	2014 年
锦州	0.52	0.51	1.09	鄂州	0.72	0.39	0.60
营口	1.50	0.57	0.72	荆门	0.46	0.66	1.22
阜新	0.34	0.16	0.12	孝感	0.51	0.52	0.88
辽阳	1.35	1.19	0.60	荆州	0.60	0.66	0.67
盘锦	4.25	2.26	0.76	黄冈	1.18	1.53	1.65
铁岭	0.22	0.69	0.52	咸宁	1.19	1.01	1.04
朝阳	0.38	0.39	0.40	随州	1.19	1.30	2.23
葫芦岛	0.93	0.33	0.26	长沙	1.21	2.04	7.04
长春	5.18	2.58	2.51	株洲	0.36	0.59	1.10
吉林	2.06	1.03	0.67	湘潭	0.41	0.50	1.04
四平	0.43	0.41	0.69	衡阳	0.39	0.71	0.45
辽源	0.30	0.79	0.93	邵阳	0.49	0.86	1.62
通化	0.78	0.61	0.72	岳阳	0.90	1.00	1.29
白山	0.32	0.50	0.99	常德	0.52	0.45	0.86
松原	0.83	1.03	0.87	张家界	0.24	0.35	0.07
白城	0.82	0.42	0.58	益阳	0.15	0.28	0.56
哈尔滨	1.93	1.21	0.88	郴州	0.53	0.63	1.17
齐齐哈尔	0.44	0.41	3.27	永州	0.69	0.61	0.51
鸡西	0.64	0.32	0.17	怀化	0.20	0.36	0.33
鹤岗	0.48	0.19	0.20	娄底	0.28	0.32	0.26
双鸭山	0.35	0.19	0.20	广州	2.63	4.15	4.65
双鸭山	0.35	0.19	0.20	广州	2.63	4.15	4.65
大庆	3.15	1.30	1.69	韶关	0.45	0.46	0.46
伊春	0.57	0.38	0.11	深圳	14.07	15.45	44.28
佳木斯	0.31	0.20	0.82	珠海	3.18	2.18	2.58
七台河	0.37	0.30	0.16	汕头	2.22	2.62	1.49
牡丹江	0.45	0.24	0.69	佛山	2.49	3.62	3.77
黑河	0.20	0.09	0.10	江门	3.51	1.86	1.01

城市	2004 年	2009 年	2014 年	城市	2004 年	2009 年	2014 年
绥化	1.71	3.35	0.95	湛江	0.99	0.75	1.60
上海	3.48	3.16	3.00	茂名	1.51	0.63	1.14
南京	2.15	1.59	1.83	肇庆	10.27	1.27	1.80
无锡	3.23	3.63	2.64	惠州	14.14	2.65	3.44
徐州	0.65	1.31	1.48	梅州	1.25	0.20	0.26
常州	3.02	3.02	4.51	汕尾	5.78	0.66	1.52
苏州	2.98	4.33	2.60	河源	2.27	0.94	2.00
南通	1.88	2.89	2.92	阳江	2.68	1.01	1.11
连云港	0.61	1.52	1.48	清远	0.76	1.20	1.07
淮安	0.83	1.00	1.89	东莞	1.23	1.98	1.64
盐城	2.34	3.32	2.30	中山	4.65	3.87	3.91
扬州	1.38	1.69	2.88	潮州	6.99	1.78	1.40
镇江	1.08	1.72	2.14	揭阳	13.05	1.34	2.59
泰州	3.26	2.05	2.52	云浮	0.45	0.23	0.50
宿迁	0.75	1.37	2.27	南宁	0.41	0.54	1.29
杭州	3.11	3.17	2.31	柳州	0.43	–	1.36
宁波	1.65	2.02	1.71	桂林	0.34	–	0.94
温州	2.19	2.15	2.05	梧州	0.25	0.36	2.74
嘉兴	1.54	1.18	1.40	北海	0.00	0.24	1.97
湖州	1.21	1.18	1.66	防城港	0.52	0.43	0.67
绍兴	3.61	3.00	2.16	钦州	0.00	–	1.14
金华	2.87	2.88	1.89	贵港	0.00	0.14	0.52
衢州	0.77	0.88	0.48	玉林	0.18	0.21	2.22
舟山	0.85	1.06	1.88	百色	0.00	–	0.18
台州	1.73	2.92	2.08	贺州	0.20	0.13	0.50
丽水	1.84	1.97	1.01	河池	0.13	0.10	0.12
合肥	2.60	2.85	2.88	来宾	0.06	0.04	0.10
芜湖	1.80	1.22	2.03	崇左	0.48	0.31	1.19
蚌埠	0.96	0.96	1.95	海口	46.12	94.31	4.01
淮南	0.19	0.18	0.23	重庆	0.32	0.36	0.57
马鞍山	0.85	0.69	0.63	成都	0.83	1.64	2.95

城市	2004 年	2009 年	2014 年	城市	2004 年	2009 年	2014 年
淮北	0.35	0.29	0.59	自贡	0.53	0.76	0.94
铜陵	0.43	0.50	0.88	攀枝花	0.25	0.22	2.07
安庆	0.98	1.49	2.71	泸州	0.68	0.26	0.68
黄山	2.44	2.93	2.71	德阳	1.72	1.99	2.11
滁州	1.74	1.43	1.60	绵阳	0.52	0.77	0.91
阜阳	1.40	1.75	0.48	广元	0.15	0.20	0.55
宿州	0.97	1.08	0.78	遂宁	0.89	1.90	2.77
巢湖	0.98	0.86	–	内江	0.12	0.56	0.26
六安	0.90	1.65	1.77	乐山	0.27	0.39	0.57
亳州	1.44	1.76	1.00	南充	1.32	8.49	3.94
池州	0.28	0.26	0.48	眉山	0.78	0.95	0.84
宣城	1.44	2.29	1.27	宜宾	0.17	0.36	0.29
福州	3.11	1.26	1.92	广安	0.10	0.21	0.41
厦门	3.14	1.94	4.38	达州	0.09	0.22	0.32
莆田	0.85	1.02	3.68	雅安	2.84	1.31	1.09
三明	0.53	0.46	1.00	巴中	2.03	0.43	3.96
泉州	5.17	3.01	1.40	资阳	0.54	1.23	4.74
漳州	7.83	2.52	1.55	贵阳	0.19	0.33	0.46
南平	0.62	0.58	1.21	六盘水	0.21	0.17	0.11
龙岩	0.44	0.50	0.84	遵义	0.30	0.37	0.25
宁德	–	1.50	2.35	安顺	0.14	0.06	0.13
南昌	1.50	2.94	1.98	昆明	0.94	0.65	0.60
景德镇	0.32	0.36	0.53	曲靖	0.50	0.24	0.14
萍乡	0.67	0.50	0.27	玉溪	2.63	2.06	0.41
九江	0.32	0.46	0.83	保山	0.53	0.32	0.30
新余	0.40	0.51	0.42	昭通	0.96	0.55	0.19
鹰潭	0.48	0.61	1.35	丽江	0.97	0.38	0.27
赣州	1.07	0.87	0.84	思茅	0.28	0.26	0.38
吉安	0.00	0.45	1.15	临沧	0.92	0.62	0.13
宜春	0.15	0.35	0.70	西安	0.82	0.94	1.14
抚州	0.32	0.80	1.07	铜川	0.56	0.42	0.47

续表

城市	2004 年	2009 年	2014 年	城市	2004 年	2009 年	2014 年
上饶	0.37	0.70	1.06	宝鸡	0.33	0.50	1.17
兰州	1.14	0.59	0.55	咸阳	0.21	0.31	0.76
嘉峪关	0.60	0.70	0.25	渭南	0.08	0.06	0.20
金昌	0.11	0.16	0.11	延安	2.95	2.36	1.36
白银	0.09	0.09	0.10	汉中	0.25	0.21	0.51
天水	0.97	0.72	0.71	榆林	0.33	0.41	0.25
武威	1.64	0.84	0.22	安康	0.62	0.60	1.16
张掖	0.51	0.35	0.14	商洛	0.23	0.28	0.47
平凉	0.15	0.07	0.13	西宁	0.42	0.24	0.29
酒泉	4.69	0.61	0.41	银川	1.24	1.06	0.39
庆阳	4.74	2.45	1.75	石嘴山	0.17	0.11	0.13
定西	0.82	0.47	0.25	吴忠	0.10	0.09	0.16
陇南	0.82	0.19	0.30	固原	0.46	0.09	0.07
乌鲁木齐	0.47	0.37	0.52	中卫	1.44	0.09	0.16
克拉玛依	2.19	0.65	0.70				

　　此前的研究，大多以省份为单位进行研究，这与中国的行政体制、相关分权责任制度保持一致。城市生态文明建设是生态文明体系建设的关键组成部分，是经济增长的主要动力，同时也是污染排放的主体和生态环境治理的重点。以工业总产值和二氧化硫排放量作为各城市经济发展和生态指标，从数值来看，广东、海南、福建等东南沿海省份城市具有更高的绿色贡献系数，如海口、惠州、深圳、苏州、无锡、青岛、烟台、威海等，而西部内陆地区，甘肃、内蒙古以及资源型城市较多的山西等省份绿色贡献系数更低，代表城市如白银、鄂尔多斯、赤峰、大同、晋城等。通过对各城市绿色贡献系数的测算可以看出，经济水平更高的城市通常具有更高的绿色贡献系数，而经济发展比较落后、生态环境较为脆弱的城市绿色贡献系数较低，且大部分资源型城市绿色贡献系数较低。从时间发展来看，大部分城市的绿色贡献系数数值变化较小，波动不大，说明城市的经济生态比较稳定，同时也反映了城市在短时期内实现发展方式的转型，突破依托污染排放的发展较为困难。

对比全国总量排放，各省份在不同污染物总量排放上也呈现不同趋势：通过数据对比可以发现，大部分省份已经跨过了二氧化硫的排放峰值或呈现波动下降趋势，对于烟粉尘排放多呈现出波动下降有所增加的趋势，对于固体废弃物大多省份仍处于始终增长阶段。原因可能在于：一方面，各省份经济发展水平不同，在生产技术和规制强度上存在较大差异；另一方面，各省份的资源禀赋不同，导致其在产业结构上各有侧重，并形成对应的污染结构，进而导致了基于不同污染计算的各省份绿色贡献度存在差异，各省份应该根据自身的经济水平和污染结构，通过针对性的技术和规制手段，控制污染物排放总量，提高经济增长的绿色效率。

（二）进一步的分析：绿色贡献系数分类

将各城市的绿色贡献系数进行平均并排序可以发现以下特征（见表4—21）。

其一，均值大于 1 的城市共有 115 个，其中超过 2 的城市有 55 个。可以看出，绿色贡献系数均值大于 1 的城市大都具有较高的经济产出。其中均值超过 2 的城市大多为经济较为发达的城市，且东南沿海城市排名相对更加靠前，北京、上海、广州、深圳、天津等大城市都处于这一类别，其中还包括了沈阳、杭州、合肥、长沙、长春等省会城市及其他地区经济相对发达城市。这些城市一般不再单纯依靠工业生产、污染排放来实现经济产出，因而具有更高的绿色贡献系数。此类城市应该注重当前发展方式的可持续性，继续促进经济和生态、社会相协调，并积极发挥自身辐射作用，发挥自身优势，带动地区经济和协调发展。

其二，均值处于 1—2 之间的城市有 60 个。均值处于 1—2 之间的城市大多为中部城市，一般为区域性较大城市。这些城市的绿色贡献系数大于 1，说明其经济贡献率大于其污染贡献率，或者说，从全国来看，其经济增速大于其污染排放的增速，意味着已经逐步进入一种绿色生产方式。但绿色贡献系数大于 1，意味着全国仍要注意污染排放的总量规模，强化对污染排放总量的控制，进一步提高生态环境质量。

其三，绿色贡献系数均值小于 1 的城市共计 171 个，目前大部分城市属于这一类别，其中均值处于 0.5—1 之间的城市共有 82 个，均值小于 0.5 的共有 89 个，间接地说明目前中国城市在经济产出的绿色效率方面存在不平衡，部分大城市拉高了总体经济产出的绿色效率，然而大部分城市仍然没有达到全国的平均水平。绿色贡献率小于1的城市通常经济产出也相对较低，其经济贡献率小于污染排放的贡献率，从地理位置上看大都处于中西部地区，尤其是西北地区，生态承载力不高，仍然依靠高投入高排放来实现经济增长。

其四，均值小于0.5的城市中存在较多资源型城市，如包头、鄂尔多斯、金昌等，以资源为支柱产业极易导致其绿色贡献系数过低。虽然绿色贡献系数只是一个相对的绿色产出水平，但这些城市应该重视自身的发展战略选择，尤其是资源型城市需求发展转型。中西部城市在承接产业转移或引进外资时也应加以甄别选择，不能为了短期经济增长而对当地生态环境造成过度开发和污染，最终导致发展的不可持续。总体而言，中西部地区当前在追求经济发展的同时应该确定科学合理的城市规划和发展战略，促进经济与生态、民生协调发展，注重弥补短板，打造自身优势，寻求特色发展。

表4—21　　　　　　　　　　绿色贡献系数分类

分类标准	城市数量	城市
GCC > 2	55	海口、深圳、惠州、北京、揭阳、宜昌、南充、肇庆、中山、漳州、广州、常州、长沙、长春、潮州、威海、青岛、苏州、佛山、上海、泉州、无锡、厦门、烟台、庆阳、绍兴、沈阳、杭州、合肥、黄山、汕尾、盐城、珠海、泰州、南通、金华、盘锦、天津、沧州、周口、台州、延安、大连、许昌、漯河、资阳、巴中、南昌、温州、江门、汕头、福州、大庆、绥化
1 < GCC < 2	60	扬州、德阳、濮阳、酒泉、南京、遂宁、莆田、成都、宁波、济南、雅安、河源、安庆、东营、玉溪、芜湖、宣城、镇江、潍坊、武汉、东莞、丽水、阳江、滁州、随州、临沂、十堰、宿迁、黄冈、六安、聊城、亳州、嘉兴、齐齐哈尔、湖州、哈尔滨、郑州、蚌埠、宁德、舟山、吉林、廊坊、淮安、阜阳、连云港、克拉玛依、保定、徐州、梧州、湛江、德州、茂名、驻马店、咸宁、襄樊、岳阳、辽阳、菏泽、清远、淄博

续表

分类标准	城市数量	城市
$0.5 < GCC < 1$	82	邵阳、西安、新乡、宿州、营口、泰安、赣州、焦作、枣庄、松原、日照、武威、银川、石家庄、玉林、开封、眉山、攀枝花、通辽、鹰潭、信阳、南平、天水、安康、荆门、郴州、济宁、鞍山、南阳、兰州、自贡、商丘、南宁、北海、绵阳、抚州、昆明、马鞍山、上饶、抚顺、衢州、通化、锦州、衡水、株洲、辽源、宝鸡、三明、崇左、湘潭、唐山、荆州、丹东、孝感、巢湖、常德、白城、本溪、铜陵、白山、永州、柳州、龙岩、秦皇岛、梅州、鄂州、昭通、中卫、临沧、洛阳、防城港、丽江、泸州、九江、吉安、邯郸、嘉峪关、定西、衡阳、四平、滨州、葫芦岛
$GCC < 0.5$	89	安阳、萍乡、铜川、铁岭、莱芜、临汾、牡丹江、韶关、乌鲁木齐、邢台、鹤壁、太原、新余、佳木斯、陇南、咸阳、桂林、承德、重庆、乐山、淮北、黄石、景德镇、宜春、云浮、呼和浩特、朝阳、保山、平顶山、三门峡、钦州、鸡西、包头、伊春、池州、益阳、张掖、商洛、吕梁、榆林、贵阳、汉中、西宁、长治、内江、遵义、思茅、广元、怀化、曲靖、鹤岗、晋中、娄底、七台河、运城、贺州、宜宾、双鸭山、广安、鄂尔多斯、张家界、贵港、张家口、晋城、达州、巴彦淖尔、呼伦贝尔、阜新、固原、淮南、乌兰察布、大同、六盘水、赤峰、忻州、朔州、石嘴山、阳泉、黑河、金昌、河池、渭南、平凉、吴忠、乌海、安顺、金昌、来宾、百色

四　本节小结

前文的分析表明，从空间分布来看，各地区绿色贡献度存在显著差异，东部地区具有更高的绿色贡献系数，从污染物对比来看，基于不同污染物的绿色贡献度体现了各省份的相对污染结构。影响因素的分析表明：经济发展水平越高，绿色贡献度越大；但高投入高排放产业比重越高，会拉低绿色贡献度。从资源环境状况来看，环境损害越严重，地区绿色贡献系数越低；较为丰富的森林和矿产资源可能会形成粗放的生产模式，使得地区绿色贡献度相对较低。基于前文研究，可得到以下认识和政策主张。

其一，绿色贡献度表征了某一城市对全国的经济产出贡献率与污染排放贡献率的相对程度，是一种相对公平，反映了全国范围内污染排放的均衡与效率问题。但需要说明的是，绿色贡献系数并不是一种零和博弈，虽然所有区域系数全部为1的极端均衡情形不可能出现，但存在多区域同时改进的情况，其系数上存在的此消彼长情况恰好说明了各区域在经济增长绿色效率方面存在良性竞争。

其二，城市的绿色贡献度体现了经济增长的相对绿色程度，还需结合经济发展目标和污染物排放总量来看，要在控制总量的基础上提高绿色贡献度，提高经济增长的绿色效率，实现经济与资源环境相互协调的绿色可持续发展。中国已经实现了二氧化硫和烟粉尘总排放的持续下降，各区域应该根据污染物治理的相对难易程度和自身的污染结构，通过针对性的技术和规制手段，控制污染物排放总量，提高经济增长的绿色效率。

其三，就绿色贡献的影响因素来看，城市在追求经济增长的同时，不仅要保护自然生态环境保障良好的可持续发展的基础，还要谨慎开发和利用资源，避免陷入高污染高排放的增长路径甚至是"资源诅咒"。资源环境禀赋是地区经济发展的自然基础，直接影响其产业结构和污染结构，城市生态环境状况越差，可能导致经济增长的生态环境代价越大。尤其是生态环境较为脆弱的地区和能源资源大省，应该致力于优化经济结构，改变单纯依靠能源资源产业实现经济增长的方式，通过转型和技术等手段促进经济与资源环境相互协调，最终实现经济的绿色增长与可持续发展。

其四，绿色贡献系数，是对各城市经济生产活动中的"生态公平"问题的分析。从生态环境视角来认识"生态公平"，则应从各城市分享的生态利益与分担的生态维护责任和成本、对生态系统造成的影响与承受的生态损害的角度来考虑。可采用"生态价值分享指数"来衡量各城市应支付或应接受的生态补偿，如果实际生态补偿与之不符，则意味着该城市对周边区域施加（或承受）了"生态不公平"。

第 五 章

城市生态文明建设的综合评价：与经济建设社会建设相协调的视角

上一章，从中国城市的生态承载力、生态效率、生态公平等重要视角，对中国城市生态文明建设进行了专题性的评价分析。本章，拟从经济建设、社会建设、生态文明建设相协调的视角，对中国城市生态文明建设进行综合性评价和分析。这一评价分析视角一方面是基于生态文明建设的目标而提出的。推进生态文明建设的根本目标，就是将生态文明建设纳入"五位一体"的国家战略，把生态文明建设放在突出地位，融入经济建设、政治建设、文化建设、社会建设的各方面和全过程。因此，从经济建设、社会建设、生态文明建设相协调的视角，对中国城市生态文明建设进行评价分析，是符合其主题的。

另一方面，从生态环境问题本身来看，生态环境问题也并非独立存在，其产生和发展的方方面面，已经触及经济、政治、文化、社会各领域。对生态环境问题的综合分析讨论，有必要将相关因素相互关联地纳入到同一逻辑体系内来进行，即，把"生态环境"因素"内生性"地融入到经济、社会的全过程中去讨论。

关于城市生态文明建设的综合评价分析，已有大量文献就这一问题进行讨论。以下，从现实意义、体系构建理念及构建原则和构建方法几个方面就"城市生态文明建设综合评价"的相关研究进行综述、归纳和总结，以期提炼出"城市生态文明建设综合评价"这一主题的研究思路。

第一节　城市生态文明建设综合评价及方法综述

对于"城市生态文明建设"如何进行综合评价，首先要基于对其内涵的辨析认识进而做出界定，再者要对其评价方法做一梳理比较进而做出选择。

一　内涵界定及既有研究简述

（一）关于城市生态文明建设评价的研究简述

从已有文献来看，"城市生态文明建设"这一术语尚未有统一的定义和概念上的界定。这从侧面说明，中国的城市生态文明建设仍处在探索阶段。一般来说，由生态承载力和环境污染之间的矛盾切入，从可持续发展及生态文明建设的概念出发，引申出城市生态文明建设的相关内涵和特点是通常的论述和定义方式。因此，大量文献将"城市生态文明建设"与"建设城市生态文明"不加区别地混合使用（马道明，2009；侯鹰等，2012；秦伟山等，2013）。因此，我们认为"城市生态文明建设"与"建设城市生态文明"两个术语具有相似但不同的内涵。其相似之处在于，二者都试图刻画在城市中建设生态文明，以实现人与自然和谐共处及城市的可持续发展。但是，相似不等于完全相同。其中，"城市生态文明建设"是一名词性短语，重在强调生态文明建设，城市是定语，起限定作用。而"建设生态文明城市"则是一动词性短语，重点强调城市，生态文明是定语，起修饰和限定作用。考虑到生态文明建设的含义大于城市，因此，前者所包含的内容和内涵更加丰富。本节旨在论述和分析城市生态文明建设水平评估问题，因此，这里将两个术语加以区分，同时仅考察"城市生态文明建设"水平评估的相关问题。已有研究中较少就"城市生态文明建设评价"这一术语进行专门的解释和说明，但大量文献就城市生态文明评价应具备的功能及所要解决的问题进行了深刻的论述。作为评价工具，应当具备了解现状、积极引导、警告反馈三种主要功能，但由于中国城市生态文明建设尚处于起步阶段的探索期，已有文献中所体现的主要功能集中在前两方面，即了解现状和积极引导。这里通过选取具有典型代表性的论述，给出学术界就城市生态文明建设水平评价体系的认识，即其学术内涵和现实意义。

　　具体来说，张静、夏海勇（2009）和蓝庆新等（2013）都指出生态文明指标体系是以客观、准确评价人与自然的和谐程度及其文明水平为目的，对生态文明建设进行准确评价、科学规划、定量考核和具体实施的依据和工具。林震、双志敏（2014）指出生态文明指标体系的目的是合理引导政府部门和社会成员的行为，促进生态文明建设目标的实现。朱玉林等（2010）基于城市生态文明建设的衡量和评估需求指出，生态文明程度的评价是生态文明建设的前提和基础。城市生态文明建设的评价体系是对生态文明发展过程进行量化的基础，由此，在生态文明建设过程中建立指标体系是建设生态文明的内在需求（王如松，2010），是社会主义生态文明建设的核心内容，只有尽快建立生态文明的指标体系，才能进入生态文明建设实际的操作层面（张静、夏海勇，2009）。张欢、成金华（2013）指出，设计反映各地区资源条件、生态环境健康、经济效率和社会稳定发展的生态文明评价指标体系，不仅能体现出在"资源—环境—经济—社会"系统中生态文明状态的主要方面，而且由于设计指标与资源环境政策、社会经济政策直接关联，可以为生态文明政策提供直接的指导作用。杜勇（2014）以资源型城市为研究对象，指出，通过构建资源型城市生态文明建设评价指标体系，客观、准确地反映资源型城市的生态文明状态，及时发现其生态文明建设中的资源、环境、经济和社会问题，进而为推进资源型城市生态文明建设工作指明方向。舒小林等（2015）在经济耦合、文化耦合、社会耦合和生态耦合四个方面分析和论述了旅游产业与城市生态文明耦合关系以及二者相互促进的内在机制，并以贵阳市为例进行了分析。综合上述文献发现，研究者对城市生态文明建设评价体系的主要功能定位主要集中于了解现状和引导决策两个方面。除此之外，张景奇等（2014）指出，评价体系在其建设过程中对地方政府起到督导作用。张欢等（2015）指出，建立一套反映特大型城市资源环境主要问题和生态文明建设主要方面的评价指标体系，通过评价，指导特大型城市生态文明建设和对关键指标进行预警，这对推进特大型城市生态文明建设具有一定的理论与现实意义。这里，评价体系已经扮演了"反馈警告"的角色。

　　综上所述，尽管关于城市生态文明建设评价的内涵并无完全统一的界定，但其重要性和现实意义已经成为学术界的共识。具体来说，这一评价至少包括如下内涵功能和现实意义：第一，了解现状，量化城市生态文明建设的各项指标，为城市生态文明建设提供支持；第二，引导和规范，指标的选取工作将筛选出城市生态文明建设的若干关键变量，引导城市生态文明建设工作的展开；第三，反馈和预警作用，即通过对城市生态文明建设相关关键指标的量化，得出不同城市的生态文明所面临的问题和约束，为相关城市生态文明建设提出针对性和建设性的意见。

（二）指标体系构建原则及既有研究简述

城市生态文明建设水平评价，应当达到了解现状、引导规范和反馈预警三个核心作用和功能。因此，体系设计和指标选取应当围绕上述主要功能展开。一般来说，城市生态文明建设的评价应当能够全面地、系统地、简洁地反映城市生态文明状况（何天祥等，2011），应当能够反映城市社会经济与资源环境最突出矛盾（张欢等，2015），同时，应当具备目标指标定位清晰准确，凸显城市异质性的功能（钱敏蕾等，2015）。

高珊、黄贤金（2010）认为，应当围绕人与自然和谐发展，根据生态文明的科学内涵、时代特征以及指标本身的性质，基于资源节约型和环境友好型社会两大主线建立生态文明指标体系。这一构建原则紧扣生态文明建设的核心概念，是比较理想的构建理念，但是相对抽象，不利于实际操作。朱玉林等（2010）指出，评价体系的指标构建应当遵循科学性、代表性、可行性三个原则。王俊霞、王晓峰（2011）则认为，体系构建应具备整体性、可操作性、可引导性、科学性、实用性、重要性等原则。陈晓丹等（2012）在考察发达城市生态文明建设的评价问题时指出，评价体系的指标选取应当具备"共性与特色相结合原则、继承与创新发展相结合原则、可实践性与前瞻性相结合原则、科学性与可操作性相结合原则、分步实施和分段评估的原则"，以期反映出城市生态文明建设的阶段性特点。蔺雪春（2013）则认为，评价体系的构建应当在系统观的指导下，具有"政策价值、便于考察测量、便于分析研究"三个主要特征。

李平星等（2015）对已有评价体系的构建和指标选取进行考察后指出，已有的实践和研究成果主要存在以下几个方面问题：首先，指标数据可得性较低或计算困难；其次，指标内涵存在较差、重叠现象，导向不够清晰的问题；最后，指标选取陷入"全面"和"精练"的矛盾，出现忽略制度建设的现象。因此，这里可以反向推理得到评价体系构建和指标选取三个原则：首先，所选指标应该具备数据可得性或者可计算性，即，评价体系具备现实可操作性，而非只存在理论意义；其次，所选取的指标之间应当内涵清晰，考察和评价功能明确。一方面，所选指标应当能够覆盖表征城市生态文明建设主要内涵的关键指标和城市生态文明建设过程所面临的主要矛盾，另一方面，所选指标之间不应存在交叉、重叠和模糊的现象。

马文斌等（2012）指出，已有研究中的生态文明建设评价体系在科学性、操作性、适宜性强等方面有一定缺陷，导致生态文明在具体建设上出现一些误区：一是，已有研究中指标只集中于经济和生态环境保护两个层次；二是，现有指标体系整体上参考性指标偏多，导致实践过程中缺乏较好的可信性和可操作性；三是，指标体系相对笼统，缺乏针对性和地域性特色。值得说明的是，已有研究中涉及生态文明建设的指标集中于生态环境保护，这意味着部分学者可能将生态环境保护和生态文明建设两个概念不加区分地使用，或者，认为生态文明建设的主要内容就是生态环境保护。这里，作者就这两个概念进行了辨析，并指出已有研究中的修正空间。同时，该文指出，指标体系要能反映所考察地区生态善治、建立制度保障体系的努力程度，能反映改善生态环境、提高生态意识、建设环境友好型社会的努力程度，也能反映强化生态治理、维护生态安全的努力程度，更要能反映发展生态经济、建设资源节约型社会的努力程度。具体来说，指标设计的原则包括：尊重自然、和谐发展；立足当前、着眼长远；定性与定量相结合；理论与实践相结合；科学性、操作性、适宜性。上述涵盖了城市生态文明建设评价体系的重要功能和构建原则。上述文献基本上概括了已有研究中城市生态文明建设评价工具构建的主要原则，在下文中将为我们提供相应的启示。

二 城市生态文明建设综合评价和指标量化方法综述

本节，是从经济建设、社会建设、生态文明建设相协调的视角，对中国城市生态文明建设进行评价分析。基于这一评价分析目标，我们通过综述典型文献中的典型构建方法，以期展开相关分析，寻求到适用的方法。

（一）熵值赋权法与灰色关联法

1. 熵值赋权法

体系构建方面，关琰珠等（2007）基于层次分析的方法，将整个生态文明建设评价体系从上到下依次分为目标层、系统层、状态层、变量层、要素层五个层次。其中，目标层为生态文明整体得分，以评价区域生态文明建设的整体水平；目标层下面是系统层，系统层是根据可持续发展理论和生态文明观的内涵和原则，将生态文明建设这一新型的自然生态、社会、经济复合生态系统划分为资源节约子系统、环境友好子系统、生态安全子系统和社会保障子系统四个部分，也即系统层包括资源节约、环境友好、生态安全和社会保障四个系统，其对应的城市现状分别是可持续发展程度、环境状况程度、生态文明程度和环境状况程度。每个系统由对应的变量构成，而最终变量将靠要素体现，这里的要素，实际上就是最终实际操作的底层指标。这种由底层指标—中层指标—最终得分的层次分析是已有文献中城市生态文明建设的主要研究方法，也是所占比重较多的研究方法。其数据处理，即指标量化的方法，是熵值法。同样作为层次分析法，何天祥等（2011）在借鉴经合组织（OECD）的"压力—状态—响应"（PSR）概念模型基础上，提出从压力、状态、整治和支撑4个方面设计具体评价指标。第一层次为城市生态文明评价系统，第二层次分为生态文明压力、状态、整治和支撑四个目标层。第三层为两个准则层，第四层次为具体评价指标，具体的量化方法为熵值法。同样使用熵值法测算指标得分，构建生态文明建设评价系统的还有关海玲（2015）等人。王家贵（2012）同样基于层次结构法，以生态文明进步指数刻画城市生态文明状态和水平。同时，在生态文明指数之下仍有两个层次。其中，第二层次由绿色GDP产值比重的增长率和城市居民幸福指数增长速度组成，以达到描述和涵盖"发展和环境兼顾"的体系构建。底层指标则主要包括绿色工业企业产值、农林牧渔种养产业产值、基本无污染的商业服务业产值，以及科教文卫等创意产业和循环经济产值。而"城市居民幸福指数增长速度"则应包括基本能反映居民生活质量水平改善的四大方面的指数，即财富指数、安全性指数、人居环境指数和文明健康指数。具体操作方法是，中间层的得分由底层指标得分乘以对应权重得到，最终加总得到总得分，作为判断城市生态文明水平和状态的依据。这里需要特别指出的是，权重因子和因素指标种类需经多学科专家研究和广泛讨论后确定，即这里的指标得分权重是通过"专家"讨论得到，因此有一定主观性。采用与之相似的数据处理方法的，还有李争等（2014）、蓝庆新等（2013）。

2. 灰色关联法

"确定权重"—"乘权加总"是常见的综合评价测度方式。这种方法的优势是，如果确定了唯一的评价体系和指标选择，那么所得出的分数有利于城市之间的横向比较，但离理想状态的距离，尚无法量化评估和分析。就生态文明建设评价工具而言，如果希望评价各城市之间的水平差异和优劣次序，那么灰色关联度分析法具有相对优势。"灰色关联度分析法"的研究对象是"部分信息已知，部分信息未知"的"不完全信息"系统，它通过部分已知信息的生成、开发实现对现实世界的描述和认识。其中灰色系统理论应用最广泛的是灰色关联度分析，关联度反映了被评价对象对理想（标准）对象的接近次序，即被评价对象的优劣次序。基于灰色关联度的灰色综合评价方法是利用各被评价方案与理想方案之间关联度的大小对被评价对象进行比较、排序（朱玉林等，2010）。因此，如果存在关于生态文明建设的目标状态，同时希望考察生态文明建设的实际水平与理想水平之间的差异，那么灰色评价方法是相对理想的。具体而言，使用灰色关联度的操作方法和流程的一般形式是：首先，确定评价对象和评价标准（多城市则呈序列形似）；其次，通过专家调查等方法确定各指标所占权重；再次，计算灰色关联系数；最后，在上述工作的基础上计算灰色加权关联度和进行评价分析。灰色关联度的最终结果表示城市实际生态文明建设水平的高低，即关联度越高，城市生态文明建设水平越高，这样便意味着关联度水平拥有绝对值维度的现实意义。同时，灰色关联度越高，说明实际生态文明的建设水平与生态文明建设的理想状态越接近，将这一结果与理想的城市生态文明建设水平进行对比，可以得到关于生态文明建设的现实状态与理想状态之间的差距。利用这一特征，可以将同一城市作为考察对象，观察多年，形成不同年份的灰色关联度时间序列数据，可以挖掘出有利于生态文明建设更加丰富的信息。章波、黄贤金（2005）运用灰色关联度分析方法，对南通市循环经济规划进行预评价，发现南通市循环经济发展水平不断提升，但是其提升与发展表现出明显的阶段性特征，提出了循环经济建设的重点是污染减量排放和资源减量化的建议。何才华等（1996）则使用灰色关联度方法考察了贵州喀斯特生态环境脆弱性类型区及其开发治理，针对各类型区的基本特征提出了今后开发治理的方向和措施。

（二）经济增长—环境污染脱钩法

研究经济增长与环境污染之间关系，是进行城市生态文明建设评价的新视角。考虑到中国的生态环境问题、城市生态文明建设所面临的主要矛盾是经济增长与环境污染的关联性，因此，研究经济增长与环境污染之间关系的研究方法和研究结论可以作为研究工具，用于城市生态文明建设的评价。"脱钩理论"，就是其中之一。"脱钩"，即经济驱动力与环境压力之间是否同步变化的关联，其数值由"基期的环境压力与经济驱动力之比"除以"末期的环境压力与经济驱动力之比"而得，后来的学者将其称之为"OECD 脱钩指数"。在 DSR 分析框架中，OECD 认为经济增长是导致现有资源环境问题的根源，因此，驱动力指标（Driving force）为经济增长，一般使用 GDP 表征；伴随着快速经济增长而出现的环境污染是状态指标（State），目前状态指标使用较多的是工业污染排放量；为保持较快的经济发展水平同时降低环境污染程度所做出的努力（包括环境规制、产业政策等）则为响应指标（Response）。OECD 脱钩指数的提出，不仅赋予了"脱钩"比较规范的经济学含义，而且使得经济驱动力与环境压力之间的相关关系得以量化，同时还可根据该指数对不同区域进行"相对脱钩"或"绝对脱钩"等相应状态的划分，脱钩理论也因此很快成为衡量地区经济发展模式与可持续性的工具（孙耀华、李忠民，2011）。OECD（2002）最早对"脱钩"进行了定义与测算，并将经济驱动力与环境压力之间的非同步变化的关系描述为"脱钩"，其包括绝对脱钩、相对脱钩和未脱钩三种状态，一般情况下，当且仅当经济驱动力所带来的环境压力逐渐减少时，才可达到绝对脱钩状态。为了更加准确地划分三种脱钩状态的边界，OECD 对脱钩指数进行了定量分析，并将考察期内污染排放量与经济增长量之比的增长率的负数形式设置为"脱钩指数"，数学形式则表现为"1"减去"末期的污染排放与 GDP 之比除以基期的污染排放与 GDP 之比"。这样，脱钩理论也因此很快成为衡量地区经济发展模式与可持续性的工具。

既有文献中，查建平等（2011）运用对数平均权重 Divisia 分解法（Logarithmic Mean Weight Divisia Method，简称 LMD）将工业增长与碳排放之间的脱钩指数细分为能源排放强度脱钩指数、能源结构脱钩指数、能源效率脱钩指数和产业结构脱钩指数。杨浩哲（2012）基于 Tapio 脱钩弹性系数的视角，考察了 1996—2009 年中国流通产业及其细分行业的碳排放脱钩状态，发现这些行业的碳排放具有"脱钩到负脱钩再到脱钩"的阶段性特征。此外，部分学者进一步对中国各省份的追赶脱钩模式进行了总结。张成等（2013）在 Tapio 脱钩弹性系数模型的基础上构造了追赶脱钩弹性系数模型，对 1995—2011 年中国 29 个省份的经济增长与碳生产率脱钩的分析表明，碳生产率的增长率滞后于经济增长率，他们建议追赶省份在向模范省份不断追赶的过程中，要扬长避短，避免发展模式上的进一步恶化。在继承追赶脱钩模型的基础上，张文彬和李国平（2015）进一步回答了追赶城市的经济增长差距与可持续性差距能否向标杆城市收敛问题。归纳近年来的脱钩研究发现，中国学者对脱钩理论的研究内容以及研究对象呈现出快速化与多样化的发展趋势，且主要集中在经济增长与碳排放脱钩（李忠民、庆东瑞，2010；杨嵘等，2012；仲伟周等，2012）、经济增长与资源消耗脱钩（陆钟武等，2011；盖美等，2013）、经济增长与碳生产率脱钩（张成等，2013）、区域经济发展与水资源利用脱钩（吴丹，2014）、城镇化发展与城乡建设用地脱钩（李效顺等，2008）等单要素脱钩范畴；也有学者在深入分析经济发展与资源环境压力脱钩现状的基础上，对未来的脱钩发展趋势进行了展望（吴丹，2014）。尽管脱钩理论的具体研究内容不尽相同，但学者们得出的结论大多显示：改革开放以来，中国经济增长与资源环境之间总体呈现出"脱钩"与"复钩"交替但总体相对脱钩的趋势。这意味着，脱钩已经成为研究环境污染和经济发展之间关系的重要途径和研究城市生态文明建设的重要工具。

（三）全排列多边形图示法

"全排列多边形图示法"，是近年来兴起的一种新的评价方法。吴琼等（2005）使用"全排列多边形图示法"考察了生态城市的评估问题。这里仅就相关方法的基本思想、基本方法和基本特点做简单介绍，不对指数的具体运算方法做具体推导。该方法的基本流程是，设共有 n 个指标（标准化后的值），以这些指标的上限值为半径构成一个中心 n 边形，各指标值的连线构成一个不规则中心 n 边形，这个不规则中心 n 边形的顶点是 n 个指标的一个首尾相接的全排列，n 个指标总共可以构成 $(n-1)?/2$ 个不同的不规则中心 n 边形，综合指数定义为所有这些不规则多边形面积的均值与中心多边形面积的比。需要说明的是，指标得分使用标准化之后的形式，标准化的工具是标准化函数。这样，便可以把位于一定区间内的取值的指标值映射到 $[-1, +1]$ 范围内，且映射后的值改变了指标的增长速度，当指标值位于临界值下时，标准化后的指标增长速度逐渐降低，当指标位于临界值以上时，标准化后的指标增长速度逐渐增加，即指标由没有标准化以前的沿 x 轴的线性增长变为标准化后的快—慢—快的非线性增长，临界值为指标增长速度的转折点。从全排列多边形图示法的基本思想，可以看出这一评价方法具有以下优势和特点：全排列多边形采用全排列多边形图示指标法能够根据指标分级层层评估，有助于深入分析原因。此方法既有单项指标又有综合指标，既有静态指标又有动态趋势，既有几何直观图示，又有代数解析数值。

与传统简单的加权法相比，不用专家主观评判权重系数的大小，只要确定与决策相关的上限、下限和临界值即可，减少了主观随意性（乔艳丽等，2015）。考虑到这种方法在可持续发展领域水平评价的优势，大量学者以此为工具在生态文明领域进行研究，在土地资源、水资源和城市生态文明建设等方面取得了相当丰富的成果。具体来说，周伟（2012）等以全排列多边形的方法考察了西宁市土地集约利用的评价，并集中考察了土地利用水平的变化原因，得到了相对稳健的结果。张路路等（2016）考察了唐山市的土地多功能水平，为土地的多功能利用提供支撑。龚艳冰等（2011）以全排列多边形评价法为工具，研究了南水北调东线源头，即对江都市长江芒稻河二水厂断面和嘶马闸东中泓断面水质进行评价，取得了较好的效果。乔艳丽等（2015）在分析现有能效评价方法的基础上，介绍全排列多边形图示指标法的原理、特点和应用，以多边形法为基础构建了区域综合能效评价的指标体系，并对河北省的综合能效进行了考察。

除了单项资源（环境）指标的水平测度，全排列多边形图示法还被用于考察城市生态文明建设的整体水平。李锋等（2007）以山东济宁市为例，考察了全排列多边形图示法在城市生态文明建设中的应用，并提出相应的建设性意见。李笑诺等（2012）就烟台市的可持续发展水平进行了测度。孙晓等（2016）采用全排列多边形综合图示法，以中国277个地级及地级以上城市为研究对象，建立了不同规模城市的可持续发展指标体系，包括经济发展、社会进步、生态环境3类24项指标，对其2000—2010年的可持续发展能力进行了综合评价。

整体来看，以全排列多边形图示法为工具进行区域（省级层面和市级层面）资源、环境和可持续发展的测度研究在广度（水质、土壤、可持续发展水平）和深度（指标、分析）等维度都有相当的进展，其逐渐成为相对主流的研究工具。

以上所介绍的几种方法，是既有研究文献中较常见的与生态文明建设评价相关的方法，对其归纳如下。

整体来看，各种评价方法均有利弊：全排列多边形和熵值法在指标选取方面有主观性；灰色关联法重在考察城市排名的相对次序，在绝对水平的考察方面存在障碍；脱钩方法只限于经济与环境两个方面，远不能涵盖城市发展的全部。整体而言，我们认为指标的主观性选择在某种情况下是一种优势，原因在于，可以根据评价要求自由选取相关指标。脱钩方法虽然仅能涵盖经济和环境两个方面，却抓住了城市生态文明建设的最主要和最重要的矛盾。因此，我们认为，熵值法、脱钩法和全排列多边形法是三种主流且相对适合用于城市生态文明建设评价的方法。

综合而言，对于城市生态文明建设的综合评价，尚无一个较为公认的方法，尚有相当大的讨论空间。尽管如此，但一些基本原则，如客观性、全面性、可操作性等已经成为公认的标准。通过对前人文献的梳理，总览了城市生态文明评价工具的不断发展，为我们进行相关研究提供了重要借鉴。

以下各节对城市生态文明建设的综合评价，总体上是站在"生态—经济—民生"协调发展的视角，分别从经济增长—环境污染关系的视角，从民众感受的就业—获取收入、生态宜居、社会服务和保障完善的角度，从城市经济建设、社会建设、生态文明建设协调发展的视角，展开评价分析。

各节，分别采用经济增长—环境污染脱钩、基于熵值法的生态宜居指数、基于全排列多边形的城市协调发展指数等方法，对中国城市生态文明建设与经济建设、社会建设的协调性进行综合评价。以下各节中的研究数据，如无特别说明，均采集于《中国统计年鉴》和《各地区统计年鉴》及《中国城市统计年鉴》。

第二节　城市生态文明建设综合评价之一：基于经济增长—环境污染脱钩法

生态文明的本质含义，是在人类经济活动的规模和水平已经接近甚至超过自然生态系统的"自净化能力"的情形下，如何使人类经济活动尽可能降低其生态环境影响，以使经济活动规模和水平在自然生态承载力范围内进行。要达到这一目标，就必须实现经济增长—环境污染的脱钩。所以，讨论经济增长—环境污染的脱钩，是评价分析城市生态文明建设水平的应有之义。

本节①，拟通过"经济增长—环境污染脱钩法"对中国城市生态文明建设的水平进行综合评价。

如前所述，"经济增长—环境污染脱钩法"这一方法（指标）之所以能够从一个视角表征城市生态文明建设水平，在于其恰当地选择了经济增长与环境污染之间的关系作为判断城市生态文明水平的标准，一定程度上表征了城市发展的方式（具体来说，增长方式包括：以透支环境承载力、能源、劳动和资本等要素为主要特征的粗放型增长方式和以制度改进、科技进步和环境友好为主要特征的集约型增长方式）。在目前，从中国大部分城市所处的发展阶段来看，城市生态文明建设所面临的阻力和污染源来自工业经济的发展。因此，在提高发展水平仍是解决大多数现实问题的关键条件下，经济社会发展和污染水平及生态文明建设之间

---

① 本节主要内容，参见夏勇《经济增长与环境污染脱钩的理论与实证研究》，南开大学博士学位论文，2017 年；夏勇、钟茂初《环境规制能促进经济增长与环境污染脱钩吗？——基于中国 271 个地级城市的工业 SO_2 排放数据的实证分析》，《商业经济与管理》2016 年第 11 期，第 69—78 页；夏勇《脱钩与追赶：中国城市绿色发展路径研究》，《财经研究》2017 年第 43（9）期，第 122—133 页。

的关系由增长方式决定，显然，实现科技进步和环境友好型的增长方式意味着环境污染与经济发展的"脱钩"。换言之，增长方式的改变意味着增长动力的转换，以之作为城市生态文明建设水平的考察工具有其合理性，具体这里不再赘述，将在下文有更加详细的解读。简单来说，在本章中，我们试图通过使用"经济增长—环境污染脱钩法"考察中国城市生态文明建设水平，同时对相应结果进行分析。具体而言，我们将内容安排为如下两个部分：（1）"经济增长—环境污染脱钩法"的具体量化和相关解析；（2）"经济增长—环境污染脱钩法"所得到的具体结果展示（含分析），接下来的讨论以此安排展开。

一　"经济增长—环境污染脱钩法"的具体量化及其测度方式

"经济增长—环境污染脱钩"的讨论，可区分为 OECD 脱钩指数、Tapio 脱钩弹性系数理论两种方式。

（一）OECD 脱钩指数理论

经合组织（OECD，2002）最早对"脱钩"进行了定义与测算，并将经济驱动力与环境压力之间的非同步变化的关系描述为"脱钩"，其包括绝对脱钩、相对脱钩和未脱钩三种状态，一般情况下，当且仅当经济驱动力所带来的环境压力逐渐减少时，才可达到绝对脱钩状态（如前所述，这意味着增长方式由粗放型向集约型的转换，是增长方式变化的重要表征）。为了更加准确地划分三种脱钩状态的边界，OECD 对脱钩指数进行了定量分析，并将考察期内污染排放量与经济增长量之比的增长率的负数形式设置为"脱钩指数"，数学形式则表现为 1 减去末期的污染排放与 GDP 之比除以基期的污染排放与 GDP 之比，记作

$$e_t = 1 - \frac{E_t/Y_t}{E_{t-T}/Y_{t-T}} \qquad \text{式 (5—1)}$$

式中，E 为环境压力指标，根据研究对象的不同，环境压力指标可用污染排放量或者资源消耗量表征；Y 为经济驱动力指标，一般用地区生产总值（GDP）表征。e 为脱钩指数（或脱钩因子），根据 OECD 的定义：若 $e<0$，则表明经济驱动力与环境压力尚未脱钩；$e=0$ 为尚未脱钩与脱钩的转折点；当 $0<e<1$ 时，表明经济驱动力与环境压力处于相对脱钩状态；而当 $e>1$ 时，经济驱动力与环境压力则处于绝对脱钩状态。

OECD 脱钩指数的提出引起了学者们的广泛讨论，脱钩理论也随之得到了广泛应用与不断拓展。但随着理论应用的不断深入，越来越多的研究发现 OECD 指数法在测算跨期的脱钩系数方面并非趋近完美：其系数会因为基期选择的不同进而发生改变。为改进上述局限，学者们做了一些新的尝试，并形成了更为科学的定量测算方法和研究理论，其中的典型代表是 Tapio 脱钩弹性系数理论。

（二）Tapio 脱钩弹性系数理论

Tapio 脱钩弹性系数理论稍晚于 OECD 脱钩指数理论而出现，其更合理的地方在于塔皮奥（Tapio，2005）运用弹性系数方法比较巧妙地规避了 OECD 脱钩指数在基期选择上的困境。参考 Tapio 构建脱钩指标的方法，本节将脱钩弹性系数设置为污染排放增长率与经济增长率之比，其表达式为

$$e_t = \frac{(E_t - E_{t-T}) / E_{t-T}}{(Y_t Y E_{t-T}) / Y_{t-T}} = \frac{\Delta E / E_{t-T}}{\Delta Y / Y_{t-T}} \qquad 式（5—2）$$

式中，t 为样本考察期（即年份）；T 为时间跨度；e 为脱钩弹性系数；E 表示污染排放量；此处有 $\Delta E = E_t - E_{t-T}$，其经济学含义为基期与末期的污染排放量之差；Y 表示地区生产总值；同样有如下关系：$\Delta Y = Y_t - Y_{t-T}$，表示基期与末期的地区生产总值之差。

Tapio 脱钩弹性系数理论之所以会得到广泛应用，不仅是因为其巧妙地运用弹性概念对脱钩指数进行了定量分析，而且得益于其对地区脱钩状态的细致划分。塔皮奥（Tapio）依据经济增长率、污染排放变化率以及脱钩弹性系数大小，将脱钩状态划分为 8 类。具体来说，当一国或地区的经济增长所排放的污染逐渐减少，且脱钩弹性系数处于 0 到 0.8 之间时，便实现了经济增长与环境污染的相对脱钩，即当 $\Delta E > 0$，$\Delta Y > 0$ 且 $0 < e < 0.8$ 时，经济增长与环境污染处于相对脱钩状态；当经济增长带来的污染排放显著下降，且脱钩弹性系数小于 0 时，则形成了经济增长与环境污染的绝对脱钩，即当 $\Delta E < 0$，$\Delta Y > 0$ 且 $e < 0$ 时，经济增长与环境污染处于绝对脱钩状态；此外，若污染排放随着经济增长亦呈现出不断增加的趋势，甚至污染排放增长率超过了经济增长率，那么，此时的经济增长与环境污染便处于脱钩的相反状态——复钩，即尚未脱钩状态。当然，复钩是一个比较粗略的概念，根据脱钩弹性系数值的大小、经济

增长率与污染排放增长率的不同组合，塔皮奥（Tapio）又将其细分为 6 类，分别为衰退脱钩、扩张负脱钩、强负脱钩、弱负脱钩、增长连结和衰退连结，具体判定标准见表 5—1。如此一来，6 类复钩，加上相对脱钩与绝对脱钩，Tapio 便将经济驱动力与环境压力之间的脱钩划分为 8 种状态（相关状态自然对应相应的城市生态文明建设水平，成为评价城市生态文明建设水平的依据）。脱钩的 8 种分类及其判定标准如表 5—1 和图 5—1 所示。

表 5—1 Tapio 脱钩弹性系数的 8 种状态

状态 I	状态 II	污染排放	GDP 水平	弹性系数	发展类型
脱钩	相对脱钩	增加	增加	$0 \leqslant e < 0.8$	集约扩张型
	绝对脱钩	减少	增加	$e < 0$	挖潜发展型
	衰退脱钩	减少	减少	$e > 1.2$	发展迟滞型
负脱钩	扩张负脱钩	增加	增加	$e > 1.2$	低效扩张型
	强负脱钩	增加	减少	$e < 0$	粗放扩张型
	弱负脱钩	减少	减少	$0 \leqslant e < 0.8$	发展迟滞型
连结	增长连结	增加	增加	$0.8 \leqslant e < 1.2$	低效扩张型
	衰退连结	减少	减少	$0.8 \leqslant e < 1.2$	发展迟滞型

资料来源：根据 Tapio（2005）的研究总结得出。

综上，OECD 脱钩指数依然是从总量研究的视角探讨经济驱动力与环境压力之间的相互关系，而 Tapio 脱钩弹性系数则采用增长量（即变化率之比）衡量二者的关联。由于 Tapio 脱钩弹性系数理论很好地规避了基期选择不同导致脱钩系数不稳的缺陷，因而具有比 OECD 脱钩指数更加成熟的理论优势和继续深入研究的必要性。除此之外，塔皮奥（Tapio）对经济增长与环境污染脱钩状态所做的归类，为判断一国或地区所处的脱钩状态树立了评价标准，拓展了原有脱钩理论的定性分析，目前国内大多数研究均是参照 Tapio 脱钩状态所做的划分（刘航等，2012）。据此，本节将采用 Tapio 脱钩弹性系数作为以下写作的研究基础。

二 绝对脱钩与相对脱钩：基于脱钩理论与 EKC 的关联

脱钩理论与"环境库兹涅茨曲线"假说（EKC 假说），都旨在描述

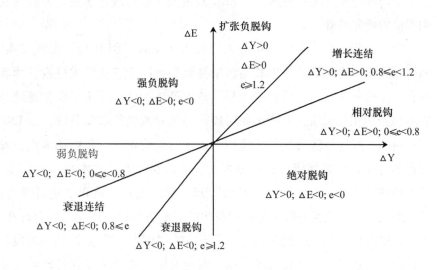

图5—1　脱钩的分类及其判定标准

经济增长与环境污染之间的相互关联，表明二者在解释经济增长的环境影响问题上存在某种共性特征。而经济增长与环境污染之间的相互联系，恰是城市生态文明建设所关注的重要内容。因此若能揭示二者的内在联系，则有可能不断拓展脱钩理论的研究内涵，并对脱钩状态进行更为合理的划分和判定，能够实现对城市生态文明建设水平更加精准的评估，进而得出相对有价值的结论。

作为城市生态文明建设水平的重要表征，经济发展与环境污染的相互关系是学术界十分关注的现实问题。最早对此问题进行理论研究且形成一套完整体系的代表性观点是 EKC 假说。格罗斯曼和克鲁格（Grossman and Krueger，1992；1995）认为不同的经济发展阶段（主要以人均GDP 表征）对应不同程度的环境污染水平，一般情况下，环境污染程度会随着人均 GDP 的逐步提高而呈现出先上升后下降的曲线关系，表现在平面直角坐标系中为"倒 U 型"曲线特征。此后，EKC 假说广泛应用于产业经济学、资源环境与可持续发展经济学等领域。在不断深入认识与推广的过程中，不少学者发现 EKC 假说仅描述了经济增长与环境污染的绝对变化关系，并没有涉及二者的相对变化关联。而对经济增长率与环境污染增长率相互关系做出反映的是脱钩理论。由此可以看出，同为探究经济与环境相互关系的理论，EKC 假说先于脱钩理论出现，并成为脱钩理论的研究基础。

EKC 假说解释了环境污染与人均收入之间的"倒 U 型"曲线关系，而脱钩理论描述的是经济增长与污染排放是否同步变化的关联性，两者既有内在的联系，也有明显的差异。刘竹等（2011）分析了脱钩理论与 EKC 假说的相互关联，并指出相对脱钩是绝对脱钩的必要条件，而 EKC 所对应的正好是经济增长与环境压力的绝对脱钩阶段。我们认为经济发展有其自身的发展规律，在这种客观规律以及现有技术水平的作用下，经济与环境有可能会经历"未脱钩"到"相对脱钩"再到"绝对脱钩"的发展轨迹，因此相对脱钩是绝对脱钩的必要条件这一论断有其合理性。但是，EKC 假说是一个包含先上升后下降的"倒 U 型"曲线的两阶段特征理论，问题是经济增长与环境压力的绝对脱钩能否体现这种两阶段特征呢？在尚未厘清 EKC 假说与脱钩理论的内在关联的前提下，简单认为绝对脱钩阶段代表了 EKC 的观点还有待进一步考察。

以下，本小节拟构建脱钩模型与 EKC 模型，通过数理推导，得到脱钩理论与 EKC 假说的内在联系。根据上文关于 Tapio 脱钩弹性系数的定义与测算方法，结合 EKC 假说的内涵，本节将脱钩模型与 EKC 模型分别设置为如下形式。

脱钩模型为：

$$e_t = \frac{\Delta E/E_{t-1}}{\Delta Y/Y_{t-1}} \qquad \text{式 (5—3)}$$

式中，所有指标的含义同式（5—2）一致。

尽管 EKC 假说主要是建立在经验分析的基础上，但本节依然采用人均 GDP 的一次项及其二次项来假设 EKC 假说的存在性，并对 EKC 假说的"倒 U 型"曲线关系进行量化。由此，EKC 模型可以设置为：

$$E_{it} = \alpha_1 y_{it}^2 + \alpha_2 y_{it} + \alpha_0 \qquad \text{式 (5—4)}$$

式中，E_{it} 表示城市 i 第 t 年的污染排放量；y_{it} 表示城市 i 第 t 年的人均 GDP 水平，此处仅考虑政府与居民两个主体，并且不考虑政府支出与家庭支出，因此，人均 GDP 水平近似为人均收入水平；α_1 和 α_2 分别为人均GDP 的二次项和一次项系数；α_0 为除人均收入水平以外影响环境污染的因素的集合，主要包括产业结构、经济开放度、科技投入或支出水平、环境规制强度等，以下考虑到简化模型与数学推导的需要，可视其为常数项。EKC 模型中用人均 GDP 及其二次项来考察 EKC 的存在性，若 $\alpha_1 < 0$ 且 $\alpha_2 > 0$，则满足"倒 U 型"曲线关系；反之则为"U 型"。鉴于经济增长与环境污染的现实意义以及经典 EKC 假说的广泛适用性，设定 EKC 曲线为"倒 U 型"特征，由式（5—4）可知 EKC 拐点处所对应的人均 GDP 水平为 $-\alpha_2/2\alpha_1$。

将脱钩模型与 EKC 模型相结合，即联立方程组，有如下关系：

$$\begin{cases} e_t = \dfrac{\Delta E/E_{i,t-1}}{\Delta Y/Y_{i,t-1}} \\[2mm] E_{it} = \alpha_1 y_{it}^2 + \alpha_2 y_{it} + \alpha_0 \\[2mm] \Delta E = E_{it} - E_{i,t-1} \\[2mm] \Delta Y = Y_{it} - Y_{i,t-1} \\[2mm] Y_{it} = n_{it} \cdot y_{it} \end{cases} \qquad \text{式（5—5）}$$

式中，Y_{it} 和 y_{it} 分别为城市 i 第 t 年的地区生产总值（即 GDP）和人均 GDP 水平。假设人口增长率为 0，且城市 i 的人口数量为 n_i，则 Y_{it} 与 y_{it} 之间存在如下关系：$Y_{it} = n_i \cdot y_{it}$，同时也有 $\Delta Y = n_i \cdot \Delta y$，此处 ΔY 表示基期与末期地区生产总值之差，将基期与末期之间的间隔设置为 1 年，则 ΔY 代表了相邻两期 GDP 之差；同理，Δy 表示相邻两期人均 GDP 的差值。

上文指出，Tapio 依据基期与末期的经济增长率、环境污染排放量变化率以及脱钩弹性系数大小三个标准将脱钩状态划分为 8 类。考虑到中国现阶段的经济驱动力与环境压力之间的相互关系以及脱钩的现实意义，重点探讨经济增长与污染排放分别处于绝对脱钩和相对脱钩两种状态时，EKC 假说与脱钩理论之间的内在联系。

（一）绝对脱钩

根据 Tapio 脱钩弹性系数的划分标准可知，当经济增长与环境污染处于绝对脱钩时，必须满足的约束条件不仅包括经济增长量持续为正、污染排放的增长量为负，而且要求脱钩弹性系数为负值，即 $\Delta E < 0$，$\Delta Y > 0$ 且 $e < 0$。将式（5—5）代入上述约束条件，可得

$$\frac{\alpha_1 y_{t-1} y_t - \alpha_0}{\alpha_1{}^2 y_{t-1} + \alpha_2 y_{t-1} + \alpha_0} < -1 \Rightarrow y_t + y_{t-1} > -\frac{\alpha_2}{\alpha_1} \qquad 式（5—6）$$

式（5—6）表明，欲实现经济增长与环境污染之间的绝对脱钩，则必须满足的条件之一是：相邻两年的人均收入要在 $-\alpha_2/\alpha_1$ 的水平之上。若将 EKC 拐点处对应的人均 GDP（$-\alpha_2/2\alpha_1$）视为合意的人均 GDP 水平[①]，则绝对脱钩要求相邻两年的人均 GDP 必须达到 2 倍的合意的人均 GDP 水平之上。

由于本节考察的是长期内经济增长与污染排放脱钩的趋势特征，因此可以将时间 t 看成是一个趋近于无穷大的常数。如此一来，当 $t \to +\infty$ 时，可以对式（5—6）的两边取极限值，此时有

$$\lim_{t \to +\infty} (y_t + y_{t-1}) > \lim_{t \to +\infty} \left(-\frac{\alpha_2}{\alpha_1} \right) \Rightarrow y_t > -\frac{\alpha_2}{2\alpha_1} \qquad 式（5—7）$$

式（5—7）得到了经济增长与环境污染处于绝对脱钩状态的第二个条件：第 t 年的人均 GDP 必须超过 $-\alpha_2/2\alpha_1$ 的水平。由 EKC 模型可知，$-\alpha_2/2\alpha_1$ 为 EKC 拐点处所对应的人均 GDP 水平，即合意的人均 GDP 水平。据此，可以认为当第 t 年的人均 GDP 水平跨过 EKC 的拐点值时，经济增长与环境污染之间才有可能达到绝对脱钩状态。

综合式（5—6）和式（5—7）的推导结果可知，若要保证经济增长与污染排放之间达到绝对脱钩的状态，则连续两年的人均 GDP 之和需要超过 $-\alpha_2/\alpha_1$ 的水平，且当年的人均 GDP 水平必须跨过 EKC 拐点处对应的人均 GDP 水平：$-\alpha_2/2\alpha_1$。换言之，在其他条件既定的情况下，当且仅当人均 GDP 水平跨过"倒 U 型"EKC 拐点处对应的合意人均 GDP 值，同时确保相邻两年的人均 GDP 水平处在 2 倍合意人均 GDP 水平之上时，才有可能达到经济增长与环境污染之间的绝对脱钩状态。

---

① 合意的人均 GDP 是指污染排放达到峰值所必须满足的人均 GDP 水平。

（二）相对脱钩

同理，根据 Tapio 脱钩弹性系数的判定标准，当经济增长与环境污染处于相对脱钩时，要求经济增长量和污染排放量均有增长趋势，但脱钩弹性系数处于 0 到 0.8 之间，即 $\Delta E > 0$，$\Delta Y > 0$ 且 $0 < e < 0.8$。将式（5—6）代入约束条件有

$$\lim_{t \to +\infty}\left(1 + \frac{\alpha_1 y_{t-1} y_t}{\alpha_1 y_{t-1}^2 + \alpha_1 y_{t-1}}\right) < \lim_{t \to +\infty}(0.8) \qquad \text{式（5—8）}$$

从不等式（5—8）左边来看，由于 $\alpha_1 < 0$，在假设经济增长速度为正的情况下（现实中中国的经济增速显著大于 0），必然有 $y_t + y_{t-1} < -\alpha_2/\alpha_1$。同理，对该不等式两边求极限，可得 $y_t < -\alpha_2/2\alpha_1$。这表明，当相邻两年的人均收入水平不超过 $-\alpha_2/\alpha_1$，且当年的人均收入水平小于 $-\alpha_2/2\alpha_1$ 时，经济增长与环境污染便处在相对脱钩的区间范围内。

从不等式（5—8）右边来看，为简化计算，此处令常数项 $\alpha_0 = 0$，同时对不等式两边求极限值，可得如下结果

$$0 < \left(1 + \frac{\alpha_1 y_{t-1} y_t + \alpha_0}{\alpha_1 y_{t-1}^2 + \alpha_2 y_{t-1} + \alpha_0}\right) < 0.8 \Rightarrow y_t > -\frac{\alpha_2}{6\alpha_1} \quad \text{式（5—9）}$$

不等式（5—9）的计算结果显示 $y_t > -\alpha_2/6\alpha_1$，表明当年的人均GDP 至少在 $-\alpha_2/6\alpha_1$ 的水平之上，即保持相对脱钩的人均 GDP 的下限为 1/3 的合意人均 GDP 水平。式（5—8）左侧的计算结果表明，当经济增长与环境污染处于相对脱钩时，其人均 GDP 的上限在于 $-\alpha_2/2\alpha_1$，即当年的人均 GDP 水平并没有超过 EKC 拐点处对应的合意人均 GDP 水平。综合不等式（5—8）左右两边的结果可知，只有当人均 GDP 水平处在 $(-\alpha_2/6\alpha_1，-\alpha_2/2\alpha_1)$ 的区间时，即满足 $-\alpha_2/6\alpha_1 < y_t < -\alpha_2/2\alpha_1$ 的条件时，经济增长与污染排放才有可能达到相对脱钩状态。

结合绝对脱钩和相对脱钩两种情形的推导结果可知，若追求经济增长与环境污染的绝对脱钩，那么当年的人均 GDP 水平必须跨过 EKC 拐点处对应的人均 GDP 水平（$-\alpha_2/2\alpha_1$），并且保证连续两年的人均 GDP 水平在 2 倍的合意人均 GDP（$-\alpha_2/\alpha_1$）水平之上；若保持城市经济增长与资源环境的相对脱钩，则当年的人均 GDP 水平必须满足（$-\alpha_2/6\alpha_1$，

$-\alpha_2/2\alpha_1$）的区间。由此可以看出，相对脱钩与绝对脱钩的临界点所对应的人均 GDP 水平位于 $-\alpha_2/2\alpha_1$ 处，也即 EKC 的拐点处所对应的人均 GDP 水平。基于此，可以将脱钩理论与 EKC 假说的内在关联总结为：相对脱钩与绝对脱钩的临界点正好对应于具有"倒 U 型"特征的 EKC 的拐点。二者的相互关系如图 5—2 所示。

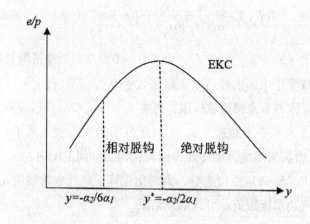

图 5—2 脱钩理论与 EKC 假说的联系

三 脱钩状态类型的划分

前文指出，塔皮奥（Tapio）的主要贡献，一是对脱钩进行了更为合理的定量测算，二是对脱钩进行了差异化的类型判断。上文就脱钩的概念及其定量测算方法进行了梳理，并考察了其与 EKC 假说的关联，由此丰富和拓展了脱钩的理论内涵。对于脱钩类型的划分，塔皮奥（Tapio）主要依据脱钩弹性系数的大小将脱钩状态划分为 8 类。然而，Tapio 脱钩弹性系数同时受到经济发展水平和污染排放量的影响，这表明同一脱钩状态也会存在经济发展水平或污染排放水平的差异。比如，经济发展水平较高的城市可以通过不断降低污染排放达到相对脱钩或绝对脱钩状态，同时，经济发展水平较低的城市由于其工业水平不高而导致污染排放较少，最终也能达到与经济发展水平较高城市相同的脱钩状态。若单纯以脱钩弹性系数大小来判断城市的经济发展质量或可持续发展能力，则显然无法将经济发展水平不同但脱钩弹性系数相同的地区或城市区别开来。因此，对于城市的绿色脱钩发展而言，不能单纯地以脱钩弹性系数大小作为判断其是否具备可持续发展的依据。比较合理的做法是以脱钩弹性系数为基本判定标准，同时加入城市的人均收入水平这一经济要素，综合考察城市的"收入水平—脱钩状态"关系类型。为了提高脱钩理论在解释经济增长与环境污染关系上的说服力，接下来，结合上一小节得到的脱钩理论与 EKC 假说之间的内在联系，重点探讨基于 EKC 假说的脱钩状态划分及其判定标准。如此，以"脱钩法"作为城市生态文明建设水平的评估工具在逻辑上则拥有更强的解释力。

（一）构建"收入水平—脱钩状态"关系类型

判断一个地区或城市的"收入水平—脱钩状态"关系类型，实际上是通过经济增长与环境污染关系的重新"排列组合"，以对脱钩状态进行更为细致的划分（当然，在评估过程中，这意味着城市生态文明建设的不同水平）。与传统上主要以脱钩弹性系数作为脱钩状态判定标准的做法不同，在此基础上加入了经济发展水平这一判定要素，从而突破了不同初始经济发展水平的城市却可能拥有同一脱钩状态，进而逻辑上出现无法自洽的困境。

具体来说，在对脱钩状态进行划分时，将人均 GDP 作为表征经济发展水平的一个重要指标，进而可以将城市的经济发展水平作为其中的一个参考系，构建一个以人均 GDP 为横轴、以脱钩弹性系数为纵轴的平面直角坐标系，其中，横轴和纵轴分别用 y 和 e 表示。在横轴当中，假设存在一个人均 GDP 的门槛值 y^*，该门槛值的左右两侧分别代表不同的经济发展水平：y^* 左侧表示经济发展水平较低的区域，与此相对应，y^* 的右侧则为经济发展水平较高的区域。前文指出，EKC 的拐点为污染排放的阈值点，并且国内外学者的研究结果以及世界各国的发展历程均表明，只有当人均收入足够高时才有可能促使污染排放达到峰值并逐步下降。更为重要的是，前文数理模型推导的结果表明，EKC 拐点处所对应的人均 GDP 水平正好位于相对脱钩与绝对脱钩的临界点，据此，上一小节将 EKC 拐点处所对应的人均 GDP 取值视为合意的人均 GDP 水平。基于上述考虑，将 y^* 视为 EKC 拐点处所对应的人均 GDP 水平（也即 $-\alpha_2/2\alpha_1$ 的值），换言之，y^* 即为合意的人均 GDP 水平。

构建以人均 GDP 为横轴、脱钩弹性系数值为纵轴的平面直角坐标系之后，接下来就可以对"收入水平—脱钩状态"关系类型进行划分了。首先，以 EKC 拐点处对应的人均 GDP 为临界点，做一条垂直于横轴的直线，此时有 $y^* = -\alpha_2/2\alpha_1$；其次，在数值为 0.8 的脱钩弹性系数处做一条垂直于纵轴的直线，有 $e = 0.8$；经过以上两步，便分别做一条垂直于横轴和纵轴的分界线，从而将平面直角坐标系划分为六个象限（见图 5—3）；最后，结合 Tapio 脱钩弹性系数的划分原则，对上述六个象限分别赋予六组不同的经济学含义与判定标准，进而将"收入水平—脱钩状态"关系类型划分为六类。考虑到中国经济增速基本维持在比较高的水平[①]，此处将人均 GDP 为负增长的情形省略。如此一来，将不再考察"衰退脱钩""强负脱钩""弱负脱钩"和"衰退连接"四种状态。与此同时，为简化起见，将扩张"负脱钩"和"增长连接"视为"未脱钩"状态。

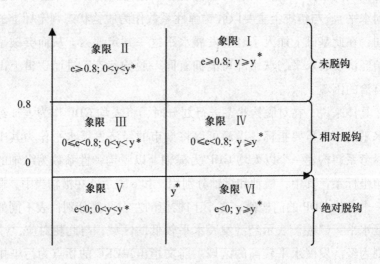

图 5—3 "收入水平—脱钩状态"关系的 6 种类型

（二）"脱钩状态"的划分

其一，"高收入—未脱钩"状态。该状态主要对应于平面直角坐标系中的象限Ⅰ。观察图 5—3 可知，象限Ⅰ中人均 GDP 超过门槛值 y^*，经

---

① 2000—2015 年间，中国 GDP 年均增速高达 9.52%。

济发展处在较高的增长阶段，且脱钩弹性系数大于 0.8，即 $y \geqslant y^*$ 且 $e \geqslant$ 0.8。据此可以总结出处于"高收入—未脱钩"状态中的城市所表现出来的特点：经济增长的速度较快、规模较大，与此同时，工业污染排放的数量也急剧上升，由此导致城市的经济增长与工业污染排放之间尚未脱钩。由于高收入水平对应的却是尚未脱钩状态，因此，这类城市的特征可以简单总结为脱钩水平滞后于经济增长水平。这意味着该类城市经济的快速增长，是以更多的资源消耗和污染排放为代价的，因此，该发展阶段的城市所对应的生态文明建设水平处于整体下游。在发展水平能够基本保证的前提下，对于这类城市而言，其首要任务是提高绿色技术进步，争取扭转尚未脱钩的不利局面，并努力朝着相对脱钩甚至绝对脱钩的方向转变。

其二，"低收入—未脱钩"状态。平面直角坐标系中的象限Ⅱ体现了"低收入—未脱钩"状态。此种状态的特征主要表现为：人均 GDP 低于门槛值 y^*，但脱钩弹性系数仍然大于 0.8，即 $0 < y < y^*$ 且 $e \geqslant 0.8$。与象限Ⅰ所代表的"高收入—未脱钩"状态相比，象限Ⅱ所代表的"低收入—未脱钩"状态具有更低的人均收入水平，这是两种状态的本质区别，而相同之处是脱钩弹性系数均大于 0.8。这意味着较为缓慢的经济增长却产生了大量的污染排放，这也说明处于象限Ⅱ的城市尽管付出了与象限Ⅰ相同的环境代价，却并没有取得更高的经济收益。换言之，这类城市既没有经济增长的优势，也没有较好的脱钩表现，因此，在所有城市发展类型中最差。我们认为，这类城市在生态文明建设水平评估中，得分处于底层。对于这类城市而言，应该在保持当地环境负荷不提高的条件下，努力"做大蛋糕"，即在严格的环境约束红线下促进经济增长速度的提升与经济总量的扩大。

其三，"低收入—相对脱钩"状态。这一状态主要落在平面直角坐标系的象限Ⅲ中，其特点是 $0 \leqslant e < 0.8$，$0 < y < y^*$。象限Ⅲ与象限Ⅱ较为类似，二者的人均 GDP 水平都没有跨过门槛值 y^*，因而均属于低人均收入水平行列。二者的不同之处在于象限Ⅲ的脱钩弹性系数位于 0 到 0.8 之间，达到了相对脱钩状态，但象限Ⅱ却尚未脱钩。显而易见，在经济增长水平类似或经济发展阶段相同的情况下，污染排放较少的象限Ⅲ所代表的"低收入—相对脱钩"状态要好于象限Ⅱ所代表的"低收入—未脱

钩"状态。此时，处在"低收入—相对脱钩"状态的城市依然要在环境承载力的约束下追求经济的长期稳定发展。

其四，"高收入—相对脱钩"状态。平面直角坐标系中的象限Ⅳ代表了"高收入—相对脱钩"状态。在这一状态下，城市的人均 GDP 水平跨过门槛值 y^*，同时，脱钩弹性系数值处在 0 到 0.8 之间，即 $y \geqslant y^*$，$0 \leqslant e < 0.8$。尽管象限Ⅳ与象限Ⅲ处于同一脱钩状态之下，然而前者的经济发展水平要高于后者，因此，象限Ⅳ的综合经济发展实力要高于象限Ⅲ。考虑到处在象限Ⅳ中的城市取得了较高的经济效益，但在脱钩方面的表现"不尽如人意"，因此，我们认为未来这类城市的主要任务是进一步降低污染排放的增长率，提高资源利用和再利用的效率，在保持较快经济发展的同时，力争朝着绝对脱钩的方向迈进。

其五，"低收入—绝对脱钩"状态。该状态的最大特点是经济发展缓慢且污染排放少，对应于平面直角坐标系上 $e < 0$ 且 $0 < y < y^*$ 的区域，也即象限Ⅴ。出现"低收入—绝对脱钩"状态的原因，可能在于这类城市尚未进行大规模的经济开发，或者工业占比不高，特别是污染型工业企业在当地产业结构中的占比较少。由于工业不仅在国民经济中发挥了举足轻重的作用，而且左右了地方的污染排放水平或环境质量。因此，工业占比较低的产业结构就决定了这类城市一方面经济发展水平较低，另一方面污染排放相对较少，由此形成了经济发展水平和污染排放水平"双低"的局面。与象限Ⅰ代表的脱钩水平滞后于经济增长水平的城市发展类型正好相反，象限Ⅴ代表了经济增长水平滞后于脱钩水平的城市发展类型。对于处在象限Ⅴ的城市而言，"低收入"与"绝对脱钩"相比，前者才是制约这类城市可持续发展的关键因素。因此，对于这类发展缓慢的绝对脱钩类型的城市来说，发展经济是第一要务，或者说，"发展经济"这一项任务的迫切性至少要不低于"维持脱钩"。为此，这类城市的主要目标是在保证绝对脱钩状态的前提下，或者适当放宽绝对脱钩水平至相对脱钩水平的条件下，努力提高人均 GDP 水平，发展绿色经济。

其六，"高收入—绝对脱钩"状态。拥有此种状态的城市处在平面直角坐标系中的象限Ⅵ内，并且象限Ⅵ代表了现阶段城市绿色发展的理想状态。之所以将象限Ⅵ视为城市绿色发展的前进方向，原因在于处在象限Ⅵ中的城市在环境效益和经济效益上取得了"双优"的表现：脱钩弹性系数小于 0（e < 0），达到了绝对脱钩的标准，同时人均 GDP 水平大于门槛值 y^*（$y \geq y^*$），即处于高人均收入水平。由此可知，象限 Ⅵ 所代表的城市处于高水平的人均收入和绝对脱钩状态的组合之中，这种组合的优势是既避免了单纯追求经济增长而增加环境负荷，又避免了单纯追求环境保护而降低经济发展质量。显然，达到"高收入" + "绝对脱钩"组合要求的城市在所有"收入水平—脱钩状态"关系类型的城市中是最优的，因此，象限 Ⅵ 可以视为城市绿色发展的理想状态。因此，在我们对城市生态文明建设水平进行综合评价的过程中，将给予这类城市相对较高的分数。①

　　结合脱钩弹性系数和人均 GDP 水平所构建的平面直角坐标系，充分涵盖了评价城市"收入水平—脱钩状态"关系中的经济要素和脱钩要素两个方面，因而弥补了原有脱钩状态判定标准仅限脱钩弹性系数的缺陷。与此同时，根据不同的实际人均 GDP 水平和脱钩弹性系数而划分的组合状态，可以将平面直角坐标系建立成六个象限，每个象限对应各自的"收入水平—脱钩状态"关系类型，这对于评价地区或城市经济增长的可持续发展能力更具科学性。表 5—2 报告了六类象限及其对应的"收入水平—脱钩状态"关系类型。

---

　　①　这里需要说明一点，"低收入，绝对脱钩"状态和"高收入，相对脱钩"状态中，前者代表"低发展水平，低环境污染"；而后者代表"高发展水平和高环境污染"的组合。在脱钩状态中，因脱钩指数的核算需要，我们将这二者划分为不同的脱钩状态和经济发展状况，但是，一定程度上来说，二者在脱钩指数方面的差异并不能完全体现增长方式上的差异。原因在于，"低收入，绝对脱钩"状态和"高收入，相对脱钩"所对应的"低发展水平，低环境污染"和"高发展水平和高环境污染"的组合可能在增长方式上并没有质的区别，逻辑上来看，二者更像是简单的增长规模扩大。而"脱钩法"能够作为城市生态文明建设水平的评估标准，其关键恰是因为其能够恰当地反映城市发展的增长方式，后者则是城市生态文明建设提高的必要条件。这样一来，在增长方式维度，"低发展水平，低环境污染"和"高发展水平和高环境污染"两种城市发展状态可能在增长方式，也即城市生态文明建设方面没有本质的区别，但是在脱钩指数上则体现出了一定的数量方面的差异。这样，在这种情况下，脱钩指数来表征城市生态文明建设水平可能有解释力度上的欠缺，一个可取的方法是将二者在城市生态文明建设水平的判断方面不加区别地看待。但为了更细致地展示和分析中国城市在发展阶段和发展方式方面的状态，我们将其区分开来，但这不意味着二者在增长方式方面的差异，为此这里做特别说明。

表5—2 脱钩状态的象限划分

脱钩状态	收入水平—脱钩状态关系	象限分布	脱钩弹性系数(e)	实际人均GDP(y)
未脱钩	高收入—未脱钩	象限 I	$e \geqslant 0.8$	$y \geqslant y^*$
	低收入—未脱钩	象限 II	$e \geqslant 0.8$	$0 < y < y^*$
相对脱钩	低收入—相对脱钩	象限 III	$0 \leqslant e < 0.8$	$0 < y < y^*$
	高收入—相对脱钩	象限 IV	$0 \leqslant e < 0.8$	$y \geqslant y^*$
绝对脱钩	低收入—绝对脱钩	象限 V	$e < 0$	$0 < y < y^*$
	高收入—绝对脱钩	象限 VI	$e < 0$	$y \geqslant y^*$

注：六类象限分别对应于六类"收入水平—脱钩状态"关系类型。

(三)"脱钩状态象限"之间的关系

在本小节中，我们将EKC拐点处对应的人均GDP水平加入到脱钩状态的判定标准当中，由此确立了六种"收入水平—脱钩状态"关系类型，分别为："高收入—未脱钩"状态、"低收入—未脱钩"状态、"低收入—相对脱钩"状态、"高收入—相对脱钩"状态、"低收入—绝对脱钩"状态和"高收入—绝对脱钩"状态。对应到以人均GDP为横轴、脱钩弹性系数为纵轴的平面直角坐标系中分别为：象限 I、象限 II、象限 III、象限 IV、象限 V 和象限 VI。分析可知，象限 I 到象限 VI 分别代表了不同的城市发展类型或同一城市的不同发展阶段。那么，上述六种"收入水平—脱钩状态"关系类型有着怎样的内在联系？这六个象限之间能否表现出一定的发展规律呢？回答这些问题须厘清城市的发展到底是以经济增长为中心，还是以脱钩为主要目标。

若以经济增长为中心，那么平面直角坐标系右侧的象限所代表的"收入水平—脱钩状态"关系类型要好于左侧，意味着象限 I、象限 IV 和象限 VI 要好于象限 II、象限 III 和象限 V。再依据绝对脱钩状态好于相对脱钩状态、相对脱钩状态又好于未脱钩状态的标准，可以断定平面直角坐标系右侧状态由高到低的排序依次为：象限 VI、象限 IV 和象限 I；同理，平面直角坐标系左侧的排序依次为：象限 V、象限 III 和象限 II。综合来看，当以经济增长为第一位、脱钩状态为第二位进行考察时，那么象限之间由高到低的排序依次为：象限 VI > 象限 IV > 象限 I > 象限 V >

象限Ⅲ > 象限Ⅱ，对应地，"收入水平—脱钩状态"关系类型由高到低的排序依次为："高收入—绝对脱钩"状态 > "高收入—相对脱钩"状态 > "高收入—未脱钩"状态 > "低收入—绝对脱钩"状态 > "低收入—相对脱钩"状态 > "低收入—未脱钩"状态。

若以脱钩为目标，则平面直角坐标系中纵轴的脱钩弹性系数越小，在同一经济发展水平下，意味着"收入水平—脱钩状态"关系类型越协调，此时有象限Ⅴ和象限Ⅵ好于象限Ⅲ和象限Ⅳ，而象限Ⅲ和象限Ⅳ又要好于象限Ⅰ和象限Ⅱ。同时，在同一脱钩状态下，经济发展水平越高所代表的"收入水平—脱钩状态"关系类型也越协调，因此，有象限Ⅵ好于象限Ⅴ，象限Ⅳ好于象限Ⅲ，象限Ⅰ好于象限Ⅱ。总而言之，当以脱钩目标为第一位、经济增长为第二位考察"收入水平—脱钩状态"关系类型的优劣时，象限之间由高到低的排序依次为：象限Ⅵ > 象限Ⅴ > 象限Ⅳ > 象限Ⅲ > 象限Ⅰ > 象限Ⅱ；与此相对应，"收入水平—脱钩状态"关系类型由高到低的排序依次为："高收入—绝对脱钩"状态 > "低收入—绝对脱钩"状态 > "高收入—相对脱钩"状态 > "低收入—相对脱钩"状态 > "低收入—绝对脱钩"状态 > "低收入—未脱钩"状态。

归纳上述两种分类情况可知，无论是以经济增长为第一位，还是以脱钩状态为第一位考虑"收入水平—脱钩状态"关系类型的优劣，两种排列的顺序中以象限Ⅵ为代表的高收入和低污染排放的组合均是最理想的状态，而以象限Ⅱ为代表的低收入和高污染排放的组合为排名末位的状态。EKC假说表明，随着人均GDP水平的提高，污染排放出现先上升后下降的趋势，由于脱钩在经济学上的含义被定义为EKC假说中污染排放水平对经济增长水平的弹性系数，因此，EKC的趋势反映到脱钩弹性系数上也会呈现出先上升后下降的特征。将此特征对应到象限中，则可知象限Ⅱ到象限Ⅵ的转变是一个由低级向高级的发展过程。对于一个追求经济发展，兼顾环境保护的"双优"城市来说，其会经历一个由低经济发展水平低污染排放，到高经济发展水平高污染排放，再到高经济发展水平低污染排放的过程。对应到六个象限来说，"双优"城市的发展轨迹由象限Ⅴ到象限Ⅲ到象限Ⅱ到象限Ⅰ再到象限Ⅳ最后到象限Ⅵ，基本呈现出一个"倒U型"曲线的发展规律，或者说这种发展规律有可能会呈现出"正态分布"的特征（赵兴国等，2011）。当然，象限Ⅴ到象限Ⅳ的发展并不必然要满足中间象限的逐步过渡，只要经济发展水平和脱钩水平满足必要的条件，各象限之间也可实现跨越式转变。

本小节以上部分，不仅对经济增长—环境污染脱钩的概念及定量分析方法进行了详细的说明，而且通过对脱钩的象限划分，确定了判断城市可持续发展能力的六种"收入水平—脱钩状态"关系类型。接下来，我们将以中国地级以上城市的面板数据为例，通过对脱钩弹性系数的定量测算与脱钩状态的趋势及特征分析，对中国以及各地市的脱钩现状有一个初步的认识。具体来说，首先考察全国范围内（西藏、香港、澳门、台湾以外，下同）经济增长率与工业污染排放增长率之间是否具有同步变化的关联，若不同步，则意味着二者有"脱钩"的可能，反之，则意味着尚未"脱钩"；其次，选取与经济增长率变化趋势相反的污染物作为脱钩的研究目标，重点考察全国以及各地市的经济增长与该类污染排放的脱钩弹性系数大小及其变化趋势；最后，对全国271个地级以上城市的脱钩状态进行描述性统计，并以上文所确定的六种"收入水平—脱钩状态"关系类型为判定标准，试图找出现阶段中国地级以上城市脱钩状态的发展类型、趋势及特征。在上述工作的基础上，对城市生态文明建设水平进行评估和判断。

四　国家层面与城市层面的脱钩状态及趋势和特征

本节以工业污染排放作为环境污染的典型代表，分析中国全国层面和城市层面的脱钩状态及其趋势和特征。

工业污染源主要包括三类：工业废水、工业 SO_2 和工业固体废弃物。在分析地级以上城市的脱钩状态之前，需要弄清楚经济增长与哪类工业污染物之间具备脱钩的可能。如前所述，当且仅当经济增长与污染排放处于不同步的变化趋势时，即当经济增长率与污染排放变化率的变化趋势不一致时，才可能达到脱钩。基于此，本节分析了2000—2013年间中国经济增长率与工业"三废"排放增长率之间的变动趋势，并以折线图的形式直观地呈现出来。

（一）国家层面的经济增长与工业"三废"排放变化率

环境污染主要由生产污染和生活污染组成。其中，生产污染，特别是工业生产污染，又是导致环境污染的主要原因。那么，作为环境污染的"罪魁祸首"，工业污染与经济增长之间是否具有同步变化的关联呢？接下来，以全国以及 271 个地级以上城市的经济增长与工业污染排放数据为例，分析全国以及各地市经济增长与污染排放脱钩的现状、发展趋势及特征。

图 5—4 显示了 2000—2013 年中国实际经济增长率与工业"三废"排放变化率的发展趋势[①]，可以发现以下两个特征。

其一，经济增长与工业固废倾向于绝对脱钩。观察图 5—4 可知，实际经济增长率逐年递增，2000—2013 年中国实际 GDP 的年均增速高达 10%，表明样本期内中国的宏观经济保持了较快的增长速度，中国经济的持续增长能力得到允分的体现。与此同时，工业固体废物（以下简称"工业固废"）排放的增长率在考察期内的年均增速保持在 - 10% 的水平，显而易见，其与经济增长率的发展轨迹相反，即呈现出显著的逐年递减之势。比较二者的增长趋势可知，在 2000 年至 2013 年间，工业固废排放增长率降低的同时实际 GDP 增长率呈现逐年上升的趋势，这表明经济取得高速增长的同时，工业固废排放呈迅速降低之势。为此，可以判定考察期内经济增长与工业固废排放之间存在绝对脱钩的迹象。

其二，经济增长与工业 SO_2 排放之间、经济增长与工业废水排放之间均存在脱钩倾向。工业废水排放增长率与工业 SO_2 排放增长率均呈现出波动递减趋势，并且二者与实际经济增长率之间的差距在逐年拉大。图 5—4 显示 2000—2013 年间国家层面的经济增长率不仅处于水平值（为 1）之上，而且保持了稳定的递增趋势；与此相反，工业废水排放增长率在大多数年份处于水平值之下，在考察期内与经济增长率之间的差距不断拉大，据此，可以判定经济增长与工业废水排放之间存在不断趋向脱钩的可能。同理，对于工业 SO_2 排放而言，尽管其增长率略高于工业废水排放增长率，但并没有表现出与经济增长率同步变化的趋势，同时也没有向经济增长率追赶的倾向，因此，同样可以将经济增长与工业 SO_2 排放视

---

① 实际经济增长率与工业"三废"排放变化率均以 2000 年为基期，并假设 2000 年的实际经济增长率与工业"三废"排放变化率均为 1，此后年份的变化率在 2000 年的基础上依次测算得出。

为脱钩状态。

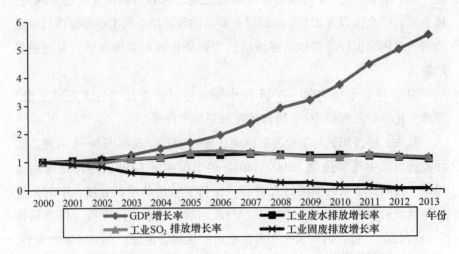

图5—4　2000—2013年中国经济增长率与工业"三废"排放增长率（%）

综合比较来看，国家层面上的实际GDP增长率"跑赢"了工业"三废"排放增长率。与此同时，工业"三废"排放增长率逐年递减，与经济增长之间的差距逐渐拉大。通过对经济增长率与工业"三废"排放变化率是否同步变化关联的分析，可判定经济增长与工业"三废"排放之间存在脱钩的可能。以下，仍对2000—2013年中国工业"三废"排放数据做典型分析，通过测算三者与经济增长的脱钩弹性系数，以对现阶段中国经济增长与工业污染排放脱钩有一个直观认识，并为接下来地级以上城市的脱钩状态分析奠定基础。

（二）国家层面的脱钩现状与特征

图5—5显示了2000—2013年中国经济增长与工业"三废"排放脱钩的趋势图，其中，ewater表示经济增长与工业废水排放脱钩弹性系数；eso2表示经济增长与工业SO_2排放脱钩弹性系数；esw表示经济增长与工业固废排放脱钩弹性系数。从图5—5中可以看出，经济增长与工业固废排放脱钩逐渐增加，呈现"绝对脱钩"幅度降低趋势；其余两类脱钩的走势基本相同，均呈现出"脱钩"与"复钩"交替出现的局面。"绝对脱钩""脱钩"的含义容易理解，指的是经济增长率上升、污染排放增长率下降的变化状态。同时，"绝对脱钩"指的是脱钩弹性系数小于0的状

态，"脱钩"指的是脱钩弹性系数小于0.8的状态；"复钩"的提法则较为少见，如前所述，是指经济增长与环境污染之间由先前的脱钩状态再次反弹为挂钩的状态，在本节中则具体指经济增长率与污染排放增长率同时上升且脱钩弹性系数大于0.8所处的状态。样本期内脱钩状态与赵兴国等（2011）所得出的"正态分布曲线"的演变趋势有所不同，呈现出"绝对脱钩"幅度降低、"脱钩"与"复钩"交替的两种趋势，即总体脱钩处于变动状态之中。考虑到中国经济稳定增长，这种波动起伏的脱钩状态可能更多地与污染物排放的变动有关。由此可以看出，中国在污染减排方面的成效仍然不显著，环境负荷制约了长期内经济的可持续增长。

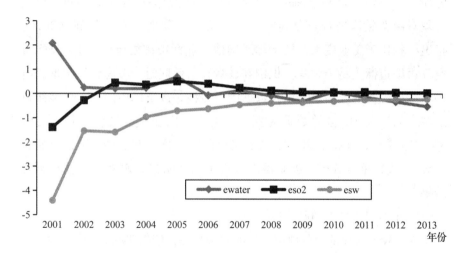

图5—5　经济增长与工业"三废"排放脱钩

经济增长与工业固废排放表现为"绝对脱钩"幅度降低的趋势，源于工业固废排放增长率已经降为较低的值。尽管其余两类脱钩都表现为"脱钩"与"复钩"交替的状态，但从时间趋势上来看，二者又都呈现出波动下降的特征。特别是自2006年以来，国家层面上的经济增长与工业SO_2排放和工业废水排放呈现逐年波动下降，因此，2006年以来的经济增长与工业污染排放甚至趋于绝对脱钩状态。出现这种局面的原因，可能得益于国家"十一五"时期资源节约型、环境友好型社会的战略决策的确立，同时与中央和地方政府采取产业结构升级、大力发展战略性新兴产业与现代服务业、发展生态经济与低碳经济等举措息息相关（赵兴国等，2011）。

综上所述，从国家层面上来看，经济增长与工业 SO_2 排放和工业废水排放之间处于"脱钩"与"复钩"交替的状态，并且自"十一五"规划实施以来，中国的经济增长与工业污染排放整体上明显向着相对脱钩甚至绝对脱钩的方向转变。那么从城市层面来看，经济增长与工业污染排放之间的脱钩状态呈现何种特征呢？接下来，我们将对这一问题做一个详细的描述。

（三）城市层面的脱钩现状与特征

这部分的写作思路为：首先分析中国 271 个地级以上城市的脱钩状态，从整体上把握中国地级以上城市脱钩的趋势及特征，然后以省会城市为例，对脱钩状态、发展趋势及特征做典型分析。需要指出的是：一方面，考虑到 ewater 与 eso2 两类脱钩的发展趋势特征较为一致，因而无须对两类脱钩进行重复讨论；另一方面，黎文靖和郑曼妮（2016）指出，相比于工业废水污染指标或其他工业污染排放指标，工业 SO_2 等空气污染指标更易于观察、识别和计量；与此同时，考虑到经济增长与环境污染脱钩的现实意义以及数据的可得性，以下以中国 271 个地级以上城市的工业 SO_2 排放数据为例，将考察范围缩小至经济增长与工业 SO_2 排放脱钩，并就中国地级以上城市的经济增长与工业 SO_2 排放脱钩（eso2）进行重点分析，进而得出城市生态文明建设水平的评估依据和结果。

1. 地级以上城市的脱钩现状

为比较直观地认识各地市所处的脱钩状态，依据 Tapio 脱钩弹性系数模型，测算了 2005—2013 年中国 271 个地级以上城市关于经济增长与工业 SO_2 排放的脱钩弹性系数。按照 Tapio 关于脱钩类型的八种分类及其判定标准，对这 271 个城市的脱钩状态进行了相应的分类（见表 5—3）。

表 5—3　　　　　　　　　中国 271 个地级城市的脱钩类型

脱钩类型	判定标准	城市
扩张负脱钩	$\triangle Y > 0$, $\triangle E > 0$, $e \geq 1.2$	保山、亳州、潮州、阜新、赣州、海口、惠州、揭阳、酒泉、丽江、临沧、宁德、盘锦、萍乡、庆阳、曲靖、汕尾、沈阳、四平、宿州、通辽、阳江、银川、玉溪、漳州、肇庆、昭通（27/271）

脱钩类型	判定标准	城市
增长连结	$\triangle Y>0$，$\triangle E>0$，$0.8\leqslant e<1.2$	阜阳、开封、丽水、六盘水、泉州、雅安、榆林、张家界（8/271）
相对脱钩	$\triangle Y>0$，$\triangle E>0$，$0\leqslant e<0.8$	安康、鞍山、安顺、安阳、保定、包头、巴彦淖尔、巴中、蚌埠、本溪、沧州、长春、长治、朝阳、承德、池州、滁州、大连、丹东、鄂州、防城港、福州、合肥、衡阳、河源、菏泽、呼和浩特、黄冈、黄山、黄石、葫芦岛、呼伦贝尔、江门、吉林、济南、荆州、金华、晋中、九江、昆明、廊坊、兰州、辽阳、临汾、临沂、六安、娄底、吕梁、漯河、泸州、马鞍山、梅州、南昌、攀枝花、平顶山、濮阳、秦皇岛、衢州、日照、商洛、上饶、汕头、石嘴山、唐山、天津、铜川、潍坊、乌海、芜湖、咸宁、孝感、西宁、信阳、新余、忻州、宣城、许昌、延安、营口、永州、运城、云浮、周口、驻马店、淄博、遵义（86/271）
绝对脱钩	$\triangle Y>0$，$\triangle E<0$，$e<0$	安庆、白城、百色、白山、宝鸡、北海、北京、滨州、常德、长沙、常州、成都、郴州、赤峰、重庆、崇左、大庆、大同、达州、德阳、德州、东莞、东营、鄂尔多斯、佛山、抚州、抚顺、广安、广元、广州、贵港、桂林、贵阳、邯郸、杭州、汉中、哈尔滨、鹤壁、河池、鹤岗、黑河、衡水、贺州、淮安、淮北、怀化、淮南、湖州、佳木斯、吉安、焦作、嘉兴、晋城、景德镇、荆门、济宁、锦州、鸡西、来宾、莱芜、乐山、连云港、聊城、辽源、龙岩、洛阳、茂名、眉山、绵阳、牡丹江、南充、南京、南宁、南平、南通、南阳、内江、宁波、普洱、莆田、青岛、清远、钦州、齐齐哈尔、七台河、三门峡、三明、三亚、上海、商丘、韶关、绍兴、邵阳、深圳、石家庄、十堰、双鸭山、朔州、松原、绥化、遂宁、随州、宿迁、苏州、泰安、台州、太原、泰州、铁岭、通化、铜陵、乌兰察布、乌鲁木齐、威海、渭南、温州、武汉、无锡、梧州、厦门、西安、湘潭、襄阳、咸阳、邢台、新乡、徐州、盐城、阳泉、扬州、烟台、宜宾、宜昌、伊春、鹰潭、益阳、宜春、岳阳、玉林、枣庄、张家口、湛江、郑州、镇江、中山、舟山、珠海、株洲、自贡、资阳（150/271）

观察表5—3可知，在八种脱钩类型当中，中国地级以上城市集中分布于绝对脱钩、相对脱钩、扩张负脱钩和增长连结四类状态中，而无一城市属于衰退脱钩、强负脱钩、弱负脱钩或衰退连结类型。究其原因，在于考察期内中国地级以上城市的实际经济发展水平均维持在较高的增长水平，2005—2013年间中国271个地级以上城市的实际经济增长率维持在12.94%的水平，显著大于0，这与衰退脱钩、强负脱钩、弱负脱钩和衰退连结所要求的经济增长率为负是相矛盾的。具体来看，绝对脱钩城市的数目最多，高达150个，占所有城市的比例为55%；其次为相对脱钩城市，有86个，占比达到32%；再次为扩张负脱钩城市，其数目也有27个，在所有城市中占10%的比例；最后为增长连结城市，仅8个，占比为3%。从这组数据不难看出，2005年至2013年间，中国地级以上城市的经济增长与工业SO_2排放之间总体上以"脱钩"为主，其中，87%的城市处于绝对脱钩和相对脱钩状态当中，表明单纯从脱钩弹性系数的角度来看，中国地级以上城市在取得较高经济收益的同时，也较好地控制了环境污染的增长速度，城市生态文明建设与可持续发展能力取得了长足的发展。[1] 上述结论的直接含义是明显的：发展水平的快速增长实际上跑赢了环境污染，这意味着经济增长的驱动因素在不断向环境友好型和资源集约型转换。从城市生态文明建设的维度来看，其内涵是，整体来看，中国城市生态文明建设正在趋于高水平发展（不排除绝对维度方面的低水平），对能源资源的利用效率正不断提高。

2. 省会城市的脱钩现状

本节研究的样本期（T）为2005—2013年，样本量（N）为271个地级以上城市，属于"大N小T"的样本特征。在271个地级以上城市中，省会城市由于集中了各省的优秀资源，进而导致在脱钩的表现上更具代表性。为此，将样本期划分为不同的周期，以便考察不同周期内中国省会城市的经济增长与工业污染排放的脱钩状态，进而使得脱钩状态拥有横向对比的条件而更具说服力（自然，在城市生态文明建设水平的评估

[1] 这里需要指出的是，样本期内中国地级以上城市的经济增长与工业污染排放之间以"脱钩"为主，仅能表明大多数城市的经济增长率要高于工业污染排放增长率，并不意味着污染排放的总量得到了控制。

方面，也更容易得出相对客观的结论）。在测算省会城市的脱钩弹性系数时，将考察期内的时间段分别划分为 9 年一个周期、5 年一个周期和 1 年一个周期，然后计算了不同周期内的脱钩弹性系数。采用不同周期测算脱钩弹性系数的做法，好处是不仅能够减少因经济周期波动所产生的测量误差，而且可以更加清晰地对比分析省会城市的脱钩发展差异及特征。

第一种处理方法是以 9 年为一个周期，如此便可将 2005—2013 年视为一个完整的周期：以 2005 年为基期、2013 年为末期，然后将基期与末期的指标代入 Tapio 脱钩弹性系数模型，最后可以测算得出这一周期内经济增长与工业 SO_2 排放脱钩弹性系数（其数值见表5—4 第一列）。计算结果显示，除 3 个省会城市的脱钩弹性系数大于 0.8 以外，剩余 27 个省会城市的脱钩弹性系数则全部低于 0.8。与此相对应，3 个脱钩弹性系数大于 0.8 的省会城市均处于扩张负脱钩状态，分别为海口、沈阳和银川；27 个脱钩弹性系数低于 0.8 的省会城市里面有 16 个城市处于绝对脱钩状态，同时有 11 个城市处于相对脱钩状态。这里，在城市生态文明建设方面的结论是，整体而言，样本期间，中国城市生态文明建设水平并没有明显的提高，仍然有较大的提高空间。

第二种处理方法则是以 5 年为一个周期，这样便将考察期划分为两个阶段，第一阶段为 2005—2009 年，此阶段除沈阳处于扩张负脱钩状态外，其他 29 个省会城市均处于"脱钩"状态，其中，处于绝对脱钩和相对脱钩状态的城市数量分别高达 19 个和 8 个。基于此，若单纯以脱钩弹性系数为判断经济增长是否具有可持续性的标准，可以发现，2005—2009 年间，省会城市在保持经济较快发展的同时，较好地控制了工业污染排放，即省会城市既取得了较好的经济效益又兼顾了环境效益，因此，这一阶段的经济增长拥有较高的可持续发展能力。第二阶段为 2009—2013 年，尽管此阶段增长连结状态的城市数量有所下降（第一阶段为 2 个，第二阶段减少至 1 个），然而绝对脱钩状态城市数量由第一阶段的 19 个减少为第二阶段的 17 个，同时，扩张负脱钩状态城市数量由 1 个增加为 3 个，并且新增加的 3 个省会城市中海口和南昌直接由第一阶段的绝对脱钩状态急剧恶化为扩张负脱钩状态。若将经济效益与环境效益视为总效益的两个方面，那么对比这两个阶段，可以发现 2009—2013 年取得的总效益要低于 2005—2009 年，经济增长的可持续性在恶化。显然，这里的结论则意味着两个样本阶段内，中国的城市生态文明建设水平出现了先升高后降低的"倒 U 型"变化，直至目前，我们尚且无法获悉这种变化出现的主要原因，但值得注意的是，如果"倒 U 型"变化趋势无法得到有效遏制，那么无论是城市生态文明建设的开展还是城市本身的可持续发展的实现，都将面临相当大的阻力。

第三种周期的划分与前两种不同，采用的是以 1 年为一个周期的划分方式，即依据 Tapio 脱钩弹性系数法计算相邻两年的脱钩弹性系数值。考虑到样本期为跨越 2005 年到 2013 年的时间选择，若计算相邻两年的脱钩弹性系数则有 9 年的数值。为减弱或消除离群值对脱钩趋势的影响，在测算相邻两年的脱钩弹性系数的基础上，取 2005—2013 年一共 9 年的脱钩弹性系数的均值，以此作为各省会城市脱钩弹性系数的最终观测值。与前两种周期划分得到的结果相似，以 1 年为一个周期得到的脱钩弹性系数均值仍然围绕着 0.8 的水平值上下波动，各省会城市的脱钩状态相应地呈现出绝对脱钩和相对脱钩为主、增长连结和扩张负脱钩为辅的特征。

表 5—4　　　　　　　　　省会城市的脱钩状态类型

省会城市	9 年周期		5 年周期				1 年周期	
	2005—2013		2005—2009		2009—2013		2005—2013 均值	
	系数	脱钩状态	系数	脱钩状态	系数	脱钩状态	系数	脱钩状态
北京	-0.468	绝对脱钩	-0.973	绝对脱钩	-0.284	绝对脱钩	-0.679	绝对脱钩
长春	0.445	相对脱钩	0.924	相对脱钩	0.079	相对脱钩	0.552	相对脱钩
长沙	-0.317	绝对脱钩	-0.073	绝对脱钩	-0.881	绝对脱钩	-0.527	绝对脱钩
成都	-0.352	绝对脱钩	-0.491	绝对脱钩	-0.677	绝对脱钩	-0.575	绝对脱钩
重庆	-0.119	绝对脱钩	-0.122	绝对脱钩	-0.220	绝对脱钩	-0.114	绝对脱钩
福州	0.300	相对脱钩	1.199	增长连结	-0.257	绝对脱钩	1.117	增长连结
广州	-0.414	绝对脱钩	-0.801	绝对脱钩	-0.478	绝对脱钩	-0.814	绝对脱钩
贵阳	-0.333	绝对脱钩	-0.891	绝对脱钩	-0.206	绝对脱钩	-0.593	绝对脱钩
杭州	-0.262	绝对脱钩	-0.437	绝对脱钩	-0.257	绝对脱钩	-0.311	绝对脱钩
哈尔滨	-0.555	绝对脱钩	0.303	相对脱钩	-1.636	绝对脱钩	0.004	相对脱钩
合肥	0.321	相对脱钩	0.298	相对脱钩	0.505	相对脱钩	0.420	相对脱钩
呼和浩特	0.161	相对脱钩	-0.006	绝对脱钩	0.560	相对脱钩	0.755	相对脱钩

省会城市	9 年周期		5 年周期				1 年周期	
	2005—2013		2005—2009		2009—2013		2005—2013 均值	
	系数	脱钩状态	系数	脱钩状态	系数	脱钩状态	系数	脱钩状态
济南	0.103	相对脱钩	-0.083	绝对脱钩	0.464	相对脱钩	0.377	相对脱钩
兰州	0.210	相对脱钩	0.554	相对脱钩	0.031	相对脱钩	0.233	相对脱钩
南京	-0.572	绝对脱钩	-0.108	绝对脱钩	-1.608	绝对脱钩	-0.524	绝对脱钩
南宁	-0.303	绝对脱钩	-0.111	绝对脱钩	-0.702	绝对脱钩	-11.754	绝对脱钩
上海	-0.783	绝对脱钩	-0.608	绝对脱钩	-2.026	绝对脱钩	0.001	相对脱钩
石家庄	-0.018	绝对脱钩	-0.394	绝对脱钩	0.510	相对脱钩	-0.057	绝对脱钩
太原	-0.470	绝对脱钩	-1.154	绝对脱钩	-0.038	绝对脱钩	-1.007	绝对脱钩
天津	0.015	相对脱钩	-0.179	绝对脱钩	0.260	相对脱钩	-0.027	绝对脱钩
乌鲁木齐	-0.062	绝对脱钩	0.372	相对脱钩	-0.419	绝对脱钩	0.197	相对脱钩
武汉	0.111	相对脱钩	-0.148	绝对脱钩	-0.255	绝对脱钩	-0.033	绝对脱钩
西安	-0.161	绝对脱钩	-0.118	绝对脱钩	-0.355	绝对脱钩	-0.050	绝对脱钩
西宁	0.384	相对脱钩	1.054	增长连结	0.026	相对脱钩	0.506	相对脱钩
郑州	-0.017	绝对脱钩	0.039	相对脱钩	-0.092	绝对脱钩	0.245	相对脱钩
昆明	0.212	相对脱钩	0.295	相对脱钩	0.224	相对脱钩	2.154	扩张负脱钩
南昌	0.109	相对脱钩	-0.468	绝对脱钩	1.341	扩张负脱钩	0.346	相对脱钩
海口	2.010	扩张负脱钩	-1.399	绝对脱钩	27.749	扩张负脱钩	17.619	扩张负脱钩
沈阳	1.506	扩张负脱钩	1.608	扩张负脱钩	1.099	增长连结	1.196	增长连结
银川	3.151	扩张负脱钩	0.546	相对脱钩	5.967	扩张负脱钩	2.626	扩张负脱钩
绝对脱钩	16/30		19/30		17/30		14/30	
相对脱钩	11/30		8/30		9/29		11/30	
增长连结	0/30		2/30		1/30		2/30	
扩张负脱钩	3/30		1/30		3/30		3/30	

注：本表为作者根据 Tapio 脱钩弹性系数法计算而得。

综合来看，三种周期划分得到的结果比较接近，省会城市经济增长与工业 SO_2 排放脱钩的状态总体上以绝对脱钩和相对脱钩为主。因此，单纯就达到绝对脱钩和相对脱钩的城市数量来看，可以认为大多数省会城市达到了经济效益与环境效益的"双赢"；意味着上述城市在增长方式转换和生态文明建设方面取得了相当的成绩。尤其是北京、长沙、成都、重庆、广州、贵阳、杭州、南京、南宁、太原和西安这 11 个省会城市（或直辖市）在三种周期划分中均较为稳定地处于绝对脱钩状态，表明上述 11 个省会城市（或直辖市）在考察期内较好地完成了经济增长与节能减排的双重任务，因此，这些城市的可持续发展能力、增长方式转换和生态文明建设方面在理论上要远远高于其他城市。除此之外，海口、银川和沈阳三市的脱钩状态不容乐观，采用不同周期划分的结果均显示上述三个省会城市多处于扩张负脱钩状态，即工业污染排放的增长率要远高于经济增长率，经济增长的可持续发展能力受到严重削弱，城市生态文明建设在城市整体中处于下游。为扭转上述不利局面，包括海口、银川和沈阳在内的所有尚未脱钩的城市均要明确自身所处的状态，找准未来的城市定位：到底是追求绿色脱钩发展但为之付出污染减排的"沉没成本"，还是仅仅注重经济增长而坐收短期收益？如果选择构建绿色脱钩城市，那么可能的改进方向是将绿色技术创新、产业结构升级等作为现阶段保证经济可持续发展的重中之重。上述措施也是实现城市生态文明建设的重要途径。

从时间趋势上来看（见图 5—6），各省会城市之间的脱钩状态的差别不大，总体上依然呈现出"脱钩"与"复钩"交替的特征。具体表现为：2005—2006 年有一定的波动趋势，但波幅较小，且大多数省会城市的脱钩弹性系数不断增大，即由起初的"脱钩"状态转变为之后的"复钩"状态；2006—2010 年趋势平稳，几乎所有省会城市的脱钩弹性系数自 2006 年以后便开始下降，且基本维持在相对脱钩与绝对脱钩状态，这一情况与上文所考察的其他地级以上城市的脱钩状态一致，可见"十一五"规划之后，中国在构建资源节约型与环境友好型社会方面取得了较好的成绩；2010—2013 年波幅最大，大多数省会城市的脱钩弹性系数在 2011 年达到峰值，随后又在 2012 年和 2013 年反弹，并且大多数省会城市回落至绝对脱钩状态，这一阶段充分体现了"脱钩"与"复钩"交替出现的特征。为何 2011 年几乎所有省会城市的脱钩状态产生巨大波动？为得到合理的答案，需将该问题置于 2008 年次贷危机这一大背景中加以考察。2008 年美国次贷危机逐渐蔓延并最终引发国际性的经济危机，为应对经济硬着陆的可能性风险，中国政府决定推出扩大内需、稳定增长的刺激措施，并且自 2008 年 11 月至 2010

年底陆续投资约4万亿元。这些巨额资金大多流入住房、公路、铁路和机场等基础设施建设当中，由此大幅度增大了工业企业投资。尽管这些刺激措施短期内有助于抑制经济的波动，但新增的投资无疑产生了更多的工业污染排放。由于经济自身具有客观的发展规律，一旦刺激措施的短期余热消散，那么，长期内将会对经济增长与工业污染排放的"脱钩"产生不利的影响。可以看到，这种不利影响在2011年便开始显现：大部分省会城市由先前的"脱钩"反弹为"复钩"。自然，对应城市的生态文明建设水平则产生相应波动。

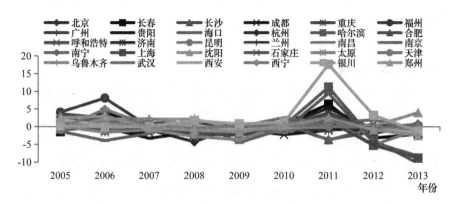

图5—6　省会城市的脱钩趋势

省会城市作为地级以上城市的代表，其脱钩发展趋势亦代表了地级以上城市脱钩的发展方向。综合上述观察可以预见，未来较长一段时间内，中国地级以上城市的经济增长与工业 SO_2 排放之间不太可能出现持续"脱钩"或持续"复钩"状态。根据样本期内脱钩状态的发展趋势可以粗略地判断，最有可能出现的状态应该是"脱钩"与"复钩"交替出现且略有下降的特征。这也意味着，短期内的节能减排的努力并不是"一劳永逸"的，中国将长期面临着在资源环境的约束下寻求城市生态文明建设和可持续发展的任务。

本小节基于 Tapio 脱钩弹性系数理论对国家层面和城市层面的脱钩状态进行了详细的描述，一个重要的发现是：大部分中国地级以上城市的经济增长与工业污染排放之间保持了绝对脱钩的优势。这给读者留下一个深深的疑问：近年来，中国地级以上城市的环境污染问题层出不穷，经济发达的地区甚至存在越来越严重的倾向，但为何根据 Tapio 脱钩划分标准所得到的中国地级以上城市却大多处于绝对脱钩状态？一种可能的解释是脱钩状态仅意味着污染排放增长率要小于经济增长率，并不是指对污染排放进行了总量控制；另一种可能的解释是基于 Tapio 脱钩划分标准所得到的脱钩状态存在偏误。针对第二种解释，我们认为有必要对 Tapio 脱钩划分标准进行恰当的改进，以使脱钩状态更贴近实际。前文指出，脱钩理论与 EKC 假说共同描述了经济增长与环境污染之间的相互关联，表明二者在解释地区经济的可持续发展问题上存在某种共性特征，若能揭示二者的内在联系，并不断拓展脱钩理论的内涵，则有可能对脱钩状态进行更为合理的划分和判定。

五 本节小结

本节，通过"经济增长—环境污染脱钩法"对中国城市生态文明建设的水平进行综合评价，得出以下分析结论。

其一，在脱钩类型当中，中国地级以上城市集中分布于绝对脱钩、相对脱钩、扩张负脱钩和增长连结四类状态中，而无一城市属于衰退脱钩、强负脱钩、弱负脱钩或衰退连结类型。整体而言，2005 年至 2013 年间，中国地级以上城市的经济增长与工业 SO_2 排放之间总体上以"脱钩"为主要特征。

其二，从时间趋势上来看，各城市，总体上呈现出"脱钩"与"复钩"交替的特征。

第三节 城市生态文明建设综合评价之二：
基于熵值法的城市生态宜居指数

从生态文明的本质含义来看，重视生态环境问题，重视经济建设、社会建设与生态环境的协调，并非最终目的。其最终目的是人类世代可持续传承和发展，即当代人的宜居生活与后代人的永续传承。所以，城市生态文明建设的目标，一方面是承担为后代人永续传承维护好"生态环境系统及其功能的完好性"，另一方面则要为当代人创造宜居生产生活条件，也为当代人更好地维护后代人利益创造相应的条件。本节，即从当代人的生态宜居视角，对此展开讨论。

"城市"作为人类经济社会活动的一种主要聚集形式，首要目标是城市宜居（就业与收入宜居、消费宜居、生活环境宜居）。"生态宜居"城市是指适宜民众居住，被民众所接纳，满足市民物质和精神上的双重需要的城市，是低碳的、绿色的、可持续的，能源的清洁、低污染、充分利用，人与自然的和谐相处，城市如生态系统一样进行有机循环是主要特征。城市"生态宜居"的一系列指标，都是城市建设努力的方向。这有利于居民的长久幸福，以及子孙后代的可持续生存发展。"生态"和"宜居"的共同纽带是民众的幸福安康。"生态宜居"惠及民众眼前及长远的利益，是城市生态文明建设的立足点。

1972年联合国人类环境会议中明确指出，合理规划人居环境和城市化的建设。构建以人为本的，社会、经济、生态、人居和制度环境等诸多方面协调、稳定发展的生态宜居城市显得尤为重要。生态宜居城市统筹社会、经济、环境的协调发展，涵盖了城市的适居宜居性。生态宜居城市既包括优美、整洁、和谐的自然环境，也包括安全、便利、舒适的社会环境。生态宜居城市的主要特征不仅体现于经济发展、产业兴旺，更要突出环境友好与包容性发展。在新时代的新城镇格局下，建设生态宜居城市要充分适应城市的物质生态和社会生态，转变执政理念，深入了解城市居民对美好生活的多样化、个性化需求。

本节，拟从生态宜居的视角对城市生态文明建设做一综合评价分析。以下采用数据统计、理论分析、文献筛选和专家咨询等方法进行指标选取，并根据数据的可得性，构建"生态宜居指数"。

一　"生态宜居指数"的构建原则、权重确定方法、指标体系设定及数据来源

"生态宜居指数"的构建原则是：依据生态宜居城市的本质属性和建设要求，选取有针对性的三级指标体系，从而来衡量生态宜居建设过程中是否达到预期目标、建设现状及存在的问题。本着综合性、可操作性、完整性和客观性原则，同时根据数据的可得性，构建了中国生态宜居城市评价指标体系。

权重确定方法的合理性对最终评价结果的科学性和准确性起着决定

性作用。目前确定权重的方法很多，大体可分为主观赋值法和客观赋值法两大类，前者以层次分析法和德尔菲法为代表，后者以主成分法、因子分析法、熵值法等为代表。本节，"生态宜居指数"权重的确定方法是，采用熵值法计算各指标的权重，再通过加权加总得到生态宜居城市指数。一级指标层中4个指标、二级指标层中的9个指标的权重是由各自包含的三级指标权重相加得到，三级指标之和为1。

对于 n 个样本，m 个指标的体系，运用熵值法进行指数评估的具体步骤如下：

第一步，指标的标准化处理。

熵值法权重的计算反映某指标的相对波动情况，因此在计算之前需要对各指标进行标准化处理，以消除量纲的影响。

对于越大越好的指标：

$$x_{ij} = \frac{X_{ij} - \min(X_{1j}, X_{2j}, \cdots X_{nj})}{\max(X_{1j}, X_{2j}, \cdots X_{nj}) - \min(X_{1j}, X_{2j}, \cdots X_{nj})}$$

$$i = 1, 2 \cdots, n; \ j = 1, 2 \cdots, m \qquad \text{式 (5—10)}$$

对于越小越好的指标：

$$x_{ij} = \frac{\max(X_{1j}, X_{2j}, \cdots X_{nj}) - X_{ij}}{\max(X_{1j}, X_{2j}, \cdots X_{nj}) - \min(X_{1j}, X_{2j}, \cdots X_{nj})}$$

$$i = 1, 2 \cdots, n; \ j = 1, 2 \cdots, m \qquad \text{式 (5—11)}$$

式中，X_{ij} 为原始指标数据，x_{ij} 为标准化处理后的结果。一般情况下，标准化后的结果会有部分负数值，这需要进一步非负化处理，本节对所有标准化后的结果进行了加1的平移处理。

第二步，计算第 j 项指标的熵值。

计算第 j 项指标下第 i 个样本的相对权重 $y_{ij} = x_{ij} / \sum_{i=1}^{n} x_{ij}$，进而该指标的熵值为 $e_j = -k * \sum_{i=1}^{n} (y_{ij} * \ln(y_{ij}))$，其中，$k = 1/\ln(m)$，$\ln$ 为自然对数。

第三步，计算第 j 项指标的权重。

对于第 j 项指标，指标值 x_{ij} 的差异越大，对其评价的作用越大，熵值就越小。令 $g_j = 1 - e_j$，g_j 越大，指标越重要。第 j 项指标的权重即为 $w_j = g_j / \sum\limits_{j=1}^{m} g_j$。所有指标权重加总后为 1。按照熵值法计算出的各指标的权重如表 5—5 所示。

第四步，计算各样本的综合得分。

将各样本标准化处理后的结果按照上述方法加权加总，则各样本的综合得分为 $s_i = \sum\limits_{i=1}^{m} x_{ij} w_j$。$s_i$ 即为按照熵值法计算的各城市生态宜居指数，结果如表 5—8 所示。

本节，"生态宜居指数"指标体系分为三级，一级指标涵盖了绿色生产、绿色生活、绿色环境和绿色制度四个方面；二级指标包括经济发展、资源利用、创新能力、生活成本、教育卫生、基础设施、污染排放、污染治理、环境质量和资金保障十个方面；三级指标有 40 个。具体指标体系如表 5—6 所示。

绿色生产主要指经济指标。从经济发展、资源利用和创新能力三方面进行指标选取。用人均 GDP，三产占比，GDP 增长率来考察城市的经济发展水平；用单位 GDP 的水、电、煤气的供应量来考察城市的资源利用情况；用互联网宽带用户数、科技支出占比、科研人员占比来考察城市的创新能力。

绿色生活主要指社会指标。从生活成本、教育卫生、基础设施三个方面进行指标选取。用 CPI、职工工资、城市的人口密度来考察城市的生活成本；用在校大学生、教育支出占比、师生比来考察城市的教育水平；用床位数、医师数来考察城市的医疗水平；用燃气普及率，公共交通、道路面积、图书馆藏书量、排水管道密度来考察城市的基础设施情况。

绿色环境主要指环境指标。从污染排放、污染治理、环境质量三方面进行指标选取。用单位 GDP 的废水排放、二氧化硫排放、氮氧化物排放、工业固废产生、燃料煤消耗、生活污水量来考察城市的污染排放情况；用工业废水处理率、二氧化硫去除率、氮氧化物去除率、工业固体废物综合利用率来考察城市的污染治理情况；用 PM2.5 年均浓度、绿化覆盖率、公园绿地面积考察城市的环境质量。

绿色制度主要指制度指标。从资金保障方面进行指标选取。包括 FDI 占比，市政公用设施建设固定资产投资、维护管理财政性资金支出占比，废水、废气治理设施运行费用占比。

本节的数据来源是：指标体系中的数据除 PM2.5 外，来源于历年《中国城市统计年鉴》《中国城市建设统计年鉴》《中国环境年鉴》《中国环境统计年鉴》和各省市统计年鉴，并利用中国知网经济与发展统计数据库进行核查。对于部分缺失的数据，利用插值法进行补漏。

二 指标体系的建立及权重的测算

本节，构建"生态宜居指数"的指标体系及其权重，如表 5—5 和表 5—6 所示。

表 5—5　　　　　　　　　一、二级各指标权重排序

一级指标	权重	排序	二级指标	权重	排序
绿色生产	0.16418	3	经济发展	0.07514	7
			资源利用	0.02096	10
			创新能力	0.06808	9
绿色生活	0.35313	2	生活成本	0.07001	8
			教育卫生	0.15904	2
			基础设施	0.12408	3
绿色环境	0.40369	1	污染排放	0.09539	5
			污染治理	0.20835	1
			环境质量	0.09995	4
绿色制度	0.07900	4	资金保障	0.07900	6

在表 5—5 的一级指标中，按权重大小依次排序为：绿色环境 > 绿色生活 > 绿色生产 > 绿色制度。由此可见，生态宜居城市的真正内涵应充分体现生态环境好，生活质量高。在生态宜居城市建设过程中，绿色生产只排在第三位，因此不应一味追求 GDP，而少了幸福指数；同时不应片面追求消费型经济，脱实向虚，从而导致城市经济空心化，区域性中

等收入陷阱出现。生态宜居城市需要在 GDP，幸福指数与可持续性发展等方面达到均衡，还需要绿色制度的保障。

在表5—5 的二级指标中，权重排名前五位的分别是污染治理、教育卫生、基础设施、环境质量和污染排放，而经济发展指标所占的比例并非传统认识上那么高。由此可见，经济发展是衡量一个城市规模和城市经济综合效益的重要变量，但并不是生态宜居城市建设中的决定性成分。因此，生态宜居城市的建设，应在环境更美，公共服务更优，生活更适宜上下足力气，做足文章。追求城市经济的内生发展，就要加大对企业创新能力的研发投入，构建产学研协同创新平台，大力培育中小微科技型企业，变农业（及外来）劳动力为城市人力资本。绿色制度方面，创新完善金融机制，挖掘制度红利和改革红利。

由此亦可得出：以往人们都认为经济发展是城市和国家发展的重中之重，甚至不惜以牺牲环境为代价来发展经济，现在必须彻底改变这种观念。

"生态宜居指数"指标体系及权重详情如表5—6 所示。

表5—6　　　　　　构建"生态宜居指数"的指标体系及其权重

一级指标	二级指标	序号	三级指标	单位	影响方向	权重
绿色生产	经济发展	1	人均 GDP（市辖区）	元/人	+	0.02616
		2	第三产业增加值占 GDP 比重（市辖区）	%	+	0.03843
		3	GDP 增长率（市辖区）	%	+	0.01055
	资源利用	4	单位 GDP 全社会用电量（市辖区）	千瓦时/元	－	0.00966
		5	单位 GDP 煤气供应总量（市辖区）	立方米/元	－	0.00729
		6	单位 GDP 供水量（市辖区）	吨/元	－	0.0040
	创新能力	7	互联网宽带用户数	户	+	0.00883
		8	科学技术支出占比（市辖区）	/	+	0.02579
		9	科研人员占比（市辖区）	/	+	0.03346
绿色生活	生活成本	10	居民消费价格指数（上年＝100）	/	－	0.01121
		11	收入水平（市辖区）	元	+	0.04138
		12	人口密度（市辖区）	人/平方公里	－	0.01742

续表

一级 指标	二级 指标	序号	三级指标	单位	影响 方向	权重
绿色 生活	教育 医疗	13	每万人在校大学生数（市辖区）	人	+	0.06509
		14	教育支出占比（市辖区）	/	+	0.01997
		15	九年义务教育阶段师生比（市辖区）	人	−	0.00182
		16	每万人床位数（市辖区）	张	+	0.03297
		17	每万人医师数（市辖区）	人	+	0.03919
	基础 设施	18	燃气普及率	%	+	0.01992
		19	每万人拥有公共交通车辆（市辖区）	辆	+	0.01618
		20	人均铺装道路面积（市辖区）	平方米	+	0.02080
		21	每百人公共图书馆藏书量（市辖区）	册	+	0.03514
		22	建成区排水管道密度	公里/平方公里	+	0.03204
绿色 环境	污染 排放	23	单位 GDP 废水排放量	吨/万元	−	0.01235
		24	单位 GDP 二氧化硫排放量	吨/万元	−	0.01128
		25	单位 GDP 氮氧化物排放量	吨/万元	−	0.00450
		26	单位 GDP 工业固废产生量	吨/万元	−	0.02107
		27	单位 GDP 燃料煤消耗量	吨/万元	−	0.02634
		28	单位 GDP 生活污水排放量	吨/万元	−	0.01984
	污染 治理	29	工业废水排放达标率/处理率	/	+	0.05359
		30	二氧化硫去除率	/	+	0.06295
		31	氮氧化物去除率	/	+	0.06933
		32	工业固体废物综合利用率	/	+	0.02248
	环境 质量	33	PM2.5 年均浓度	微克/立方米	−	0.05454
		34	建成区绿化覆盖率	%	+	0.01230
		35	人均公园绿地面积	平方米	+	0.03311
绿色 制度	资金 保障	36	实际使用外资占比（市辖区）	/	+	0.04117
		37	市政公用设施建设固定资产投资占比	/	+	0.01569
		38	市政公用设施建设维护管理财政性资金支 出占比	/	+	0.00838
		39	废水治理设施运行费用占比	/	−	0.00390
		40	废气治理设施运行费用占比	/	−	0.00986

根据生态宜居指数值可以把城市分为宜居、较宜居、一般和不宜居四个等级（见表5—7）。

表5—7　　　　　　　　　生态宜居城市评价分级指标

等级	生态宜居指数	评价
1	>0.500	宜居
2	0.401—0.500	较宜居
3	0.301—0.400	一般
4	<0.300	不宜居

注：指数最小值是0，最大值是1，越接近1，生态宜居指数越高，城市越宜居。

三　城市生态宜居指数的测度结果及分析

（一）105个城市2006—2015年生态宜居指数

根据表5—6的各指标权重，将标准化后的各指标加权加总，计算得到的105个城市2006—2015年生态宜居指数如表5—8所示。

表5—8　　　　　　　　　中国城市生态宜居指数

年份 城市	2006	2007	2008	2009	2010	2011	2012	2013	2014	2015
安阳	0.3023	0.3188	0.3242	0.3462	0.3720	0.3740	0.3927	0.3813	0.4262	0.4320
鞍山	0.3525	0.3603	0.3662	0.3615	0.3799	0.3770	0.3877	0.3877	0.4036	0.3773
包头	0.4105	0.4292	0.4427	0.4560	0.4598	0.4627	0.4637	0.4721	0.5111	0.4949
宝鸡	0.3590	0.3855	0.3586	0.3844	0.3994	0.3959	0.3972	0.4122	0.4343	0.4306
保定	0.4219	0.3689	0.4213	0.4539	0.4690	0.4284	0.4178	0.3734	0.4411	0.4243
北海	0.2999	0.3107	0.3085	0.3538	0.3664	0.4008	0.4155	0.4372	0.4665	0.4072
北京	0.4769	0.5094	0.5371	0.5535	0.5396	0.5217	0.5446	0.5581	0.5851	0.5947
本溪	0.3245	0.3365	0.3474	0.3588	0.3731	0.3483	0.3646	0.3778	0.3852	0.3684
常德	0.3311	0.3213	0.3509	0.3723	0.3974	0.3695	0.3921	0.4068	0.4060	0.4230
常州	0.3665	0.4512	0.4136	0.4273	0.4332	0.4215	0.4378	0.4632	0.4673	0.4641
成都	0.3752	0.4112	0.4288	0.4450	0.4493	0.4514	0.4608	0.4799	0.4925	0.4963

续表

年份 城市	2006	2007	2008	2009	2010	2011	2012	2013	2014	2015
赤峰	0.3153	0.3376	0.3595	0.3857	0.3809	0.3865	0.4057	0.4245	0.4392	0.4556
大连	0.4448	0.4629	0.4764	0.4873	0.5197	0.4684	0.4854	0.4736	0.4986	0.4770
大同	0.3333	0.3998	0.3925	0.4038	0.4245	0.3824	0.3957	0.4094	0.4202	0.4315
福州	0.4149	0.4402	0.4626	0.4844	0.5070	0.5192	0.5318	0.5348	0.5626	0.5595
抚顺	0.3505	0.3403	0.3638	0.3540	0.3906	0.3900	0.4088	0.4111	0.4131	0.4143
广州	0.4496	0.4743	0.4696	0.5142	0.5393	0.5168	0.5445	0.5358	0.5598	0.5744
贵阳	0.4159	0.4541	0.4672	0.4755	0.4852	0.4744	0.4819	0.4999	0.5444	0.5705
桂林	0.3857	0.4063	0.4345	0.4398	0.4607	0.4531	0.4748	0.4571	0.5038	0.4852
哈尔滨	0.3747	0.4011	0.4266	0.4450	0.4566	0.4290	0.4536	0.4375	0.4685	0.4659
海口	0.5490	0.5458	0.5475	0.5572	0.5705	0.5357	0.5429	0.5377	0.5573	0.5240
邯郸	0.3291	0.3483	0.3778	0.3956	0.4124	0.4029	0.4151	0.4212	0.4402	0.4667
杭州	0.4227	0.4414	0.4572	0.4801	0.4941	0.4810	0.4927	0.5011	0.5081	0.5319
合肥	0.4145	0.4212	0.4341	0.4692	0.4720	0.4848	0.5101	0.4883	0.5394	0.5527
呼和浩特	0.4366	0.4865	0.4897	0.5083	0.5074	0.4847	0.4995	0.4780	0.5215	0.5705
湖州	0.3804	0.3963	0.3972	0.4101	0.4142	0.3929	0.4004	0.4066	0.4205	0.4398
吉林	0.3743	0.4052	0.3994	0.4081	0.4150	0.3813	0.3874	0.3937	0.4238	0.4276
济南	0.4248	0.4400	0.4601	0.4694	0.4684	0.4686	0.4830	0.4604	0.5288	0.5368
济宁	0.3426	0.3525	0.3603	0.3754	0.3840	0.3729	0.4014	0.3958	0.4380	0.4387
焦作	0.2779	0.2932	0.3130	0.3535	0.3594	0.3479	0.3483	0.3351	0.4119	0.4230
金昌	0.3360	0.3676	0.3582	0.3708	0.3777	0.3481	0.3694	0.3778	0.3945	0.4123
锦州	0.3805	0.3793	0.3906	0.3918	0.4306	0.4222	0.4180	0.4217	0.4515	0.4468
荆州	0.3083	0.3429	0.3564	0.3541	0.3910	0.3700	0.3861	0.3763	0.3891	0.4312
九江	0.3790	0.3901	0.3891	0.4210	0.4522	0.4395	0.4587	0.4506	0.4767	0.5009
开封	0.3129	0.3246	0.3687	0.3368	0.3380	0.3406	0.3577	0.3744	0.4096	0.4400
克拉玛依	0.3724	0.3955	0.4055	0.3652	0.3715	0.3876	0.4476	0.4572	0.4778	0.5153
昆明	0.4514	0.4686	0.4459	0.4896	0.5012	0.4793	0.4835	0.4878	0.5128	0.5460
兰州	0.3579	0.3736	0.3668	0.4678	0.4637	0.4435	0.4721	0.4333	0.4850	0.5246
连云港	0.3876	0.4164	0.4085	0.4093	0.3977	0.3716	0.3977	0.4286	0.4164	0.4183
临汾	0.2843	0.3483	0.4024	0.4178	0.4029	0.3672	0.3848	0.3841	0.3876	0.4021
柳州	0.3647	0.3865	0.4016	0.4447	0.4535	0.4258	0.4474	0.4653	0.4678	0.4787
泸州	0.3012	0.3115	0.3361	0.3352	0.3282	0.3486	0.3619	0.3838	0.3959	0.4199

续表

年份 城市	2006	2007	2008	2009	2010	2011	2012	2013	2014	2015
洛阳	0.3181	0.3250	0.3541	0.3706	0.3751	0.3740	0.3891	0.4086	0.4539	0.4707
马鞍山	0.3420	0.3616	0.3771	0.4001	0.4203	0.4303	0.4385	0.4477	0.4551	0.4763
绵阳	0.3344	0.3773	0.3764	0.3961	0.4039	0.4021	0.4191	0.4337	0.4539	0.4657
牡丹江	0.3522	0.3613	0.3804	0.3869	0.3871	0.4024	0.4083	0.3894	0.4185	0.4245
南昌	0.4448	0.4488	0.4522	0.4501	0.4794	0.4646	0.4715	0.4459	0.4923	0.4980
南京	0.4447	0.4562	0.4610	0.4783	0.4869	0.4757	0.5074	0.4854	0.5129	0.5152
南宁	0.4040	0.3988	0.4046	0.4214	0.4363	0.4255	0.4556	0.4554	0.4879	0.5190
南通	0.3849	0.4090	0.4394	0.4052	0.4159	0.3850	0.4092	0.4285	0.4526	0.4627
宁波	0.4220	0.4572	0.4598	0.4728	0.4786	0.4711	0.4779	0.4820	0.5062	0.5203
攀枝花	0.3404	0.3514	0.3729	0.3924	0.3682	0.3809	0.3968	0.4190	0.4351	0.4371
平顶山	0.2886	0.2979	0.3187	0.3521	0.3538	0.3448	0.3629	0.3645	0.3869	0.4072
齐齐哈尔	0.3426	0.3503	0.3521	0.4150	0.4219	0.4038	0.3911	0.3888	0.4185	0.4266
秦皇岛	0.3996	0.4423	0.4553	0.4624	0.4720	0.4677	0.4920	0.4586	0.4980	0.4864
青岛	0.4745	0.4484	0.4667	0.4693	0.4748	0.4741	0.4942	0.5027	0.5336	0.5190
曲靖	0.3496	0.3404	0.3302	0.3749	0.3723	0.3447	0.3722	0.3893	0.4351	0.4530
泉州	0.4029	0.4287	0.4358	0.4366	0.4475	0.4290	0.4617	0.4565	0.4681	0.4765
日照	0.3887	0.3645	0.3896	0.3996	0.4024	0.3913	0.3843	0.3982	0.4193	0.4364
厦门	0.4021	0.4728	0.5012	0.5039	0.4652	0.4920	0.5065	0.5045	0.5384	0.5224
汕头	0.3748	0.3721	0.3688	0.3859	0.4007	0.3824	0.3883	0.4100	0.4097	0.4188
上海	0.4456	0.4314	0.4511	0.4811	0.4910	0.4661	0.4855	0.4908	0.5061	0.5290
韶关	0.3308	0.3491	0.3518	0.3855	0.3834	0.3963	0.4132	0.4221	0.4337	0.4367
绍兴	0.4034	0.4061	0.4083	0.4243	0.4297	0.4084	0.4244	0.4048	0.4121	0.4347
深圳	0.5237	0.5301	0.5399	0.5514	0.5665	0.5591	0.5671	0.6113	0.6114	0.6261
沈阳	0.4256	0.4437	0.4555	0.4454	0.4653	0.4500	0.4641	0.4390	0.4508	0.4663
石家庄	0.4060	0.4194	0.4610	0.4784	0.4693	0.4606	0.4840	0.4677	0.4611	0.4604
石嘴山	0.2584	0.3060	0.3409	0.3673	0.3753	0.3983	0.4104	0.4509	0.4303	0.4385
苏州	0.4058	0.4455	0.4488	0.4565	0.4620	0.4307	0.4574	0.4597	0.4756	0.4918
太原	0.4351	0.4452	0.4509	0.4693	0.4844	0.4870	0.5039	0.4930	0.5334	0.5524
泰安	0.3938	0.3906	0.4069	0.4206	0.4091	0.3933	0.4057	0.4002	0.4306	0.4489
唐山	0.3388	0.3775	0.3700	0.3877	0.4036	0.3972	0.4023	0.4119	0.4168	0.4343
天津	0.4224	0.4410	0.4432	0.4590	0.4725	0.4487	0.4766	0.4810	0.5159	0.5033

续表

年份 城市	2006	2007	2008	2009	2010	2011	2012	2013	2014	2015
铜川	0.3153	0.3176	0.3729	0.3724	0.3764	0.3721	0.4062	0.4090	0.4273	0.4236
潍坊	0.3717	0.3639	0.3784	0.3946	0.4032	0.3941	0.3988	0.4102	0.4384	0.4638
温州	0.3910	0.4133	0.4108	0.4265	0.4331	0.4299	0.4587	0.4880	0.5026	0.5035
乌鲁木齐	0.3834	0.3951	0.3797	0.4019	0.4154	0.4497	0.4572	0.4854	0.4907	0.5232
无锡	0.4076	0.4222	0.4357	0.4492	0.4631	0.4549	0.4685	0.4759	0.4897	0.5007
芜湖	0.3706	0.3841	0.4144	0.4516	0.4516	0.4404	0.4635	0.4293	0.4786	0.4726
武汉	0.4120	0.4408	0.4407	0.4547	0.4729	0.4800	0.5067	0.4814	0.5518	0.5675
西安	0.3900	0.3924	0.4205	0.3942	0.4235	0.4299	0.4570	0.4453	0.4900	0.5143
西宁	0.4390	0.3623	0.3452	0.3744	0.4163	0.4392	0.4849	0.4333	0.4926	0.5097
咸阳	0.3211	0.3530	0.3635	0.3832	0.4151	0.3964	0.4186	0.4123	0.4620	0.4682
湘潭	0.3810	0.3710	0.3977	0.4063	0.4255	0.4095	0.4287	0.4570	0.4553	0.4624
徐州	0.3598	0.3819	0.4054	0.4193	0.3874	0.3926	0.4075	0.4081	0.4312	0.4386
烟台	0.4150	0.4129	0.4257	0.4341	0.4434	0.4373	0.4539	0.4634	0.4853	0.5078
延安	0.3226	0.3470	0.3725	0.4100	0.4114	0.3943	0.3760	0.3756	0.4015	0.4021
扬州	0.3719	0.4088	0.4202	0.4339	0.4516	0.3865	0.4096	0.4165	0.4271	0.4393
阳泉	0.3153	0.3444	0.3525	0.4039	0.3880	0.3818	0.4022	0.4145	0.4175	0.4321
宜宾	0.3198	0.3557	0.3934	0.3969	0.3813	0.3446	0.3736	0.3885	0.4071	0.4013
宜昌	0.3606	0.3657	0.3858	0.3959	0.3884	0.3683	0.4064	0.4129	0.4167	0.4395
银川	0.3951	0.4215	0.4319	0.4557	0.4504	0.4468	0.4525	0.4575	0.4857	0.5004
岳阳	0.3247	0.3477	0.3791	0.3983	0.4031	0.3860	0.3974	0.4160	0.4080	0.4274
枣庄	0.3230	0.3308	0.3402	0.3530	0.3584	0.3404	0.3532	0.3599	0.3793	0.3888
湛江	0.3317	0.3390	0.3763	0.3922	0.4012	0.3899	0.4290	0.4349	0.4518	0.4428
张家界	0.3694	0.3960	0.3920	0.3952	0.3630	0.3445	0.3485	0.3360	0.3412	0.3585
长春	0.4386	0.4161	0.4256	0.4216	0.4454	0.4329	0.4665	0.4571	0.4761	0.4613
长沙	0.4461	0.4683	0.4734	0.5053	0.4921	0.4899	0.5134	0.4881	0.5138	0.5359
长治	0.3129	0.3604	0.3816	0.3587	0.3818	0.3720	0.3983	0.4089	0.4288	0.4443
郑州	0.4019	0.4189	0.4218	0.4456	0.3905	0.3721	0.3991	0.3859	0.4455	0.5058
重庆	0.3399	0.3623	0.3865	0.4053	0.4091	0.3948	0.3961	0.4207	0.4316	0.4517
珠海	0.4254	0.4469	0.4643	0.4775	0.4852	0.4671	0.4858	0.4918	0.5106	0.5687
株洲	0.4243	0.4229	0.4360	0.4534	0.4623	0.4433	0.4417	0.4606	0.4695	0.5090
淄博	0.4136	0.3705	0.3937	0.3965	0.3962	0.3819	0.3966	0.4043	0.4170	0.4356
遵义	0.3182	0.3443	0.3762	0.4067	0.4045	0.3606	0.3926	0.4024	0.4311	0.4597

（二）对105个城市生态宜居指数的综合分析

分析105个城市2006—2015年生态宜居指数的测度结果可知，总体上，近十年来，多数城市的生态宜居指数绝对值呈现出了波动上升的趋势。一方面，城市生态宜居指数总体上显著提升：在被观测的105个城市样本中，2006年，生态宜居指数区间为［0.2584，0.5490］；2010年，该区间为［0.3282，0.5705］；2015年，该区间为［0.3585，0.6261］。可见，总体而言，随着时间的推移，各年度生态宜居指数的最低值和最高值均有所提升，这得益于近十年来经济的持续发展和城市化建设水平的不断提高：经济发展水平的提高促进了科学技术水平的提高，污染治理的投资和效率得到提升，同时，经济发展水平的提高使各地政府拥有更强的财政能力来提供城市基础设施建设和城市公共资源的供给，提高城市的宜居水平。

另一方面，在部分年份，多数城市的生态宜居指数出现了明显波动：2006—2009年为城市化建设的飞速发展阶段，特别是，2008年前后，受强力刺激措施的影响，多数城市的生态宜居指数显著提升，而2010年后，粗放式发展的滞后效应逐渐显现，交通拥堵、环境污染等诸多问题与经济总体形势叠加，使得城市生态宜居水平出现了波动。

然而，仅从整体趋势来分析无法得到各城市的具体特点，为此，我们根据各城市近10年来的生态宜居排名变化趋势，选出若干代表性典型城市进行具体分析，如表5—9所示。

表5—9　　　　　　生态宜居水平变化趋势及其代表城市

生态宜居水平变动趋势特征	代表性典型城市
宜居水平持续较高	深圳、北京、海口、广州
宜居水平显著改善	贵阳、武汉、福州、合肥、乌鲁木齐、兰州
宜居水平相对恶化	鞍山、抚顺、吉林、连云港
宜居水平持续较差	焦作、平顶山、临汾、本溪

其一，深圳、北京、海口和广州这四个城市的生态宜居指数，无论是绝对值还是相对值均保持在所有城市前列。分析其原始数据可知，深圳市2015年人均GDP排名第一，单位GDP供气总量、每万人医师数、

每万人拥有公共交通车辆、人均铺装道路面、每百人公共图书馆藏书量在部分年份排名第一，其他相关指标如主要污染物排放强度均在全国末尾，诸多因素的综合作用，使深圳市生态宜居水平稳居全国前三位。而北京和广州的产业结构、科研从业人员占比、居民收入水平均显著高于全国平均水平，同时，发达的经济水平也降低了污染排放的相对强度，提高了其生态宜居水平。对于海口而言，其宜居水平显然得益于优异的生态环境质量：2006—2015 年间，海口在各污染物的排放强度和治理水平和环境质量三方面的表现均显著优于全国平均水平，此外，海口利用该城市的生态环境基础建立了的合理的产业结构，2015 年，海口的第三产业占比超过 75%，可见，城市生态宜居水平与其经济发展水平和生态环境质量至关重要。

其二，部分省会城市的宜居水平在近十年来显著改善。分析表 5—8 可知，近十年来，贵阳市的宜居水平由第 24 名上升至第 4 名，福州市的宜居水平由第 26 名上升至第 8 名，武汉市的宜居水平由第 29 名上升至第 7 名，合肥市的宜居水平由第 27 名上升至第 9 名，乌鲁木齐市的宜居水平由第 48 名上升至第 18 名，兰州市的宜居水平由第 67 名上升至第 36 名。这些城市生态宜居水平的相对排名均显著改善，总结其发展特点可知，近十年来，省会城市快速集聚了周边区域的人力、科技、资本等生产要素，得到了快速发展。一是绿色生产能力显著提高，例如武汉市的人均 GDP 由 2006 年的 4.47 万元/人上升至 2015 年的 17.07 万元/人；二是绿色生活水平显著改善，福州市每万人拥有的医师数由 2006 年的41.37 人上升至 2015 年的 64.31 人，涨幅超过 50%；三是污染治理能力显著提高，例如乌鲁木齐市的二氧化硫去除率由 2006 年的 3.8% 上升至78.93%；四是环境质量显著改善，例如贵阳市的 PM2.5 年均浓度由 2006年的 44.25 微克/立方米降低至 2015 年的 33.91 微克/立方米。显然，城市生态宜居水平的改善得益于绿色生产、绿色生活、绿色环境和绿色制度的方方面面。

其三，传统工业城市的宜居水平有所恶化。分析表 5—8 可知，近十年来，吉林市的宜居水平由第 56 名下降至第 84 名，连云港市的宜居水平由第 45 名下降至第 94 名，鞍山市的宜居水平由第 63 名下降至第 103 名，抚顺市的宜居水平由第 70 名下降至第 95 名。总结可知，这些城市均为传统工业城市。以连云港为例，其生态宜居水平相对恶化的原因一是源于其较为落后的科学技术水平，该市 2015 年的科研人员占比不到千分之三，每万人在校大学生数由 2006 年的 396 人下降至 2015 年的 175.4 人；二是源于相对较低的生活设施水平，连云港市每万人拥有的医师数由 2006 年的 34.94 人下降至 2015 年的 23.29 人，人均道路铺装面积由 2006 年的 31.54 平方米下降至 2015 年的 10.82 平方米；三是源于其严重的环境污染和落后的污染治理能力，该市 2015 年的 PM2.5 浓度达 90.82 微克/立方米，高于 70% 的城市，而其工业氮氧化物去除率却只有 25.6%；四是源于其绿色制度建设的资金保障不足，该市 2015 年的实际利用外资占比仅为 3.55%，低于全国 80% 的城市。可见，传统工业城市不仅经济停滞、产业结构落后，同时存在基础设施不足、环境污染严重等诸多问题，生态宜居水平急需改善。

其四，焦作、平顶山、临汾和本溪这四个城市的生态宜居指数，无论是绝对值还是相对值均保持在所有城市末尾。分析其相关指标的原始数据，总结这几个城市近十年来的发展特点，可知其生态宜居水平持续落后的原因：一是产业结构亟待优化，如平顶山市十年来第三产业占比平均仅为 29.7%，本溪市近十年来第三产业占比平均仅为 35.4%，其生产生活严重依赖于钢铁生产等传统的高污染高耗能行业；二是科技水平落后，例如临汾市近十年来的科研人员占比平均仅为 1.9‰，科学技术支出占比仅为万分之二；三是环境质量恶劣，例如焦作市和平顶山市近十年来 PM2.5 浓度均超过 78 微克/立方米，高于 65% 的城市，而其人均公园绿地面积不到 10 平方米，低于全国 65% 的城市。

根据以上分析我们可以发现，城市生态宜居水平不仅依赖于经济发展水平的提高和产业结构的改善，更是依赖于科学技术的改进、基础设施的完善、污染治理能力的提高和环境质量的改善，总之，得益于绿色生产、绿色生活、绿色环境和绿色制度的方方面面。

四　本节小结

本节从绿色生产、绿色生活、绿色环境和绿色制度四个方面构建了中国生态宜居城市评价指标体系，涵盖了经济发展、资源利用、创新能力、生活成本、教育卫生、基础设施、污染排放、污染治理、环境质量和资金保障十个方面的 40 个细化指标，在此基础上，使用熵值法对 105 个城市 2006—2015 年间的生态宜居程度进行了评价和分析，得出了以下几点结论和政策建议。

其一，生态环境良好是生态宜居城市的关键性因素。在一级指标中，绿色环境的权重占比最高，在二级指标中，污染治理和环境质量的权重占比超过 40%，可见，良好的生态环境质量是生态宜居的首要因素，为此，城市政府应基于自身的自然地理条件，合理规划产业结构，改善绿色生产技术，提高能源消费效率，降低污染排放强度，提高污染治理能力，实现城市生态环境质量的改善。

其二，经济发展是城市生态宜居的基础因素。在一级指标中，绿色生产的权重仅排在第三位，可见，经济发展是衡量一个城市规模和城市经济综合效益的重要变量，但并非是生态宜居城市建设中的决定性成分。然而，绿色生活和绿色制度的建设，包括城市的公共服务、基础设施、教育卫生、污染治理等方面，均需要强大的经济发展做后盾，我们的生态宜居评价结果亦佐证了这一观点，可见，尽管经济发展不是生态宜居的决定性因素，但其应是生态宜居城市建设的基础因素，城市政府不应一味追求 GDP，而需要追求绿色生产能力的提高，后者则强调城市在GDP、产业结构、科研水平、制度建设等方面的均衡。

其三，绿色宜居生活是城市生态宜居的重要因素。在城市生态宜居指标体系中，教育卫生和基础设施的权重位于前三位，绿色生活指标权重占比超过 35%，仅次于绿色环境，可见，较低的生活成本、丰富的教育医疗资源和完善的基础设施建设已成为决定城市是否宜居的重要因素，民生建设的重要性显而易见。城市政府应在发展经济的同时，注重提高居民的生活质量，通过稳定物价、改善交通拥堵、提高教育质量、丰富医疗资源等方面满足居民生活需求，切实改善居民生活福利。

其四，生态宜居城市的建设应具有差异化。根据城市生态宜居指数的测度结果可知，不同城市在提高生态宜居水平方面具有各不相同的"短板"，一般而言，西部城市的短板在于经济发展落后、人均收入较低，传统工业城市的短板在于发展方式粗放、产业结构亟待优化，能源型城市的短板在于污染排放严重、治理能力低下等。可见，生态宜居城市的建设不应"一刀切"，各城市政府应在切实分析自身情况的基础上，采取有针对性的对策和差异化的发展路径。

第四节 城市生态文明建设综合评价之三：基于全排列多边形图示法的城市协调发展指数

从生态文明的本质含义来看，生态文明建设并不是仅仅重视生态环境问题，同时需要重视经济建设、社会建设与生态环境的协调。因此，城市生态文明建设的重要意涵，就是城市经济建设、社会建设的各个方面与生态文明建设的相关方面相协调，尽可能避免明显的短板的出现，否则将显著地影响整体的发展水平。

本节，将使用"全排列多边形图示法"这一评价工具，从城市协调发展的视角，对中国城市生态文明建设水平进行综合评价。如同既有文献所述，全排列多边形图示法在研究"城市生态文明建设水平综合评价"这一主题方面有其优势特点，体现在：（1）可以同时反映被考察城市生态文明建设综合维度水平和单项指标水平，以更加准确地获悉改进和修正的着力点。（2）除反映被考察城市在生态文明建设方面的综合程度外，还对其均衡性提出了要求。这对以往的，以经济建设为核心，大力推进工业经济从而付出环境代价的发展状态下的增长方式转变有明确的引导作用。（3）因其以图形面积作为考查方式，具有形象性和可观察的直观性，不仅使得同一时间点上的截面样本之间的横向比较成为可能，同时，不同时间点所呈现出的序列特征使得同一考察对象（城市）在不同年份之间的比较成为可能，展现出静态和动态结合的特性。这意味着，以全排列多边形图示法考察城市生态文明建设水平不仅可以客观反映某时间点上的静态状态，也可以就不同年份和时间节点上的状态进行比较分析，观察其长期动态趋势，可以揭示不同类型和发展阶段的城市在城市生态文明建设过程中的更多信息，获取更多启发。因此，是相对较为合理的综合评价工具。

本节，使用全排列多边形就城市生态文明建设进行考察，本质上是从城市协调发展的角度就这一问题进行研究，从协调发展视角反映城市生态文明建设的水平。

一 全排列多边形的原理介绍及其量化计算方法

本小节，在采用全排列多边形图示法测度"城市协调发展指数"之前，对全排列多边形的原理、量化计算方法做一简述。

（一）全排列多边形图示法的原理简述

全排列多边形作为考察环境质量和城市生态文明建设综合水平的工具，其基本原理是使用各指标综合水平与最高上限水平做对比。可以保证得分具有综合性、实现过程可操作性和可量化性的特征。具体来说，其"水平得分"使用图形面积表示，被考察对象的状态水平将由图形之比表示。城市指标的实际得分决定了对应图形的实际形状，城市在协调发展维度的实际状态所构成图形面积与最高上限面积之比作为最终得分的呈现形式。因此，该评价方法具有形象化和直观可观察的特性。而指标得分通过标准化函数的映射，使得指标得分最高为1，最低为 - 1。考虑到每个指标的最高上限都是1，因此基准图形（也即理想化的各个指标最高上限都是1）则成为一个正 N 边形，实际指标得分则呈现出长短不一的情况，端点首尾相连后呈现出不规则 N 边形。于是，所涉及的不规则多边形面积与正多边形面积之比作为被考察对象的综合得分，这一评价工具有一定的客观性、合理性和可操作性。若涉及多级指标，以三级指标架构为例：综合得分（即第三级）由若干二级指标得分构成，而每个二级指标又由若干一级指标构成，那么根据经验，得分多次使用全排列多边形图示法，分别实现各级的综合评价，进而实现最终的综合评价得分，因此，全排列多边形是相对理想的综合评价工具。

上述便是全排列多边形作为综合评价工具的基本逻辑。具体的实现方法和核算过程，将在下文详细展开。在上述基本思想和逻辑的基础上，参考既有研究（吴琼等，2005），这里将全排列多边形图示法所得出的城市协调发展指数作为考察城市生态文明建设水平的具体实现方式和量化方法做简单论述（为便于论述，下文将使用"城市协调发展指数"这一名词）。

其一，构建正 N 边形。这里，N 是构成综合得分的次级指标数（更次级的得分考察方法与之相似）。正 N 边形的大小由其外接圆直径确定，也即中心距离顶点的距离。如前文所述，半径值由标准化后的上下限值决定，为（1 -（-1）=2）。连接各顶点得到正 N 边形，该正 N 边形的面积可以比较轻松地得出：将正 N 边形划分为 N 个形状完全相同的三角形，该三角形为等腰三角形，其顶角度数为（360/N），其腰长为正多边形外接圆半径。根据正弦定理便可以轻松得出每个等腰三角形的面积，进而加总得出整个正 N 边形的面积，作为实际考察得分的对比基准。具体公式如下：

$$正多边形面积 = N \times \frac{1}{2} \times \frac{1}{2} \times R \times R \times \sin(\frac{360}{N})$$

式（5—12）

其中，R 为标准化后的中心与端点的线段长度。

其二，以同一个中心为基础，以实际指标得分（的标准化值）为长度值在正 N 边形中心与端点的线段上进行截取，并将各端点连接，便可得到不规则 N 边形。根据端点排列的顺序（也即指标排列的顺序），可以得到 $\frac{1}{2}(n-1)!$ 种情况，各种情况均值与前面正多边形面积之比即为整体最终得分。这里必须要指出的一点是，就评价工具而言，其应当保证客观和准确性，即应当能够准确和客观地反映被考察对象在某方面的真实状态和水平。这意味着，评价工具的改变不会影响被考察对象的真实状态，具体来说，在使用全排列多边形图示法进行城市协调发展水平的评估时，指标的排列顺序不应当对最后的整体得分产生影响。但根据核算方法，指标的排列顺序影响着不规则多边形的形状，进而影响了不规则多边形的面积，最终决定了被考察对象的综合得分。作为评价工具，这显然不够客观。为了克服这一缺陷，技术方面，在核算不规则多边形面积时，将指标所有可能的排序全部考虑之后核算所有情况下的不规则多边形面积并取算数平均值，亦即所谓的指标"全排列"后的均值，这就是"全排列多边形图示法"称呼的来源。显然，"全排列"囊括了指标排序可能出现的所有情况。这一处理方式避免了由于指标排列顺序的不规则对最终评价得分的影响，且统一的核算方法使得其操作性和可重复性得到了保证，意味着重复的验证以确定其结论的正确性成为可能。

在使用"全排列多边形综合图示法"进行综合水平估计时，所涉及的量值标准化工具是双曲标准化函数，具体如下。

$$F(x) = \frac{a}{bx + c} \qquad\qquad 式（5—13）$$

其中，a、b 和 c 为待估参数，x 为指标数值。为了保证基准多边形面积可计算，该标准函数满足函数上限值域端点为 1，函数下限值域端点为 -1，临界值为 0 的条件。在上述条件下，F（x）成为值域在 - 1 到 +1 上的一个闭区间函数，而指标得分也将通过该函数映射至 - 1 到 +1 区间，这一过程即成为标准化过程。根据标准化函数的特性，给定指标 x 的最大上限，记作 U；给定指标 x 的最小下限，记作 L，给定指标 x 的临界值，记作 T；那么根据映射的定义，自然地得到：

$$F(U) = 1$$

$$F(L) = - 1 \qquad\qquad 式（5—14）$$

$$F(T) = 0$$

因此，我们得到关于函数 F（x）的包含三个方程的联立方程组。该方程组中有三个待估参数，那么我们可以通过简单的数学运算求解该方程组，推导出用 U、T 和 L 表示的 a、b 和 c 三个待估参数的值，具体如下：

$$a = (U - L)(U - T)$$

$$b = U + L - 2T \qquad\qquad 式（5—15）$$

$$c = UT + LT - 2UL$$

于是，标准化函数可以表示为：

$$F(x) = \frac{(U - L)(U - T)}{(U + L - 2T)x + UT + LT - 2UL} \qquad 式（5—16）$$

因此，要把指标数据标准化，其前提是将标准化函数估计出来。实际上，在对标准化函数进行估计的过程中，U、L 和 T 是根据现实条件自行取值的。就数学角度而言，不难证明 F（x）是一个增函数，即其一阶导数非负。同时，临界值处，F（x）的二阶导数为 0，在临界值两侧，函数 F（x）的二阶导数符号出现变化。那么自然地，第 i 个指标的得分记作 S_i，t 为对应的考察时间；其计算方法为：

$$S_{it} = \frac{(U_{it} - L_{it})(U_{it} - T_{it})}{(U_{it} + L_{it} - 2T_{it})x + U_{it}T_{it} + L_{it}T_{it} - 2U_{it}L_{it}} \qquad 式（5—17）$$

在此基础上，综合评价得分可以记作：

$$S = \frac{\sum_{i \neq j}^{i,j}(1 + s_{it})(1 + s_{jt})}{2n(n - 1)} \qquad 式（5—18）$$

观察上述公式不难看到，就全排列多边形图示法而言，某项指标只需确定其上限、下限和临界值的取值，就可以核算出该指标的得分，完全避免了普通加权法在权重方面可能出现的偏误和主观性误导，得分和评价结果更加客观公正，同时计算方法简单，可操作性强。这样，通过多层次、重复性的全排列多边形图示法计算，可以逐一计算出每层指标的得分，进而得到被考察城市最终的综合评价。关于全排列多边形图示法的形象展示如图5—7所示（为便于观察，我们在全排列多边形图示中标出了由每个指标取均值时的连线，并形成对应的小多边形，其面积代表每项指标均取均值时的综合得分，以供实际得分与之对比）。

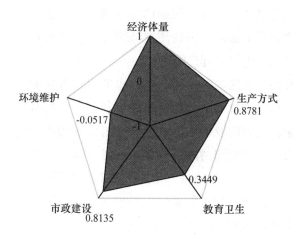

图5—7　一个全排列多边形图示法原理的展示图

（二）样本选取原则和样本城市选择

根据前述公式，这里将使用全排列多边形图示法对中国城市发展的协调指数进行测算，以实现对城市协调发展水平的评估。评估的基础，也即是指数测试的第一步，是构建城市协调发展评价体系，这一体系将由若干一级指标、若干二级指标……若干 M 级指标所组成。根据数据可得性，参考已有文献，同时根据城市协调发展所需要考量的重点方面，我们将构建基于如下原则的城市协调发展测算与评价体系。

其一，将经济、文化、社会等各方面的因素相互关联地纳入到同一逻辑体系内来讨论，即把"生态环境"因素"内生性"地融入到经济、社会的全过程中去讨论，而非外生植入。

其二，城市协调发展指数评价体系应当具备并能全面地、系统地、简洁地反映城市发展的协调状况，应当能够反映城市社会经济与资源环境最突出矛盾。同时，应当具备目标指标定位清晰准确，凸显城市异质性的功能。

其三，评价体系的指标选取应当具备"共性与特色相结合原则、继承与创新发展相结合原则、可实践性与前瞻性相结合原则、科学性与可操作性相结合原则、分步实施和分段评估的原则"，试图反映出城市协调发展性的阶段性特点。评价体系的指标构建应当遵循科学性、代表性、可行性三个原则。

因此，我们试图构建如下架构的城市协调发展指数测算体系，并使用全排列多边形图示法对中国的主要城市进行发展协调水平评估。下面从几个角度就这一工作进行介绍。

首先，我们就所选取的研究对象，也即所要考察的目标城市进行选取。综合指标选择、数据可得性、统计口径差异、城市代表性、地域代表性、发展阶段代表性及增长方式代表性等多重因素，我们选择了全部的中央直辖市、几乎全部的副省级城市和省会城市，以及部分地级市一共 105 座城市作为中国城市的研究代表。从行政级别上来看，我们所选取的样本包括了正部级直辖市、副省级城市和普通地级市，包含了所有权力级别的城市。从地域和发展阶段来看，中国经济发展水平从东、中、西依次呈现出梯度递减的特征，我们所选择的城市覆盖中国东、中、西部几乎所有的地理区域和所有的相对发达城市、发展中城市和相对欠发达城市，样本量囊括了几乎全部的发展阶段。其次，考虑到城市协调发展的重要压力是工业增长所带来的污染对城市生态的破坏以及所产生的城市生态经济的持续发展约束，因此，对主要的工业城市、能源消耗城市和重要的污染城市尤其需要关注，这一理念在我们选取城市样本时尤为重要。

除此之外，考虑到城市协调发展指数评价工具应当具备普遍适用性，为凸显其现实意义和实际价值，我们尽可能地将所有的城市发展类型均纳入样本考察范围。囊括了相当丰富的城市发展类型和增长方式，为后面的分析、评价和比较提供了相当丰富的素材，力求保证评价结果的客观性与结论的说服力。整体而言，我们所选取的城市样本基本满足城市协调发展指数所要求的信息。具体来说，我们所选取的城市列举如下。

北京市、天津市、石家庄市、唐山市、秦皇岛市、邯郸市、保定市、太原市、大同市、阳泉市、长治市、临汾市、呼和浩特市、包头市、赤峰市、沈阳市、大连市、鞍山市、抚顺市、本溪市、锦州市、长春市、吉林市、哈尔滨市、齐齐哈尔市、牡丹江市、上海市、南京市、无锡市、徐州市、常州市、苏州市、南通市、连云港市、扬州市、杭州市、宁波市、温州市、湖州市、绍兴市、合肥市、芜湖市、马鞍山市、福州市、厦门市、泉州市、南昌市、九江市、济南市、青岛市、淄博市、枣庄市、烟台市、潍坊市、济宁市、泰安市、日照市、郑州市、开封市、洛阳市、平顶山市、安阳市、焦作市、武汉市、宜昌市、荆州市、长沙市、株洲市、湘潭市、岳阳市、常德市、张家界市、广州市、韶关市、深圳市、珠海市、汕头市、湛江市、南宁市、柳州市、桂林市、北海市、海口市、重庆市、成都市、攀枝花市、泸州市、绵阳市、宜宾市、贵阳市、遵义市、昆明市、曲靖市、西安市、铜川市、宝鸡市、咸阳市、延安市、兰州市、金昌市、西宁市、银川市、石嘴山市、乌鲁木齐市、克拉玛依市。

后文的分析将根据对上述城市的考察展开。

（三）"城市协调发展指数"的指标构建

以下就我们所构建的城市协调发展指数的指标构建做一介绍。整体来看，我们构建的城市协调发展指数的指标为三层架构，分别为底层指标、中间层指标和最终得分。其核算的基本逻辑是，将城市协调发展水平的最终得分定义为第三层，并将其细化分为若干指标，以表征城市协调发展的若干方面，这些方面为第二层次，正是这些方面的得分核算得出城市协调发展指数。而每个二层指标又将包括若干一级指标，这里的一级指标即为底层指标。核算的基本思路是，将直接可获取的一级指标数据通过式（5—16）标准化，后使用式（5—18）得出其二级指标得分，随后将得到的二级指标得分标准化，重复使用式（5—18），得出最终得分。

于是，第三层为顶层，即最终得分层，表征城市协调发展水平；中间层为第二层，以某些综合性指标表征城市协调发展涉及的各个方面，正是第二层指标的得分，最终决定了第三层指标的得分大小，具体包括：经济体量指标，发展方式指标，教育卫生事业发展水平指标，市政建设水平指标和环境维护力度指标。一级指标则更加细致，经济体量指标包括：人均生产总值（PGDP），第三产业产值占比（STR），互联网用户数（INTERNET）；生产方式指标包括：ECT（单位 GDP 全社会年用电量），ST（市辖区的科学技术指出占比），WATER（市辖区单位 GDP 供水量）；教育卫生事业发展水平包括：市辖区的每万人大学生数，市辖区教育支出占比，九年义务教育阶段师生比，市辖区的每万人病床数，市辖区的每万人医生数；市政建设包括：每万人拥有公共交通车辆（市辖区），人均铺装道路面积（市辖区），建成区排水管道密度，城市人口密度；环境维护力度指标包括：城区绿化覆盖率，工业废水排放达标率（或者处理率），二氧化硫去除率和工业固体废弃物综合利用率。这样，便能够保证全面评估城市协调发展水平的情况下基本覆盖城市生活的方方面面，同时做到重点突出，减少重复，因此，其可以作为评估城市协调发展程度的工具。更加直观的评价系统架构见图 5—8。

这里就我们考察的样本期限和数据来源进行介绍：我们的样本考察期为 2006—2015 年，数据来源为《中国环境年鉴》《中国城市统计年鉴》和《中国城市建设统计年鉴》。除此之外，在建立城市协调发展指数测算体系的过程中，核算指标得分工作中必不可少的一个环节是标准化函数的估计，也即对标准化函数的最大值、最小值和均值进行赋值。根据已有文献的经验，我们将各个指标所有城市在样本期跨度内的最大值设置为标准函数的最大值，将各个指标所有城市在样本期跨度内的最小值设置为标准函数的最小值，将各个指标所有城市在样本期跨度内的平均值设置为标准函数的临界值，由此构建出不同指标对应的标准化函数，进而将实际指标数值标准化后映射在 −1 到 1 的区间内。

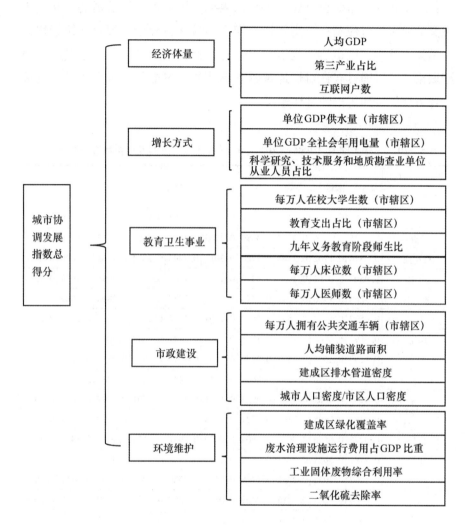

图5—8　城市协调发展指数测算与评价体系架构图

二　城市协调发展指数测算及结果

根据前文所介绍的方法和数据来源，我们搜集对应指标的数据并加以处理，最终核算得出了样本城市在样本期内的各层次指标得分与最终得分（见表5—10）。首先，考虑到我们的评价体系为三层架构，这里我们将样本城市最高得分在样本期内的表现展示如下。如此安排，原因有三：一是将相关指标得分展示出来以表征中国城市协调发展的变化，为下文的分析提供便利；二是将样本期内的最终得分予以展示，便于快速从整体上就中国城市协调发展状况进行把握；三是对于某些感兴趣的目标城市，可以通过有针对性地观察其整体的动态变化和城市建设和发展的各方面，进而提出针对性建议。

表5—10　样本期内（2006—2015年）样本城市的协调发展指数得分展示

年份 城市	2006	2007	2008	2009	2010	2011	2012	2013	2014	2015
北京	0.3223	0.4100	0.4451	0.4714	0.4980	0.5304	0.5637	0.5468	0.5958	0.6100
天津	0.2125	0.2946	0.3475	0.3880	0.4265	0.4829	0.4869	0.4352	0.5706	0.5970
石家庄	0.1344	0.1702	0.2494	0.2786	0.3019	0.3393	0.3812	0.3768	0.3600	0.2476
唐山	0.0507	0.0764	0.1033	0.0910	0.1302	0.1609	0.1701	0.2096	0.1994	0.2309
秦皇岛	0.1269	0.1996	0.2049	0.2246	0.2879	0.3377	0.3453	0.2898	0.3889	0.3156
邯郸	0.0522	0.1017	0.1530	0.1522	0.1804	0.1894	0.2359	0.2604	0.2180	0.2123
保定	0.0591	0.0906	0.1085	0.1776	0.2594	0.2437	0.2649	0.2092	0.2765	0.2311
太原	0.1189	0.1608	0.1889	0.2259	0.2601	0.3041	0.3549	0.2811	0.4177	0.4342
大同	0.0372	0.0678	0.0784	0.0641	0.1210	0.1437	0.1669	0.1783	0.1537	0.1872
阳泉	0.0287	0.0489	0.0554	0.0923	0.1181	0.1239	0.1701	0.2299	0.1687	0.1904
长治	0.0485	0.0698	0.0863	0.1321	0.1168	0.1589	0.2005	0.2180	0.2031	0.2399
临汾	0.0278	0.0556	0.0675	0.0804	0.0920	0.0951	0.1126	0.1192	0.1402	0.1593
呼和浩特	0.2191	0.3011	0.3977	0.3858	0.2853	0.3125	0.3667	0.4345	0.5486	0.6025
包头	0.1277	0.1938	0.2352	0.2438	0.2582	0.2520	0.2945	0.3731	0.4416	0.3972
赤峰	0.0089	0.0255	0.0416	0.0409	0.0533	0.0567	0.0820	0.1880	0.1809	0.2000
沈阳	0.1694	0.2556	0.2744	0.3131	0.3362	0.3614	0.4014	0.3801	0.4363	0.3799
大连	0.1989	0.3371	0.3737	0.4127	0.4144	0.4590	0.4923	0.4338	0.4514	0.4438
鞍山	0.0582	0.0825	0.0954	0.0997	0.1236	0.1363	0.1464	0.1514	0.1644	0.1575
抚顺	0.0364	0.0605	0.0712	0.0734	0.0998	0.1347	0.1630	0.1602	0.1725	0.1738
本溪	0.0240	0.0400	0.0451	0.0659	0.0871	0.1116	0.1246	0.1600	0.1591	0.1293
锦州	0.0742	0.1061	0.1367	0.1641	0.1495	0.2148	0.2228	0.1894	0.2534	0.2518
长春	0.1567	0.2382	0.3027	0.3174	0.2930	0.3474	0.3962	0.3777	0.4559	0.4234
吉林	0.0630	0.0806	0.1071	0.1534	0.1585	0.1952	0.2317	0.2432	0.2798	0.2461
哈尔滨	0.1402	0.2005	0.2255	0.2493	0.3212	0.3888	0.3832	0.3403	0.4042	0.4210
齐齐哈尔	0.0448	0.0777	0.1102	0.1555	0.1869	0.1891	0.1657	0.1625	0.2207	0.2652

续表

城市 ＼ 年份	2006	2007	2008	2009	2010	2011	2012	2013	2014	2015
牡丹江	0.0869	0.1089	0.1223	0.1626	0.1597	0.2162	0.2280	0.1731	0.2331	0.2296
上海	0.2563	0.2863	0.2989	0.3383	0.3715	0.3845	0.4072	0.3745	0.4449	0.4541
南京	0.1511	0.2113	0.2570	0.2923	0.3143	0.3759	0.4145	0.3842	0.4833	0.5167
无锡	0.2076	0.2832	0.3337	0.3936	0.4124	0.4635	0.4859	0.5057	0.5251	0.5408
徐州	0.0928	0.1360	0.1646	0.1756	0.1515	0.1986	0.2220	0.2521	0.2799	0.3059
常州	0.1097	0.1976	0.2517	0.3169	0.3247	0.3674	0.4095	0.4458	0.4784	0.4550
苏州	0.1735	0.2979	0.3523	0.3788	0.4358	0.4737	0.4566	0.4690	0.5164	0.5538
南通	0.1147	0.1899	0.2101	0.1666	0.1952	0.2603	0.3128	0.3172	0.3794	0.4135
连云港	0.1272	0.1920	0.1848	0.2086	0.2161	0.2383	0.2734	0.3122	0.1874	0.2346
扬州	0.1085	0.1885	0.2227	0.2700	0.3422	0.2956	0.2959	0.3226	0.3260	0.3593
杭州	0.1878	0.2881	0.3317	0.3367	0.4235	0.4590	0.4870	0.4487	0.5277	0.5810
宁波	0.2176	0.3295	0.3697	0.3660	0.4089	0.4639	0.4872	0.5205	0.5381	0.5570
温州	0.1699	0.2280	0.2490	0.2934	0.3195	0.3281	0.3565	0.3836	0.4447	0.4606
湖州	0.0936	0.1669	0.1970	0.2274	0.2447	0.2655	0.2796	0.3115	0.3332	0.3755
绍兴	0.1458	0.2087	0.2550	0.3020	0.3248	0.3632	0.3881	0.3016	0.3240	0.3516
合肥	0.1515	0.2319	0.2917	0.4015	0.4158	0.4571	0.5450	0.5124	0.5954	0.6308
芜湖	0.1002	0.1838	0.2161	0.2860	0.3356	0.3518	0.3960	0.3099	0.4617	0.4744
马鞍山	0.0544	0.0865	0.0993	0.1754	0.1614	0.2242	0.2372	0.2456	0.2518	0.3012
福州	0.1552	0.2094	0.2448	0.3124	0.4165	0.4164	0.4822	0.4908	0.5286	0.5347
厦门	0.2228	0.3416	0.3641	0.4008	0.4476	0.4763	0.5046	0.4786	0.5210	0.5367
泉州	0.0863	0.1685	0.1902	0.2148	0.3106	0.3163	0.3525	0.3833	0.3982	0.4191
南昌	0.1006	0.1606	0.1682	0.2155	0.2270	0.2601	0.3118	0.2439	0.2907	0.2975
九江	0.0703	0.1052	0.1173	0.1548	0.1880	0.3226	0.3219	0.3741	0.4260	0.4652
济南	0.1937	0.2851	0.3407	0.3489	0.3901	0.4196	0.3422	0.3487	0.5541	0.6086
青岛	0.2312	0.3500	0.3937	0.4269	0.4466	0.5194	0.5300	0.5150	0.6287	0.5995
淄博	0.0773	0.1258	0.1592	0.1368	0.1664	0.1874	0.2516	0.2849	0.2803	0.3149
枣庄	0.0255	0.0486	0.0608	0.0648	0.0850	0.1047	0.1131	0.1639	0.1430	0.1427
烟台	0.1664	0.2371	0.2656	0.2693	0.3584	0.4016	0.4439	0.4505	0.4759	0.5076
潍坊	0.0899	0.1618	0.1642	0.1734	0.2165	0.2433	0.3155	0.3531	0.3801	0.3720
济宁	0.0740	0.1426	0.1344	0.1562	0.2047	0.2531	0.2970	0.2972	0.3973	0.2910
泰安	0.1322	0.1485	0.1899	0.2353	0.2050	0.2289	0.2576	0.2830	0.3174	0.3457

续表

城市＼年份	2006	2007	2008	2009	2010	2011	2012	2013	2014	2015
日照	0.0549	0.0806	0.1068	0.1098	0.1400	0.1625	0.1692	0.2391	0.2291	0.2517
郑州	0.1523	0.2450	0.2341	0.2663	0.2065	0.2295	0.2189	0.1993	0.3265	0.5122
开封	0.0285	0.0552	0.0831	0.0965	0.1517	0.1979	0.1708	0.2772	0.3754	0.3705
洛阳	0.0450	0.0747	0.0980	0.1172	0.1502	0.2050	0.1738	0.2078	0.2880	0.3097
平顶山	0.0143	0.0451	0.0637	0.0771	0.1129	0.1405	0.1162	0.1311	0.1449	0.1572
安阳	0.0323	0.0519	0.0621	0.0812	0.1249	0.1828	0.1575	0.1485	0.1999	0.2217
焦作	0.0477	0.0561	0.0592	0.0906	0.1410	0.1584	0.1295	0.1234	0.1963	0.2209
武汉	0.1457	0.2714	0.2860	0.3239	0.3608	0.3973	0.4724	0.4987	0.5396	0.5595
宜昌	0.0695	0.1330	0.1394	0.1658	0.2135	0.2474	0.2890	0.3043	0.3597	0.4135
荆州	0.0343	0.0399	0.0561	0.0727	0.1155	0.1767	0.1904	0.1751	0.2492	0.3277
长沙	0.2048	0.3461	0.3310	0.3779	0.4130	0.4355	0.4875	0.4534	0.5709	0.5879
株洲	0.0850	0.1292	0.1595	0.1339	0.2099	0.2637	0.2815	0.3294	0.2545	0.3769
湘潭	0.0999	0.1348	0.1533	0.1453	0.2075	0.2256	0.2419	0.2395	0.3361	0.3442
岳阳	0.0373	0.1271	0.1687	0.1821	0.1792	0.1968	0.2417	0.2355	0.3086	0.3467
常德	0.0412	0.0793	0.0938	0.1230	0.1302	0.1787	0.2225	0.2538	0.2672	0.2934
张家界	0.0797	0.1029	0.1304	0.1132	0.1424	0.2175	0.2242	0.2114	0.2334	0.2585
广州	0.2507	0.3427	0.3726	0.4022	0.4446	0.3625	0.5309	0.4387	0.5689	0.5685
韶关	0.0425	0.0696	0.0842	0.1307	0.1500	0.1797	0.2284	0.2141	0.2420	0.3030
深圳	0.3761	0.5061	0.5224	0.5830	0.5920	0.6139	0.6268	0.5496	0.7207	0.7685
珠海	0.2806	0.3360	0.3653	0.4165	0.4407	0.4794	0.5339	0.4873	0.5938	0.6571
汕头	0.0056	0.0097	0.0147	0.0180	0.0236	0.0306	0.0327	0.0325	0.0312	0.0414
湛江	0.0341	0.0719	0.1342	0.1314	0.1471	0.1600	0.1923	0.1700	0.1952	0.2180
南宁	0.1288	0.1654	0.1840	0.2039	0.2583	0.3432	0.3824	0.2686	0.3990	0.4327
柳州	0.0765	0.1094	0.1296	0.0995	0.1966	0.2106	0.2474	0.2920	0.2918	0.3276
桂林	0.1076	0.1475	0.1855	0.2075	0.2512	0.2867	0.3236	0.3469	0.4048	0.3393
北海	0.0503	0.0743	0.0832	0.1198	0.1394	0.1970	0.2412	0.3023	0.3076	0.1912
海口	0.1100	0.1831	0.2114	0.2245	0.2817	0.3412	0.3658	0.2922	0.3635	0.3963
重庆	0.0548	0.0839	0.1093	0.1216	0.1783	0.1906	0.0715	0.2342	0.2381	0.2622
成都	0.1553	0.2295	0.2638	0.2588	0.2969	0.3521	0.3662	0.3951	0.4392	0.4893
攀枝花	0.0786	0.1000	0.1144	0.1304	0.1443	0.1740	0.2040	0.2574	0.2647	0.2880
泸州	0.0257	0.0498	0.0616	0.0727	0.0797	0.0872	0.1234	0.1817	0.2005	0.2314

续表

年份\城市	2006	2007	2008	2009	2010	2011	2012	2013	2014	2015
绵阳	0.0831	0.1581	0.1696	0.1833	0.2197	0.2617	0.3201	0.3482	0.3857	0.3934
宜宾	0.0323	0.0598	0.0754	0.0758	0.0801	0.0710	0.1215	0.1628	0.1494	0.1844
贵阳	0.1024	0.1675	0.1946	0.2215	0.2564	0.3077	0.3437	0.4047	0.4939	0.5215
遵义	0.0216	0.0654	0.0816	0.0758	0.1623	0.1299	0.1645	0.1858	0.2580	0.2575
昆明	0.1907	0.2999	0.1360	0.2999	0.2950	0.3732	0.3862	0.4079	0.5427	0.5445
曲靖	0.0601	0.0720	0.0924	0.0701	0.0984	0.0911	0.2023	0.1904	0.2114	0.2582
西安	0.0959	0.1402	0.1953	0.2444	0.2844	0.3352	0.3699	0.3617	0.3949	0.4506
铜川	0.0049	0.0097	0.0129	0.0271	0.0399	0.0390	0.0473	0.1071	0.0852	0.1130
宝鸡	0.1013	0.1545	0.1138	0.1271	0.1470	0.1464	0.1711	0.2059	0.2359	0.2401
咸阳	0.0411	0.0635	0.0600	0.1006	0.1442	0.1451	0.1920	0.1872	0.2104	0.2024
延安	0.1038	0.1347	0.1212	0.1316	0.1967	0.1900	0.2194	0.2489	0.2737	0.2751
兰州	0.0657	0.1028	0.1275	0.1736	0.2048	0.2216	0.2670	0.2479	0.3287	0.4252
金昌	0.004	0.0054	0.0046	0.0148	0.0301	0.0368	0.0677	0.1045	0.1048	0.1247
西宁	0.0452	0.0689	0.0590	0.0859	0.1954	0.1722	0.3486	0.1446	0.2963	0.3292
银川	0.1190	0.1774	0.2425	0.2979	0.2775	0.3609	0.3894	0.4326	0.4499	0.4679
石嘴山	0.0117	0.0465	0.0492	0.0440	0.0617	0.0842	0.0910	0.1248	0.1428	0.1660
乌鲁木齐	0.1739	0.2193	0.2322	0.2976	0.3253	0.3595	0.3794	0.4555	0.4933	0.5262
克拉玛依	0.1358	0.2286	0.2157	0.1821	0.2111	0.2398	0.2540	0.3378	0.2897	0.3956

整体来看，大部分城市在样本期内均呈现出得分逐渐增加的趋势，代表着样本城市在协调发展方面均有所进展。其中，保证整体经济增速是整体得分提高的关键（这点将在后文的分析中得以体现）。实际上，样本期内中国年均 GDP 增长率接近两位数，经济发展为城市建设提供了相当雄厚的财力和物质保障，直接推动城市建设、科学教育和卫生医疗相关事业的发展。这间接意味着，尽管我们面临着增长方式转型、发展动力转换和能源、环境方面的巨大压力，但"发展仍是解决中国问题的金钥匙"这一根本论断仍不过时。只是，现在所面临的最主要问题已经由"要不要发展"变成"如何发展"。2013 年 3 月召开的十二届全国人大一次会议上，环境保护部副部长吴晓青指出："正确处理好环境保护与经济发展的关系是做好当前和今后一个时期环保工作的难点和重点。"同时指

出，脱离经济发展抓环境保护是"缘木求鱼"，离开环境保护搞经济发展是"竭泽而渔"，正确的经济政策就是正确的环境政策。实际上，这也为建设协调发展城市指明了道路：即，以环境保护优化经济增长，必须坚持在发展中保护，在保护中发展，用生态保护来优化生产力的空间布局，推动经济发展方式实现绿色转型。通过相对细致的观察，不难发现，整体而言，城市协调发展综合水平得分呈现出东部、中部、西部依次递减的趋势。这与环境经济学理论中的"EKC"曲线（库兹涅茨曲线）相符：东部地区所处于更高水平的发展阶段，拥有更优越的教育资源，公众环保意识更强，对清洁环境的需求更强，因此其城市协调发展水平相对较高，而西部地区则反之，一定程度上印证了库兹涅茨曲线在中国的成立性。但必须指出的是，环境质量和城市协调发展水平绝不是随着发展水平的提升而自然升高，这背后是发展水平的提升所带来的公众环保意识的增强和对污染企业、污染产品的抵制；发展带来的高技术研发资金所产生的环境友好型产品的研发、使用，以及生产效率的提升对环境和能源要求的降低；政府工作重心由完全的经济建设转向经济、民生兼顾的工作思路，以及政府更加严格的环境规制，"倒逼"污染企业的转型。

总之，这里得出的基本结论为：样本期内样本城市的发展协调水平的不断攀升，且东、中、西部城市在城市协调发展方面得分的依次递减。

三　基于城市协调发展指数对若干典型城市的分析

正如综述部分所提到的，制定城市协调发展指数测算工具的一个重要动机，是就城市发展的协调水平进行刻画和了解，以便对城市发展和建设提出针对性的建议。因此，在整体概览的基础上，我们就样本期内每年城市协调发展得分按从高到低的顺序做一排名，排名的先后，代表着城市发现协调水平的高低，一定程度上反映着城市可持续发展的能力和综合竞争能力。通过对排名前列的部分样本城市进行分析，抽象出其共有特质，可以为其他落后城市提供启示。除此之外，我们更为关心的是，十年的样本期囊括了样本城市发展的动态变化，排名先后的变化反映了城市协调发展水平的相对高低变动，样本期内，我们关心哪些城市进步，为何进步，哪些城市退步，为何退步，相关分析不仅给予观察相关城市过去一段时间内发展状态的窗口，也为"退步"的城市提供预警，

为进步城市总结经验。本部分的分析，我们以样本期内每年的排名前 10
的城市变动为考察依据，以二级指标得分变动作为分析排名变化的基础，
试图得出有利于城市协调发展和提高城市竞争力的结论。除此之外，我
们将选取部分城市重点分析其名次的变动。需要明确的一个前提是，我
们的排名仅代表城市之间的相对竞争力和协调发展水平，而非绝对水平，
这点在前文已做强调；而且，我们的得分仅是基于我们所选取的样本城市
取得，而并没有考虑非样本城市，这点在分析排名结果时需要注意。表 5—
11 展示了样本期城市协调发展指数得分前十名的城市及对应得分。

表 5—11　　　　　　2006—2015 年中国城市协调发展指数前十名

（按指数值降序排列）

2006 年排名	得分	2007 年排名	得分	2008 年排名	得分	2009 年排名	得分	2010 年排名	得分
深圳	0.3761	深圳	0.5061	深圳	0.5224	深圳	0.5830	深圳	0.5920
北京	0.3223	北京	0.4100	北京	0.4451	北京	0.4714	北京	0.4980
珠海	0.2806	青岛	0.3500	呼和浩特	0.3977	青岛	0.4269	厦门	0.4476
上海	0.2563	长沙	0.3461	青岛	0.3937	珠海	0.4165	青岛	0.4466
广州	0.2507	广州	0.3427	大连	0.3737	大连	0.4127	广州	0.4446
青岛	0.2312	厦门	0.3416	广州	0.3726	广州	0.4022	珠海	0.4407
厦门	0.2228	大连	0.3371	宁波	0.3697	合肥	0.4015	苏州	0.4358
呼和浩特	0.2191	珠海	0.3360	珠海	0.3653	厦门	0.4008	天津	0.4265
宁波	0.2176	宁波	0.3295	厦门	0.3641	无锡	0.3936	杭州	0.4235
天津	0.2125	呼和浩特	0.3011	苏州	0.3523	天津	0.3880	福州	0.4165
2011 年排名	得分	2012 年排名	得分	2013 年排名	得分	2014 年排名	得分	2015 年排名	得分
深圳	0.6139	深圳	0.6268	深圳	0.5496	深圳	0.7207	深圳	0.7685
北京	0.5304	北京	0.5637	北京	0.5468	青岛	0.6287	珠海	0.6571
青岛	0.5194	合肥	0.5450	宁波	0.5205	北京	0.5958	合肥	0.6308
天津	0.4829	珠海	0.5339	青岛	0.5150	合肥	0.5954	北京	0.6100
珠海	0.4794	广州	0.5309	合肥	0.5124	珠海	0.5938	济南	0.6086
厦门	0.4763	青岛	0.5300	无锡	0.5057	长沙	0.5709	呼和浩特	0.6025
苏州	0.4737	厦门	0.5046	武汉	0.4987	天津	0.5706	青岛	0.5995
宁波	0.4639	大连	0.4923	福州	0.4908	广州	0.5689	天津	0.5970
无锡	0.4635	长沙	0.4875	珠海	0.4873	济南	0.5541	长沙	0.5879
大连	0.4590	宁波	0.4872	厦门	0.4786	呼和浩特	0.5486	杭州	0.5810

作为中国的"一线城市"，北京、上海、广州和深圳已然是中国最为发达的地区，鉴于四座城市在经济发展和增长方式转变方面的重要性，我们首先就这四座城市进行简单分析，以实现标杆效应，为下面的分析提供范式。

（一）城市协调发展指数排名第一的深圳

由表5—11所展示的结果来看，尽管前十名的城市名单几乎每年都在变化，但深圳市在样本期内始终排名第一，意味着深圳市在城市协调发展和城市综合竞争力方面具有雄厚实力［这里，为了更加直观地观察深圳市在城市协调发展方面的表现，我们将深圳市典型年份（2006、2009、2012、2015年）的全排列多边形图示与得分予以展示］（见图5—9）。作为国家区域中心城市、国际化城市、国家创新型城市、国际科技产业创新中心、全国性金融中心之一，深圳市吸引了全国几乎最多的互联网巨头和金融企业，实现了产业结构合理化和高度化；在高新技术产业、金融服务、外贸出口、海洋运输、创意文化等多方面占有重要地位，更是创新创业最为繁荣的城市和科技孵化效率最高的城市。可以看出，深圳市的经济结构主要以具有高附加值的服务业和高技术含量的轻工业为主，污染排放较少。因此，深圳在城市协调发展方面取得优异成绩不难理解。从图示不难看出，整体而言，在样本期内，深圳市城市协调发展水平整体不断提高，这体现在图示中由阴影所覆盖的不规则多边形面积整体的增大。但就深圳市整体协调水平而言，仍有较大的提升空间，并集中体现在经济、环境和教育卫生及市政建设方面的协调性上。观察图示不难发现，典型年份中，深圳市在环境维护、生产方式、教育卫生方面得分相对偏低，仍需持续加大力度。意味着在经济社会协调发展的过程中，仍需不断转变发展思路和增长模式，促进城市全面健康协调发展。

（二）城市协调发展指数名列前茅的北京

样本期内，在2006—2013年间，北京均排名全国第二，仅次于深圳；在2014和2015两年中，尽管北京的排名有所落后，但始终位列前十名。这里，北京作为中国的政治中心，汇集了最为发达的高等教育资源，是中国顶尖高校和科研院所的聚集地，同时，是央企和外企巨头总部的汇聚地，因此北京的协调发展状态在意料之中。这里就北京的典型年份，将全排列多边形图示法考核体系下的城市协调发展性评估状况予以展示

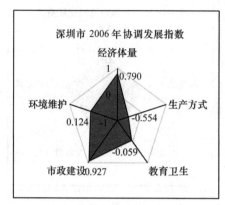 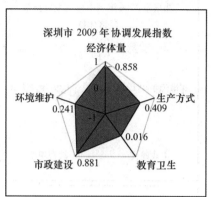

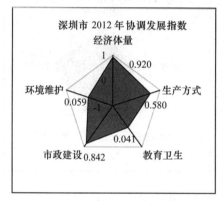 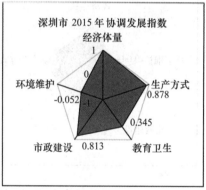

图5—9　深圳市典型年份城市协调发展指数的构成与对比

（见图5—10）。从图示来看，与深圳市呈现出相似的发展状况：整体而言，样本期内北京市的城市协调发展水平不断提升，表现在由阴影覆盖的不规则多边形面积的不断扩大。同时，北京市同样出现了经济发展、民生事业和环境维护失调的现象，表现在对应得分的状况，即图中对应的由中心点延伸出的，由阴影面积覆盖的线段长度，这意味着北京市同样在城市协调发展的方面有较大的提升空间和压力。

（三）城市协调发展指数未能稳居前列的上海、广州

就城市协调发展指数测度结果而言，作为中国经济最发达的地区，上海除2006年进入前十名之外，其他年份都没有再进入前十名，这并不符合大众的直观感受。而广州市，作为华南的经济中心和国家城市，在

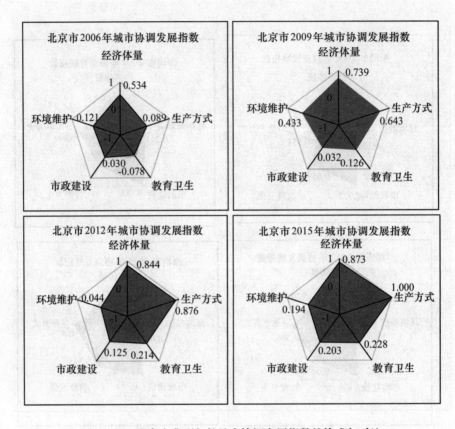

图5—10　北京市典型年份城市协调发展指数的构成与对比

2006—2010 年间尚可位列前十名，但其排名稳中有降；在 2010 年后，整体得分逐步下滑，到 2015 年已经跌出前十名。一个需要思考的问题是，作为一线城市的上海和广州，为什么会出现城市协调发展得分持续下滑？尤其是上海，2007 年以后便再未进入前十。那么究竟是什么原因使得这两座城市在协调发展的过程中逐渐被超越？为了探究其中的原因，我们将上海在样本期内的二级指标得分和对应排名列出，这样我们就可以清晰地看到上述两座城市究竟在哪方面的不足导致了整体得分的落后。一定程度上，上海市作为经济发达城市，其特征能够代表部分城市的发展状态，这里以上海为例进行分析可以为其他城市的发展和努力方向提供借鉴。表 5—12 展示了上海市在样本期内的二级指标得分及排名。

表5—12　上海市城市协调发展指数二级指标排名（2006—2015 年）

年份	经济体量	增长方式	教育卫生事业	市政建设	环境维护
2006	3	4	54	34	49
2007	3	12	57	68	63
2008	3	16	60	72	43
2009	3	11	64	65	20
2010	2	12	70	64	26
2011	4	14	68	60	38
2012	4	14	67	62	27
2013	4	17	84	68	30
2014	4	13	70	67	37
2015	4	13	66	77	15

由表5—12 可以十分清楚地看到，上海市在经济体量方面走在全国前列，样本期内均在前四，其经济体量与国际化大都市和国家中心城市的定位相匹配。但考察其增长方式指标，相对于经济体量指标，排名相对靠后，已经跌出前十，意味着上海市的高增长依然靠资源和要素投入拉动，具体表现在：单位 GDP 消耗的电能、水和技术研发投入占比等方面的得分较低。除此之外，更需要注意的是，上海市的教育卫生事业排名较低，在样本总量（106）中排名属于中等偏下，这与上海市的国际化大都市和国家中心城市、区域性中心城市的定位不符。具体来说，每万人床位数、医生数仍有提高空间，教育支出还需提高（特别是中小学教育支出），这些成为城市协调发展的短板，换言之，上海市应当加大基础教育投入，提高初等中等教育水平，以提高整体教育水平。市政建设方面，上海市同样存在短板，其得分不仅不够靠前，甚至有所退步，其公共汽车数量、人均道路铺装面积、城市排水管道密度、人口密度均有较大的改善和提升空间。关于上海市的全排列多边形图示同样支持了上述论断，如图5—11 所示。

从图示中看到，上海市同样在城市协调发展中出现结构性短板：环境维护和市政建设方面的建设相对薄弱。作为中国经济最为发达的城市

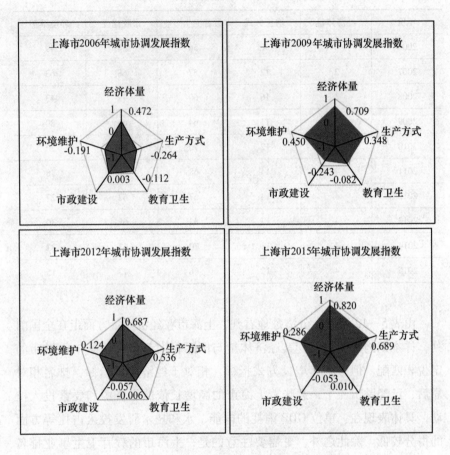

图5—11 上海市典型年份城市协调发展指数的构成与对比

之一，上海市有大量企业落户，成为区域性的经济中心，吸收了周围地区大量人口涌入。因此，以人口密度增加所导致的交通拥堵为代表的城市病短时间内难以避免，市政建设服务难以承载过量的人口，而导致得分和排名过低。这里的一个重要启示是，应当尽量更加明确和细化上海市的城市定位，逐渐化解非核心定位的城市功能。将部分与城市功能和发展理念不符的企业逐步转移出核心城区，以达到疏散人群，合理化城市人口分布的目的。除此之外，还应提高市政建设和服务的信息化含量，充分挖掘和利用互联网技术，以提高服务质量和效率；应大力发展地铁、轻轨等公共交通方式，以满足市民需要，为提高经济效率服务。同时多管齐下，扩展城市范围，辐射周边城镇，为解决城市病、实现城市协调发展创造条件。与市政建设的低水平相比，上海同样面临着环境维护和治理的问题。首先是城市绿化面积不足。上海市作为中国的金融中心，金融等高端服务业相当发达，经济体量的巨大决定上海市的土地价格高攀，大量土地上建筑物高耸，人口的涌入使得上海市的人均绿地面积不断缩小。因此，或者疏散非核心功能，或者不断开拓城市面积和范围，建立新区和卫星城镇群，将非城市核心功能不断疏散至新区，以最终实现城市健康良性发展。除此之外，我们发现，上海市在工业污染治理方面仍然有较大发展空间，与其国际性大都市和区域中心城市的地位不符。例如，工业废水处理率和固体废弃物综合利用率都尚有提高空间。一个可行的思路是，一方面，严格环境规制，"倒逼"企业向环境友好型转型，进而带动相关产业的升级和转型；另一方面，政府应当出台鼓励和引导性政策，引导企业投资向高技术产业、高端服务业和环境友好型产业及高端服务业集聚，不断优化产业结构，进而实现城市发展的转型和竞争力的提升。

一定程度上，上海市具有一定典型性，经济体量相对较大，但发展方式依然是要素增长型，附加值相对偏低，且在要素价格不断攀升的背景下，城市持续发展可能缺乏后劲。且不断涌入的人口对城市管理、市政建设和环境治理提出了挑战，使得这些城市不断面临着交通拥堵、运行效率低下和城市清洁等城市病的压力。上海的协调发展问题，对各个大城市的协调发展问题而言有一定的可类比性。

（四）城市协调发展指数未列前茅的天津

就城市协调发展指数测度结果而言，与直观感受不同的是，作为中国北方的经济中心，天津市的城市协调发展指数也不高。仅 2006 年、2009 年、2011 年和 2015 年进入前十名的榜单，且排名在相对靠后的位置，这意味着天津市在城市协调发展方面存在短板。这里，我们通过上述的评价指标做简单的分析。首先，我们将天津市样本期内的二级指标得分排名予以展示，这将便于我们对天津市样本期内城市发展的各方面状况有一个简单的了解。同时，我们将典型年份的全排列多边形图示予以展示，以更加直观地观察和了解天津市城市协调发展性的状况。

由表 5—13 及图 5—12 可以直观观察到，天津市在增长方式和市政建设方面取得了长期稳定的发展，在经济体量方面，亦取得较大发展。这与前面的上海市有明显的结构差异，尤其是增长方式方面，长期稳定在前十名的位置。其市政建设的得分，样本期内平均也在十名左右，意味着天津市在公共交通、道路铺装和城市排水等相关的城市公共基础设施建设，以及水、电等能源利用率方面有较好的发展。除此之外，与上海市相似的是，天津市在环境维护和教育卫生事业方面排名相对靠后。因历史原因，天津市的产业结构以钢铁等重工业产业为主，制造业同样发达，因此面临着相当的环境压力。一直以来，北京、天津和河北的空气污染和雾霾天气一直为公众所诟病。尤其在北方季节，以煤燃烧为主要采暖形式的能源结构导致天津、河北地区长时间面临着大气污染治理和维持民生之间的两难选择，我们的考核指标反映了这一现实。与此同时，重工业为主的产业结构在环境治理的过程中依然面临着就业、经济增长、事业发展等诸多衍生问题。但归根结底，这是大多数 GDP 导向城市发展过程中所面临的通病，这都属于产业结构调整和新旧动能转换中不可避免的阵痛。尽快跨过这个阶段，就能更快速地实现产业结构由要素投入型、环境污染型和低附加值型产业向效率效益型、环境友好型和高附加值型产业的转型。

表5—13　　　　天津市协调发展指数二级指标得分排名

年份	经济体量	增长方式	教育卫生事业	市政建设	环境维护
2006	14	5	61	9	86
2007	15	10	65	10	37
2008	14	8	61	9	39
2009	8	4	67	13	44
2010	7	5	65	16	44
2011	5	3	65	12	48
2012	26	3	63	7	35
2013	28	9	79	7	18
2014	8	4	59	10	18
2015	8	1	63	11	49

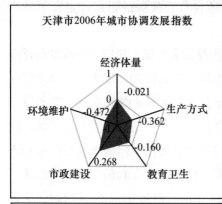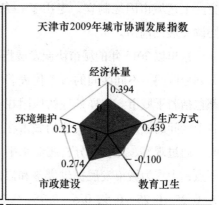
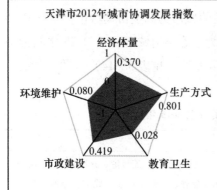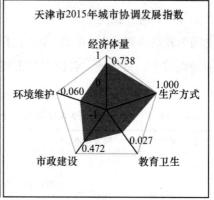

图 5—12　天津市典型年份城市协调发展指数的构成与对比

四　按城市协调发展指数的城市分类及对城市协调发展典型城市的分析

根据测度的城市协调发展指数，可以对所有样本城市进行分类，也可对不同类型典型城市的协调发展状态进行分析。

（一）按城市协调发展指数的城市分类

观察表 5—14，我们发现，在城市协调发展指数中名列前茅的城市，除了公认的北京、上海、广州和深圳等一线城市之外，其余城市仍可以依据城市资源和发展类型分为如下几类：首先，是产业结构合理的城市，如，青岛、厦门；其次，是依托长三角和上海的区位和地理优势的城市，如，苏州、杭州和无锡。从区域上看，这些城市均处东部地区，有着较高的生态承载力；从产业结构上看，属于低污染和高附加值产业结构为主。上述城市因地制宜，走出了一条适合自己发展的道路，走在了城市协调发展的前沿。

这里以 2015 年的城市协调发展指数得分为基础，我们将样本城市排序并划分区间，不同区间的城市代表着不同的城市协调发展水平，每个区间都包括若干城市。这样处理的原因在于，我们可以更加直观地观察坐落在各个区间的城市，对所关注的城市在全国城市中所处的位置有所了解。同时，通过观察、比较和分析相似水平的城市，更便于归纳出其相同点和不同点，力求为城市发展提供借鉴和启发。根据已有文献的安排，我们按照 0—0.25、0.25—0.5、0.5—0.75、0.75—1 的规则将 0—1 的区间划分为四个部分。同时，我们定义 0.75—1 之间的城市为高度协调城市，0.5—0.75 之间为较高协调城市，0.25—0.5 之间为中等协调城市；0—0.25 之间为一般协调城市。具体地，各层次城市展示如下（见表 5—14）。

表 5—14　　　　　　城市协调发展水平分类（以 2015 年为例）

城市协调发展水平	判定标准	城市
一般协调	0—0.25	石家庄、吉林、宝鸡、长治、连云港、泸州、保定、唐山、牡丹江、安阳、焦作、湛江、邯郸、咸阳、赤峰、北海、阳泉、大同、宜宾、抚顺、石嘴山、临汾、鞍山、平顶山、枣庄、本溪、金昌、铜川、汕头（29/105）
中等协调	0.25—0.5	成都、芜湖、银川、九江、温州、常州、上海、西安、大连、太原、南宁、兰州、长春、哈尔滨、泉州、南通、宜昌、包头、海口、克拉玛依、绵阳、沈阳、株洲、湖州、潍坊、开封、扬州、绍兴、岳阳、泰安、湘潭、桂林、西宁、荆州、柳州、秦皇岛、淄博、洛阳、徐州、韶关、马鞍山、南昌、常德、济宁、攀枝花、延安、齐齐哈尔、重庆、张家界、曲靖、遵义、锦州、日照（53/105）
较高协调	0.5—0.75	珠海、合肥、北京、济南、呼和浩特、青岛、天津、长沙、杭州、广州、武汉、宁波、苏州、昆明、无锡、厦门、福州、乌鲁木齐、贵阳、南京、郑州、烟台（22/105）
高度协调	0.75—1	深圳（1/105）

注：判定标准以城市协调发展指数为基准。

上述城市的得分和分布呈现出规律性。从数量上来说，中等协调的城市占比最高，共53座，占样本总量的比重约为50%；其次是一般协调城市，共29座城市，占样本总量的比重约为27.6%；再次是较高协调城市，共22座，占样本总量的比重约为20.95%；数量最少的是高度协调城市，仅一座，占样本总量的比重不足百分之一。这里传递出的信息是，就城市协调发展整体水平而言，中国各地区呈现出高低不一、参差不齐的状况，这与中国发展阶段和发展水平的不平衡现状是吻合的。整体而言，从城市协调发展维度看，中国大部分城市正处于中等水平，部分城市处于一般水平，中等水平和一般水平城市整体占到样本总量的78.1%，意味着城市协调发展仍然有较大的提高空间。

高度协调城市仅深圳市一座，前文已有分析。接着，观察较高协调得分的城市，不难看出，这部分城市呈现出一些共同特征。从行政级别来看，这些城市包括了两个中央直辖市、其余城市几乎全部是所在省的省会城市、副省级城市和计划单列市。这些城市是所在省区重点发展的城市，意味着其在经济发展方面有更加丰富的资源和机会。在一定程度上，城市发展与行政级别和政策扶植息息相关，政策和行政资源对城市发展是十分重要的。除此之外，青岛、厦门、杭州在产业结构方面凸显出环境友好型，在生态承载力方面凸显优势，在城市协调发展方面占据有利地位；无锡、苏州则拥有位于长三角区位优势以及制造业优势。总体来看，较高协调城市集中体现为：相当的行政级别和政治资源，合理的产业结构，便利的交通条件，相当的区位优势。

而城市协调发展水平得分相对较低的城市则反之。观察得分中低和较低的城市，从地理分布上来看，大部分城市处于中、西部地区和内陆地区，缺乏区位优势；从行政界别上来看，大部分城市为普通地级市和非省会城市，政策资源相对匮乏；从产业结构上来说，以高能耗、高污染的重工业产业为主，附加值低，对相关产业的依赖性强，产业结构调整困难。除此之外，其发展水平较低，处于相对低的发展阶段，在城市发展，市政建设，污染治理，民生改善等方面仍然受财政收入的约束，造成人才等资源流失。同时，大部分城市因地理因素的原因，自然环境对工业污染的吸收能力较弱，生态较为脆弱。

（二）对城市协调发展典型城市的分析

值得关注和说明的是，我们发现，部分东部及沿海城市排名相当靠后，如北海、湛江和汕头。这些城市地处东部沿海地区和相对发达地区，同时生态资源相对优越，在城市协调发展中排名相对靠后，与直观感受相左。因此，我们选择典型城市加以分析，找出其在城市协调发展维度的短板，为城市建设和协调发展提供启示。这里，我们将北海市、汕头市在典型年份中的城市的全排列多边形图示予以展示。

由图5—13来看，北海市全排列多边形整体得分较低，2006年、2009年所有二级指标均落后全国样本城市均值，但其整体水平呈现出逐步上升的趋势，意味着北海市在城市协调发展方面有所进步。但是，不

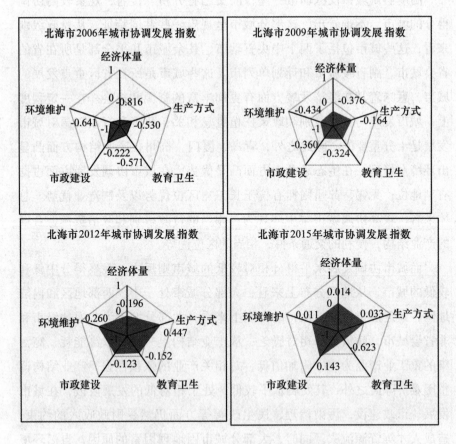

图5—13　北海市典型年份城市协调发展指数的构成与对比

难发现北海市在经济体量、教育卫生方面相对落后，即便在整体表现相对较好的 2012 和 2015 两年，其教育卫生得分依然低于样本城市在该项水平的平均得分。这意味着在城市协调发展中，短板效应将影响城市发展的整体协调性。

观察汕头市样本期内典型年份的城市协调发展指数得分状况的全排列多边形图示（见图 5—14），不难看出，典型年份中，汕头市整体得分较低，但呈现出动态增长的态势。更加具体地观察，发现其各项指标得分较低，部分指标低于全国样本城市平均水平（如教育卫生得分）。

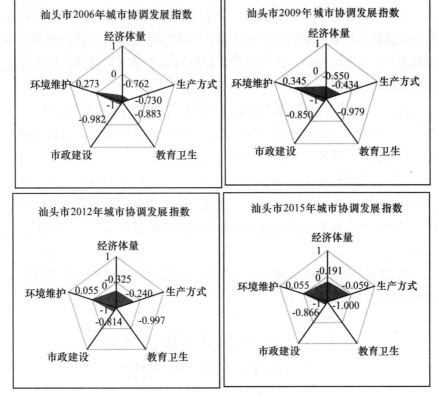

图 5—14　汕头市典型年份城市协调发展指数的构成与对比

对上述中小城市和亟待转型的大中型城市而言，协调发展思路是找到自身特色，而这必然要求挖掘自身潜在资源，从地理位置、自然条件、政治地位、经济基础、人文环境、历史发展等多角度入手挖掘其潜力，以自身特色资源带动整体的协调发展。

五　本节小结

通过全排列多边形图示法构建城市协调发展水平评价体系，我们就105 座样本城市在 2006—2015 年间的得分进行了评估，并就部分重点城市进行了排名和分析。归纳起来，我们得出的主要结论如下。

其一，整体而言，样本期内，在包括经济体量在内的几乎所有的二级指标，绝大部分城市相比于自己都取得了长足的进步，意味着中国城市协调发展所取得的成就。

其二，评价体系的结果指出中国城市建设和发展呈现出不平衡性和结构性缺陷，集中表现在重经济体量，不重经济质量；重经济发展，不重科教文卫及环境保护。这种失衡将使得城市发展不可持续，这涉及发展理念的转变问题。

其三，中国大部分城市仍处于城市协调发展中低水平及低水平区间，少部分处于城市协调发展中高及高水平区间，这意味着中国城市协调发展水平的提高仍有较大的改进空间。

其四，在地理位置分布上，大部分城市协调发展中高及高水平城市分布于东部沿海地区及沿江地区，是较早的开放城市，拥有比较优越的区位优势，拥有相对较高的行政级别及优越的行政资源、政策资源、政治资源。

本节所构建的城市协调发展指数的考核结果，在一定程度上反映了样本城市的协调发展状况。

第五节　对城市生态文明建设进行 总体评价的一个思路

第四章、第五章，分别从生态承载力，生态效率，生态公平，"生态—经济—民生"协调发展的角度，对城市生态文明建设的方方面面提出了测度评价的思路和方法。本节综合上述两章的内容，对城市生态文明建设总体评价提出一个简单思路。评价内容应包括以下方面。

其一，"生态承载力"相关内容的评价。

"生态承载力"本身，是其自然条件决定的。生态文明建设应当考核的是，各城市所进行的经济活动是否符合其生态承载力条件；其经济活动的生态负载是否超过了生态承载力的合理范围；通过有效的环境治理和努力，是否达到了正常的环境质量水平。

主要包括：（1）各城市的生态承载力表征指标（相对生态承载力水平）；（2）各城市的生态环境质量表征指标（正常条件下应达到的环境质量水平）；（3）实际环境质量水平与生态环境质量表征指标对比，得出各城市的环境治理绩效和努力程度；（4）与合意的生态环境质量表征指标相比，得出各城市的生态超载状态。

其二，"生态效率"相关内容的评价。

"生态效率"本身，反映了其长期累积形成的产业结构，技术水平，效率水平。生态文明建设所要考核的是，其"生态效率"水平的改进和提升程度，其为"生态效率"改进和提升的能力建设。

主要包括：（1）各城市的生态效率水平；（2）各城市生态效率提升的主要源泉。

其三，"生态公平"相关内容的评价。

"生态公平"，反映的是各城市在经济活动中的生态环境维护方面，是否对区域及周边城市带来了外部性，是否为这一外部性承担了相应的生态补偿。

主要包括：（1）绿色贡献系数（从经济活动视角体现的"生态公平"）；（2）对比"生态价值分享指数"，得出各城市的支付或接受的生态补偿是否体现了生态利益—责任的公平性。

其四，"生态—经济—民生"的协调发展的相关评价。

"生态—经济—民生"的协调发展，可以从经济增长—环境污染关系的视角，可以从城市经济建设、社会建设、生态文明建设协调发展的视角，还可从民众感受的就业—获取收入、生态宜居、社会服务和保障完善的视角来评价。

主要包括：（1）各城市经济增长—环境污染的脱钩状态；（2）各城市在所在区域中追赶脱钩的状态；（3）各城市的生态宜居水平；（4）各城市的协调发展水平。

　　我们拟按照上述思路，在第八章"基于多元视角认识的城市生态文明建设差异化路径"一节中，对各城市生态文明建设的总体状况做一整体性的讨论。但部分内容限于资料数据的可得性，未对所有指标进行加权加总而形成一个总体评价指标。

第 六 章

环境规制促进城市生态文明建设的路径：
"生态—经济—民生"效应视角

从生态文明建设的理论和实践来看，有效的生态环境保护制度安排不仅有利于制定生态文明建设的发展规划，发挥实施机制的功能，规范和约束经济主体的行为，而且也是促进生态文明建设目标得以推进和实现的重要手段。因此，环境规制是城市生态文明建设不可或缺的一环，也是生态文明建设的重要保障。环境规制在经济建设、民生发展、生态环境改善方面达成的效应，是评判环境规制有效性的根本依据。

近年来，随着工业化和城市化进程的加快，资源环境约束趋紧、环境质量恶化、生态系统退化等一系列问题凸显，制约了经济社会的可持续发展，生态文明建设势在必行。为解决生态环境与经济发展的矛盾，中共中央自十八大以来将生态文明建设提高到社会主义现代化建设"五位一体"总体布局的战略高度，对生态文明建设进行了全面的部署。实施层面，国家制定并执行了一系列旨在保护和改善环境，推进生态文明建设和促进经济社会可持续发展的法律法规，形成以《中华人民共和国环境保护法》《中华人民共和国大气污染防治法》《中华人民共和国水污染防治法》和《中华人民共和国土壤污染防治法》等法律法规为基础，以环境影响评价、环境保护目标责任制、城市环境综合整治定量考察、排污许可证、污染集中控制与治理、环境保护税费、环境保护督察和促进绿色消费等为框架的制度体系。

第一节 环境规制促进生态文明建设的机制分析

环境规制是促进城市生态文明建设的根本手段之一。通过环境规制的实施，在"生态—经济—民生"各方面产生效应，进而实现"生态—经济—民生"的协调发展，是生态文明建设的根本路径。环境规制的实施效应取决于其内在机制。所以，分析环境规制的效应机制，也是探讨环境规制促进城市生态文明建设的路径机制。本节对相关内容展开梳理和分析。

一 环境规制的制度进程

环境规制是政府为主体所施行的社会性规制中的一项重要内容，是以环境保护为目的而制定实施的各项政策与措施的总和。它包括各种环境政策、环境法律法规以及与环境相关的各种规章制度（李红利，2008；柴志贤，2014）。总体来看，环境规制是以环境保护为目的，政府或其他规制单位通过限制污染对象对环境产生的负外部性而实施的限制和调节。具体而言，狭义的环境规制，是指政府对企业污染排放所实施的强制性约束措施，具有明确的约束标准。广义的环境规制，则包含各种能够限制污染主体负外部性效果的约束或刺激措施，具有更广泛的引导性。

基于环境资源的稀缺性和公共品属性、环境污染的负外部性、环境产权的模糊性和信息不对称等理论，形成了环境规制理论。相关理论由规制经济学理论、环境经济学理论、生态经济学理论和可持续发展经济理论构成（赵敏，2013）。这些理论的核心是如何有效利用环境资源，在保护环境的前提下实现经济的可持续发展和社会福利最大化，为达到环境、经济与民生的和谐发展提供了理论借鉴。

目前，学术界基于不同的标准对环境规制进行分类，常见的分类方法是将环境规制分为正式环境规制和非正式环境规制。根据对经济主体污染行为约束方式的不同，前者又可细分为命令控制型环境规制和以市场为基础的激励型环境规制。赵玉民等（2009）系统梳理了环境规制的界定、分类与演进。按照该文献的分类方法，这里将环境规制大体上分为显性规制和隐性规制，具体如表6—1所示。

表6—1　　　　　　　　　　　环境规制的类型与特征

环境规制	类型	主要特征
显性规制	命令控制型	直接督促生产主体做出有利于环保选择的法律、法规、政策和制度。例如："三同时"政策、环境影响评价制度、关停污染企业等
	市场激励型	借助市场力量为企业采用污染控制技术提供激励。例如：排污权交易制度、污染减排财政补贴、排污收费等
	自愿型	企业自身或其他主体提出的、企业自愿参与、旨在保护环境的协议、承诺或计划
隐性规制		个体的、无形的环保思想、环保观念、环保意识

资料来源：根据赵玉民等（2009）的研究结论整理而得。

从研究层面来看，环境规制强度的量化方式，大体上分为以下五种：一是单位产出的"污染治理和控制支出"，如污染治理投资额或治理污染成本占生产总值的比重（李小平等，2012）；二是单位产出的污染排放量，如二氧化硫排放强度、工业废水排放强度等（赵细康，2003）；三是基于适当的统计方法构建环境规制综合指数，如采用改进的熵值法或综合指数法对工业二氧化硫去除率、工业烟尘去除率、工业粉尘去除率、工业废水排放达标率和工业固体废物综合利用率等单项指标进行赋权并加总得到综合的环境规制指数（沈坤荣等，2017）；四是与环境保护有关的行政法规和处罚程度，如各地区以人大通过的环保立法数、环境行政处罚案件数（包群，2013）；五是人均收入水平，考虑到环境规制与收入水平具有较强的关联性，采用人均收入水平作为环境规制的替代指标（陆旸，2009）。

从推进生态文明建设的视角来看，中国环境保护制度的历史变迁，实质上就是通过环境规制促进生态文明建设的进程。以下做简单梳理。

随着环境问题的出现，国务院于1973年成立了环保领导小组及其办公室，在全国开始"三废"治理和环保教育，这是中国环境保护工作的开始。将"保护生态环境，实现可持续发展"作为中国现代化建设中必须始终坚持的一项基本国策。保护环境就是保护生产力，经过多年的实践与探索，逐渐形成了"预防为主、防治结合、综合治理""谁污染谁治理""强化环境管理"的环境保护三大政策，逐步建立了"环境影响评价""三同时""排污收费""环境保护目标责任""城市环境综合整治定量考核""排污申请登记与许可证""限期治理"和"集中控制"八项制度。随后，各级政府在不断摸索中完善了中国的环境保护制度，具体如表6—2所示。

表6—2 中国环境保护制度历史变迁

环境保护制度	发展历程
环境影响评价制度	1979年颁布的《环境保护法（试行）》使得环境影响评价制度化、法律化；随后，经历了创立阶段、发展阶段和完善阶段，2003年9月1日起实行《环境影响评价法》
"三同时"	最早规定于1973年的《关于保护和改善环境的若干规定》；1979年的《环境保护法（试行）》做了进一步规定；此后一系列环境法律法规也都重申了该项制度
限期整治	1973年国家计委在上报国务院的《关于全国环境保护会议情况的报告》中提出：对污染严重的城镇、工矿企业、江河湖泊和海湾，要一个一个地提出具体措施，限期治理好。至此，限期治理成为中国环境保护的一种重要手段，并产生了深刻影响
城市环境综合整治定量考核制度	1988年9月，国务院环境保护委员会发布《关于城市环境综合整治定量考核的规定》，对北京、天津、上海等32个重点城市进行定量考核，随后"定量考核"制度的范围和内容均有了新发展，并与其他制度相互协调，推动了城市环境保护工作
环境保护目标责任制度	1996年《国务院关于环境保护若干问题的决定》将控制主要污染物排放量的职责授予地方各级人民政府。2005—2014年，涉及环境保护目标责任制的政策法规不断出现，该制度在环境保护工作的各个领域逐步推行，并出现细化和分化趋势
排污许可证制度	20世纪80年代中后期，中国开始在水污染领域试行排污许可证制度；于1985年在上海开始试行污染物浓度与总量控制相结合的管理方法；1988年3月，颁布了《水污染物排放许可管理暂行办法》，使得该项制度进一步完善；1989年7月国家环境保护局发布了《中华人民共和国水污染防治法实施细则》，正式确定了排污许可证制度
排污收费	2003年7月1日起根据《排污费征收使用管理条例》开始实行排污收费制度；2014年上调排污费；2018年1月1日停止征收排污费

环境保护制度	发展历程
生态补偿政策	2007 年 8 月国家环境保护总局发布了《关于开展生态补偿试点工作的指导意见》，将生态补偿机制作为环境经济政策的重要组成部分，提出加快建立自然保护区、重要生态功能区、矿产资源开发区和流域水环境保护的生态补偿机制
绿色金融制度	2007 年中国银监会办公厅发布了《贯彻落实国家宏观调控政策防范高耗能高污染行业贷款风险的通知》，将信贷政策作为调整污染产业结构的重要手段，并逐步建立绿色信贷政策。2007 年 12 月，国家环境保护总局和中国保险监督管理委员会联合发布了《关于环境污染责任保险工作的指导意见》，开启了环境污染责任保险工作。2008 年 2 月国家环境保护总局联合中国证券监督管理委员会等部门将绿色证券发行作为市场型环境政策之一；2015 年 7 月新疆金风科技股份有限公司发行了中国首只绿色债券，随后绿色债券市场进入蓬勃发展阶段
碳排放交易制度	2011 年 10 月，国家发展改革委印发《关于开展碳排放权交易试点工作的通知》，正式批准北京、天津、上海、重庆、湖北、广东和深圳 7 省市开展碳排放交易试点工作，并于 2013 年先后开始试行碳排放交易；国家"十三五"规划提出 2017 年启动全国碳排放交易市场
环境保护督察制度	2015 年 7 月，中央深改组十四次会议审议通过了《环境保护督察方案（试行）》，明确建立环保督察机制，并在第一轮督察中取得了显著成效，开出约 14.3 亿元的"环保罚单"，罚款超过 1.8 万元。2018—2019 年，中央环保督察组将在全国范围内开展第二轮中央环保督察，该制度走向常态化
绿色消费	2016 年 2 月国家发改委与中宣部、科技部、财政部和环境保护部等部门联合发布《关于促进绿色消费的指导意见》，提倡树立绿色消费理念，形成勤俭节约、绿色低碳、文明健康的生活和消费方式
环境保护税	2016 年 12 月 25 日全国人大常委会表决通过《中华人民共和国环境保护税法》，自 2018 年 1 月 1 日起开征环境保护税

资料来源：根据政府发布的相关文件和部分学术论文整理而得。

二 环境规制促进生态文明建设的现实目标

生态文明概念或范畴，是整个生态文明及其建设理论或话语体系的逻辑起点。学者从不同视角对生态文明进行了界定，大体上认为生态文明是人类的一个发展阶段、生态文明是社会文明的一个方面、生态文明是一种发展理念、生态文明是改善人民生活和实现可持续发展的途径，是一种建立在先进生产力基础上的文明形态（陈洪波、潘家华，2012）。

我们的一个基本认识是，生态文明建设要实现"生态—经济—民生"的协调发展。生态文明是一个系统整体，在这一系统整体中需要遵循协调发展的原则。第一，优质的生态环境是生态文明建设的保障与标志。生态环境的优劣直接关系到生态文明建设的水平，关系到整个国家经济发展的潜力与可持续性。结合中国实际来看，改革开放以来，经济持续高速增长，总量跃居世界第二，人均指标也步入中等收入经济体行列，但是在粗放式发展模式下造成了投入要素浪费，经济效率低下，环境污染严重等一系列问题（陈诗一、陈登科，2018），严重影响了经济社会的可持续发展，居民健康福祉以及政府和国家形象。只有实现了生态环境的好转，和谐和小康社会才有坚实的生态基础，只有实现了人与自然的和谐，社会和谐才得以实现。第二，高质量的经济发展是生态文明的基础。生态文明是要人们在把握自然规律的基础上利用自然、改造自然，通过提高微观企业的环境治理意愿和能力，调整产业结构和转变经济增长方式等途径来建立新型的生态经济，走可持续发展道路。第三，不断增进的民生福祉是生态文明建设的应有之义。生态环境是关系民生的重大社会问题。生态环境与人民生活密切相关。习近平总书记提出"环境就是民生""良好生态环境是最公平的公共产品，是最普惠的民生福祉"等重要论述，指出生态问题是最大的民生问题。生态是民生的保障，而民生是生态环境的价值所在（李龙强、李桂丽，2016）。因此，生态文明建设的核心是人与自然和谐共生，居民福祉得到显著提升，经济社会与资源环境协调发展，最终生态环境，经济发展与民生福祉相协调的发展体系。

从实践层面来看，中共中央、国务院高度重视生态文明建设，先后出台了一系列重大决策部署，推动生态文明建设取得重大进展和积极成效。2012 年，中共十八大提出"大力推进生态文明建设"的战略决策，并从十个方面绘出生态文明建设的宏伟蓝图。2015 年 5 月，《中共中央国务院关于加快推进生态文明建设的意见》发布，既涵盖了生态文明建设的顶层设计，又有具体任务部署，是指导中国生态文明建设的纲领性文件。同年，在党的十八届五中全会上，"增强生态文明建设"首次被写入国家"十三五"规划。2017 年，中共十九大提出建设生态文明是中华民族实现永续发展的千年大计，把生态文明建设提高到了一个更高的高度，提出建设"富强、民主、文明、和谐、美丽"的社会主义现代化强国的目标。党的十九大报告中对新时代背景下中国特色社会主义不同发展阶段的生态文明建设做出了清晰的构想与规划："从 2035 年到本世纪中叶，在基本实现现代化的基础上，再奋斗十五年，把中国建设成为富强、民主、文明、和谐、美丽的社会主义现代化强国。"到那时，中国物质文明、政治文明、精神文明、社会文明、生态文明将全面提升（郇庆治，2018）。2018 年 5 月，全国生态环境保护大会确立的"习近平生态文明思想"是新时代生态文明建设的根本遵循和行动指南。

三　环境规制促进生态文明建设的评价

上述两节分别梳理了中国环境规制促进生态文明建设的制度安排和中国生态文明建设的中长期目标。那么，这些环境规制措施能否有效地推进相关目标的实现呢？关键在于环境规制的实施能否实现相应的"生态—经济—民生"效应。

改革开放 40 多年来，中国经济社会发展取得了举世瞩目的巨大成就，已经成为世界第二大经济体。与此同时，经济建设与生态环境之间的矛盾日益突出，资源紧缺、环境污染、生态失衡等一系列问题已成为制约中国经济社会发展的瓶颈。人民对于"青山绿水"的需求已成为重要的民生问题。生态文明事关民生福祉，事关祖国未来发展，建设好生态文明是关乎民族未来的长远大计。因此，为达到降低污染的目标而采取的各项措施、出台的环境规制成为生态文明建设的重要内容。杨红娟和张成浩（2017）研究了市场型、政府行政干预和公众参与三种环境规制对生态文明建设的作用，其中，市场型环境规制中的环境污染治理投资对生态文明建设起主要推动作用，排污费和群众信访在一定程度上促进了生态文明建设，对生态文明建设的综合作用最大。

提高能源使用效率、加强节能减排、改善环境质量、实现低碳发展是生态文明建设的重要内容，是促进经济实现高质量发展的必由之路。然而，作为生态环境影响主体的企业因趋利性而缺乏自主减排的动机，因此环境规制不可或缺。国内外学者从环境规制的定义和种类入手研究了环境规制、节能减排和改善环境质量的生态效应；以及对微观企业行为、中观产业结构调整和宏观经济发展所产生的经济效应，使得环境规制成为实现生态文明建设的重要手段和制度基础。

城市生态文明建设，以习近平生态文明思想为遵循，以可持续发展理论为借鉴，以"生态—经济—民生"相协调的宜居城市为表征，以实现生态—经济—民生的协调发展为目标。那么，促进实现"生态—经济—民生"协调的着力点是什么？目前，中国生态文明建设主要依靠政府推动，市场机制亟待建立和完善，个人自觉机制尚未形成（黄勤等，2015）。要将环境规制融入生态环境建设的"源头—过程—末端"这个全过程来思考环境问题，化解资源环境与经济社会发展的矛盾。随着生态文明建设的进一步加强，可持续发展的内涵已扩展为构建"生态—经济—民生"相协调的和谐社会建设。由于作为公共品的环境产权难以界定，而引致的负外部性造成的环境问题，仅仅依靠市场手段难以解决，亟须政府通过环境规制来弥补。在此背景下，积极探索建立适用于中国的环境治理体系，推进城市生态文明建设，促进经济、环境与社会的协调发展是中国未来发展的主要方向。自 1990—2010 年期间，中国生态文明建设水平持续提高，环境、经济与社会间的协调发展能力日益增强（李茜等，2015）。环境规制是生态文明建设的必然选择，有效的环境规制可以实现经济社会的全面可持续发展。环境规制可以带来环境质量的改善以及显著的经济发展，主观幸福感，就业和健康等协同效应。因此，对生态文明建设的制度基础——环境规制的研究，不仅涵盖其环境效应，而且还应该包括其经济效应和民生效应。基于此逻辑，本章通过环境规制的生态效应、经济效应和民生效应来分析其与生态文明建设的关联性，如图 6—1 所示。

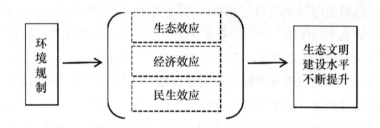

图6—1　环境规制—"生态—经济—民生"效应—生态文明建设逻辑框架

第二节　环境规制的生态效应

环境规制的直接目标是减少经济活动对生态环境带来的负面影响。环境规制的实施，理应对生态环境产生改善效应。但因规制的作用机制等原因，其能否达到预期的目标及成效高低，要通过其生态效应来判断。

一　环境规制的生态效应：研究综述

环境规制是为了改善环境质量而采取的措施总和。多数学者的研究表明，正式的环境规制有利于改善环境质量。Magat & Viscusi（1990）对加拿大魁北克省的纸制品行业展开研究，运用2SLS指出，环境规制能促使企业减少约20%的生物需氧量和固体悬浮物的排放。贺灿飞等（2013）研究了环境规制效果与中国城市空气污染状况，认为企业的环境规制执行阻力、环境规制执行受益方的执行压力和政策实施主体的执行能力三方面因素会影响排放源和污染途径治理，并影响环境规制的效果，从而影响城市空气质量。进一步采用固定效应模型对2006—2011年至少86个城市的非平衡面板数据进行分析，发现环境规制执行阻力和执行能力显著影响了空气污染指数（API），而教育等社会因素会提高环境规制力度，从而达到改善空气质量的效果。包群等（2013）基于1990年以来中国各省级人大通过的84件环保法案这一独特视角，系统考察了地方环境立法监管的实际效果。研究发现，单纯的环保立法并不能显著地抑制当地污染排放，环境质量的改善与执法力度和地区污染程度相关。李胜兰等（2014）以生态效率来反映经济发展和生态环境的综合状况，实证检验发现环境规制对区域生态效率具有"制约作用"。但自 2003 年以来，环境规制对区域生态效率的作用"制约"效应减弱，由"制约"转变为"促进"，体现了环境规制的生态效应。王书斌和徐盈之（2015）基于企业投资偏好视角考察了不同的环境规制手段对雾霾脱钩效应的影响，指出加强行政管制和监管强度有助于改变企业投资偏好并引致雾霾脱钩，但环境规制水平的提高反而减弱了企业投资偏好的雾霾脱钩效应。祁毓等（2016）以国务院 2003 年实施的环境限期达标制度将城市区分为"达标城市"和"非达标城市"作为准自然实验，采用双重差分法全面评估了环境规制的"降污"和"增效"效应：在短期内，环境规制会降低技术进步和全要素生产率。随着环境规制趋于严格，从中长期来看，其对经济增长的不利效应会逐步抵消，从而实现环境保护和经济发展的协调。

另外，从具体措施来看，1998 年实施的《酸雨控制区以及二氧化硫污染控制区划分方案》（简称："两控区"政策）对二氧化硫具有显著的减排效应（汤韵、梁若冰，2012；吴明琴等，2016）；2007 年扩大排污权交易政策降低了 11 个试点地区的二氧化硫排放强度（李永友、文云飞，2016）。但是，北京机动车限行政策，尤其是"尾号限行"对空气质量的改善甚微（曹静等，2014）。2013 年 9 月 10 日，国务院提出了治理空气污染问题的"大气十条"政策，显著改善了北方地区在供暖季的空气质量。但"大气十条"政策的作用仅在冬季体现，说明"大气十条"政策是通过供暖机制来发挥作用（罗知、李浩然，2018）。在非正式环境规制中，公众的环境诉求和环保行为能够有效推动地方政府关注环境问题，并通过加大环境治理投资，改进产业结构等方式来改善城市的污染状况。除此之外，在公众关注度高的城市，其 EKC 曲线会更早地跨越拐点，从而进入经济增长与环境质量改善的双赢发展阶段（郑思齐等，2013）。在非正式环境规制中，网络舆论也有助于缓解雾霾污染。尤其是在中西部地区，网络舆论的压力能够降低该地区的污染程度（李欣等，2017）。总之，正式环境规制水平的提升直接关系到环境治理尤其是雾霾治理的成效（李欣、曹建华，2018）；非正式环境规制在近几年也对环境质量的改善起到了积极的作用。

部分学者提出，环境规制对污染减排的作用是不确定甚至是不利的。张华和魏晓平（2014）指出，环境规制不仅会对碳排放产生直接影响，而且会进一步通过能源消费结构，产业结构，技术创新和 FDI 间接影响碳排放，最终与碳排放呈现先上升后下降的"倒 U 型"关系。即随着环境规制强度的提高，对碳排放的影响由"绿色悖论"效应转变为"倒逼减排"效应。余长林和高宏建（2015）将隐性经济纳入环境规制与环境污染的分析框架中，指出：一方面环境规制能够直接减少官方经济活动的污染；另一方面，环境规制水平的提高扩大了隐性经济的发展，从而加剧了环境污染；综合影响取决于上述两种效应的相对大小。基于实证结果指出，总体而言，当前中国的环境管制不利于环境质量的改善。张俊（2016）以北京市为例，采用合成控制法研究了奥运会期间包括汽车限行政策，企业搬迁，减少产能，关闭重污染企业，煤炭脱硫等措施对北京空气质量的影响，发现此类环境规制手段不具有改善空气质量的长期效应。黄寿峰（2016）从影子经济视角出发，构建了环境规制，影子经济及腐败影响环境污染的理论模型。主要结论是，环境规制不仅会通过促进企业采用清洁技术引致污染减排和产量的变化直接影响环境污染，而且还会通过一系列间接作用影响环境污染，如影子经济规模，但相关效应会受到腐败水平的影响。从实证结果来看，环境规制未能有效抑制雾霾污染。

在综述的基础上，以下各节内容侧重于研究环境规制的生态效应，具体包括环境规制对"经济增长—环境污染"脱钩的影响，环境规制能否实现经济和生态环境的"双赢"，从产业结构优化视角分析环境规制的生态效应，并以北京市实施"第五阶段机动车排放标准"对机动车尾气污染的环境规制效果为例做案例分析。

二　环境规制的生态效应分析："经济增长—环境污染脱钩"的视角

改革开放 40 多年来，中国城市经济快速发展，但环境问题随之加剧，日趋耗竭的生态承载力和严峻的污染态势对经济和社会的可持续发展提出了挑战。适当的环境规制有助于实现良好的经济效应和生态效应。既有的研究大多从经济增长与环境污染脱钩的关系、环境规制对经济增长的影响及其对资源环境的影响等方面展开，较少考虑环境规制对经济增长与环境污染脱钩的影响。本节基于 Tapio 脱钩理论的研究视角，分析环境规制对经济增长与环境污染脱钩产生的影响，作用路径以及脱钩的收敛情况。[①]

Tapio 脱钩弹性系数测算了城市经济增长与环境污染脱钩的大小，即：

$$e = \frac{\Delta E/E}{\Delta Y/Y} \qquad\qquad 式（6—1）$$

式（6-1）中，e 为脱钩弹性系数，E 和 Y 分别表示污染排放量和地区生产总值，ΔE 和 ΔY 分别为污染排放量和地区生产总值的变化量。

环境规制会通过影响企业的选择行为来实现经济增长与环境污染脱钩。在环境规制水平提高的条件下，企业会通过地区转移，生产要素流动和技术创新来满足环境要求，实现经济效益与环境质量改善的"双赢"。在这一过程中主要是通过调整企业的生产方式来减少污染，所以我们认为环境规制主要通过倒逼企业转变生产方式进而促进经济增长与环境污染的脱钩。环境规制对企业绿色转型的作用不仅依赖于环境规制自身的强度，还需要权衡对政府科技投入的挤出效应。企业维持现有生产规模和生产方式的条件下，政府的财政补贴减轻了企业在经营方面的压力，变相激励其安于现状，导致企业缺乏绿色技术创新的动力。考虑到城市之间的差异性及环境规制的不同强度，一个问题是，若城市间环境规制差异和脱钩状况差异减少，那么是否存在环境规制影响脱钩状况的"俱乐部收敛"现象？接下来通过数理模型和实证检验来验证这一猜想。环境规制影响企业生产方式和产业结构升级路径的实证模型如下：

$$e_{it} = \alpha_0 + \alpha_1 R_{it} + \alpha_2 R_{it} \cdot \ln ind_{it} + \alpha_3 R_{it} \cdot \ln tec_{it}$$
$$+ \alpha_4 \ln gdp_{it} + \alpha_5 \ln gdp_{it}^2 + \alpha_6 \ln fdi_{it}$$
$$+ \alpha_7 \ln person_{it} + \varepsilon_{it} \qquad\qquad 式（6—2）$$

式中，加入了环境规制与产业结构的交互项来验证环境规制对脱钩的影响机制；加入环境规制与政府科技投入的交互项来分析政府科技投入在环境规制的脱钩效应。ε_{it} 为误差项，下标 i 和 t 分别代表城市和年份，变量的具体解释与数据来源如表6—3所示。

---

① 本节主要内容，参见夏勇、钟茂初《环境规制能促进经济增长与环境污染脱钩吗？——基于中国 271 个地级城市的工业 SO_2 排放数据的实证分析》，《商业经济与管理》2016 年第 11 期，第69—78 页。

表6—3　　　　　　　　　　　　变量说明与数据来源

变量	含义	数据来源
e	脱钩弹性系数：以工业 SO_2 排放量计算得出	2005—2013 年中国 271 个地级以上城市面板数据。相应年份的《中国区域经济统计年鉴》《中国城市统计年鉴》
Regution（%）	环境规制：工业 SO_2 去除率	
ind（万元）	产业结构：工业增加值	
tec（万元）	科技投入：政府科技投入	
gdp（万元）	经济发展水平：以 2004 年为基期的实际人均 GDP	
fdi（万元）	对外开放程度：实际利用外资额	
person（人/平方公里）	人口密度：总人口/行政土地面积	

为了进一步考察环境规制的脱钩效应机制，假设环境规制与脱钩弹性系数之间存在如下关系：

$$e_{it}^* = \alpha \left(\frac{\bar{R}_{it}}{R_{it}}\right)^\eta \bar{e}_{it} \qquad\qquad 式（6—3）$$

该式表明城市 i 第 t 年的脱钩弹性系数 e_{it}^* 与该地环境规制水平 R_{it}、其他地区的环境规制水平 $\bar{R}_{it}$ 和脱钩弹性系数 $\bar{e}_{it}$ 均值有关。η 表示城市 i 与其他城市的环境规制差异每变化 1%，脱钩弹性系数的差异会相应变动 η %。考虑到脱钩弹性的惯性，将其滞后项纳入模型。环境规制差异影响脱钩收敛性的计量模型如下：

$$\ln\left(\frac{e_{it}}{e_{it-1}}\right) = \beta_0 + \beta_1 \ln\left(\frac{\bar{R}_{it}}{R_{it}}\right) + \beta_2 \ln\left(\frac{\bar{e}_{it}}{e_{it-1}}\right)$$

$$+ \beta_3 \ln ind_{it} + \beta_4 \ln tec_{it} + \beta_5 \ln gdp_{it} + \beta_6 \ln fdi_{it} + \beta_7 \ln person_{it} + \varepsilon_{it}$$

$$式（6—4）$$

采用一阶差分 GMM 方法对该式进行回归，具体结果如表6—4 所示。

表6—4 中模型 1 显示环境规制的系数在 1% 的水平上显著为负。表明环境规制有助于实现经济增长与环境污染的脱钩。模型 2 验证了环境规制以企业行为为中介影响企业生产行为的设想。结果显示：环境规制与产业结构的交互项系数为负，说明更高强度的环境规制会"倒逼"企

业转变生产方式，进而实现脱钩。然而，环境规制与科技投入的交互项系数显著为正似乎有悖于直觉，一个可能的解释就是政府的科技投入对企业的环境治理具有"挤出效应"，不利于经济增长与环境污染的脱钩。

考虑到中国地域辽阔、区域差异显著的现实条件，我们将全国271个地级城市按照发展水平较高的东部沿海地区、发展水平中等或较低的内陆地区进行分样本回归来验证环境规制对脱钩状况的收敛性。采用系统GMM估计，在表6—4的模型3—5中汇报了估计结果。从估计结果来看，$\eta = -0.429$，表明城市 i 与其他城市之间的环境规制差异每降低一个百分点，那么城市之间的经济增长与环境污染的脱钩弹性差异会增加0.429%，意味着全国城市之间的脱钩呈发散状态。分区域来看，沿海城市和内陆城市内部均呈现脱钩的收敛趋势，并且通过比较二者的 η 发现内陆城市的收敛速度要大于沿海城市，表明二者的脱钩状态的组间差距在扩大。因此，城市的脱钩状况存在"俱乐部收敛"现象。

本小节，考察了环境规制对"经济增长与环境污染"脱钩的影响及其作用机制。在环境规制的作用下，中国城市之间的脱钩呈现"俱乐部收敛"特征，体现了环境规制的生态效应。表明合理的环境规制是必要的，渐进式、递增式的环境规制有助于实现经济增长与环境污染的脱钩，为生态文明建设提供制度保证。

表6—4 环境规制对脱钩的影响结果

变量	模型1：总影响 e	模型2：机制检验 e	模型3：全国 ln (e_{it}/e_{it-1})	模型4：沿海城市 ln (e_{it}/e_{it-1})	模型5：内陆城市 ln (e_{it}/e_{it-1})
L. e	0.005 *** (5.35)	0.008 *** (8.18)			
R	-0.488 *** (-6.30)				
R · lnind		-0.038 *** (-4.41)			
R · lntec		0.203 *** (4.08)			

续表

变量	模型1：总影响 e	模型2：机制检验 e	模型3：全国 ln (e_{it}/e_{it-1})	模型4：沿海城市 ln (e_{it}/e_{it-1})	模型5：内陆城市 ln (e_{it}/e_{it-1})
L. ln (e_{it}/e_{it-1})			-0.012*** (-545.85)	-0.039*** (-11.26)	-0.004*** (-6.52)
ln $(\bar{R}_{it}/R_{it-1})$			0.009*** (105.50)	-0.260** (-2.50)	0.011* (44.50)
ln $(\bar{e}_{it}/e_{it-1})$			-0.021*** (-189.60)	-2.591*** (-32.17)	0.002*** (4.21)
lnind	0.702** (2.14)		0.090*** (150.11)	1.997*** (4.7)	0.051*** (20.97)
lntec	0.277* (1.75)		0.007*** (26.15)	2.758*** (6.42)	-0.007*** (-26.88)
lngdp	19.008 (1.32)	31.984*** (2.97)	-0.007*** (-13.23)	-1.176* (-1.76)	0.048*** (17.39)
$(lngdp)^2$	-1.412** (-2.24)	-1.195* (-1.72)			
lnfdi	-0.529* (-1.79)	-0.380 (-1.16)	-0.038*** (-182.22)	-3.107*** (-15.11)	-0.034*** (-48.09)
lnperson	-0.059* (-0.43)	-0.092 (-0.57)	-0.062*** (-165.11)	3.120*** (14.40)	-0.032*** (-30.28)
Constant	-85.617 (-1.15)	-196.557*** (-3.35)	7.604*** (1423.30)	85.056*** (14.45)	4.264*** (162.97)
N	1626	1626	1897	716	1190
AR（1）_P	0.0358	0.0383	0.029	0.017	0.090
AR（2）_P	0.1171	0.2497	0.149	0.180	0.238
Sargan/Hansen	0.4863	0.1940	0.554	0.751	1.000

注：*、**、***分别表示10%、5%、1%水平上显著；括号内为 z 值，通过数学计算可得 η 为 ln $(\bar{R}_{it}/R_{it-1})$ 和 ln $(\bar{e}_{it}/e_{it-1})$ 的系数之比，用于反映脱钩弹性的收敛性。

三 环境规制的生态效应分析：双重红利视角

本小节从环境规制视角对区际污染产业转移的影响机制进行理论分

析，讨论污染产业转移能否实现经济和环境双赢的相关问题。[①]

多数研究认为，发达国家环境标准趋于严格和完善，而发展中国家更关注经济发展，对环境法律法规执行相对宽松，导致污染产业从发达国家流向发展中国家，使其成为"污染避难所"。于是，学者围绕国家间的污染产业转移展开研究。环境规制通过影响企业成本进而影响污染产业转移，并认为污染产业转入发展中国家或地区会造成不同的环境影响。然而，从长期动态的过程来看，随着环境规制水平的提高，企业会由被动应对环境压力，转向主动减少经济活动的环境影响，该过程主要是通过技术创新实现的。因此，污染产业的转移并不一定会对转入地造成不良影响，甚至会带来环境与经济的双重红利。

本小节通过环境规制的"挤出效应"和"创新补偿效应"来分析环境规制对污染产业转移的路径选择。从静态视角来看，环境规制水平的提高会挤出企业在生产性方面的投入，如资金、人力等。在这种情况下，污染企业会减少或停止污染产品的生产或将生产线转移到环境管制相对宽松的国家或地区，这样就减轻了原生产地区的环境压力。从动态的视角来看，企业会主动采取措施应对环境管制的要求，积极采用清洁能源和先进的生产技术来提高经济效率，减少污染。在"创新补偿效应"的作用下，企业倾向于增加产量。从绝对量来看，地区污染有上升趋势。因此，环境规制对污染产业转移具有非线性关系，在环境规制的初始阶段，"挤出效应"发挥主要作用，呈现污染产业转出的状况，随着环境规制的加强和企业的生产方式转变，"创新补偿效应"会超过"挤出效应"，增加污染产业的转入。为了验证这种动态影响，我们构建如下计量模型：

$$wrzy_{it} = \alpha_0 + \alpha_1\, hjgz_{it-1} + \alpha_2\, hjgz_{it-1}^2$$

$$+ \alpha_3\, hjgz_{it-1}^3 + \gamma\, X_{it} + \mu_i + \varepsilon_{it} \qquad \text{式（6—5）}$$

$$wrzy_{it} = \beta_0 + \rho\, wrzy_{it-1} + \beta_1\, hjgz_{it-1} + \beta_2\, hjgz_{it-1}^2$$

$$+ \beta_3\, hjgz_{it-1}^3 + \gamma\, X_{it} + \mu_i + \varepsilon_{it} \qquad \text{式（6—6）}$$

---

① 本节的主要内容，参见张彩云、郭艳青《污染产业转移能够实现经济和环境双赢吗？——基于环境规制视角的研究》，《财经研究》2015 年第 41（10）期，第 96—108 页。

其中，式（6—5）和式（6—6）分别为静态面板模型和动态面板模型，下标 i 和 t 分别代表省份和年份，X 为控制变量向量组。变量的具体解释与数据来源参见表6—5。

表6—5 **变量说明与数据来源**

变量	含义	数据来源
wrzy（%）	污染产业：各省污染产业产值占全国的比重	
hjgz	环境规制：各省污染产业单位产值的污染治理支付成本/全国污染产业单位产值的污染治理支付成本	
wage（%）	劳动力相对成本：各省在岗职工年均工资/全国平均值	
jy（%）	污染产业相对就业状况：各省污染产业全部从业人员平均人数占全国比重	1999—2011 年中国 30 个省级面板数据，不包含西藏。
tz（%）	污染产业资本相对丰裕程度：各省污染产业固定资产投资占全国比重	相应年份的《中国统计年鉴》《中国工业经济统计年鉴》《中国环境年鉴》《中国财政统计年鉴》和《新中国 60 年统计资料汇编》
bf（%）	资源禀赋：人口资源禀赋（rkmd）＝各省人口密度/全国人口密度；自然资源禀赋（zybf）＝各省采掘业从业人员占比/全国水平	
decy（%）	第二产业比重：第二产业总产值占地区生产总值的比重	
jt（里程）	交通状况：每平方公里的铁路、内河航道和公路里程数之和	
scql（%）	市场潜力：各省 GDP/全国 GDP	
czfq（%）	财政分权：各省预算内人均本级财政支出/中央预算人均值	
gzcy（件）	公众参与：环境信访量	

有必要指出，本节借鉴彭可茂等（2013）的研究方法度量了环境规制的相对水平。根据此方法我们测算了中国 30 个省份 1999—2011 年环境规制相对水平。表 6—6 中除个别省份（吉林、江西和河南省）之外，欠

发达地区环境规制水平均高于全国平均水平，而发达地区大部分省份低于全国平均水平。可能的解释是：一方面，本小节研究的环境规制侧重于末端治理，治理成本越高，意味着该地区污染越严重。另一方面，根据前文初步推断，严格的环境规制并不一定会减少污染企业的转入，污染产业可能呈现先转出再转入的变化过程。

表6—6　　　　　　　1999—2011年各省份环境规制相对水平

发达省份	环境规制相对水平	欠发达省份	环境规制相对水平	欠发达省份	环境规制相对水平
北京	1.1535	山西	2.3062	海南	1.4325
天津	0.7089	内蒙古	1.4364	重庆	2.1392
河北	1.0236	吉林	0.9422	四川	1.3370
辽宁	0.9955	黑龙江	1.3654	贵州	1.9728
上海	0.8358	安徽	1.1096	云南	2.1214
江苏	0.6438	江西	0.9403	陕西	1.3151
浙江	0.9993	河南	0.7945	甘肃	1.5390
福建	1.1818	湖北	1.0787	青海	1.8216
山东	0.7103	湖南	1.1441	宁夏	2.3225
广东	0.7355	广西	1.9450	新疆	1.0010

根据上述分析我们分别验证环境规制与污染产业转移的经济效应和环境效应，即环境规制能否带来经济与环境的双重红利，实现双赢。对上述计量模型采用系统 GMM 模型进行逐步回归，表6—7 汇报了估计结果。

表6—7 着重考察了环境规制相对水平对污染产业转移的影响。模型1 未考虑环境规制的影响，从中可以看出劳动力的相对成本、资源禀赋、地区交通状况、财政分权和公众的环保参与对污染产业转移具有影响。模型2、3、4 分别加入了环境规制的一次项、二次项和三次项。观察发现只有模型3 中环境规制的系数在 10% 的水平上显著，因此我们对模型3 进行分析。从规制变量的一次项和二次项系数可以看出，环境规制与污染产业转移之间存在"U 型"关系，拐点大概为 1.76。即随着环境规制

强度的提高，污染产业呈现先转入后转出的动态变化过程。该过程可以从两个方面来解读：一是长期来看，侧重末端治理的环境规制可能引致污染产业转入，环境规制一定程度上会激励企业采用先进的生产技术和工艺，节省管理成本来提高生产率。二是环境规制引起的污染产业转入或为当地实现经济与环境的双赢创造条件。在"U型"曲线的下降阶段，多数企业无法在短期内通过技术升级来达到规制的要求，企业厂商更愿意将企业迁移出去，此时"挤出效应"发挥主要作用。随着环境规制相对水平跨过某一拐点达到"U型"曲线的上升阶段，企业应对环境规制由被动为主动。部分企业被淘汰或转出后，剩余企业通过提高治污技术来降低单位产品造成的环境负担，并且进一步通过溢出效应提高产品生产技术、扩大规模、增加产量。此时，环境规制主要体现"创新补偿效应"。由此可见，随着环境规制趋于严格，其引发的污染产业转移最终有助于实现经济与环境的双赢。

表6—7　　　　　　　　　环境规制对污染产业转移的影响

变量	模型1	模型2	模型3	模型4
L. wrzy	0.682 ***	0.591 ***	0.602 ***	0.644 ***
	(0.068)	(0.098)	(0.099)	(0.093)
L. jhgz		−0.0000137	−0.00104 *	−0.00238
		(0.0001)	(0.0006)	(0.0015)
$(L. jhgz)^2$			0.000295 *	0.00123
			(0.0002)	(0.0009)
$(L. jhgz)^3$				−0.000178
				(0.0002)
wage	0.167 **	0.219	0.079	0.167
	(0.066)	(0.205)	(0.159)	(0.202)
$(wage)^2$	0.932 **	0.779	1.682	1.128
	(0.384)	(1.254)	(1.023)	(1.236)
jy	−0.0057	0.007	0.026	0.013
	(0.022)	(0.022)	(0.024)	(0.024)
$(jy)^2$	0.0001	−0.0003	−0.0000	0.0001
	(0.0002)	(0.0006)	(0.0006)	(0.0006)

续表

变量	模型 1	模型 2	模型 3	模型 4
tz	0.00117	0.00638	0.0113	0.00446
	(0.0086)	(0.0142)	(0.0152)	(0.0131)
rkmd	0.0207 ***	0.0290 ***	0.0301 ***	0.0237 ***
	(0.0076)	(0.0059)	(0.0063)	(0.0079)
zybf	−0.00486 **	−0.00686 ***	−0.00646 ***	−0.00430 *
	(0.0021)	(0.0019)	(0.0019)	(0.0023)
jt	−0.00287 ***	−0.00299 ***	−0.00344 ***	−0.00277 ***
	(0.0003)	(0.0005)	(0.0003)	(0.0005)
scql	0.00196 *	0.00192	0.00254 *	0.00149
	(0.0011)	(0.0014)	(0.0014)	(0.0016)
decy	0.0468	0.0584 *	0.203 **	0.192 **
	(0.0290)	(0.0298)	(0.0888)	(0.0851)
$(decy)^2$	−0.0214	−0.0341	−0.192 **	−0.180 *
	(0.0309)	(0.0318)	(0.0970)	(0.0926)
czfq	−0.0003 ***	−0.000288 ***	−0.000252 ***	−0.000258 ***
	(0.0001)	(0.0001)	(0.0001)	(0.0001)
gzcy	0.00463 *	0.00654 **	0.00790 **	0.00491 *
	(0.0026)	(0.0026)	(0.0020)	(0.0029)
Constant	−0.0269 ***	−0.0334 ***	−0.0651 ***	−0.0615 **
	(0.0096)	(0.0113)	(0.0220)	(0.0246)
N	360	360	360	360
AR (1)	−1.947 *	−1.682 *	−1.814 *	−1.845 *
AR (2)	0.381	0.225	0.277	0.353
Sargan 检验	19.20	21.98	21.07	17.69

注：*、**、*** 分别表示 10%、5%、1% 水平上显著；括号内为标准误；本小节下表同。

为了验证环境规制的环境效应，我们建立计量模型考察环境规制对污染排放强度及总量的影响。以各省份单位产值二氧化硫排放、单位产值废水排放和单位产值烟尘排放来表征污染排放强度，以各省份二氧化硫排放总量、废水排放总量和烟尘排放总量表征污染排放的规模，用污染强度和规模作为被解释变量，以环境规制相对水平为核心解释变量。

表6—8汇报了相应的估计结果。

表6—8　　　　环境规制相对水平对污染排放强度和总量的回归结果

变量	模型1 SO$_2$ 强度	模型2 Water 强度	模型3 Smoke 强度	模型4 SO$_2$ 总量	模型5 Water 总量	模型6 Smoke 总量
L. SO$_2$ 强度	0.617 *** (0.048)					
L. Water 强度		0.848 *** (0.079)				
L. Smoke 强度			0.716 *** (0.039)			
L. SO$_2$ 总量				0.275 *** (0.046)		
L. Water 总量					0.869 *** (0.127)	
L. Smoke 总量						0.393 *** (0.052)
L. hjzl	−7784.6 ** (3383.18)	43.62 (175.60)	−2898.6 * (1625.24)	−634.8 *** (111.080)	−12.41 (15.307)	−420.8 *** (112.280)
(L. jhgz)^2	165840.7 (1.3e+05)	−3719.2 (7158.51)	52324.2 (6.6e+04)	16915.6 *** (4535.84)	259.4 (614.632)	10392.8 ** (4634.90)

注：在本模型中控制了相关变量，包括：人均GDP，技术水平，产业结构，人口规模，人口密度，人口结果，人口素质，能源效率，城市化水平和政府因素；考虑了环境规制相对水平的一次项和二次项对污染排放强度和总量的影响，未将环境规制的三次项纳入模型中。

表6—8体现了环境规制的环境效应，结果显示：污染具有惯性，前一期的污染均会对当前的污染造成一定的影响。同时，随着环境规制的加强，单位产值的污染排放趋于下降，意味着加强环境规制能够使得企

业选择减少产量或提高生产效率和治污技术，从而导致单位产品污染排放降低。从污染排放总量来看，环境规制对废水排放总量具有负向影响，与二氧化硫和烟粉尘排放量之间具有"U 型"的非线性关系。结合研究期内各省份环境规制相对水平的实际值，发现大多省份均处于拐点的左侧，即环境规制有助于减少污染物排放阶段，因此，目前加强环境规制可以实现经济与环境双赢。

本小节基于环境规制视角考察了污染产业转移的经济和环境效应。从长期来看，以末端治理为主的规制手段会激励企业以提高生产技术的方式来节省成本，增加产量，一定程度上会导致污染产业的转入。因此从源头控制污染是最优的规制手段，这需要生产企业提高清洁生产技术和治污技术，同时引导消费者提高对绿色产品的需求，使得相应的生产者形成"需求导向型"生产策略，"倒逼"企业向清洁产品方向发展。进一步分析发现，环境规制能使污染产业实现经济和环境的双重红利。环境规制通过"挤出效应"和"创新补偿效应"使得污染产业先转出后转入。长期来看，不断强化的环境规制能促使企业减少单位产品的污染排放和污染物的排放总量。

四 环境规制的生态效应分析：结构优化视角

本小节讨论环境规制能否通过产业结构优化改善环境质量。[①] 一般研究认为，产业结构优化包含产业结构合理化和高度化两个维度。前者侧重于各产业之间的协调，如通过产业间的联系和协调从而实现人口资源与环境的协调，后者强调产业结构由低级向高级的升级，进而带动相关产业乃至整个国民经济的发展。从生态文明建设视角来看，产业结构的优化升级能够降低经济活动对环境的负面影响，提高清洁行业在整个产业中的比重。因此，我们认为产业结构的合理化和高度化均能显著改善地区环境质量。具体来说，环境规制会通过"成本增加"效应和"创新补偿效应"分别作用于产业结构合理化和高度化进而影响环境质量，如图 6—2 所示。

---

① 本节主要内容，参见孙坤鑫、钟茂初《环境规制、产业结构优化与城市空气质量》，《中南财经政法大学学报》2017 年第 6 期，第 63—72 + 159 页。

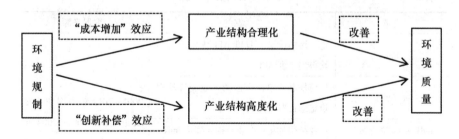

图6—2　环境规制通过产业结构优化影响环境质量的路径

综上，构建联立方程模型全面分析环境规制、产业结构优化和环境质量的交互影响，具体如下：

$$\ln api_{it} = \alpha_{10} + \alpha_{11}\ln pgdp_{it} + \alpha_{12}(\ln gdp_{it})2 + \alpha_{13}\ln er_{it}$$
$$+ \alpha_{14}\ln ind_{it} + \alpha_{15}\ln er_{it} \cdot \ln ind_{it}$$
$$+ \beta_{11}\ln energy_{it} + \beta_{12}\ln weather_{it} + \varepsilon_{1it} \qquad 式（6—7）$$

$$\ln api_{it} = \alpha_{20} + \alpha_{21}\ln pgdp_{it} + \alpha_{22}\ln er_{it} + \alpha_{23}(\ln er_{it})2$$
$$+ \beta_{21}\ln energy_{it} + \ldots + \beta_{22}\ln fdi_{it} + \varepsilon_{2it} \qquad 式（6—8）$$

$$\ln er_{it} = \alpha_{30} + \alpha_{31}\ln pgdp_{it} + \alpha_{32}\ln ind_{it} + \beta_{31}\ln energy_{it}$$
$$+ \beta_{32}L \cdot \ln api_{it} + \beta_{33}L \cdot \ln er_{it} + \beta_{34}\ln tecl_{it} + \varepsilon_{3it} \qquad 式（6—9）$$

$$\ln pgdp_{it} = \alpha_{40} + \alpha_{41}\ln api_{it} + \beta_{41}\ln densp_{it}$$
$$+ \beta_{42}\ln invest_{it} + \beta_{43}\ln fdi_{it} + \beta_{44}\ln tecl_{it} + \varepsilon_{4it} \qquad 式（6—10）$$

其中，α 和 β 分别为内生解释变量和外生解释变量系数，ε 为误差项。i 和 t 分别代表城市和年份，变量的具体解释与数据来源如表6—9所示。需要对产业结构合理化（ind1）和高度化（ind2）的测度进行说明。式（6—7）—式（6—10）中 i、t、A、j、Y_{it}、p_{AO}^{j} 和 w_{it} 分别为地区、年份、全国、j个工业细分行业、工业总产值、0时刻（基期）全国 j 行业工业废气排放总量和 i 地区 j 行业实际排放量。ind1 值越大，表明重污染行业产值在该地区工业部门中所占比重越低，产业结构越合理；ind2 越高，表明环保技术水平较高产业的占比越高，产业结构高度化水平亦越高。

$$ind1_{it} = \frac{Y_{it}}{\sum_{j=1}^{J}\left(\frac{p_{AO}^{j}Y_{it}^{j}}{Y_{AO}^{j}}\right)}, ind2_{it} = \frac{\sum_{j=1}^{J}\left(\frac{p_{AO}^{j}Y_{it}^{j}}{Y_{AO}^{j}}\right)}{w_{it}} \qquad 式（6—11）$$

表6—9　　　　　　　　　　　变量说明与数据来源

变量	含义	数据来源
api	空气污染指数：日度 API 数据进行平均得到年度 API	2001—2012 年中国非平衡面板数据，2001—2004 年 46 个城市，2005—2011 年 79 个城市，2012 年 104 个城市。相应年份中中国生态环境保护部公布的空气污染指数 API、《中国环境统计年鉴》、《工业企业数据库》、《中国环境年鉴》和《中国城市统计年鉴》
er（%）	环境规制：单位产值的工业废气治理设施运行费用	
ind1（元/立方米） ind2（—）	产业结构优化：产业结构合理化 ind1 高度化 ind2	
pgdp（元）	经济发展：人均 GDP	
energy（万吨）	能源消费：燃料煤消费量	
Densp（人/平方公里）	人口密度：总人口/行政土地面积	
tec1（%）	技术水平：政府科技支出占比	
tec2（万人）	科技人员：科技从业人员	
fdi（美元）	对外开放：每万元利用外资额	
invest（亿元）	投资：固定资产投资额	
rain（0.1mm）	降水量	
wind（0.1m/s）	平均风速	
tem（0.1℃）	平均气温	

对上文建立的联立方程采用三阶段最小二乘法（3SLS）分别考察环境规制、产业结构优化与城市空气质量的关系。表6—10 汇报了相应的估计结果。

表6—10 显示了环境规制、产业结构优化和城市空气质量的估计结果。模型1 和模型5 的主要实证结论如下：（1）根据经济发展的一次项和二次项系数可知存在"倒U型"的 EKC 曲线，验证了样本地区"先污染，后治理"的发展轨迹。（2）环境规制、产业结构合理化和高度化与 API 的系数均显著为负，表明环境规制具有明显的环境效应，达到了环境规制的初衷。产业结构合理化和高度化通过降低污染产业比重和提高产业的治污技术水平改善环境质量。从这三者系数的绝对值来看，产业结构优化比直接的环境规制具有更为显著的环境治理效应。（3）环境规制与产业结构合理化的交互项系数为负，并至少在 5% 的水平上显著，说明环境规制还可以进一步通过影响产业结构的合理化和高度化来达到改善

城市空气质量的目的。(4) 控制变量的回归结果大多符合预期，如能源消费的增加不利于环境质量的改善。同时，生态气候条件能够影响空气质量。

模型2和模型6验证了产业结构优化的影响因素。环境规制的二次项系数显著为正，说明环境规制强度对产业结构的优化具有门槛效应，只有当环境规制跨过门槛时，环境规制强度的增加才能通过产业结构的合理化和高度化影响环境质量。通过计算，在产业结构合理化和高度化中对应的环境规制拐点分别为0.0037和0.0097。结合样本在观察期内的实际情况来看，环境规制强度超过0.0037（第一门槛）的样本量约占总数的35%，超过0.0097（第二门槛）的样本仅占7%，说明多数城市的环境规制水平仍较低，有必要提高环境规制水平使其带来产业结构的优化效应。

模型3和模型7反映了环境规制的影响因素。当期的环境规制与前期的空气污染水平显著负相关，表明政府在制定和执行相应的环境政策时会充分考虑前期的空气状况，并根据以往的环境质量来制定当期的环境政策，反映了政府在环保政策设计上的"相机抉择"性质。模型4和模型8体现了中国城市在经济发展过程中存在以牺牲环境为代价的粗放增长模式。

表6—10　　　　　　环境规制、产业结构优化与城市空气质量

变量	产业结构合理化				产业结构高度化			
	模型1 lnapi	模型2 lnind1	模型3 lner	模型4 lnpgdp	模型5 lnapi	模型6 lnind2	模型7 lner	模型8 lnpgdp
lnpgdp	0.917*** (0.056)	0.142*** (0.029)	-0.110*** (0.024)		1.066*** (0.024)	0.502*** (0.051)	-0.043* (0.024)	
(lnpgdp)²	-0.046*** (0.003)				-0.053*** (0.001)			
lner	-0.089*** (0.022)	0.824*** (0.101)			-0.089*** (0.022)	1.030*** (0.203)		
lnind1	-0.673** (0.320)		-0.149*** (0.044)					

续表

变量	产业结构合理化				产业结构高度化			
	模型 1 lnapi	模型 2 lnind1	模型 3 lner	模型 4 lnpgdp	模型 5 lnapi	模型 6 lnind2	模型 7 lner	模型 8 lnpgdp
lnind2					-0.087 *** (0.022)		-0.242 *** (0.026)	
lner * lnind1	-0.106 ** (0.050)							
lner * lnind2					-0.014 *** (0.003)			
lnenergy	0.101 *** (0.009)	0.009 (0.019)	0.158 *** (0.022)		0.090 *** (0.008)		0.150 *** (0.021)	
lnrain	-0.089 *** (0.015)				-0.102 *** (0.014)			
lnwind	-0.170 *** (0.022)				-0.166 *** (0.021)			
lntemp	-0.038 * (0.022)				-0.041 * (0.022)			
$(lner)^2$		0.075 *** (0.008)			0.111 *** (0.016)			
lnfdi		0.039 *** (0.011)		-0.057 *** (0.014)	0.090 *** (0.016)			-0.063 *** (0.014)
L. lnapi			-0.242 *** (0.068)				-0.243 *** (0.064)	
L. lner			0.841 *** (0.019)				0.771 *** (0.020)	
lntec1			-0.039 ** (0.018)	-0.048 ** (0.019)	0.167 *** (0.029)	0.027 (0.019)		-0.052 *** (0.019)
lntec2					0.053 *** (0.018)			
lnapi				0.428 *** (0.079)				0.407 *** (0.079)
lndensp				0.022 (0.026)				0.033 (0.026)

续表

变量	产业结构合理化				产业结构高度化			
	模型1 lnapi	模型2 lnind1	模型3 lner	模型4 lnpgdp	模型5 lnapi	模型6 lnind2	模型7 lner	模型8 lnpgdp
lninvest				0.547*** (0.018)				0.548*** (0.018)
N	730	730	730	730	730	730	730	730
R²	0.998	0.518	0.994	0.998	0.998	0.954	0.994	0.998

注：括号中为标准误；*、**、*** 分别表示10%、5%、1%水平上显著。

本小节着重分析了环境规制改善城市空气质量的效果及其影响路径。研究发现：环境规制、产业结构合理化和高度化不仅会带来城市空气质量的改善，而且还会通过环境规制与产业结构优化的交互作用来提升空气质量。这给我们带来了相应的政策启示：要从生态文明建设的视角来认识产业结构优化，推进产业结构的升级，形成绿色发展模式；适当强化环境规制水平，提高污染排放标准；能够从长远视角建立绿色生产法律制度，制定长效、稳定的环境治理机制。

五　环境规制的生态效应分析：以机动车排放标准的雾霾治理效果为案例

前文分析了环境规制对环境质量可能产生的效果。本小节，以2013年2月北京市实施"第五阶段机动车排放标准"为政策背景考察针对机动车尾气污染的环境规制对雾霾治理的影响。①

中国城市的私家车数量从2000年的625万辆增加到2011年的7327万辆，年均增长率为22.76%。2010年北京私家车登记数量达到90万辆，造成了严重的汽车尾气污染，影响了空气质量（Zheng & Kahn，2013）。针对机动车尾气污染及雾霾现象的治理，已有研究探讨了成品油标准，价格，限行，机动车排放标准等相关因素对减少汽车尾气污染，改善大

_____

① 本节的主要内容，参见孙坤鑫《机动车排放标准的雾霾治理效果研究——基于断点回归设计的分析》，《软科学》2017年第31（11）期，第93—97页。

气质量的效果。2013 年 2 月北京市率先实施"第五阶段机动车排放标准"（京 V 标准），通过降低机动车尾气中的 CO、NO_X 等污染物的限值来改善北京市空气质量。因此，本小节研究以京 V 标准这一政策为准自然实验，在控制其他因素后考察这项政策实施前后北京市空气质量的变化，以此来提取京 V 标准的环境效应。构建如下模型：

$$PM2.5_t = \mu_0 + \alpha D_t + \sum_{i=1}^{k} \beta_i t^i + D_t \sum_{i=1}^{k} \gamma_i t^i + \delta X + u_i$$

式（6—12）

其中，X 为一组控制变量，包括气象条件，污染产业主营收入，限行虚拟变量和供暖虚拟变量。相应的变量具体含义及数据说明如表 6—11 所示。

表 6—11　　　　　　　　　　变量说明与数据来源

变量	含义	数据来源
PM2.5（微克/立方米）	PM2.5 浓度：北京市日平均 PM2.5 浓度	
D	京 V 标准：2013 年 2 月 1 日前 $D_t = 0$，此后 $D_t = 1$	
t	处理变量：衡量距离京 V 标准实施的时间长度	
temp（℃）	温度：日平均温度	
wind（km/h）	风速：最大稳定风速	2010—2015 年北京市时间序列数据。美国大使馆 PM2.5 监测数据、Freemeteo 网站气象数据、《北京市统计年鉴》、北京市统计局官方网站
rain（mm）	降雨量：累积降雨量	
lnind1（万元）	污染 1 的主营业务收入：石油加工、炼焦及核燃料加工业	
lnind2（万元）	污染 2 的主营业务收入：化学原料及化学制品制造业	
lnind3（万元）	污染 3 的主营业务收入：非金属矿物制品业	
traffic1	尾号限行：当日为尾号限行取值为 1，否则为 0	
traffic2	单双号限行：当日为单双号限行取值为 1，否则为 0	
heat	供暖：当日处于供暖期取值为 1，否则为 0	

为了评估京 V 标准的政策实施效果，本小节研究采用断点回归设计，具体结果如表 6—12 所示。该方法自 20 世纪 90 年代末开始广泛应用于经济政策评估。本小节以京 V 标准的实施为断点，如果能够观察到 PM2.5 浓度在京 V 标准实施的前后发生突变，而其他影响因素可以认定为连续变化，则有理由相信该变化是由京 V 标准这一政策带来的。

表 6—12　　　　　　　　断点回归估计结果

变量	模型 1 OLS	模型 2 （基准）	模型 3 （三阶）	模型 4 （五阶）	模型 5：稳健性 （±100）
D	− 11.150 **	− 10.240	− 8.384	− 23.630	79.660
	(4.854)	(15.44)	(15.95)	(18.61)	(91.75)
temp	6.045 ***	6.471 ***	6.187 ***	6.381 ***	15.620 ***
	(0.483)	(0.598)	(0.614)	(0.599)	(2.567)
wind	− 2.192 ***	− 2.165 ***	− 2.204 ***	− 2.144 ***	− 2.075 ***
	(0.146)	(0.174)	(0.179)	(0.170)	(0.537)
rain	− 0.633 ***	− 0.643 ***	− 0.643 ***	− 0.645 ***	0.114
	(0.202)	(0.135)	(0.136)	(0.134)	(0.630)
lnind1	4.628	8.633	23.03	10.39	2.859
	(13.30)	(21.49)	(22.14)	(21.29)	(1.262)
lnind2	82.54 ***	129.1 ***	99.83 **	105.0 **	95.79 **
	(22.77)	(45.900)	(44.61)	(40.74)	(47.77)
lnind3	0.919	2.790	32.67	7.023	111.8
	(17.91)	(32.08)	(30.04)	(31.59)	(164.8)
供暖和限行	YES	YES	YES	YES	YES
季节性调整	YES	YES	YES	YES	YES
N	2191	2191	2191	2191	201
多项式阶次		4	3	5	4

注：**、*** 分别表示 5%、1% 水平上显著；括号内为修正了自相关和异方差的 NEWEY – WEST 标准差。

表 6—12 中，模型 1 采用 OLS 对式（6—12）剔除处理变量多项式函数及其与政策变量的交互项后进行回归。结果显示，在控制其他相关变量的基

础上，京Ⅴ标准的实施对 PM2.5 浓度具有显著的负向影响（$\alpha = -11.150$）。可以初步推断实施京Ⅴ标准可能有助于改善空气质量。为了评估政策的实施效果，进一步采用断点回归设计来分析，估计结果展示在模型 2—4 中。在依次采用 4 阶、3 阶、5 阶多项式后发现京Ⅴ标准的实施并没有显著降低 PM2.5 的浓度。同时，气象条件的改善和化学行业（化学制品制造业）的减少有助于改善空气质量。断点回归设计依赖于多项式函数和时间窗口的选择，模型 5 缩短了时间窗口，结果并没有影响基准回归的稳健性，即京Ⅴ标准的实施在短期内并没有带来北京市 PM2.5 浓度的显著下降。

本小节系统考察了针对机动车排放尾气污染治理的政策效果，主要结论有：机动车排放标准的提升是空气质量改善的必要不充分条件，京Ⅴ标准的实施在短期内难以实现空气质量的改善。治理机动车污染排放的充分必要条件是：应从源头遏制污染物的排放，着力于从污染源出发进行治理。

六　本节小结

本节探讨分析了环境规制的生态效应，研究了环境规制对"经济增长—环境污染"脱钩的影响；并从生态文明建设视角分析环境规制、污染产业转移和产业结构优化对环境质量的作用；还以"京Ⅴ标准"的实施为案例来分析针对机动车排放的规制手段对空气质量的影响。通过理论阐述和实证检验发现，随着环境规制强度的增加，企业能够转变生产方式来促进"经济增长—环境污染"脱钩，地区污染产业会先转出后转入，长期内能够刺激企业降低单位产品排放量，从而达到减少污染排放总量的目标。产业结构合理化和高度化会带来城市空气质量的改善，且环境规制会通过产业结构的合理化和高度化两条路径改善环境质量，充分体现了环境规制的生态效应。从单一规制工具的执行效果来看，并没有达到改善环境质量的目的，如针对机动车尾气排放的"京Ⅴ标准"的实施在短期内难以实现空气质量的改善。

上述研究给我们带来的政策启示是：第一，从产业结构优化的角度来看，要提高污染排放标准，适当强化环境规制水平。在长期的视角下建立绿色生产法律制度，制定长效、稳定的环境规制机制。第二，政府在对污染行为的处理过程中，不仅要实施处罚，更重要的是从源头给予控制，减少污染产品产量，遏制污染物的排放，着力于从污染源出发进行环境治理。第三，积极构建"生产供应端与消费需求端"相贯通的环境治理体系。既从生产角度激励企业提高治污技术及清洁生产能力，又从产品需求角度引导消费者进行合理消费，如减少机动车的使用，选购清洁能源汽车和选择公共交通工具等。

第三节　环境规制的经济效应

环境规制的直接目的是降低经济活动对生态环境的影响。那么，环境规制必然对经济活动产生相应的影响。但是，环境规制对于经济活动的影响，并不是"制约"或"促进"的简单线性关系，而是存在多种机制路径的影响。本节对此展开讨论。

一　环境规制的经济效应：研究综述

环境规制与经济增长之间的关系，一直以来都是环境经济学中的核心议题。环境规制的实施从微观企业行为到中观产业结构再到宏观经济增长，进而会影响整个经济体系。接下来，将按照此研究逻辑分析环境规制的经济效应。

（一）环境规制与企业行为的文献综述：微观视角

从微观层面来看环境规制对企业行为的影响，现有研究文献大体可以分为两类：一是侧重于考察环境规制对企业生产率的影响；二是侧重于从环境与贸易的视角出发，分析环境规制对企业出口的影响，也就是说集中于探讨环境规制对企业竞争力的影响。

第一，关于环境规制对企业生产率的影响。主要研究内容有：王兵等（2008）运用 Malmquist – Luenberger 指数方法测算了 APEC 17 个国家自 1980 年到 2004 年包含二氧化碳排放的全要素生产率增长及其成分，研究发现，平均来看，环境规制会提高 APEC 国家的全要素生产率，且该效应会受到地区人均 GDP、工业化水平、技术无效率水平、劳动资本、人均能源使用量和开放度的影响。陈德敏和张瑞（2012）以环境规制对节能减排的倒逼机制为理论基础，以中国 29 个省际面板数据为样本，实证检验发现环境科技投入，环境信访监督，环境工业治理投资显著提高了全要素能源效率。李树和陈刚（2013）以 2000 年中国的《大气污染防治法》修订为准自然实验，采用倍差法评估了大气污染防治法的修订对空气污染密集型工业行业的全要素生产率的提升作用，指出，其边际效应随着时间的推移呈现递增趋势。申晨等（2017）利用 1997—2013 年中国 30 个省区市的资源消耗、环境污染与经济发展数据，通过多种估计方法研究，表明命令控制型规制手段与地区工业绿色全要素生产率呈现"U型"关系，市场激励型规制工具能够显著提升地区工业绿色全要素生产率。从规制效果来看，后者比前者更具减排灵活性和激励长效性。同样地，蔡乌赶和周小亮（2017）认为作为外在的约束，环境规制会直接影响经济主体的交易费用、成本、收益和管理效率来推动企业绿色全要素生产率的变化，也会通过改变微观企业内部效率和宏观配置效率间接影响绿色全要素生产率，且不同的环境规制手段对绿色全要素生产率具有不同的作用。命令控制型环境规制尚未直接影响绿色全要素生产率，市场激励型环境规制与绿色全要素生产率呈现"倒 U 型"关系，而自愿协议型环境规制与绿色全要素生产率呈"U 型"关系。

既有文献主要集中于验证环境规制对企业生产率和对成本的影响，或者集中于验证环境规制对总体创新和治污技术创新的影响。赵红（2008）运用 1996—2004 年中国 18 个两位数产业的面板数据，采用固定效应模型实证检验了环境规制对产业技术创新的影响；研究发现，环境规制在中长期对中国产业的技术创新有明显的激励作用。具体而言，环境规制强度每提高 1 个百分点，行业 R&D 支出和专利申请数量分别增加 0.19 个百分点和 0.30 个百分点。张成等（2011）基于"波特假说"指出：合适的环境规制能激发"创新补偿"效应，并能弥补企业的"遵循成本"效应，提高生产率和竞争力。运用 1998—2007 年中国 30 个省份的工业部门数据进行检验，发现环境规制强度与技术进步存在地区异质性。具体而言，在东部和中部地区，环境规制强度与企业生产技术进步呈现显著的"U型"关系，然而这种关系在西部地区并不成立。蒋伏心等（2013）基于 2004—2011 年江苏省 28 个制造业行业面板数据论证了环境规制对技术创新的直接效应和间接效应。研究发现，环境规制与企业技术创新呈现先下降后上升的"U 型"关系，即随着环境规制强度的增加，其对技术创新的影响由"抵消"转变为"补偿"，并进一步通过 FDI、企业规模、人力资本水平等因素间接影响企业的技术创新。颉茂华等（2014）以"波特假说"为理论基础，对 2008—2013 年的中国 A 股上市的重污染行业的公司展开研究，发现环境规制对中国重污染行业的 R&D 投入有一定的促进作用，但企业的 R&D 投入对公司经营绩效的影响存在滞后效应。宋文飞等（2014）从价值链视角研究了环境规制对 R&D 双环节（转换效率和转化效率）创新效率的异质门槛效应，指出：就其转换效率而言，当以外商直接投资，贸易自由化和市场水平为门槛变量时环境规制与 R&D 转换效率呈现"U 型"关系；以行业获利能力和规模化水平为门槛变量时二者具有"倒 U 型"关系。就转化效率而言，以外商直接投资和市场化水平为门槛变量时，环境规制与 R&D 转化效率呈现"倒 U 型"关系，而以贸易自由化水平、行业获利能力及工资水平为门槛变量时，二者为正向的线性关系。蒋为（2015）采用世界银行 2003 年中国 18 个城市的营商环境的调查数据研究了环境规制对企业研发决策的影响和研发投资的扩展边际和研发投资的集约边际。最终发现环境规制对中国制造业企业研发创新的扩展与集约边际均具有显著的正向影响，面临更强环境规制的企业更加倾向于进行研发创新并具有更大的研发投资额，且这种效应在产权保护更强的城市，污染强度更高的企业更加明显。从其影响形式来看，环境规制不仅促使中国制造业企业增加研发投资，还增强了产品创新与生产工艺流程的改进。刘晔和张训常（2017）侧重于考察碳排放交易制度与企业研发创新之间的关系，采用三重差分模型研究表明：碳排放交易试点政策能够提高处理组企业的研发投资强度，促进更多的企业参与研发创新活动，且该效应对大规模企业的创新投入具有显著的正向作用，对小规模企业的研发创新并没有显著的影响。进一步分析表明，碳排放交易制度主要通过增加企业现金流和提高资产净收益率从而对企业的创新行为产生直接（和间接）作用。李斌等（2011）侧重于考察环境规制对治理污染技术创新的影响，通过对中国 1999—2009 年 31 个省份数据构建系统 GMM 模型进行实证检验，研究发现随着环境规制强度的增加，治污技术呈现出先下降后上升的"U 型"变化路径。且结合中国实际来看，研究期内环境规制对治污技术进步的影响仍处于"U 型"曲线的下降阶段，即环境规制会降低治污技术水平，环境规制强度有待于进一步提高，以尽早跨过"U型"曲线拐点，达到环境规制对治污技术的正向促进作用。王班班和齐绍洲（2016）对比分析了市场型和命令型政策工具的节能减排技术引致的创新效应，指出市场型工具的效果存在外溢性，而命令型工具则更针对节能减排技术创新，并对创新程度更高的发明专利效应更强。

第二，关于环境规制对企业出口的影响。主要研究内容有：通常来讲，环境规制主要通过一国产品在国际贸易中的比较优势来影响该国的出口贸易。根据传统贸易理论，一国在国际贸易中的比较优势主要来源于相对技术优势和要素禀赋。当一国采用更为先进的生产技术或拥有某种更为丰富的要素资源时可以降低产品的单位成本，从而在国际贸易中占据比较优势。自20世纪70年代以来，越来越多的研究将一国的环境规制纳入传统的国际贸易理论，分析其对本国比较优势的影响。如果一国对其污染密集型产业施加较为严格的环境规制，那么就会导致相关产业的生产成本增加，进而导致其产业在国际市场中失去比较优势使得相关产品的出口下降。然而，关于环境规制影响一国出口贸易的问题一直存在争论，主要有以下几种观点。

其一，环境规制对企业出口的影响结果要受到多种因素的制约，因此最终影响不确定。董敏杰等（2011）将企业污染治理成本纳入投入产出模型，评估了环境规制对中国出口竞争力的影响，发现尽管2003年以来排污费征收标准日趋严格，但出口价格受环境规制影响的程度并未明显增加，且这种影响尚在可承受范围内。章秀琴和张敏新（2012）基于贸易引力模型，以中国2003—2009年6类环境污染型产品双边进出口数据实证检验了中国环境规制对不同环境敏感性产品出口竞争力的影响，结果表明环境规制对中国污染密集型产品出口竞争力的影响呈"倒U型"，且目前中国仍处在拐点的左边。

其二，环境规制对一国出口具有显著的负面影响。"污染避难所假说"指出环境规制增加了企业生产成本，降低企业在国际贸易中的竞争力，从而不利于企业出口。Cagatay & Mihci（2006）、Hering & Poncet（2014）考虑了1998年中国政府旨在减少二氧化硫排放量的两控区政策对中国企业出口活动的影响，运用1997—2003年中国265个城市出口数据（其中包括158个两控区城市），并利用时间、行业和企业类型的变化来识别两控区政策对企业出口绩效的影响。研究发现：双控区政策显著降低了企业的出口量，对于双控区城市而言，该政策主要通过降低企业产量来影响其出口。任力和黄崇杰（2015）基于扩展引力模型，加入环境规制变量，建立了规范的计量经济模型考察了中国与 37 个贸易国的影响，发现中国贸易伙伴国家的环境规制水平对中国的出口贸易影响不显著，但中国的环境规制水平对于中国的出口贸易具有显著的负向影响，即中国的环境规制水平越高，中国的出口贸易水平就越低。进一步研究发现，环境规制因素在中国与发达国家之间的出口贸易中具有重要影响，而在中国与发展中国家的出口贸易中只在一定程度上产生影响。Shi & Xu（2018）研究了环境规制对中国"十一五"规划企业出口行为的影响，应用 DDD 识别策略发现更为严格的环境规制降低了企业出口的可能性，也相应地减少了企业的出口量，该效应对于国有企业和中国中西部地区的企业影响较小。通过机制检验发现企业出口可能性下降的主要驱动力来源于非出口企业进入市场的可能性。

其三，环境规制对一国出口具有显著的正面影响。"波特假说"指出，实施严格的环境规制有助于率先发展与环境更兼容的创新技术、生产工艺等，从而有助于提升其在国际贸易中的比较优势。陆旸（2009）基于 2005 年 95 个国家的跨国数据采用 HOV 模型检验了环境规制对污染密集型商品比较优势的影响，经验分析得到了"较为严格的环境规制提升了化工产品、钢铁产品和纸以及纸浆产品的比较优势"的结论。李小平等（2012）运用中国 30 个工业行业 1998—2008 年的数据分析发现环境规制的提高能够提升产业的贸易比较优势，且该提升效应具有"度"的限制，当环境规制强度超过这个"度"之后，其对产业贸易比较优势的影响会有边际递减。因此，对环境规制强度的选择应当采取谨慎的态度。盛丹和张慧玲（2017）基于 1997—2002 年中国出口海关统计数据，以两控区政策作为外生冲击，采用倍差法和三重倍差法，重点考察了环境规制对中国出口产品质量的影响。研究发现，两控区政策显著提升了中国出口产品质量，表明环境规制有利于提升中国出口产品的国际竞争力。韩超和桑瑞聪（2018）以 2000—2006 年中国工业企业数据库和中国海关统计数据库中的出口企业为样本，研究发现两控区政策的实施显著提高了中国出口企业的产品转换率。对于存续时间长、规模较大和高生产率企业而言，环境规制对产品转换的影响较小。进一步研究表明，两控区政策虽然在总体上有抑制产品质量的趋势，但其可以通过提升企业产品转换行为间接地提升产品质量。因此，有效利用环境规制对产品转换的作用能够实现环境和产品质量提升的双重红利。

（二）环境规制与产业调整的文献综述：基于中观视角

从中观层面来看环境规制与产业结构调整之间的关系。傅京燕和李丽莎（2010）认为环境规制政策和要素禀赋是比较优势的两个主要因素，通过对1996—2004年中国24个制造业的面板数据分析，发现中国污染密集型行业并不具有绝对比较优势，且环境规制对比较优势的影响呈"U型"关系。张成和于同申（2012）测算了中国1996—2006年工业部门37个行业的产业集中度，并指出：随着控制变量的逐步引入，环境规制对产业集中度的正向促进作用逐步显著，表明了适度强化环境规制水平不仅有利于保护环境，而且有利于提高产业集中度。李强（2013）在Baumol模型的基础上构建了包含环境规制与产业结构调整的模型，理论分析得出："环境规制的存在通过提高服务业部门相对于工业部门的比重来促进产业结构的调整"的结论。并以此为基础运用中国2002—2011年30个省份的面板数据进行经验分析，其结果同样证实了随着环境规制强度的提高，服务业的比重上升，工业的比重下降，并促进了经济结构的调整。徐敏燕和左和平（2013）基于产业集聚效应视角分析了环境规制对产业竞争力的影响。研究发现，环境规制通过创新效应和产业集聚效应的综合作用对产业竞争力产生影响。进一步分析发现，不同强度的污染对产业竞争力的作用也不同。肖兴志和李少林（2013）认为环境规制会通过需求、技术创新和国际贸易传导机制来影响产业升级，实证检验发现中国总体环境规制强度对产业升级的方向和路径具有积极的促进作用，且该效应存在区域差异。具体而言，中西部地区环境规制强度与产业升级的关系不显著，而东部地区环境规制强度能够促进产业升级。原毅军和谢荣辉（2014）以中国1999—2011年30个省份的面板数据为基础，运用面板回归和门槛检验的方法考察了正式环境规制和非正式环境规制对产业结构调整的影响，研究发现：正式环境规制能有效驱动产业结构调整，并且当以工业污染排放强度为门槛变量时，正式环境规制对产业结构调整产生"抑制—促进—抑制"的非线性影响。非正式环境规制整体上促进了产业结构调整。董健等（2016）构建了环境规制、要素投入结构与工业行业转型升级的理论模型，实证分析发现环境规制对工业行业转型升级呈现"J"型特征的影响，且该曲线的拐点取决于环境规制的资源配置效应和技术效应在污染密集行业和清洁行业间的相对分布。

（三）环境规制与经济增长的文献综述：基于宏观视角

从宏观层面来看，宋马林和王舒鸿（2013）定量分析了环境规制对经济发展的影响程度，通过测算中国区域环境效率，将其影响因素分解为技术因素和环境规制因素，并指出二者均对环境效率存在促进作用。结合中国地区异质性来看，加强中西部省份的环境规制能够推动中国环境效率整体提升的同时实现经济增长。吴明琴等（2016）同样以1998年实施的"两控区"政策作为准自然实验，通过倍差法分析了"两控区"城市相较于非"两控区"城市而言，人均GDP增加了8.3%，人均工业GDP增加了16.9%。实证结果表明，适当的环境规制能够促进社会经济的发展。史贝贝等（2017）以"两控区"政策实施作为准自然实验，采用DID方法来进行因果识别，以此判断"两控区"政策是否促进地区经济增长，即环境规制是否带来了经济红利。实证结果当以城市灯光亮度来表征经济增长时，表明"两控区"政策长期、显著地提升了地区经济增长。既有研究对环境规制影响经济活动的各种效应有所探讨。以下几小节，在既有研究的基础上，针对环境规制的企业行为、产业结构、经济增长等效应展开讨论和分析。

二　环境规制的经济效应分析：企业规模及其分布视角

环境规制对企业影响的研究多集中于分析对企业生产率、出口贸易等方面。对于类似环境规制等外部因素对企业规模的影响研究相对较少。早期，Zipf（1949）对美国企业的研究发现，企业规模分布的Pareto指数（"帕累托指数"）接近于1，这一发现被称为Zipf法则。随后，众多学者对美国、G7国家、意大利以及法国等国家的企业规模分布进行研究，基本上得到了一致结论。但对中国的企业规模分布的研究相对较少，并发现中国企业规模分布并不符合Zipf法则，而是呈现分布偏离Zipf的状态。在本小节研究中将环境规制纳入企业规模分布的分析框架，深入研究环境规制对企业规模分布的影响，并进一步从地区与行业的视角考察环境规制对企业规模分布的异质性影响。[①]

首先，我们需要界定企业规模分布的 Pareto 指数与 Zipf 法则。Pareto 指数源自 Pareto 对收入分配状况的考察，并应用于不同领域，其中最著名的是关于企业规模分布的 Zipf 法则。在本小节研究中采用 Pareto 指数来刻画企业规模的分布状态。

根据 Pareto 分布的表达式，企业规模分布函数可以设定为：

$$Pr(F_i > f) = Af^{-\alpha} \qquad 式（6—13）$$

其中，F_i 表示企业 i 的规模，通常用企业销售额来衡量；式（6—13）的左边表示企业 i 的规模大于临界值 f 的概率；A 为待估参数；α 为企业规模分布的 Pareto 指数。对式（6—13）两边取对数可以得到线性化方程：

$$\ln(Pr(F_i > f)) = \ln A - \alpha \ln f \qquad 式（6—14）$$

企业 i 的规模大于临界值 f 的概率 $Pr(F_i > f)$ 等价于该企业按照规模降序排列之后的位次 S_i 和企业总数 N 的比值。根据上述分析，构建测算企业规模分布的 Pareto 指数的估计模型：

$$\ln\left\{\frac{S_i}{N_t}\right\} = \beta - \hat{\alpha}\ln F_{it} + \varepsilon_{it} \qquad 式（6—15）$$

其中，$\beta = \ln A$ 代表常数项，ε_{it} 为误差项。$\hat{\alpha}$ 的经济学含义为：当 $\hat{\alpha}$ 趋近于 1 时，表明中小企业发展较好，企业规模分布较均匀，服从 Zipf 分布；当 $\hat{\alpha} < 1$ 时，表明大型企业发展较好，中小企业发展相对不充分，企业规模分布不均匀；$\hat{\alpha}$ 越小，表明企业的分布越不均匀，越偏离 Zipf 分布。根据该方法测算了中国 1999—2011 年企业规模分布的 Pareto 指数。

由表 6—13 可以看出，在研究期内中国企业规模分布的 Pareto 指数平均为 0.6629，小于 1，说明相较于大型企业而言，中小企业发展并不充分，企业规模分布也不均匀。从时间上来看，Pareto 指数逐步上升，说明企业在逐步向均匀分布过渡，这在一定程度上反映了不利于中小企业发展的因素逐渐减弱，中小企业得到更快发展。

---

① 本节主要内容，参见孙学敏、王杰《环境规制对中国企业规模分布的影响》，《中国工业经济》2014 年第 12 期，第 44—56 页。

表6—13　　　　　　　　企业规模分布 Pareto 指数的估算结果

年份	常数项	Pareto 指数（$\hat{\alpha}$）
1999—2011	5.6871 ***	0.6629 ***
1999	4.5337 ***	0.5880 ***
2000	4.7312 ***	0.6012 ***
2001	5.0771 ***	0.6329 ***
2002	5.3507 ***	0.6546 ***
2003	5.7755 ***	0.6877 ***
2004	6.8041 ***	0.7906 ***
2005	6.6637 ***	0.7614 ***
2006	6.7147 ***	0.7577 ***
2007	6.8705 ***	0.7626 ***
2008	6.7727 ***	0.7571 ***
2009	6.9056 ***	0.7535 ***
2010	6.8706 ***	0.7626 ***
2011	6.2229 ***	0.6795 ***

注：*** 表示1%的显著性水平。

从地区和行业层面来看，企业的分布规模也存在一定的差异性。具体而言，Pareto 指数均值最高的地区与行业分别为浙江省、江苏省、上海市和服装业；Pareto 指数均值最低的地区与行业分别为青海省、西藏自治区、海南省、甘肃省、贵州省和烟草制品业与石油加工及炼焦业。即发达地区和具有竞争性行业的企业分布较为均匀，而欠发达地区和具有垄断性质的行业的企业分布不均匀。从时间趋势来看，大多数省份和行业的 Pareto 指数稳步上升，表明随着时间的推移，不利于中小企业发展的因素在逐步弱化，企业规模分布趋向均匀。

下面结合中国企业规模分布的现实背景解析环境规制影响企业规模分布的内在机理。一般而言，企业规模越大越有能力控制更多的资源，包括来自地方政府和银行的政策与资金支持，而中小企业受限于自身在市场中的谈判能力，往往存在着融资难、融资贵的问题，导致其与大企业的发展存在较大差距。大型企业比中小企业具有更为显著的发展优势，从而造成企业规模分布的偏离均匀状况。环境规制作为外部制度条件是否能够改善这种窘境？如果可以，那么环境规制又是通过何种机制来影响企业规模分布的呢？

第一，环境规制带来的成本效应。环境规制强度的提升无疑会增加企业的成本，企业需要从既有生产资源中划分一部分用于环境治理来达到环境规制标准的下限。如果企业不采取相应措施来应对环境规制，那么，企业可能会面临高额罚金甚至被迫停产、被兼并或退出市场。因此，环境规制促进了企业的优胜劣汰，不仅对一些污染严重的低效率企业进行整改，甚至清除出市场，而且为行业内的资源重新配置提供了契机。在此阶段，能够承担相应的环境规制成本且满足环境标准的企业存活下来，并根据发展战略调整规模。尤其是大型企业进一步获得更多的生产要素和资源，中小企业也能获得部分红利，而且中小企业具有较为灵活的生产经营方式，投资少，在整个行业资源重新配置过程中更易寻找自身发展模式，从而快速地成长起来，使得企业的规模分布向更加均匀的状态转变。

第二，环境规制的创新补偿效应和学习效应。基于"波特假说"，环境规制的创新补偿效应能够激发企业进行研发投入和技术创新，进一步提高经济效率，减少污染的产生。当环境规制的创新补偿效应能够部分或者全部抵消由环境规制带来的成本效应时，就会促进生产率提高，从而提升企业的市场竞争力。通常来讲，行业或区域内的大型企业往往具有先进的技术进行自主创新，研发新产品，新技术和新工艺的能力，它们也比较注重自身在行业或地区的领先地位以及承担的社会责任。因此，在其经营过程中会采用清洁能源和先进技术来达到环境标准。这种大型企业的示范效应和技术的溢出效应是提高中小企业的生产能力和技术水平的重要途径，通过模仿创新来升级落后技术，如通过与大型企业的合作来获得先进设备的操作技巧等。这种学习效应会显著提高中小企业的技术水平和生产能力，逐步缩小与大型企业的差距，使得企业规模分布趋于均匀。

第三，环境规制的竞争效应。一般而言，同一行业内，无论企业规模大小均面临着同样的环境标准，是否具有较强的竞争力还取决于环境规制引致的竞争效应。企业在达到环境规制标准的条件下，会主动实施环境友好行为来获得更多的市场份额。通过树立企业的"绿色形象"来获得消费者的青睐。随着消费者环境保护意识的增强和环境规制水平的提高，企业应对环境问题会变被动为主动，积极寻求绿色环保的生产方式，并在消费者需求为导向的经营策略下进行绿色创新。因此，对于同行业内的企业而言，走在环境规制标准的前面且更好地满足消费者绿色偏好的企业就会获得更多的市场份额，否则就会在"优胜劣汰"的市场规则下被淘汰出局。在激烈的市场竞争下，虽然大型企业仍处于主导地位，但中小企业也会因为自身积极主动的环境友好行为获益，如政府对满足环境标准的中小企业进行补助、提供绿色免税等措施。环境规制的竞争效应也会激发中小企业积极地进行创新来提高企业实力，从而提高了企业规模分布的 Pareto 指数。

如图 6—3 所示，环境规制会通过成本效应、创新补偿效应、学习效应和竞争效应来提高企业规模分布的 Pareto 指数，有利于企业规模分布变得更加均匀。

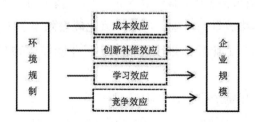

图 6—3 环境规制影响企业规模分布的机制

为了验证环境规制与企业规模分布之间的关系，构建如下计量模型：

$$Distr_{jkt} = \alpha_0 + \alpha_1 Regu_{jt} + \beta X + v_t + v_j + v_k + \varepsilon_{jkt} \qquad 式（6—16）$$

其中，下标 j、k 和 t 分别为行业、地区和年份；$Distr$ 为企业规模分布状况，由式（6—15）得到 Pareto 指数来衡量，考虑到同一行业在不同地区的分布状况可能不同，所以本小节研究用每一地区的每一行业估算 Pareto 指数；$Regu$ 表示环境规制；X 为控制变量集合，包括市场集中度，地区经济发展水平，城市化水平和地方政府干预程度；v_t、v_j 和 v_k 分别表示年份，行业和地区固定效应；ε_{jkt} 为误差项。相应的变量具体含义及数据说明如表6—14所示。

表6—14　　　　　　　　　　　变量说明与数据来源

变量	含义	数据来源
Distr	企业规模分布：参见上文	
Regulation	环境规制：参见下文	1999—2011年中国数据；来源于相应年份的中国工业企业数据库、《中国环境统计年鉴》和《中国统计年鉴》
herfindhl	市场集中度：赫芬达尔指数，具体见下文	
pergdp（元）	经济发展水平：人均实际GDP	
urban（%）	城市化水平：非农人口在总人口中的占比	
govern（%）	地方政府干预程度：地方政府财政支出占GDP比重	

以下简述环境规制和市场集中度两个指标的具体度量方法。关于核心解释变量环境规制，我们试图采用综合指数法（李玲、陶峰，2012）构建环境规制综合指数，来全面反映各地区环境规制的强度，从而克服单一指标无法解释环境规制整体状况的缺陷。基于研究所需和数据可得性，以污染物的排放量为基础，选取二氧化硫去除率、工业烟尘去除率、工业粉尘去除率、工业废水排放达标率、工业固体废物综合利用率五个单项指标。

首先，标准化每个指标，去除量纲：

$$X_{jg}^* = \frac{x_{jg} - min(x_{jg})}{max(x_{jg}) - min(x_{jg})} \qquad 式（6—17）$$

其中，x_{jg} 表示行业 j 污染物 g 的原值，$max(x_{jg})$ 和 $min(x_{jg})$ 分别为相应指标所在行业中的最大值和最小值。

其次，根据排放强度确定各行业不同污染物的指标权重：

$$W_{jg} = \frac{E_{jg} / \sum E_{jg}}{Q_j / \sum Q_j} \qquad 式（6—18）$$

其中，E_{jg} 和 $\sum E_{jg}$ 分别表示行业 j 污染物 g 的排放量及其总量，Q_j 和 $\sum Q_j$ 是行业 j 总产值及其所有行业全部工业总产值。

最后，通过各指标的标准化和权重，计算各行业的环境规制强度：

$$Regu_j = \sum_{g=1}^{5} W_{jg} \cdot X_{jg}^*$$ 式（6—19）

关于市场集中度的度量：本小节研究采用赫芬达尔指数，具体的计算公式为：

$$herfindhl_{jt} = \sum_{i?l_i} (sale_{it} / sale_{jt})^2$$ 式（6—20）

其中，$sale_{it}$ 表示企业 i 在第 t 年销售额；$sale_{jt}$ 表示行业 j 在第 t 年销售总额。该数值越大表示行业集中度越高。

表6—15 汇报了环境规制与企业规模分布关系的实证结果，其中模型1采用 OLS 方法，环境规制的系数在 10% 的显著性水平上为正，表明环境规制提高了企业规模分布的 Pareto 指数。尤其是对于中小企业而言，环境规制使其获得了更为充分的成长，企业规模分布趋向均匀状态。从其他控制变量来看，市场集中度和城市化水平与企业规模分布负相关，其系数通过了 1% 的显著性水平检验，说明市场集中度越高，城市化水平越高，越不利于中小企业发展，企业规模分布越不均匀，越偏离 Pareto 分布。相反，地区经济发展水平和政府干预程度的提高均有助于企业规模分布向 Pareto 分布转变。因为随着地区经济的发展和政府干预程度的提高，中小企业发展的不利因素减少，使其获得更多的成长机会，促使企业的规模分布更加均匀。

表6—15　　　　　　　环境规制与企业规模分布的回归结果

变量	模型1：OLS	模型2：2SLS	模型3：稳健性检验
Regulation	0.0105 *	0.1574 ***	0.0325 ***
	（1.6489）	（2.6975）	（2.6517）
herfindhl	−0.0639 ***	−0.0947 ***	0.0441 **
	（−5.9182）	（−5.7548）	（2.1316）
pergdp	0.1050 ***	0.1038 **	−0.0493
	（2.6134）	（2.5113）	（−0.6407）
urban	−0.1625 ***	−0.1603 ***	−0.2813 ***
	（−7.7698）	（−5.5345）	（−5.2161）
govern	0.1021 ***	0.1009 ***	0.0634
	（3.6768）	（3.5318）	（1.1913）

续表

变量	模型 1：OLS	模型 2：2SLS	模型 3：稳健性检验
Constant	− 0. 9621 *** (− 10. 6404)	− 1. 0503 *** (− 10. 5763)	− 0. 2499 (− 1. 4436)
LM 统计量		99. 4380 (0. 0000)	
Wald F 统计量		49. 8760 (19. 9300)	
年份效应	YES	YES	YES
行业效应	YES	YES	YES
地区效应	YES	YES	YES
N	7829	7829	7829
R^2	0. 4567	0. 4198	0. 3503

注：括号内为 t 值统计量；*、**、*** 分别表示 10%、5% 和 1% 的显著性水平；本小节下表同。

为了解决内生性导致的 OLS 估计结果有偏和不一致性，模型 2 采用环境规制的工具变量来克服这一难题。本小节研究采用 1985—1997 年中国制造业行业标准煤和环境规制的滞后一期作为环境规制的工具变量，理由如下：一是各行业能源标准煤与环境规制密切相关，通常情况下能源标准煤越高，表明资源消耗越高，对应的环境规制水平也越高，满足"相关性"；二是标准煤指标选定的时间段为 1985—1997 年，为历史变量，不会影响当期企业规模分布，满足"外生性"。另外，根据经验，环境规制对企业行为的影响可能存在滞后效应，因此，本小节研究亦将环境规制指标滞后项作为工具变量。模型 2 中，LM 统计量和 Wald F 统计量拒绝了工具变量识别不足和弱识别的假设，因此认为环境规制的工具变量是合理的。环境规制的系数在 1% 的显著性水平上为正，亦证实了环境规制有助于实现企业规模的均匀分布，其他的控制变量的符号和显著性与模型 1 基本一致，不再赘述。

模型 3 为一个稳健性检验，主要通过修正企业规模分布的指标来实现。按照 Gabaix & Ibragimov（2011）的做法重新建立企业规模分布的 Pareto 指数。式（6—21）中 α^* 为修正后的企业规模分布的 Pareto 指数，运用该方法重新估计企业规模分布，计量模型显示环境规制依然与企业的规模分布正相关，即环境规制使得企业规模分布更加接近于 Zipf 分布。

$$\ln\left\{\frac{S_i}{N_t} - \frac{1}{2}\right\} = \beta^* - \alpha^* \ln F_{it} + \varepsilon_{it} \qquad 式（6—21）$$

为了进一步区分不同行业和不同地区环境规制与企业规模分布之间关系的异质性，我们基于行业污染强度和地区经济发展水平进行分样本回归。

第一，环境规制对不同污染强度行业企业规模分布的影响。

这里采用各行业不同污染排放量线性标准化和等权加和平均的方法测算行业污染强度。选取废水排放量、二氧化硫排放量、烟尘排放量、粉尘排放量和固体废弃物排放量五个单项指标。具体方法如下：

首先，计算行业 j 污染物 g 的排放强度，以 E_{jg} 表示行业 j 污染物 g 的排放总量，以 Q_j 为行业 j 工业总产值：

$$UE_{jg} = \frac{E_{jg}}{Q_j} \qquad 式（6—22）$$

其次，将污染物 g 单位产值排放量 UE_{jg} 进行线性标准化，得到 UE_{jg}^s；

再次，将污染物 g 单位产值排放量等权加和平均，计算出平均得分：

$$NUE_{jg} = \sum \frac{UE_{jg}^s}{n} \qquad 式（6—23）$$

最后，将污染物 g 单位产值排放量得分汇总，得到行业总污染排放强度，然后根据经验做法①将中国 28 个制造业行业分为重污染、中污染和轻污染行业。具体结果如表 6—16 所示。

表 6—16　基于污染物强度划分的 28 个制造业行业分类（1999—2011 年）

分类	行业及代码
重度污染行业	纺织业（17）、造纸业及纸制品业（22）、石油加工及炼焦业（25）、化学纤维制造业（26）、化纤原料及制品制造业（28）、非金属矿物制品业（31）、黑色金属冶炼及压延加工业（32）、有色金属冶炼及压延加工业（33）

---

① 每个单项指标测算时采取平均值，最后按照 0.0151 和 0.4079 两个分界值将制造业划分为轻度污染、中度污染和重度污染。

分类	行业及代码
中度污染行业	农副食品加工业（13）、食品制造业（14）、饮料制造业（15）、皮革羽毛及其制品业（19）、文教体育用品制造业（24）、医药制造业（27）、塑料制品业（30）、金属制品业（34）、交通运输设备制造业（37）
轻度污染行业	烟草制品业（16）、服装制造业（18）、木材加工及其制品业（20）、家具制造业（21）、印刷业（23）、橡胶制品业（29）、通用设备制造业（35）、专用设备制造业（36）、电气机械及器材制造业（39）、通信设备及电子设备制造业（40）、仪器仪表及办公机械制造业（41）

表 6—17 的模型 1—3 分别报告了重度污染行业、中度污染行业和轻度污染行业内环境规制对企业规模分布的影响。可以看出，对于重度污染行业而言，环境规制系数在 5% 的显著性水平上为正。表明：随着环境规制的加强，重度污染行业企业规模分布的 Pareto 指数得到提高，企业规模分布趋向均匀。对于中度污染行业和轻度污染行业来说，环境规制的系数均在统计上不显著，即环境规制对中度和轻度污染行业企业规模分布无明显的影响。这一现象的可能解释是：重度污染行业的经济活动对生态环境的影响程度最大，对环境损害较大，针对该行业的环境规制也较为严格。大型企业为了确保其优势地位会率先通过提高生产率等方式实现清洁生产，减少污染物的排放。中小企业也会通过行业内先进技术的外溢效应来提高治理污染的水平，并进一步提高生产率。中小企业的快速发展使得企业规模分布趋向均匀，而中度和轻度污染行业的环境损害相对较小，且这两类行业面临的环境规制水平也较低，导致环境规制对不同规模企业的作用差别并不大。

表 6—17　　　　　环境规制与企业规模分布的异质性分析

变量	行业污染强度			地区经济发展水平	
	模型 1 重度污染	模型 2 中度污染	模型 3 轻度污染	模型 4 东部地区	模型 5 中西部地区
Regulation	0.0324 ** (2.3907)	−0.0029 (−0.2909)	0.0043 (0.3410)	−0.0004 (−0.0485)	0.0158 * (1.8371)

续表

变量	行业污染强度			地区经济发展水平	
	模型 1 重度污染	模型 2 中度污染	模型 3 轻度污染	模型 4 东部地区	模型 5 中西部地区
herfindhl	0.0381 ** (2.0125)	− 0.0322 (− 0.9736)	− 0.1035 *** (− 6.7537)	− 0.0880 *** (− 5.8494)	− 0.0527 *** (− 3.7518)
pergdp	0.0950 (1.4775)	0.1568 ** (2.4306)	0.0551 (0.7801)	0.0903 (1.4806)	− 0.0928 (− 1.5957)
urban	− 0.1306 *** (− 2.9009)	− 0.1894 *** (− 4.1766)	− 0.1584 *** (− 3.2033)	− 0.0570 * (− 1.6953)	− 0.1883 *** (− 4.5654)
govern	0.0579 (1.3239)	0.1940 *** (4.2848)	0.0513 (1.0501)	0.0680 ** (2.3457)	− 0.0401 (− 0.7699)
Constant	− 0.2169 (− 1.3935)	− 0.6063 ** (− 2.4113)	− 1.6266 *** (− 14.1026)	− 1.0930 *** (− 9.4214)	− 1.4724 *** (− 9.1156)
年份效应	YES	YES	YES	YES	YES
行业效应	YES	YES	YES	YES	YES
地区效应	YES	YES	YES	YES	YES
N	2229	2607	2993	2908	4921
R^2	0.4924	0.4861	0.4952	0.5778	0.4205

第二，环境规制对不同经济发展水平地区企业规模分布的影响。

根据中国国家统计局划分标准，将中国分为东部地区和中西部地区。表 6—17 模型 4 和模型 5 汇报了相应的估计结果。分地区来看，东部地区的环境规制系数为负，但没有通过显著性检验。中西部地区的环境规制系数在 10% 的显著性水平上为正，表明环境规制提高了中西部地区企业规模分布的 Pareto 指数，该地区企业规模分布更加均匀。通过对东部和中西部地区的分样本回归分析发现：环境规制对企业规模分布的影响会受到区位因素的影响。东部地区相对中西部地区而言，经济较为发达，竞争相对公平，中小企业能够获得充分发展，企业规模分布比较均匀。随着环境规制强度的提高，大型企业和中小企业的发展速度相对趋同，因而对企业规模分布的影响并无明显作用。中西部地区经济相对落后，以粗放型经济发展模式为主，严重的环境问题更加凸显环境规制的必要性。大型企业具有资源优势，中小企业发展受到诸多瓶颈，导致企业规模偏离 Zipf 分布。随着环境规制强度的增加，无法达到严格的环境标准以及无法承担环境成本的企业退出市场，尤其是高耗能、高污染的中小企业，经过这一轮优胜劣汰的企业在环境规制的创新补偿效应和学习效应下进一步提高竞争力，中小企业的快速发展促进了整个地区企业规模分布趋向 Zipf 分布。

以上分析均证实了环境规制对企业规模分布的 Pareto 指数具有正向促进作用，对于重度污染行业和中西部欠发达地区，该效应尤为显著。那么，随着环境规制的动态变化，其对企业规模分布的净影响究竟怎样？影响程度又有多大？为了回答这些问题，我们采用"反事实"模拟方法来进行相应的分析。在"反事实"估计中，通过模拟两种情况来分析环境规制影响企业规模分布的显著性。情形（1）表示环境规制水平保持不变，设定为初始值，即 1999 年环境规制水平；情形（2）表示环境规制水平发生变化，将其设定为研究期内的均值，即 1999—2011 年环境规制的平均值。在计算企业规模分布的 Pareto 指数的模拟值时，环境规制变量由情形（1）和情形（2）给出，其他变量由相应样本均值给出。若模拟出 Pareto 指数存在差异并且在统计上显著，表示环境规制强度的提高确实会引起企业规模分布的 Pareto 指数发生变化，即验证了环境规制对企业规模分布 Pareto 指数的净影响效应。

表6—18 反映了环境规制与企业规模分布的"反事实"模拟结果。其中模型 1 展示了运用环境规制与式（6—15）原始 Pareto 指数计量回归结果得到的模拟值，当环境规制不变时情形（1）的模拟值为 0.3040，当环境规制发生变化时情形（2）的模拟值为 0.3110，说明环境规制会促使企业规模分布更加均匀。这两种情形下模拟值的差异为 0.0070，表明环境规制的提高促使企业规模分布的 Pareto 指数增长率上升了 0.7 个百分点。因此可以认为环境规制对企业规模分布的影响不仅在统计上是显著的，而且具备了明显的经济学意义上的显著性。模型 2 运用环境规制与式（6 - 21）的修正 Pareto 指数计量回归结果，得到的估计结果与模型 1 基本一致。同样，随着环境规制强度的增加，企业规模分布的 Pareto 指数增长率上升了 2.17 个百分点，进一步证实了环境规制促使企业规模分布向 Zipf 分布转变的显著性。

表6—18　　　　　　　环境规制与企业规模分布的"反事实"模拟

反事实情形	模型1：Pareto指数	模型2：修正Pareto指数
情形（1）	0.3040	0.4794
情形（2）	0.3110	0.5011
（2）－（1）	0.0070	0.0217

本小节利用中国1999—2011年制造业企业数据测算出企业规模分布的Pareto指数，从理论上阐述环境规制会通过成本效应、创新补偿效应、学习效应和竞争效应来影响企业规模分布，并实证考察了环境规制对企业规模分布的影响及其行业和地区的异质性。研究结果显示，环境规制会促进企业规模趋向Zipf分布，有利于企业规模分布更加均匀。同时，不同行业和不同区域的环境规制对企业规模分布具有异质性影响，尤其是对于重度污染行业和中西部欠发达地区，环境规制对促进企业规模趋于Zipf分布的效应更加明显。这也给我们带来了相应的政策启示：基于行业污染强度和地区发展差异，适度提高环境规制强度和细化环境规制标准；灵活运用环境规制工具的组合形式，推进环境政策从命令型向市场激励型转变。

三　环境规制的经济效应分析：企业创新视角

创新是实现一国经济持续发展的有效途径，微观层面的企业创新不仅可以推动一国经济的长期高质量发展，而且也可以降低经济增长过程中对环境的负面影响，有助于实现经济、生态的可持续性。通过环境规制的推动作用提高企业技术创新的原动力，因此，创新可以作为实现国家经济增长和环境保护双重红利的重要途径。本小节，从企业层面讨论分析环境规制对产品创新的影响。[①]

基于"波特假说"，大量学者研究了环境规制对企业技术创新的影响：通常认为，环境规制水平的提高一定程度上增加了企业的成本，但是合理的环境规制能够刺激企业进行创新，产生"创新补偿"效应，从

---

① 本节的主要内容，参见杜威剑、李梦洁《环境规制对企业产品创新的非线性影响》，《科学学研究》2016年第34（3）期，第462—470页。

而部分或全部抵消环境规制带来的"遵循成本"。并且，环境规制会提高企业的生产率和竞争力。关于环境规制对企业创新行为的研究大体上有三种不同的观点：抑制论（Barbera & McConnell，1990）、促进论（Jaffe & Palmer，1997）和不确定论（Alpay & Kerkvliet，2002）。具体而言：环境规制会增加企业成本，从而妨碍企业生产率的提高。尤其是在企业既有生产要素的约束下，环境规制无疑会挤出用于生产的要素，投入到环境治理方面，因此在这种情况下不利于企业创新。但是，随着环境规制强度的增加，企业会变被动为主动，积极采用清洁能源和先进的生产技术来达到环境规制的要求，这在客观上提升了企业的生产率和创新能力。然而，由于环境规制与技术创新和生产率的影响可能具有长短期不一致，行业和区域差异性，因此环境规制的全要素生产率效应具有产业异质性。

那么，环境规制会通过怎样的作用机制对企业产品创新产生影响？本小节从动态的视角考察环境规制对企业产品创新的影响，从遵循成本效应到创新补偿效应来分析环境规制对企业产品创新的影响与环境规制自身强度的累积程度之间的相关性。在环境规制实施的初期，企业治理环境成本占企业的总成本比重较高，对企业创新具有负向影响的"遵循成本"效应占主导作用，尤其是在既有资源要素和消费者需求偏好不变的约束下，环境治理成本会挤出企业用于研发新产品新技术的资源，使得环境规制不利于企业的产品创新。随着环境规制强度的增加，企业变被动治理环境为主动治理环境，积极通过技术创新，采用清洁能源，提高生产率等措施来达到环境要求，此时"创新补偿效应"发挥主要作用，并抵消"遵循成本"效应的负向影响。因此，长时间来看，环境规制对企业创新的影响应该是"遵循成本"效应和"创新补偿"效应的综合结果，并体现出先递减后递增的非线性关系。这种关系依赖于环境规制本身的累积程度。只有当环境规制水平跨过某一拐点，才能真正实现环境与创新的双赢。

为了验证环境规制与企业规模分布之间的关系，构建如下计量模型：

$$\ln inno_{it} = \beta_0 + \beta_1 \ln regu_{it} + \beta_2 \ln {regu_{it}}^2 + \alpha X_{it} + \eta_i + \varepsilon_{it}$$

式（6—24）

其中，下标 i 和 t 分别为企业和时间，$regu$ 表示环境规制；X 为控制变量向量组，具体包含企业规模，生产成本，企业利润率和对外贸易水平；η_i为不可观测的不随时间变化的影响因素；ε_{it}为误差项。相应的变量具体含义及数据说明如表6—19所示。

表6—19　　　　　　　　　　变量说明与数据来源

变量	含义	数据来源
inno	创新决策（new）：企业进行了新产品研发时取值为1，否则为0； 创新规模（innovation）：新产品产值； 创新密集度（newper）：新产品产值占总产值比值	1998—2007年中国数据；来源于相应年份的中国工业企业数据库和《中国环境统计年鉴》
Regulation	环境规制：污染治理设施本年运行费用与工业废水的比值	
tiov	企业规模：企业当年总产值	
awage	生产成本：企业的平均工资水平	
proper	企业利润率：企业利润与总资产的比值	
exp	对外贸易水平：企业当年出口交易量	

由于被解释变量之一的企业创新决策为0和1的二值变量，分析中采用二元选择回归Probit模型，被解释变量之二和之三的企业创新规模和创新密集度为0的样本在中国工业企业数据统计中占比较高，具有截尾特征，因此采用截取回归Tobit模型。

表6—20汇报了环境规制与企业产品创新之间的关系，其中用三个指标来衡量企业产品的创新，分别为创新决策、创新规模和创新密度。从模型1—3可以看出，环境规制的一次项系数和二次项系数在1%的显著性水平上分别为负和正，这证实了前文的理论猜想，环境规制可以带来生态和经济的双重红利。从其他控制变量来看也基本符合预期。企业规模越高，利润越高，对外贸易量越多就越有利于企业新产品研发，而生产成本与企业产品创新之间的系数在1%的水平上负相关，表明企业的生产成本挤出了企业的研发投入。

表 6—20　　　　　　　　　　环境规制与企业产品创新的回归结果

变量	模型 1 创新决策	模型 2 创新规模	模型 3 创新密集度	模型 4 创新决策	模型 5 创新规模	模型 6 创新密集度
lnregu	−13.2097 *** (0.7609)	−167.5461 *** (10.3809)	−5.5140 *** (0.5416)			
$(lnregu)^2$	1.8615 *** (0.1110)	23.5865 *** (1.5141)	0.7739 *** (0.0790)			
lnggz				−0.2315 *** (0.0224)	−2.9962 *** (0.2932)	−0.1387 *** (0.0153)
$(lnggz)^2$				0.2310 *** (0.0266)	2.9873 *** (0.3471)	0.1340 *** (0.0181)
ltiov	0.2191 *** (0.0015)	3.3069 *** (0.0213)	0.1374 *** (0.0011)	0.1968 *** (0.0016)	2.8913 *** (0.0213)	0.1184 *** (0.0011)
lawage	−0.0470 *** (0.0030)	−0.5327 *** (0.0404)	−0.0008 (0.0021)	−0.0962 *** (0.0031)	−1.1551 *** (0.0406)	−0.0320 *** (0.0021)
proper	0.0308 ** (0.0144)	−0.2467 (0.1943)	−0.0742 *** (0.0102)	0.0890 *** (0.0149)	0.5896 *** (0.1924)	−0.0265 *** (0.0102)
lexp	0.0174 *** (0.0005)	0.2387 *** (0.0063)	0.0113 *** (0.0003)	0.0246 *** (0.0005)	0.3423 *** (0.0064)	0.0159 *** (0.0003)
Constant	19.8482 *** (1.3004)	245.0704 *** (17.7321)	7.4219 *** (0.9249)	−2.8605 *** (0.0329)	−41.6453 *** (0.4377)	−1.9971 *** (0.0233)
Regu 拐点	3.5481	3.5624	3.5517	0.5011	0.5015	0.5175
N	666202	666202	666202	666202	666202	666202
伪 R^2	0.0609	0.0349	0.0505	0.1012	0.0545	0.0866

注：括号内为标准差；**、*** 分别表示 5%、1% 的显著性水平；模型 1 和模型 4 采用 Probit 回归方法，其余为 Tobit 回归方法；本小节下表同。

模型 4—6 为稳健性检验。以一般工业固体废物处理量与一般固体废物产生量的比值作为环境规制的替代变量。可以发现，其结论与之前的基本一致。环境规制与企业技术创新之间依然存在先递减后递增的"U型"关系，这验证了环境规制指标选取的可靠性和研究结果的稳健性。

　　进一步根据模型 1—3 中环境规制的一次项和二次项系数可以计算出环境规制的拐点分别为：3.5481、3.5624 和 3.5517。结合中国现实来看，在研究期内环境规制的均值为 3.2748，小于"U 型"曲线拐点。表明整体而言，中国企业所面临的环境规制仍未跨过能够带来创新和环境双重红利的拐点。

　　环境规制对不同污染程度的行业所造成的影响可能不尽相同，这意味着环境规制对企业产品创新的影响存在行业的异质性。为了有针对性地考察不同污染程度的企业产品创新受环境规制的影响，我们通过改进的熵值法测算 37 个工业行业的污染强度并以此划分重度污染行业和轻度污染行业，然后进行分样本回归。

　　首先，按照污染程度的行业分类。基于研究所需和数据可得性，选取工业废水排放量、工业废气排放量和工业固体废物产生量三个指标构建污染排放综合指数。第一步对三个单项指标进行标准化，去除量纲；第二步采用改进的熵值法确定三个单项指标各自的权重；第三步对三个单项指标的标准值与权重进行加权平均得到污染综合指数。根据所得污染综合指数的大小将样本平均分为重度污染行业和轻度污染行业。表 6—21 显示了具体的分类结果。

表 6—21　　基于污染综合指数进行的行业分类（1998—2007 年）

分类	行业及代码
重度污染行业	电力、热力生产和供应业（44），有色金属冶炼和压延加工业（32），化学原料和化学制品制造业（26），造纸和纸制品业（22），黑色金属冶炼及压延加工业（31），纺织业（17），煤炭开采和洗选业（06），有色金属矿采选业（09），黑金属矿采选业（08），农副食品加工业（13），金属制品业（33），石油、煤炭及其他燃料加工业（25），化学纤维制造业（28），酒、饮料和精制茶制造业（15），医药制造业（27），食品制造业（14），铁路、船舶、航空航天和其他运输设备制造业（37），仪器仪表制造业（40），皮革、毛皮、羽毛及其制品和制鞋业（19）

续表

分类	行业及代码
轻度污染行业	非金属矿采选业（10），专用设备制造业（35），水的生产和供应业（46），汽车制造业（36），石油和天然气开采业（07），纺织服装、服饰业（18），计算机、通信和其他电子设备制造业（39），橡胶和塑料制品业（29），木材加工和木、林、藤、棕、草制品业（20），仪器仪表（41），燃气生产和供应业（45），非金属矿物制品业（30），烟草制品业（16），工艺品业（42），印刷业（23），家具制造（21），文教体育（24），其他采矿（11）

重度污染行业和轻度污染行业的环境规制水平存在显著的差异。图6—4显示从横向来看，自1998年到2007年重度污染行业环境规制强度基本上低于轻度污染行业，从纵向来看，在研究期内无论是重度污染行业还是轻度污染行业，环境规制总体呈现上升趋势。因此，在研究环境规制对企业产品创新影响的基础上，分别考察不同污染水平的行业内环境规制对企业产品创新的影响。

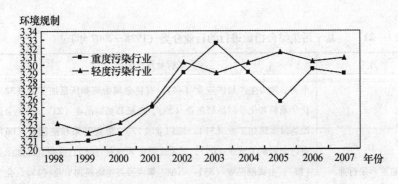

图6—4 重度污染行业、轻度污染行业环境规制水平的比较

表6—22汇报了针对重度污染行业和轻度污染行业环境规制对企业创新决策、创新规模和创新密集度的影响结果。从回归结果可以看出，无论是重度污染行业还是轻度污染行业，其环境规制的一次项系数和二次项系数在1%的显著性水平上分别为负和正，表明环境规制与企业产品创

新之间的"U型"关系依然成立，与前文的研究结论一致。各个控制变量的符号和显著性也比较符合预期。企业规模，企业利润和对外开放程度与产品创新正相关，企业平均成本与产品创新负相关。进一步，我们根据环境规制的一次项系数和二次项系数计算"U型"曲线的拐点，通过计算得到重度污染行业和轻度污染行业中环境规制与企业创新决策的拐点分别为 3.6015 和 3.4037；环境规制与企业创新规模的"U型"拐点分别为 3.5965 和 3.3938；环境规制与企业创新密集度的"U型"拐点分别为 3.5982 和 3.4018。由此可以看出，无论是在哪类创新指标中，轻度污染行业的"U型"拐点始终位于重度污染行业"U型"拐点的左侧，表明针对重度污染行业，只有更高水平的环境规制才能实现环境与创新的双赢。结合中国行业的实际情况来看，重度污染行业的环境规制平均水平为 3.2691 小于轻度污染行业的环境规制平均水平 3.2807。因此，中国环境规制的总体水平仍未跨过拐点，处于"U型"曲线的下降阶段，即增加环境规制强度会对企业的产品创新产生负向影响，尤其是对于重度污染行业，这种效应非常显著，其环境规制强度离"U型"曲线拐点还有较大差距，只有进一步加强重度污染行业的环境规制水平才能在获得生态效应的同时促进企业的产品创新。

表6—22　　环境规制与企业产品创新：基于不同污染程度的行业

变量	创新决策		创新规模		创新密集度	
	模型 1 重度	模型 2 轻度	模型 3 重度	模型 4 轻度	模型 5 重度	模型 6 轻度
lnregu	- 6.4964 *** (1.4386)	- 65.1976 *** (2.4152)	- 3.3843 *** (0.9337)	- 39.3655 *** (1.8174)	- 87.2439 *** (18.6121)	- 869.1390 *** (33.0348)
$(lnregu)^2$	0.9019 *** (0.2050)	9.5776 *** (0.3595)	0.4705 *** (0.1331)	5.7997 *** (0.2705)	12.1234 *** (2.6525)	127.7484 *** (4.9172)
ltiov	0.1861 *** (0.0021)	0.2539 *** (0.0025)	0.1046 *** (0.0014)	0.1703 *** (0.0019)	2.7411 *** (0.0280)	3.7704 *** (0.0351)
lawage	- 0.0986 *** (0.0042)	- 0.0423 *** (0.0047)	- 0.0305 *** (0.0027)	- 0.0011 (0.0035)	- 1.1807 *** (0.0549)	- 0.4797 *** (0.0631)

变量	创新决策		创新规模		创新密集度	
	模型 1 重度	模型 2 轻度	模型 3 重度	模型 4 轻度	模型 5 重度	模型 6 轻度
proper	0.2927 *** (0.0192)	-0.3482 *** (0.0245)	0.0738 *** (0.0125)	-0.2922 *** (0.0183)	3.0509 *** (0.2468)	-5.1226 *** (0.3314)
lexport	0.0348 *** (0.0007)	0.0031 *** (0.0007)	0.0202 *** (0.0004)	0.0020 *** (0.0005)	0.4506 *** (0.0087)	0.0406 *** (0.0097)
Constant	8.6492 *** (2.5059)	107.0436 *** (4.0510)	4.1012 ** (1.6262)	64.0420 *** (3.0474)	112.9722 *** (32.4174)	1421.6702 *** (55.3945)
Regu 拐点	3.6015	3.4037	3.5965	3.3938	3.5982	3.4018
N	337533	290008	337533	290008	337533	290008
伪 R^2	0.1017	0.0624	0.0883	0.0521	0.0542	0.0359

　　本小节从企业视角研究了环境规制会通过"创新补偿"效应和"遵循成本"效应的综合作用来影响企业的产品创新参与、创新规模和创新密集度。在这两种作用下环境规制与企业的产品创新呈现"U 型"的非线性关系，即环境规制对于企业产品创新的影响依赖于环境规制本身的累积程度。随后运用中国 1998—2007 年的工业企业数据进行经验分析，其结果进一步证实，只有当环境规制跨过某一拐点时才能实现环境和创新的双重红利。结合中国实际来看，目前对于大多数企业而言，环境规制水平仍处于"U 型"曲线的下降阶段。从企业污染的异质性来看，无论是重度污染行业还是轻度污染行业，均存在环境规制与企业产品创新的"U 型"关系，并且重度污染行业的"U 型"曲线拐点位于轻度污染行业"U 型"曲线拐点的右侧。对于重度污染行业而言，需要更高水平的环境规制才能跨过"U 型"曲线的拐点，实现环境与创新的双赢。上述结论蕴含丰富的政策启示：首先，要用发展的眼光来看待环境规制与企业创新的关系。其次，环境对于企业创新的影响体现出行业异质性，这就要求要实行有区别、有针对性的环境规制，尤其是对于重度污染行业要提高环境规制水平，使其尽早跨过"U 型"曲线拐点，实现环境与创新的双赢。

四　环境规制的经济效应分析：企业全要素生产率视角

关于环境规制与创新的研究主要集中于环境规制与企业全要素生产率之间的关系。不同的研究视角和样本选择范围得到了不同的结论。本节通过理论模型来分析环境规制对企业全要素生产率的作用机理，并通过 1998—2011 年中国工业企业数据来实证检验。[①]

首先，以 Mohr（2002）的模型为基础，构建理论模型分析环境规制对企业全要素生产率（下文均缩写为"TFP"）的传导机制。

假设经济体中存在 N 个同质的生产者，并使用相同的生产技术，具体的生产行为是在一段时间内用 l 单位的劳动力生产单一的产品 c，市场总劳动供给为：$L = Nl$；劳动生产率依赖于资本 K，资本 K 为 0 期到 t 期使用某种技术的劳动量：

$$K_t = \int_0^t L_\tau d\tau \qquad \qquad 式（6—25）$$

进一步假设环境规制发挥作用时，企业要缴纳一种污染税来为其排放的污染承担社会成本，设税额为 γN。污染税具有双重效应，一方面降低生产过程中的污染排放 w，另一方面也增加了生产者的环境成本，当其他条件不变时，企业成本的增加使得 TFP 倾向于下降。

在"创新补偿效应"和"学习效应"的影响下，环境规制水平的不断提高会促使企业进行技术创新。生产消费品 c 的原有技术为 f，新技术为 g，技术 g 比技术 f 清洁且生产效率高，即在相同的生产投入要素下采用新技术能够带来更高水平的产出，则对于任意 l、w 和 K 有：

$$f(l,w,K) < g(l,w,K) \qquad \qquad 式（6—26）$$

设生产函数 $b(l,w,K)$ 表示生产者在受到环境规制时，相对于旧技术 f，使用新技术 g 是在维持产出不会减少的情况下相应的废物减排量。假设环境规制要求生产者必须减少 ε 的废物排放，且 $0 < \varepsilon < b(l,w_f,K)$，则生产者在每个时间点上通过选择 w_g 来实现：

---

① 本节的主要内容，参见王杰、刘斌《环境规制与企业全要素生产率——基于中国工业企业数据的经验分析》，《中国工业经济》2014 年第 3 期，第 44—56 页。

$$\max \int_t^\infty \beta^{\tau-1}[g(l_{g\tau}, w_{g\tau}, K_{g\tau}) - \gamma w_{g\tau}]d \qquad \text{式 (6—27)}$$

$$S \cdot T \cdot w_g \leq (\bar{w} - \varepsilon) \qquad \text{式 (6—28)}$$

政府实施的环境规制要求企业必须减少 ε 单位的污染排放量，且 $\varepsilon > 0$，环境规制的环境效应体现，环境质量得到改善。根据 $\varepsilon < b$，表示产业增加提高了企业的 TFP。企业技术创新会受到诸多因素的影响，如果环境规制的提高对企业带来的成本超过了企业的承受能力时，企业的 TFP 就会下降。

因此，从动态的视角来看，较弱的环境规制不足以刺激企业进行技术创新。环境规制水平的提高会促使企业使用新技术来应对环境规制的要求，从而促进企业 TFP 的提高，但过高的规制成本会对 TFP 造成不利影响。因此，环境规制与企业 TFP 之间可能存在"倒 N 型"关系，而不是简单的非负即正的线性关系。

为了验证环境规制与企业 TFP 之间的关系，构建如下计量模型：

$$TFP_{ijkt} = \alpha_0 + \alpha_1 Regulation_{jt} + \alpha_2 Regulation_{jt}^2$$
$$+ \alpha_3 Regulation_{jt}^3 + \beta X_{ijkt} + v_t + v_j + v_k + \varepsilon_{ijkt} \qquad \text{式 (6—29)}$$

式 (6—29) 中下标 i、j、k 和 t 分别表示企业、行业、地区和年份；v_t、v_j 和 v_k 分别表示年份效应、行业效应和地区效应；ε_{ijkt} 为误差项；X 为控制变量向量组，包含企业相对规模、企业性质分为国有和外资、资本劳动比率和企业年龄。相应的变量具体含义及数据说明如表 6—23 所示。

表 6—23　　　　　　　　　　变量说明与数据来源

变量	含义	数据来源
TFP	企业全要素生产率：参见下文	
Regulation	环境规制：具体方法参见 6.3.2 小节	
size	企业相对规模：企业工业总产值与企业所在行业工业总产值的比值	1998—2011 年中国数据；来源于相应年份的中国工业企业数据库、《中国环境统计年鉴》和《中国统计年鉴》
foreign	外资企业：当企业为外资企业时取值为 1，否则为 0	
home	国有企业：当企业为国有企业时取值为 1，否则为 0	
klratio	企业资本劳动比率：企业固定资产净值年平均余额与企业从业人员之比	
age	企业年龄：当年年份 - 企业开业年份 + 1	

关于被解释变量 TFP 的测算。根据已有文献的做法，通过建立柯布—道格拉斯生产函数来估算 TFP。

$$Y_{it} = A_{it}\, L_{it}^{\alpha}\, K_{it}^{\beta} \qquad\qquad 式（6—30）$$

其中，Y_{it}、L_{it} 和 K_{it} 分别表示产出水平、劳动要素投入和资本要素投入，A_{it} 为 TFP。通过对式（6—30）两边取对数，可得：

$$ln\, Y_{it} = \alpha ln\, L_{it} + \beta ln\, K_{it} + \mu_{it} \qquad\qquad 式（6—31）$$

然后，运用 OP 方法和 LP 方法来估计式（6—31），以解决使用 OLS 方法估计造成的同时性偏差和选择性偏差问题。

方法一：OP 方法中，采用投资作为 TFP 的代理变量。具体的做法是：首先，仅估算劳动在生产函数中的比重，从而得到不考虑资本的 OLS 拟合残差。其次，以 OLS 拟合残差为被解释变量，采用高阶的多项式将资本及投资作为解释变量，估算出资本的系数。并嵌入 Probit 模型估计企业生存概率，并作为额外的被解释变量放入回归中，结合上述的劳动系数和资本系数，通过索洛残值法得到 TFP。本小节研究中投资的估算采用永续盘存法 $I_{it} = K_{it} - (1 - \delta)K_{it-1}$，其中，$I_{it}$ 和 K_{it} 分别为企业 i 在第 t 年的投资额和资本，δ 为折旧率，以 15% 作为默认值，9.6% 作为稳健性检验值。

方法二：LP 方法分两步估算。首先，使用资本和中间投入的高阶多项式的近似式，用 OLS 方法得到劳动系数；其次，将上述的劳动估计系数用来估计资本和中间投入的系数，然后得到 TFP 估计值。

需要说明的是，工业增加值不包含中间投入，是对企业最终生产能力的真实反映，考虑到中国企业工业总产值与中间投入之间的高度关联性，本小节研究中采用企业工业增加值而不是工业总产值来计算企业的 TFP。表 6—24 显示了关键年份中国工业企业 TFP 的测算结果。

表 6—24　　　　　　　中国工业企业 TFP 的描述性统计

年份	中位数	均值	峰度
1998	9.5627	9.5001	4.1758
2002	9.8954	9.8682	4.2390
2006	10.0528	10.0617	3.4739
2011	10.1659	10.1729	3.4129

　　本小节研究中依然采用综合指数方法构建环境规制指标，具体方法见第三章第二节。

　　表6—25模型1采用OLS方法研究了环境规制与企业TFP之间的关系。环境规制的一次项、二次项和三次项系数在1%的显著性水平上分别为负、正和负。表明了环境规制与企业TFP之间呈现先递减后递增再递减的"倒N型"关系，即随着环境规制趋于严格，其对TFP的影响也会体现出相应的阶段性特征。在环境规制水平较低阶段，企业缺乏技术创新的动力，环境规制带来的企业成本增加而对TFP产生负向影响。随着环境规制水平的提高，企业会积极应对环境规制，通过技术创新或使用新技术来提高企业TFP。但当环境规制水平进一步提高乃至超过企业的承受范围时，就会对企业的TFP产生负向影响。从控制变量来看，其系数和显著性基本符合预期。企业的规模对于TFP有显著的提升作用。企业性质体现了差异性，即外资企业具有较高的TFP，然而国有企业TFP较低，资本劳动比与企业TFP呈现正相关关系，表明资本密集型企业更加重视生产设备的更新和增加研发投入，因此具有更高水平的TFP。企业经营时间的一次项和二次项系数在1%的显著性水平上分别为正和负，说明企业成立时间与TFP呈"倒U型"关系，这也符合生命周期理论中处于成长和成熟期的企业具有较高水平的TFP的特点。

表6—25　　　　　　　　　　　环境规制与TFP估计结果

变量	模型1：OLS 基于LP方法 估算TFP	模型2：2SLS 标准煤、环境 规制滞后项 为工具变量	模型3：稳健性 检验基于OP 方法计算TFP （15%折旧率）	模型4：稳健性 检验基于OP 方法计算TFP （9.6%折旧率）
Regulation	-0.0269^{***} (-10.2027)	-0.1449^{***} (-12.7805)	-0.0122^{***} (-4.9438)	-0.0104^{***} (-4.2220)
$(Regulation)^2$	0.0033^{***} (10.4589)	0.0188^{***} (13.8188)	0.0019^{***} (6.3007)	0.0017^{***} (5.5220)
$(Regulation)^3$	-0.0001^{***} (-9.0688)	-0.0006^{***} (-13.5199)	-0.0001^{***} (-5.7577)	-0.0001^{***} (-5.0295)

续表

变量	模型1：OLS 基于LP方法 估算TFP	模型2：2SLS 标准煤、环境 规制滞后项 为工具变量	模型3：稳健性 检验基于OP 方法计算TFP （15%折旧率）	模型4：稳健性 检验基于OP 方法计算TFP （9.6%折旧率）
size	170.3405 *** (14.2317)	170.4512 *** (14.2280)	83.1086 *** (14.9239)	87.0026 *** (16.0409)
foreign	0.1993 *** (78.2281)	0.1992 *** (78.3129)	– 0.0626 *** （– 31.9113）	– 0.0653 *** （– 33.1773）
home	– 0.4626 *** （– 129.9166）	– 0.4607 *** （– 129.4144）	– 0.5967 *** （– 188.7270）	– 0.5994 *** （– 189.2283）
klratio	0.0000 *** (4.1499)	0.0000 *** (4.1412)	– 0.0000 * （– 1.8986）	– 0.0000 ** （– 2.4684）
age	0.0113 *** (50.3598)	0.0114 *** (50.7901)	0.0022 *** (10.5599)	0.0023 *** (11.2544)
$(age)^2$	– 0.0002 *** （– 47.0865）	– 0.0002 *** （– 47.4439）	– 0.0002 *** （– 51.9879）	– 0.0002 *** （– 53.4079）
Constant	10.1252 *** (132.7013)	10.3045 *** (132.1538)	5.9318 *** (85.6861)	5.4259 *** (77.7470)
Kleibergen – Paap rk LM 统计量		4.7e + 04 [0.0000]		
Kleibergen – Paap rk Wald F 统计量		8682.5280 [7.7700]		
年份效应	YES	YES	YES	YES
行业效应	YES	YES	YES	YES
地区效应	YES	YES	YES	YES
N	2379261	2379261	2379261	2379261
R^2	0.4758	0.4752	0.5243	0.5812

注：括号内为修正异方差之后的 z 统计量；*、**、*** 分别表示10%、5%和1%的显著性水平。

但是，环境规制与企业 TFP 之间可能存在双向因果关系，一方面环境规制会对企业的 TFP 产生影响，另一方面，TFP 越高的企业可能面临较低的环境规制水平，这样可能造成内生性问题，使得上述估计结果存在偏差和不一致。为避免内生性，我们采用 1985—1997 年中国制造业行业标准煤和环境规制滞后一期作为环境规制的工具变量。表 6—25 模型 2 采用两阶段最小二乘法来估计环境规制对企业 TFP 的影响，通过 LM 统计量和 Wald F 统计量检验表明本小节研究选取的工具变量不存在工具变量识别不足和弱识别问题，因此，本小节研究选取的工具变量是合理的。从模型 2 的回归结果可以看出环境规制的一次项、二次项和三次项系数在 1% 的显著性水平上分别为负、正和负，亦证实了环境规制与企业的 TFP 呈现"倒 N 型"的关系。其他控制变量基本上没发生太大变化，其符号和显著性与 OLS 方法基本一致，此处不再赘述。

表 6—25 模型 3 和模型 4 为本小节研究的两个稳健性检验，分别用 OP 方法来测算企业 TFP，其中折旧率分别为 15% 和 9.6%。从估计结果中依然可以看出环境规制与企业 TFP 呈现先递减后递增再递减的"倒 N 型"关系，进一步验证了本小节研究研究结果的稳健性和可靠性。

整体而言，环境规制与企业 TFP 之间呈现"倒 N 型"关系，为了进一步探讨当前中国各行业环境规制在"倒 N 型"曲线上的具体位置，以便对现阶段中国各行业最优环境规制水平做出预测。根据表 6—25 模型 1 的回归结果，我们将环境规制与企业 TFP 之间的关系简化为一元三次方程：

$$TFP = 10.1252 - 0.0269 \times Regulation + 0.0033$$
$$\times Regulation^2 - 0.0001 \times Regulation^3 \qquad 式（6—32）$$

然后根据式（6—32）绘制出环境规制与企业 TFP 的"倒 N 型"曲线，如图 6—5 所示。其中两个拐点分别为 5.41 和 16.60。结合中国现实条件，平均而言，中国的行业环境规制水平为 2.23，小于第一个拐点，表明环境规制水平还比较低，仍处于环境规制会导致企业 TFP 下降的阶段。基于此，各地方政府应加强环境规制，尽早促进整体环境规制水平跨过第一个拐点，达到环境与创新的双赢阶段。

为了进一步细化分析中国各个行业在环境规制与 TFP"倒 N 型"曲线的具体位置，我们基于污染排放强度将 36 个工业行业分为重度污染行

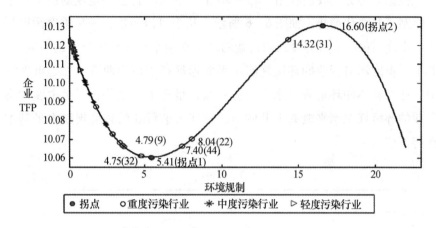

图6—5　环境规制与企业 TFP 的"倒 N 型"曲线

业、中度污染行业和轻度污染行业。借鉴李玲和陶峰（2012）的做法选取废水排放量、二氧化硫排放量、烟尘排放量、粉尘排放量和固体废弃物排放量五个单项指标进行线性标准化和等权加和平均的方法计算中国36 个行业的污染强度。根据测算的各行业污染排放强度，将行业分为轻度污染行业、中度污染行业和重度污染行业三大类。分类结果如表6—26所示。

表6—26　　根据污染排放强度划分的 36 个工业行业分类（1998—2011 年）

分类	行业及代码
轻度污染行业	烟草加工（16）、服装业（18）、木材加工（20）、家具制造（21）、印刷业（23）、橡胶制品（29）、通用设备（35）、专用设备（36）、电气机械（39）、通信设备（40）、仪器仪表（41）
中度污染行业	石油开采（7）、非金矿采（10）、农副加工（13）、食品制造（14）、饮料制品（15）、皮羽制品（19）、文体用品（24）、医药制造（27）、塑料制品（30）、金属制品（34）、交通设备（37）、燃气生产（45）、水的生产（46）
重度污染行业	煤炭采选（6）、黑金矿采（8）、有金矿采（9）、纺织业（17）、造纸业（22）、石油加工（25）、化学纤维（26）、化纤制造（28）、非金制造（31）、黑金加工（32）、有金加工（33）、电力生产（44）

根据上述分类我们利用1998—2011年三大类行业环境规制的平均水平绘制了其变化趋势，如图6—6所示。从中可以看出：一是重度污染行业、中度污染行业和轻度污染行业的环境规制水平体现出显著的差异性，其中，重度污染行业的环境规制水平要远远高于后面两者；二是重度污染行业与整体的环境规制水平趋势一致，呈现上升趋势；三是中度污染行业的环境规制水平略有上升倾向，轻度污染行业的环境规制水平基本保持不变。

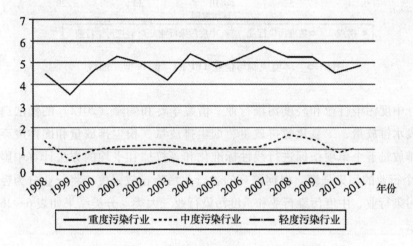

图6—6 1998—2011年三大类别行业环境规制变化趋势

上述分析考察了环境规制的行业差异性，现在我们将三大类别行业的平均环境规制水平映射到"倒N型"曲线上，可以看出，中国三大类别行业均未跨越第二个拐点，没有达到过高的环境规制对企业TFP造成不利影响的阶段。整体而言，除了少数几个重度污染行业（非金制造、造纸业和电力生产）的环境规制水平较为合理外，其他行业的环境规制位于"倒N型"曲线的第一个拐点左侧，表明中国环境规制平均水平较低，有待于进一步提高。尤其是对环境产生较大污染的黑金加工和有金矿采两个行业，环境规制强度不足以刺激其进行技术创新或者使用新能源、新技术和新工艺，一定程度上造成了企业TFP的下降，同时规制的环境效应尚未产生；技术水平的不足进一步加剧了企业废水、废气以及粉尘等污染物的排放，导致其既不利于企业发展也不利于环境保护的局面。从图6—6中可以看出，这两个行业的环境规制水平已经非常接近"倒 N 型"曲线的第一个拐点了，只要再适度提高环境规制水平，就能使其达到环境与 TFP 双重红利。另外，由于中度污染行业和轻度污染行业对环境的污染没有重度污染行业那么严重，这两类行业的环境规制强度偏弱，企业的污染行为没有得到有效的约束，企业对环境保护的疏忽降低了其节能减排的动力，技术的落后也降低了企业 TFP，因此，适当提高环境规制水平可以促进这类企业成长和环境污染的治理。

本小节，通过理论分析环境规制与企业 TFP 之间的作用机制，提出二者之间的"倒 N 型"关系，并运用中国1998—2011年工业企业数据验证了这一理论猜想。环境规制对企业 TFP 的影响有两个关键拐点，当环境规制水平跨过第一个拐点时有利于提高企业的 TFP，过低或过高的环境规制水平均不利于企业 TFP 的提高。结合中国实际来看，中国所有行业均未跨越第二个拐点，当前不存在环境规制过高甚至超过企业承受范围的规制水平。只有少数几个行业处于第一和第二拐点阶段（也即环境规制提高企业 TFP 的阶段），但是绝大多数企业仍未跨过第一个拐点，仍处于环境规制会降低企业 TFP 的阶段，说明整体环境规制水平仍然有待进一步提高。这些研究结论也给我们带来了丰富的政策启示：其一，对于不同污染强度的企业，尤其是重度污染行业要根据其在"倒 N 型"曲线中的实际位置和发展阶段制定有针对性的递增式的环境规制；其二，对于那些环境规制水平尚未跨越第一个拐点的行业，如中度污染行业和轻度污染行业，要进一步加大环境规制强度，尽快过渡到促进 TFP 的阶段。

五 环境规制的经济效应分析：企业生产率分布视角

上一小节研究了环境规制与企业全要素生产率的关系。本小节，在分析环境规制对企业生产率分布影响机理的基础上，进一步验证环境规制与企业生产率分布之间的关系。[①]

环境规制影响生产率分布的传导机制究竟如何？在优胜劣汰的市场生存规则下，高生产率企业得益于更多的资源而获得更快发展，低生产

---

① 本节的主要内容，参见王杰、孙学敏《环境规制对中国企业生产率分布的影响研究》，《当代经济科学》2015年第37（3）期，第63—70页。

率企业的生存空间受限，从而加大了均衡状态下的生产率离散程度。环境规制作为约束企业污染减排的重要手段会通过如下途径对生产率分布产生影响。

第一，环境规制通过"成本效应"影响企业生产率分布。环境规制会给企业增加成本，企业需要从既有生产要素中配置一部分用于环境治理来达到环境标准，以避免面临高额的罚款。在这种情况下必然会影响企业的生产率，尤其是当生产率下降超过下限后，企业就会被市场淘汰出局。第二，环境规制通过"创新补偿效应"和"学习效应"影响企业生产率分布。环境规制会促进技术创新和引入新技术的企业而提高生产率，会在优胜劣汰市场竞争规则下淘汰无法满足环境规制标准的企业，使得资源在行业间得到进一步的优化配置，有助于降低生产率的离散程度。第三，环境规制通过"竞争效应"影响企业生产率分布。企业要想在满足环境规制标准的同时获得消费者手中的"货币选票"，就必须在激烈的市场竞争中积极寻求创新来提高企业竞争力，实现保护环境和促进企业发展的双重红利。在此过程中，那些能够采取环境友好行为的企业能够更好地满足消费者的绿色偏好，从而在提高企业生产率的基础上获得更多的市场份额。

综上所述，环境规制兼具保护生态环境和促使企业优胜劣汰的双重功能，环境规制通过"成本效应""创新补偿效应""学习效应"和"竞争效应"等机制降低生产率离散程度。即环境规制促进了企业的优胜劣汰，低生产率企业直接被兼并或退出市场，高生产率企业通过获得更多的资源来提高生产率，资源在行业间的重新配置促使企业生产率得到显著的提高，最终降低生产率分布的离散程度。

为了验证环境规制与企业生产率分布之间的关系，构建如下计量模型：

$$Distr_{jkt} = \alpha_0 + \alpha_1 Regulation_{jt} + \beta X + v_t + v_k + \varepsilon_{jkt} \qquad \text{式 (6—33)}$$

其中，下标 j、k 和 t 分别表示行业、地区和年份；X 为控制向量组，包含市场集中度、行业平均企业经营年限、行业平均劳动力素质和行业平均固定成本；v_t 和 v_k 分别为年份效应和地区效应；ε_{jkt} 为随机误差项。相应的变量具体含义及数据说明如表 6—27 所示。

表6—27 变量说明与数据来源

变量	含义	数据来源
Distr	企业生产率离散度：参见下文	1999—2007 年中国数据；来源于相应年份的《中国工业企业数据库》《中国环境统计年鉴》和《中国统计年鉴》
Regulation	环境规制：具体方法参见第三章第二节	
herfindahl	市场集中度：参见下文	
age	企业年龄：行业内经营年限的平均值	
labor	行业平均劳动力素质：平均企业员工工资水平	
cost	行业平均固定成本：企业管理费用占工业增加值比重均值	

关于被解释变量：生产率离散度 Distr 的测算。参照聂辉华和贾瑞雪（2011）的做法采用生产率分解法，将分解项 OP 协方差作为生产率离散度的替代指标。第一，根据 Olley & Pakes（1996）方法计算企业生产率；第二，通过 OP 方法分别计算出劳动和资本在生产函数中的比重，并结合由 Probit 模型估算的企业生存概率，通过索洛残值法得到企业生产率；第三，根据永续盘存法以 15% 作为折旧率计算企业的投资。综上，利用 Olley 和 Pakes 提出的生产率分解法度量 OP 协方差，分解方程为：

$$tfp_{jt} = \sum_{i \in I_j} s_{it}\, tfp_{it} = \overline{tfp_{jt}}$$

$$+ \sum_{i \in I_j} (s_{it} - \bar{S}_{jt})(tfp_{it} - \overline{tfp}) \qquad 式（6—34）$$

式（6—34）中 s_{it} 表示企业 i 在产业 j 中的市场份额，用于反映资源在企业间的配置情况；$\bar{S}_{jt}$ 表示行业 j 内所有企业的平均市场份额；tfp_{it} 表示以行业 j 内所有企业的市场份额为权重加权得到的行业总体生产率；$\overline{tfp}$ 为行业 j 内所有企业的平均生产率。式（6—34）右边整体为企业生产率的协方差项。其中 OP 协方差的经济含义为：OP 协方差越大，表明行业内资源能够实现优化配置，生产率离散度越低；反之，OP 协方差越低，说明资源配置效率越低，生产率离散度越高。

关于核心解释变量环境规制的度量。本小节研究中依然采用综合指数方法构建环境规制指标，具体方法见第三章第二节。

控制变量之一的市场集中度的测量，采用赫芬达尔指数，具体的公式为：

$$herfindahl_{it} = \sum \left(\frac{sale_{it}}{sale_{jt}} \right)^2 \qquad 式 (6—35)$$

其中，$sale_{it}$为企业 i 在 t 年的销售额；$sale_{jt}$为企业 i 所在行业 j 在 t 年的总销售额；该指数用于衡量市场集中度，该值越大，表明市场的行业集中度越高。

我们首先采用 OLS 方法估计环境规制对企业生产率离散度的影响。表6—28 模型 1 呈现了相应的估计结果。其中，环境规制的系数在 1% 的显著性水平上为正，表明环境规制提高了 OP 协方差，降低了企业生产率分布离散度。也就是说，环境规制加速低生产率企业的退出，使得要素资源由低生产率部门转向高生产率部门，这样不仅提高了资源在行业中的配置效率，而且也降低了生产率分散化程度。从控制变量来看，其系数均在 1% 的水平上显著，其中市场集中度，企业平均年限，行业平均劳动力素质和平均固定成本均与企业生产率分布正相关，说明行业竞争程度的提高促进了企业竞争，有利于实现资源的优化配置，从而降低生产率离散程度。企业平均经营年限越长以及劳动者素质越高越有助于提高资源配置效率；平均固定成本增加通过兼并或淘汰生产率较低企业来实现资源的重新优化配置，改善生产率的分散。

表6—28　　　　　　　　环境规制与企业生产率分布的估计结果

变量	模型 1：OLS	模型 2：2SLS	模型 3：稳健性检验
Regulation	0.0142 ***	0.0527 ***	0.0067 ***
	(0.00157)	(29.9726)	(0.0005)
herfindahl	0.199 ***	0.1999 ***	0.2000 ***
	(0.00264)	(73.5096)	(0.0026)
age	0.0517 ***	0.0923 ***	0.0480 ***
	(0.00841)	(10.6207)	(0.0081)
labor	0.0227 ***	0.0275 ***	0.0213 ***
	(0.00345)	(7.6826)	(0.0034)

续表

变量	模型1：OLS	模型2：2SLS	模型3：稳健性检验
cost	0.0264 ***	0.0106	0.0294 ***
	(0.00964)	(1.0610)	(0.0099)
Constant	1.7080 ***	1.5276 ***	1.7920 ***
	(0.0772)	(18.6708)	(0.0786)
Kleibergen – Paap rk LM 统计量		2531.0570 [0.0000]	
Kleibergen – Paap rk Wald F 统计量		7191.7860 [19.9300]	
年份效应	YES	YES	YES
地区效应	YES	YES	YES
N	7289	7289	7289
R^2	0.5260	0.4952	0.5370

注：括号内为修正异方差之后的 t 统计量；* 、** 、*** 分别表示10%、5%和1%的显著性水平；本小节下表同。

但是，环境规制与企业生产率离散度之间可能存在双向因果关系，一方面环境规制会对企业生产率分布产生影响，另一方面，生产率分布的离散程度也会对环境规制水平造成影响，这样可能造成内生性问题使得上述估计结果存在一定的偏差和不一致性。我们采用1985—1993年中国制造业行业标准煤和环境规制滞后一期作为环境规制的工具变量。表6—28模型2采用两阶段最小二乘法来估计环境规制对企业 TFP 的影响。LM 统计量和 Wald F 统计量检验表明本小节研究选取的工具变量不存在工具变量识别不足和弱识别问题，因此，本小节研究选取的工具变量是合理的。从模型2的回归结果可以看出环境规制的系数在1%的显著性水平上依然为正，证实了环境规制与生产率离散度显著正相关的关系。其他控制变量基本上没发生太大变化，其符号和显著性与 OLS 方法基本一致，此处不再赘述。

表6—28模型3为本小节研究的一个稳健性检验，用各行业工业废水治理运行费用与工业二氧化硫治理运行费用之和与行业工业总产值的比值作为环境规制的替代指标进行稳健性检验。回归结果显示，环境规制

的系数依然在1%的显著性水平下为正，说明环境规制提高了 OP 协方差，降低了生产率离散度，进一步验证了本小节研究研究结论的可靠性和稳健性。

为了进一步细化分析环境规制对企业生产率分布的影响（该效应可能受到行业污染强度、地区发展状况和企业所有权的异质性影响），我们接下来分别基于行业污染强度、地区经济发展水平和企业所有权进行分样本回归。

第一，基于行业污染强度差异的环境规制与生产率分布。

为了考察不同污染强度行业的环境规制对生产率分布的影响，我们基于污染物排放量构建综合指数，将中国 28 个制造业划分为轻度污染行业、中度污染行业和重度污染行业三大类别。具体的划分标准为：选取二氧化硫排放量、废水排放总量、固体废弃物排放量、粉尘排放量和烟尘排放量五个单项指标，运用等权加和平均的方法计算出行业污染强度。根据计算结果，将 28 个制造业分为以下三类，如表 6—29 所示。

表 6—29　　基于污染物强度划分的 28 个制造业行业分类（1999—2007 年）

分类	行业及代码
重度污染行业	纺织业（17）、造纸业及纸制品业（22）、石油加工及炼焦业（25）、化学纤维制造业（26）、化纤原料及制品制造业（28）、非金属矿物制品业（31）、黑色金属冶炼及压延加工业（32）、有色金属冶炼及压延加工业（33）
中度污染行业	农副食品加工业（13）、食品制造业（14）、饮料制造业（15）、皮革羽毛及其制品业（19）、文教体育用品制造业（24）、医药制造业（27）、塑料制品业（30）、金属制品业（34）、交通运输设备制造业（37）
轻度污染行业	烟草制品业（16）、服装制造业（18）、木材加工及其制品业（20）、家具制造业（21）、印刷业（23）、橡胶制品业（29）、通用设备制造业（35）、专用设备制造业（36）、电气机械及器材制造业（39）、通信设备及电子设备制造业（40）、仪器仪表及办公机械制造业（41）

　　对轻度污染行业、中度污染行业和重度污染行业进行分样本回归，表6—30汇报了相应的估计结果。从得到的估计结果可以看出，对于轻度污染行业而言，其环境规制系数在1%的显著性水平上为负，表明环境规制的提高并不利于改善轻度污染行业的生产率分散，可能的解释是轻度污染行业本身对环境的负面影响较小，受到的环境规制强度也较低。过高的环境规制水平不仅无法促进企业进行创新活动，还会给企业带来成本负担，无法起到降低生产率离散度的作用。对于中度污染行业和重度污染行业来说，环境规制的系数在1%的显著性水平上为正，说明环境规制强度的增加能够提升资源配置效率，并降低生产率离散度。主要是因为重度污染行业和中度污染行业受到的环境规制强度较高，尤其是前者，随着环境规制水平的提高，在"优胜劣汰"的市场规则下，无法应对环境标准的劣势企业将被兼并或逐出市场，使得行业资源在市场中重新进行再分配，存活下来的企业通过进一步技术创新或引进新技术来实现生产工艺的清洁，进一步提高生产率水平。

表6—30　　环境规制与生产率分布的估计结果：基于污染强度的分类

变量	模型1：轻度污染行业	模型2：中度污染行业	模型3：重度污染行业
Regulation	−0.0630 *** (0.0046)	0.0864 *** (0.0044)	0.0184 *** (0.0029)
herfindahl	0.1880 *** (0.0056)	0.2910 *** (0.0044)	0.1660 *** (0.0021)
age	−0.0161 (0.0142)	0.0750 *** (0.0120)	0.0011 (0.0094)
labor	0.0448 *** (0.0067)	0.0142 *** (0.0047)	0.0036 (0.0046)
cost	0.0093 (0.0183)	0.1190 *** (0.0195)	0.0355 ** (0.0175)
Constant	1.3560 *** (0.1420)	2.9350 *** (0.1600)	1.6480 *** (0.1280)

续表

变量	模型1：轻度污染行业	模型2：中度污染行业	模型3：重度污染行业
年份效应	YES	YES	YES
地区效应	YES	YES	YES
N	2847	2249	2158
R^2	0.4520	0.7600	0.7150

第二，基于地区经济发展水平差异的环境规制与生产率分布。

根据经济发展水平的差异，我们按照东部地区、中部地区和西部地区进行分样本回归。表6—31模型1至模型3分别汇报了东部地区、中部地区和西部地区环境规制对生产率分布的影响。从结果来看，无论是经济较为发达的东部地区还是经济欠发达的中西部地区，环境规制的系数均在1%的显著性水平上为正。表明环境规制水平的提高能有效提高地区资源配置效率，达到改善生产率分散程度的效果。对于东部发达地区而言，区位优势有利于企业的成长壮大。随着环境规制水平的提高，企业间竞争更加激烈，资源流动更加充分，有助于降低生产率离散程度。对于中西部欠发达地区而言，企业的能源资源消耗和污染排放比较严重，在这些地区更应加强环境规制，提高环境标准，促使企业在严格的环境规制下通过创新来提高生产率，从而改善企业生产率的离散程度。

表6—31　　环境规制与生产率分布的估计结果：基于地区经济
发展和企业所有权的分类

变量	模型1 东部地区	模型2 中部地区	模型3 西部地区	模型4 国有企业	模型5 外资企业	模型6 民营企业
Regulation	0.0132 *** (0.00264)	0.0183 *** (0.00309)	0.0131 *** (0.00262)	-0.0055 (0.0039)	0.0079 (0.0050)	0.0181 *** (0.0019)
herfindahl	0.198 *** (0.00400)	0.192 *** (0.00514)	0.203 *** (0.00469)	0.1810 *** (0.0057)	0.2370 *** (0.0073)	0.2020 *** (0.0032)
age	0.0658 *** (0.0200)	0.0851 *** (0.0208)	0.0502 *** (0.0118)	-0.0565 *** (0.0183)	0.2010 *** (0.0243)	0.0807 *** (0.0102)

续表

变量	模型 1 东部地区	模型 2 中部地区	模型 3 西部地区	模型 4 国有企业	模型 5 外资企业	模型 6 民营企业
labor	0.0264 *** (0.00609)	0.0200 *** (0.00634)	0.0231 *** (0.00597)	0.0236 *** (0.0073)	0.0383 *** (0.0103)	0.0228 *** (0.0043)
cost	0.0137 (0.0163)	−0.00132 (0.0211)	0.0552 *** (0.0154)	0.0287 (0.0189)	0.0037 (0.0305)	0.0209 * (0.0114)
Constant	1.472 *** (0.116)	1.277 *** (0.157)	1.868 *** (0.115)	1.7970 *** (0.1450)	1.4460 *** (0.2390)	1.6320 *** (0.0911)
年份效应	YES	YES	YES	YES	YES	YES
地区效应	YES	YES	YES	YES	YES	YES
N	2642	1937	2554	1546	888	4894
R^2	0.535	0.502	0.538	0.4890	0.6040	0.5530

第三，基于企业所有权差异的环境规制与生产率分布。

为了进一步考察环境规制与生产率分布是否会受到企业性质的影响，我们将全样本区分为国有企业、外资企业和民营企业三个子样本，然后对其进行分样本回归。表6—31 中模型4 到模型6 汇报了相应的估计结果。从中可以看出国有企业和外资企业环境规制系数未通过显著性检验，而民营企业的环境规制系数在1%的显著性水平上为正，表明环境规制促进了民营企业 OP 协方差的提高，降低了生产率离散程度。造成这一结论的可能解释是国有企业有能力通过自身融资来引进先进的生产技术或提高自主创新来达到环境规制的要求。外资企业大多通过嵌入型技术来获得竞争优势，自身技术水平较高，即便进入中国市场后也具有技术优势，因此其受到环境规制的影响不明显。相反，民营企业受限于其资金、技术创新等，缺乏治理环境的积极性和主动性，随着环境规制强度的不断提高，企业的成本逐渐增加，直至企业无法按照既有生产模式来承担环境成本，倒逼其积极寻求技术等途径达到环境标准，此时，生产率就会受到影响。

上述分析无论是从整体来看还是根据行业污染强度、地区经济发展水平和企业所有权属性来看，环境规制均有利于降低生产率离散度。那么，环境规制究竟在多大程度上影响了生产率离散度以及对生产率离散度的净影响是如何的？为了回答该问题，我们采用反事实模拟来解析环境规制对生产率离散度影响的经济显著性。假设存在两种情形，情形（1）：环境规制保持不变，维持在 1999 年水平；情形（2）：环境规制发生变化，将其设定为 1999—2007 年环境规制的平均值。在具体回归过程中其余控制变量均取样本均值，通过比较情形（1）和（2）的模拟值之差来反映环境规制对企业生产率分布的净影响程度。

表6—32 显示情形（1）和情形（2）的模拟值分别为 0.5962 和 0.6042，且两种情景模拟值的差异为 0.0080。这说明：一方面，环境规制提高了生产率 OP 协方差项，降低了生产率离散程度；另一方面，环境规制的变化导致 OP 协方差提高了 0.0080，等价于环境规制促使 OP 协方差增长率提高了 0.81 个百分点。因此，通过反事实模拟分析我们依然可以得出环境规制有利于降低生产率离散度的结论。

表6—32　　　　　环境规制对企业生产率分布的反事实模拟结果

反事实情形	模拟值
（1）	0.5962
（2）	0.6042
（2）－（1）	0.0080

本节分析的核心结论是：环境规制兼具保护生态环境和促使企业优胜劣汰的双重功能，环境规制通过"成本效应""创新补偿效应""学习效应"和"竞争效应"等机制来影响生产率分布。基于 1999—2007 年中国 28 个制造业工业企业数据进行实证检验，研究表明环境规制有效地提高了资源在行业间的配置效率，降低了生产率分散程度。环境规制对生产率分布的影响还体现于行业、区域和企业的异质性。具体而言，环境规制对重度污染行业和中度污染行业生产率分散的抑制作用大于其对轻度污染行业的抑制作用。无论是经济发达的东部地区还是欠发达的中西部地区，环境规制均能降低该地区的生产率离散程度；国有企业和外资企业的生产率分布受环境规制影响不显著，民营企业的离散度

因环境规制而显著降低。这些研究结论也带给我们丰富的政策启示：如进一步提高整体环境规制水平和灵活运用各类环境规制工具的组合形式等。

六　环境规制的经济效应分析：企业出口行为视角

环境规制对企业出口行为的影响，可以从以下方面来考察。

第一，环境规制与企业出口表现：基于出口产品质量，价格，数量和种类。着重分析环境规制对企业出口行为的影响，包含企业的出口可能性，出口产品质量，价格，数量和种类。[①] 环境规制作为解决资源环境问题的重要手段，围绕着环境与贸易所引发的问题也成为环境经济学关注的焦点。目前，有关环境规制与出口研究的经验文献大致可分为两类：第一类是从宏观角度探讨环境规制对贸易模式的影响、进口国环境规制对出口国出口绩效的影响以及对"污染避难所假说"和"污染天堂假说"的验证。第二类是从中观的产业角度考察一国环境规制对本国出口的作用。但是，有关环境规制对企业内部行为影响的文献仍相对匮乏。本小节研究首先探讨环境规制通过以下途径对企业出口表现产生影响。

一方面，从"成本效应"来看，随着环境规制强度的提高，企业为了满足相应的环保要求必然会挪用部分生产性投入转而用于环境治理，因此，"遵循成本"的存在增加了企业的负担，不利于其扩大再生产，从而减少企业出口。从"创新补偿效应"来看，企业在面临日趋严格的环境标准时会逐渐由被动变成主动，通过积极采用清洁能源、先进技术和工艺来减少污染，提高生产效率，提升企业国际竞争力，这种情况下有利于企业扩大出口。从"学习效应"来看，在激烈的市场竞争中，企业为了满足消费者的绿色需求，会通过其他企业的技术溢出效应和学习效应来获得技术进步。因此，在这三种效应的综合作用下环境规制会提高企业的生产率和国际竞争力，有助于企业进入出口市场。

另一方面，当企业进入出口市场后，环境规制会对企业出口产品的

[①] 本节主要内容，参见王杰、刘斌《环境规制与中国企业出口表现》，《世界经济文汇》2016 年第 1 期，第 68—86 页。

质量、价格、数量和种类产生不同的影响。当企业积极采用先进技术和生产工艺来降低单位产品的能源消耗或污染排放时，有助于为出口市场提供高品质的产品。因此，环境规制促使企业出口产品的"质量门槛"越明显，企业就会越有内在的动力进行产品质量升级（韩会朝、徐康宁，2014）。但是对于出口产品价格、数量和种类的影响并不确定，基于如下原因：一是环境规制引致的生产效率提升降低了企业的边际成本，使得产品价格下降，但是环境规制又通过提升产品质量而拉高产品价格，所以产品价格的变动最终取决于这两种影响力的大小。二是在需求理论下出口产品数量和价格呈反向因果关系，当环境规制对企业价格产生不确定影响时，显然对产品数量产生的影响也是不确定的。三是面对环境规制时企业通常有两种生产模式，选择"集约"型模式生产单一的高质量产品，或者通过多元化战略来抵消环境规制造成的成本增加，所以在这种情况下企业生产的产品种类也具有不确定性，如图6—7所示。

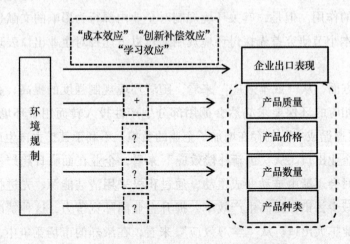

图6—7　环境规制对企业出口影响的理论框架

最后，考虑到不同的环境规制工具可能具有不同的经济效应。具有强制性的技术标准和排污限制等的命令控制型工具会对企业产生直接的作用，如果企业违反标准就会受到行政处罚；与之相对，通过排污收费、可交易的污染许可证等市场型工具，其对企业出口以及出口后市场表现的影响难以直接观察得出。

在实证分析过程中我们还考察了环境规制对出口产品质量的影响。参照施炳展（2013）的做法对产品质量展开度量。假定消费者效用函数为：

$$U = \left[\sum_w (\lambda_w q_w)^{(1-\sigma)/\sigma} \right]^{\sigma/(1-\sigma)} \qquad 式（6—36）$$

其中，λ_w 和 q_w 分别表示产品 w 的质量和消费数量，$\sigma - 1$ 表示产品种类之间的替代弹性，对应的价格指数为 $p = \sum_w p_w^{1-\sigma} \lambda_w^{\sigma-1}$，且消费数量为 $q_w = p_w^{-\sigma} \lambda_w^{\sigma-1} E/P$，其中，$E$ 为总的消费支出。根据消费数量函数两边取对数可以得到：$\ln q_{wt} = (\ln E_t - \ln p_t) - \sigma \ln p_{wt} + (\sigma - 1)\ln \lambda_{wt}$。定义企业 i 第 t 年出口产品 w 的质量为：$quality_{wt} = \ln \lambda_{wt}$，然后根据海关数据得到出口产品的平均质量。

由于出口型企业在中国的企业中占比较小，如果仅对出口企业进行回归，剔除非出口企业样本，那么极有可能造成估计的偏误，因为这样会形成一个自我选择样本，于是根据 Heckman 两阶段模型来处理该问题。我们采用两个阶段进行分析，第一阶段是企业出口选择的 Probit 模型；第二阶段是环境规制对企业出口表现的影响。具体模型如下：

$$Pr(expdum_{ijkt} = 1) = \Phi(\alpha_0 + \alpha_1 Regu_{jt} + \gamma \cdot C + v_j + \varepsilon_{ijkt})$$

$$式（6—37）$$

$$export_{ijkt} = \beta_0 + \beta_1 Regu_{jt} + \gamma \cdot C + \theta \cdot lmr_{ijkt} + v_j + \varepsilon_{ijkt}$$

$$式（6—38）$$

其中，下标 i、j、k 和 t 分别表示企业、行业、地区和年份，$\Phi(\cdot)$ 表示标准正态累计分布函数，式（6—37）体现了环境规制对企业是否选择出口的影响，式（6—38）表示环境规制对企业出口产品质量、价格、数量及种类的影响，X 表示控制变量向量组，v_j 表示行业效应，ε_{ijkt} 为误差项，lmr 为逆米尔斯比率，由 Heckman 第一阶段 Probit 估计得出，用于解决样本选择性偏差，如果在回归结果中，lmr 在统计上显著且不为 0，则表明样本选择性偏差，运用 Heckman 两阶段选择模型是行之有效的。具体变量及数据说明如表6—33 所示。

表6—33 变量说明与数据来源

变量	含义	数据来源
expdum	是否出口：当企业 i 在 t 年的出口交货值大于0时取值为1，否则为0	
quality	出口产品质量：参见上文	
price	出口产品价格：企业 i 在 t 年出口所有产品价格平均值	
quantity	出口产品数量：企业 i 在 t 年出口所有产品的数量之和	
species	出口产品种类：企业 i 在 t 年出口的产品种类之和	2000—2006 年工业行业数据；
Regulation	环境规制指数：具体方法见第三章第二节	数据来源于相应年份的
tfp	企业生产率：采用 LP 方法测算①	《中国海关进出口数据
klratio	企业资本劳动比率：企业固定资产净值年平均余额与企业从业人数的比值	库》《中国工业企业数据库》和《中国环境年鉴》
age	企业成立时间：当年年份 – 企业开业年份 +1	
foreigh	外资企业虚拟变量：企业性质为外资时取值1，否则为0	
home	国有企业虚拟变量：企业性质为国有时取值1，否则为0	
costal	企业地理位置：企业位于沿海地区时取值为1，否则为0	

采用 Heckman 两阶段选择模型对式（6—37）和式（6—38）进行估计，表6—34 汇报了相应的估计结果。

---

① 参照 Levinsohn & Petrin（2003）做法，首先使用 OLS 方法通过估算资本和中间投入高阶多项式的近似值得到劳动的系数，然后运用估计得到的劳动系数和中间投入系数计算出生产率。

表 6—34 **Heckman 模型基本估计结果**

变量	模型 1 是否出口	模型 2 产品质量	模型 3 产品价格	模型 4 出口数量	模型 5 产品种类
Regulation	0. 0139 *** (15. 2615)	0. 0023 *** (9. 8945)	0. 0159 *** (4. 3075)	− 0. 0126 *** (− 2. 7716)	− 0. 0188 *** (− 6. 6724)
tfp	0. 1746 *** (124. 3747)	− 0. 0079 *** (− 18. 0108)	0. 2706 *** (38. 8535)	0. 3556 *** (41. 5173)	0. 2051 *** (34. 9038)
klratio	− 0. 0400 *** (− 34. 0195)	− 0. 0046 *** (− 17. 8369)	0. 0796 *** (19. 4484)	− 0. 0272 *** (− 5. 4130)	0. 1584 *** (47. 8659)
age	0. 1131 *** (61. 2409)	0. 0043 *** (8. 2790)	− 0. 0431 *** (− 5. 2359)	0. 0004 (0. 0360)	0. 0282 *** (4. 2489)
foreigh	1. 0291 *** (276. 2025)	− 0. 0065 *** (− 2. 7769)	0. 3607 *** (9. 7009)	− 0. 0116 (− 0. 2542)	0. 4086 *** (13. 1364)
home	− 0. 0701 *** (− 11. 7682)	− 0. 0107 *** (− 6. 6384)	− 0. 1354 *** (− 5. 2819)	0. 0298 (0. 9443)	0. 0853 *** (3. 2624)
costal	0. 3694 *** (98. 8799)				
逆米尔斯比率		− 0. 0078 ** (− 2. 2923)	0. 4187 *** (7. 7901)	− 0. 4149 *** (− 6. 2773)	− 0. 7580 *** (− 16. 5273)
Constant	− 3. 2976 *** (− 150. 2752)	7. 0276 *** (762. 6227)	− 1. 2137 *** (− 8. 2899)	7. 1917 *** (39. 9407)	− 1. 7388 *** (− 13. 9689)
行业效应	YES	YES	YES	YES	YES
N	961182	107501	107461	107501	154149
R^2		0. 1246	0. 1716	0. 1230	

注：括号内为 t 值统计量；**、*** 分别表示 5%、1% 水平上显著；本小节下表同。

表 6—34 中通过模型估计的逆米尔斯比率（lmr）可以看出样本存在负向自选择和正向自选择，采用 Heckman 两阶段估计具有合理性。从模

型 1 的估计结果来看，环境规制的系数在 1% 的水平上显著为正，表明环境规制有效鼓励了企业参与出口活动。在"遵循成本""创新补偿效应"和"学习效应"的综合影响下，环境规制促进了企业的研发投入以满足出口产品的绿色要求，增强了国际竞争力，带来更大的发展空间和全球市场份额。从控制变量来看，企业生产率的提高使得企业更加倾向于出口产品；劳动资本比与企业的出口选择呈现负相关关系，表明中国在产品出口中的竞争力对劳动力有依赖作用。随着企业经营时间的增长，其生产经营日趋成熟，有利于企业出口产品。从企业的性质来看，外资企业和位于沿海地区的企业都倾向于企业出口，但国有企业选择出口的可能性较低。

模型 2—5 侧重于分析环境规制对企业出口产品的质量、价格、数量和种类的影响。通过对比发现环境规制对出口产品质量和价格具有显著正向影响，对出口产品的数量和种类具有显著负向影响。环境规制引致的"创新效应"提高了生产技术和工艺，客观提高了出口产品的质量门槛。同时，通过充分发挥企业间的"学习效应"，有利于进一步提高产品质量。环境规制对企业最直接的影响是增加成本。因此，面对外部环境规制的约束，企业会通过提高价格或降低产量实现利润最大化。环境规制强度的提高会拉高出口产品的价格，减少出口产品数量。既有生产要素的约束下，面对环境规制带来的成本增加，企业偏好于进一步提高出口产品质量，以期在国际竞争中获得一席之地。

工具变量法可以克服内生性问题造成的估计结果有偏。因此本节选择 1987—1993 年中国工业行业的标准煤作为环境规制的工具变量。根据 LM 和 Wald 统计量的检验结果拒绝了"工具变量识别不足"和"工具变量是弱识别"的假设，表明工具变量合理。表 6—35 汇报了相应的估计结果。

表 6—35 展示了使用工具变量之后的回归结果。观察对应内容，发现主要结论与表 6—34 基本一致，环境规制对企业出口选择具有积极的促进作用。进一步分析环境规制对企业出口行为的影响，发现环境规制提高了出口产品质量和价格，减少了出口产品的数量和种类。

表6—35　　　　　　　　　环境规制与企业出口——基于工具变量法

变量	模型1 是否出口	模型2 产品质量	模型3 产品价格	模型4 出口数量	模型5 产品种类
Regulation	0.0114 *** (3.1684)	0.0218 *** (22.5404)	0.1622 *** (10.2588)	-0.0393 ** (-2.0367)	-0.0175 *** (-6.2154)
控制变量	YES	YES	YES	YES	YES
行业效应	YES	YES	YES	YES	YES
逆米尔斯比率		0.0253 *** (6.3903)	0.6699 *** (10.7861)	-0.4622 *** (-6.1756)	-0.7573 *** (-16.5137)
Kleibergen – Paap rk LM 统计量		2324.1340 [0.0000]	2322.5870 [0.0000]	324.1340 [0.0000]	
Kleibergen – Paap rk Wald F 统计量		1546.3990 [16.3800]	1545.8450 [16.3800]	1546.3990 [16.3800]	
N	961182	107501	107461	107501	154149
R²		0.0671	0.1592	0.1227	

注：相应的控制变量与表6—34一致。

上文采用了 Heckman 两阶段分析法进行基础回归并使用工具变量考察其稳健性。下面我们采用反事实估计法假设以下两种情况：（1）环境规制保持在 2000 年水平不变；（2）环境规制发生变化，设定为 2000—2006 年的平均水平。回归的结果如表 6—36 所示。检验结果依然稳健。环境规制使企业选择出口产品的概率提高了 0.0002 个单位。具体到出口行为中，产品质量和价格分别提升了 0.0001 和 0.0002 个单位，出口产品数量和种类分别下降了 0.0002 和 0.0003 个单位。由此可见，环境规制对企业出口增长的影响主要是通过提升产品质量和价格所达到的。

表6—36　　　　　　　　　环境规制与企业出口——基于反事实估计法

变量	模型1 是否出口	模型2 产品质量	模型3 产品价格	模型4 出口数量	模型5 产品种类
情况（1）	0.5077	6.8793	3.4233	10.7122	1.5267
情况（2）	0.5079	6.8794	3.4235	10.7120	1.5264
（2）-（1）	0.0002	0.0001	0.0002	-0.0002	-0.0003

接下来进行扩展分析。考虑到中国的现实条件，不同类型的环境规制对企业的出口表现可能具有差异性影响。因此，我们将环境规制分为命令控制型和市场激励型，分别考察其对企业出口表现的影响。命令控制型环境规制主要借助政府的强制力对企业进行环境方面的要求，如关停工厂、整顿和三同时等。本小节研究以地区当年实施的环境行政处罚中的案例处罚金额与地区工业总产值之比（陈德敏、张瑞，2012）来刻画命令控制型环境规制。而市场型手段侧重于鼓励企业进行节能减排，如排污权交易和环境税收等，本小节研究以地区排污费收入总额与地区工业总产值之比（林立强、楼国强，2014）来表征市场型规制手段。

由表6—37可知，命令控制型环境规制对企业出口决策具有正向促进作用，而市场型规制却阻碍了企业的出口行为。从出口行为的具体表现来看，命令控制型工具对出口产品质量、价格和数量有显著的正向影响，对出口产品种类具有负向影响。而市场型工具降低了出口产品的质量和价格，增加了出口数量，对出口产品种类无显著影响。这表明，命令控制型和市场型规制手段对企业出口表现具有不同的影响。那么这种差异性，抑或是环境规制的有效性是否受到信息不对称的影响？由于信息不对称，政府制定的环境政策是否符合现实情况，以及企业能否完全遵从相关规定的措施，均会影响其出口行为。因此，我们进一步地将信息不对称纳入分析框架，解析其对环境规制效果的影响。具体的方法是通过建立环境规制与信息不对称的交互项并引入模型。其中，采用环保系统监测站人数和科研所人数作为地区环境规制过程中信息不对称的替代指标，依据是环境相关从业人员越高，表明环保系统的监督能力越高，那么信息不对称的程度就越低，反之越高。由表6—38可以看出，随着信息不对称的加剧，命令控制型和市场型工具均降低了企业出口的可能性，并且会进一步降低企业出口产品的质量和价格。

表6—37　　　　　　　不同环境规制手段与企业出口表现

变量	模型1 是否出口	模型2 产品质量	模型3 产品价格	模型4 出口数量	模型5 产品种类	模型1 是否出口	模型2 产品质量	模型3 产品价格	模型4 出口数量	模型5 产品种类
命令型	0.166*** (67.979)	0.002*** (2.503)	0.108*** (9.952)	0.031** (2.298)	-0.248*** (2.298)					
市场型						-0.014*** (-21.269)	-0.002*** (-15.894)	-0.066*** (-27.127)	0.043*** (14.289)	0.002 (0.952)
lmr		-0.012*** (-3.035)	0.606*** (9.382)	-0.295*** (-3.707)	-0.908*** (-17.077)		0.005* (1.670)	0.798*** (13.772)	-0.618*** (-8.653)	-0.762*** (-15.588)
N	837598	96602	96562	96602	138364	958939	107439	107399	107439	154045
R^2		0.1254	0.1738	0.1255			0.1259	0.1767	0.1243	

注：回归结果中均控制了控制变量和行业效应。

表6—38　不同环境规制手段、信息不对称与企业出口

变量	模型1 是否出口	模型2 产品质量	模型3 产品价格	模型4 出口数量	模型5 产品种类	模型1 是否出口	模型2 产品质量	模型3 产品价格	模型4 出口数量	模型5 产品种类
命令型	-0.748*** (-22.665)	-0.089*** (-9.464)	0.437*** (3.007)	-0.638** (-4.437)	1.184*** (15.2793)					
市场型						-0.877*** (-23.322)	-0.089*** (-9.464)	0.374** (2.553)	-1.430*** (-7.853)	1.464*** (13.811)
信息不对称	-0.283*** (-29.879)	-0.135*** (-9.799)	0.753*** (3.559)	-0.080* (-1.896)	0.197*** (8.600)	-1.487*** (-26.857)	-0.135*** (-9.799)	0.657*** (3.086)	-2.454*** (-9.269)	2.245*** (14.548)
命令型*不对称	-0.138*** (-22.155)	-0.016*** (-9.293)	0.121*** (4.476)	-0.144*** (-5.355)	0.214*** (14.911)					
市场型*不对称						-0.177*** (-24.707)	-0.016*** (-9.293)	0.109*** (4.015)	-0.319*** (-9.404)	0.294*** (14.967)
lmr		-0.006*** (-2.128)	0.544*** (8.774)	-0.594*** (-7.329)	-0.976*** (-17.109)		-0.006*** (-2.128)	0.605*** (9.424)	-0.769*** (-9.751)	-0.689*** (-13.293)
N	806240	81283	81250	81206	119097	810989	81283	81250	81283	119255
R^2		0.1282	0.1880	0.1318			0.1282	0.1880	0.1349	

注：回归结果中均控制了控制变量和行业效应。

本节侧重考察环境规制对企业出口参与行为，当企业选择出口时环境规制对企业出口产品的质量、价格、数量和种类的影响。创新性地运用 Heckman 两阶段选择模型，发现环境规制增加了企业选择出口的概率，并会提升产品质量和价格，降低出口数量和种类，实现"瘦—精"的产品组合。基于中国实际，我们比较了命令控制型环境规制和市场型环境规制，发现前者更加有效，造成这两种政策有效性差距的原因之一是信息不对称。因此，要灵活运用环境规制工具的组合形式，提高环境标准，健全环境法规体系，强化环境监控能力，提高环境监督效率。

第二，环境规制与企业出口产品质量：基于制度环境与出口持续期的分析。

上节内容研究了环境规制对企业出口行为及其出口表现的影响，以此为基础，本节重点考察环境规制对企业出口产品质量的影响。[①]

环境规制与企业出口的文献多基于"波特假说"展开，即检验环境规制与出口竞争力之间的关系，并从地区或行业层面实证检验环境规制对企业出口行为和出口产品质量的影响。从已有文献来看，环境规制影响企业出口产品质量的作用机制大概有三：一是在环境规制的外在约束下，企业会采用清洁能源和先进生产技术从而更好地实现"出口中学"；二是企业为了增强出口竞争力以获得更大的外国市场份额和经济利润，会加大研发投入和产品升级，客观上提高出口产品的质量门槛；三是从消费者对绿色产品的需求来看，为了满足国外消费者的需求，企业会进行相应的产品升级以提高产品的环境友好度。意味着在需求导向下倒逼企业出口的产品质量升级。因此，环境规制强度的不断提高有助于提升企业出口产品质量。

在环境规制产生经济效应的过程中还会受到中央与地方政府目标不一致，腐败现象以及政策制定和实际执行过程中的矛盾等因素的影响。中央和地方财政分权的管理体系使得地方政府拥有财政上的自主权，导致环境政策成为地方政府争夺资源的工具，从而出现环境政策不完全执行现象。除此之外，在 GDP 为主的政绩考核体系下，地方政府官员受到

---

① 本节主要内容，参见李梦洁、杜威剑《环境规制与企业出口产品质量：基于制度环境与出口持续期的分析》，《研究与发展管理》2018 年第 30（3）期，第 111—120 页。

私人利益的驱使，易形成官企合谋，诱发腐败问题。据此，我们认为随着财政分权制度的改变和腐败程度的改善，环境规制的治理效果将显著提高。

出口贸易质量不仅受到出口产品质量的影响，还与不同质量产品的出口持续期有关。随着环境规制强度的提高，部分企业会通过研发创新和技术升级来提高其产品的国际竞争力，从而延长其产品的出口持续期。相反，出口产品质量较低，依靠价格优势的企业会在激烈的国际市场竞争中被淘汰，可能退出出口市场，从而缩短其产品的出口持续期。因此，我们认为环境规制水平的提高能够增加高质量产品的出口持续期，缩短低质量产品的出口持续期，从而在整体上实现贸易质量的提升。综上，图6—8 显示了本小节的研究框架。

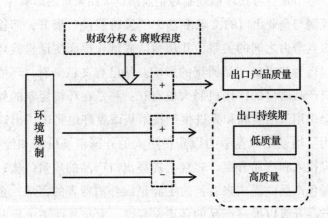

图6—8 环境规制、制度环境与企业产品质量和出口持续期的研究框架

构建如下计量模型验证环境规制与企业出口产品质量之间的关系：

$$ln\ quality_{it} = \alpha_0 + \alpha_1 ln\ Regulation_{it} + \beta X_{it} + \eta_i + \eta_t + \varepsilon_{it}$$

式（6—39）

其中，下标 i 和 t 分别表示企业和年份，X 为一组企业层面有关产品质量的控制变量，包括企业生产率，企业平均工资，企业相对规模，资本密集度，融资约束和国有企业以及外资企业。η_i、η_t 和 ε_{it} 分别为企业固定效应、年份固定效应和随机误差项。具体变量及数据说明如表 6—39 所示。

表 6—39 　　　　　　　　　　　**变量说明与数据来源**

变量	含义	数据来源
quality	产品质量：参见下文	
Regulation	环境规制：具体方法参见第三章第二节	
lp	企业生产率：工业总产值与就业人数的比值	
awage	企业平均工资：企业工资总额与工人数比值	2000—2006 年非平衡面板数据；
rs	企业相对规模：企业工业总产值与企业所在四分位行业总产值的比值	来源于相应年份的《中国环境年鉴》、中国工业企业数据库和中国海关数据库
ck	资本密集度：企业固定资产平均余额与工人数比值	
fc	融资约束：利息支出与销售收入之比	
soe	国有企业：二元虚拟变量	
foe	外资企业：二元虚拟变量	

关于产品质量指标的说明：同上一小节测算的产品质量指标相似，借鉴 Hallak & Schott（2008）创建的质量内生模型。具体原理是，从需求和供给两个角度来看，产品价格与质量之比会影响消费者的最优选择。更细致地来说，产品生产能力越高，相应的固定成本越低，其产品质量越高。具体而言，对于某种产品，企业 i 在 t 期出口数量为：

$$q_{it} = p_{it}^{-\sigma} \lambda_{it}^{\sigma-1} \frac{E}{P} \qquad \text{式（6—40）}$$

其中，λ_{it} 表示出口质量，E 和 P 分别为消费的总支出和产品的价格指数，q_{it} 和 p_{it} 代表出口产品的数量和价格，σ 为消费产品之间的替代弹性系数。对式（6—40）两边取对数可得：

$$\ln q_{it} = -\sigma \ln p_{it} + (\sigma - 1)\ln \lambda_{it} + \ln E_t - \ln P_t \qquad \text{式（6—41）}$$

整理式（6—41），令 $\varphi_t = \ln E_t - \ln P_t$，$\varepsilon_{it} = (\sigma - 1)\ln \lambda_{it}$，化简得到：

$$\ln q_{it} = \varphi_t - \sigma \ln p_{it} + \varepsilon_{it} \qquad \text{式（6—42）}$$

其中，φ_t 代表年份虚拟变量，用于控制仅随时间变化的因素，ε_{it} 为包含产品质量信息的残差项，所以可以得到企业 i 在第 t 年出口的产品质量表达式：

$$quality_{it} = \ln \lambda_{it} = \varepsilon_{it}/(1 - \sigma) \qquad 式（6—43）$$

通过对式（6—43）进行标准化处理，使得产品质量分布于 [0, 1] 之间。

同样参照之前构建的环境规制综合指标，从环境政策的综合绩效视角衡量中国环境规制强度，具体方法见第三章第二节。

表6—40汇报了基准估计。其中，被解释变量为企业出口产品质量，核心解释变量为环境规制综合指数。模型1—3采用逐步回归法，三个模型均显示环境规制与企业出口产品质量的系数为正，并在1%的水平上显著。表明环境规制强度的提高有利于提升企业的出口产品质量。以模型3为例，企业生产率和平均工资估计系数显著为正，即企业效率和技术工人占比的增加能够提升出口产品质量。企业相对规模与产品质量正相关，肯定了规模经济对企业竞争力的重要意义；资本密度的系数显著为正，说明企业增加人均资本投资能够提高企业的产品出口质量；融资约束限制了企业的研发资金投入从而抑制了出口产品质量的提升。同样，根据企业性质的异质性，相比较国有企业而言，外资企业出口产品的质量更高。最后，我们通过以环境规制的滞后一期和滞后两期来处理其对企业出口产品质量存在的时滞问题，发现模型4和模型5与之前的模型结果相似，表明了估计结果的稳健性。

表6—40　　　　　　　　　环境规制与出口产品质量的估计结果

变量	模型 1 基准	模型 2 未考虑企业性质	模型 3 基本模型	模型 4 滞后 1 期	模型 5 滞后 2 期
Regulation	0. 494 *** (0. 026)	0. 490 *** (0. 026)	0. 496 *** (0. 026)	0. 483 *** (0. 046)	0. 268 *** (0. 064)
lp		0. 001 *** (0. 000)	0. 001 *** (0. 000)	0. 001 *** (0. 000)	0. 001 *** (0. 000)
awage		0. 023 *** (0. 009)	0. 023 *** (0. 009)	0. 022 *** (0. 009)	0. 023 *** (0. 009)
rs		0. 539 *** (0. 170)	0. 539 *** (0. 170)	0. 262 * (0. 145)	0. 537 ** (0. 259)

续表

变量	模型1 基准	模型2 未考虑企业性质	模型3 基本模型	模型4 滞后1期	模型5 滞后2期
ck		0.003 *** (0.001)	0.005 *** (0.001)	0.005 *** (0.001)	0.004 * (0.002)
fc		-0.006 * (0.003)	-0.020 *** (0.003)	-0.076 *** (0.025)	-0.020 (0.039)
soe			0.033 (0.022)	0.067 (0.046)	0.069 (0.097)
foe			0.048 *** (0.016)	0.034 ** (0.017)	0.223 * (0.127)
Constant	2.856 *** (0.153)	2.835 *** (0.153)	2.898 *** (0.155)	2.829 *** (0.269)	1.354 *** (0.383)
年份固定效应	YES	YES	YES	YES	YES
个体固定效应	YES	YES	YES	YES	YES
N	151033	150786	150786	70105	36136
R^2	0.084	0.104	0.134	0.145	0.122

注：括号内为标准误；*、**、*** 分别表示 10%、5%、1% 水平上显著；本小节下表同。

上述模型仅从出口国角度考察了环境规制对出口产品质量的影响，未考虑进口国因素，那么进口国为发展中国家或发达国家是否会影响环境规制对产品质量的影响？依据出口产品的目的国是否为发达国家进行分样本回归。由表6—41模型1和模型2可以看出环境规制强度的提高对出口产品质量的提升作用在发达国家更加显著，模型3引入一国人均收入水平与环境规制的交互项，系数在1%的水平上为正，表明进口国市场人均收入水平的提高能够增加环境规制对企业出口质量的促进效应，这在一定程度上也佐证了在同等环境规制强度下，经济发展水平越高的国家，消费者对进口产品的质量要求也越高，更加偏好于高质量的进口产品。因此以需求为导向的企业经营战略可以刺激企业进行研发创新和产品质量升级。

表6—41   环境规制与企业产品质量——基于进口国特性的分样本回归

变量	模型1：欠发达国家	模型2：发达国家	模型3：引入交互项
Regulation	0. 372 ***	0. 495 ***	0. 484 ***
	(0. 016)	(0. 044)	(0. 016)
Regulation * 人均收入			0. 020 ***
			(0. 000)
Constant	2. 650 ***	2. 915 ***	2. 769 ***
	(0. 091)	(0. 254)	(0. 095)
控制变量	YES	YES	YES
N	99658	51357	151006
R²	0. 074	0. 034	0. 054

注：控制变量与表6—40一致。

接下来，基于财政分权和制度环境（以腐败程度代理）分析环境规制对出口产品持续期与出口产品质量的影响。

首先，我们分别以地区预算内财政支出占全国财政预算内支出的比重来表征财政分权（张华，2016），以每万人公职人员中贪污、贿赂和渎职等案件数来测度地区腐败程度，数据主要来源于《中国统计年鉴》和《中国检查年鉴》。我们分别引入环境规制与财政分权、官员腐败的交互项来考察环境规制对企业出口产品质量的提升作用是否会受到外界制度环境的影响。表6—42汇报了相应的估计结果。其中模型1和模型3未考虑相应的控制变量，模型2和模型4加入了控制变量，结果均显示财政分权和官员腐败与企业的出口产品质量负相关，说明企业出口的产品质量提升需要社会良好的制度环境。环境规制与财政分权、官员腐败的交互项系数在1%的显著水平上为负，表明随着地区财政分权程度的增加和官员腐败泛滥，环境规制对企业出口产品质量的提升作用会受到抑制，因此要充分发挥环境规制对企业出口产品质量的提升效应，良好的制度环境必不可少。

表6—42　　　基于财政分权与官员腐败视角考察环境规制的影响

变量	财政分权		官员腐败	
	模型1	模型2	模型3	模型4
环境规制	0.337 ***	0.337 ***	0.661 ***	0.643 ***
	(0.063)	(0.063)	(0.225)	(0.225)
财政分权	−0.667 *	−0.737 **		
	(0.362)	(0.365)		
官员腐败			−0.599 ***	−0.565 ***
			(0.067)	(0.068)
环境规制 * 财政分权	−0.405 ***	−0.404 ***		
	(0.080)	(0.051)		
环境规制 * 官员腐败			−0.094 ***	−0.088 ***
			(0.004)	(0.004)
Constant	1.749 ***	1.776 ***	4.021 ***	3.945 ***
	(0.371)	(0.373)	(1.293)	(1.297)
控制变量	NO	YES	NO	YES
N	151033	150786	151033	150786
R^2	0.053	0.155	0.047	0.105

　　其次，根据施炳展和邵文波（2014）的研究，企业进入出口市场、持续出口和退出市场对出口产品质量均有显著影响，因此我们将企业出口行为分为三种：新加入出口行列的企业、退出出口产品的企业和持续出口企业，以期从不同视角考察环境规制对企业出口行为的影响。于是，将企业按照进入、退出与持续出口分为三个子样本进行回归。根据表6—43显示：环境规制提升了新进入企业的产品质量，因为新出口企业的产品质量受到外界环境政策的冲击时更倾向于提升产品市场以积极开拓海外市场；环境规制与退出出口企业的产品质量的系数在统计上不显著，因此我们认为环境规制对退出企业的产品质量不存在提升效应。环境规制与连续出口企业的产品质量系数在1%的水平上显著为正，表明面对日趋严格的环境规制，在位企业唯有通过不断的技术升级与产品创新来提升出口产品的国际竞争力。

表 6—43   环境规制与企业出口产品质量：基于企业出口行为

变量	模型 1：新进入企业	模型 2：退出企业	模型 3：连续出口企业
Regulation	1. 149 ***	0. 194	0. 482 ***
	(0. 310)	(0. 391)	(0. 042)
Constant	6. 675 ***	1. 110 ***	2. 828 ***
	(1. 800)	(0. 281)	(0. 247)
控制变量	YES	YES	YES
N	50796	21528	28948
R^2	0. 181	0. 108	0. 161

最后，尽管上文我们分析了环境规制的提升对持续出口企业的产品质量具有显著的促进作用，但未考虑企业的出口持续期限。那么，环境规制在影响企业出口产品质量的同时，是否会受到企业出口期限的影响？环境规制对高质量企业和低质量企业的出口持续期是否存在异质性？为了回答这些问题，我们采用生存分析模型进行实证检验，以扩展环境规制对企业出口行为的影响研究。

将企业出口的生存函数定义为企业在样本中出口持续时间超过 t 年的概率：

$$S(t) = P(T > t) = \prod_{j=1}^{t}(1 - risk_j) \qquad 式（6—44）$$

其中，T 为企业持续出口的总时间，通常从其进入出口市场直至退出出口市场所经历的时间；risk 为风险函数，表示在 t − 1 期具有出口交易数据，但在 t 期退出出口市场的概率；生存函数的非参数估计通常采用 Kaplan – Meier 乘积的方法计算得出：

$$S(t) = \prod_{j=1}^{t}[(M_j - F_j) / M_j] \qquad 式（6—45）$$

其中，M_j 和 F_j 分别表示 j 期出口市场的企业数和退出出口市场的企业数。以环境规制水平的中位数为基准将研究期内的样本分为低环境规制和高环境规制，以出口产品质量中位数为基准分为低质量企业出口持续期和高质量企业出口持续期。接下来采用离散生存模型通过纳入环境规制与高质量出口企业虚拟变量的交互项来进行分析，特设定如下模型：

$$cloglog(1 - risk_{it}) = \kappa_0 + \kappa_1 \, Regulation_{it}$$
$$+ \kappa_2 \, Regulation_{it} \cdot quality + \delta \, X_{it} + \varepsilon_{it} \qquad 式（6—46）$$

式（6—46）中 risk 表示离散时间风险率；X 为控制向量组；当企业出口高质量产品时，quality 取值为 1，反之取 0。

表6—44 汇报了环境规制对高质量企业和低质量企业出口持续期影响的估计结果。模型 1 为考虑不可观测异质性，模型 2 纳入不可观测异质性。环境规制与高质量企业交互项系数均在 1% 的显著性水平上为负，且从绝对值来看大于环境规制的系数。这说明了环境规制会加剧高质量企业出口行为的风险，降低低质量企业出口持续期。模型 3 和模型 4 是企业单一出口时间与首次出口时间的分样本回归，各变量的显著性和符号与之前分析一致，再次表明环境规制对出口不同产品质量的企业存在差异性影响，也验证了本模型估计结果的稳健性。

表6—44　　　　　　　环境规制对高低产品质量的持续期的影响

变量	模型 1：生存分析	模型 2：生存分析	模型 3：唯一持续时间段	模型 4：首个持续时间段
Regulation	0.031 ***	0.013 ***	0.010 ***	0.041 ***
	（0.003）	（0.003）	（0.004）	（0.003）
Regulation * 高质量	− 0.041 ***	− 0.046 ***	− 0.099 ***	− 0.092 ***
	（0.007）	（0.006）	（0.006）	（0.003）
控制变量	YES	YES	YES	YES
年份效应	YES	YES	YES	YES
对数似然值	− 49777.551	− 46927.935	− 19492.478	− 161766.251
Rho 值		0.094 [0.000]	0.096 [0.000]	0.098 [0.000]
N	150694	150694	33782	77982

注：Rho 表示企业不可观测异质性的误差方差占总误差方差的比例，原假设为企业不存在不可观察异质性。

本节从微观层面深入考察了环境规制对中国出口产品质量的影响。通过一系列规范的理论和实证研究发现环境规制有利于提高企业出口产品质量，但是这种促进效应依赖于外界良好的制度环境。通过对出口贸易进行微观分解，发现环境规制对新进入企业和持续出口企业的产品质量具有更加显著的促进作用。最后，基于生存分析模型的研究表明环境规制会缩短低质量企业出口持续期，延长高质量企业出口持续期。这也给我们带来了相应的政策启示：结合中国发展的阶段性特征，逐步完善环境政策体系，实现环境规制对企业出口贸易结构和产品质量的倒逼机制。完善地方政府政绩考核体制，净化制度环境；优化出口市场结构，鼓励新型企业和行业龙头企业进行绿色创新与产品升级，积极参与国际市场。

第三，环境规制与企业出口目的地。

上述几节我们重点考察了环境规制与企业出口表现，出口产品质量的相关内容，本小节侧重于研究环境规制与出口目的地的关联。从全球贸易视角来看，中国企业因自身竞争力不足，产品质量不高等问题，常常被发达国家指责为"生态倾销"。近年来，中国对俄罗斯、南非、墨西哥等新兴市场国家和欠发达经济体的出口产品数量显著提高。在这种现实背景下，进一步提高环境规制能否促进企业进入发达国家市场呢？环境规制对出口型企业的发展产生了促进还是抑制作用？本节内容试图来回答这些问题。①

基于新新贸易理论的经典结论之一"生产率较好的企业倾向于出口"，已有研究得出"高生产率企业进入发达国家市场，而低生产率企业进入发展中国家市场或周边市场"的结论。那么，环境规制能够影响出口型企业的目的地选择吗？在"波特假说"框架下，适当合理的环境规制会激励企业进行技术创新，提升生产率和市场竞争力。一般而言，高生产率企业具有更强的市场竞争力，产品也具有更高的质量标准，更容易满足发达国家市场的进口要求。环境规制通过"创新补偿效应"和"学习效应"来提高企业的技术水平，为改善生产工艺而进行的研发投入和设备更新，同时也能满足发达国家对进口产品质量的要求，便于树立本地出口企业的绿色形象。因此，合适的环境规制有利于企业产品出口到发达国家。

---

① 本节主要内容，参见王杰、刘斌《环境规制与企业生产率：出口目的地真的很重要吗?》，《财经论丛》2015 年第 3 期，第 98—104 页。

为验证环境规制与企业出口目的地的关系，我们采用 Heckman（1979）两阶段模型解决因样本的自我选择造成的估计偏差。具体做法：第一阶段采用基于出口目的地的 Probit 模型考察企业是否选择出口到发达国家；第二阶段考察出口发达国家企业生产率模型。模型如下：

$$Pr(developed_{ijkt}) = \Phi(\alpha_0 + \alpha_1 Regulation_{jt}$$
$$+ \gamma X + v_t + v_j + \varepsilon_{ijkt}) \qquad 式（6—47）$$

$$tfp_{ijkt} = \beta_0 + \beta_1 Regulation_{jt} + \gamma X$$
$$+ \theta \cdot Imr_{ijkt} + v_t + v_j + \varepsilon_{ijkt} \qquad 式（6—48）$$

其中，下标 i、j、k 和 t 分别表示企业、行业、地区和年份；$\Phi(\cdot)$ 表示标准正态累积分布函数；X 为控制向量组，包含政府补贴，企业规模，融资约束，企业年龄和企业区位；v_t 和 v_j 表示年份效应和行业效应；ε_{ijkt} 为误差项；式（6—47）表示第一阶段的估计方程，等式左边表示企业出口目的地为发达国家的概率值。式（6—48）表示第二阶段的估计方程，衡量了出口企业生产率。根据 Heckman 模型的设定，方程中用于克服样本选择性偏差的 Imr（逆米尔斯比率）由第一阶段 Probit 估计结果得到，即 $Imr_{ijkt} = \varphi(\cdot)/\Phi(\cdot)$，其中 $\varphi(\cdot)$ 为标准正态密度函数，$\Phi(\cdot)$ 为相应的累计分布函数。具体变量及数据说明如表6—45所示。

表6—45　　　　　　　　　　变量说明与数据来源

变量	含义	数据来源
Developed	发达国家：当出口目的地为发达国家时取值为1，否则为0	2000—2006 年非平衡面板数据；来源于相应年份的《中国环境统计年鉴》、中国工业企业数据库和中国海关进出口贸易数据库
tfp	企业生产率：采用 OP 方法得出	
Regulation	环境规制指数：具体方法见第三章第二节	
subsidy	政府补贴：政府补贴与企业销售额的比值	
size	企业规模：企业工业总产值与其所在行业工业总产值比值	
finance	融资约束：利息支出与固定资产的比值	
age	企业年龄：当年年份 - 成立年份 +1	
costal	沿海地区：当企业位于沿海地区时取值为1，否则为0	

关键变量的说明：第一，发达国家或地区、发展中国家或地区的界定。国际上通常有两种方法来区分发达经济体和欠发达经济体。第一种是将七国集团成员国，即美国、英国、法国、德国、意大利、日本和加拿大定义为发达国家；第二种是根据联合国开发计划署对发达国家或地区的划分，澳大利亚、奥地利、比利时、加拿大、捷克、丹麦、芬兰、法国、德国、希腊、匈牙利、冰岛、奥尔兰、意大利、日本、韩国、卢森堡、荷兰、新西兰、挪威、波兰、葡萄牙、斯洛伐克、西班牙、瑞典、瑞士、美国、英国、安道尔、巴林、巴巴多斯、文莱、塞浦路斯、爱沙尼亚、中国香港、以色列、列支敦士登、马耳他、摩纳哥、卡塔尔、圣马力诺、新加坡、斯洛文尼亚和阿联酋划定为发达国家和地区。在本小节研究中采用第一种方法来界定发达国家，其他均为发展中国家或地区。第二种方法为本小节研究的一个稳健性检验。

第二，关于企业生产率的测算。我们采用 OP 方法分两步来计算资本、劳动在生产函数中的比重。第一步，通过 OLS 方法估计劳动在生产函数中的比重，得到拟合残差值。第二步，以上述 OLS 估计得到的拟合残差值为被解释变量，采用高阶的多项式将资本和投资作为解释变量，估计出资本系数。并嵌入用 Probit 模型估算的企业生存率作为额外解释变量纳入回归模型中，结合得到的劳动和资本系数通过索洛残值法得到生产率。并利用永续盘存法以 15% 的折旧率估算投资。

第三，关于环境规制的测量。依然采用综合指数方法构建环境规制综合指数，具体方法见第三章第二节。

采用 Heckman 两阶段选择模型对式（6—47）和式（6—48）进行估计，表6—46 汇报了相应的估计结果。其中模型 1 为企业出口目的地是否为发达国家或地区的估计结果；模型 2 为出口发达国家企业生产率的估计结果。Imr 估计系数通过了 1% 水平的显著性检验，表明样本中存在明显的选择性偏差问题，出口目的地选择与出口企业生产率存在相关关系，进行 Heckman 两阶段估计法是合理且必要的。在第一阶段中，环境规制对企业出口目的地为发达国家或地区的系数在 1% 的显著性水平上为正，表明环境规制有利于企业将产品出口到发达国家。虽然环境规制通过提高环境要素价格来增加企业的成本，但也为企业进行技术创新提供了动力。企业为了达到环境规制的要求以及改善工艺而进行的研发投入和生产设备都能够提高产品质量，而企业的产品质量和绿色环保形象是企业产品进入发达国家市场的必要条件。基于"出口自选择假说"，只有生产率高的企业才会选择出口。环境规制可以通过"创新补偿效应"和"学习效应"来提高企业的生产效率，从而为企业参与出口决策提供条件。从模型1的控制变量估计结果来看，政府补贴通过降低企业成本，提高生产率来促进企业的出口。但是企业相对规模的估计系数却在5%的显著性水平上为负，说明企业规模的扩大并没有促进企业将产品出口到发达国家。企业成立时间与企业出口到发达国家的概率也负相关，可能的解释就是：企业成立时间越久，企业可能"因循守旧"而导致生产率下降，从而减少出口到发达国家的可能性。另外，融资约束的估计系数在统计上不显著，表明融资约束问题对企业选择是否将产品出口到发达国家无明显影响。而企业的地理区位特征对企业的出口行为影响较大，说明得益于沿海地区和其开放政策使得企业出口选择范围扩大，因此企业并不一定会选择出口到发达国家。模型2反映了当企业选择将产品出口到发达国家市场时，环境规制对企业生产率的影响。从估计结果可以看出，环境规制的系数在1%的显著性水平上为正，说明这些出口企业因环境规制的"学习效应"和"竞争效应"带来了生产率的提高。企业通过"学习效应"来改善生产流程和工艺，引进先进技术，来提升企业生产率。另外，出口到发达国家的企业也会通过环境规制的引致效应增强出口学习能力，出口国的技术溢出也会进一步提高企业生产率。

表6—46　　　　环境规制与企业出口目的地选择行为的估计结果

变量	基本估计		工具变量法		稳健性检验	
	模型1 发达国家	模型2 企业生产率	模型3 发达国家	模型4 企业生产率	模型5 发达国家	模型6 企业生产率
Regulation	0.0077 ** (2.0616)	0.0240 *** (3.5651)	0.0469 * (1.9049)	0.4279 * (1.6539)	0.0284 *** (3.7709)	0.0190 *** (5.1294)
subsidy	0.2255 ** (2.1790)	− 0.0140 (− 0.1232)	0.2172 ** (2.1126)	0.6833 (1.4321)	− 0.0296 (− 0.2081)	− 0.3388 (− 1.3930)

续表

变量	基本估计		工具变量法		稳健性检验	
	模型 1 发达国家	模型 2 企业生产率	模型 3 发达国家	模型 4 企业生产率	模型 5 发达国家	模型 6 企业生产率
size	−3.1370 ** (−2.3707)	5.1246 *** (2.8344)	−3.1381 ** (−2.3804)	−8.4783 (−0.9048)	−0.1848 *** (−63.8060)	−1.5785 *** (−4.0897)
finance	−0.0163 (−0.8075)	0.1068 ** (2.1882)	−0.0163 (−0.8077)	0.0377 (0.5438)	−0.0281 * (−1.6762)	0.0876 ** (1.9870)
age	−0.0051 *** (−9.3633)	−0.0130 *** (−11.4300)	−0.0051 *** (−9.3824)	−0.0309 ** (−2.5406)	−0.0022 *** (−5.1927)	−0.0219 *** (−39.2394)
costal	−0.1558 *** (−11.4453)		−0.1563 *** (−11.4858)		−0.0751 *** (−6.5508)	
Imr		0.6549 *** (3.5043)		5.6809 * (1.6724)		2.7054 *** (94.6151)
Constant	−0.0066 (−0.0231)	4.4690 *** (7.3869)	−0.1430 (−0.4735)	1.2448 (0.5171)	−0.6341 *** (−2.7839)	5.0209 (3.5472)
Kleibergen − paap rk LM 统计量				31.6820 [0.0000]		
Kleibergen − paap rkWaldF 统计量				16.1160 [19.9300]		
年份效应	YES	YES	YES	YES	YES	YES
行业效应	YES	YES	YES	YES	YES	YES
N	150438	17623	150438	17623	150376	49367
R²		0.5107		0.4640		0.6004

注：括号内为修正了异方差后的 z 值统计量；*、**、*** 分别表示 10%、5%、1% 水平上显著；本小节下表同。

环境规制与企业的出口选择和生产率之间可能存在双向因果关系。一方面，环境规制通过"成本效应""创新补偿效应""学习效应"和"竞争效应"等来影响企业的出口行为和生产率；另一方面，选择出口到发达国家市场的企业和生产率较高的企业可能更易达到环境规制的标准。因此，这种双向因果关系造成的内生性问题会导致上述估计结果的有偏和不一致性。为了解决这一问题，我们采用工具变量法来得到更加可靠的估计结果。基于以往的经验研究，采用环境规制指标的滞后一期和1987—1993 年的行业标准煤作为环境规制的工具变量。表 6—46 模型 3 和模型 4 呈现了估计结果。LM 统计量和 Wald F 统计量支持了不存在工具变量的识别不足和弱识别问题的结论。环境规制在第一阶段和第二阶段的系数符号符合预期，表明环境规制不仅促进了企业出口到发达国家，而且当企业将产品出口到发达国家后，其生产率也会因环境规制强度的增强而显著提高。

为了保证上述结论的可靠性与稳健性，我们采用第二种方法界定发达国家或地区，即有 44 个经济体为发达国家，以此来进行稳健性检验。表 6—46 的模型 5 和模型 6 汇报了相应的估计结果。在第一阶段和第二阶段中环境规制的系数均在 1% 的显著性水平上为正，说明环境规制显著促进了企业将产品出口到发达国家市场，并对出口发达国家的企业生产率具有提升作用。

从整体来看，环境规制对企业将产品出口到发达国家以及当产品出口到发达国家时环境规制对企业生产率均有显著的促进作用。那么，这种促进提升作用是否会在不同企业属性中具有异质性呢？因为企业所有制的不同，其学习能力和自主创新能力的动力也会存在明显差异。于是，我们基于所有制视角考察该影响大小。将企业按照民营企业和非民营企业分为两大类进行 Heckman 两阶段估计。表 6—47 呈现了相应的估计结果。表中显示：无论是民营企业还是非民营企业，环境规制对企业选择出口到发达国家或地区以及出口发达国家企业生产率均具有显著的提升作用。因为在环境规制的硬约束下，企业为了改善工艺而进行研发投入和生产设备更新，也会积极塑造企业的绿色环保形象，通过这些使得企业能够顺利进入发达国家的市场。相较于其他企业，民营企业具有较为灵活的经营方式和管理体制，能够在激烈的市场竞争中积极学习先进技术，从出口行为中吸收外国先进技术，然后改良自身的生产工艺和流程，从而进一步提高生产率。

表6—47　　　环境规制与企业出口目的地选择行为：基于企业所有权的分类

变量	民营企业		非民营企业	
	模型1 发达国家	模型2 企业生产率	模型3 发达国家	模型4 企业生产率
Regulation	0.0525 *** (3.0434)	0.0668 ** (2.3102)	0.0082 * (1.7510)	0.0244 *** (2.9872)
subsidy	0.5715 * (1.6622)	0.2053 *** (2.7013)	−0.2067 (−0.8688)	−2.6618 (−1.6450)
size	−3.9352 * (−1.6666)	6.2038 (1.2475)	−3.2011 * (−1.8698)	7.0469 *** (3.7718)
finance	−0.0052 (−0.4954)	0.3749 *** (5.8642)	−0.0136 (−0.5133)	0.0930 *** (3.1617)
age	−0.0009 (−1.2072)	−0.0076 *** (−6.1349)	−0.0082 *** (−9.9683)	−0.0618 *** (−3.5911)
costal	−0.1572 *** (−7.6644)		−0.2042 *** (−10.9885)	
Imr		1.4178 *** (5.1845)		−0.5331 *** (−2.9131)
Constant	2.0430 (1.6405)	−3.4676 (−0.7066)	0.2830 (0.8427)	5.6161 *** (12.8207)
年份效应	YES	YES	YES	YES
行业效应	YES	YES	YES	YES
N	52961	5178	97468	12445
R^2	0.0349	0.5360	0.0383	0.5032

　　本节内容重点考察了环境规制对企业出口目的地选择以及出口发达国家的企业生产率的影响，通过采用 Heckman 两阶段估计法发现无论何种所有权属性的企业，在环境规制引致的"创新效应"和"竞争效应"下都会积极将产品出口到发达国家。对于出口到发达国家的企业而言，其生产率也会因环境规制而得到显著提高。这些研究结论对我们有着重

要的政策启示，企业要将发达国家和地区作为出口目的地，就必须强化环境规制；政府要对出口到发达国家的企业进行技术创新补贴和税收方面的支持，使得企业形成以高生产率促进出口，又通过出口发达国家的学习效应提升企业生产率。

七　环境规制的经济效应分析：产业结构视角

本节内容从理论上探讨环境规制通过引致污染型生产的要素价格上升而带来企业行为的调整，包括驱动污染产业的转移和有效倒逼产业结构升级。在此基础上，利用中国省际面板数据对相关分析进行实证检验[①]。

关于环境规制与产业结构的研究主要集中于以下几方面。一是环境规制影响产业结构的微观理论机制，多数针对某项具体环保措施，如以价格机制为核心的能源替代战略（于立宏、贺媛，2013），碳税（姚昕、刘希颖，2010）等对产业结构的影响，缺乏综合性。事实上，环境规制强度的增加会导致污染型企业生产要素价格上升，企业会根据利润最大化的经营目标来调整生产行为，如产品区位、组织结构、技术水平等，进而由企业行为驱动产业结构的调整。二是多数文献建立线性模型考察环境规制与产业结构调整之间的关系，未考虑随着环境规制自身累积程度的增加，产业结构呈现不同的阶段性特征。三是通过建立节能减排的投入产出模型（廖明球，2011），门槛回归模型（原毅军、谢荣辉，2014）考察两者的关系。由于环境规制手段和工具有多种形式，不同阶段、不同形式的环境规制对于产业结构调整的影响可能具有差异性。这些问题在以往的研究中较少涉及。本小节通过构建理论模型阐述环境规制对产业结构调整的微观机制，并选用中国2000—2012年29个省份的面板数据进行验证，以期对该领域的相关研究进行有益的补充。

以下以环境规制影响污染型生产要素的价格上升为切入点来分析环境规制对产业结构的调整。借鉴 Withers（1980）的做法，假设如下条件：

该经济体中存在两个地区1和2，两个地区拥有大量同质厂商；地区

---

①　本节主要内容，参见钟茂初、李梦洁、杜威剑《环境规制能否倒逼产业结构调整——基于中国省际面板数据的实证检验》，《中国人口·资源与环境》2015年第25（8）期，第107—115页。

1 中代表性厂商 A 生产污染型产品和清洁型产品，其价格和销售量分别为 P_1、P_s 和 Q_1、S。地区 2 也有污染型产品，其价格和销售量为 P_2 和 Q_2。厂商劳动力、土地要素和环境成本综合折算成生产投入要素 K，且 $\beta(0 < \beta < 1)$ 比例用于污染品的生产，剩余部分用于清洁品的生产，投入要素的价格分别为 η_i 和 ξ；地区 1 的污染型产品需要运往地区 2，在跨地贸易中存在冰山成本等，因此引入系数 $\gamma(0 < \gamma < 1)$，相当于厂商在地区 2 的污染品售价为 γP_2。

综上，厂商 A 的利润函数表示为：

$$\text{Max } \pi_A = P_1 Q_1 + \gamma P_1 Q_1 + P_s S - [\eta_1 \beta K + \xi(1 - \beta)K]$$

式（6—49）

此时，地区 1 的环境规制加强，体现在污染型产品的投入要素价格由 η_1 上涨为 η_1'，清洁型产品的投入要素价格保持不变。在此情况下，在利润最大化目标下，厂商 A 有三种决策：

决策 1：保持原有方式，忍受环境规制带来的高成本。此时，厂商的利润函数变为：

$$\text{Max } \pi^1 = P_1 Q_1 + \gamma P_2 Q_2 + P_s S - [\eta_1' \beta K + \xi(1 - \beta)K]$$

式（6—50）

决策 2：污染产业转移。由于地区 2 的环境规制水平较低，所以厂商会按照转移比例系数为 1 的方式转移到地区 2，即从地区 2 生产污染型产品并在地区 1 进行销售，同样，考虑到跨地区的运输等成本，纳入系数 γ，此时，厂商的利润函数为：

$$\text{Max } \pi^2 = \gamma P_1 Q_1 + P_2 Q_2 + P_s S - [\eta_2 \beta K + \xi(1 - \beta)K]$$

式（6—51）

决策 3：产业结构直接在本地升级。随着地区 1 的环境规制水平提高，企业会进行生产投入要素的调整，会将更多的资源投入到清洁型产品的生产上，进行本地的产业结构升级。此时，厂商用所有投入要素的 $\beta'(\beta' < \beta)$ 用于污染品的生产，余下部分用于清洁品的生产，此时污染品和清洁品的销售量分别为 Q_1'、Q_2' 和 S'。此时厂商的利润为：

$$\text{Max } \pi^3 = P_1 Q_1' + \gamma P_2 Q_2' + P_s S' - [\eta_1' \beta' K + \xi(1 - \beta')K]$$

式（6—52）

现将决策 1 和决策 2 进行比较，若 $\pi^2 > \pi^1$，即：

$$\eta_1' > \eta_2 + \frac{(1 - \gamma)(P_1 Q_1 - P_2 Q_2)}{\beta K} \qquad 式（6—53）$$

式（6—53）表明了厂商在环境规制下进行产业转移的一个门槛值，将该式右侧记为 η^*。随着环境规制的增强，厂商污染型产品的要素价格不断上升，直到 $\eta_1' > \eta^*$ 时，企业会进行产业转移，这样能够获得更高的利润。

现将决策 1 和决策 3 进行比较，若 $\pi^3 > \pi^1$，即：

$$\eta_1' > \xi + \frac{P_1(Q_1' - Q_1) + \gamma P_2(Q_2' - Q_2) + P_S(S' - S)}{K(\beta' - \beta)}$$

$$式（6—54）$$

同理，式（6—54）表明了厂商在环境规制下进行产业结构本地升级的一个门槛值，将该式右侧记为 η^{**}。随着环境规制的增强，厂商污染型产品的要素价格不断上升，直到 $\eta_1' > \eta^{**}$ 时，企业会进行产业结构本地升级，这样能够获得更高的利润。

综上所述，我们可以得到不同环境规制强度下企业的选择策略：

$\eta_1' < Min\{\eta^*, \eta^{**}\}$，企业会选择决策 1，即忍受环境规制带来的高成本；

$\eta_1' > \eta^*$；$\eta_1' > \eta^{**}$，企业会选择决策 2 或决策 3，即进行产业转移或结构的本地升级；

$\eta_1' > Max\{\eta^*, \eta^{**}\}$，企业会同时选择决策 2 和决策 3，即同时进行产业转移与结构升级。

为了验证环境规制与产业转移和结构升级之间的关系，构建如下计量模型：

$$ind_{it} = \beta_0 + \beta_1 l\,regu_{it} + \beta_2 l\,regu_{it}^2 + \beta_3 l\,pgdp_{it}$$
$$+ \beta_4 l\,trade_{it} + \beta_5 l\,invest_{it} + \eta_i + \varepsilon_{it} \qquad 式（6—55）$$

其中，下标 i 和 t 分别表示省份和时间；产业结构调整包含产业转移和本地结构升级两方面；η_i 为不可观测的不随时间变化的影响因素；ε_{it} 为随机误差项。相应的变量具体含义及数据说明如表6—48所示。

表6—48   变量说明与数据来源

变量	含义	数据来源
indtra	产业转移：参见下文	2000—2012 年中国 29 个省际面板数据，不包含海南和西藏；来源于相应年份的《中国工业经济统计年鉴》《中国环境统计年鉴》和国研网数据库
indopt	产业结构高度化：参见下文	
regulation	环境规制综合指数：参见下文	
pgdp	经济发展水平：人均 GDP	
trade	开放程度：进出口总额	
invest	投资规模：全社会固定资产投资	

本小节研究中产业结构的调整从两个方面来衡量，一是产业转移；二是产业结构升级。产业转移使用产业转移相对量来表征。参照覃成林、熊雪如（2013）的做法，利用区位熵指数衡量某一区域某一产业的空间分布情况。通过区位熵指数的差分测度地区产业转移相对量，具体公式如下：

$$TR_{it}^k = \frac{l_{it}^k / \sum_{k=1}^m l_{it}^k}{\sum_{i=1}^n l_{it}^k / \sum_{k=1}^n \sum_{i=1}^n l_{it}^k},$$

$$(i = 1,2,3\cdots n; k = 1,2,3\cdots m) \qquad 式（6—56）$$

$$\Delta TR_{it}^k = (TR_{i,t-1}^k - TR_{it}^k) \qquad 式（6—57）$$

其中，i、t 和 k 分别表示区域、时间和产业；l_{it}^k 即代表 t 时期 k 产业的从业人员；TR_{it}^k 为区位熵指数，通过对区位熵指数 TR_{it}^k 的差分处理得到测度 k 产业的转移相对量 ΔTR_{it}^k。具体取值大小与产业转移有关：

$\Delta TR_{it}^k > 0$，表明 k 产业转出 i 区域；

$\Delta TR_{it}^k < 0$，表明 k 产业从 i 区域转入；

$\Delta TR_{it}^k < 0$，表明 k 产业在 i 区域既无转出也无转入。

采用 k 产业增加值占行业总增加值的比重 S_{ikt} 作为权重，因此，我们可以设定区域 i 的产业转移相对量为：

$$indtra_{it} = \sum_{k=1}^K \Delta TR_{it}^k \cdot S_{ikt} \qquad 式（6—58）$$

上式中 $indtra_{it}$ 值越大，表示 t 时间 i 区域产业转移相对量越大。

关于产业结构升级的指标，我们采用产业结构高度化指数来表征。产业结构的本地升级反映了污染型生产相对于清洁型生产比重的下降，即生产要素从生产效率低的部门流动到生产效率高的部门。因此，借鉴黄亮雄等（2013）的做法，从反映比例关系的数量增加和体现生产率的质量提高两方面来构建产业结构高度化指数，用于衡量产业结构的本地升级。

$$indopt_{it} = \sum_{k=1}^{K} S_{ikt} \cdot F_{ikt} \qquad\qquad 式（6—59）$$

式（6—59）中，S_{ikt} 表示 i 区域 t 期 k 产业的增加值占所有行业总增加值的比例。F_{ikt} 表示 i 区域 t 期 k 产业的生产率。在本节中采用全要素生产率（TFP）来衡量行业的生产率高低。基于 DEA 模型 Malmquist 指数的方法，对资本和劳动两种投入要素和行业工业总产值单一产出进行测算。其中，以固定资产投资额作为资本的代理变量，以从业人员人数作为劳动的代理变量，以各行业工业总产值作为产出的替代指标，依照前述思路核算研究期内 29 个省份 28 个行业的全要素生产率。因此，$indopt_{it}$ 数值越大，表示地区产业结构的本地升级程度越高。

关于核心解释变量"环境规制"指标的说明：具体做法参见第三章第二节。

产业转移与产业结构调整存在一定的时滞性，需要构建动态模型引入滞后项来加以控制，因此，本小节研究使用系统广义矩估计法（SGMM）进行估计。表 6—49 汇报了相应的估计结果，其中模型 1 和模型 3 为未考虑控制变量的基本估计结果，模型 2 和模型 4 在前者的基础加入控制变量。从模型 1—4 可以看出，环境规制的一次项系数和二次项系数均在 1% 的显著性水平上显著，且符号分别为负和正，表明环境规制与产业结构优化之间表现出非线性的"U 型"关系。即，存在一个门槛值，环境规制强度只有超过这一门槛值之后才能对产业转移和结构升级产生积极的促进作用。从模型的控制变量来看，经济发展水平越高越有利于地区污染产业的转移和产业结构本地升级。地区开放程度越高，基于技术的外溢效应，企业可以获得更多的清洁生产技术，从而减少污染产业的转移。投资规模越大，越有利于企业进行清洁能源和先进生产工艺的投入与研发，一定程度上减少了污染产业的转移。无论是产业转移还是结构升级都具有惯性，即上一期的产业转移越多，本期的污染转移可能就越小，上一期的结构升级也会促进当期产业结构的升级。模型 5 和模型 6 为稳健性检验，使用环境污染治理投资总额作为环境规制的替代指标来进行稳健性分析。结果显示环境规制与产业转移和结构升级的"U 型"关系仍然成立，其他变量的估计结果与之前的估计结果基本一致，验证了环境规制综合指数的可靠性和研究结论的稳健性。

表 6—49　　　　　　　　　　　　　　环境规制与产业结构

变量	产业转移：Indtra		结构升级：Indopt		稳健性检验	
	模型 1	模型 2	模型 3	模型 4	模型 5	模型 6
L. regulation	-18.9170 ***	-20.8180 ***	-9.5232 ***	-12.6150 ***	-0.1680 **	-0.3935 ***
	(2.3960)	(4.2778)	(2.2988)	(2.4145)	(0.0613)	(0.1175)
(L. regulation)^2	2.8382 ***	3.0817 ***	1.3032 ***	1.7729 ***	0.0181 ***	0.0994 ***
	(0.3548)	(0.6373)	(0.3339)	(0.3571)	(0.0039)	(0.0128)
L. indtra	-0.0530 ***	-0.0745 **			-0.2212 ***	
	(0.0118)	(0.0280)			(0.0117)	
L. indopt			0.0369 ***	0.0370 ***		0.0230 *
			(0.0041)	0.0038		(0.0120)
L. lpgdp		0.1924 **		-0.0436	0.0335	-0.2950 ***
		(0.0873)		(0.0529)	(0.0198)	(0.0854)
L. ltrade		-0.0721 ***		-0.0090	-0.0359 ***	-0.0365 **
		(0.0110)		(0.0226)	(0.0111)	(0.0173)
L. linvest		-0.0420		0.0280 *	0.1219 ***	-0.3408 ***
		(0.0617)		(0.0147)	(0.0271)	(0.0707)
Constant	31.3870 ***	34.5262 ***	17.3721 ***	22.7729 ***	-0.5220 **	6.0620 ***
	(4.0378)	(7.3825)	(3.9515)	(4.1814)	(0.2045)	(0.6201)
N	348	348	348	348	348	348
过度识别	26.58	20.31	28.95	28.91	27.27	28.93

注：括号中为标准差；过度识别检验报告的是 Hansen 检验卡方统计值；*、**、*** 分别表示 10%、5%、1% 水平上显著；本小节下表同。

根据模型 2 和模型 4，我们可以得到环境规制与产业转移和结构升级 "U 型" 曲线的拐点，即环境规制的门槛值。通过计算发现两个门槛值分别为 3.3776 和 3.5577。基于这两个门槛值将环境规制与产业结构转型的关系划分为三个阶段，如图 6—9 所示。

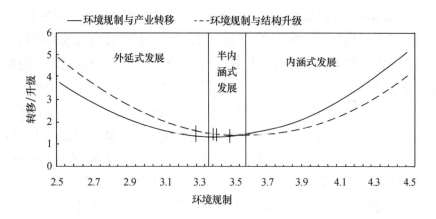

图 6—9 环境规制与产业转移及本地升级的关系

首先，当环境规制水平尚未跨过第一门槛值 3.3776 时，环境规制无法促进地区产业结构转型，将这个阶段定义为 "外延式发展" 阶段。其次，随着环境规制强度的增加，当环境规制位于两个门槛之间时，环境规制可以推动地区产业转移，但无法实现产业结构的本地升级，即环境规制对产业结构转型的倒逼机制相对不显著。将这个阶段称为 "半内涵式发展" 阶段。最后，当环境规制水平跨过第二个门槛值 3.5577 时，环境规制既可以促进产业转移也可以促进产业结构的本地升级。环境规制对产业结构转型的倒逼机制充分发挥作用，将这个阶段称为 "内涵式发展" 阶段。结合中国实际来看，在研究期内，全国的环境规制综合指数均值为 3.3970，处于第一和第二门槛之间，表明产业结构刚刚步入 "半内涵式发展" 阶段，此时环境规制对转移产业的推动作用为主，对结构的本地升级尚未发挥作用。考虑到中国地区间发展不均衡、各地区的环境规制也存在差异性，有必要分地区考察环境规制对产业结构转型的影响。东部、中部和西部的环境规制综合指数平均为 3.4842、3.4209 和

3. 3004，表明中国东部和中部处于"半内涵式发展"阶段，而西部地区未能跨过第一个门槛，仍处于"外延式发展"阶段。因此，这里的启示是，环境政策的设计切不可一刀切，尤其是针对西部欠发达地区，要加强环境规制，引导产业结构向更加清洁的方向转变与升级。

接下来我们着重考察不同的环境规制手段、方式对产业结构转型的影响。根据污染的源头治理和末端治理，我们以城市环境基础设施建设，工业污染源治理和建设项目"三同时"环保投资作为环境规制的不同形式，考察其与产业转型之间的关系。其中，城市环境基础设施建设通常属于末端治理，工业污染源治理和建设项目"三同时"环保投资从源头对企业进行污染物的控制，属于源头治理。表6—50显示，无论哪种环境规制手段，环境规制与产业转移和结构升级均呈"U型"关系。计算得到，到环境规制与产业转移的拐点值分别为4.2348、2.8699和3.6433，与结构升级的拐点值分别为5.1899、3.2267和4.4466。如图6—10所示，从左至右依次是工业污染源治理投资"U型"曲线、建设项目"三同时"环保投资"U型"曲线和城市环境基础设施建设投资"U型"曲线。源头治理的规制手段最先跨过"U型"拐点，实现环境规制对产业转移和结构升级的双重改进，而末端治理的规制手段最后跨过"U型"拐点，造成这种结果的可能解释是：针对企业源头治理的投资更容易为结构转型提供内在激励，实现环境保护和地区产业结构调整的双重红利。

表6—50　　　　　不同环境规制方式与产业结构转型的关系

变量	模型1 Indtra	模型2 Indopt	模型3 Indtra	模型4 Indopt	模型5 Indtra	模型6 Indopt
L. regu1	-0.1118^{***} (0.0313)	-1.0712^{***} (0.2323)				
$(L. regu1)^2$	0.0132^{***} (0.0027)	0.1032^{***} (0.0256)				
L. regu2			-0.1257^{***} (0.0346)	-0.5892^{***} (0.0639)		

续表

变量	模型 1 Indtra	模型 2 Indopt	模型 3 Indtra	模型 4 Indopt	模型 5 Indtra	模型 6 Indopt
(L. regu2)²			0. 0219 *** (0. 0073)	0. 0913 *** (0. 0126)		
L. regu3					− 0. 1195 *** (0. 0140)	− 0. 7737 *** (0. 0801)
(L. regu3)²					0. 0164 *** (0. 0018)	0. 0870 *** (0. 0114)
L. Indtra	− 0. 1224 *** (0. 0090)		− 0. 2158 *** (0. 0299)		− 0. 2056 *** (0. 0160)	
L. Indopt		− 0. 0169 ** (0. 0072)		0. 0302 *** (0. 0071)		− 0. 0107 (0. 0086)
L. lpgdp	− 0. 0740 *** (0. 0085)	− 0. 3081 *** (0. 0988)	− 0. 0435 (0. 0276)	− 0. 0161 (0. 0940)	− 0. 0357 *** (0. 0083)	0. 1227 (0. 1129)
L. ltrade	0. 0147 *** (0. 0053)	− 0. 0041 (0. 0235)	0. 0088 (0. 0113)	− 0. 0179 (0. 0216)	0. 0098 *** (0. 0024)	− 0. 0459 ** (0. 0217)
L. linvest	− 0. 0546 *** (0. 0103)	− 0. 2638 *** (0. 0604)	− 0. 0508 *** (0. 0162)	− 0. 0363 (0. 0515)	− 0. 0559 *** (0. 0082)	0. 1058 * (0. 0579)
Constant	2. 3810 *** (0. 0878)	6. 5862 *** (0. 5180)	2. 1575 *** (0. 1082)	1. 6062 *** (0. 2666)	2. 1346 *** (0. 0516)	0. 0919 (0. 5774)
Regu 拐点	4. 2348	5. 1899	2. 8699	3. 2267	3. 6433	4. 4466
N	261	261	261	261	261	261
过度识别	23. 33	28. 96	25. 03	28. 92	19. 49	28. 89

注：regu1、regu2 和 regu3 分别表示城市环境基础设施建设、工业污染源治理和建设项目"三同时"环保投资。

本小节以环境规制强度的增加导致污染型投入要素价格的上升为切入点，理论分析了环境规制跨过某一门槛之后可以实现产业转移和结构的本地升级的内在机制，并以中国省际面板数据为基础，通过规范的计量模型进行验证。研究表明：环境规制与地区产业转移和产业结构本地

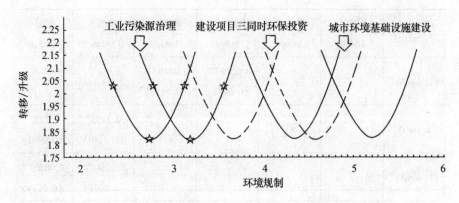

图6—10 不同环境规制方式对于产业结构转型的影响差异性

升级均呈"U型"的非线性关系，即只有高强度环境规制才能够实现对产业结构转型的倒逼作用。同时，根据门槛值将中国产业结构的状态划分为三个阶段，发现整体处于"半内涵式发展"阶段，具体而言，环境规制主要对产业转移进行调整，对结构升级的作用仍待挖掘。从污染源的治理端来看，源头治理的环境投资推动产业结构调整的效果更明显。这些结论蕴含着丰富的政策含义：第一，加强环境规制强度，发挥环境规制对产业转型的"倒逼"机制；第二，采用区别对待的环境规制政策，切不可实行"一刀切"的环境规制政策；第三，推动环境保护从末端治理向源头治理的转变。

八 环境规制的经济效应分析：宏观增长视角

已有研究中，环境规制对经济增长的作用分析往往侧重于考察经济和环境的"双重红利"。在前文中，我们不仅分析了环境规制对城市经济增长与环境污染脱钩状态的显著影响，而且还从环境规制视角考察了污染产业转移带来的环境与经济的双赢。尤其是针对性地加强环境规制，可以同时促进产业发展和降低污染能够实现经济和环境的双重红利。所以，本小节不再展开讨论，具体内容参见本书的其他章节。

九 本节小结

本节从多维视角考察了环境规制的经济效应，主要包括：环境规制对微观企业规模分布、产品及技术创新、全要素生产率、出口行为的影响，对企业出口产品质量、价格、数量和种类的影响，对出口产品质量持续期和出口目的地的影响。还包括环境规制对中观产业结构调整与优化和对宏观经济增长的影响。

环境规制与企业行为的研究，以环境规制的"成本效应""创新补偿效应""学习效应"和"竞争效应"为理论基础，并通过中国工业企业数据和海关数据来进行实证检验。上述研究表明：（1）随着环境规制强度的增加，企业规模分布也趋向于 Zipf 分布，呈现更加均匀的分布态势。尤其是对于重度污染行业和中西部欠发达地区，环境规制促进企业规模分布趋于 Zipf 分布的效应更加明显。（2）环境规制与企业产品创新呈现"U 型"关系。在研究期内，环境规制强度仍处于"U 型"曲线的下降阶段。即环境规制对企业产品创新的促进作用尚有待挖掘。（3）环境规制与企业全要素生产率呈现"倒 N 型"关系，意味着：适度的环境规制强度可以提高企业 TFP，过高或过低的环境规制强度均会对企业 TFP 带来负向影响。结合中国实际来看，当前的环境规制水平较低，未能充分发挥环境规制对企业 TFP 的促进作用。环境规制还可有效提高资源在行业间的配置效率，降低生产率分散程度，使得企业生产率分布更加均匀。（4）从开放的视角来看，环境规制会促进企业选择出口，并会提升产品质量和价格，降低出口数量和种类，实现"瘦—精"的产品组合。在良好的外界制度环境下，环境规制对企业出口质量，尤其是对新进入和持续出口企业的产品质量提升具有显著的促进效应。除此之外，环境规制还会缩短低质量企业出口持续期和延长高质量企业出口持续期。不止如此，环境规制引致的"创新效应"和"竞争效应"都会促进企业积极将产品出口到发达国家，且对于出口到发达国家的企业而言，其生产率也会因环境规制的执行而得到显著提高。（5）环境规制与地区产业转移和产业结构本地升级呈现"U 型"关系。即，足够高的环境规制强度有利于产业结构的调整与优化。整体而言，中国尚处于"半内涵式发展"阶段，也就是说，环境规制主要对产业转移进行调整，对结构升级的作用有待挖掘。从效果来看，源头治理的环境投资推动产业结构调整更明显。（6）环境规制有利于经济增长与环境污染的脱钩，且通过污染产业转移和产业结构优化能够带来经济增长。

上述分析为我们提供了有益的政策启示。第一，适度提高环境规制强度和细化环境规制标准，用发展的眼光来看待和处理环境问题，不可因短期的经济利益而牺牲长远的生态环境福利。第二，针对不同污染程度的行业，不同经济发展水平的地区以及不同属性的企业实行差异化的环境规制策略，灵活运用规制工具的组合形式，因地制宜地治理环境问题，实现经济发展与环境保护的双重红利。第三，降低市场信息不对称，建立健全财政制度和各地官员考核体系，为充分发挥环境规制的环境效应和经济效应创造条件。

第四节　环境规制的民生效应

一　环境规制的民生效应：研究综述

民生效应是评价环境治理效应的重要标准。环境规制的实施不仅会对生态环境和整个经济体系产生效应，而且也会对居民主观幸福感，就业和健康带来影响。本小节按照此研究逻辑分析环境规制的民生效应。

（一）环境污染、环境规制与主观幸福感的文献综述

Welsch（2002）基于 54 个国家截面数据指出，污染物的浓度与居民幸福感负相关。随后，学者在较长时间范围内运用德国、英国和西班牙等发达国家的数据考察主观感知的空气质量，噪声污染和客观存在的 CO_2 排放密度、PM10、NO_2 浓度对居民幸福感的影响。Rehdanz et al.（2008）基于德国 1994 年、1999 年和 2004 年三次调查数据，指出主观感知的空气污染和噪音污染对居民幸福感有显著负向影响。MacKerron et al.（2009）对 400 名伦敦市民进行 10 年（2001—2010）的调查发现，样本的生活满意度与空间分辨率匹配的地区 NO_2 和 PM10 浓度以及主观感知的污染水平显著负相关。Luechinger（2009）以 1979—1994 年 13 个欧洲国家为研究样本，估计了 SO_2 浓度对居民幸福感的影响。当控制一系列气象变量及经济因素后，发现 SO_2 浓度与居民幸福感负相关。前面几位学者分别研究了自我感知的污染状况和受访者所在地实际监测的污染状况对幸福感的影响；Liao et al.（2015）将主观感知的空气质量和客观空气质量纳入统一的分析框架，发现客观空气污染显著损害了居民幸福感。但是将主观空气污染加入回归方程时，客观空气污染的影响就变得不再显著。

随着研究的深入，Smyth（2008）首次以中国2003年30个城市的调查数据为研究对象分析发现居住在大气污染严重、环境事故频发以及交通拥堵的城市居民具有较低的幸福感，以此开启了对中国乃至发展中国家环境因素与幸福感的相关研究。

"污染—幸福感"的研究在中国国内也取得了进展。黄永明和何凌云（2013）较早利用 CGSS 2003 和 2006 年数据评估了环境污染对中国城市居民主观幸福感的影响，研究发现空气污染显著降低了居民的主观幸福感，并存在区域效应和群体效应。且距离污染源较近地区的居民和东部地区居民效应更显著。郑君君等（2015）利用 CGSS 2008 和 2010 两年数据研究了主客观环境污染对居民幸福感的影响，研究发现客观存在的环境污染因素通过经济增长这一传导途径促进了居民的幸福感，而主观感知的环境污染则会对中国居民的幸福感产生负面影响。为了进一步探析环境污染对居民幸福感的影响机制，武康平等（2015）采用世代交叠模型 OLG 分析框架，以居民追求健康水平的消费动机为影响路径分析环境质量对居民幸福感的影响，并运用 CGSS 2010 年调查数据进行实证检验。研究发现，环境污染和家庭消费支出是降低关注环境问题的居民幸福感的重要原因。陆杰华和孙晓琳（2017）认为在其他条件不变的情况下，环境污染对中国居民主观幸福观具有显著的负向影响。原因在于，污染损害居民健康，破坏居民心情，降低了主观幸福感。因双向因果关系和遗漏变量的存在，内生性问题在污染与幸福感之间的普遍存在。储德银等（2017）采用断点回归估计方法分析 CGSS 2010 和 2012 数据库，重新审视了主观空气污染与居民幸福感之间的关系。研究发现，环保模范城市引起主观空气质量的改善显著提高了居民幸福感。Zhang et al.（2017）创新性地将 CFPS 2010、2012 和 2014 年三次追踪调查构成的面板数据与受访者所在县级的 API 数据相匹配，指出，空气污染对短期即时的幸福感产生负向影响，对长期整体的生活满意度没有影响。进一步的异质性分析表明，年轻人、低收入者、低学历者、户外工作人群和居住在环境污染较严重地区的居民对空气污染的反应程度较其他群体更为强烈。相反，兼顾环境质量的绿色发展可以通过增长效应和绿色效应来提升居民幸福感。李顺毅（2017）运用 2010 年中国省际绿色发展指数和 CGSS 2010 数据进行实证分析，结果表明绿色发展总体上有利于增强居民幸福感。对于东部地区和城镇地区的居民，该效应更加显著。

综合而言，环境规制是政府为主体实施，以改善环境质量和协调发展、环保之间关系为目的，通过制定各种政策，采取各种措施实现对企业活动进行调节的行为。因此，只要环境规制能够充分发挥作用，最大限度地降低经济活动的负向环境影响，环境—经济的协调发展将显著提升居民主观幸福感。

（二）环境规制与就业的文献综述

环境规制对就业的影响机制，取决于环境规制下微观企业的行为决策。环境规制对就业的影响有如下几种观点。

其一，环境规制可能产生潜在的失业效应。基于规模效应假说，环境规制增加了企业生产成本，削弱企业竞争力，缩小生产规模，企业吸纳工人的数量随之减少，进而产生失业问题。穆怀中和范洪敏（2016）考察了环境规制对特定群体的就业影响，以中国1998—2014年30个省级行政区为研究样本进行分析，发现环境规制对农民工就业具有抑制作用且存在门槛效应。

其二，环境规制可能产生促进就业的效应。基于替代效应假说，环境规制与污染企业比较优势之间存在正相关关系。企业在获得比较优势的同时，能够带来就业的增长，进而产生了正向的规模效应。陈媛媛（2011）基于Cahuc & Zylberberg等的理论模型分析了环境管制的交叉弹性，并采用2001—2007年中国25个工业行业的面板数据验证，指出该交叉弹性为正，劳动与污染品是替代关系，环境管制会促进就业。赵连阁等（2014）指出：工业污染治理投资会通过企业竞争力正效应和企业生产规模负效应来影响劳动力需求，通过劳动力效用的提高影响劳动力供给，在劳动力供给和需求模型中，实证检验发现提高工业污染治理强度能够实现地区就业增长。

其三，环境规制对企业就业的影响不确定。在投资总量一定的情况下，企业的"治理污染投资"会挤出或延误"生产性投资"。由"治理污染投资"带来的就业和"生产性投资"减少造成的失业出现替代关系，最终的就业状态变化取决于二者净效应，无法从逻辑上直接判断。陆旸（2011）以中国开征碳税为现实背景，通过VAR模型模拟了中国的减排和就业的双重红利问题。结果发现，征收10元/吨的碳税对高碳行业和低碳行业的产出和就业无显著影响。闫文娟等（2012）的研究显示环境规制对就业的影响存在"门槛效应"，即当以环境规制强度为门槛变量时，环境规制对就业的影响表现出先递增后递减的非线性关系，而当以产业结构为门槛变量时，环境规制对就业的影响表现出先递减后递增的非线性关系。王勇等（2013）从生产效应和需求效应两个角度分析了环境规制对就业的影响机制，并基于中国2003—2010年38个工业行业的面板数据，实证检验发现环境规制与工业行业就业存在着"U型"关系。李珊珊（2015）基于个体异质性考察了环境规制对劳动力就业的影响，研究发现环境规制与就业之间存在先抑制后促进的"U型"曲线动态关系，对于高收入地区的中高教育水平劳动力，该作用更为明显。施美程和王勇（2016）基于2004—2011年中国分省分行业的工业数据研究了环境规制的差异，行业特征与就业的关系，发现污染密集型行业的就业呈现向环境规制较为宽松的地区集聚的特征，且环境规制会对高污染的资本密集型产业产生正向的就业效应，对纺织等高污染的劳动密集型行业具有明显的负向就业效应。总之，学者们关于环境规制对企业就业的影响尚未达成一致认识，但越来越多的研究倾向于从更加细化的角度来研究这一问题，基于不同的环境规制手段与强度，以及行业差异、地区差异等，如从企业的异质性入手展开分析（资本密集型企业和劳动密集型企业；大企业和中小企业等），或从异质性劳动力入手，如行业差异、收入水平和受教育程度等。

（三）环境污染、环境规制与健康的文献综述

环境污染对健康影响的相关研究，可追溯到1972年Grossman创立的健康生产函数理论，将环境因素纳入生产函数中，并考察了环境因素对健康折旧率的影响。随后，大量的学者基于经济学视角研究了环境因素与健康之间的关系。Currie et al.（2009）通过对美国新泽西州的污染数据与当地居民个体数据的分析，发现无论在孕期还是出生后，一氧化碳浓度都会对婴儿的死亡率产生显著的负向影响。苗艳青和陈文晶（2010）从人力资本的视角阐述了环境污染对健康的影响。研究发现，PM10和SO_2两种空气污染物对山西省居民的健康产生危害，PM10更为严重。卢洪友和祁毓（2013）将环境污染因素纳入Grossman健康生产函数，并通过对116个国家（地区）1997—2009年的面板数据研究，发现环境污染

对国民健康具有显著的影响。陈硕和陈婷（2014）基于中国地级面板数据，采用3SLS方法克服内生性问题后研究发现，有害气体的排放危害居民的公共健康。祁毓和卢洪友（2015）通过构建世代交叠模型考察了环境、健康和不平等之间的关系，研究发现，污染是影响健康不平等的重要传导路径。Ebenstein et al.（2017）利用中国2004—2012年的污染与健康数据，以冬季取暖政策（"淮河政策"）作为准实验来识别污染与健康之间的因果关系；基于端点模型，指出："淮河政策"使淮河以北地区人均寿命缩短3.1年。严重的空气污染导致心肺疾病的发病率居高不下，一定程度上抵消了收入增长所带来的效用。尽管经济水平的提高会带来更先进的医疗服务，但可能难以弥补污染对健康的侵害（Ebenstein et al.，2015）。大量的医学文献已经证实：长期暴露于重污染环境使得呼吸道疾病和心血管疾病的发病率上升，甚至会提高早亡率。据柳叶刀污染与健康委员会估算，2015年，全球有900万人死于污染问题，占死亡案例总数的16%。死因包括污染引发的心脏病、中风和肺癌等非传染性疾病。以中国为例，有害气体排放显著影响了居民公共健康水平，相关医疗费用给居民带来沉重的经济负担。据估计，中国环境污染的社会健康成本约占GDP的8%—10%（杨继生等，2013）。

环境规制能够降低环境污染对健康的危害吗？Yang & Chou（2018）以美国新泽西州关闭燃煤电厂这一政策为例，研究了环境监管对新出生婴儿的健康影响。发现发电厂的关闭降低了发电厂下风区域婴儿体重过轻和早产婴儿的概率。张国兴等（2018）基于中国1978—2013年颁布的976条环境规制政策，通过中介效应实证检验了环境污染对环境规制政策与公共健康的中介效应。研究表明环境规制对公共健康具有促进作用。其原因在于，环境规制对污染具有显著的抑制作用，进而对公共健康产生促进作用。

二 环境规制的民生效应分析：居民主观幸福感视角

居民幸福感是民生状况的综合表征。环境规制能否促进居民幸福感的提升，是判断其民生效应的重要依据。本小节从以下方面对这一问题展开分析。

（一）环境污染对居民主观幸福感的影响机理

早期的幸福感研究，集中于心理学和社会学领域。直到 1974 年美国经济学家 Easterlin 提出了"幸福悖论"才开启了经济学家对幸福感的研究与探索。通过梳理文献不难发现，学者对幸福感的研究主要围绕以下四个方面：一是个体影响因素，如性别、年龄、教育、宗教信仰、婚姻和健康等；二是经济和非经济因素，如绝对收入、相对收入、失业率、通货膨胀率、城镇化、收入不平等、住房、政府治理、民主、社会资本、互联网的使用、闲暇、代际关系（如：子女性别、子女外出务工等）等；三是幸福感效应，即幸福感会提高居民的就业和创业概率，影响家庭金融资产选择和通货膨胀的预期以及提高居民的生育意愿等；四是运用幸福感进行福利分析，对机场噪音、洪水和空气质量等非市场化产品定价等。

近年来，环境质量对居民幸福感的影响成为幸福经济学领域内的重要课题。作为环境治理福利效应评估的重要组成部分，厘清"环境污染是否会降低居民幸福感"，以及"通过何种机制影响幸福感"两个问题，是十分重要的。在生态环境日益劣化的现实背景下，环境污染与居民幸福感有何关联？对该问题的思考不仅有助于全面理解环境污染治理在中国经济社会中的紧迫性，而且对于中国当前正在实施的生态文明建设等旨在提高国民福利的公共政策也具有启发意义。

幸福经济学相关理论兴起迅速，并且在越来越多的国家得到践行。居民生活满意度和幸福感成为政策制定者在评价社会经济发展水平和整体社会福利时的主要参考因素。那么，居民的生活满意度和幸福感是否会受到他们居住地区周围的自然环境，尤其是空气质量的影响呢？

关于环境污染影响居民幸福感的理论相当丰富，但其传导机制相当复杂，目前仍未取得统一的、令人信服的观点。总的来看，已有研究主要围绕两方面展开，如图 6—11 所示：在满足其他假定的条件下，环境污染与居民幸福感负相关还是正相关？绝大部分的研究指出，环境污染通过损害居民健康、加剧环境的"相对剥夺感"、提高感知风险和减少某些行为活动等路径降低了居民幸福感；相反，也有学者认为在某种程度上环境污染带来经济水平的提高，增加了居民的物质财富，在特定时间和特定阶段内有助于提升居民幸福感。如果环境污染会降低幸福感，那么其传导路径如何？

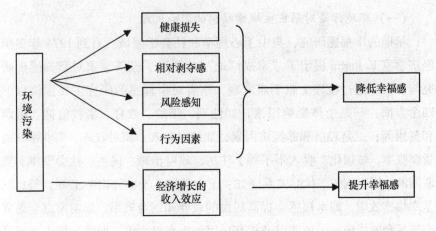

图 6—11 环境污染影响居民幸福感的路径分析

第一，环境污染损害健康进而降低了居民幸福感。医学文献已经证实，长期暴露于重污染环境中会增加呼吸道疾病和心血管疾病的发病率，甚至会提高早亡率。以中国为例，有害气体排放显著危害了居民健康，并带来沉重的经济负担。据估计，中国环境污染的社会健康成本约占 GDP 的 8%—10%。Ebenstein et al.（2017）利用中国 2004—2012 年的污染与健康数据，以冬季取暖政策（"淮河政策"）作为准实验来识别污染与健康的因果关系，基于各城市到淮河的距离，采用断点回归模型，研究结果表明"淮河政策"使淮河以北地区人均寿命缩短 3.1 年。尽管经济水平的提高会带来更加完善的医疗服务，但严重的环境污染一定程度上抵消了上述效用。居民健康是影响幸福感的重要因素。Miret et al.（2014）对芬兰、波兰和西班牙居民调查后发现在控制了居民个人病史、年龄、收入和其他社会、人口等特征变量之后，健康状况与居民幸福感显著相关，并指出旨在改善健康的行为也会提升公众福利。

第二，环境污染带来的环境不公平使得居民产生"相对剥夺感"，从而降低了幸福感。一个事实证据是，污染区域内，不同经济基础的群体常遭受环境维度上的不公平对待，出现"同一片天空，不同环境待遇"的"窘境"。面对恶劣的环境污染，经济基础好的居民更有能力选择自我防御措施，如装备有效的空气净化装置；而经济基础较差的居民更倾向于购买价格低廉和低效的空气净化设备，致使其产生"相对剥夺"心理，导致幸福感降低。基于环境不公平的现实条件，居民幸福感会直接受到"不患寡，而患不均"传统思想的影响，还会受到"相对剥夺"的间接影响，当环境状况、空气质量成为比较的对象时，环境不公平的加剧导致相对剥夺感产生，间接降低幸福感。

第三，环境污染影响了居民的风险感知，尤其是对于环境污染的潜在风险。长期暴露于空气污染中，会产生因担心污染而患病的心理压力，这种风险感知给居民造成了沉重的心理负担，影响其生活体验。事实上，所有的客观风险都是通过个人的感知能力来处理和转化的。如果个人感知的风险高，那么这种客观存在的事物造成个人效用的损失也越大。

第四，环境污染阻碍了某些行为活动进而降低了居民幸福感。如空气污染使得能见度降低，会提高人们的通勤时间、减少参观户外美景和进行体育活动的次数；负向影响居民情绪、消费出行和社会互动意愿等；空气污染越严重居民就具有越强烈的迁移意愿，空气污染的"驱赶效应"使得人们被迫放弃原有的生活。同样，在政府未能有效解决环境污染的情况下，居民就会降低对政府的认可度，其幸福感下降。

相反，传统经济增长理论框架下，环境要素等同于社会生产的一种"准投入"，在动态最优化下，更加强调环境要素与经济增长的关联。Grossman & Krueger 提出的环境库兹涅茨曲线（EKC）强调以牺牲环境为代价的经济增长政策。尤其是整个社会在尚未跨越 EKC 拐点阶段，透支环境污染以实现经济增长。经济增长是居民财富提高、生活质量改善的物质基础，经济增长本身有助于提高居民幸福感。从中国实际来看，客观存在的环境污染通过经济增长传导途径对特定时期内的幸福感产生了促进作用。进一步来看，这种提升作用具有边际递减规律。因此，环境要素通过经济增长的收入效应对幸福感的提升存在边际递减的作用规律。

对比以上两种认识，可以看出，已有研究从不同的学科视角和不同的理论基础阐明了环境污染与居民幸福感之间的关系。二者负相关的结论主要是基于静态的分析，从健康受损，增加环境的"相对剥夺感"，提高感知风险到影响某些行为活动的研究仅考量了在某个阶段（尤其是经济发展跨过 EKC 拐点阶段）的特征。二者正相关的结论主要是基于动态的分析，考虑到经济发展的动态性和居民的偏好在发展的不同阶段具有阶段性特点。从全局视角来看，或许环境污染与居民幸福感是"倒 U 型"

关系。其理由如下：在经济发展的早期阶段，尤其是尚未跨过 EKC 拐点时，透支环境质量带来经济增长的收入效应在二者之间占主导作用。随着收入水平的提高，居民对环境偏好的显现，环境污染的潜在效用损失以及收入提升效应的边际递减，环境污染最终或许降低居民幸福感。当然，这也有待进一步通过实证工具进行检验。

为了探寻环境污染对居民幸福感的影响及机制，本节拟从环境污染的收入效应和健康效应解析其作用于居民幸福感的机制，并通过 CGSS 2008 年微观调查数据进行实证检验。

基于上述分析，我们认为环境污染通过经济增长的收入效应提升居民幸福感，且存在边际递减规律。此外，环境污染带来的健康受损抑制了居民幸福感。所以，环境污染与居民幸福感存在"倒 U 型"关系。

基于上述分析，本小节构建如下基准模型估计环境污染对幸福感的影响：

$$
\begin{aligned}
Happiness_{ij} = {} & \alpha_0 + \alpha_1\,Pollution_j + \alpha_2\,Pollution_j^2 \\
& + \alpha_3\,Income_i + \alpha_4\,I\_rank_i + \alpha_5\,Health_i \\
& + \pi\,X_i + \varphi\,W_j + \varepsilon_{ij}
\end{aligned}
\qquad\text{式 (6—60)}
$$

其中，$Happiness_{ij}$ 表示地区 j 第 i 个受访者的幸福感程度；$Pollution_j$ 表示受访者 i 所在地级市 j 的污染程度，采用环境污染指数衡量；$Income_i$ 表示受访者 i 的家庭年收入，用于表征家庭的绝对收入；I_rank_i 表示家庭经济状况在当地的排名，用于表征家庭的相对收入；$Health_i$ 表示受访者 i 的自评健康状况；X_i 表示受访者 i 的个体特征变量集合；W_j 表示受访者 i 所在地级市 j 的变量集合；ε_{ij} 表示随机误差项。

本小节研究的数据来源为两部分：一是微观数据，来源于《中国综合社会调查（CGSS）》（2008）。该数据库由中国人民大学中国调查与数据中心负责执行，是中国最早的全国性、综合性、连续性学术调查项目，该数据库涵盖社会、社区、家庭和个人多层次数据，为本节个体数据的主要来源。之所以选择 2008 年调查数据是基于如下原因：2008 年数据库中给定被访者的地理信息，根据市级代码可以与市级地区的环境数据和经济变量进行匹配。但 2008 年以后，因相关法律规定以及科学伦理的基本原则，CGSS 项目组关于调查对象的地理信息仅披露到省级，对市和县级信息以顺序码标注，因此，本小节研究以 CGSS 2008 数据为主要的研究对象。二是地级城市数据来源于《2009 年城市统计年鉴》《2008 年城市统计年鉴》和《2007 年城市统计年鉴》。关键变量的定义如下：

被解释变量：幸福感。幸福感是人们的一种主观心理感受，受到多方面因素的影响。2008 年 CGSS 调查中，受访者回答"整体来说，您觉得您快不快乐"。根据回答"很不快乐""不太快乐""普通""还算快乐"和"很快乐"对其赋值 1 到 5，数值越大表示越快乐。

核心解释变量：环境污染指数。本小节研究采用环境污染指数来表征污染状况，根据《2009 年中国城市统计年鉴》中工业二氧化硫排放量、工业烟尘排放量和工业废水排放量三个单项指标，利用改进的熵权法构建环境污染指数，这样克服了指标选取的单一性，且该指数能够全面反映地区的环境污染状况。参照杨万平、袁晓玲（2009）的做法，具体指标的构建过程如下：

首先，对不同污染物的指标进行去量纲处理，同时进行平移使各指数集中在 30—100。

$$x_{ij}^* = \frac{x_{ij} - x_{minj}}{x_{maxj} - x_{minj}} \times 70 + 30 \qquad 式（6—61）$$

其中，x_{ij}^* 是城市 i 污染物 j 标准化后的赋值，x_{ij} 为污染物的原始值，x_{minj} 和 x_{maxj} 分别为污染物 j 的最小值和最大值。

其次，计算标准化指数 x_{ij}^* 的权重 G_{ij}，污染物 j 的熵值 h_j 和差异系数 f_j。

$$G_{ij} = \frac{x_{ij}^*}{\sum_{i=1}^{m} x_{ij}^*} \qquad 式（6—62）$$

$$h_j = -\left(\frac{1}{lnm}\right) \sum_{i=1}^{m} G_{ij} ln\, G_{ij} \qquad 式（6—63）$$

$$f_j = 1 - h_j \qquad 式（6—64）$$

最后，计算 x_j 在综合评价中的权重 K_j 和城市 i 的环境污染指数 $Pollution_i$。

$$K_j = \frac{f_j}{\sum_{n=1}^{n} f_j} = \frac{1 - h_j}{\sum_{n=1}^{n}(1 - h_j)}, 0 \leq K_j \leq 1 \qquad 式（6—65）$$

$$Pollution_i = \sum_{j=1}^{n} (K_j \times 100) \times (G_{ij} \times 100) \qquad \text{式 (6—66)}$$

经计算工业二氧化硫排放量、工业烟粉尘排放量和工业废水排放量的权重 K_j 分别为 0.231、0.317 和 0.452，得到的污染指数 $Pollution_i$ 取值范围是 [4.501，5.655]。

控制变量：包含个体特征和地区经济环境。其中，个体特征包括：家庭绝对收入、家庭相对收入、性别、年龄及其平方项、受教育程度、民族、宗教信仰、政治面貌、健康状况、婚姻、社会阶层和工作状况；地区经济变量包括地区人均 GDP 和地区 GDP 增速。各变量的具体度量方法和描述性统计如表 6—51 所示。

表 6—51　　　　　　　主要变量的度量方法和描述性统计

变量	变量定义	均值	标准差	最小值	最大值
Happiness	按照回答"很不快乐、不太快乐、普通、还算快乐、很快乐"的顺序分别赋值1—5	3.709	0.976	1	5
Pollution	环境污染指数	4.842	0.229	4.501	5.655
income	家庭收入的自然对数	9.799	1.133	0	14.509
rank	自评中"经济状况"按照从低到高赋值1—5	2.511	0.749	1	5
gender	男=1，女=0	0.484	0.499	0	1
age	周岁年龄	43.405	13.817	18	98
education1	初中及以下赋值为1，其他为0	0.684	0.465	0	1
education2	高中赋值为1，其他为0	0.171	0.377	0	1
education3	本科和硕士及以上赋值为1，其他为0	0.144	0.352	0	1
ethnic	汉族=1，其他=0	0.928	0.258	0	1
political	中共党员=1，其他=0	0.114	0.318	0	1
faith	有宗教信仰=1，没有宗教信仰=0	0.092	0.288	0	1
health	按照自评的"很不健康、比较不健康、一般、比较健康、很健康"的顺序分别赋值1—5	3.682	1.046	1	5
marriage	已婚=1，其他=0	0.852	0.356	0	1

续表

变量	变量定义	均值	标准差	最小值	最大值
social	根据自评"您认为您自己在哪个等级上"从低到高分别赋值1到10	6.393	1.961	1	10
work	有工作为1，没有工作为0	0.666	0.472	0	1
pGDP	2008年地级城市人均GDP的自然对数	10.138	0.707	8.539	11.579
GDPrate	2008年地级城市GDP增速	13.902	2.692	7.6	21.17

注：本表报告的描述性统计结果来自对原样本进行数据处理后的样本，处理后的样本容量为5632个。

　　本小节研究对数据处理遵循如下原则：（1）剔除所需各变量调查结果中的拒绝回答、不知道、不适用情况的样本；（2）家庭绝对收入中，采用调查结果加1取自然对数的做法。经过处理，最终获得2008年28个省份81个城市共5632个样本。数据处理后，居民幸福感的分布仍可以较好地反映原样本的分布特征，如表6—52所示。

表6—52　　　　　　　　　　居民幸福感分布状况

	处理前样本		处理后样本	
	样本数	比例（％）	样本数	比例（％）
很不快乐	139	2.32	130	2.31
不太快乐	556	9.27	527	9.36
普通	1466	24.43	1377	24.45
还算快乐	2577	42.95	2411	42.81
很快乐	1262	21.03	1187	21.08
总计	6000	100.00	5632	100.00

注：根据CGSS 2008作者整理而得。

　　从前文的机制分析发现环境污染一方面通过经济增长的收入效应提升幸福感，另一方面对居民健康带来危害而降低幸福感，因此环境污染与居民幸福感可能存在某种非线性关系，故在回归过程中加入污染指数的平方项。由于幸福感为1—5的排序数据，本小节研究采用现有文献中广泛使用的有序Probit模型进行估计。

$$Happiness_{ij} = F(\alpha_0 + \alpha_1 Pollution_j + \alpha_2 Pollution_j^2$$

$$+ \alpha_3 Income_i + \alpha_4 I\_rank_i + \alpha_5 Health_i$$

$$+ \pi X_i + \varphi W_j + \varepsilon_{ij}) \qquad \text{式 (6—67)}$$

F（·）为某非线性函数，具体形式为：

$$F(Happiness_{ij}^*) = \begin{cases} 1, Happiness^* \leqslant r_0 \\ 2, r_0 < Happiness^* \leqslant r_1 \\ 3, r_1 < Happiness^* \leqslant r_2 \\ \quad\cdots\cdots \\ J, r_{J-1} \leqslant Happiness^* \end{cases} \qquad \text{式 (6—68)}$$

其中，$Happiness_{ij}^*$ 是 $Happiness_{ij}$ 的背后存在不可观测的连续变量，称为潜变量，且满足：

$$Happiness_{ij} = \alpha_0 + \alpha_1 Pollution_j + \alpha_2 Pollution_j^2$$

$$+ \alpha_3 Income_i + \alpha_4 I\_rank_i + \alpha_5 Health_i$$

$$+ \pi X_i + \varphi W_j + \varepsilon_{ij} \qquad \text{式 (6—69)}$$

$r_0 < r_1 < r_2 < \cdots < r_{J-1}$ 为待估参数，称为"切点"。

表6—53 汇报了环境污染对幸福感影响的基本结果，其中前两列采用有序 Probit 方法进行估计，随后采用有序 Logit 方法进行稳健性检验。以有序 Probit 为例对回归结果进行分析：首先，在模型中未考虑污染变量的二次项时，环境污染显著降低了居民幸福感，具体而言，环境污染指数每增加一个单位会使得幸福的边际概率下降 5.3 个百分点，相应地，居民幸福感将会因此下降 1.43%。[①] 根据第（1）列回归结果进一步评估中国环境污染的福利成本。在其他变量不变的条件下，环境污染上升 1 单位将使居民幸福感边际概率下降 5.3 个百分点，而地区人均 GDP 上升 1 个

---

① 由于 2008 年样本城市被访问者居民幸福感的平均赋值是 3.709，因此，居民幸福感下降 0.053 个单位也意味着居民整体幸福感下降了 1.43%（0.053/3.709）。

百分点会使幸福的边际概率增加 7.1 个百分点，这大致等于环境污染下降 1.34 个单位而增加的居民幸福感。其次，加入污染指数二次项后发现环境污染与幸福感呈现"倒 U 型"关系，且污染指数的拐点在 5.06。结合研究样本发现拐点前的城市主要包括固原、昭通、绥化、天水等欠发达城市，拐点后的城市涵盖了天津、唐山、上海、南京、苏州和重庆等发达城市，与中国的具体情况比较符合。有序 Probit 模型给出的结果仅能从统计显著性和参数符号上进行解读，为了进一步解释环境污染对居民幸福感的边际效应，参照连玉君等（2014）的做法，根据式（6—70）进行边际效应分析。根据表 6—53 的后五列可以看出，当所有解释变量处于均值水平时，环境污染每增加 1 单位，居民自评幸福感为"很不快乐"的概率保持不变，"不太快乐"的概率增加 0.001，"普通"的概率增加 0.002，"还算快乐"的概率下降 0.001，"很快乐"的概率下降 0.002。因此，环境污染越严重，居民越不幸福。

$$\left. \frac{\partial \, Prob(y = i \mid x)}{\partial \, x} \right|_{x = \bar{x}} (i = 1,2,3,4,5) \qquad 式（6—70）$$

从表 6—53 总体分析的控制变量来看，家庭的绝对收入和相对收入均对居民幸福感产生正向的提升作用，但是相对收入对幸福感的边际贡献更大，说明在幸福感分析中存在比较效应。从性别来看，男性幸福感低于女性，可能是因为男性面临更大的社会生存压力。年龄与幸福感存在显著的"U 型"关系，年轻人和老年人更加幸福，并且拐点大概在 41 周岁[①]，本小节研究样本中受访者的年龄均值为 43，跨过了"U 型"曲线的拐点；相对于义务教育和高中教育而言，受过大学及以上教育的人更幸福。健康水平与幸福感正相关，表明越健康的人越幸福；婚姻能够带给人幸福；自评的社会阶层表明社会阶层越高，其幸福感越低，可能的解释是处于社会阶层顶部的人所受到的精神压力更大，生活节奏更快，使其幸福感降低；有工作的人也更幸福，因为工作能够给人带来物质财富、安全感和成就感。在本模型中个体的民族，政治面貌和宗教信仰与幸福感正相关，但其系数在统计上不显著。

---

　　① 根据表 6—53 的回归结果，分别计算三种回归模型下年龄的拐点，其中有序 Probit 的拐点为 40.644，有序 Logit 的拐点为 40.678。

表6—53 环境污染对幸福感的影响：基准回归结果

变量	Order Probit 幸福感	Order Logit 幸福感	Order Logit 幸福感	边际效应（Order Probit）很不快乐	不大快乐	普通	还算快乐	很快乐
Pollution	-0.053** (0.030)	-0.071* (0.068)	5.431** (2.055)	0.000 (0.001)	0.001* (0.001)	0.002* (0.001)	-0.001* (0.001)	-0.002* (0.001)
Pollution²	-0.385** (0.175)		-0.550* (0.306)					
income	0.084*** (0.016)	0.143*** (0.026)	0.138*** (0.027)	-0.002*** (0.000)	-0.011*** (0.002)	-0.018*** (0.003)	0.009*** (0.002)	0.022*** (0.004)
rank	0.283*** (0.025)	0.478*** (0.045)	0.479*** (0.045)	-0.008*** (0.001)	-0.037*** (0.004)	-0.060*** (0.006)	0.030*** (0.003)	0.074*** (0.007)
gender	-0.099*** (0.030)	-0.163*** (0.053)	-0.163*** (0.053)	0.003*** (0.001)	0.013*** (0.004)	0.021** (0.006)	-0.011*** (0.003)	-0.026*** (0.008)
age	-0.053*** (0.008)	-0.096*** (0.014)	-0.096*** (0.014)	-0.043*** (0.006)	0.007*** (0.001)	0.011*** (0.002)	-0.006*** (0.001)	-0.014*** (0.002)
age2	0.065*** (0.000)	0.118*** (0.000)	0.118*** (0.000)	-0.176*** (0.000)	-0.851*** (0.000)	-1.382*** (0.000)	0.698*** (0.000)	1.711*** (0.000)

续表

变量	Order Probit		Order Logit		边际效应（Order Probit）				
	幸福感	幸福感	幸福感	幸福感	很不快乐	不大快乐	普通	还算快乐	很快乐
education2	0.037	0.038	0.055	0.056	-0.001	-0.005	-0.008	0.004	0.010
	(0.039)	(0.039)	(0.069)	(0.069)	(0.001)	(0.005)	(0.008)	(0.004)	(0.011)
education3	0.145**	0.145**	0.246***	0.244***	-0.003**	-0.018**	-0.031**	0.013***	0.040**
	(0.049)	(0.049)	(0.082)	(0.082)	(0.001)	(0.006)	(0.011)	(0.003)	(0.014)
ethnic	0.064	0.062	0.119	0.115	-0.002	-0.009	-0.014	0.007	0.016
	(0.058)	(0.058)	(0.102)	(0.102)	(0.002)	(0.008)	(0.012)	(0.007)	(0.014)
political	0.027	0.026	0.063	0.062	-0.001	-0.003	-0.006	0.003	0.007
	(0.050)	(0.050)	(0.086)	(0.086)	(0.001)	(0.006)	(0.011)	(0.005)	(0.014)
faith	0.027	0.027	0.046	0.039	-0.001	-0.003	-0.005	0.003	0.007
	(0.052)	(0.052)	(0.093)	(0.093)	(0.001)	(0.007)	(0.011)	(0.005)	(0.014)
health	0.205***	0.205***	0.374***	0.374***	-0.006***	-0.027***	-0.044***	0.022***	0.054***
	(0.017)	(0.017)	(0.029)	(0.029)	(0.001)	(0.002)	(0.004)	(0.005)	(0.004)
marriage	0.235***	0.235***	0.401***	0.403***	-0.008***	-0.034***	-0.048***	0.032***	0.057***
	(0.048)	(0.048)	(0.083)	(0.083)	(0.002)	(0.008)	(0.009)	(0.008)	(0.011)

续表

变量	Order Probit 幸福感		Order Logit 幸福感		边际效应（Order Probit）				
					很不快乐	不大快乐	普通	还算快乐	很快乐
social	-0.114 ***	-0.114 ***	-0.202 ***	-0.203 ***	0.003 ***	0.015 ***	0.024 ***	-0.012 ***	-0.030 ***
	(0.009)	(0.009)	(0.017)	(0.017)	(0.000)	(0.001)	(0.002)	(0.001)	(0.002)
work	0.055	0.056	0.102 *	0.104 *	-0.002	-0.007	-0.012	0.006	0.014 *
	(0.035)	(0.035)	(0.062)	(0.062)	(0.001)	(0.005)	(0.007)	(0.004)	(0.008)
pGDP	0.071 **	0.059 *	0.128 **	0.108 *	0.002 **	0.009 **	0.015 **	-0.007 **	-0.018 **
	(0.058)	(0.046)	(0.084)	(0.068)	(0.001)	(0.003)	(0.005)	(0.003)	(0.006)
GDPrate	0.005	0.004	0.007 *	0.007 *	-0.000	-0.000	-0.001	0.000	0.001
	(0.005)	(0.006)	(0.010)	(0.010)	(0.000)	(0.000)	(0.001)	(0.000)	(0.001)
Pseudo R^2	0.176	0.185	0.183	0.184					
N	5632	5632	5632	5632					

注：括号中为稳健性标准误；*** 、 ** 、 * 分别表示 1%、5% 和 10% 的显著性水平；受教育程度中以义务教育为基准，年龄平方项为年龄平方/100；本小节下表同。

上述实证结果表明，环境污染与居民幸福感存在"倒 U 型"关系。接下来将着重考察环境污染对居民幸福感的影响机制。如前文所述，我们认为可能的间接影响机制有两种：一是环境污染换取了经济增长的收入，增加了居民的物质财富，从而提高居民幸福感；二是环境污染的持续恶化给居民身心健康带来威胁，进而降低了居民幸福感，如图 6—12 所示。

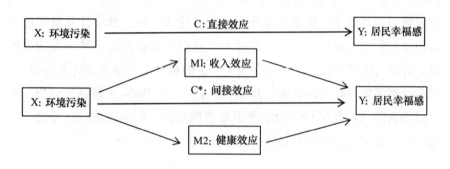

图 6—12　环境污染对幸福感的中介效应

本小节研究引入收入效应和健康效应两个机制作为中介变量，来探讨环境污染对居民幸福感的影响。主要的分析内容包括三个步骤：一是检验分析环境污染 X 对居民幸福感 Y 的直接影响，如果结果显著，则进行第二步分析；二是将中介变量收入 M_1 和健康 M_2 作为被解释变量考察 X 对其影响；三是将 Y、X、M_1 和 M_2 同时纳入统一框架，检验环境污染和中介变量对居民幸福感的影响。因此设定如下模型（6—71）—（6—73）式，以收入效应为例，健康效应同理可得。

$$Happiness_{ij} = \alpha_0 + \alpha_1 Pollution_j + \pi X_i + \varphi W_j + \varepsilon_{ij} \qquad 式（6—71）$$

$$linome_{ij} = \beta_0 + \beta_1 Pollution_j + + \pi X_i + \varphi W_j + \varepsilon_{ij} \qquad 式（6—72）$$

$$Happiness_{ij} = \delta_0 + \delta_1 Pollution_j + \delta_2 Income_{ij}$$
$$+ \pi X_i + \varphi W_j + \varepsilon_{ij} \qquad 式（6—73）$$

表 6—54 分三个步骤验证环境污染通过收入这一中介变量作用于居民

幸福感的中介效应。步骤 1 中，有序 Probit 方法表明环境污染对幸福感具有影响作用，其回归系数在 10% 的水平上显著。进行步骤 2，由于被解释变量为中介变量 M_1，以家庭收入作为其代理变量。因其连续变量的特征，采用普通 OLS 方法进行估计。研究发现客观存在的污染在某种程度上带来了物质财富，进一步的估计结果表明环境污染与收入之间存在"倒 U 型"关系，在污染指数为 5.01 附近出现拐点。结合样本中污染指数的取值范围 [4.501，5.655] 可以看出，在拐点左侧的样本占 82.88%（4668/5632），在拐点右侧的样本占 17.12%（964 / 5632），表明对于绝大多数受访者而言，环境污染换取了经济收入，通过数学计算发现收入对污染指数的二阶导小于 0，说明污染对收入具有边际递减的作用。所以，环境污染经由收入这一中介变量产生的提升幸福感的中介效应显著。同时，将污染与收入同时纳入方程中并采用有序 Probit 方法进行分析，得出污染的回归系数在 10% 的水平下显著的结论，所以环境污染通过收入这一中介变量会对居民幸福感产生部分中介效应。

表 6—54　　　　　　　　　家庭收入为中介变量的回归结果

变量	步骤 1（Order Probit）Y：幸福感		步骤 2（OLS）M1：家庭收入		步骤 3（Order Probit）Y：幸福感	
Pollution	-0.027* (0.016)	2.783* (1.581)	0.010 (0.058)	5.028** (1.667)	-0.029* (0.018)	2.015* (1.221)
Pollution^2		-0.275* (0.172)		-0.502** (1.651)		-0.198* (0.120)
income					0.157*** (0.149)	0.156*** (0.015)
控制变量	YES	YES	YES	YES	YES	YES

变量	步骤 1（Order Probit）Y：幸福感		步骤 2（OLS）M1：家庭收入		步骤 3（Order Probit）Y：幸福感	
Pseudo R^2/R^2	0.055	0.055	0.311	0.312	0.062	0.062
N	5632	5632	5632	5632	5632	5632

注：控制变量包括：性别，年龄，年龄的平方，高中学历，本科学历，民族，宗教信仰，政治面貌，婚姻状态，社会等级，工作状态，地区人均 GDP 和地区 GDP 增速。为了考察收入效应，在控制变量中删除了相对收入。

环境污染与收入之间可能存在双向因果关系。一方面，污染排放作为生产必需的物质条件，是实现经济产出的重要基础；另一方面，收入的提高会通过经济体的规模、结构和技术效应对污染产生影响。因此环境污染的内生性会造成上述估计结果有偏。这里考虑将环境指标进行滞后处理来解决可能出现的内生性问题。环境污染通常具有惯性，一个地区的能源消费结构和产业结构在短期内难以调整，因而地区的污染排放在时间上具有"锁定"效应，前期的污染排放可能会对当期的排放产生较大影响，满足外生性；但当前的居民行为不会对前期的污染产生影响。因此，本小节将环境污染指标分别滞后一期和两期，采用 2007 年和 2006 年城市环境污染指数作为核心解释变量进行回归分析，具体的分析结果如表 6—55 所示。根据估计结果可以得出与上述的类似结论，但是环境污染的滞后两期变量对幸福感的影响发生变化，尤其是在步骤 3 中将污染和收入同时纳入幸福感中发现污染指数在统计上不显著，一个可能的解释就是居民对污染的感受存在"即时效应"，前定两期的污染状况与居民当期的幸福感受无关。

采用同样的方法对健康的中介效应进行检验，具体结果如表 6—56 所示。在所有模型中被解释变量均为离散有序变量，因此采用有序 Probit 方法进行分析。步骤 1 如上所述，发现环境污染与居民幸福感呈现"倒 U 型"关系；步骤 2 中环境污染与居民自评健康存在负线性关系，当加入污染的平方项后发现环境污染系数不显著，因此环境污染的加剧会给居民的健康带来一定的消极作用；步骤 3 显示环境污染的回归系数为 −0.003，在 10% 的水平下显著，所以环境污染通过健康这一中介变量对居民幸福感产生部分中介效应。

表6—55　环境污染与收入的内生性问题处理结果

变量	步骤1 (Order Probit) Y: 幸福感	步骤2 (OLS) M1: 家庭收入	步骤3 (Order Probit) Y: 幸福感	步骤1 (Order Probit) Y: 幸福感	步骤2 (OLS) M1: 家庭收入	步骤3 (Order Probit) Y: 幸福感
L. pollution	-0.039* (0.024)	0.008 (0.056)	-0.042* (0.025)			
L. pollution²	-0.399** (0.182)	-0.461** (0.163)	-0.330* (0.182)			
L2. pollution				-0.003 (0.067)	-0.063 (0.058)	0.006 (0.067)
L2. pollution²				-0.386** (0.181)	-0.656*** (0.163)	-0.287 (0.180)
pollution	4.039* (1.826)	4.613** (1.639)	3.350* (1.824)	3.879** (1.816)	6.649*** (1.652)	2.884 (1.813)
income			0.156*** (0.015)	0.156*** (0.015)	0.157*** (0.015)	0.155*** (0.015)
控制变量	YES	YES	YES	YES	YES	YES
PseudoR²/R²	0.055	0.312	0.062	0.055	0.313	0.062
N	5632	5632	5632	5632	5632	5632

注："L. 环境污染"和"L2. 环境污染"分别表示环境污染的滞后一期和滞后二期，在本小节研究中特指通过改进的熵权法构建的 2007 年和 2006 年环境污染指数。

表 6—56　　　　　　　　　　自评健康为中介变量的回归结果

变量	步骤 1（Order Probit）Y：幸福感		步骤 2（Order Probit）M2：自评健康		步骤 3（Order Probit）Y：幸福感	
pollution	−0.027* (0.016)	2.783* (1.581)	−0.116* (0.067)	−2.426 (1.856)	−0.003* (0.002)	2.265* (1.373)
pollution^2		−0.275* (0.172)		0.230 (0.185)		−0.226 (0.186)
health					0.226*** (0.017)	0.225*** (0.017)
控制变量	YES	YES	YES	YES	YES	YES
Pseudo R^2	0.055	0.055	0.074	0.074	0.069	0.069
N	5632	5632	5632	5632	5632	5632

　　上文在已有研究的基础上采用改进的熵权法构造环境污染指数，克服了单一环境污染指标无法较好衡量地区客观环境污染的缺陷，并基于 CGSS 2008 系统地研究了环境污染对居民幸福感的影响及其作用机制。通过分析发现：环境污染与居民幸福感之间呈"倒 U 型"关系，而不是简单的线性关系。通过中介效应分析发现环境污染一方面带来经济增长的收入效应提升了居民幸福感，且该提升作用具有边际递减规律；另一方面损害居民健康从而间接降低了居民幸福感。结合中国当前实际来看，中国的环境污染状况早已跨过"污染—幸福感"的拐点，生态环境的恶化加剧了居民乃至整个社会的健康和经济负担，治理环境问题刻不容缓。那么，环境规制能否抑制污染对居民幸福感的"绝对剥夺"效应？

　　（二）环境污染、环境规制与居民主观幸福感

　　本小节从环境经济学视角探讨环境污染对居民主观幸福感的"绝对剥夺效应"和"相对剥夺效应"，而政府的环境规制是增进居民幸福感的抓手。[①]

　　改革开放 40 多年里中国经济经过长期持续高速增长，取得非凡成

---

　　① 本节主要内容，参见李梦洁《环境污染、政府规制与居民幸福感——基于 CGSS（2008）微观调查数据的经验分析》，《当代经济科学》2015 年第 37（5）期，第 59—68 页。

就。1978 年中国的经济总量占全球 1.8%，2017 年中国国内生产总值高达 82.7 万亿元，按年平均汇率折算超过 12 万亿美元，占世界经济的比重为 15%，成为全球第二大经济体。相应时期的人均 GDP 从 385 元增长到 53935 元，表明中国已经步入中等收入国家。然而，在以追求经济增长为导向的传统发展方式下，多数研究表明中国人的主观幸福感或生活满意度并没有随着高速的经济增长而显著上升，形成了中国的"幸福悖论"（巫强、周波，2017）。造成这种结果的原因之一是，伴随着经济的高增长，中国的生态环境不断恶化。根据《2017 年中国生态环境状态公报》显示，2017 年全国 338 个地级及以上城市有 99 个城市环境空气质量达标，占全部城市数的 29.3%，239 个城市环境空气质量超标，占 70.7%。严重的空气污染给居民乃至整个社会带来了沉重的经济和健康成本。居民的幸福感不仅与自身及其家庭的收入、相对地位等个体特征有关，而且也与影响生活质量的各种外部条件密切相关。生态环境的恶化不仅会破坏人们的生活环境，而且会危害身体健康和影响主观心情，最终会降低居民的主观幸福感（杨继东、章逸然，2014）。由此可以看出，依靠牺牲环境质量换取经济增长的做法并不会提高社会福利，反而有可能导致社会整体福利水平下降。

结合中国实际来看，只有 17% 的居民对其居住环境、安全感和社区自豪感满意，这一比例远远低于印度国家。在上一小节中，我们论述了环境污染会通过多种路径来影响居民幸福感。首先，地区空气污染、水质量恶化会提高居民发病率，而健康是居民生活幸福的最基本条件，因而环境质量的恶化会影响居民健康进而使得居民感到不幸福。其次，严重的环境污染也给居民的生活带来极大的不便，尤其是北方地区的雾霾天气会迫使交通限行造成居民出行不便，严重影响居民日常工作和生活，在一定程度上会降低居民的主观幸福感；最后，日益恶化的环境问题还有可能衍生成一定的社会问题，据不完全统计，因环境污染引发的群体性事件近几年以 29% 的速度增加，给社会的稳定与和谐带来威胁。因此，环境污染对居民幸福感存在"绝对剥夺效应"，即地区环境质量的下降势必会对居民主观幸福感造成一定的影响。

基于"收益—成本"的分配活动，社会经济地位较高的群体享受了以环境为代价的发展福利，并利用其经济优势将污染后果和治理责任不对称地转嫁于经济地位较低的群体。因支付能力的限制，经济基础差的群体缺乏防御污染设备，又无力迁徙，由此产生剥夺效应。因"资源优化配置"的生产活动，地区之间也表现出环境不公平。发达的东部沿海地区占用和消耗了更多的能源资源和环境承载空间，在环境规制约束和利益的激励下将高污染高耗能产业转移到欠发达地区，从而由欠发达地区来承担环境污染的后果。基于"比较优势"的劳动分工指出，高收入群体往往从事室内脑力劳动工作，低收入群体从事室外体力劳动的工作，因此，低收入群体无可避免地承担了更多来自环境污染的福利损失。总之，经济地位不利的居民在收入约束下面临着生态环境与经济成本之间的权衡，享受了较少的环境福利却承担了大量的环境污染。在"不患寡而患不均"传统思想影响下，因这种环境收益与成本的不公平造成主观幸福感的相对剥夺，使得低收入群体承受更大的幸福损失。

从民生的视角来看，环境问题会对居民幸福感带来损失，尤其是对于社会经济地位较低的群体。那么政府的环境规制能否解决这一难题呢？这也正是环境规制的内涵所在：政府通过一系列旨在保护环境的政策和措施来实现社会福利最大化，实现环境与经济的最优配置。同时，当地区的环境规制区域严格时，接受其他地区污染产业转移的概率就会降低，环境成本就会提高，这在一定程度上避免了低收入群体承担超过其应有范围的环境污染后果。因此，有效的环境规制能够抑制环境污染对于居民幸福感的"绝对剥夺效应"和"相对剥夺感"，适度的环境规制有助于提高居民主观幸福感，增进民生福祉。

为了验证上述的理论假设，我们设定如下计量模型：

$$Happiness_{ij} = \alpha_0 + \alpha_1\, environment_i + \beta X + \varepsilon_{ij} \quad 式（6—74）$$

其中，下标 i 和 j 分别代表城市和居民个体；X 为控制向量组，包括个体层面的特征变量和居民所在地的经济变量；ε_{ij} 为随机误差项；$Happiness_{ij}$ 为被解释变量，根据 CGSS 2008 调查问题"整体而言，您觉得快乐不快乐？"，受访者回到最不快乐和最快乐，对其分别赋值 1—5，数值越大表明越幸福；$environment_i$ 为核心解释变量，表示受访者 j 所在城市 i 的环境污染综合指数，基于研究所需和数据可得性，选取工业废水排放量、工业二氧化硫排放量和工业烟尘排放量三个单项指标，采用改进的熵值法确定各项指标的权重，并将各单项指标标准化，然后加权得到各城市环境污染量化数据。其他相应变量的具体含义及数据说明如表6—57所示。

表6—57　　　　　　　　　　变量说明与数据来源

变量	含义	数据来源
Happiness	居民主观幸福感：赋值1 – 5	
environment	环境污染综合指数：参见上文	
income	个人收入：根据"过去一年您个人的总收入"	
age	居民年龄：受访年份 – 出生年份 + 1	
male	居民性别：男 = 1，女 = 0	
education	居民受教育年限：根据受教育程度计算所得	2008 年截面数据；
health	健康程度：根据很不健康到很健康赋值1—5	来源于相应 2008 年中国综合社会调查 CGSS、《中国
work	工作状况：有工作 = 1，无工作 = 0	环境统计年鉴》（2008）
party	政治身份：中共党员 = 1，非中共党员 = 0	和《中国城市统计年鉴》
divorce	离婚或分居：离异 = 1，非离异 = 0	（2008）
married	已婚有配偶：已婚 = 1，未婚 = 0	
house	住房情况：有住房 = 1，无住房 = 0	
pGDP	人均 GDP：居民所在地级市的人均 GDP	
unemployment	失业率：居民所在地级市的失业率	
coun	城乡收入比：居民所在地级市的城乡收入比	

　　由于本小节研究的被解释变量居民主观幸福感为1—5的序数，不适宜采用OLS，选择定序响应模型（Order Probit Model）来进行实证检验。表6—58汇报了相应的估计结果。

　　表6—58模型1中采用有序Probit模型实证检验了环境污染对居民主观幸福感的影响，环境污染综合指数为负，并在统计上显著，表明环境污染对居民幸福感具有"绝对剥夺效应"，随着居民所在地区环境污染程度的提高，居民主观幸福感会显著下降。模型中其他的控制变量符号和显著性也符合预期。就个体特征而言，个人收入水平的提高会促进居民

主观幸福感的提升，即高收入群体更加幸福。年龄与居民幸福感之间呈现"U型"关系，青少年和老年人相较于中年人更具幸福感，可能的原因是中年人承受的来自工作和生活等方面的压力达到顶峰，处于42—43岁[①]的居民幸福感最低。男性的幸福感会高于女性，这是因为在现代社会中女性不仅仅要照顾家庭生活而且还要面对来自工作等方面的压力；健康良好，高学历，拥有稳定工作，具有党员身份，已婚和拥有自己的住房的居民倾向于更加幸福；就地区经济水平而言，人均GDP与主观幸福感正相关。因为经济越发达的城市能够提供更多的就业机会和更优质的公共服务。然而，失业率和城乡收入比对居民幸福感有负向作用，即失业和收入差距会对个人产生负面的情绪，降低了幸福感。

表6—58　　　　　　　　　　环境污染与居民主观幸福感

变量	模型1 基准回归	模型2 滞后一期	模型3 滞后两期	模型4 影响机制1	模型5 影响机制2	模型6 影响机制3
environment	− 0.2439 * (0.1393)	− 0.3125 * (0.1645)	− 0.3703 ** (0.1721)	− 0.3293 ** (0.1399)	− 0.3594 ** (0.1631)	− 0.0614 *** (0.0183)
env * health				− 4.6354 *** (0.6829)		
env * life					− 0.0118 *** (0.0045)	
env * traffic						− 0.1226 *** (0.0338)
income	0.0549 *** (0.0104)	0.0506 *** (0.0111)	0.0502 *** (0.0111)	0.0549 *** (0.0104)	0.0615 *** (0.0095)	0.0471 *** (0.0101)
age	− 0.0766 *** (0.0085)	− 0.0721 *** (0.0093)	− 0.0722 *** (0.0093)	− 0.0754 *** (0.0085)	− 0.0720 *** (0.0076)	− 0.0778 *** (0.0084)
age^2	0.0009 *** (0.0001)	0.0008 *** (0.0001)	0.0008 *** (0.0001)	0.0009 *** (0.0001)	0.0007 *** (0.0001)	0.0009 *** (0.0001)

[①] 根据年龄一次项和二次项计算所得。

变量	模型1 基准回归	模型2 滞后一期	模型3 滞后两期	模型4 影响机制1	模型5 影响机制2	模型6 影响机制3
male	0.1683 ***	0.1958 ***	0.1957 ***	0.1702 ***	0.1131 ***	0.1760 ***
	(0.0325)	(0.0348)	(0.0348)	(0.0325)	(0.0309)	(0.0324)
education	0.0377 ***	0.0373 ***	0.0373 ***	0.0371 ***	1.7893 ***	0.0386 ***
	(0.0054)	(0.0059)	(0.0058)	(0.0054)	(0.3644)	(0.0053)
health	0.5947 ***	0.4737 ***	0.4733 ***	− 0.0083	0.6502 ***	0.6141 ***
	(0.0737)	(0.0558)	(0.0558)	(0.1155)	(0.0664)	(0.0727)
work	0.1636 ***	0.1535 ***	0.1530 ***	0.1495 ***	0.1288 ***	0.1691 ***
	(0.0370)	(0.0400)	(0.0400)	(0.0371)	(0.0350)	(0.0365)
party	0.1461 **	0.1049 *	0.1046 *	0.1402 ***	0.2864 ***	0.1515 ***
	(0.0529)	(0.0558)	(0.0558)	(0.0529)	(0.0496)	(0.0526)
married	0.1923 ***	0.1523 ***	0.1531 ***	0.1920 ***	0.1729 ***	0.1819 ***
	(0.0535)	(0.0580)	(0.0580)	(0.0535)	(0.0510)	(0.0532)
divorce	− 0.1772	− 0.2172	− 0.2171	− 0.1687	− 0.1755	− 0.1711
	(0.1284)	(0.1368)	(0.1368)	(0.1285)	(0.1233)	(0.1277)
house	0.2008 ***	0.2113 ***	0.2112 ***	0.2015 ***	0.1853 ***	0.2141 ***
	(0.0424)	(0.0443)	(0.0443)	(0.0424)	(0.0411)	(0.0410)
pGDP	0.0751 *	0.0605	0.0728 *	0.0690	0.0139	− 0.0053
	(0.0448)	(0.0447)	(0.0355)	(0.0448)	(0.0151)	(0.0332)
unemployment	− 1.1110 ***	− 0.7626 ***	− 1.4888 ***	− 1.2203 ***	− 1.1241 ***	0.0112
	(0.2719)	(0.1887)	(0.3724)	(0.2728)	(0.2766)	(0.0323)
coun	− 1.2225 ***	0.8198 ***	1.6288 ***	1.3398 ***	1.2067 ***	− 0.1374 ***
	(0.3221)	(0.2336)	(0.4357)	(0.3231)	(0.3087)	(0.0314)
城市虚拟 变量	YES	YES	YES	YES	YES	YES
Log likehood	− 6086.0668	− 5254.8238	− 5254.2913	− 6063.024	− 6723.3053	− 6130.7921
R^2	0.0428	0.0413	0.0414	0.0465	0.0392	0.0358
F 统计量	544.89	453.18	454.24	590.97	548.48	455.44
N	5280	4288	4288	4842	5268	4842

注：括号内为标准误；*、**、*** 分别表示 10%、5% 和 1% 的显著性；本小节下表同。

上述分析中未考虑环境污染与居民幸福感之间可能存在的双向因果关系而造成的模型内生性问题。一方面，环境污染显著降低了居民幸福感；另一方面，幸福感也会影响人们的行为习惯，进而对其周围环境产生影响。一个例子是，幸福感更高的人更加热衷于从事社会公益实践和公共管理活动，在一定程度上能够缓解环境问题。因此，内生性问题可能造成上述估计结果的有偏。为了解决该问题，我们通过将环境指标进行滞后。因环境污染和居民幸福感变化可能存在时间上的不一致，即当期污染对幸福感的影响需要一定时间积累才能体现出来，这会干扰对其长期影响的客观评价。另外，当前的居民幸福感不会影响前期的环境污染状况。所以，我们将环境指标分别滞后一期和两期，采用2007年和2006年城市环境污染综合指数作为本小节研究的核心解释变量，与2008年CGSS调查数据相匹配，进行有序Probit回归分析，表6—58的模型2和模型3分别报告了相应的估计结果。可以看出，环境污染与居民主观幸福感呈现负向关系，表明随着环境污染的加剧，居民主观幸福感倾向于下降。这不仅说明了环境污染对居民幸福感具有长期持续效应，而且也验证了本小节研究结论的稳健性。

为了进一步分析环境污染影响居民幸福感的路径，我们从三个方面进行阐述：环境污染会影响身体健康，生活质量和社会活动，进而影响居民主观幸福感。我们采用交互项的方法来进行路径影响分析。具体而言：第一，在表6—58模型4中纳入居民自评身体健康状况与环境污染综合指数的交互项来识别环境污染通过影响居民身体健康进而剥夺幸福感；第二，在表6—58模型5中纳入生活质量与环境污染综合指数的交互项来识别环境污染通过影响生活质量进而剥夺幸福感，其中生活质量采用各城市全年公共汽车客运总量来衡量；第三，在表6—58模型6中纳入社会活动与环境污染综合指数的交互项来识别环境污染通过影响社会活动进而剥夺幸福感，其中社会活动主要通过居民出行安全度来表征，即各城市每年交通事故发生数作为出行安全的度量指标。从上述实证结果可以看出，三个交互项系数均在1%的显著性水平上为负，说明环境污染越严重，居民的身体状况倾向于变差，生活质量也会下降以及社会活动安全性变差，从而导致居民的主观幸福感下降。

上文中我们主要分析了环境污染对居民幸福感的"绝对剥夺效应"，

接下来重点讨论环境污染对居民幸福感的"相对剥夺效应"以及政府的环境规制在化解"环境污染—居民幸福感"关系中的作用。考虑到中国地区之间发展的不平衡，相应的环境规制强度也存在较大差异，我们同样采用改进的熵值法建立环境规制综合指数，基于工业烟尘去除率，污水处理厂集中处理率和工业固体废物综合利用率三个单项指标来构建环境规制综合指数，并根据测算结果将居民所在地划分为"高环境规制"组和"低环境规制"组，然后采用有序 Probit 方法进行子样本回归。

由表 6—59 可以看出，在 4 个模型中环境污染综合指数的系数为负，并在统计上显著，说明无论环境规制强度高低和收入水平高低，环境污染都会降低居民的主观幸福感。比较模型 1 和模型 2 发现，在"高环境规制"地区，高收入群体和中低收入群体的环境污染综合指数的绝对值分别为 0.4469 和 0.7744，即在经济学意义上是环境污染综合指数每增加 1 个单位，高收入群体和中低收入群体的幸福感分别下降 0.4469 和 0.7744 个单位，显然，在"高环境规制"地区，环境污染对高收入群体的副作用要小于对中低收入群体的副作用。因此，我们可以得出环境污染在高规制地区的"相对剥夺效应"。同样，比较模型 3 和模型 4 发现，在"低环境规制"地区，依然可以看出环境污染对高收入群体的副作用要远远小于对中低收入群体的副作用，证实了环境污染对居民幸福感的"相对剥夺效应"在"低环境规制"地区依然存在。总之，环境污染问题不仅会对居民的主观幸福感造成"绝对剥夺"，而且还会对经济地位不利的群体的幸福感造成"相对剥夺"。从社会福利角度来看，"相对剥夺效应"会进一步拉大各个群体的福利差异，这种环境福利的不公平还可能引发一系列的社会问题。针对此，我们有必要将环境规制作为提高居民环境福利公平和提升居民主观幸福感的重要手段与主要突破口。

表 6—59　　　　环境污染对居民幸福感的"相对剥夺效应"

变量	高环境规制		低环境规制	
	模型 1 高收入群体	模型 2 中低收入群体	模型 3 高收入群体	模型 4 中低收入群体
environment	− 0.4469 * (0.2717)	− 0.7744 ** (0.3513)	− 0.8298 * (0.4991)	− 2.7902 * (1.5983)

变量	高环境规制		低环境规制	
	模型1 高收入群体	模型2 中低收入群体	模型3 高收入群体	模型4 中低收入群体
控制变量	YES	YES	YES	YES
城市虚拟变量	YES	YES	YES	YES
R^2	0.0454	0.0564	0.0668	0.0598
F统计量	180.48	200.44	86.37	222.25
N	1692	1297	530	1342

由表6—59模型1和模型3可以看出,针对高收入群体而言,"高环境规制"地区环境污染综合指数的绝对值为0.4469,"低环境规制"地区该系数绝对值为0.8298,即对于高收入群体而言,"高环境规制"强度能够有效缓解环境污染对其幸福感的剥夺。同理,通过对比模型2和模型4,针对中低收入群体而言,"高环境规制"地区环境污染综合指数的绝对值为0.7744,"低环境规制"地区该系数绝对值为2.7902。依然可以看出,对于中低收入群体而言,"高环境规制"能够有效缓解环境污染对幸福感的剥夺效应。总之,无论高收入群体还是中低收入群体,"高环境规制"均能有效减少环境污染对于居民幸福感的负面影响,体现了环境规制在环境污染对居民幸福感"绝对剥夺"的缓解作用。同理,我们还可以进一步分析环境规制在环境污染对居民幸福感"相对剥夺"中的核心作用。如前所述,低收入群体幸福感受到环境污染的影响程度要大于高收入群体,由表6—59模型1和模型2可以看出,在"高环境规制"地区,高收入群体和中低收入群体对应的环境污染系数绝对值分别为0.4469和0.7744,二者相差0.3275,体现了环境污染对在高规制地区对于不同收入群体幸福感的"相对剥夺",在表6—59的模型3和模型4中,在低环境规制地区,高收入群体和中低收入群体对应的环境污染系数绝对值分别为0.8298和2.7902,二者相差1.9604。与"高环境规制"地区相比,"低环境规制"地区环境污染对居民幸福感的"相对剥夺"要远远高于"高环境规制"地区。由此可以看出,环境规制强度的增加不

仅能够提高居民主观幸福感，而且还可以缩小环境污染对不同收入群体幸福感影响程度的差异，即环境规制能抑制"相对剥夺"，可以有效实现居民环境福利的公平。

本小节从理论上分析了环境质量会通过个体健康状况，生活质量和社会活动进而影响居民的主观幸福感，并存在"绝对剥夺效应"和"相对剥夺效应"。环境规制能够有效缓解环境污染造成的居民福利损失。利用 2008 年中国综合社会调查数据进行实证检验，研究发现：随着城市环境污染的加剧，居民的主观幸福感会显著下降，存在"绝对剥夺效应"；中低收入群体承担了更大的福利损失，表明存在"相对剥夺效应"。环境规制可以有效抑制环境污染对居民主观幸福感的"绝对剥夺"和"相对剥夺"，实现提升居民福祉，改善社会福利公平的双重红利。这些研究结论也蕴含了丰富而深刻的政策含义。如：构建"经济—环境—民生"协调的幸福城市是发展的应有之义，也是城市生态文明建设的意义所在；将环境规制作为提高中国居民幸福感、促进居民福利公平的突破口，加强环境规制强度，充分发挥其对"绝对剥夺效应"和"相对剥夺效应"的抑制作用。最终提高民生福祉。

三 环境规制的民生效应分析：就业视角

就业是重要的民生问题。环境规制对就业的影响，是评判环境规制民生效应的重要依据。本小节从以下方面对此展开讨论。

（一）环境规制对就业的影响机制：基于中介效应模型

本小节，将环境规制、产业结构、技术进步、FDI 和就业纳入统一的分析框架，简介环境规制作用于中介变量进而影响就业的机制。[①]

政府通过制定和推行相关政策来影响企业经济活动的环境效应，从而在一定程度上解决环境污染的负外部性，实现经济和环境的协调发展。现阶段，环境规制会促使企业增加对环境保护相关的人力投入，从而直接增加就业人数。另外，可能通过其他路径对就业产生间接作用。首先，基于"成本假说"和"环境竞次假设"，环境规制强度的增加会

---

① 本节主要内容，参见闫文娟、郭树龙《中国环境规制如何影响了就业——基于中介效应模型的实证研究》，《财经论丛》2016 年第 10 期，第 105—112 页。

倒逼产业结构优化，从而带动更多就业。其次，基于"波特假说"，环境规制会激发企业进行技术创新，改变企业现有的生产技术对就业产生的负向影响。最后，基于"污染天堂假说"，环境规制会减少东道国资本存量的下降，减少经济增长动力，削弱就业的吸引力。总之，环境规制通过产业结构升级促进就业，提高生产技术和减少 FDI 而削减就业，如图 6—13 所示。

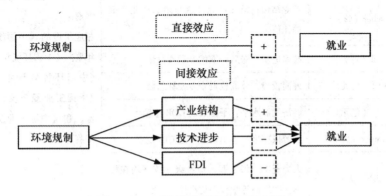

图 6—13　环境规制对就业的影响机制

为了进一步探讨环境规制对就业的影响机制，我们建立中介模型效应来验证上述理论假设。根据中介效应的分析步骤建立如下模型，以产业结构为例：

$$Ln\,jyry_{it} = a_0 + a_1 Ln\,jyry_{it-1} + a_2 Ln\,regu_{it-1} + \beta X + \varepsilon_{1it}$$

$$\text{式 (6—75)}$$

$$Ln\,scbec_{it} = b_0 + b_1 Ln\,scbec_{it-1} + b_2 Ln\,regu_{it-1} + \beta X + \varepsilon_{2it}$$

$$\text{式 (6—76)}$$

$$Ln\,jyry_{it} = c_0 + c_1 Ln\,jyry_{it-1} + c_2 Ln\,regu_{it-1}$$
$$+ c_3 Ln\,scbec_{it} + \beta X + \varepsilon_{3it} \qquad \text{式 (6—77)}$$

其中，X 为控制变量，具体包括经济发展水平（gdp）、外贸依存度（wmycd）和人力资本（rlzb），ε_{it} 为误差项，具体的变量含义如表 6—60 所示。

表6—60　　　　　　　　　　指标含义及其来源

变量	含义	数据来源
jyry（万人）	就业指标：各省规模以上工业企业全部从业人均平均人数	1999—2014 年 29 个省、自治区、直辖市的面板数据，不包含西藏和海南。相应年份的《中国统计年鉴》《中国环境年鉴》《中国环境统计年鉴》《中国工业经济统计年鉴》和《中国工业统计年鉴》
Regu（万元/万吨）	环境规制：废水治理投资与工业废水排放量之比	
scber（%）	产业结构：第三产业产值与第二产业产值的比值	
zl（件）	技术进步：滞后一期的专利授权量	
FDI（亿元）	外商投资：外商投资企业投资总额	
gdp（亿元）	经济发展水平：平减后的 GDP 总量	
wmycd（%）	外贸依存度：进出口总额占 GDP 之比	
rlzb（人）	人力资本：每十万人口各级学校平均在校学生数之高等学校平均在校学生数	

采用固定效应对上述分析的中介效应进行检验。具体结果如表6—61所示。

表6—61分三个步骤依次验证环境规制通过产业结构、技术进步和FDI这三个中介变量对就业的中介效应。首先，以就业人员为被解释变量，以环境规制为解释变量进行回归，发现环境规制的系数显著为正，表明环境规制对就业有直接的正向影响。其次，分别以产业结构，技术进步和FDI为被解释变量，以环境规制为解释变量进行回归，结果显示环境规制在这三种情况下均在1%的水平上显著。最后，以就业人员为被解释变量，以产业结构、技术进步、FDI 和环境规制为解释变量进行回归，发现系数均高度显著。所以，环境规制经由产业结构，技术进步和FDI这三个中介变量对就业产生中介效应，且产业结构这一中介变量促进了就业提升，技术进步和 FDI 这两个中介变量不利于就业。

表6—61

环境规制对就业的中介效应分析结果

变量	以产业结构为中介变量			以技术进步为中介变量			以 FDI 为中介变量		
	模型 1 lnjyry	模型 2 lnscber	模型 3 lnjyry	模型 4 lnjyry	模型 5 lnzl	模型 6 lnjyry	模型 7 lnjyry	模型 8 lnfdi	模型 9 lnjyry
L. lnjyry	0.656 *** (42.18)		0.650 *** (31.19)	0.656 *** (42.18)		0.331 *** (17.06)	0.656 *** (42.18)		0.490 *** (24.98)
L. lnregu	0.079 *** (26.77)	0.006 ** (1.88)	0.077 *** (27.45)	0.079 *** (26.77)	0.023 *** (2.20)	0.020 *** (5.80)	0.079 *** (26.77)	-0.038 *** (-6.18)	0.059 *** (18.33)
lngdp	0.229 *** (11.72)	-0.013 (-0.98)	0.230 *** (11.50)	0.229 *** (11.72)	0.398 *** (4.34)	0.766 *** (13.84)	0.229 *** (11.72)	-0.019 (-0.61)	0.509 *** (9.52)
lnwmycd	0.007 *** (2.73)	0.030 *** (16.51)	0.003 (1.14)	0.007 *** (2.73)	-0.022 *** (-3.92)	0.046 *** (17.23)	0.007 *** (2.73)	0.002 (0.75)	0.025 *** (10.11)
lnrlzb	-0.120 *** (-13.30)	-0.009 (-0.79)	-0.110 *** (-12.15)	-0.120 *** (-13.30)	0.009 (0.28)	-0.234 *** (-14.45)	-0.120 *** (-13.30)	0.151 *** (10.62)	-0.004 (-0.22)
L. lnscber		0.763 *** (21.89)							

续表

变量	以产业结构为中介变量			以技术进步为中介变量			以FDI为中介变量		
	模型1 lnjyry	模型2 lnscber	模型3 lnjyry	模型4 lnjyry	模型5 lnzl	模型6 lnjyry	模型7 lnjyry	模型8 lnfdi	模型9 lnjyry
lnscber			0.132*** (3.67)						
L.lnzl					0.804*** (19.84)	-0.278*** (-16.34)			
L.lnfdi								0.896*** (37.12)	
lnfdi									-0.370*** (-11.04)
Constant	-0.169*** (-2.79)	-0.023 (-0.44)	-0.153*** (-2.26)	-0.169*** (-2.79)	-1.905*** (-12.92)	0.466** (1.85)	-0.169*** (-2.79)	0.123*** (1.20)	-0.416*** (-2.46)
N	435	435	435	435	435	435	435	435	435

注：*、**、*** 分别表示10%、5%和1%的显著性；L.表示相应变量的滞后一期。

　　本小节考察了环境规制对就业的影响机理，并结合中国1999—2014年的省级面板数据，运用中介效应模型进行了检验，研究表明环境规制对就业有直接的正向促进作用，并且还会通过产业结构促进就业，另一方面，环境规制通过技术进步和FDI减少了就业。因此，要加大环境规制力度，实现产业结构升级、促进技术进步，完善外资企业投资的宏观环境，多管齐下实现环境保护和就业的双重红利。

　　（二）环境规制对就业的影响：清洁生产和末端治理的技术视角

　　环境治理技术，通常分为清洁生产和末端治理两类。前者是指不断采用改进技术，使用清洁能源，依托先进的工艺技术和设备通过改善管理，提高综合利用率等措施，从源头削减污染，提高资源利用效率，减少或者避免生产、服务和产品使用过程中污染物的产生和排放。后者是一种被动、消极的处理方法，主要是在生产过程末端，根据已产生的污染物开发并实施有效的治理技术来减少或消除污染物对生态环境的影响。这两种规制手段对就业的影响不同。"事前预防污染"的策略有助于减少污染物的产生，清洁生产相较于原有生产技术显然更先进且往往需要较少的劳动力投入，由此产生技术的替代效应，从而在一定程度上较少就业。"事后治理污染"的策略会在治理污染过程中增加相应的劳动力投入，进而创造部分就业机会，所以，末端治理有可能增加就业，因此，本节重点考察以清洁生产为主的事前治理污染技术和末端治理污染技术对就业的影响。[①]

　　针对上述分析，我们采用2003—2012年29个省、自治区和直辖市的面板数据采用系统GMM估计方法来验证末端治理和清洁生产对就业影响的差异。计量模型构建如下：

$$
\begin{aligned}
Empl_{it} = {} & \alpha\,Empl_{it-1} + \beta_1\,Regulation_{it-1} \\
& + \beta_2 lnK + \beta_3 ldscl + \beta_4 gdp + \beta_5 wrqd + \beta_6 fdi \\
& + \beta_7 gybz + \beta_8 scgdp + v_i + \mu_{it} \qquad\qquad \text{式 (6—78)}
\end{aligned}
$$

变量的具体解释说明如表6—62所示：

---

　　① 本节主要内容，参见闫文娟、熊艳《我国环境治污技术的就业效应检验》，《生态经济》2016年第32（4）期，第157—161页。

表 6—62   变量说明与数据来源

变量	含义	数据来源
Empl（万人）	就业人数：全部就业人员平均人数	
Regulation（%；吨/亿元）	末端治理：工业二氧化硫污染排放量与产生量的比值； 清洁生产：工业二氧化硫产生量与总生产总值的比值	2003—2012 年 29 个省、自治区和直辖市的面板数据，不包含西藏和海南。中经数据库、相应时期的《中国统计年鉴》《中国工业经济统计年鉴》
K（亿元）	资本存量：固定资产净值	
ldscl（亿元/万人）	劳动生产率：规模以上经济的工业总产值与从业人员比值	
gdp（亿元）	经济规模：地区 GDP	
wrqd（%）	外贸依存度：进出口总额与 GDP 比值	
fdi（%）	外资依存度：各省份外商直接投资与全国外商直接投资比值	
gybz（%）	国有化特征：国有工业总产值与规模以上工业总产值比值	
scgdp（%）	产业结构：第三产业产值与 GDP 比值	

采用 GMM 模型进行回归和相应的稳健性检验，具体结果如表 6—63 所示。

表 6—63   模型估计结果与稳健性检验

变量	模型 1	模型 2	稳健性检验 1	稳健性检验 2
L. Empl	0.611 *** (0.0480)	0.614 *** (0.0426)	0.554 *** (0.0466)	0.601 *** (0.0438)
Reg 末端治理	0.0697 *** (0.0126)		0.0620 *** (0.0131)	
Reg 清洁生产		− 0.0426 *** (0.0148)		− 0.0383 *** (0.0132)
lnK	0.100 *** (0.0180)	0.115 *** (0.0229)	0.0868 *** (0.0218)	0.115 *** (0.0218)

续表

变量	模型1	模型2	稳健性检验1	稳健性检验2
ldscl	-0.00481 ***	-0.00444 ***	-0.00491 ***	-0.00424 ***
	(0.000 603)	(0.000 656)	(0.000 690)	(0.000 570)
gdp	0.274 ***	0.221 ***	0.304 ***	0.263 ***
	(0.0325)	(0.0367)	(0.0399)	(0.0393)
wrqd	0.109 ***	0.183 ***	0.134 ***	0.153 ***
	(0.0368)	(0.0321)	(0.0351)	(0.0340)
fdi	0.505 ***	0.367 ***	0.496 ***	0.410 ***
	(0.118)	(0.127)	(0.154)	(0.104)
gybz	-0.213 **	-0.140	-0.223 ***	-0.198 ***
	(0.0860)	(0.0932)	(0.0825)	(0.0736)
scgdp	-0.756 ***	-0.871 ***	-0.738 ***	-0.723 ***
	(0.123)	(0.176)	(0.154)	(0.169)
Constant	-0.696 ***	-0.680 ***	-0.860 ***	-1.137 ***
	(0.150)	(0.241)	(0.235)	(0.272)
Arellano - Bond Test for AR（1）	-2.1341	-2.1133	-1.9511	-2.1906
	(0.0328)	(0.0346)	(0.0510)	(0.0285)
Arellano - Bond Test for AR（2）	0.40758	0.21928	-0.39495	-0.27981
	(0.6836)	(0.8264)	(0.6929)	(0.7796)
Sargan test	0.4799	0.4916	0.4165	0.4560

注：回归系数括号内为标准误，**、*** 分别表示5%、1%水平上显著，稳健性检验中将核心解释变量中的二氧化硫换成化学需氧量来进行分析。

　　上述模型均显示了上期的就业人员与当期就业人员显著正相关，表明在全国范围内，就业人员数量具有连续性，是一个不断累积的调整过程。同时，进一步研究发现：末端治理技术对当期的就业人员数量具有正向带动作用，而清洁生产技术抑制了就业人数。可能的解释是，清洁生产的污染防治技术通过技术的替代效应而挤出对劳动力的需求。从控制变量来看，基本符合预期，经济规模和资本存量会显著增加就业；外贸依存度和外资依存度均显著提升了就业水平；相反，劳动生产率的提高减少了对劳动力的需求，从而降低了就业水平；国有企业比重越高，就业越低，这符合研究期内大型国有企业改革以及大量裁员的现实背景；第三产业占比越高反而降低了就业，这可能是因为中国第三产业发展薄弱，带动就业有限的原因。

本小节采用了 2003—2012 年省级面板数据，利用系统 GMM 方法分析了不同的环境污染治理技术对就业的影响，得到的一般结论为末端治理有利于创造就业，清洁生产对就业有削弱作用。这引起我们深思，中国未来势必推行清洁生产为主的生产方式，那么需要在治理污染和增加就业之间进行权衡，需要用长远的眼光来看待环境污染的治理难题，同时，还需要配合其他措施，如提高劳动力素质，发展具有优势的劳动密集型产业，升级产业结构等。

（三）环境规制对就业的影响：能否带来环境和就业的双重红利？

在上一小节中，我们考察了不同的环境规制手段对就业的影响，从整体来看，环境规制对就业的影响到底如何？这是本小节所要讨论的问题。[①]

环境规制对就业的影响取决于环境规制下微观企业的行为决策。将污染排放等同于要素投入，环境规制相当于企业的污染投入价格，以此为切入点分析环境规制导致企业污染要素价格上升所引致的企业生产行为调整及其对劳动力需求的影响。根据 Cahuc（2004）的理论分析，假设企业需要 N 种投入要素进行生产，即劳动力、污染和其他要素。环境规制强度相当于污染投入的价格，规制强度越高，相应的污染价格就越高。厂商根据各投入要素的价格调整投入，以获得利润最大化。设定企业的生产函数表现为柯布—道格拉斯形式：

$$Y = E^{\alpha} L^{\beta} Z^{\gamma}, \ 0 < \alpha, \ \beta, \ \gamma < 1 \qquad \text{式 (6—79)}$$

其中，Y 表示企业产出，E、L、Z 分别为污染投入、劳动投入和其他生产要素投入，α、β、γ 分别表示各项投入要素的产出弹性。企业的目标函数为：

$$Max_{E, L, Z} \pi = P \times Y - R \times E - W \times L - G \times Z \quad \text{式 (6—80)}$$

---

① 本节主要内容，参见李梦洁、杜威剑《环境规制与就业的双重红利适用于中国现阶段吗？——基于省际面板数据的经验分析》，《经济科学》2014 年第 4 期，第 14—26 页。

其中，P 表示企业产品价格，W 为工资，G 为其他投入要素的价格向量组，R 为企业污染的价格，与环境规制正相关，亦可用于表征环境规制强度。根据企业利润最大化目标对利润函数关于 E、L、Z 求偏导，进而推导出劳动力需求函数。

$$\frac{\partial \pi}{\partial E} = P\alpha E^{\alpha-1} L^\beta Z^\gamma - R = 0 \qquad 式（6—81）$$

$$\frac{\partial \pi}{\partial L} = P\beta E^\alpha L^{\beta-1} Z^\gamma - W = 0 \qquad 式（6—82）$$

化简可得：$L = \dfrac{\beta}{\alpha W}ER$，表明劳动力需求函数不仅取决于污染投入，还依赖于环境规制强度 R。进一步根据劳动力需求函数对企业污染投入要素的价格求偏导，可以验证环境规制强度对劳动力需求的影响，如下所示：

$$\frac{dL}{dR} = \frac{\beta}{\alpha W}E\left(1 + \frac{R}{E}\frac{dE}{dR}\right) = \frac{\beta}{\alpha W}E(1 - \delta_{ER}) \qquad 式（6—83）$$

其中，$\delta_{ER} = -\dfrac{R}{E}\dfrac{dE}{dR}$，表示污染投入的价格弹性，亦可以理解为污染投入的规制弹性，预期符号为非负，因为环境规制强度越高，企业的污染投入越少，即 $\dfrac{dE}{dR} < 0$，那么 $\dfrac{dL}{dR}$ 的符号取决于 δ_{ER} 的大小。对（1）式分解，第一项 $\beta E/\alpha W$ 表示环境规制使得污染投入和劳动力要素的相对价格变化所引致的劳动力变动，即替代效应；第二项 $(\beta E/\alpha W)\delta_{ER}$ 表示环境规制使得企业生产规模变动引起的劳动力变动，即规模效应。当 $\delta_{ER} > 1$ 时，表明替代效应小于规模效应，$\dfrac{dL}{dR} < 0$，环境规制会降低企业的劳动力需求，从而减少就业；当 $0 \leqslant \delta_{ER} < 1$ 时，表明替代效应大于规模效应，$\dfrac{dL}{dR} > 0$，环境规制增强会增加企业对劳动力的需求，进而有助于增加就业。

从长期动态的视角来看，在环境规制的早期阶段，企业前期非清洁生产投入较多，实施严格的环境规制会使得企业污染投入大量减少，非清洁生产投入减少幅度会超过环境规制增加的幅度，因此污染投入的规制弹性 $\delta_{ER} > 1$；随着污染投入的不断减少，企业减少污染投入的能力达到阈值会产生污染投入减少幅度小于环境规制增加的幅度，因此 $0 \leqslant \delta_{ER}$ <1。随着环境规制强度的增大，污染投入的规制弹性会出现转折，进而造成 $\frac{dL}{dR} < 0$ 过渡到 $\frac{dL}{dR} > 0$，意味着随着环境规制的增加，劳动力需求会先减少后增加，从而使得就业出现"U型"发展轨迹。为了验证这一猜想，我们构建实证模型来考察环境规制与就业之间是否存在"U型"关系。

$$\ln emp_{it} = \beta_0 + \beta_1 \ln regulation_{it} + \beta_2 \ln regulation_{it}{}^2$$
$$+ \alpha_1 \ln pgdp_{it} + \alpha_2 \ln third_{it} + \alpha_3 \ln thrid_{it}$$
$$+ \alpha_4 \ln ld_{it} + \alpha_5 \ln trade_{it} + \alpha_6 \ln cap_{it} + \eta_i + \varepsilon_{it} \qquad 式（6—84）$$

变量的具体解释说明如表6—64所示：

表6—64 变量说明与数据来源

变量	含义	数据来源
emp（万人）	就业人数：全部就业人数	
regulation	环境规制：环境规制综合指数	2000—2011 年 30 个省、自治区和直辖市的面板数据，不包含西藏。相应时期的《中国统计年鉴》《中国环境统计年鉴》《中国工业经济统计年鉴》和《对外经济贸易年鉴》
pgdp（元/人）	经济指标：人均 GDP	
third（%）	产业结构：第三产业产值与 GDP 比值	
ld（元/人）	劳动生产率：工业增加值与劳动力的比值	
trade（%）	对外贸易：贸易总额与 GDP 比值	
cap（万元）	资本存量：固定资产净值	
η_i	η_i 为不可观察的不随时间变化的影响因素	
ε_{it}	误差项	

注：环境规制指数：选取二氧化硫去除率、工业烟尘去除率、工业粉尘去除率、工业废水排放达标率、工业固体废物综合利用率五个单项指标，使用改进的熵值法，客观地确定各项指标的权重，然后计算出各地区不同年份的环境规制综合指数，以此来反映地区环境规制强度。

采用固定效应模型进行回归分析，具体结果如表6—65所示：

表6—65　　　　　　　　　　　　环境规制对就业的影响

变量	模型1 基准回归	模型2 滞后一期	稳健性检验1 案件数目	稳健性检验2 设施数目
lnregulation	-2.1547 ***	-3.0881 ***	-0.0763 **	-0.2528 *
	(0.7862)	(1.0583)	(0.0348)	(0.1314)
(lnregulation)^2	0.3177 **	0.4529 ***	0.0061 **	0.0186 **
	(0.1227)	(0.1649)	(0.0025)	(0.0087)
lnpgdp	0.0432 **	0.5991 **	0.0709 ***	0.0512 **
	(0.0201)	(0.0287)	(0.0252)	(0.0251)
lnthird	-8.4677 ***	-5.8092 ***	1.0573 ***	1.0703 ***
	(0.7973)	(1.0824)	(0.1462)	(0.1411)
(lnthird)^2	1.1772 ***	0.8064 ***	0.0639 *	0.0838 **
	(0.1081)	(0.1467)	(0.0352)	(0.0341)
lnld	-0.0193	-0.0064	0.0177	0.0097
	(0.0136)	(0.0191)	(0.0123)	(0.0127)
lntrade	0.0197 **	0.0174	-0.0161	-0.0132
	(0.0097)	(0.0127)	(0.0178)	(0.0178)
lncap	0.1032 ***	0.0904 ***	-7.6206 ***	-7.7195 ***
	(0.0271)	(0.0358)	(1.0781)	(1.0403)
Constant	25.1887 ***	22.0031 ***	20.3742 ***	21.1711 ***
	(1.8825)	(2.5326)	(2.0165)	(1.9780)
环境规制的拐点	3.3911	3.4093	6.2541	6.7957
N	301	301	327	331
R^2	0.08100	0.7167	0.7145	0.7163
F	140.1667	83.1801	90.4100	92.4941

注：考虑到环境规制实施的时滞性，我们将模型中各解释变量均滞后一期来处理，具体结果参见模型2；稳健性检验1中用各地区当年环保相关的行政处罚案例数来表征环境规制；稳健性检验2中用当年污染治理设施数来衡量环境规制。*、**、*** 分别表示在10%、5%和1%的水平上显著；括号内的数字表示标准差；本小节下表同。

上述实证分析表明，在5%显著性水平下，环境规制一次项系数显著为负，二次项系数显著为正，表明环境规制与就业呈"U型"关系，这也证明了我们在上文提到的理论假设。结合中国实际来看，样本期内中国环境规制的平均水平为3.3719，这小于环境规制与就业"U型"的拐点3.3911。说明中国目前的环境规制的强度依然处于"U型"曲线的下降阶段，增加环境规制强度会对就业产生负向影响，要想达到环境与就业的双重红利，还需要继续加强环境规制，以使环境规制强度跨过拐点尽早达到"U型"曲线的上升阶段。控制变量大多显著且符号基本符合预期，人均GDP能够提升就业水平，产业结构与就业呈"U型"关系，并且随着资本存量的增加就业也会随之增加。

考虑到中国区域间发展和产业结构的不均衡，环境规制强度也存在较大差异，于是我们分地区和分行业考察环境规制对就业的影响。研究发现东部地区的平均环境规制水平跨过拐点，达到了环境与就业的双赢，中部地区处于拐点附近，西部地区尚未跨过拐点，仍处于增强环境规制会降低就业阶段；环境规制与第一和第三产业就业呈"倒U型"关系，与第二产业就业呈"U型"关系，这一结论可以从产业层面就业流动性角度给出解释，由于工业生产具有高污染高耗能的特点，是污染的主要源头，因此，第二产业是环境规制主要施行和产生影响的对象，而对于农业和服务业而言，通常受环境规制的影响较少。

"U型"曲线描述了环境规制与就业之间的关系，且这种关系具有动态可调控性，为了使中国各地区可以尽快跨过"U型"曲线的拐点达到环境与就业的双赢，我们有必要从产业结构视角考虑"U型"曲线的位移。

由表6—66可以看出，在不同产业结构下，环境规制与就业之间的"U型"关系始终成立，但曲线的位置有所变动，通过比较关系式的常数项和拐点，发现"U型"曲线随着产业结构的升级向左上方移动。"U型"曲线上移，表明施加同等强度的环境规制能够促进更多的就业；"U型"曲线的左移，表明在较低的环境规制强度下能够跨过拐点，实现环境与就业的双重红利。因此，产业结构升级可以加速环境与就业的双赢。

表6—66   不同产业结构条件下环境规制与就业的关系

变量	情景1 当前 thrid − 5%	情景2 当前 thrid	情景3 当前 thrid + 5%	情景4 当前 thrid + 10%
lnregulation	− 2. 1543 ***	− 2. 1547 ***	− 2. 1569 ***	− 2. 1594 ***
	(0. 7871)	(0. 7862)	(0. 7822)	(0. 7794)
lnregulation^2	0. 3176 **	0. 3177 **	0. 3184 ***	0. 3191 ***
	(0. 1228)	(0. 1227)	(0. 1221)	(0. 1216)
Constant	24. 3471 ***	25. 1887 ***	29. 7494 ***	34. 9109 ***
	(1. 8285)	(1. 8825)	(2. 2014)	(2. 5993)
环境规制拐点	3. 3915	3. 3911	3. 3871	3. 3836
N	301	301	301	301
R^2	0. 8096	0. 8100	0. 8119	0. 8132
F	139. 7561	140. 1667	141. 8626	143. 1212

本节构建理论模型阐述环境规制通过替代效应和规模效应来影响劳动力需求，在长期动态视角下环境规制的弹性由大变小，相应的劳动力需求由少变多，使得环境规制与就业之间呈现"U型"关系。结合中国实际来看，在样本研究期内，中国尚未跨过"U型"拐点，仍处于环境规制减少就业阶段，即在短期内中国不存在环境与就业的双重红利。通过情景模拟，发现产业结构的不断升级能够使得环境规制—就业"U型"曲线向左上方位移，从而尽早实现环境与就业的双重红利。

（四）环境规制对就业影响的异质性分析：基于行业的视角

上一小节我们从长期动态视角来看环境规制与就业呈"U型"关系，那么不同行业之间是否会存在环境规制对就业的不同影响呢？这是本节要讨论的问题。[①]

本节引入生产的局部均衡模型来考察环境规制对企业劳动力需求的影响。假定企业的生产投入要素分为准固定要素和可变要素两部分（Berman E. & Bui L. T. M. ，1997），并将环境规制定义为准固定要素，劳动力，资本和资源为可变生产要素。以企业通过调整投入要素来实现生产

---

① 本节主要内容，参见李梦洁《环境规制、行业异质性与就业效应——基于工业行业面板数据的经验分析》，《人口与经济》2016 年第 1 期，第 66—77 页。

成本最小化。设定企业的成本函数为：

$$Min_{X,Z}CV = F(Y, X_1, \cdots, X_G, Z_1, \cdots, Z_H) \qquad 式（6—85）$$

其中，Y 表示产出，$X_1, \cdots, X_G$ 表示 G 种可变投入要素的数量，$Z_1, \cdots, Z_H$ 表示 H 种准固定要素的投入数量。根据成本最小化一阶条件可得可变要素劳动力需求 L 为产出 Y，其他可变要素 X_g'，准固定投入 Z_h 的近似线性方程，即：

$$L = \alpha + \rho_Y Y + \sum_{g=1}^{G} \beta_g X_g' + \sum_{h=1}^{H} \gamma_h Z_h \qquad 式（6—86）$$

进一步简化分析，假定产出 Y、可变要素 X_g 以及准固定要素 Z_h 分别为环境规制 R 的一次函数。

$$Y = aR + m, X_g' = b_g R + n, Z_h = c_h R + t \qquad 式（6—87）$$

将式（6—87）代入式（6—86）中，并对环境规制 R 求偏导，得到环境规制对就业的影响机制：

$$\frac{dL}{dR} = \rho_Y a + \beta_g \sum_{g=1}^{G} b_g + \gamma_h \sum_{h=1}^{H} c_h \qquad 式（6—88）$$

对式（6—88）进行分解来说明各影响途径。第一项 $\rho_Y a$ 表示环境规制通过影响企业的产出水平进而作用于劳动力需求，体现为"规模效应"，预期符号为负，基于"生产成本假说"，环境规制会增加企业成本，缩小生产规模，进而导致就业的减少；第二项 $\beta_g \sum_{g=1}^{G} b_g$ 表示企业通过改变可变要素投入份额来影响劳动力需求，预期符号为正，因为环境规制越强，资源和能源类生产要素的价格也越高，企业会通过劳动力要素来替代部分资源类投入要素，从而增加就业；第三项 $\gamma_h \sum_{h=1}^{H} c_h$ 为环境规制对劳动力需求的治污和减排效应，预期符号为正，因为在环境规制约束下，企业会增加相应的治污和减排活动，也需要投入大量的劳动力。

综上所述，环境规制通过规模效应、替代效应、治污和减排效应对总就业产生影响。并且在不同发展阶段，基于环境规制的不同强度，影响效应是不同的。环境规制对于就业总量的综合影响方向也会发生转变。因此，环境规制对于就业的影响依赖于环境规制本身的积累程度，可能表现出非线性的"U 型"关系，即在环境规制早期阶段，基于"成本假说"造成企业生产规模缩小，导致就业下降，环境规制的规模效应在这一阶段发挥主要作用。随着环境规制不断严格，替代效应和治污与减排效应对就业的正向影响会超过规模效应的负向影响，其促进就业的作用逐渐显现。基于行业视角我们通过构建实证模型来验证上述假设。

$$\ln emp_{it} = \beta_0 + \beta_1 \ln regu_{it} + \beta_2 \ln regu_{it}^2$$
$$+ \alpha_1 \ln tion_{it} + \alpha_2 \ln nvfa_{it} + \alpha_3 \ln rd_{it}$$
$$+ \alpha_4 \ln rd2_{it} + \eta_i + \varepsilon_{it} \qquad \text{式（6—89）}$$

变量的具体解释说明如表 6—67 所示。

表 6—67　　　　　　　　　　指标含义及其来源

变量	含义	数据来源
emp（人）	就业指标：各行业就业人数	
regu（%）	环境规制：污染治理设施本年运行费用与工业废水的比值	2002—2011 年 39 个工业行业的面板数据。相应年份的《中国工业经济统计年鉴》《中国环境统计年鉴》和《中国科技统计年鉴》
tiov（万元）	行业规模：全部国有及规模以上非国有工业企业的工业总产值	
nvfa（万元）	资本深化：各行业的固定资产净值	
rd（万元）	技术水平：各行业大中型企业当年新产品开发费用	
η_i	不可观测的不随时间变化的影响因素	
ε_{it}	误差项	

采用固定效应模型分析结果如表 6—68 所示。

表 6—68　　　　　　　　环境规制与总就业关系的估计结果

变量	模型 1 静态模型	模型 2 动态模型	模型 3 GMM 模型	模型 4 规模效应	模型 5 替代效应	模型 6 治污减排效应
L. lnemp			0.999 *** (0.018)	1.023 *** (0.048)	1.036 *** (0.055)	1.009 *** (0.056)
lnregu	− 0.085 *** (0.022)	− 0.075 *** (0.018)	− 0.067 *** (0.014)	− 0.820 *** (0.150)	− 0.781 *** (0.148)	− 0.836 *** (0.160)

续表

变量	模型1 静态模型	模型2 动态模型	模型3 GMM模型	模型4 规模效应	模型5 替代效应	模型6 治污减排效应
$lnregu^2$	0.017 *	0.027 **	0.048 ***	0.161 ***	0.149 ***	0.166 ***
	(0.001)	(0.011)	(0.009)	(0.021)	(0.022)	(0.024)
lntiov	0.144 **	0.116 ***	−0.088 ***	−0.260 ***	−0.258 ***	−0.208 **
	(0.056)	(0.044)	(0.016)	(0.071)	(0.089)	(0.085)
lnnvfa	0.580 ***	0.164 ***	−0.034 **	−0.075 *	−0.078	−0.117 **
	(0.065)	(0.058)	(0.015)	(0.044)	(0.058)	(0.057)
lnrd	−0.105 **	−0.085 **	−0.024	−0.339 ***	−0.312 ***	−0.296 ***
	(0.042)	(0.036)	(0.016)	(0.091)	(0.108)	(0.107)
$lnrd^2$	0.004 **	0.005 ***	0.002 *	0.025 ***	0.024 ***	0.023 ***
	(0.002)	(0.002)	(0.001)	(0.004)	(0.004)	(0.004)
L. (lnregu * lntion)				−0.125 ***	−0.178 ***	−0.243 ***
				(0.018)	(0.038)	(0.055)
L. (lnregu * lnnvfa)					0.064 **	0.084 ***
					(0.025)	(0.026)
L. (lnregu * lnrd)						0.029 *
						(0.016)
Constant	2.388 ***	3.057 ***	0.507 ***	3.156 ***	2.938 ***	2.887 ***
	(0.432)	(0.270)	(0.164)	(0.521)	(0.594)	(0.585)
N	286	289	289	289	289	289
R^2	0.853	0.769	0.821	0.776	0.714	0.726
F	105.08	136.3128	8282.4161	1235.1467	824.3630	939.6045

注：模型2—6均为动态模型，核心解释变量和控制变量均取滞后一项指标；*、**、*** 分别表示在10%、5%和1%的水平上显著；括号内为标准差。

由表6—68可以看出，环境规制的一次项系数显著为负，二次项系数为正，表明环境规制与就业呈"U型"关系。以动态模型为基准，模型2显示"U型"曲线的拐点 lnregu = 1.389。结合全样本来看，样本的均值为1.245，在"U型"曲线的左侧，表明中国39个行业中环境规制强度的加强抑制了就业，短期内未实现环境与就业的双重红利。从控制变量来看，行业规模的扩大，资本深化均有助于促进就业，研发投入与就业亦呈"U型"关系。模型4—6通过交互项分别验证了环境规制对总体就业的影响机制。可以看出，环境规制与总产出的交互项系数显著为负，表明环境规制会通过影响总产出进而减少就业量，即规模效应发挥作用。同理，环境规制与资本要素投入和技术水平的交互项系数为正，表明环境规制通过影响企业生产要素投入和技术研发而促进就业，替代效应和治污与减排效应成立。

考虑到中国 39 个细分行业环境规制强度不同，以及技术升级在促进环境与就业双重红利的作用，将总体样本依次按照污染程度和技术水平进行分样本回归分析。结果如表 6—69 所示。

表 6—69　　环境规制与就业的异质性分析：污染程度和技术水平

变量	模型 1 重度污染行业	模型 2 中度污染行业	模型 3 轻度污染行业	模型 4 中低技术	模型 5 高技术
L. lnregu	− 0. 099 ***	− 0. 052 **	− 0. 059	− 0. 078 ***	− 0. 114 ***
	(0. 031)	(0. 023)	(0. 044)	(0. 020)	(0. 039)
(L. lnregu)²	0. 041 **	0. 033 **	− 0. 007	0. 021 *	0. 051 **
	(0. 017)	(0. 014)	(0. 031)	(0. 012)	(0. 022)
L. lntiov	0. 070	0. 155 ***	0. 323 ***	0. 138 ***	0. 132
	(0. 063)	(0. 057)	(0. 118)	(0. 049)	(0. 105)
L. lnnvfa	0. 150 *	− 0. 019	0. 109	0. 138 **	0. 033
	(0. 079)	(0. 094)	(0. 151)	(0. 066)	(0. 106)
L. lnrd	0. 081	− 0. 278 ***	− 0. 173 **	0. 016	− 0. 658 ***
	(0. 050)	(0. 063)	(0. 079)	(0. 042)	(0. 142)
(L. lnrd)²	− 0. 002	0. 016 ***	0. 005	0. 000	0. 030 ***
	(0. 002)	(0. 004)	(0. 004)	(0. 002)	(0. 006)
Constant	2. 648 ***	4. 908 ***	2. 530 ***	2. 486 ***	7. 361 ***
	(0. 329)	(0. 606)	(0. 569)	(0. 296)	(1. 077)
环境规制拐点	1. 207	0. 788		1. 857	1. 118
N	101	102	86	202	87
R²	0. 796	0. 857	0. 782	0. 740	0. 874
F	53. 407	82. 671	41. 302	80. 679	81. 078

注：污染程度的分类标准：根据工业废水排放量、工业废气排放量、工业固体废物产生量三个指标构建污染排放综合指数，采用改进的熵值法构建各指标权重，然后加权得到污染综合指数，由高到低将 39 个工业行业平均分为重度、中度和轻度污染；技术水平的分类标准：参照盛斌、马涛（2008），臧旭恒、赵明亮（2011）以及 UNCTAD2002 的分类，将行业的技术水平分为中低和高技术行业两类。

表6—69显示在重度、中度污染行业和中低以及高技术行业中均存在环境规制与就业的"U型"关系。轻度污染行业本身受到环境规制的影响比较小，所以环境规制对该行业的就业影响不显著。通过"U型"曲线的拐点和常数项可以验证行业的差异性对于环境规制与就业关系的影响。相比中度污染行业和高技术行业，重污染行业和中低技术行业的拐点更加靠右，即重污染和中低技术行业需要较严格的环境规制才能实现环境与就业的双重红利。因此，在实行环境规制过程中切记不可"一刀切"，而应因地制宜，实行差异化政策。

本节引入生产的局部均衡模型考察了环境规制对就业存在规模效应，替代效应和治污与减排效应，且环境规制对于就业的影响依赖于环境规制本身的累积程度，二者存在"U型"的非线性关系。这就需要用长远的眼光来看待环境规制的经济和民生效应。其规制效果体现出行业异质性，所以应当针对不同行业制定不同的环境政策，才能最终实现行业的可持续发展。同时，在实行环境规制过程中还需要其他政策的配合，如促进产业升级，提高行业的技术含量。通过情景模拟，发现随着行业技术水平的不断升级可以使环境规制与就业的"U型"曲线不断上升，可见技术升级有利于实现环境与就业的双赢。

四 环境规制的民生效应分析：居民健康水平视角

居民健康水平是民生福祉的综合性表征。环境规制对居民健康水平的影响，是评判环境规制民生效应的重要判据。本节从以下几个角度对这一问题展开分析。

大量的医学事实证明了环境质量与居民的健康水平息息相关，而有效的环境规制能够改善环境质量，提升居民健康水平。从而实现在经济发展过程中环境与民生的最优化，也是构建"经济—环境—民生"相协调的生态文明发展的应有之义。①

不同的学者从环境科学、医学等视角研究了环境的健康效应。在环境健康经济学中当污染存量超过了地球的自净能力，会造成生态失衡，

---

① 本节主要内容，参见李梦洁、杜威剑《空气污染对居民健康的影响及群体差异研究——基于 CFPS（2012）微观调查数据的经验分析》，《经济评论》2018 年第 3 期，第 142—154 页。

环境质量下降等不可逆的后果，严重损害居民的健康，引致一系列健康风险。因此，我们认为在控制其他因素不变的前提下，空气污染会显著降低居民的健康水平。在理论上，基于"收益—成本"的分配活动，不同经济地位的群体可能遭受不同的环境待遇，尤其是对于经济地位较差的群体，其抵御空气污染的能力不足，较多的从事体力劳动和室外工作，承担更多的环境后果。而经济地位较高的群体通常具有较高的支付能力，可通过迁移、购买空气净化器等装置来实现自我防御，且该类群体一般从事脑力工作和室内工作，因而能够更多地享受环境福利（Sun et al.，2017）。总之，低收入、低社会地位群体享受了较少的环境福利，承担了大量的环境后果。因而，经济社会地位不利的群体因空气污染受到了更大的健康损失。那么，环境规制能否改变这一"窘境"呢？从中国的实务层面来看，自1979年实施了《中华人民共和国环境保护法》之后，又实施了一系列关于大气污染、水污染、固体废弃物污染和土壤污染等环境治理的单项法规，并对各类主要污染物做出了明确的限额规定，构成了具有量化指标的硬约束。并且现如今已经将如何降低污染引致的健康风险作为各项环境保护工作的重点。在2015年新修订的《环境保护法》中，明确提出"保障公众健康"的要求，并对此做出了专门的规定，将建立评估制度，采取预防措施和控制环境相关疾病等以法律的形式予以确认。因此，我们认为环境规制强度较高的地区，居民健康风险较小，提升环境规制强度有助于改善环境质量，提升居民健康。

为了验证空气污染的健康效应，我们构建如下计量模型来实证检验：

$$Health_{ij} = \alpha_0 + \alpha_1\, env_i + \beta\, X_{ij} + \varepsilon_{ij} \qquad 式（6—90）$$

其中，下标 i 和 j 分别为城市和个体；X 为影响居民健康的控制向量组；ε_{ij} 为误差项。被解释变量 $Health_{ij}$ 为受访者的健康状况，基于2012年中国家庭追踪调查（China Family Panel Studies，CFPS）中"您认为自己的健康状况如何"来定义健康水平，根据受访者回答不健康—非常健康五个等级分别赋值1—5，数值越大表示受访者越健康。其他相应的变量具体含义及数据说明如表6—70所示。

表6—70   变量说明与数据来源

变量	含义	数据来源
Health	居民健康水平：赋值1—5	
env	城市环境质量：采用PM10日均浓度表示	
age	居民年龄：受访年份 – 出生年份 + 1	
male	居民性别：男 = 1，女 = 0	
educ	居民受教育年限：根据受教育程度计算所得	
urban	城乡居民：城市居民 = 1，农村居民 = 0	
married	居民婚姻状况：已婚 = 1，未婚 = 0	
sport	是否运动：从不 = 1；每月一次 = 2；每月两三次 = 3；每周两三次 = 4；几乎每天 = 5	2012年截面数据；来源于相应2012年CF-PS、《2012年上半年环境保护重点城市空气质量状况统计》涵盖4个直辖市、27个省会城市和82个其他地级城市共113个城市和《中国城市统计年鉴》
cigare	是否抽烟：吸烟 = 1，不吸烟 = 0	
wine	是否喝酒：过去一月喝酒超过三次 = 1；过去一月喝酒不超过3次 = 0	
sleep	睡眠质量：根据睡眠不好的程度从几乎没有到大多时候有分别赋值1—4，数值越大表示睡眠质量越差	
happy	情绪状况：根据愉快程度从几乎没有到大多时候有赋值1—4，数值越大表示情绪越好	
work	工作状况：有工作 = 1，无工作 = 0	
income	个人收入：根据"过去一年您个人的总收入"	
pGDP	人均GDP：居民所在地级市的人均GDP	
density	人口密度：居民所在地级市的人口密度	
pexp	人均财政支出：居民所在地级市的人均财政支出	

由于本小节研究的被解释变量居民健康水平为1—5的序数，不适宜采用OLS，根据Knight et al.（2009）的处理方法，选择定序响应模型（Order Probit Model）来进行实证检验。表6—71汇报了相应的估计结果。

表6—71   空气污染的健康效应

变量	模型1 基准回归	模型2 滞后一期	模型3 滞后两期	模型4 控制变量	模型5 NO₂ 浓度	模型6 医疗费用
env	−2.4591 ** (0.9771)	−1.9841 * (1.1670)	−2.9208 *** (0.9653)	−1.7422 * (0.9998)	−7.3779 *** (1.8409)	2.5822 *** (0.8922)
age	−0.0248 *** (0.0007)	−0.0247 *** (0.0006)	−0.0240 *** (0.0007)	−0.0273 *** (0.0006)	−0.0249 *** (0.0007)	0.0116 *** (0.0007)
male	0.1075 *** (0.0232)	0.1044 *** (0.0231)	0.1040 *** (0.0234)	0.1877 *** (0.0227)	0.1069 *** (0.0232)	−0.1107 *** (0.0237)
educ	−0.0000 (0.0024)	−0.0751 *** (0.0098)	0.0028 (0.0023)	−0.3915 *** (0.0364)	−0.0004 (0.0024)	0.0015 (0.0023)
urban	−0.0258 (0.0210)	0.0107 (0.0212)	−0.0020 (0.0208)	0.0220 (0.0211)	−0.0276 (0.0209)	0.0192 (0.0204)
married	−0.1071 *** (0.0238)	−0.1082 *** (0.0238)	−0.1211 *** (0.0237)	0.8830 *** (0.2561)	−0.1082 *** (0.0238)	0.0384 (0.0238)
sport	0.0199 *** (0.0055)	0.0220 *** (0.0054)	0.3003 *** (0.0275)	0.0354 *** (0.0054)	0.0203 *** (0.0055)	0.0178 *** (0.0054)
cigare	0.0261 (0.0248)	0.0254 (0.0247)	0.0208 (0.0248)	0.0108 (0.0246)	0.0270 (0.0247)	−0.0778 *** (0.0248)
wine	0.1417 *** (0.0263)	0.1428 *** (0.0263)	0.1497 *** (0.0265)	0.1670 *** (0.0261)	0.1415 *** (0.0263)	−0.0544 ** (0.0266)
sleep	−0.2732 *** (0.0116)	−0.2744 *** (0.0116)	−0.2765 *** (0.0111)	−0.4346 *** (0.1041)	−0.2749 *** (0.0116)	0.1308 *** (0.0115)
happy	0.1322 *** (0.0100)	0.1351 *** (0.0100)	0.1396 *** (0.0097)	0.3996 *** (0.0638)	0.1325 *** (0.0100)	−0.0220 ** (0.0098)
work	0.0537 *** (0.0201)	0.0560 *** (0.0201)	0.0459 ** (0.0200)	0.0004 (0.0003)	0.0541 *** (0.0202)	0.0102 (0.0198)
income	0.0051 ** (0.0021)	0.0066 *** (0.0021)	0.0063 *** (0.0021)	0.0405 (0.0382)	0.0050 ** (0.0021)	0.0106 *** (0.0021)
pGDP	0.1795 ** (0.0725)	0.2797 *** (0.0764)	0.2720 *** (0.0741)	0.1700 ** (0.0745)	0.1747 ** (0.0724)	−0.1479 ** (0.0687)

续表

变量	模型1 基准回归	模型2 滞后一期	模型3 滞后两期	模型4 控制变量	模型5 NO$_2$浓度	模型6 医疗费用
density	− 0.0002 *** (0.0000)	− 0.0002 *** (0.0000)	− 0.0003 *** (0.0000)	− 0.0000 (0.0000)	− 0.0001 *** (0.0000)	0.0001 * (0.0000)
pexp	− 0.2402 *** (0.0852)	− 0.3302 *** (0.0888)	− 0.3720 *** (0.0878)	− 0.3654 *** (0.0875)	− 0.1578 * (0.0862)	0.1080 (0.0810)
N	14258	14262	14258	14273	14258	14258
Loglikelihood	− 19857.014	− 19833.074	− 19807.926	− 20224.63	− 19851.782	− 39969.234
Pseudo R^2	0.0911	0.0924	0.0933	0.0753	0.0913	0.0147

注：括号内为稳健标准误；*、**、*** 分别表示 10%、5% 和 1% 的显著性；本小节下表同。

由表 6—71 模型 1 可以看到，PM10 日均浓度在 5% 的显著性水平上为负，即空气污染存在对健康的负效应。特别地，当空气污染变量每上升 1 个单位，居民健康水平相应的下降 2.4591 个单位，这也验证了上文提到的环境污染对居民健康的显著负向影响。模型 1 的控制变量符号和显著性与现有文献的研究结果基本一致（潘杰等，2013）。具体而言，年龄与健康水平显著负相关，说明老年人的健康水平更低，这与直接相符合；男性的健康水平高于女性，可能是因为在现代社会中，女性面对来自家庭生活和在外工作的双重压力。个人收入水平和就业状况会对居民健康产生正向影响，因为工作和收入是高品质生活的重要物质基础来源，会对个体健康水平产生积极的作用；个人生活习惯如睡眠质量也会影响居民的健康状况，长期坚持运动和保持愉快情绪的居民更健康；此外，在城市层面的宏观经济变量中，人均 GDP 与居民健康水平正相关，人口密度和人均公共支出则与居民健康水平负相关。

为了进一步准确评估空气污染对居民健康的影响，我们通过滞后项来解决本模型潜在的内生性问题。因为空气污染对居民健康的影响可能存在一定的潜伏期，这会干扰人们对这种长期效应的评估。另外，空气污染具有"惯性"，即前期的空气污染与当期的污染状况有关，但不会受到当期居民健康的影响。因此，将环境指标分别滞后一期和滞后两期来处理空气污染与居民健康之间可能存在的双向因果关系。具体的做法是：

采用 2011 年城市层面的 PM10 日均浓度指标和 2010 年城市层面的 PM10 日均浓度来作为核心解释变量，2012 年居民健康水平作为被解释变量，通过数据匹配采用有序 Probit 模型进行估计。表 6—71 的模型 2 和模型 3 对应其估计结果。从空气污染的系数来看，至少在 10% 的显著性水平上为负，表明空气污染对居民健康的负向效应依然显著成立，且具有长期持续的特征。同理，由于该模型的控制变量如居民受教育年限，收入水平等与居民健康之间亦可能存在双向因果关系，从而造成内生性问题使得上述估计结果不一致。为了解决该问题，参照已有文献的做法（Fisman & Svensson，2007）将这些控制变量分别采取城市平均值作为替代指标，因为一个地区的特征变量并不会直接受到居民个体健康的影响。表 6—71 模型 4 汇报了估计结果，可以看出空气污染的系数依然为负，进一步说明在考虑了内生性问题之后空气污染会对居民健康产生负向影响。

表 6—71 的模型 5 和模型 6 为稳健性检验，一方面我们采用 NO_2 日均浓度来表征空气污染水平。大量的医学研究显示，长期暴露于高浓度的 NO_2 中，会增加患呼吸道感染的风险，从而对人体健康带来危害。另一方面采用居民过去一年全部的医疗费用作为健康水平的替代指标。通过分析显示 NO_2 浓度的系数在 1% 的显著性水平上为负，再次证实了空气污染对居民健康具有显著的负向影响。在模型 6 中，空气污染与医疗费用模型中空气污染系数在 1% 的水平上为正，说明空气污染程度越高，居民用于医疗的费用也越高，即空气污染的加剧会降低居民的健康水平。因此，上述分析均证实了空气污染对居民健康具有负效应，显示了本小节研究结果的稳健性。

上述从整体上分析了空气污染对居民健康的影响，该负效应可能具有群体的异质性，即不同收入群体和不同社会地位群体的健康水平受空气污染影响的程度可能不同，于是我们将样本按照收入水平和社会地位分组，进行子样本回归。

表 6—72 为空气污染对居民健康影响的异质性分析。其中模型 1 加入了空气污染与居民收入的交互项来考察收入水平对污染健康效应的影响，该交互项系数在 5% 的显著性水平上为正，表明高收入能够有效缓解空气污染对健康的负效应，即提高居民的收入水平可以作为降低空气污染健

康负效应的途径。随后又根据居民收入水平和社会地位进行分组回归。具体的做法是以总样本收入均值为基准，大于总收入均值的群体划分为高收入组，小于总收入均值的群体划分为低收入组，对应于模型 2 和模型 3。从系数的正负号来看，空气污染对高收入群体和低收入群体的健康均具有显著的负向影响。从其绝对值来看，空气污染对高收入群体的边际负效应为 2.3910，表明高收入居民所在地区空气污染水平每增加 1 个单位，其自评健康将会下降 2.3910 个单位；空气污染对低收入群体的边际负效应为 3.0264，表明低收入居民所在地区空气污染水平每增加 1 个单位，其自评健康将会下降 3.0264 个单位。显然，空气污染对低收入群体健康的副作用要大于高收入群体。然后，又按照居民的社会地位进行分样本回归，根据调查问题"您在本地的社会地位如何？"，受访者回答很低至很高，分别赋值 1—5，数值越高表示居民在当地的社会地位越高。在本小节研究采用的 2012 年居民个体微观数据中有 4971 个居民认为自己具有较低的社会地位，对应于回答 1 和 2，有 2295 个居民认为自己具有较高的社会地位，对应于回答 4 和 5，有 6831 个居民认为自己属于中等社会地位，对应于回答 3。又按照居民受教育程度，在中等社会地位群体中受教育程度高于总样本受教育年限均值的划分为高社会地位群体，其余为低社会群体，分别对应表 6—72 的模型 4 和模型 5。从估计结果来看，空气污染对于不同社会地位居民的健康影响具有差异性，就高社会地位群体而言，虽然空气污染的系数为负，但在统计上不显著，而低社会群体受到空气污染的健康效应显著为负，且通过对比两类群体中空气污染的系数绝对值，发现空气污染对于高社会地位群体的影响明显小于对低社会地位群体的影响。

表 6—72　　空气污染对居民健康的影响异质性：基于收入水平和社会地位

变量	模型 1 加入交互项	模型 2 高收入	模型 3 低收入	模型 4 高社会地位	模型 5 低社会地位
PM10	−2.8132 *** (1.0086)	−2.3910 * (1.4362)	−3.0264 ** (1.3332)	−2.4081 (1.6623)	−2.7993 ** (1.2777)
PM10 * Income	0.0867 ** (0.0366)				

续表

变量	模型 1 加入交互项	模型 2 高收入	模型 3 低收入	模型 4 高社会地位	模型 5 低社会地位
age	-0.0248 ***	-0.0250 ***	-0.0235 ***	-0.0256 ***	-0.0245 ***
	(0.0007)	(0.0011)	(0.0009)	(0.0010)	(0.0009)
male	0.1069 ***	0.1342 ***	0.0342	0.1391 ***	0.0675 **
	(0.0234)	(0.0337)	(0.0329)	(0.0345)	(0.0321)
educ	-0.0007	-0.0039	0.0091 ***	-0.0064	-0.0091 ***
	(0.0024)	(0.0034)	(0.0034)	(0.0042)	(0.0033)
urban	-0.0260	-0.0476	0.0101	0.0119	0.0035
	(0.0213)	(0.0316)	(0.0287)	(0.0321)	(0.0285)
married	-0.1073 ***	-0.1079 ***	-0.1472 ***	-0.0838 **	-0.1372 ***
	(0.0242)	(0.0362)	(0.0325)	(0.0365)	(0.0317)
sport	0.0208 ***	0.0482 ***	-0.3739 ***	0.0222 ***	-0.2831 ***
	(0.0055)	(0.0079)	(0.0343)	(0.0083)	(0.0328)
cigare	0.0178	-0.0196	0.0893 **	0.0608	0.0135
	(0.0251)	(0.0343)	(0.0363)	(0.0381)	(0.0331)
wine	0.1435 ***	0.1316 ***	0.1777 ***	0.0702 *	0.2062 ***
	(0.0266)	(0.0357)	(0.0400)	(0.0409)	(0.0348)
sleep	-0.2755 ***	-0.2612 ***	-0.3072 ***	-0.2765 ***	-0.2735 ***
	(0.0117)	(0.0160)	(0.0164)	(0.0190)	(0.0149)
happy	0.1347 ***	0.1282 ***	0.3848 ***	0.1167 ***	0.1380 ***
	(0.0101)	(0.0141)	(0.0782)	(0.0161)	(0.0130)
work	0.0497 **	0.1241 ***	0.0302	0.5034 ***	0.0791 ***
	(0.0204)	(0.0306)	(0.0279)	(0.1343)	(0.0271)
income	-0.0595 **	0.0502 ***	-0.0185	0.0047	0.0090 ***
	(0.0274)	(0.0131)	(0.0426)	(0.0031)	(0.0029)
pGDP	0.1923 ***	0.2219 **	0.2129 **	-0.0664	0.3010 ***
	(0.0734)	(0.1049)	(0.1024)	(0.0600)	(0.0971)

续表

变量	模型 1 加入交互项	模型 2 高收入	模型 3 低收入	模型 4 高社会地位	模型 5 低社会地位
density	− 0.0002 *** (0.0000)	0.0000 (0.0000)	− 0.0004 *** (0.0000)	− 0.0000 (0.0000)	− 0.0003 *** (0.0000)
pexp	− 0.2547 *** (0.0863)	− 0.2940 ** (0.1235)	− 0.4254 *** (0.1234)	− 0.0227 (0.0407)	− 0.3854 *** (0.1131)
N	13948	6843	7415	6062	8021
Loglikelihood	− 19428.984	− 9264.5099	− 10419.836	− 8334.9129	− 11147.545
Pseudo R^2	0.0911	0.0891	0.0952	0.0857	0.0922

总之，空气污染会对居民健康产生负向影响。尤其是对低收入、低社会地位阶层居民的健康负效应影响更大。即经济社会地位不利的群体受到更大的健康损失，这也是造成环境不公平的原因之一。从经济学视角来看，收入水平和社会地位较低的群体受到经济条件的约束，在环境质量和经济收入之间进行权衡时，更加偏好于经济收入，且他们规避污染的能力远远低于经济基础较好、社会地位较高的群体，因而承受了更多的空气污染带来的负面影响。那么，如何解决这一问题使居民能够共享清洁空气带来的福利？我们将环境规制纳入这一研究框架，结合现阶段中国的实际情况来寻找减少污染健康负效应的突破口，以期为政策制定者提供更多的启示。从环境规制角度进行考虑，按照城市的环境规制强度将全样本分为高环境规制组和低环境规制组，依然采用有序 Probit 模型进行回归。其中对于环境规制强度的测算采用两种方法：一是综合指数方法，根据工业烟尘去除率、污水处理厂集中处理率和工业固体废物综合利用率三个单项指标采用改进熵值法得到环境规制综合指数，然后将样本按照环境规制综合指数的平均值分为高环境规制组和低环境规制组。二是采用各城市环境治理投资占 GDP 的比重来衡量环境规制强度，也根据全样本中环境治理投资额占 GDP 比重的平均值将样本分为高环境规制组和低环境规制组。表6—73 汇报了环境规制对空气污染的健康效应的影响。

表6—73　　　　　　　　环境规制对空气污染健康效应的影响

变量	环境规制综合指数		环境治理投资占 GDP 比重	
	模型1：高规制	模型2：低规制	模型3：高规制	模型4：低规制
PM10	− 2. 2603 *	− 4. 2797 *	− 2. 3027 ***	− 3. 4130 **
	(1. 3621)	(2. 4629)	(0. 7646)	(1. 5052)
age	− 0. 0262 ***	− 0. 0240 ***	− 0. 0250 ***	− 0. 0247 ***
	(0. 0008)	(0. 0010)	(0. 0010)	(0. 0009)
male	0. 1095 ***	0. 0968 **	0. 0601 *	0. 1479 ***
	(0. 0285)	(0. 0395)	(0. 0362)	(0. 0305)
educ	− 0. 0225	− 0. 0044	0. 0022	− 0. 0021
	(0. 0152)	(0. 0040)	(0. 0035)	(0. 0031)
urban	− 0. 0002	− 0. 0016	0. 0137	− 0. 0838 ***
	(0. 0273)	(0. 0348)	(0. 0309)	(0. 0284)
married	− 0. 0698 **	− 1. 9590 ***	− 0. 1132 ***	− 0. 0980 ***
	(0. 0303)	(0. 5148)	(0. 0375)	(0. 0309)
sport	0. 0309 ***	0. 0339 ***	0. 0313 ***	0. 0103
	(0. 0068)	(0. 0092)	(0. 0082)	(0. 0071)
cigare	− 0. 0025	0. 0634	0. 0785 **	− 0. 0186
	(0. 0306)	(0. 0420)	(0. 0376)	(0. 0328)
wine	0. 1522 ***	0. 1575 ***	0. 0915 **	0. 1662 ***
	(0. 0323)	(0. 0462)	(0. 0405)	(0. 0345)
sleep	− 0. 2972 ***	− 0. 2704 ***	− 0. 2843 ***	− 0. 2643 ***
	(0. 0142)	(0. 0204)	(0. 0173)	(0. 0147)
happy	0. 1188 ***	0. 1624 ***	0. 1339 ***	0. 1285 ***
	(0. 0123)	(0. 0175)	(0. 0152)	(0. 0129)
work	0. 0638 **	0. 0692 **	0. 1260 ***	0. 0257
	(0. 0254)	(0. 0340)	(0. 0303)	(0. 0268)
income	0. 0079 ***	0. 0043	0. 0060 *	0. 0040
	(0. 0026)	(0. 0036)	(0. 0032)	(0. 0028)

变量	环境规制综合指数		环境治理投资占 GDP 比重	
	模型 1：高规制	模型 2：低规制	模型 3：高规制	模型 4：低规制
pGDP	0.0842	0.3088 **	0.0446	0.3226 ***
	(0.1185)	(0.1366)	(0.0417)	(0.1015)
density	−0.0001	0.0001	0.0001	0.0001
	(0.0001)	(0.0002)	(0.0002)	(0.0002)
pexp	−0.1485	−0.0710	−0.0630 ***	−0.3876 ***
	(0.1333)	(0.2186)	(0.0192)	(0.1111)
N	9248	5014	5918	8340
Loglikelihood	−12740.891	−7062.4494	−8325.3026	−11552.13
Pseudo R^2	0.0949	0.0852	0.0858	0.0897

从表 6—73 中可以看到，无论以哪种方式来表征环境规制强度，PM10 的系数均为负，且在统计上显著。具体而言，以环境规制综合指数衡量环境规制时，高环境规制样本的空气污染系数绝对值为 2.2603，而低环境规制样本的空气污染系数绝对值为 4.2797，显然，高环境规制地区空气污染对居民健康负效应的影响要小于低环境规制地区。因此，可以认为环境规制强度的提高可以有效减少地区空气污染对居民健康的负向影响。同时，在表 6—73 的模型 3 和模型 4 中，以各城市环境治理投资占 GDP 的比重衡量环境规制强度，依然可以发现高、低环境规制组中 PM10 的系数绝对值分别为 2.3027 和 3.4130，经济学意义表示当 PM10 浓度每增加 1 个单位时，高环境规制地区的居民和低环境规制地区的居民的健康水平分别下降 2.3027 和 3.4130 个单位。这亦论证了空气污染对低环境规制地区的居民健康的副作用显著大于高环境规制地区的居民。因此，提高环境规制强度能够缓解空气污染对于居民健康的负效应，这也从民生视角再次验证了治理环境污染的必要性，是生态文明建设的应有之义。

本小节利用 2012 年 CFPS 微观调查数据实证检验了环境规制在遏制空气污染健康负效应中的关键作用，以空气污染对居民健康的影响及其群体差异为研究起点，重点分析了不同环境规制强度地区居民健康受到空气污染的影响差异。通过规范的实证检验发现空气污染会对居民健康产生显著的负效应，尤其是低收入群体和低社会地位群体承担了更大的健康损失，在某种程度上造成了当前中国环境福利不公平的现状。而环境规制能够有效减少空气污染对居民健康的负向影响，从而可以将环境规制作为缓解甚至遏制污染健康负效应的重要抓手。本小节定量评估了环境质量和政府环境规制对于居民健康的影响，这不仅有助于全面评估空气污染造成的社会福利损失和环境保护的民生诉求，而且对于当前各级政府着眼的城市生态文明建设也具有重要的启示。这些研究结论蕴含了丰富的政策含义：将以人为本作为发展宗旨，将环境问题，民生问题上升到和经济增长同等重要的地位；用发展的眼光看待"经济—环境—民生"之间的关系，切不可走"先污染，后治理"的老路；加强环境规制强度，提高居民的健康水平，最终实现"经济—环境—民生"相协调的可持续发展。

五　本节小结

本节从环境规制与居民主观幸福感，就业和健康三个视角重点解析了环境规制的民生效应。具体而言，结论如下。

第一，环境污染会通过降低居民健康水平，带来因环境不公造成的相对剥夺感，加剧居民的感知风险以及影响某些行为等渠道降低了主观幸福感。但是在新古典经济学理论框架下，将环境因素作为投入要素纳入生产函数中发现环境污染在某种程度上换取了经济增长。结合中国实际来看，在经济发展水平较低的阶段，尤其是当社会经济发展尚未跨过EKC曲线的拐点阶段，环境污染带来了经济的增长，改善了居民的物质生活条件，在特定时间和特定阶段有助于提升居民主观幸福感。但是随着污染的加剧，以及环境要素在生产函数中的边际产出递减，由污染造成的各种负效应凸显，甚至超越了经济发展带来的正效应。在这种情况下，环境污染降低了居民幸福感。为了论证该理论，我们采用CGSS 2008的调查数据，并采用改进的熵权法构建了环境污染综合指数，通过实证检验发现环境污染与居民幸福感之间呈"倒U型"关系。进一步，基于中介效应模型验证了污染通过经济收入和健康两条路径作用于居民主观幸福感的结论。结合中国当前实际情况，污染问题早已跨过"污染—幸福"的拐点，生态环境的恶化降低了民生福祉。为了解决该问题，我们进一步将环境规制纳入分析框架，同样采用 CGSS 2008 年数据研究发现有效的环境规制能够抑制环境污染对于居民幸福感的"绝对剥夺"和"相对剥夺"，适度的环境规制有助于提高居民主观幸福感，增进民生福祉。

第二，从四个方面论证了环境规制的就业效应。首先考察了环境规制对就业的影响机制，认为环境规制不仅会对就业产生直接效应，而且也会通过产业结构，技术进步和 FDI 间接影响地区就业。在上述机制分析的基础上，采用中介效应模型进行了实证检验，研究表明：环境规制对就业有直接的正向促进作用，并会通过产业结构促进就业，但是会通过技术进步和 FDI 减少就业。其次，我们分析了不同类型的环境规制对就业的影响：以清洁生产为代表的源头治理污染技术和生产末端的治理污染技术这两种技术。从实证分析的结果来看，末端治污技术有利于创造就业，清洁生产对就业有削弱作用。这提示我们思考如何来权衡治理污染与就业二者之间的关系。再次，我们分析了环境规制对地区层面就业的影响，通过构建基于"环境规制会相应的提高污染要素成本进而影响企业的劳动力需求"的理论模型，得到如下结论：环境规制主要通过替代效应和规模效应来影响劳动力需求，在长期内环境规制的弹性由大变小，相应的劳动力需求由少变多，使得环境规制与就业之间呈现"U型"关系。结合中国实际来看，中国在短期内不存在环境与就业的双重红利。最后，从行业的视角分析了环境规制对就业影响的异质性。环境规制通过规模效应、替代效应、治污和减排效应对就业产生总影响，并在不同的发展阶段，基于环境规制的不同强度，各影响效应也不尽相同，最终使得环境规制与就业呈现"U型"的非线性关系。将行业按照污染强度和技术水平分类发现在不同程度的污染行业和不同技术水平行业均存在环境规制与就业的"U型"关系。同时，环境规制对轻度污染行业的就业影响不显著。

第三，大量的环境科学、医学和经济学研究均证实了环境质量下降尤其是空气污染会降低居民的健康水平。为了丰富环境健康经济学文献，我们采用 CFPS 2012 调查数据与城市 PM10 浓度相匹配，实证分析得出空气污染对居民健康存在负效应的研究结论。进一步的异质性分析发现空气污染对低收入、低社会阶层居民的健康负效应最大。而环境规制能够有效减少空气污染对居民健康的负向影响，从而可以将环境规制作为缓解甚至遏制污染健康负效应的重要抓手。

上述研究也为我们促进民生福祉提供了有益的政策启示：第一，将环境规制作为增进民生福祉的重要抓手，严格的环境规制有助于有效缓解环境污染对居民主观幸福感和健康的负效应，从而达到帕累托改进的效果。第二，从开放的长远视角来看待环境规制与就业问题，我们的研究结论认为大体上环境规制与就业之间存在"U型"的非线性关系，且不同治理污染的技术对就业可存在差异性影响。短期内，环境规制降低了就业，但随着环境规制自身的积累效应，能够实现环境与就业的双重红利。第三，在解决环境问题的过程中不能仅靠环境规制的单方面作用，还需要其他措施予以配合，如产业结构升级，促进技术进步等来实现环境质量的改善和民生福祉的提升。

第五节　对环境规制之生态—经济—民生效应的总结

本章以环境规制为主要研究对象，系统考察了环境规制与生态文明建设之间的关系。首先对环境规制的理论文献和实际执行情况进行梳理，论证了环境规制在生态文明建设中的作用。随后，沿着环境规制的引致效应这一逻辑主线，分析了环境规制的生态效应、经济效应和民生效应，并指出"生态—经济—民生"是生态文明建设的核心内涵，环境规制是生态文明的重要保障，也是生态文明建设的重要组成部分。具体的内容如下。

第一，我们基于四个方面来论述环境规制的生态效应。首先，讨论了环境规制与"经济增长—环境污染"脱钩和环境规制实现"经济—环境"双重红利的条件。然后又基于生态文明建设视角分析了环境规制，产业结构优化与环境质量之间的内在关联。最后，采用案例研究法探讨了北京市机动车第五排放标准政策对北京市空气质量的影响。

第二，我们从微观企业行为、中观产业结构和宏观经济增长三方面分析环境规制的经济效应。首先环境规制会通过"成本效应""创新补偿效应""学习效应"和"竞争效应"等途径影响企业的规模分布、产品创新、全要素生产率、产率分布和出口行为。其次，环境规制导致污染型生产要素的价格提升进而影响产业结构。最后，环境规制在解决环境问题的过程中能够实现经济增长，从而实现经济与环境的双重红利。

第三，我们亦从三个角度分析了环境规制的民生效应，主要结论如下。首先，环境污染提高了居民的感知风险，加剧环境不公带来的相对剥夺感以及给居民生产生活带来不便使得相关主体主观幸福感下降；因此环境规制能够降低或缓解环境污染带来的居民幸福感损失。其次，环境规制会通过"成本假说""环境竞次假说""波特假说"和"污染天堂假说"直接或间接地影响就业，且不同的治理污染技术，如源头治理和末端治理可能会对就业产生不同的影响。在此基础上，我们从地区和行业层面分析了环境规制对就业的影响。最后，我们认为，环境污染，尤其是空气污染会对居民健康产生显著的负效应，但环境规制能够有效减少空气污染对居民健康的负向影响。

一 环境规制通过"生态—经济—民生"效应促进生态文明建设的路径

本章研究的环境规制与生态文明建设的逻辑框架具体如图 6—14 所示。

二 环境规制的"生态—经济—民生"效应的主要分析结论

本章主要通过理论阐述，数理模型推导以及实证检验探讨了环境规制与生态文明建设的逻辑关系。结合多维度的数据体系（中国省级层面，地级以上城市层面，工业企业层面和微观个体调查层面），运用了主流计量经济学模型（OLS，2SLS，3SLS，联立方程，固定效应模型，系统广义矩估计法，一阶差分 GMM 方法，系统 GMM 模型，Heckman 两阶段选择模型，断点回归设计，中介效应模型，有序 Probit 模型和截取回归 Tobit 模型），研究了 1998—2015 年期间不同阶段的环境规制与生态环境，经济和民生的相关问题，并得到了同中有异的研究结论。具体的研究结论如表 6—74、表 6—75、表 6—76 所示。

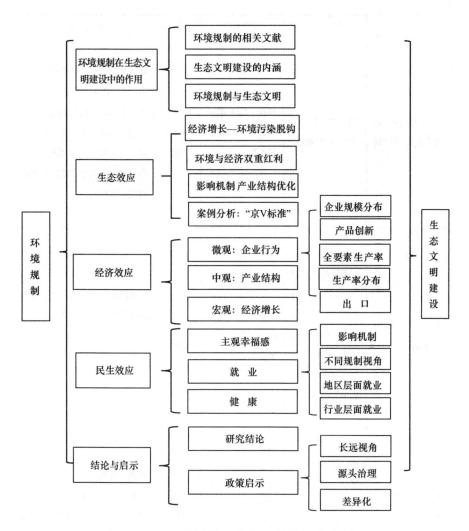

图6—14 环境规制与生态文明建设的逻辑框架

表6—74 **"环境规制—生态环境—生态文明建设"研究结论**

	理论依据	实证数据	分析方法	研究结论
1. 经济增长—环境污染脱钩	环境规制通过影响企业的生产方式来实现脱钩	2005—2013年中国271个地级以上城市面板数据	一阶差分GMM方法	环境规制有助于实现经济增长与环境污染的脱钩,且城市的脱钩状况存在俱乐部收敛特征

	理论依据	实证数据	分析方法	研究结论
2. "经济—环境"的双重红利	"挤出效应""创新补偿效应"	1999—2011 年中国 30 个省级面板数据	系统 GMM 模型	环境规制对污染产业转移存在"U 型"关系，环境规制对废水排放总量具有负向影响，与二氧化硫和烟粉尘排放量之间具有"U 型"的非线性关系。环境规制有助于实现经济与环境的双重红利
3. 基于产业结构优化	环境规制会通过"成本增加"效应和"创新补偿效应"分别作用于产业结构合理化和高度化进而影响环境质量	2001—2012 年中国城市非平衡面板数据	联立方程 3SLS	环境规制、产业结构合理化和高度化不仅会带来城市空气质量的改善，而且还会通过环境规制与产业结构优化的交互作用来提升空气质量
4. 案例分析：京V标准	通过降低机动车尾气中的 CO、NO_x 等污染物的限值来改善空气质量	2010—2015 年北京市时间序列数据	断点回归设计	机动车排放标准的提升是空气质量改善的必要不充分条件，京V标准的实施在短期内难以实现空气质量的改善

资料来源：根据上述研究结论整理而得。

表 6—74、表 6—75、表 6—76 显示了环境规制的"生态—经济—民生"效应的相关研究结论。

表6—75　　"环境规制—经济—生态文明建设"研究结论

	理论依据	实证数据	分析方法	研究结论
1. 企业行为				
（1）企业规模分布	"成本效应""创新补偿效应"和"学习效应""竞争效应"	1999—2011年中国工业行业数据	OLS、2SLS	环境规制会促进企业规模趋向Zipf分布，有利于企业规模分布更加均匀；对于重度污染行业和中西部欠发达地区，环境规制对促进企业规模趋于Zipf分布的效应更加明显
（2）企业产品创新	"成本效应""创新补偿效应"	1998—2007年中国工业行业数据	Probit模型、截取回归Tobit模型	环境规制与企业的产品创新呈现"U型"的非线性关系，无论是重度污染行业还是轻度污染行业均存在环境规制与企业产品创新的"U型"关系
（3）企业全要素生产率	基于Mohr（2002）的模型，"成本效应""创新补偿效应"和"学习效应"	1998—2011年中国工业企业数据	OLS、2SLS	环境规制与企业TFP之间呈现"倒N型"的关系
（4）企业生产率的分布	"成本效应""创新补偿效应""学习效应"和"竞争效应"	1999—2007年中国工业企业数据	OLS、2SLS	环境规制有效地提高了生产率在行业间的配置效率，降低了生产率分散程度；相较于轻度污染行业和国有、外资企业，环境规制对中和重度行业和民营企业的生产率离散度显著降低

续表

	理论依据	实证数据	分析方法	研究结论
（5）出口				
①出口表现	"成本效应"、"创新补偿效应"和"学习效应"	2000—2006年中国工业行业数据和海关数据	Heckman两阶段选择模型	环境规制增加了企业选择出口的概率，并会提升产品质量和价格，降低出口数量和种类。相比较市场规制型规制手段，命令控制型环境规制手段为一种更加有效的工具
②出口产品质量	"出口中学"、"竞争效应"，满足国外消费者的绿色需求；出口产品质量还取决于外界制度环境和自身的出口持续期	2000—2006年中国工业企业数据	固定效应模型	环境规制对企业出口质量的提升具有显著的促进效应，但是这种制度效应会依赖于新进入企业的制度环境。环境规制会显著提升新进入企业和持续出口企业的产品质量，同时延长高质量企业出口持续期，缩短低质量企业出口持续时间

续表

	理论依据	实证数据	分析方法	研究结论
		(5) 出口		
③出口目的地	新贸易理论的经典结论之一——"生产率较好的企业倾向于出口";"波特假说""创新补偿效应"和"学习效应"	2000—2006年中国工业企业数据库和海关数据库	Heckman两阶段模型	环境规制会促进企业积极将产品出口到发达国家,并且对于出口到发达国家的企业而言,生产率也会因环境规制的执行而得到显著提高。相较于非民营企业,民营企业更倾向于出口到发达国家,且在环境规制的作用下生产率也得到大幅度提高
2.产业结构	基于Withers模型环境规制导致污染型生产要素的价格上升进而影响企业乃至产业行为	2000—2012年29个省份的面板数据	系统广义矩估计法	环境规制与地区产业转移和产业结构升级均呈"U型"的非线性关系;从不同的环境规制手段来看,源头治理的规制手段最先跨过"U型"拐点,末端治理的手段最后跨过"U型"拐点。
3.经济增长	参见"环境规制的生态效应中环境规制能够带来环境和经济的双赢"部分			

资料来源:根据上述研究结论整理而得。

表6—76 "环境规制—民生—生态文明建设"研究结论

	理论依据	实证数据	分析方法	研究结论
1. 主观幸福观	环境污染提高了居民的感知风险，加剧环境不公带来的相对剥夺感以及居民生产生活带来不便等路径使得主观幸福感严重下降	CGSS 2008	有序 Probit 模型	环境规制能够有效缓解环境污染对居民的福利损失，即环境规制能够降低环境污染对居民幸福的"绝对剥夺"和"相对剥夺"
2. 就业				
（1）影响机理	"成本假说" "环境竞次假说" "波特假说" 和 "污染天堂假说"	1999—2014 年 29 个省、自治区、直辖市的面板数据	中介模型	一方面，环境规制对就业有直接的正向促进作用，并且还会通过产业结构升级促进就业，另一方面，环境规制通过技术进步和 FDI 减少了就业
（2）不同治理技术	源头治理会通过技术进步产生替代效应减少就业；末端治理会通过规模效应增加就业	2003—2012 年 29 个省、自治区和直辖市的面板数据	系统 GMM 模型	末端治理有利于创造就业、清洁生产对就业有削弱作用

续表

	理论依据	实证数据	分析方法	研究结论
（3）环境与就业双赢	环境规制导致污染企业要素价格上升所引致的企业生产行为调整及其对劳动力需求的影响，最终由替代效应和规模效应效应决定	2000—2011年30个省、自治区和直辖市的面板数据	固定效应模型	环境规制通过替代效应和规模效应来影响劳动需求，在长期动态视角下环境规制的弹性由大变小，相应的劳动力需求减少变多，使得环境规制与就业之间呈现"U型"关系
（4）行业就业	引入生产的局部均衡模型，环境规制通过规模效应、替代效应和治污与减排效应来影响就业	2002—2011年39个工业行业的面板数据	固定效应模型	环境规制与就业之间存在"U型"的非线性关系，异质性检验发现重度、中度污染行业以及高技术行业均存在环境规制与就业的"U型"关系，轻度污染行业不存在该关系
3. 健康	环境科学、医学研究和环境健康经济学相关研究均表明了环境污染有损于居民健康	CFPS2012	有序Probit模型	空气污染会对居民健康产生显著的负效应。低收入群体和低社会地位群体承担了更大的健康损失，环境规制能够有效减少空气污染对居民健康的负向影响

资料来源：根据上述研究结论整理而得。

三 基于环境规制下"生态—经济—民生"效应的政策主张

本章的主要研究结论为我们带来了丰富而深刻的政策启示。

其一，环境规制对生态环境、经济和民生的影响在不同的条件下具有线性或非线性的关系。具体而言：一方面，环境规制能够促进经济增长与环境污染的脱钩，减少废水排放总量，改善城市空气质量，产生相应的生态效应。环境规制可以促进企业规模趋向 Zipf 分布，有利于企业规模分布更加均匀，有效提高资源在行业间的配置效率，降低生产率分散程度，增加企业出口的概率，提升出口产品质量和价格，降低出口数量和种类，促进企业积极将产品出口到发达国家，并且提高出口到发达国家的企业生产率等来获得经济效应。环境规制能够缓解环境污染对居民主观幸福感和健康的负面影响来实现其民生效应。另一方面，环境规制与部分变量之间也呈现出"U 型"或"倒 N 型"的非线性关系。尤其是环境规制对污染产业转移，二氧化硫和烟粉尘排放量，企业的产品创新，地区产业转移与产业结构本地升级和就业之间存在"U 型"关系。环境规制与企业全要素生产率之间呈现"倒 N 型"的非线性关系。由此可以看出，在生态文明建设的过程中权衡短期利益和长期利益是第一要务。以动态眼光来看，在环境规制的早期阶段，执行环境政策可能会造成污染产业的转入，企业的产品创新下降，地区产业的外延式发展以及就业人数的减少等不利后果。与此同时，环境规制在其他方面可以促使企业规模和生产率分布趋于均衡，增加企业出口，提升居民主观幸福感和健康水平。随着环境规制趋于严格，环境与经济、民生的三重效应逐渐凸显，但是过高的环境规制强度会严重制约企业全要素生产率的提高。因此，根据我们的研究结论，建议用发展的眼光和长远的视角来看待环境规制问题，处理好短期利益和长期利益之间的取舍。

其二，从环境规制的效果来看，北京市实施"第五阶段机动车排放标准"这一政策对北京市空气质量的改善作用甚微。实际比较了命令型环境规制与市场型环境规制对企业出口行为的影响，研究发现相比较于市场型环境规制，命令控制型环境规制对企业出口决策具有正向促进作用。且环境规制对出口产品质量，价格和数量均具有显著的正向影响，对出口产品种类有负向影响，说明了命令型环境规制能够促使出口企业实现"瘦—精"的产品组合，不断提高出口企业在国际贸易中的竞争力。相反，市场型规制手段却阻碍了企业的出口选择，不利于企业积极参与国际市场。就不同的环境规制手段对产业结构转型的影响而言，源头治理、末端治理与产业结构转移和结构升级均呈"U型"关系。但是比较二者的拐点发现，源头治理的规制手段要先于末端治理，实现环境规制对产业转移和结构升级的双重红利。在考察源头治污和末端治污的不同技术对就业的影响时得到末端治理有利于创造就业，源头治理对就业有削弱作用的结论。由此可以看出，不同的环境规制手段具有差异性的效果。从整体来看，源头治污工具虽然在一定程度上因替代效应减少了部分就业，但可以尽早实现环境与产业结构优化升级的双赢。除此之外，我们的结论还包括：仅靠单一政策工具来改善环境质量实现生态文明建设是不可取的，不仅需要其他措施的配合，而且还依赖于外界良好的制度环境。因此，根据我们的研究结论，建议从源头治理环境问题，积极促进产业结构升级，建立良好的制度环境，多管齐下共促生态文明建设。

其三，从环境规制效应的异质性分析来看，我们按照地区，行业，企业和个体的异质性分析环境规制与生态文明建设。第一，基于地区分类，环境规制促使沿海城市和内陆城市内部均呈现脱钩的收敛趋势，且内陆城市的收敛速度大于沿海城市，说明中国城市的脱钩存在"俱乐部收敛"现象。环境规制能够提高中西部地区企业规模分布的 Pareto 指数，但不会影响东部地区的企业规模分布。结合中国实际情况来看，中国东部地区的环境规制水平实现了环境与就业的双赢，但中西部地区仍处于环境规制会降低就业阶段。第二，基于行业的污染强度分类，随着环境规制强度的增加，重度污染行业的企业规模分布趋于均衡，但轻度和中度污染行业的企业规模分布不受环境规制的影响。重度污染行业中的环境规制与企业产品创新的"U型"拐点位于轻度污染行业"U型"曲线拐点的右侧。环境规制强度的增加能够提升中度和重度污染行业的资源配置效率，并降低生产率离散度，但不会影响轻度污染行业的生产率分布。环境规制与就业的"U型"关系中，重度污染行业的拐点亦位于中度污染行业的右侧。第三，基于企业产权的分类，发现环境规制促进了民营企业生产率分布的均匀性，但并不会影响国有企业和外资企业的生产率分布情况。第四，因个体经济地位较低，环境污染会给低收入群体的主观幸福感和健康水平带来更大的负向影响，而环境规制能够有效缓解该不利影响。由此可以看出，针对不同的地区，行业污染强度，企业产权和经济社会地位的企业，环境规制会带来不同的影响。通常来看，对于中国中西部地区和重度污染行业要进一步加强环境规制。对于东部地区和轻度、中度污染行业要有针对性和长远性的环境治理规划。因此，根据我们的研究结论，建议采用共同且有区别的环境治理措施，有的放矢，实现政策的针对性，切不可采用一刀切的环境规制手段。

综上所述，实现"生态—经济—民生"的协调发展是检验环境政策的实践标准，也是生态文明建设的意义所在。因此，努力建设美丽中国，实现中华民族永续发展，需要从源头上扭转生态环境的恶化趋势。考虑到当前社会经济发展阶段性特征，生态环境保护仍然任重而道远，需要从制度设计的角度加以系统思考，为人民创造良好的生产生活环境，使人民共享生态福利，最终走向社会主义生态文明新时代。

第七章

生态文明建设的政策工具选择与适用

政策工具，通常被定义为政府用于达到一定目的的政策措施，是为解决某一社会问题或某一政策目标而采用的具体手段和方式。生态文明建设的政策工具，即是政府为了实现环境治理，生态保护，"经济—环境—民生"协调发展目标所采取的各种政策措施。生态文明建设政策工具的选择，与提高当前中国国家治理能力具有紧密联系。自中共十八大将生态文明建设与经济建设、政治建设、文化建设、社会建设并列构成"五位一体"的发展战略，党的十九大进一步提出推进国家治理能力和治理体系现代化以来，环境治理成为国家治理的重要方面，面对新时期的发展环境和发展要求，生态文明建设已成为国家战略的重要组成部分，因此，与生态文明建设相关的制度构建和制度改革，也成为深化改革的重要组成。中国正逐步在财政、税收及行政政策等多方面多层次构建现代化环境治理体系，提高环境治理能力。基于中国发展过程中的生态环境问题与制度和政策基础，众多学者从制度设计，政策实施等方面展开研究。本书所做研究，致力于在城市生态文明建设方面形成针对当前城市生态环境问题，有利于城市均衡，可持续发展的制度和政策体系。中国所提倡的生态文明建设制度体系不仅包括具体的生态保护与环境治理政策，同时也包括生态文明建设的理念、原则和指导思想等，即中国的生态文明制度建设领域既包括有形的制度与政策，也包括"无形制度"的引导与完善。

第一节 构建生态文明政策工具体系的意义

生态文明建设的制度构建和制度改革过程中，应形成与"经济—环境—民生"协调发展目标相一致的政策工具体系，即通过这些政策工具及其组合的作用机制和作用效果，促进生态文明建设水平的不断提升。

一 生态文明政策工具体系的内涵简析

中国正在加快生态文明环境治理体系建设，但受到历史政策的沿革和现实条件的限制，相关政策工具的制定和实施仍然存在很多问题。在环境治理各项政策的制定与实施过程中，仍然存在很多理论和现实问题需要引起关注。面对新时期更高质量的发展要求，众多研究已经开始关注公共政策工具制定的科学性与执行的有效性等问题（钱再见、金太军，2002；丁煌，2002；霍海燕，2004；常健，2018）。如为了达到环境质量目标，各地区、各城市不仅付出了大量的制定和执行成本，同时也损失了部分经济效益，如何走出一条经济发展与生态环境改善的双赢之路成为环境政策新的考量。

生态文明建设政策工具往往具有其自身的特殊属性，无论是环境经济政策、环境行政政策或环境社会政策，都具有与不同类别政策相区别的双重属性：一方面，是一种环境政策，以环境保护、治理污染为主要目标，另一方面，还具有经济政策、行政政策或社会政策的属性，可以直接或间接对经济生产、社会生活甚至行政体系和制度产生影响。因此，环境政策工具往往能够产生多重政策效果，并具有复杂的作用机制。然而，既有生态环境政策的制定与执行方面依然存在很多问题，如在政策制定方面的问题主要包括：（1）政策目标单一，执行成本过高，影响政策的连续性；（2）政策机制设定简单，缺乏激励机制；（3）政策数量众多从而产生交叉或重复、缺乏协同性。在政策执行方面，由于执行主体的能力和意愿等原因，往往存在消极、被动、低效等情形，造成政策执行出现变形、走样，偏离政策目标，霍海燕（2004）将政策执行可能存在的问题具体分为：（1）替代执行，执行与上级政府的政策不相一致的政策方案；（2）象征执行，执行人员在执行政策时敷衍塞责；（3）选择执行，在执行政策时采取"为我所用"的做法，有意曲解政策的精神实质或部分内容；（4）附加执行，在执行过程中搭便车，附加一些不恰当的内容，盲目扩大政策外延，使政策的调整对象、范围、力度、目标超越政策原定要求；（5）机械执行，在执行政策时不考虑当地的实际情况，机械地照搬上级政府政策。

因此，为提高中国生态环境治理能力，提升生态文明建设水平，必须加快构建中国生态文明政策和制度体系，不仅要增强政策工具的科学性，还应为政策的制定和实施提供相应的制度保障。生态文明建设需要行之有效的现代化的环境治理政策工具体系，以提高生态环境治理能力和水平已经成为国家治理的重要方面。从制度层面来看，面对日益复杂的生态环境问题，中国的环境治理政策工具体系也需要通过改革优化以适应新的需求。朱德米和周林意（2017）认为环境治理必须从行政主导，举国体制，分地区分部门负责统一监管的制度框架转向行政、市场与社会之间合作治理的制度框架，整合行政、市场与社会公众三种机制，破除"区域边界"与"功能边界"，发挥协同效应是中国环境治理制度替代的现实选择。且国家自上而下的制度安排是环境治理的主导性力量，不仅能大大缩短环境治理制度建设的时间，而且可有效降低治理探索成本，最大限度地发挥政府在环境治理中的作用。社会公众作为环境治理的重要主体与制度建设的重要推动力量，只有保证其积极参与环境治理，才能对环境制度建设提供强大的支撑力量，保证环境治理制度建设向符合公众及整个社会利益的方向转型。根据朱德米和周林意（2017）的设计，结合中国的制度基础与现实生态环境问题，生态文明建设的政策工具体系，主要是环境治理政策工具体系，主要包括基础性制度、制度框架与制度执行三个层次。基础性制度，包括基础性政治制度与基础性经济制度；制度框架层次，指行政机制、市场机制、社会机制以及三种机制相互作用形成的混合机制；制度执行，主要包括环境督查、行政问责、公益诉讼、罚款等（见图7—1）。

二 生态文明建设及环境治理中的主要政策工具

合理选择生态文明建设的政策工具，是构建完整的生态文明制度的基础，其制定和执行直接影响着生态保护和环境治理的实际效果。正因

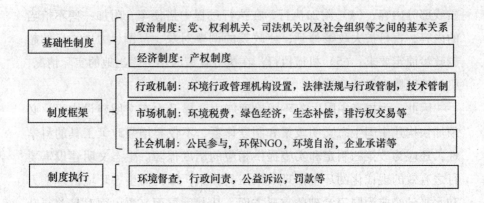

图7—1 环境治理政策工具体系框架

如此，生态文明建设中政策工具的选择和实施，必须遵循一定的要求和准则。总体来看，生态文明制度与政策选择实施指导准则即是以改革和法治思维推进生态文明建设。2012年，中共十八大提出"五位一体"的国家战略，习近平在政治局就推进生态文明建设学习时提出了"决不以牺牲环境为代价去换取一时的经济增长""牢固树立生态红线的观念。在生态环境保护问题上，不能越雷池一步"等重要论述。2013年，中共十八届三中全会通过《关于全面深化改革若干重大问题的决定》，提出"加快建立生态文明制度"，同时还提出了划定生态保护红线、实行资源有偿使用制度和生态补偿制度等改革内容。我们认为以改革思维来深化生态文明体制改革，既是深化改革的核心内容之一，也是有效解决现实中日益严峻的生态环境问题的实践要求。2014年，中共十八届四中全会通过的《关于全面推进依法治国若干重大问题的决定》，在关于生态环境问题的论述中提出"用严格的法律制度保护生态环境，加快建立有效约束开发行为和促进绿色发展、循环发展、低碳发展的生态文明法律制度"。不难看出，对生态破坏、环境污染实行依法治理，已纳入依法治国的法律体系和法治改革的蓝图之中。在政策导向上，生态文明及其制度变革，应以下几方面内容为核心来着力推进：第一，以"生态可持续"为依据构建"生态环保红线"，作为前置约束，融入经济社会文化政治发展全过程，协调经济—民生—生态的良性关系，预防各种不顾及生态环境承载力的"超速"与"过度"发展。第二，以适配方式和最具效率方式来优化各种自然生态环境资源的配置，并追求其利用的"生态效率"，诱导各主体主动选择生态文明行为。第三，注重"生态公平"。富裕贫困地区间，乡村城市间，富裕贫穷群体间，应公平承受环境污染影响，公平分享生态功能，公平承担生态环境责任和成本。第四，注重生态文明制度化。把生态承载力约束所规范的行为制度化，建构政策杠杆，通过利益机制诱导厂商、消费者和政府的环保行为。总之，构建生态可持续前置约束，构建经济—民生—生态协调机制，注重生态效率，关注生态公平、生态文明制度的系统化，应作为生态文明体制改革的关键性目标。

政府负有经济、环境和社会等多方面职能，通常试图在其"工具箱"中寻求能够同时对经济发展、生态环境和社会发展产生正向影响的政策工具，从生态文明建设的目标来看，政府的目标指向环境与经济发展的协调性，因此政策工具的选择和实施强度必然基于本地的经济发展程度与环境污染现状。具体来看，城市生态文明建设具体政策工具的选择主要取决于两方面因素：一是发展目标，二是现实经济环境基础。经济发展过程中，必须因地制宜，根据自身生态环境承载能力，经济发展现状和发展目标，从而制定科学的发展战略和目标，选择合理的环境政策工具，促进经济增长与环境保护相协调。必须考虑的是，生态文明建设的相关政策工具往往具有内生性特征，如果忽略了整个经济系统的复杂传导机制，很可能事倍功半，甚至得到截然相反的结果。

因此，必须对环境政策工具的适用性展开分析。一方面，正如中国基于现实国情和发展道路的选择不能完全照搬国外的经验，中国不同地区不同城市之间在生态环境状况，经济发展战略，政策执行能力方面也存在巨大差异，每个地区和城市都具有自身的特殊性，为解决实际问题，在生态文明建设的政策选择过程中必须以问题为导向，因地制宜，不能简单照搬其他地区或城市的经验。另一方面，经济发展新常态下，中国正面临"增长速度换挡期、结构调整阵痛期、前期刺激政策消化期"三期叠加的复杂环境，生态环境问题也呈现出复杂性和多样性，为同时实现多重政策目标，往往需要政策的交叉或配合使用，因此独立分析不同政策工具，明确各项政策的作用机制和效果，是构建系统性政策工具体系的基础。

生态文明建设政策工具，或者说环境规制与治理工具通常可以分为三大类，即：命令控制型政策工具、市场激励型政策工具以及资源型规制工具。在环境保护和治理方面，中国很长时期内主要以命令控制型政策工具，即以各种行政政策为主。在新的发展要求下，国家提出"发挥市场在资源配置中的决定性作用"并"更好发挥政府作用"，积极推进相关改革，进一步提高国家治理能力，市场激励型政策工具成为环境治理和生态文明建设的重要选择。基于中国经济发展和生态环境历史与现实，中国既有的市场型环境政策工具可以具体分为以下 10 个类别：（1）环境财政政策，如环境污染治理投资、（各污染物）环保专项资金、补贴等；（2）环境价格政策，如阶梯水价、阶梯电价等；（3）生态环境补偿政策，如重点生态功能区转移支付等；（4）环境权益交易政策，如排污权有偿使用和交易试点等；（5）绿色税收政策，如征收环境保护税、资源税等；（6）绿色金融政策，如发行绿色债券等；（7）环境市场政策，如采取环境污染第三方治理模式；（8）环境与贸易政策，如禁止洋垃圾，积极参与贸易政策的环境审议工作等；（9）环境资源价值核算政策，如自然资源资产负债表，全国生态系统生产总值（GEP）等；（10）行业性环境经济政策，如建立环境保护综合名录等。

基于相关案例，本章分别从社会环保投资、政府环保财政支出、环境相关税收、排污费、环境行政罚款、交通机动车排放标准、短期减排措施、相关能源政策、公众参与等角度对中国既有生态环境政策工具进行分析。选择相关政策的原因和依据主要包括：（1）以中国既有生态环境政策为基础，限于数据可得性等问题，选择可以通过量化分析方法考察的政策工具，试图涵盖环境经济政策、环境行政政策以及环境社会政策等多个方面，包含了宏观的环境治理和微观的公众引导，涵盖了生态环境治理的短期政策实施与长期政策设计。（2）近年来中国各地区短期性、试点性生态环境政策逐渐增多，从中选择成效显著的措施可以更好地为其他城市和后续政策改进提供借鉴，如京津冀地区短期污染减排的各项政策工具，北京市机动车污染物排放标准等政策，虽然这些政策部分仍处于试点或尝试阶段，但其努力和产生的效果具有代表性意义。（3）中国正在加快国家治理体制机制改革，尤其是在财税领域，提出扩大财税在国家治理方面的职能，出台环境保护税法等实现"税收法定"，促进环境保护领域的制度变革，因此选择环保财政、环境保护相关税收、排污费等处于改革前沿的政策工具，有利于把握改革方向，为进一步优化改革提供理论和政策支撑。当然，除此之外，生态环境政策也在不断寻求创新，如环境市场型政策正大力推进的环境污染第三方治理模式（PPP）、生态环境资源价值核算以及行业性环境经济政策等，虽然这些政策工具案例较少且难以展开量化分析，但仍是生态文明建设工具的创新方向，具有广阔的发展前景。

第二节　环境治理政策工具及其实施效果分析

为促进城市生态文明建设，各地区、各城市积极采取各项措施保护生态环境，加强污染减排和环境治理。然而，不同的政策工具往往具有不同的影响效果和作用机制，基于中国实际情况，通过收集相关数据并选择合适的计量分析方法，可以考察中国城市生态文明建设中不同政策的实际效果，从而为构建城市生态文明政策工具体系，提高生态环境治理能力提供相关依据和政策建议。

一　政策工具分析之一："环保财政支出"及其"经济—环境"影响

本小节[1]，针对"环保财政支出"这一环境治理政策及其"经济—环境"影响，展开讨论分析。

环保财政支出，是政府最直接、最易控制的环境经济型政策工具，一方面，地方政府可以根据本地区生态环境状况和发展目标，结合地区财政收支状况及时改变用于生态环境保护和治理的财政规模和结构。环保财政的多少在一定程度上反映了一国对环境保护的重视程度，环保投资是改善环境质量的有效手段，而发展中国家的传统政府预算侧重于经济性效率和宏观经济稳定，环境保护方面的支出往往占政府总量的很小部分。中国的环保财政支出在预算与执行方面仍然存在很多问题，2006年以前，在财政预算的科目设置上，环境保护一项并非像基本建设支出、

---

① 本节主要内容，参见姜楠《环保财政支出有助于实现经济和环境双赢吗?》，《中南财经政法大学学报》2018 年第 1 期，第 95—103 页。

文教科卫支出等作为一个独立的支出科目核算，张悦和林爱梅（2015）认为这种预算设置体制的结果很难对政府在环境保护方面的投资资金进行有效的监督和管理，使得中央政府和各级地方政府的环保投资得不到充分保证，且政府增加环保财政支出往往是"环境问题导向"的应急式投资，难以保障稳定的环保收入使得地方财政在环保领域的支出不足。根据统计数据，虽然中国环保财政支出总额逐年增加，从2007年的995.82亿元增长到2015年的4802.89亿元，但环保支出占政府财政总支出的比例大致保持在2.5%左右，在各级财政预算项目中占比最低，政府在环境支出方面的意愿和能力仍有待提高。且同时期国家经济稳定增长，污染减排工作稳步进行，政府财政环保支出的经济和环境效果，对污染减排的作用如何仍需进一步分析，相关研究表明财政分权等因素导致中国环保财政支出效率不高（王佳赫，2014）。另一方面，政府作为社会经济活动主体之一，环保财政支出需要通过一系列经济变量的传导机制才能最终作用于经济的增长与污染的减排。如环保财政支出能够引致更多的社会资本，增加社会资本总量进而促进经济增长，同时具有的环境规制作用可能会刺激科技创新，提高地区的技术水平，传导机制的复杂性也影响着环保财政支出污染减排的规制效果。

随着全社会对环境问题认识的不断提高以及新时期经济发展要求的进一步明确，政府的环境责任与职能日益受到关注。不合理的经济增长导致生态环境破坏已经形成广泛的共识，政府不仅负有发展经济的职能，同时也承担着保护环境的责任，如何协调经济发展与环境保护之间的矛盾，促进经济环境协调发展，是各级政府面临的重大问题。由于经济发展和环境污染之间的复杂关系，政府决策通常面临着经济和环境间的"权衡"或"制约"，并试图在其"工具箱"中寻求一种能够同时对经济和环境产生正向影响的政策工具，因而环保财政支出成为重要选择。不同于其他控制型环境规制措施，政府环保财政支出的特殊性在于具有一般财政支出和环保规制的双重属性，不仅具有一般财政支出的引致社会投资效应，同时作为一种投入型的环境规制，能够引导社会投资的方向和企业的环保行为，同时作用于经济发展和环境保护。

环保财政支出作为政府干预经济和环境的重要手段，如何通过其他经济变量的传导机制作用于经济和环境？中国的环保财政支出是否有助于实现经济发展和环境保护的"双赢"结果？是否存在理论研究与实际结果的差异，其背后的原因有哪些？对中国政府环保财政支出的研究不仅有助于回答这些问题，还对政府明确自身定位，改进环保财政支出决策，提高环保财政支出效率具有重要意义。基于不同的研究角度和分析方法，众多文献对中国的环保财政支出的具体结论并不一致，但从中得到的一般性结论包括：一是政府环保财政支出不仅会对地区污染减排和环境质量产生影响，同时也会影响地区的经济增长甚至产业结构，但影响效果存在差异。二是在考察政府环保财政支出的环境治理效果时，不仅要关注与环保财政支出的总额，还应关注环保支出结构影响，优化中国的环保支出结构，实现从末端治理到源头防治的转变几乎已经形成共识。因此，将环保财政支出总额、支出结构、经济增长与污染排放纳入统一的分析框架，通过构建联立方程，不仅可以考察政府环保支出在地区经济环境系统中的前后影响，而且可以分析其影响机制。

首先，就主体而言，环保财政支出是政府财政支出的重要组成部分，带有政策性特征，其来源于政府的财政收入，并致力于促进环境保护，实现经济环境协调发展，即理论上政府环境财政支出由其经济能力和环境需求所决定。因而，政府环保财政支出的决策预算依赖于本地的经济发展水平，并根据环境状况和需求进行调整。地区经济发展水平越高，政府的税费收入就越高，能够为环境保护提供更高的财政预算支持；地区环境污染状况越严重，政府治理污染的力度和成本就越高，相应地需要更高的环保财政支出。另外，由于环境污染的负外部性特征和中国地方政府财政分权体制，地区政府间环保支出存在着策略博弈，本地的环保财政支出受到相邻地区影响。为了竞争优势资源，表明对环保的重视程度，地方政府在环境支出方面可能存在相互模仿、相互竞争，导致地方政府间环境支出正相关。

其次，政府环保财政支出通过影响生产要素、技术水平、产业结构等传导机制作用于经济环境。用于污染治理设施基础建设的环保财政支出通过生产过程的传导会对社会资本产生明显的引致效应，能够引致更多的社会资本，增加社会资本总量，对 GDP 的拉动作用与经济状况有密切的关系，并通过政策的导向作用，引导非政府投资的方向、规模和结构。环保财政支出的规制导向同时刺激科技创新，改善环保技术，提高地区的技术水平，是中国工业技术升级的重要"突破口"；并鼓励环保产业，进一步影响地区产业结构，进而实现污染治理的政策效果。政府根据新的经济水平与环境状况不断调整优化环保财政支出，形成经济系统中一个周而复始、不断改进的循环过程。为减少内生变量的数量，将劳动力人数、外商直接投资等视为外生变量，将地区生产总值和污染排放量的滞后一期作为前定变量，用以表征当期环保财政支出决策时所面临的经济和环境基础，并加入地区控制变量。构建联立方程如下：

$$gdp_{it} = \alpha_1 capital_{it} + \alpha_2 patent_{it} + \alpha_3 labor_{it} + \varepsilon_{1it}$$

$$emi_{it} = \beta_1 gdp_{it} + \beta_2 gdp_{it}^2 + \beta_3 patent_{it} + \beta_4 indus_{it} + \beta_5 control + \varepsilon_{2it}$$

$$capital_{it} = \gamma_1 gdp_{it-1} + \gamma_2 extotal_{it} + \gamma_3 fdi + \varepsilon_{3it}$$

$$patent_{it} = \chi_1 exenvir_{it} + \chi_2 exstruc_{it} + \chi_3 indus + \varepsilon_{4it}$$

$$indus_{it} = \delta_1 exenvir_{it} + \delta_2 exstruct_{it} + \varepsilon_{5it}$$

$$exenvir_{it} = \lambda_1 gdp_{it-1} + \lambda_2 emi_{it-1} + \lambda_3 neigh_{it} + \varepsilon_{6it}$$

$$exstruct_{it} = \theta_1 gdp_{it-1} + \theta_2 emi_{it-1} + \varepsilon_{7it}$$

式（7—1）

数据选取范围为 2007 年至 2015 年 31 个省级行政单位的经济和环境数据，根据历年《中国统计年鉴》及各省统计年鉴整理得到，所有以人民币计价变量平减为以 2000 年为基期。除环保支出结构和产业结构为比例数据外，其他变量均取对数，各变量名称及单位如表 7—1 所示。

表 7—1　　　　　　　　　　　　　变量说明

名称	变量说明	单位
lnexenvir	地区财政环保支出总额	万元
exstruct	地区环保财政支出比例结构，地区财政环保支出总额/地区财政支出总额	百分比
lngdp	经济发展水平，地区生产总值	亿元
lnemi	污染排放，地区 SO_2 排放量	万吨
lnneigh	地区竞争水平，相邻省份环保财政投资最高数额	万元
lnlabor	劳动力，工业各行业从业总人数	万人
lncapital	资本投入，年资本形成总额	亿元

名称	变量说明	单位
lnpatent	技术水平，地区年申请并通过专利数	件
indus	产业结构，第二产业占地区生产总值比例	百分比
lnfdi	开放程度，外商直接投资	亿美元
d1	虚拟变量，是否为东部地区，是＝1，否＝0	
d2	虚拟变量，是否为中部地区，是＝1，否＝0	

回归结果如表7—2所示，可以看出：在环保财政支出对生产要素的影响方面：环保财政支出总额与全社会资本形成总额、地区专利申请数量显著正相关，即环保财政支出具有显著的资本引致效应，并能促进地区技术创新水平提高，并且与第二产业占比呈现显著的正向关系，说明环保财政支出及其引致的社会资本仍然偏向第二产业。另外，环保财政支出结构与第二产业占比系数显著为正，而与地区专利申请数量系数显著为负，与预期不符，说明现有政府环保支出的比例结构未能达到预期的刺激技术进步，降低第二产业比例的目标，印证了有关研究结果。对于环保财政支出与产业结构的关系，当环保财政用于规制污染时，其投入性的规制实际是引导原有污染产业投入更多资本治理污染，而其所支持的环保产业和环境基础设施建设可能仍属于第二产业，这就导致了第二产业占比系数的提高。

从经济和排放方程可以看出，社会资本投入和劳动力数量均与经济产出存在显著的正向关系，技术创新水平对经济产出的系数为正，但显著性不强。二氧化硫排放量与地区经济水平存在着非线性关系，而技术水平的提高会显著降低排放量，由于联立方程中变量的相互解释作用，第二产业占比对污染排放作用显著为负，说明当前污染排放总量的增速低于第二产业占比的增速，地区虚拟变量显著为负说明东中部地区的污染排放低于西部地区。综合传递机制，环保财政支出总额通过引致社会资本，提高地区技术水平途径对地区经济发展形成正向的促进影响，且通过提高地区技术水平促进地区的污染减排。

在影响财政环保支出的经济环境等因素中，回归结果表明，地区环保支出总额和比例均与本地的经济发展水平显著正相关，即经济发展水平越高，政府越倾向为环保财政提供更多的预算支持。相邻省份环保财政投资总额显著为正，即地方政府在环保财政支出总额方面存在着"你多投，我也多投"的模仿情形。另外，污染排放量对地区环保支出总额和比例结构的影响系数均显著为负，与预期不符，究其原因，这在一定程度上反映了当前环保支出的增长速度低于污染排放的增长速度，且地区政府对于环保支出可能存在很强的主观性。

表7—2　　　　　　　　　　　环保财政支出基本回归结果

	lngdp	lnemi SO$_2$	lncapital	indus	lnpatent	lnexenvir	exstruct
lncapital	0.760 ***						
	(0.0132)						
lnlabor	0.395 ***						
	(0.023)						
lnpatent	0.020	−1.534 ***					
	(0.012)	(0.194)					
lngdp		2.000 ***					
		(0.235)					
lngdp^2		0.125 ***					
		(0.013)					
indus		−0.179 ***			−0.045 ***		
		(0.021)			(0.0166)		
d1		−2.186 ***					
		(0.190)					
d2		−1.467 ***					
		(0.176)					
lnexenvir			0.560 ***	3.052 ***	1.462 ***		
			(0.0112)	(0.167)	(0.061)		
L. lngdp			−0.069 ***			0.099 **	0.004 ***
			(0.014)			(0.044)	(0.0002)
lnfdi			0.287 ***				
			(0.013)				

续表

	lngdp	lnemi SO$_2$	lncapital	indus	lnpatent	lnexenvir	exstruct
exstruct				259. 1 ***	– 258. 3 ***		
				(70. 11)	(10. 24)		
L. lnemi SO$_2$						– 0. 130 ***	– 0. 002 ***
						(0. 0343)	(0. 0005)
lnneigh						0. 924 ***	
						(0. 0240)	
N	269	269	269	269	269	269	269
R^2	0.999	0.821	0.998	0.970	0.938	0.997	0.862

注：括号内为标准差；** 、*** 分别表示在5%、1%水平上显著。

　　总体而言，相比较环保财政支出污染减排作用，其经济作用更为显著。对废水、烟粉尘及固体废弃物的回归得到相近结果，说明了模型的稳健性。为进一步检验政府环保财政支出的"经济—环境"影响，选择地区工业污染物治理完成投资总额和结构进行回归检验，从地区污染物治理完成结果的角度做相应补充分析。实证结果表明，工业污染物治理完成投资与政府环保财政支出的经济环境作用机制基本相同。但通过对比政府财政支出的流向与工业污染治理投资的资金来源，可以看出环保财政支出中直接用于控制污染物减排的比例不高，主要通过政策导向引致社会投资并引导社会投资方向，促进技术水平提高，影响经济产出和污染减排。总体而言，环保财政支出的规模和增速落后于当前的经济环境，进而形成工业污染源治理的投资规模偏低，且环保财政支出的数额和比例取决于政府的决策，相关研究表明了政府环保财政支出的效率不高。

二　政策工具分析之二："环保投资"及其"经济—环境—民生"影响

　　本小节[①]，针对"环保投资"这一环境治理政策及其"经济—环

　　①　本节主要内容，参见钟茂初、李梦洁《环保投资的经济—环境—民生综合绩效测算及影响因素研究——基于省际面板数据的分析》，《云南财经大学学报》2015 年第 5 期，第 30—39页。

境—民生"影响，展开讨论分析。

环保投资作为一项重要的环境经济政策，是一项针对环境保护的专项投资，其资金不仅来自于政府，还来自于其他社会各界用于生态和环境保护方面的投资，主要目的即是改善环境。近年来，随着中国环境问题的不断凸显，亟须政府环境规制来弥补市场失灵的缺陷。因此，政府在环境保护领域的主导作用不断增强，中国的环保投资额度逐年递增，为中国的生态建设提供了坚实的保障。同时任何一项投资都具有带动经济增长，提供新的就业空间的效果，因此多角度考察环保投资的"经济—环境—民生"影响，对于城市生态文明建设具有重要意义。

选取中国 2003—2012 年省际面板数据（不包含西藏），测算环保投资"经济—环境—民生"综合绩效，结果表明，无论是全国范围还是东中西三大区域，综合绩效的下滑趋势都是非常明显的（见表 7—3）。因此，虽然这十年间中国环保投资的规模逐年上升，但政府不断加大环保投资的规模并不能解决环境问题的根本，环保投资综合绩效偏低且逐年下降。环保投资很难有效促进中国经济—环境—民生的协调，各地区从效率角度关注环保投资的使用才是构建"经济—环境—民生"和谐社会的重点。

具体来看，综合绩效均值超过 0.9 的省份有江苏、山东、广东，这些地方是评价其他省份综合绩效高低的标尺，也是"经济—环境—民生"协调发展的最佳实践者。综合绩效最低的省份有安徽、青海、江西、海南，这些省份的综合绩效均在 0.7 以下，这意味着，如果以最佳实践者为参照面，给定同样的环保投入，安徽、青海、江西、海南这些地区的"经济—环境—民生"综合产出将减少约 20%，这也表明省际综合绩效差距明显，落后省份进步潜力巨大。综合绩效是一个相对指标，位于全国前列的最佳实践者也只是相对其他地区综合绩效而言，就均值来看，没有一个地区的综合绩效一直处于最佳实践边界之上，这也意味着全国各地区在既定环保投入的前提下，"经济—环境—民生"的综合产出均有提升的空间，推动各地区的"经济—环境—民生"相和谐依然任重而道远。制度是制约经济和社会发展的动力，通过完善的制度，可以减少征管过程中的不确定性和交易费用，提高环保投资的综合绩效（高树婷等，2014）。中国在以 GDP 为主的官员政绩考评机制下，财政分权会导致地方政府官员的努力向经济增长这一维度倾斜，地方政府争取更大规模的环保投资也只是为了发展地方经济，很难真正致力于当地环境的改善。另一方面，工业化水平也是影响中国"经济—环境—民生"发展的因素之一，目前中国各区域工业化程度存在较大差异，东部发达地区已经进入工业化的中后期阶段，产业结构已经得到优化，而中西部地区大多仍处于工业发展的初中期阶段，工业行业具有能源消耗大，污染程度高，易于形成能源冗余的特点，通常工业比重越大，环境效率会越低（李兰冰，2012）。基于此，预期财政分权和工业化程度较高是造成中国环保投资的综合绩效低下及区域差异的原因。

表7—3　　　　　　2003—2012年各地区环保投资综合绩效比较

东部地区			中部地区			西部地区		
省份	综合绩效	排名	省份	综合绩效	排名	省份	综合绩效	排名
北京	0.8397	7	山西	0.7035	26	内蒙古	0.7292	24
天津	0.8358	8	安徽	0.6321	30	广西	0.7506	21
河北	0.7880	16	江西	0.6768	28	四川	0.7905	15
上海	0.8803	4	河南	0.8104	11	重庆	0.8011	13
江苏	0.9475	1	湖北	0.7420	22	贵州	0.8004	14
浙江	0.8716	5	湖南	0.7609	20	云南	0.7274	25
福建	0.8310	9	吉林	0.8634	6	陕西	0.7379	23
山东	0.9181	2	黑龙江	0.7841	18	甘肃	0.7869	17
广东	0.9151	3				青海	0.6665	29
辽宁	0.8276	10				宁夏	0.8104	12
海南	0.6779	27				新疆	0.7827	19
均值	0.8484		均值	0.7467		均值	0.7621	

构建基本计量模型：

$$\ln SE_{it} = \beta_0 + \beta_1 \ln fac_{it} + \beta_2 \ln gybz_{it} + \beta_3 \ln trade_{it}$$
$$+ \beta_1 \ln zfld_{it} + \beta_1 \ln rd_{it} + \eta_1 + \varepsilon_{it} \qquad\qquad 式（7—2）$$

其中，SE_{it}表示环保投资综合绩效，$SE_{it} \sim (0, 1)$，η_{it}为不可观测的不随时间变化的影响因素，ε_{it}为误差项。fac表示财政分权的制度变量，$gybz$代表工业化水平的结构变量，同时，环保投资的综合绩效也会受到经济开放度（trade）、环境执法强度（zfld）和研发水平（rd）影响。采用 Tobit 随机效应面板模型进行回归分析。

表 7—4 结果显示，财政分权对东部、中部、西部地区的综合绩效影响均显著，但影响程度存在差异，对中部地区的影响最大，其次是西部地区，对东部地区的影响最小。结合中国环保投资综合绩效东部最高、西部次之、中部最低的现状，因此，适当的财政集权有利于缩小东、中、西三个地区之间的效率差异。现阶段中西部地区工业化比重较高，这对于以工业化程度为突破口有效提升中西部地区的综合绩效具有指导意义。另外，工业化水平影响东部地区综合绩效不显著，这可能是由于东部发达地区已经进入了工业化的中后期阶段，走新型工业化道路，产业结构不断优化升级，因此，工业化水平对于东部地区综合绩效不具有显著影响。通过计量模型的检验我们可以更深刻地认识影响环保投资综合绩效的黑箱，发现黑箱中的核心变量为制度因素（财政分权）和结构因素（工业化），只有有效的制度管理与激励，合理的工业化发展模式才能使得既定的环保投资得到更多的经济产出、环境产出和民生产出，解决中国当前环保投资综合绩效低下及区域差异明显的问题。同时，黑箱中还包括其他一些影响因素，如加大环保执法力度，提升技术水平，提高地区开放程度对于各地区环保投资的"经济—环境—民生"综合绩效的提高都具有积极影响，也是决策者可以考虑的突破口。

表 7—4   Tobit 模型基本回归结果

变量	模型 1	模型 2	模型 3	模型 4
sfac	-0.1234^{***}	-0.1152^{***}		-0.1087^{***}
	(0.0313)	(0.0310)		(0.0289)
sgybz	-0.0979^{***}	0.0924^{***}	-0.0806^{***}	
	(0.292)	(0.0278)	(0.0271)	
srd		0.0517^{*}	0.0484^{*}	0.0500^{**}
		(0.0266)	(0.0253)	(0.0248)
strade		0.026^{**}	0.0019^{*}	0.0016
		(0.011)	(0.0011)	(0.0011)
szfld		0.0874^{***}	0.0808^{***}	0.0773^{***}
		(0.0227)	(0.0219)	(0.0218)

续表

变量	模型 1	模型 2	模型 3	模型 4
D1 * sfac			− 0. 0716 *	− 0. 0265
(D1 * sgybz)			(0. 0402)	(0. 0372)
D2 * sfac			− 0. 1737 ***	− 0. 1050 ***
(D2 * sgybz)			(0. 0583)	(0. 0359)
D3 * sfac			− 0. 1234 ***	− 0. 1281 ***
(D3 * sgybz)			(0. 0583)	(0. 0347)
_ cons	0. 8355 ***	0. 8000 ***	0. 8064 ***	0. 7939 ***
	(0. 410)	(0. 0289)	(0. 0279)	(0. 0264)
个体效应标准差	0. 2163 ***	0. 0892 ***	0. 0776 ***	0. 0715 ***
	(0. 0354)	(0. 0231)	(0. 0216)	(0. 0214)
干扰项标准差	0. 1798 ***	0. 1854 ***	0. 1859 ***	0. 1868 ***
	(0. 0094)	(0. 0107)	(0. 0107)	(0. 0107)
似然比检验（卡方）	53. 76	10. 55	7. 94	6. 28
N	300	269	269	269

注：*、**、*** 分别表示在 10% 、5% 、1% 的水平上显著；圆括号中的数字表示标准差，回归结果由 STATA 12. 0 给出。

三　政策工具分析之三："环境相关税收"及其"经济—环境"影响

本小节，针对"环境相关税收"这一环境治理政策及其"经济—环境"影响，展开讨论分析。

环境相关税收，是典型的市场型环境政策，利用税收的杠杆调节作用，不仅可以发挥总量调节作用，还可以调节分配结构。面对新时期的经济和环境要求，实现社会经济与环境协调发展的目标，市场化治理的环境财税政策日益受到重视。"为了保护和改善环境，减少污染物排放，推进生态文明建设"，各级政府和职能部门正加快推动环境保护由"排污费制度"转向"环境保护税收法定"，中国正处于环境保护税改革的关键阶段。自 2007 年《节能减排综合性工作方案》中明确提出"研究开征环境税"，到 2015 年 6 月国务院法制办公室公布财政部、税务总局、环境保护部共同起草的《环境保护税法（征求意见稿）》征求社会各界意见，直到 2016 年 12 月《中华人民共和国环境保护税法》审议通过并于 2018

年1月1日起正式施行，无论学术领域还是政策角度都对中国首部"绿色税法"的征税范围、征管效率和"经济—环境"影响等方面进行了分析和论证。

理论上，费与税的作用原理与效果是一致的，此次环境保护"费改税"方案的设计与实施的基本框架是将原排污收费制度向环境保护税收的平移，但在征收标准、资金管理、部门职能等方面进行了重新明确和界定，且强化了征收的法律基础和保障。基于既有研究和根据中国实际，对比分析环境保护有关税费政策的污染减排效应差异，并结合税费征收努力，税费负担以及地区竞争等分析中国环境保护"费改税"可能带来的制度红利，这对进一步推动环境保护税改革提供理论依据，环境税费的相关政策决策和执行，提高政府环境规制能力和效率，构建现代化的环境财税治理体系具有重要意义。

实证分析方面，选取2003—2015年中国30个省级行政单位的污染排放，税费征收以及相关经济数据，分别通过构建联立方程模型分析排污费和环境相关税收的污染减排效应。核心解释变量包括：lnemi为污染排放综合指数，由废水排放量、二氧化硫和烟粉尘排放量、固体废弃物产生量通过熵权法计算得到。在环境相关税收方面，lntax代表具有环境保护导向和优惠的各种税收收入总和，包括增值税、消费税、营业税、企业所得税、资源税、城市维护建设税、城镇土地使用税、车船税、车辆购置税和耕地占用税；effitax为环境有关税收的征收能力，通过deap2.1软件MALMQUIST-DEA方法测算，产出变量为具有环境保护导向和优惠的各种税收收入总和，投入变量包括人均地区生产总值、第二产业产值占比、地区耕地面积、地区进出口总额、规模以上企业主营业务收入、地区人口密度6项，分别表征地区的经济发展水平、产业结构、农业优惠、国际贸易开放程度、税基代表和人口规模影响；taxburden为地区税收负担，地区税收总额与地区总产值之比。排污费方面，perfee为地区企业平均缴纳排污费数额；effifee为地区排污费收缴能力，通过MALMQUIST-DEA方法测算，产出变量为地区缴纳排污费总额，投入变量包括人均地区生产总值、第二产业产值占比、工业污染治理完成投资额、污染排放总额指数、地区发明专利授权数和地区人口密度6项，分别表征地区的经济发展水平，产业结构，地区工业污染治理投入，排污费缴纳数量基础，地区创新投入和人口规模影响；feeburden 为地区排污费负担，地区缴纳排污费总额与地区总产值之比。控制变量包括：Lnpergdp 为取对数的人均地区生产总值，$lnpergdp^2$ 为人均地区生产总值的平方，$lnpergdp^3$ 为人均地区生产总值的立方，second 为第二产业产值占比，innov 地区发明专利授权数，open 为地区贸易开放度，由地区进出口总额与总产值之比表示。

以环境相关税收为例，构建联立方程：

$$lnemi_{it} = a_1 lntax_{it} + a_2 effitax_{it} + a_3 lnpergdp_{it} + a_4 control_{it} + u_{1it}$$

$$lntax_{it} = b_1 effitax_{it} + b_2 taxburden_{it} + b_3 lnemi_{it} + b_4 lnpergdp_{it} + b_5 control_{it} + u_{2it}$$

$$effitax_{it} = g_1 taxburden_{it} + g_2 elnpergdp_{it} + g_3 control_{it} + u_{3it}$$

$$taxburden_{it} = d_1 lntax_{it} + d_2 lnemi_{it} + d_3 lnpergdp_{it} + d_4 control_{it} + u_{4it}$$

$$lnpergdp_{it} = l_1 lntax_{it} + l_2 lnemi_{it} + l_3 control_{it} + u_{5it}$$

$$式（7—3）$$

回归结果如表7—5所示。可以看出：就污染方程来看，地区环境相关税收收入与污染排放显著正相关，税收征收能力对污染排放具有显著的负向影响，符合预期。因为环境相关税收收入越多，相应地意味着对环境保护方面的税收优惠越少，对于污染排放缺少税收激励。而环保相关税收的征收能力即是地区利用本地各种社会经济制度条件能力的一种表征，能力越高说明地区充分利用了本地各项资源，反映了政府对环境保护相关税收的控制能力越强，因而提高环保税收的征收努力有助于污染减排。从污染排放与经济发展水平的关系来看，在加入人均地区生产总值的三次幂后的拟合优度要高于仅加入人均地区生产总值的平方，根据结果，地区污染排放与人均地区生产总值呈"倒N型"关系，这与现实中各污染物排放的时间趋势是一致的，各省废水、二氧化硫和烟粉尘的排放量大都经历了先下降，而后有所回升又波动下降的历史趋势，因为污染排放不仅仅与单纯的地区生产总值有关，还受到环境规制强度，技术进步和产业转型等多种因素影响，因而呈现"倒N型"。

表 7—5 环境相关税收的污染减排效应

	lnemi	lntax	effitax	taxburden	lnpergdp
lntax	1. 714 ***			0. 231 ***	0. 981 ***
	(0. 133)			(0. 020)	(0. 063)
effitax	− 14. 85 ***	1. 252 ***			
	(3. 192)	(0. 286)			
taxburden		9. 053 ***	0. 318 ***		
		(0. 222)	(0. 053)		
lnemi		0. 046 ***		− 0. 082 ***	− 1. 721 ***
		(0. 0119)		(0. 017)	(0. 150)
lnpergdp	− 3. 002 ***	− 3. 443 ***	0. 060 ***	− 0. 162 ***	
	(0. 614)	(0. 150)	(0. 012)	(0. 020)	
lnpergdp^2	0. 459 ***	0. 538 ***			
	(0. 124)	(0. 025)			
lnpergdp^3	− 0. 021 ***	− 0. 019 ***			
	(0. 006)	(0. 001)			
innov			0. 006 ***		0. 009
			(0. 002)		(0. 014)
lncapital			− 0. 034 ***		1. 197 ***
			(0. 011)		(0. 115)
open			6. 60e − 05 ***		0. 0002 **
			(1. 43e − 05)		(0. 0001)
second				0. 006 ***	0. 025 ***
				(0. 001)	(0. 006)
N	360	360	360	360	360
R^2	0. 962	0. 995	0. 971	0. 995	0. 991

注：**、*** 分别表示在 5% 、1% 的显著水平下显著。

就环境保护相关税收收入方程来看，提高环保税收的征收能力和地区税负水平都能够显著提高税收收入，但政府更希望追求的是通过能力或者说效率的提高来增加税收收入，而不是单纯地提高税负水平，以免增加企业的成本负担。与污染排放方程一致，污染排放对环保相关税收收入具有显著的正向影响，即污染排放越多，政府可以从其带来的产出中征收更多的与环境相关的产品税等税收。且通过对模型的拟合发现，环保相关税收收入与地区经济发展水平并不是简单的线性关系，而是和污染排放相同，与人均地区 GDP 呈"倒 N 型"关系。这也印证了相关研究对中国税收增长原因的分析，及中国的税收增长并非单纯来源于地区生产总值的增长，结合地区污染排放与人均地区生产总值呈"倒 N 型"关系，环境相关税收的增长同时还受到各种环境经济政策，地区产业结构和技术水平等多种因素影响。

环境相关税收的征收能力反映了政府利用本地各项资源的能力以及对本地环境政策的执行力度，就征收能力方程来看，人均地区 GDP 水平，税收负担，科技水平及贸易开放程度，都对税收能力或者说效率具有显著的正向影响。经济发展水平，科技研发能力及贸易开放程度越高，说明地区的社会经济发展外部环境越好，越可能具有完善的各项制度，较好的制度管理和技术支持则有利于提高税收的征收效率。另外，地区税收负担对税收能力具有显著正向影响，即政府具有较强的税收负担压力时，越能提高征收效率以达到对税收的需求。同时看到地区资本水平与税收效率呈现显著的负相关，这可能是因为近年来中国资本增速过快，且大都涌向收益高回报快的产业和部门，而与环境有关的税收能力改善比较缓慢，因而呈现出负相关。

税收负担是地区税收总额与地区总产值之比，因而在税收负担方程中，地区税负水平分别与环境相关税收显著正相关，与人均地区 GDP 水平显著负相关。污染排放水平对地区税收负担具有显著的负向影响：一方面，污染排放越多，政府从其带来的产出中征收的产品税等越多，另一方面，结合政府的资金来源和使用特性合理推测，地区污染排放越多，政府治理污染需要的财政支出越多，高税收需求会导致地区税收负担加重。最后，根据经济发展水平方程可以看出，地区环保相关税收总额对人均 GDP 水平具有显著的正向影响，其他控制变量，如地区科技研发水平、资本投入、贸易开放度与产业结构等都对经济发展具有显著的正影响。

四　政策工具分析之四："排污费"及其"经济—环境"影响

本小节，针对"排污费"这一环境治理政策及其"经济—环境"影响，展开讨论分析。

　　"排污费"是中国特有的环境治理政策工具。理论上，"费"与"税"在作用机制上是一致的。在独立的"环境保护税"得到法定程序确认之前，中国对污染物排放主要依靠征收排污费约束企业排放，体现生态环境价值。对比环境保护"费改税"前后排污费的性质和管理可以看出："环境保护税"立法，是将原收费制度转变为税收制度，涉及体制转换、税制协同和部门利益调整等方面，纳税人由原来对排污费的"被动缴费"转变为对环境保护税的"主动纳税"，这是"污染者付费"原则的直接体现，有利于提升纳税人的纳税遵从意识和节能减排意识（陈斌、邓力平，2016）。此前以行政事业性收费为主要特征的排污费并未作为税收收入，根据《排污费征收使用管理条例》规定纳入财政预算，列入环境保护专项资金进行管理，在实际执行中实行中央和地方 1:9 分成；根据国务院《关于环境保护税收入归属问题的通知》，明确规定了对污染排放征收独立的环境保护税，全部作为地方收入。执行部门方面，《排污费征收使用管理条例》规定了环境保护行政主管部门、财政部门、价格主管部门应当按照各自的职责，加强对排污费征收、使用工作的指导、管理和监督；而《中华人民共和国环境保护税法》将环境保护税征管模式定义为"企业申报、税务征收、环保协同、信息共享"，环境保护主管部门和税务机关应当建立涉税信息共享平台和工作配合机制。税务机关是主导者，环保部门是协作者，地方政府是协调者，明晰权责范围，有利于调动协同征管各方的积极性，提高环境保护税收征收和使用效率。

　　与环境相关税收相对应，通过对地区企业平均缴纳排污费数额、地区排污费征收能力、排污费负担与污染排放指数和地区经济发展水平构建联立方程模型，得到回归结果如表 7—6 所示。基本模型与环境相关税收保持一致，仅在平均征收排污费方程中，加入 $lnpergdp^3$ 后的拟合优度为 0.199，而不包含 $lnpergdp^3$ 时方程的拟合优度得到极大提升为 0.520。可以看出：污染方程中，地区企业平均缴纳排污费数额与污染排放显著负相关，说明征收排污费起到了规制污染减排的效果。同环保相关税收的征收效率类似，排污费收缴能力反映了政府利用各种社会经济条件的程度和能力，排污费征收能力与污染排放显著正相关，即排污费收缴能力和效率越高的地区，污染排放越多。同环保相关税收模型相同，地区污染排放与人均地区生产总值呈"倒 N 型"关系。

　　就平均缴纳排污费数额方程来看，提高排污费的收缴能力和地区排污费负担水平都能够显著提高排污费收入，但在实际中，提高企业的排污费成本是最为直接和简单的污染减排规制手段，而较少关注排污费的收缴效率的影响。污染排放与平均缴纳排污费数额显著负相关，这可能是因为随着排放量的增加，但征收平均排污费的数额却没有相应增加更多，是以二者在数值上表现出负相关，说明了征收的排污费数额偏低。与环境相关税收模型稍有不同的是，通过对比拟合优度发现，排污费方程中不包含 $lnpergdp^3$ 时方程的拟合优度更高，根据结果排污费与地区人均 GDP 更倾向于"U 型"关系，排污费的征收数额不仅与地区排放和经济发展水平相关，还受到规制强度等影响。

表 7—6　　　　　　　　　　　　　排污费的污染减排效应

	lnemi	perfee	effifee	feeburden	lnpergdp
perfee	− 1. 719 ***			− 0. 059 ***	1. 161 ***
	(0. 311)			(0. 007)	(0. 282)
effifee	19. 18 ***	9. 481 ***			
	(3. 475)	(1. 461)			
feeburden		3. 867 **	0. 347 ***		
		(1. 949)	(0. 088)		
lnemi		− 0. 769 ***		0. 0728 ***	3. 942 ***
		(0. 087)		(0. 009)	(0. 939)
lnpergdp	− 6. 786 **	− 3. 061 ***	0. 036 ***	0. 021 **	
	(2. 666)	(0. 467)	(0. 013)	(0. 009)	
$lnpergdp^2$	0. 973 **	0. 309 ***			
	(0. 437)	(0. 034)			
$lnpergdp^3$	− 0. 027				
	(0. 0183)				
innov			0. 003 **		− 0. 168 ***
			(0. 001)		(0. 0353)
lncapital			− 0. 004		− 3. 786 ***
			(0. 015)		(1. 119)

续表

	lnemi	perfee	effifee	feeburden	lnpergdp
open			- 0.0001 ***		0.002 ***
			(1.45e - 05)		(0.0005)
second				0.005 ***	- 0.0253
				(0.001)	(0.023)
N	390	390	390	390	390
R²	0.744	0.520	0.876	0.969	0.911

注：**、*** 分别表示在5%、1% 置信水平上显著；括号内为标准差。

　　排污费的征收努力程度反映了政府利用本地各项资源的能力以及对排污费政策的执行程度，就征收能力方程来看，人均地区 GDP 水平、排污费负担、科技水平都对税收能力程度具有显著的正向影响，即地区的社会经济发展外部环境越好，制度管理和技术支持则越有利于提高排污费的努力程度。另外，地区税收负担对税收能力具有显著正向影响，即政府具有较强的排污费负担压力时，其征收能力和效率也会提高。

　　与税收负担类比，排污费负担是地区排污费收缴总额与地区总产值之比，排污费负担方程中，地区排污费负担水平在数值上与企业平均缴纳排污费数额呈现负相关，原因在于解释变量中采用地区企业平均缴纳排污费数额作为排污费规制水平，未能全面体现地区企业数量变化对地区排污费负担的影响。污染排放水平对地区排污费负担具有显著的正向影响，即污染排放越多使得征收的排污费越多，越能提高地区的排污费负担水平。最后，根据经济发展水平方程可以看出，地区企业平均缴纳排污费对人均 GDP 水平具有显著的正向影响。

　　结论和启示包括：无论是排污费还是环境相关税收，联立方程的结果均表明地区污染排放与人均地区生产总值呈"倒 N 型"关系，大致符合中国污染物减排的趋势，同时也说明了污染排放不仅仅与地区经济发展水平有关，减排过程中出现的波动还受到地区产业结构的调整、环境规制强度、技术进步和减排难易程度等多种因素影响。另外，征收排污费和环境相关税收都对地区经济具有显著的正向影响，说明政府利用征收的资金促进了地区经济的增长，即在考虑到变量间的内生关系后，征收排污费具有促进污染减排和经济增长的"双重红利"，而环境相关税收则面临着增加环境优惠以激励污染减排或增加税收收入促进经济增长的权衡。

根据实证分析，直接针对污染排放的排污费具有更为直接的污染减排效果，而环境相关税收则主要通过间接机制。这就要求独立的环境保护税应与其他环境相关税收明确定位，独立的环境保护税需要继续保持原有排污税针对污染排放征收从而直接规制企业排放的优势，注重对新独立的环境保护税的执行，提高对环境保护税的执行能力和征收效率，促进污染减排；相对应地，其他环境相关税收应利用对污染减排的作用机制，通过环境优惠等鼓励企业采用绿色生产方式，促进产业结构和消费结构调整。长期内，应注重环境保护税的制度红利，完善环境保护税收体系和配套制度建设，注重环境保护税费政策对企业的影响，还应兼顾其他税费政策，整体上践行税收中性原则，减少税收交叉可能造成的收入扭曲，形成有利于污染减排，减轻企业税费负担的长效机制，加强环境、税务、执法等部门之间的职责明确和协同配合，结合环保财政以及环境监管处罚等，构建更加细化、全面的中国环境保护税费体系。

五　政策工具分析之五："环境行政罚款"及其环境规制效果

本小节，针对"环境行政罚款"这一环境治理政策及其效果，展开讨论分析。

"环境行政罚款"，实际上属于一种环境行政政策，是行政处罚的一种类别，具有命令控制型政策工具的特征。然而环境罚款的标准和效果仍必须考虑到企业造成的环境损害和利润。中国正加快生态环保领域改革和法制建设，以改善环境质量为核心，以解决突出环境问题为重点，并不断强化环境执法监管。近年来，环境执法力度明显加大，根据2016年中国环境状况公报，2016年各级环境保护部门下达行政处罚决定12.4万余份，罚款66.3亿元，比2015年分别增长28%和56%。重大环境污染事件也得到了依法审理和处罚，如2017年8月，腾格里沙漠污染公益诉讼系列案调解结案，宁夏中卫市中级人民法院判处8家企业承担5.69亿元赔偿金，并承担环境损失公益金600万元。党的十九大报告明确指出，必须提高污染排放标准，强化排污者责任，健全环保信用评价，信息强制性披露，严惩重罚等制度。并改革生态环境监管体制，坚决制止和惩处破坏生态环境行为。对于环境处罚的程序和规范，国家此前已经做出相关规定，环境监察部门也不断细化并规范处罚标准，加强执行力度。

作为环境执法的重要手段之一，污染罚款具有惩戒、教育、增加地方财政等作用。对于环境罚款在污染治理与环境保护方面的功能，代表性观点主要包括"补偿功能说"和"威慑功能说"。"补偿功能说"认为环境罚款虽然属于环境行政责任，但由于其以缴纳一定数额的金钱作为责任的外在表现形式，环境罚款的补偿功能是核心，并指出在中国环境民事责任制度缺位的情况下，应当突出强调环境罚款的补偿功能。陈太清（2012）分析了环境行政罚款与环境损害救济之间的关系，认为目前中国环境罚款设计是将环境资源作为一种免费公共物品观念支配下的产物，立足于对私人人身、财产权益的保护，很难在违法成本与实际损失、违法收益、守法成本之间形成均衡，违背了污染者付费这一基本原则，因此应优化环境罚款设置，使其与环境损害相匹配。而大部分研究持"威慑功能说"，徐以祥、梁忠（2014）认为环境罚款作为行政法律责任的一种形式，具有行政法律责任的一般功能，法律责任的主要功能包括救济功能、预防（威慑）功能、制裁（惩罚）功能。环境罚款的主要功能不在于补偿，也不在于惩罚，而在于预防或者威慑潜在的环境违法者，该功能的发挥要求罚款数额大于环境违法收益。汪劲、严厚福（2007）认为"通过处罚的威慑力迫使潜在的违法者守法才是立法的真正目的"。周骁然（2017）认为环境罚款作为负向激励的手段，"适当威慑"是其制度目标，无论是在法律规范层面的环境罚款组成，环境罚款设定方式问题，还是在法律实施层面的环境罚款裁量基准问题，均是围绕最终确保环境罚款数额能够达到适当威慑水平而展开的。理论上，环境保护治理的政策手段，不仅要起到防范和威慑非环保行为，惩罚非环保行为者，追偿社会及个人福利损失等作用，而且还要起到协调不同社会集团以使社会处于利益极大化的均衡状态的作用。从防范非环保行为的角度来讨论对环保行为的处罚力度问题，将对非环保行为的"处罚额度"和"查获概率"同时纳入到非环保行为者的预期风险损失与收益函数，以此考察环境政策的有效性。值得强调的是，由于引入"查获概率"，将非环保行为者进一步区分为"被查获的非环保行为者"与"所有非环保行为者整体"，社会的处罚是针对整个非环保行为利益集团的全部行为所带来的后果做出的，所以，被查获的非环保行为者应承担全部的社会损失。从数值上看，查获后的处罚额应为该非环保行为者可能获得的收益与该类案件平均查获率之比，这种处罚力度可以实现环境保护治理政策的威慑与追偿多重目标。[①]

　　既有研究普遍认为环境罚款存在着罚款失度、职责不清、罚款数额缺乏科学标准等问题，可以总结为以下三个方面：首先，在环境罚款的数额标准设定方面，程雨燕（2008）总结中国环境法律、行政法规中所涉及的罚款数额设定共有包括固定倍率式、数值数距式、倍率数距式、数值封顶式、倍率封顶式以及概括式设定 6 种设定方式，其中，数距式设定方式包括数值数距式与倍率数距式两种，在环境法律、行政法规中使用较为广泛。可以看出在数额设定上，环境罚款大都设定为某特定基数的某个倍率或某数值区间，甚至将罚款设定为某个固定数值以下。如在《中华人民共和国大气污染防治法》《中华人民共和国水污染防治法》以及《中华人民共和国固体废物污染环境防治法》中，罚款标准体现在"法律责任"或"罚则"章节中，对企业环境违法行为大都有处以二万元以上二十万元以下的罚款的款项。只有少数造成污染事故的，罚款才与造成的损失相关，[②] 但这种对于大规模污染事故的处罚标准往往难以对企业的小范围污染产生威慑作用。可以看出，大部分情形下企业因环境违规受到惩罚所需支付的罚款成本是一个"外生"变量，这一处罚数额缺少多方面的理论支撑，既未能与企业的利润挂钩，也未能与企业所造成的环境损害挂钩。黄建军和李萌竹（2015）论证了政府对排污企业实施罚款的成本与效益，总体来看，"违法成本低，守法成本高"是中国环保

---

　　① 参见钟茂初《可持续发展经济学》，经济科学出版社 2006 年版。

　　② "对造成一般或者较大水污染事故的，按照水污染事故造成的直接损失的百分之二十计算罚款；对造成重大或者特大水污染事故的，按照水污染事故造成的直接损失的百分之三十计算罚款。"（《中华人民共和国水污染防治法》第九十四条）对于违反规定造成大气污染事故的，对直接负责的主管人员和其他直接责任人员可以处上一年度从本企业事业单位取得收入百分之五十以下的罚款。对造成一般或者较大大气污染事故的，按照污染事故造成直接损失的一倍以上三倍以下计算罚款；对造成重大或者特大大气污染事故的，按照污染事故造成的直接损失的三倍以上五倍以下计算罚款。（《中华人民共和国大气污染防治法》第一百二十二条）

法律的致命缺陷。

其次，法律的公共执行问题成为近年来重要的研究热点（Polinsky & Shavell，2000）。在环境罚款的执行方面存在的一个重要问题即是实际的行政裁量范围过大，如《中华人民共和国大气污染防治法》等规定的不同类别违法行为罚金由数百元到数十万元不等，导致实际执行中罚款裁量波动性极大，执行部门量化困难，主观性强，企业和执法部门间存在讨价还价的区间，罚款执行缺少固定的标准。周骁然（2017）认为现阶段环境罚款组成不完整，数额设定方式不恰当以及裁量基准体系不系统，导致环境罚款"数额低、标准不统一、裁量肆意"。甚至有研究猜测规模更大的企业具有更高的讨价还价能力。冯俊诚（2017）以重庆市工业企业为例分析了环境处罚实施情况，虽然结果证明并不存在"大而少罚"现象，但也指出这是多方面作用的共同结果。

对于自由裁量存在的问题，赵东杰（2012）指出"自由裁量权"不等于"恣意裁量权"，环境行政处罚中的自由裁量权是一项对环境行政管理相对人产生重要影响的权力，其行使受到依法行政原则的约束，应严格遵守行政法上的正当程序原则。陆天静（2011）对环境行政处罚裁量基准实行有效监督，是环境行政处罚裁量权制度中必不可少的一个环节，司法机关可以对环境行政处罚裁量权进行适当的合理性审查，但必须有一定的限度，公众监督的主要方式就是裁量基准的公开，这是保证裁量公开性和明确性的必然要求。Bing Zhang et al.（2018）利用中国国家特别监测公司（NSMF）项目产生的自然实验来评价中央监督在改善当地环境执法力度方面的有效性，结果表明，集中监管可使工业 COD 排放量降低至少 26.8%。这些结果突出了中国环境法规通过中央监管的实质性改善空间。因此，在今后的改革中，应该有一个更加宽松的环境分权制度和综合的中央监督制度。

最后，环境罚款与其他相关措施的配合和分工定位方面，严厚福（2011）环境行政处罚执行难的一个重要根源在于司法保障不力，缺乏部门间的配合。Drake & Just（2016）指出企业的违规决策不仅仅取决于规制者预先声明的罚金数额，还受到违规行为被监察到的概率以及发现违规后受到惩罚的概率。由于政府环境监管需要付出人力、资金和技术等成本，而政府的环境预算往往对此形成约束，政府的监察和执法成本过高，监察力度不足难以有效约束企业行为。从法律惩罚来看，在规定违规行为罚款数额的同时，相关法律也规定了"受到污染损害的单位和个人，有权要求依法赔偿损失"（《固体废物污染环境防治法》第八十四条）、"构成犯罪的，依法追究刑事责任"（《固体废物污染环境防治法》第七十八条），即现行法律是将对企业的罚款与其造成的污染外部性损害及其他更严重的社会责任相区别的，企业因违规行为所应承担的"罚款""赔偿""刑事责任"有必要进一步明确，进而科学确定环境罚款的数额标准。

根据生态环境部公布的 2016 年和 2017 年国家重点监控企业名单，以及对按季度的公布的排放严重超标的国家重点监控企业名单及处理处置情况，可以对环境罚款及其他环境处罚措施的规制效果进行分析，并探讨其中的作用机制。对于重点监控企业的监察的模式，企业方面，根据《国家重点监控企业自行监测及信息公开办法》，企业应当按照环境保护主管部门的要求，加强对其排放的特征污染物的监测，并如实上报备案，企业对其自行监测结果及信息公开内容的真实性、准确性、完整性负责。政府环保部门方面，根据《国家重点监控企业污染源监督性监测及信息公开办法》，环境保护主管部门为监督排污单位的污染物排放状况和自行监测工作开展情况组织开展环境监测活动，污染源监督性监测数据是开展环境执法和环境管理的重要依据。

通过整理发现，接受环境处罚的企业整改结果包括整改完成、关闭停产、限期内达标以及正在整改过程中几种情况，是一种分类的离散变量，将其作为被解释变量时必须采用离散选择模型。为了从不同角度进行分析，并检验结果的稳健性，分别选择二值选择模型和多值选择模型进行计量回归分析。解释变量主要包括两大类，一是环保部门具体的处置措施，这是试图分析的核心部分，二是企业的自身污染排放类型，由于不同的污染排放的治理难度和速度不同存在差异，因此企业的污染类型可能会影响企业的整改效果。其中，环保部门的具体措施包括是否处以罚金（penal）、是否有采取按日计罚措施（daily），为进一步分析高额罚金对企业是否存在显著的影响，加入解释变量罚金数额是否超过 100 万元（penal100）和罚金数额是否超过 500 万元（penal500），以上四种作为财产罚的代理指标；是否部分限制企业生产（limit）和是否责令企业停止生产（stop）作为行为罚的代理指标；是否处以警告（warn）作为声誉罚的代理指标。由于处理处置结果按季度公布，并且存在企业在多个季度内违规并接受处罚，因此加入变量是否存在处罚历史（history）考察多次环境处罚措施的影响。根据国家重点监控企业名单的分类，选择代表性企业类型变量包括废水污染型（water）、废气污染型（gas）、污水处理厂（sewage）。

在二值选择模型中，将被解释变量分为两种类型，一种是整改结束（y = 1），另一种是仍然处于整改过程中（y = 0）。选择 Logit 模型进行回归，具体结果如表7—7所示。根据回归结果可以看出，在给定其他变量不变的情况下，虽然处以罚金和按日计罚的系数为正，有助于促进企业的整改完成，但这种效应并不显著；在罚金数额方面，高额罚金的系数为负，高额罚金并没有起到加快企业整改的效果，总体来看，财产罚并没有实现预期目标。行为罚方面，限制企业部分生产和责令企业停产整治的回归系数显著为负，对于企业整改完成具有不利影响，与预期相矛盾。这可能是由于样本选择范围受限，被解释变量只反映当期的整改结果，未能体现之后的整改效果，一般被要求限产停产的企业往往存在比较大的问题，难以在当期整改完成，总体上行为罚会对企业产生显著的影响。声誉罚方面，处以警告的系数显著为正，有利于督促企业实现整改，处以警告的企业通常问题较轻，在当期内整改结束更容易实现。综合来看，当期内声誉罚更显著地促进了企业整改完成，但这是基于企业整改可以在短期内实现。另外，有接受惩罚历史会比没有惩罚历史的企业更可能实现整改，原因可能包括两个方面，一方面企业已经经历了更长的整改时间，另一方面企业会意识到惩罚力度会越来越高，从而选择加快整改。

Probit 和 Logit 的系数估计值不具可比性，但基于不同的分别假定，表7—7也报告了 Probit 模型的结果。通过计算平均边际效应与 OLS 估计的系数相比较，发现回归系数相差并不大。计算 Logit 模型准确预测的比率显示，二值选择模型正确预测的比率为（13 + 262）/369 = 74.53%，具有较高的准确率。

表 7—7　　　　　　　　　　　二值选择模型结果

变量	(1) Logit1 y01	(2) Logit2 y01	(3) Logit3 y01	(4) Logit4 y01	(5) Logit5 y01	(6) Logit6 y01	(7) probit y01
penal	0.107					0.261	0.145
	(0.250)					(0.401)	(0.229)
daily		0.299				0.562	0.350
		(0.328)				(0.427)	(0.256)
penal100						-0.0960	-0.0269
						(0.414)	(0.247)
penal500						-1.482*	-0.871*
						(0.836)	(0.446)
limit			-2.934***			-2.557**	-1.276***
			(1.019)			(1.102)	(0.475)
stop			-1.594**			-1.262	-0.728*
			(0.749)			(0.787)	(0.414)
warn				1.212***		1.014**	0.619**
				(0.329)		(0.458)	(0.269)
water						-1.973	-1.044
						(2.155)	(1.123)
gas						-2.291	-1.226
						(2.155)	(1.124)
sewage						-1.860	-0.961
						(2.167)	(1.133)
history					0.651***	0.634**	0.388**
					(0.241)	(0.261)	(0.155)
Constant	-1.109***	-1.082***	-0.804***	-1.212***	-1.312***	0.625	0.211
	(0.204)	(0.129)	(0.124)	(0.132)	(0.161)	(2.185)	(1.142)
Pseudo R^2	0.0004	0.0019	0.0634	0.0309	0.007	0.118	0.115
Prob > chi^2	0.6674	0.3682	0.000	0.0003	0.0172	0.000	0.000
L-likelihood	-213.075	-212.762	-199.647	-206.587	-207.886	-186.558	-284.754
N	371	371	371	371	369	369	369

注：括号内为 z 值；*、**、*** 分别代表 10%、5% 和 1% 的置信水平上显著。

表7—8 二值选择模型正确预测的比率

Classified	true		total
	D	− D	
+	13	11	24
−	83	262	345
total	96	273	369
Correctly classified			74.53%

实证分析表明，环境罚款及相关环境处罚措施在责令企业整改方面效果并不乐观，对相关研究的整理也证明了这一点。理论上，无论通过财产罚、行为罚、声誉罚等何种处罚措施，只要政府可以改变企业的利润函数就可以威慑企业的排放决策并规制污染企业进行整改和治理。然而为何现实结果与预期效果之间存在如此巨大的差距，通过对理论中的假设条件进行分析可以发现其间的问题。首先，财产罚的效果微弱主要原因是罚款额度过低，不仅是法律法规中的规定标准过低，而且执法中的讨价还价会进一步拉低实际处罚数额，且实际执行中不存在对追溯历史违规的规定。其次，行为处罚方面，"APEC 蓝""阅兵蓝"等证明了停产限产能够显著减少污染排放改善空气质量，然而作为环境处罚时，缺乏短期内强效的执法保障和其他相关措施的配合，难以达到短期内的显著效果。最后，理论上声誉罚（如警告等方式）并没有对企业直接收取罚款，但会通过影响企业的市场声誉降低企业的竞争能力，造成企业利润损失，实证结果中警告产生了显著的效果正说明了责令企业整改，规制企业合规排放要充分发挥市场机制的作用。

六　政策工具分析之六："环境标准"及其环境规制效果：以机动车排放标准为例

本小节，针对"环境标准"这一环境治理政策及其效果，展开讨论分析。

环境标准，不仅具有命令控制型政策的特征，但实际上还是一种环境技术性政策。环境标准的制定及其标准的提高，是治理环境的重要政策工具，其实施效果如何？适合在什么情形下采用？本小节以机动车排放标准及其变化为例，对此展开分析。

近年来，中国中东部地区先后遭遇多次大范围持续雾霾天气，这种天气现象越发成为国人尤其是京津冀"重灾区"百姓心头挥之不去的阴影。在诸多污染源中，机动车尾气会直接排放不完全燃烧颗粒物 PM2.5，尾气中的氮氧化物和二氧化硫也会在空气中转变成 PM2.5，成为雾霾的主要来源，此外，随着近年来中国机动车保有量的逐年增长，机动车尾气对大气污染的影响日益增加，已成为中国很多城市的重要大气污染源。

机动车排放标准是一项针对机动车尾气污染的环境规制手段，通过限定机动车的污染控制装置，提高机动车的减排技术，设定污染物排放限值等手段来加严机动车排放标准是减少机动车排放污染，治理雾霾的重要措施。20 世纪 80 年代初期至今，中国先后对机动车尾气排放标准进行了 5 次调整，其中，北京市在此方面做出的努力具有代表意义：2008 年，北京市根据大气污染防治工作及奥运会对大气环境质量的要求，于 3 月 1 日起对在京销售和注册的机动车率先实施"国家第四阶段机动车污染物排放标准"（即国Ⅳ标准）①，该标准如今仍在中国其他省区市广泛实施；2013 年 2 月，北京市再次率先实施"第五阶段机动车排放标准"（即京Ⅴ标准），该排放标准的实施使得轻型汽油车、重型柴油车单车氮氧化物排放均下降40%左右；② 2013 年 9 月 17 日，中国环保部发布《轻型汽车污染物排放限值及测量方法（中国第五阶段）》（GB18352.5 - 2013），北京市立即废止京Ⅴ标准，率先实施国Ⅴ排放标准；③ 2015 年 11 月，北京市环保局发布了北京第六阶段机动车排放地方标准征求意见稿，计划于 2017 年 12 月 1 日实施京Ⅵ标准，继续加严排放限值，轻型汽油车、重型柴油车单车排放预计将下降40%—50%。④ 以京Ⅴ标准的实施为例，可以采用断点回归设计的分析方法研究机动车排放标准的提升对于

---

① 《关于北京市实施国家第四阶段机动车污染物排放标准的公告》，2008 - 02 - 15，http：//www. bjepb. gov. cn/bjhrb/xxgk/fgwj/qtwj/hbjfw/604253/index. html。

② 《北京 2 月 1 日起执行第五阶段机动车排放标准》，2013 - 01 - 13，http：//www. bjepb. gov. cn/bjhrb/xxgk/ywdt/jdcpfgl/jdcpfglgzdtxx/504180/index. html。

③ 查阅相关标准可知，京Ⅴ标准和国Ⅴ标准在机动车尾气排放限值等方面的规定是相同的。

④ 《北京市环保局发布北京第六阶段机动车排放地方标准征求意见稿》，2015 - 11 - 01，http：//www. bjepb. gov. cn/bjhrb/xxgk/jgzn/jjgsz/jjgjgszjzz/xcjyc/xwfb/607701/index. html。

治理雾霾的作用。

北京市环保局于 2013 年 1 月 23 日发布了第五阶段机动车排放标准（即京 V 标准），宣布于 2 月 1 日起，对新增轻型汽油车实施《轻型汽车（点燃式）污染物排放限值及测量方法（北京 V 阶段）》（DB11/946 – 2013），而在此之前的近五年时间里，北京市实施"国家第四阶段机动车污染物排放标准"（即国 IV 标准），相对于国 IV 标准，京 V 标准降低了机动车尾气中的 CO、NO_x 等污染物的限值，实施第五阶段机动车排放标准是改善北京市空气质量，落实国务院对北京市治理雾霾要求的重要措施。被解释变量为北京市日均 PM2.5 浓度（微克/立方米），表征雾霾污染程度。近年来，以 PM2.5 为主要构成来源的雾霾现象在中国频繁发生，引起了社会的广泛关注，美国大使馆从 2008 年 4 月份开始监测北京市的 PM2.5 浓度，而中国环保部于 2013 年正式监测并实时发布 PM2.5 数据，因此，采用美国大使馆的 PM2.5 监测数据来表征雾霾污染，一方面增加了样本长度，另一方面观测值具有连续性。其中核心解释变量为机动车排放标准，这是一项针对机动车尾气污染的环境规制手段，所考察的时间范围涉及了国 IV 标准和京 V 标准两个阶段，以 2013 年 2 月 1 日为界形成一个精确断点，因此机动车排放标准为哑变量，2013 年 2 月 1 日前为 0，后为 1。主要控制变量包括气象条件、污染产业产值以及限行和供暖哑变量。

断点回归是一种准随机实验，其基本思想是将政策的实施看作是处理变量，它是由某个连续变量的是否超过某断点引发的（这个连续变量为执行变量），其他变量则可以认为在断点前后没有系统差异。采取断点回归设计将处理变量和其他一些连续变化的变量（包括可观察的和不可观察的）的影响区别开来，考察断点附近的局部处理效应（LATE），从而对政策影响加以识别。断点回归设计自 20 世纪 90 年代末开始引起经济学家的重视，近年来的应用越发广泛（Davis，2008；石庆玲等，2016）。

北京市在提高机动车排放标准方面一直走在全国前列，若采用倍差法分析京 V 标准实施的政策效果，则为其寻找一个"对照组"城市非常困难，采用断点回归设计则避免了这一难题。因此，相对于倍差法而言，本节所讨论的问题更适合采用断点回归设计进行实证分析。在对京 V 标准的实施这一政策效果的考察中，京 V 标准的实施为断点回归中的处理变量，2013 年 2 月 1 日处理变量发生了显著突变，这是一个精确断点回归，如果我们能够观察到 PM2.5 浓度在京 V 标准实施的点前后产生突变，而其他影响因素可以认定为是连续变化的，则我们有理由认为这一空气质量突变是由京 V 标准的实施这一政策带来的，即机动车排放标准的提高改善了空气质量，而如果无法观察到 PM2.5 浓度的突变，则认为该政策无效。

断点回归模型设计如下：

$$y_t = \mu_0 + aD_t + \sum_{i=1}^{k}\beta_i t^i + \delta X + \mu_t \qquad 式（7—4）$$

在基准模型中，被解释变量 y_t 为北京市日平均 PM2.5 浓度（微克/立方米），为了降低数据异方差，回归中取其对数值。D_t 为机动车排放标准 standard，京 V 标准实施（2013 年 2 月 1 日）前，$D_t = 0$，此后，$D_t = 1$。t 为模型的处理变量，衡量距离京 V 标准实施的时间长度，京 V 标准实施当天为 0，之前为负，之后为正。t^i 为 t 的多项式函数，断点回归设计会选择出最优的多项式的阶数。X 为一组控制变量，包括：气象条件，如日平均温度（tempt,℃）、最大稳定风速（windt，km/h）和降水量（raint，mm）；污染产业主营业务收入（不变价），如石油加工、炼焦及核燃料加工业（lnind1t）、化学原料及化学制品制造业（lnind2t）和非金属矿物制品业（lnind3t），为了降低数据异方差，回归中取其对数值；限行虚拟变量，包括尾号限行（traffic1t）和单双号限行（traffic2t）两种；供暖期虚拟变量 heatt 和涉及季节性调整的一系列周期性变量。断点回归设计主要关注处理变量 D_t 的回归系数 $\hat{\alpha}$，这是 t = 0 处局部处理效应（LATE）的估计量，若 $\hat{\alpha}$ 显著为负，则表明京 V 标准的实施显著降低了大气中的 PM2.5 浓度，改善了空气质量。

普通 OLS 设计即将模型（7—4）中的处理变量多项式函数及其与政策变量的交叉项剔除，如下所示：

$$y_t = \mu_0 + \alpha D_t + + \delta X + u_t \qquad 式（7—5）$$

此回归中，α 衡量了在控制其他相关变量 X 的基础上，京 V 标准的实施对 PM2.5 浓度的影响。

表7—9 OLS 估计结果

OLS	2010—2015 (1)	2011—2014 (2)	2012—2013 (3)	一年期 (4)
VARIABLES	PM2.5	PM2.5	PM2.5	PM2.5
oilqua	− 11.15 **	− 8.942	− 17.29	− 14.82
	(4.854)	(7.186)	(12.10)	(51.53)
temp	6.045 ***	6.184 ***	6.379 ***	8.780 ***
	(0.483)	(0.638)	(0.872)	(1.315)
wind	− 2.192 ***	− 2.185 ***	− 1.853 ***	− 1.604 ***
	(0.146)	(0.184)	(0.252)	(0.382)
rain	− 0.633 ***	− 0.659 ***	− 0.485	− 0.452
	(0.202)	(0.234)	(0.313)	(0.622)
lnind1	4.628	26.32	11.6	
	(13.30)	(20.07)	(49.69)	
lnind2	82.54 ***	64.73 **	169.4 ***	
	(22.77)	(29.75)	(58.85)	
lnind3	0.919	17.27	30.50	
	(17.91)	(34.19)	(81.17)	
供暖和限行	Y	Y	Y	Y
季节性调整	Y	Y	Y	Y
N	2191	1460	731	365
R^2	0.210	0.207	0.244	0.336

注：括号内为修正了自相关和异方差的 NEWEY – WEST 标准差；*** 、** 分别表示在1%、5% 的水平上显著。

表7—9 中的回归结果（1）为全样本回归，即观测值为 2010/01/01—2015/12/31 的全部指标。分析回归结果（1）可以发现，京 V 标准的实施显著降低了 PM2.5 的浓度，大约降低了 11 微克/立方米，初次验证了这一政策对空气质量的改善效果。然而，我们有必要缩短时间窗口以控制其他依时间变化的变量对 PM2.5 浓度的影响，回归结果（2）—（4）分别为将时间窗口分别缩短至 2011—2014 年、2012—2013 年以及断点附近各半年的回归结果，可以发现，随着时间窗口的缩短，尽管政策变量对空气质量的影响越来越大，但不再显著，可见，以 OLS 回归检验政策效

果的结果是不稳健的，缩短时间窗口后政策效果不再显著。

RD 设计的回归结果依赖于多项式函数和时间窗口的选择，因此，为验证 RD 基准回归结论的稳健性，进一步进行稳健性检验。表 7—10 中，列（2）、列（3）改变了多项式的阶数以验证模型对多项式函数形式的敏感性，列（4）—（6）分别对时间窗口进行了缩短并选择了合适的多项式函数形式。结果显示，改变多项式函数形式和时间窗口的选择没有影响 RD 回归基准结果的稳健性：京 V 标准的实施并没有带来北京市 PM2.5 浓度的显著下降，政策效果短期内不显著。分析可得以下结论：普通 OLS 回归的结果表明，京 V 标准的实施显著降低了 PM2.5 的浓度，但随着时间窗口的缩短，这一结论不再显著；RD 回归及其稳健性检验的结果显示，京 V 标准的实施短期并没有显著降低 PM2.5 浓度；断点前后 PM2.5 浓度的下降得益于气象条件的改善和污染产业产值的下降，尤其是温度的降低和化学原料及化学制品制造业产值的下降。

表 7—10 **RD 估计及其稳健性检验**

VARIABLES	RD（基准）（1）PM2.5	RD 稳健性检验				
		（三阶）（2）PM2.5	（五阶）（3）PM2.5	（±100）（4）PM2.5	（±50）（5）PM2.5	（±30）（6）PM2.5
standard	− 10.24	− 8.384	− 23.63	79.66	− 72.59	− 110.0
	(15.44)	(15.95)	(18.61)	(91.75)	(52.59)	(69.00)
temp	6.471 ***	6.187 ***	6.381 ***	15.62 ***	19.57 ***	17.30 ***
	(0.598)	(0.614)	(0.599)	(2.567)	(2.981)	(6.019)
wind	− 2.165 ***	− 2.204 ***	− 2.144 ***	− 2.075 ***	− 2.413 **	− 1.596
	(0.174)	(0.179)	(0.170)	(0.537)	(0.971)	(1.535)
rain	− 0.643 ***	− 0.643 ***	− 0.645 ***	0.114	− 9.745	− 29.28 *
	(0.135)	(0.136)	(0.134)	(0.630)	(6.320)	(15.67)
lnind1	8.633	23.03	10.39	2.859		
	(21.49)	(22.14)	(21.29)	(1, 262)		
lnind2	129.1 ***	99.83 **	105.0 **	95.79 **		
	(45.90)	(44.61)	(40.74)	(47.77)		

VARIABLES	RD（基准）	RD 稳健性检验				
		（三阶）	（五阶）	（±100）	（±50）	（±30）
	(1)	(2)	(3)	(4)	(5)	(6)
	PM2.5	PM2.5	PM2.5	PM2.5	PM2.5	PM2.5
lnind3	2.790	32.67	7.023	111.8		
	(32.08)	(30.04)	(31.59)	(164.8)		
供暖和限行	Y	Y	Y	Y	Y	N
季节性调整	Y	Y	Y	Y	Y	N
N	2191	2191	2191	201	101	61
多项式阶次	4	3	5	4	4	4

注：括号内为修正了自相关和异方差的 NEWEY – WEST 标准差；***、**、* 分别表示在 1%、5%、10% 的水平上显著。

进而得出以下结论和政策建议：一是机动车排放标准的提升是空气质量改善的必要不充分条件，京 V 标准的实施在长期内有助于 PM2.5 浓度的下降，因此加严机动车排放标准有利于改善环境，治理雾霾，应尽快在全国范围内推广第五阶段机动车排放标准，而空气质量的改善却不能单纯寄希望于机动车排放标准的提升，应结合其他减排措施实现空气质量的改善。二是气象条件的改善有利于污染物的扩散，但其不能从源头遏制污染物的排放，应着力于从污染源出发，一方面为机动车或其燃油寻找替代品，改善公共交通体系，开发新能源汽车和替代燃料，降低机动车尾气造成的大气污染；另一方面加强对主要污染产业污染物排放的监管力度，有针对性地选择污染产业进行调控，降低高耗能产业的污染物排放强度。总之，城市政府应在提高机动车排放标准的同时，改善公共交通体系，开发新能源汽车和替代燃料，有针对性地调控污染产业，实现空气质量的改善。

七　政策工具分析之七："短期规制措施"及其环境规制效果：以京津冀 13 个城市协同治理为例

本小节，针对"短期规制措施"这一环境治理政策及其效果，并以京津冀 13 个城市协同措施为例，展开讨论分析。

由于长期内必须兼顾经济增长目标，因而在环境政策工具的组合实施与政策强度方面存在限制，京津冀地区在面临区域性的重度空气污染中，出于特殊性目标而采取了高强度的短期规制措施，为研究环境政策组合，政策强度等提供了事实依据。

2015 年 9 月 3 日，中国人民抗日战争暨世界反法西斯战争胜利 70 周年纪念活动在北京顺利举行，为保证活动期间空气质量，展现国家和城市良好形象，京津冀及周边地区在燃煤、机动车、工业、扬尘等方面实施临时减排措施，取得了显著成果。8 月 20 日至 9 月 3 日，PM2.5 平均浓度为 17.8 微克/立方米，同比下降 73.2%，连续 15 天达到一级优水平，相当于世界发达国家大城市水平。天津、河北、山西、内蒙古、山东、河南等周边省区市空气质量同步明显改善，70 个地级以上城市的 PM2.5 平均浓度同比下降 40% 左右。环保部门总结到，几次"事件蓝"的出现得益于保障措施的精准发力，有效落实，不仅得益于"人努力，天帮忙"下的良好气象条件，特别是得益于全社会的共同参与，共同治理。"事件蓝"为环境规制研究提供了新的视角：首先，短期内对环境质量的硬性要求，使得地方政府在短期与长期具有不同的经济和环境目标，二者间的权衡决定了不同时期的环境规制措施和强度；其次，体现了短期内大气污染治理措施的有效性问题，即如何通过合理的减排措施和规制强度达到既定目标、提高空气质量；最后，就区域间环境政策影响而言，地方政府往往会存在环境策略竞争，而"事件蓝"期间实施的统一规制，区域协同避免了地区间的环境策略博弈，对研究区域大气协同治理的效果提供了重要现实依据。基于此，从京津冀短期大气污染治理的效果和影响出发，分析短期减排与长效治理在规制目标，作用机制和规制效果等方面的异同，探索形成全面、长效的空气质量协同防控机制，为区域大气污染治理提供理论和政策支持。

理论分析可以看出，短期减排与长期治理在目标权衡，规制措施，规制强度和成本各方面都存在显著差异。首先，长期和短期环境规制的目标和侧重。经济增长与环境保护，是社会发展两个不可或缺的目标，整个社会的行为是由两目标函数进行博弈而达成均衡而决定的：经济增长与工业生产必然会影响环境，治理环境问题则要付出相应的经济成本，经济目标与环境目标权衡的原因，是长期的发展观念下 GDP 作为最重要的经济指标，成为各地衡量发展水平，发展业绩的主要评判依据，而近年来面对日益强烈的环境需求和生态文明的发展导向，环境质量指标成为衡量发展的重要方面。长短期减排的出发点不同导致经济与环境目标的权重存在显著不同：基于环境治理的成本和难度，受传统的政绩观念和发展需求影响，政府在长期内更加侧重经济发展，环境规制致力于实现经济增长与环境保护相互协调；而短期内，针对季节性爆发的重度污染，或由于中央政府的强制性要求，地方政府将会加大对环境目标的权重甚至将环境质量置于主导地位。[1] 石庆玲等（2016）用来自中国地方"两会"的证据说明雾霾治理中存在的"政治性蓝天"现象，基于政绩激励理论将空气质量和经济增长纳入地方政府和官员的效用函数，证明了在政治性敏感时期，地方政府有更大的激励加大环境保护力度，营造一种暂时性的空气质量改善。

其次，长期和短期环境规制的工具和规制范围。根据规制的约束方式和作用机制，通常将环境规制分为命令控制型和市场激励型，二者各有其优点和不足，规制工具的优化选择应当始终围绕所确定的政策目标：市场准入、排放标准等命令控制型规制具有更高的针对性，政府的强制性标准和约束有助于短期内实现改善环境的目标；而环境税费、排污权交易等市场激励型规制则具有更高的灵活性，通过市场传导机制影响企业的自主选择，兼顾了经济与环境。新《环境保护法》规定，为应对重度污染及重大事件，环保部门有权力实施强制性的减排措施，对超标超总量排污的企业事业单位和其他生产经营者可以责令限制生产，停产整治，直接限制甚至停止违法排污者生产行为，多次实现了空气质量的短期改善。而长期则为兼顾经济与环境，政府通常选择环境财税政策，激励企业开展长期的节能减排与技术升级。从规制的实施范围和协同性来看，地方政府的环境规制政策多限于其行政区划内，近年来随着区域污染日益严重，环境治理的区域一体化进程加快。大量研究表明地区间存在着环境策略竞争，地方政府在环保投入上存在"你多投，我就少投"，并因为增长竞争和环保投入策略互动而导致"你多排，我也多排"的现

---

[1] 钟茂初：《经济增长——环境规制从"权衡"转向"制衡"的制度机理》，《中国地质大学学报》（社会科学版）2017年第17（3）期，第64—73页。

实情况（张可等，2016；韩超等，2016）。而区域协同治理，增强区际经济联系，"标杆协同"减排效应则有利于区域协同减排，改善环境质量（徐志伟，2016）。在重大事件期间，由于中央政府和相关部门的统一规划和部署，实现了北京及周边天津、河北、山西、内蒙古、山东、河南等省区市的全面减排和规制，区域空气质量改善效果明显。

最后，长期和短期环境规制的强度和成本。短期内更加注重环境质量，为了达到更高的环境目标，实施更为严格的规制措施。规制的标准和强度决定了经济成本，其经济成本不仅包括政府为实施规制而投入的督查监管的人力和资金投入，也包括受环境规制影响而损失的经济产出，如征收能源税同时也可能会增加经济成本，削弱企业和产业的国际竞争力减少经济产出，从而损害经济增长（陈素梅、何凌云，2017）。政府是环境规制的主体，从政府的规制成本来看，规制越强，规制成本越高，规制的标准越严格，企业将付出越多的经济成本。李钢等（2012）发现：倘若中国提升环境管制强度，工业废弃物排放完全达到现行法律标准，将会使经济增长率下降约1个百分点，制造业部门就业量下降约1.8%，出口量减少约1.7%。

实证分析方面，选择京津冀13个城市AQI数据作为被解释变量（aqi），数据时间范围为2015年1月1日至12月31日。解释变量包括机动车限行，阅兵期间多省市采取了更为严格的单双号限行措施（odde-ven），具体时间范围根据各地政府网站及文件通知整理得到。停产（stop），限产企业数（limit）和停工工地数（construct），河北省根据《河北省大气污染防治工作领导小组办公室关于印发中国人民抗日战争暨世界反法西斯战争胜利70周年纪念活动期间停产限产企业和停工工地清单的通知》整理得到；北京市和天津市根据相关文件通知整理，并借鉴2014年亚太经合组织会议的空气质量保障工作等相关事实经验。冬季供暖（heat），供暖时间根据各地供热采暖管理办法，供热用热条例和相关通知整理得到，《北京市供热采暖管理办法》《天津市供热用热条例》《河北省供热用热办法》，并根据2015年各地相关通知略有调整。考虑到个别城市的供暖时间存在提前和延长，将非供暖样本时间定为4月16日—10月15日。同时控制了相关气象因素温度（temp）、风速（wind）、是否存在降水等气象因素（prec）。构建基本面板模型。

$$aqi_{it} = \beta_0 + \beta_1 wind_{it} + \beta_2 temp_{it} + \beta_3 pre_{it} + \beta_4 heat_{it}$$
$$+ \beta_5 oddeven_{it} + \beta_6 parade_{it} + \eta_i + \delta_t + \varepsilon_{it} \qquad 式（7—6）$$

其中，i 代表相应的城市个体，t 代表日度时间，η_i 代表个体效应，δ_t 代表时间效应，ε_{it} 为误差项。根据 Hausman 检验结果采用面板固定模型，并分别考虑了 2015 年全年样本量和非供暖季（4 月 16 日—10 月 15 日），表 7—11 给出估计结果。

表 7—11 面板模型

	全年			非供暖季		
wind	− 1. 233 ***	− 1. 269 ***	− 1. 273 ***	− 0. 140	− 0. 135	− 0. 149
	(0. 104)	(0. 104)	(0. 104)	(0. 0986)	(0. 0985)	(0. 0983)
temp	0. 216	0. 309 *	0. 340 **	1. 961 ***	2. 015 ***	1. 996 ***
	(0. 160)	(0. 160)	(0. 160)	(0. 167)	(0. 167)	(0. 167)
prec	− 10. 01 ***	− 8. 815 ***	− 8. 735 ***	− 9. 018 ***	− 9. 186 ***	− 8. 877 ***
	(2. 077)	(2. 069)	(2. 067)	(1. 595)	(1. 593)	(1. 590)
heat	46. 63 ***	46. 98 ***	47. 31 ***	—	—	—
	(3. 572)	(3. 549)	(3. 548)			
parade		− 54. 39 ***	− 27. 15 **	− 47. 68 ***		− 26. 01 ***
		(6. 871)	(11. 39)	(4. 013)		(6. 620)
oddeven			− 32. 31 ***		− 45. 48 ***	− 25. 81 ***
			(10. 78)		(3. 808)	(6. 284)
Constant	124. 5 ***	125. 0 ***	124. 8 ***	69. 54 ***	68. 69 ***	69. 34 ***
	(3. 751)	(3. 728)	(3. 725)	(4. 227)	(4. 223)	(4. 213)
N	4717	4717	4717	2365	2365	2365
R^2	0. 143	0. 154	0. 156	0. 125	0. 126	0. 132
F	195. 53	171. 01	144. 25	84. 15	84. 56	71. 15
Prob > F	0. 0000	0. 0000	0. 0000	0. 0000	0. 0000	0. 0000

注：*、**、*** 分别表示在 10%、5%、1% 置信水平上显著；括号内为 t 统计量。

基础面板模型证明了短期减排期间空气质量得到显著改善，但应进一步分析空气污染的区域传输和具体规制措施的空间效应。对中国的相关研究多以省际或省会城市为单位考察大气污染和治理措施的空间溢出性（Maddison，2006；向堃等，2015；张文彬等，2010），而刘华军等（2015）计算认为在 750 公里范围内环境污染具有较强的空间溢出，对比发现，省会城市间距离大都超过 1000 公里，而京津冀地区城市间平均距离为 234.4 公里，能够更好解释城市间污染与规制的空间相关性。

为此考虑基于地理距离权重的空间计量模型，引入地理距离空间权重矩阵 W，$W_{ij} = \begin{cases} 1/d^2 & i \neq j \\ 0 & i = j \end{cases}$，其中 i、j 分别代表相应的城市个体，$d$ 为城市间地理距离。设 X 代表前文所有解释变量，在基本面板模型的基础上引入被解释变量的空间滞后项。采用空间自相关模型（SAR）如下：其中 $\sum W_{ij} aqi_t$ 为空间变量，ρ 为空间变量系数，表征空间溢出效应的程度。

$$aqi_{it} = \beta_0 + \rho \sum W_{ij} aqi_{it} + X_{it}\beta + \eta_i + \delta_t + \varepsilon_{it} \qquad 式(7—7)$$

可以看出 AQI 的空间滞后系数 ρ 的估计值稳定在 0.7 左右，说明 AQI 受周边城市影响明显，邻近城市的 AQI 提高时，本地 AQI 受其影响也会提高，大气污染具有显著的空间溢出效应。加入空间变量增强了 AQI 通过空间相关对自身的解释能力，使得温度和降水的系数估计不再稳定可信，但最大稳定风速的系数依然显著为负，本地供暖、单双号限行和临时性减排措施的符号与面板回归结果一致，符合预期。空间杜宾模型进一步考察了解释变量的空间滞后效应，即邻近城市的治理措施对本地 AQI 的影响，回归结果由表 7—12 可以看出，空间系数 ρ 估计值仍显著为负，稳定在 0.7 左右。供暖、单双号限行、阅兵期间管制的本地效应仍然显著，但这些变量的空间滞后虽然符号符合预期，但都不显著。原因在于：在数据上，AQI 的空间滞后对自身的解释能力过强，而实际中大气治理措施本身固有的地域限制，使得本地治理效果更为明显。

表 7—12　　　　　　　　　　空间计量分析

	空间滞后		空间杜宾			
	aqi	aqi	Main	Wx	Main	Wx
wind	− 0.597 ***	− 0.600 ***	− 0.666 ***	0.118	− 0.665 ***	0.109
	(0.0788)	(0.0788)	(0.117)	(0.142)	(0.117)	(0.142)

续表

	空间滞后		空间杜宾			
	aqi	aqi	Main	Wx	Main	Wx
temp	0.154	0.173	-0.559	0.832 *	-0.551	0.854 *
	(0.120)	(0.121)	(0.425)	(0.440)	(0.424)	(0.440)
prec	-2.534	-2.489	0.465	-5.644 **	0.599	-5.862 **
	(1.559)	(1.559)	(2.118)	(2.654)	(2.118)	(2.655)
heat	17.18 ***	17.41 ***	16.89 ***	2.495	17.10 ***	2.674
	(2.714)	(2.714)	(4.602)	(5.547)	(4.600)	(5.549)
oddeven		-20.24 **			-20.46 **	-12.33
		(8.101)			(8.161)	(21.64)
parade	-19.77 ***	-2.738	-22.78 **	3.920	-6.432	15.27
	(5.188)	(8.565)	(11.48)	(12.54)	(13.20)	(21.93)
Constant	42.18 ***	42.14 ***	40.21 ***		40.27 ***	
	(7.399)	(7.417)	(7.692)		(7.714)	
ρ	0.696 ***	0.696 ***	0.696 ***		0.695 ***	
	(0.0108)	(0.0108)	(0.0109)		(0.0110)	
lgt_ θ	-2.200 ***	-2.204 ***	-2.199 ***		-2.203 ***	
	(0.218)	(0.218)	(0.219)		(0.219)	
σ_ e	2135 ***	2132 ***	2132 ***		2129 ***	
	(44.96)	(44.91)	(44.92)		(44.86)	
Log-L	-2.49E+04	-2.49E+04	-2.49E+04		-2.49E+04	
N	4693	4693	4693		4693	
R^2	0.154	0.157	0.158		0.160	

结论和政策启示主要包括：一是提高环境规制的针对性和有效性。"事件蓝"体现了短期大气污染治理的效果，深化了对区域大气污染防治规律的认识：首先，虽然风速、降水等气象条件对大气污染具有重要影

响，但优良的空气质量不仅取决于"天帮忙"，更重要的是"人努力"，大气污染不应忽视人为排放引起污染的本质。其次，短期减排工作中的科学研判、精准定位、科学组织、联防联控、协同治污等为大气污染（尤其是重度污染）治理提供了经验，环境规制应继续提高污染针对性，根据实证评估结果，针对治理成效最显著，关联性作用最大的领域施策，机动车排放，燃煤供暖以及工业生产等产业领域的源头性降污减排仍是重点方向。提高城市精细化管理水平，将减排措施细化到企业，严厉查处违规排放行为，全面促进空气质量保障各项措施有效落实。根据督查检查中发现的问题，及时调整督查检查方向，依据大气污染的实际情况启动阶段性的治理措施。

二是合理选择环境规制的策略和强度。短期治理效果显著，但不能否认大气污染治理的长期性和艰巨性。短期环境规制将环境目标先于经济目标，通过削减经济生产活动的严厉减排措施难以长期持续。而长期环境规制面临的是经济发展和环境目标的权衡问题，要实现空气质量的持续改善，需要建立长效合理的规划，把短期的"应急减排"变为合理的"常态减排"，变"事件蓝"为"常态蓝"。基于长短期减排成本，长期改善空气质量，需要确立更为合理的环境目标，根据长短期环境规制手段的不同作用机制科学制定减排策略，通过制度和技术性手段提高环境规制的效果，如在短期治理手段的实施过程中，对利益相关者承受的损益补偿应基于公平原则做出制度性的安排。最新的"全国空气质量高分辨率预报和污染控制决策支持系统"（NARS，简称呐思系统）在对"阅兵蓝"进行实例模拟后结果表明，北京举办大型活动，北京及周边省市排放企业并非都要停工、停产，只需要控制相关区域不多的可控排放源，就可以得到与"阅兵蓝"同样的效果，大幅降低控制代价。

三是注重环境规制的区域和部门协同。无论是大气污染还是环境规制都存在显著的空间效应，因而区域整体环境质量的改善必须依靠各地区的密切协作和协同减排。短期治理的经验证明了区域间的协同治理必须具有相同的目标导向，打破地方保护主义，协调利益关系，制定相应的法律法规，合理确定减排目标和份额。首先，由于各城市的污染具体情形并不相同，针对不同的污染物，不同的污染浓度，各城市须各有侧重，采取针对性的治理措施，这也符合承担共同但有区别的责任原则。

其次，还应健全不同部门间的协同治理的运行机制，建立区域性信息共享和监测机制，通过信息协同、评估协同、执法协同等促进京津冀大气污染合作治理长效机制的建立。京津冀大气污染防治协作小组等专门负责协调区域间治理机构的成立与运作，将对地区大气污染的改善具有实质性的意义。总之，通过环境规制改善环境质量是一项长期的、系统性工程，不仅需要预先科学规划，选择合理有效的规制措施，还需要统筹安排，加强区域与部门间的协同配合，不断提高环境治理能力，完善现代化环境治理体系。

八 政策工具分析之八："能源政策与能源效率"的"经济—环境"影响

本小节[①]，针对"能源政策"这一环境治理政策及其"经济—环境"影响，展开讨论分析。

能源政策不仅通过价格和行政规定影响能源的使用数量和标准，同时还是一种环境技术手段，对提高城市绿色发展能力和效率具有重要意义。习近平指出，发展清洁能源，是改善能源结构，保障能源安全，推进生态文明建设的重要任务。城市化发展引发的一系列能源和环境问题已经引起许多经济学家的关注，其探讨的核心在于城市化是否必然引起能源消费和污染排放的增长。理论上讲，城市化对能源消费和环境污染的影响是多方面的。首先，从产业结构角度来看，城市化过程中，能源使用强度低的传统农业不断升级，由使用农业机械，消耗大量柴油和电力能源的现代农业所代替；其次，由于城市化过程常常伴随着工业化的深入，各种工业生产要素在城市中的聚集和增加值的不断上涨也将消耗更多的能源。其次，从工业交通和运输方面来看，由于大量人口离开农村进入城市，粮食从生产到消费将增加庞大的运输过程；再次，工业生产和消费地区的分离，也要求城市建立便捷高效的交通运输体系，这些都增加了交通运输对能源的需求；最后，从城市化对居民消费的影响看，

---

① 本节主要内容，参见史亚东《城市化与能源强度的非线性关系研究——采用跨国数据的门限效应分析》，《西部论坛》2015 年第 25（3）期，第 91—99 页；许海平、钟茂初《海南省新型城镇化对能源效率影响的实证研究》，《现代城市研究》2017 年第 6 期，第 128—132 页。

城市化过程中大规模的住房、公共交通、绿化、医疗等公共基础设施的建设和维护，需要消耗大量能源；城市居民相对农村居民更高的人均收入水平也使他们愿意购买更多能源密集型产品，增加对电力的需求。从上述分析看，似乎城市化一定会加剧能源消费，然而现实中城市化对能源消费的影响要复杂得多。

理论上讲，城市化对能源消耗的影响是双面的。一方面，由于城市化所带来的经济活动的增加会引致能源消费的上升；另一方面，城市化所带来的规模经济效应和资源优化配置也可能降低能源消耗。当前国内外文献关注城市化与能源消费的研究众多，但对城市化与能源强度关系的研究较少，而从低碳发展和保障能源安全的角度出发，能源强度无疑是政策制定者更为关心的指标。首先，城市化发展确实伴随着能源强度的增加，但从中国目前的发展阶段来看，相对其他发展阶段来说这种负面影响是最小的。因此，即便考虑资源环境约束，把城镇化作为"提振经济的巨大引擎""扩大内需的最大潜力"的战略定位也是有积极意义的。其次，考虑资源环境承载力，中国在新型城市化推进过程中应着重提高城市化质量。实证分析表明，虽然城市化水平对能源强度的影响是正向的，但这种影响完全可以因人均收入水平的提高而被抵消。因此，提高人均收入水平，特别是建立合理的资产财富分配体系和相应的社会保障制度，可以突破城市化发展带来的诸多资源环境约束，这也是使得城市化真正能够实现拉动内需，提振经济的必备条件。再次，相比人口城市化率，大城市化率对能源强度的正向影响在各个阶段都相对更小。这说明中国长期以来优先发展小城镇和中小城市的做法亟待改进，这种城市化发展战略实际上弱化了城市化效益，没有充分发挥城市化的集聚效应和规模经济，不利于资源集约使用，更容易造成环境污染"遍地开花"难以治理的景象。还应该认识到，中国的城市化对能源利用效率最大程度的负面影响还有相当长的一段"缓冲时期"，利用好这个阶段，转变城市化发展模式，将是顺利度过经济下行期，扩大内需，跨越中等收入陷阱等的关键。在经济新常态下，着重实现"人的城镇化"，培育城市经济增长的新动力，推动产业不断优化升级，着力提高城市化发展的质量，将是城市化改革和发展的新常态。

以海南省为例，分析生态文明建设中新型城镇化对能源效率的影响。

海南经济社会发展正处于平稳上升期，能源需求旺盛。近年来，海南省积极探索新型城镇化建设，城镇化人口比重从 2000 年的 49.81% 上升到 2014 年的 53.76%，城镇人口的增加改变了人们的消费模式以及加大了对基础设施建设的需求，导致对能源需求大幅上升。与此同时，海南省"十二五"规划纲要中提出了要着力发展循环经济，牢固树立绿色、低碳发展理念，强化节能减排。如何兼顾海南省新型城镇化建设与能源消耗、分析新型城镇化对能源效率的影响不仅对海南省发展具有重要意义，同时还有益于全国各地区城镇化发展提供建议。

王蕾等（2014）通过构建固定效应面板模型分析了中国不同区域城镇化对能源消费的影响，结果表明，全国、东中西部各层面城镇化对能源消费有正的净效应。阚大学等（2010）利用空间计量方法对城镇化水平与能源强度的实证分析表明，短期内城镇化水平对能源强度影响增强，但长远看有助于降低能源强度。王晓岭等（2012）、曹翠（2014）也发现了城镇化对能源强度具有显著的负向影响。基于既有研究，选择新型城镇化、产业结构和人均收入作为海南省能源效率的影响因素。

其中，以能源消费强度（单位 GDP 能耗）表示效率，其值越大，能源效率越低；以第二产业占比表示产业结构；并利用熵值法，基于城镇人口占总人口比重、教育支出占财政支出比重、节能环保支出占财政支出的比重、人均城市道路面积以及城乡居民人均实际收入比构建海南省新型城镇化评价指标体系；采用各市县人均实际居民收入表示人均收入，用各市县城镇居民家庭人均可支配收入、各市县农村居民人均纯收入以及相应人口比重计算得到。构建基本模型以及考虑滞后一期能源消费强度的动态面板模型：

$$\ln Energy_t = \alpha_0 + \alpha_1 \ln Urb_t + \alpha_2 \ln Indus_t$$

$$+ \alpha_3 \ln Income_t + \mu_t \qquad \qquad 式（7—8）$$

$$\ln Energy_t = \beta_0 + \beta_1 \ln Energy_{t-1} + \beta_2 \ln Urb_t$$

$$+ \beta_3 \ln Indus_t + \beta_4 \ln Income_t + \varepsilon_t \qquad \qquad 式（7—9）$$

回归结果如表 7—13 所示。

表7—13 能源消费强度回归结果

变量	混合 OLS	固定效应	FGLS	2SLS	GMM
c	1.6962	1.6265	1.9244		− 0.2949
L. ln（Energy）					1.0210 ***
ln（Indus）	0.61200 ***	0.0459 *	0.5932 ***	0.595	− 0.0061
ln（Income）	− 0.2384	− 0.2418 ***	− 0.1854 ***	− 0.2539 ***	0.0101
R²	0.4576	0.9994			
wald			523.11		5184.96
Sargan（P – value）				0.1159	0.343

对海南省的实证分析可以得到的相关结论和政策启示包括：政府应兼顾新型城镇化建设与单位 GDP 能耗增速减缓甚至下降，不仅关注人口城镇化，还应重点加大对基本公共服务、基础设施、资源环境和城乡统筹等方面建设的均衡发展，从而全面提升新型城镇化水平，在未来经济发展中显著提升能源效率；进一步优化产业结构的同时要着力引进高新技术产业和大力发展清洁能源，并给予优惠政策进行扶持，积极引导人们购买节能技术产品。

九 政策工具分析之九："公众参与"对生态文明建设的影响

本小节[①]，针对"公共参与"这一广义的政策工具，展开讨论分析。

鼓励并引导公众参与生态文明建设是重要的社会性政策，是对生态文明经济政策、行政政策、法律政策的重要补充。中国的公众参与起步比较晚，公众参与意识欠缺，相应的能力和途径也比较缺乏，且公共决策一般重视输出性参与，即要求公众遵守政府规定，而政府决策尚不能充分吸收公众的各种信息和建议。中国的现状是，公众参与对环境规制虽然起到督促作用，但参与度较低，且参与方式是间接的。如何合理利用中国式财政分权的优势来促进公众参与，进而对环境规制水平的提高和效率是环境社会性政策的重要内容。结合中国的财政分权制度，可以

---

① 本节主要内容，参见张彩云、郭艳青《中国式财政分权、公众参与和环境规制——基于1997—2011 年中国30 个省份的实证研究》，《南京审计学院学报》2015 年第12（6）期，第13—23 页。

分析公众参与对地方环境规制水平及生态文明建设的影响。

总的来说，欧美等发达国家公众在环境规制水平形成过程中起主要作用。与欧美国家不同，中国环境规制是由政府推动的，即使如此，如果地方政府严格执行环境规制标准，那么环境规制水平可能较高，且污染程度可能下降。为什么有学者发现中国存在地方政府争相降低环境规制标准以致出现"竞争到底"的现象？（陶然等，2009；朱平芳等，2011）这主要与中国式财政分权有关。中国式财政分权是财政分权和政治集权的结合，即中央政府向下经济分权的同时保持在政治上的集权控制（陈刚、李树，2009）。改革开放以来，中国进行了放权让利改革，中央政府对地方政府下放经济管理权限，这意味着地方政府具有了一定经济权力（史鹏宇、周黎安，2007）；政治集权使中央政府制定考核标准提拔地方官员，而目前中国晋升机制的标准以 GDP 增长率为主（周黎安，2007），两者结合使地方政府倾向于选择在短期内能见到成效的项目进行投资，不倾向于投资社会保障、教育等投入高、见效慢的基本公共物品（傅勇、张晏，2007）。这意味着在中国式财政分权影响下，地方政府一方面有动机为发展经济将财政支出用于有利于经济增长的项目上，另一方面，地方政府有相应的权力决定环境规制水平的高低。

综合以上分析，可以认为中央政府、地方政府和公众之间存在博弈如下：从中央政府角度看，中央政府依然主要根据地方政府的 GDP 增长速度对官员进行提拔。从地方政府角度看，地方政府具有一定经济权力来决定财政支出方向，同时地方政府面临财政收入不足的现状，加之以 GDP 为主要考核指标的晋升机制，三者使地方政府倾向于为竞争经济而放松环境规制吸引投资。从公众角度看，第一，虽然公众参与会对环境规制水平的提高有正面影响，但中国面临公众参与意识淡薄，参与能力低，参与环境影响评价效力有限，参与环境保护组织体系和程序不完善的局面（陈昕等，2014），也就是说公众缺乏参与环境规制的权利和途径。第二，由于户籍限制，公众的"用脚投票"很难对地方政府形成约束，同时，由于地方政府晋升不是由选举决定的，地方政府缺乏听取公众意见的激励，因此，公众的"用手投票"机制也很难发挥作用。由此可见，环境规制水平主要由地方政府根据中央政府的晋升指标来制定，而公众无法直接参与环境规制，但是可以通过人民代表大会，环境信访、举报、听证等方式在某种程度上影响中央政府和上级政府对地方官员的提拔来发挥间接作用。公众虽然无法直接参与环境政策制定，但是可以通过间接方式，中央政府在提拔官员时，应充分参考公众意见。另外，如果中央政府减少地方政府决定财政支出的权力，增加自身对地方管理的权力，这就意味着公众将有机会通过环境信访等方式直接影响到中央政府对地方的环境支出。据此我们可以提出假说：

假说 1：财政分权程度越低，越能有效管理环境，环境规制水平越高。

假说 2：公众参与越积极，环境规制水平越高。

假说 3：财政分权程度越低，公众参与越有利于环境规制水平的提高。

基于以上研究，从实证分析出发，建立四个基本模型以验证以上三个假说。

$$wrz_{it} = \alpha_1 lx_{it} + \alpha_2 pczfq_{it} + \alpha_3 wage_{it}$$
$$+ \alpha_4 lx_{it} \times czfq_{it} + \beta X_{it} + \alpha_0 + \mu_i + \varepsilon_{it}$$

$$wrz_{it} = \alpha_1 lx_{it} + \alpha_2 czfq_{it} + \alpha_3 wage_{it}$$
$$+ \alpha_4 lx_{it} \times czfq_{it} + \beta X_{it} + \alpha_0 + \mu_i + \varepsilon_{it}$$

$$wrz_{it} = pwrz_{it-1} + \alpha_1 lx_{it} + \alpha_2 pczfq_{it} + \alpha_3 wage_{it}$$
$$+ \alpha_4 lx_{it} \times czfq_{it} + \beta X_{it} + \alpha_0 + \mu_i + \varepsilon_{it}$$

$$wrz_{it} = pwrz_{it-1} + \alpha_1 lx_{it} + \alpha_2 czfq_{it} + \alpha_3 wage_{it}$$
$$+ \alpha_4 lx_{it} \times czfq_{it} + \beta X_{it} + \alpha_0 + \mu_i + \varepsilon_{it} \qquad 式 （7—10）$$

其中，wrz_{it} 为省份 i 的环境规制水平，中国污染物的主要来源是工业，治污投资也主要用于工业，因此解决工业污染问题对解决中国污染问题起着至关重要的作用。借鉴他们的观点，用人均工业污染治理投资表示环境规制水平。选用环境信访量（lx）代表公众参与变量，运用各省份预算内人均本级财政支出/中央预算人均本级财政支出（pczfq）代表财政分权，用各省份预算内本级财政支出与中央预算内本级财政支出之比（czfq）作为稳健分析的指标。控制变量 X 包括在岗职工年均工资（wage）作为居民收入变量，抚养比（儿童和老年人与劳动力人口之比）

作为人口年龄分布（fyb），文盲率表示受教育水平（wml），第二产业比重表示产业结构（decy），非农业人口占地区年度总人口的比重衡量城市化水平（czh），外商直接投资实际利用外资金额/地区 GDP 代表外部因素（fdgd）以及失业率（ur）。样本包括 1997—2011 年中国 30 个省份的数据，涉及价格的变量，如人均工业污染治理投资，在岗职工平均工资，以 1997 年为基期进行了价格平减，以便于比较。回归结果如表 7—14 所示。

表 7—14 公众参与与环境规制水平回归结果

	混合 OLS	固定效应	随机效应	差分 GMM	系统 GMM	系统 GMM
$(\log wrz)_{t-1}$				0. 37 ***	0. 37 ***	0. 35 ***
				(0. 05)	(0. 03)	(0. 03)
Log wage	0. 35 ***	0. 44 ***	0. 32 ***	0. 26 **	0. 26 **	0. 28 ***
	(0. 07)	(0. 11)	(0. 09)	(0. 08)	(0. 10)	(0. 09)
fyb	− 0. 017 **	0. 0045	− 0. 0066	− 0. 0015	0. 014 **	− 0. 011
	(0. 01)	(0. 01)	(0. 01)	(0. 01)	(0. 01)	(0. 01)
wml	− 0. 0058	− 0. 029 ***	− 0. 025 ***	− 0. 008 ***	− 0. 0039	− 0. 0052
	(0. 01)	(0. 01)	(0. 01)	(0. 01)	(0. 00)	(0. 00)
decy	0. 044 ***	0. 063 ***	0. 052 ***	0. 060 ***	0. 044 ***	0. 046 ***
	(0. 00)	(0. 01)	(0. 01)	(0. 01)	(0. 01)	(0. 01)
zch	0. 010 ***	− 0. 015 **	0. 002	− 0. 032 ***	− 0. 024 ***	− 0. 024 ***
	(0. 00)	(0. 01)	(0. 00)	(0. 01)	(0. 01)	(0. 01)
fdgd	− 0. 013	− 0. 048 **	− 0. 020	− 0. 087 ***	− 0. 026	− 0. 032
	(0. 01)	(0. 02)	(0. 02)	(0. 02)	(0. 02)	(0. 02)
Constant	− 2. 17 ***	− 3. 30 ***	− 2. 088 **	− 1. 602 *	− 0. 90	− 1. 13
	(0. 83)	(1. 21)	(1. 04)	(0. 90)	(0. 78)	(0. 86)
N	450	450	450	390	420	420
R^2	0. 505	0. 482				
AR (1)				− 3. 96 ***	− 4. 21 ***	− 4. 04 ***
AR (2)				0. 710	0. 328	0. 211
sargan				28. 59	27. 99	28. 27

注：括号内为标准误；*、**、*** 分别表示在 10%、5%、1% 水平上显著。

　　回归结果表明，公众参与对环境规制水平的直接影响不显著，这说明假说2无法得到验证。如上文分析，在中国，地方政府晋升由中央政府或上级政府决定，公众无法给予约束，另外，公众参与也不够积极，这两个原因可能导致公众参与对环境规制水平影响不显著。加入公众参与和财政分权的交叉项后，交叉项在10%的水平上显著为负，证明假说3是成立的。在中国，公众可以通过信访等方式向上级政府和中央政府反映环境情况，这会影响到地方政府晋升。因此，地方经济权力的增加反而不利于公众参与，中央政府应该合理利用中国式财政分权的优势，积极采取公众意见，将其纳入对地方官员提拔的范围，或者适当对地方进行直接环境管制。另外，居民收入对环境规制水平的影响在绝大部分模型中显著为正，而且稳健分析也获得通过，与预期一致。居民收入提高后，对环境质量要求也相应提高，因此会促使环境规制水平相应提高。提高在岗职工工资是全面提高居民收入的重要途径，从环境保护的角度看，提高工资能够提高环境规制水平，有利于环境保护。稳健性回归结果显示公众参与的系数不显著，无法证明假说2成立，财政分权系数在三个模型中都为负，且在两个模型中是显著的，基本符合假说1的结论。财政分权和公众参与的交叉项显著为负，证明假说3成立。（见表7—17）

表7—15　　　　　　　　　　　　稳健性检验

	系统 GMM	系统 GMM	系统 GMM
$(\log wrz)_{t-1}$	0.275 ***	0.291 ***	0.266 ***
	(0.04)	(0.05)	(0.04)
log lx		−0.019	0.024
		(0.01)	(0.02)
log lx ∗ pczfq			0.004 ***
			(0.00)
czfq	−0.055 ***	−0.051 ***	−0.011
	(0.01)	(0.02)	(0.03)
log wage	0.512 ***	0.506 ***	0.612 ***
	(0.10)	(0.11)	(0.13)

续表

	系统 GMM	系统 GMM	系统 GMM
fyb	−0.005 (0.00)	−0.005 (0.01)	−0.001 (0.01)
wml	−0.008 ** (0.00)	−0.005 (0.01)	−0.0009 (0.00)
decy	0.051 *** (0.01)	−0.009 ** (0.00)	−0.011 *** (0.00)
czh	−0.001 (0.01)	0.051 *** (0.01)	0.044 *** (0.01)
fdgd	−0.213 (0.03)	−0.031 (0.02)	−0.015 (0.03)
Constant	−4.180 *** (0.85)	−3.838 *** (1.03)	−4.962 *** (0.93)
N	420	420	420
AR (1)	−4.100 ***	−3.754 ***	−3.958 ***
AR (2)	0.168	0.130	−0.104
sargan	28.17	27.99	26.33

注：括号内为标准误；*、**、***分别表示在10%、5%、1%水平上显著。

　　相关结论和政策启示包括：第一，财政分权程度的提高对环境规制水平起负向作用，这与以往大部分研究结果相同。中国式财政分权的一个特殊性是相对于中央政府而言，地方政府事权较大而财权较小。以往关于中国式财政分权的研究发现，自1994年分税制改革以来，中央政府的财政收入比重增加，中央政府给予地方政府更多事权的同时地方政府财权在变小。地方政府缺乏足够的财政收入来投入到环境防治和治理中；而且，目前以GDP为主要考核指标的晋升机制使地方政府倾向于将财政支出用于短期内获得经济效益的部门，缺乏投入到环境规制的动力。根据该结论，我们认为，不能仅仅依靠地方政府管理环境，中央应适当集中环境管理权力，这样做的一个好处是可以减少博弈环节，节省成本。除此之外，中央政府应适当增加地方政府财政收入比重，使地方政府有充足的资金投入到除经济建设外的其他领域中去。如果短期内无法改变中国式财政分权的现状，那么就应该合理利用中国式财政分权的优势。中国式财政分权的特殊性包括中央政府根据地方政府经济发展状况对官员进行提拔，这样能够激励地方政府展开经济竞争进而迅速提高 GDP 水平，如果将环境规制水平或者环境质量作为衡量指标计入晋升体系，那么地方政府就会考虑到环境质量，从而提高环境规制水平。

第二，公众参与对环境规制水平的直接影响不显著，该结果与以往学者的研究有所不同。从环境治理角度看，公众可以通过信访等方式向各级政府反映其对环境质量的要求，对于地方政府而言，其晋升主要是由中央政府和上级政府决定，因此缺乏为公众服务的动力，忽视公众对环境的诉求，这可能会导致公众参与无法对一个地区环境规制水平产生直接影响。环境质量直接关系到公众的生存，应该给予公众足够参与环境管理的权利，在中国，无论是从法律的规定还是从执行上看，公众参与环境规制的权利和途径依然有所欠缺。中央政府和上级政府应该充分关注公众对地方环境的诉求，督促地方政府在制定环境决策时注重居民对环境的要求；鼓励公众"用手投票"，增加公众直接参与环境政策制定的权利和途径；给予公众更大的"用脚投票"的权利，放松户籍制度，允许公众自由选择生活环境。

第三，财政分权程度越低，公众参与越有利于环境规制水平的提高。以往学者没有对此进行专门性研究，研究者大多认为中国式财政分权对环境规制具有不利影响，但是本节认为，中国财政分权具有其优势，如果合理利用，可以对环境规制水平的提高起到正面作用。如果一个地区居民因环境问题信访过多，就会或多或少对地方官员的提拔产生影响，公众能够通过这种方式间接对地方政府污染治理产生督促作用。目前，中国的公众参与主要通过间接方式发挥作用，通过信访等方式向上级反映环境诉求。如果短期内无法大规模推行公众直接参与环境管理的制度，那么中央政府在提拔地方官员时，可以将公众意见纳入考核范围，这样就会激励地方政府重视公众对环境等公共品的要求；如果中央政府直接对地方环境进行管理，那么可以让公众直接参与到环境政策制定中去，这样既能保证公众参与，又可以充分发挥中国式财政分权能在短期内集中力量办大事的优势。

十 本节小结

本节梳理了不同政策工具的相关经济、生态、民生等影响和作用机制。基于相关案例，分别从社会环保投资，政府环保财政支出、环境相关税收、排污费、环境行政罚款、交通机动车排放标准、短期减排措施、相关能源政策、公众参与有关政策等角度考察了中国既有环境政策的对城市生态文明建设的实际效果或相应借鉴意义。综合来看，这些政策涉及了生态文明建设中的环境经济政策、环境行政政策以及环境社会政策，包含了宏观的环境治理和微观的公众引导，涵盖了生态环境治理的短期政策实施与长期政策设计，这些既有环境政策对其后优化环境政策体系、提高生态文明建设的能力和效率具有重要意义。

第三节　中国生态保护政策工具及适用分析

生态保护，环境治理，同为生态文明建设的重要方面，但二者的侧重有所不同：环境治理，以改善既有环境污染为目标，侧重于对已经造成的大气、水、土壤等污染进行治理和恢复，即以"治"为主；而生态保护，以保护现有生态环境资源的质量和数量为目标，通过禁止或限制开发等规定保护生态环境资源，并试图通过合理的机制设计实现生态和经济效益的双赢，即以"保"为主。无论是理论和实践方面，对这种狭义上的生态保护政策工具进行考察具有更高难度，一方面难以展开量化分析，因而既有研究大都集中于机制设计的论述；另一方面生态保护政策工具实施过程中涉及的地域范围通常更广，利益主体更多，并非限于某一城市层面，相关政策的实施仍处于试点探索阶段。本书的研究，力图通过对既有生态保护政策机制的梳理分析，或可为城市生态文明建设以至国家生态文明建设提供若干参考借鉴。

一　政策机制之一：生态文明建设中生态产权制度的优化

本小节①，对生态文明建设中的生态产权制度问题展开分析讨论。

由于生态环境所具有的特殊的公共品属性，既有研究认为生态环境问题产生的根本制度原因即是生态环境作为公共品的产权问题。中国的生态建设实践已经证明：由于生态建设与保护所产生的正外部性收益无法进入私人收益函数，即私人无法获得与之"环境贡献"相对称的收益，使得私人采取非预期行为，从而违背了产权制度安排的初衷，导致了生态建设成果收效甚微。从中国实际出发分析生态产权制度运行效率低下的原因可以看出：与公有制经济制度类似，中国生态产品公有制制度也是在推翻其私有制的基础上建立起来的生态产品公有产权共同所有制，具体为国家所有和集体所有。既然是公有产权共同所有制，就意味着这种产权制度安排具有很强的公共性，会产生强烈的外部性。除了生态资源作为公共产品自身的特殊性之外，一个根本性的问题就是生态产权制度安排不能很好适应经济与生态环境发展的需要，对产权与所有权关系以及生态产品及其市场特征的认知偏差或模糊是造成生态产权制度失效或低效的深层次原因。在生态产权制度设计过程中，对产权与所有权关系的认知偏差是造成生态产权制度形同虚设的本质原因。产权是"使自己受益或受损的权利"（Demsetz H.，1990），描述的是人与人之间的关系，只有在人与人之间发生交易时，产权问题才存在；而不管有没有发生交易，所有权始终存在。一般来讲，所有权是指物的最终归属，反映的是一种人与物之间静态的关系，是不以人的意志为转移的客观现实，一旦确定了所有权关系，则这种人与物的关系便始终存在，直至这种物转移或消失；产权是指对某种行为的权利和责任的界定（董金明，2013），反映的是人与人的行为之间的动态关系，一旦明确了产权关系，行为人会自觉控制自己的行为，并将行为的后果（外溢性成本或收益）纳入自己的成本—收益函数，以矫正内部激励和行为偏差。

生态产权制度优化的理论依据在于：产权的可分离性与生态产品及

①　本节主要内容，参见徐双明《基于产权分离的生态产权制度优化研究》，《财经研究》2017年第43（1）期，第63—74页。

其市场特性，可能决定了生态产品产权的"非开发性所有权"与"开发性所有权"的分离，其中："非开发性所有权"是指一定数量和质量的生态产品的存在权，其本质是保障其正外部性的存在，亦即一定数量和质量的生态产品的权利及其正外部性的存在性；"开发性所有权"是指在保障必要正外部性的前提下，可获取经济收益的权利。有效的产权安排是产权市场有效率的前提条件，在生态领域，有效的产权安排意味着正外部性有效内部化了；反之也成立，并可作为产权制度有效性的评判标准。"非开发性所有权"要求生态产品存在的最终目的是为了获得生态产品提供的功能服务，确保生态服务能够满足人们生命健康的需要，其本质是保障其正外部性的存在。"开发性所有权"是我们通常所指的生态产品的所有权，包括处置权、收益权等经济权利，即在保障必要生态产品正外部性的前提下可获得经济收益的权利。因此，在"非开发性所有权"的硬约束下释放生态产品的"开发性所有权"，盘活生态资本存量，激励市场主体参与生态环境保护与建设，从而在确保一定数量和质量的生态产品存在的前提下增强生态产品的生产能力。初始的制度安排——在"非开发性所有权分散化"的过程中，使重要生态功能区的开发权永久地与所有权相分离，分散化的所有权导致的高交易成本使得开发权与所有权的重合极其困难，也就可以有效地制衡重要生态功能区做出"开发"的决定。当生态产品的"非开发性所有权"分散化后，相应地，其"公共品"属性在一定程度上转化为可以在市场上交易的"私人品"属性。一旦出现生态破坏的倾向时，拥有"非开发性所有权"的个人或团体（此类属于坚定的生态环境保护主义者）就会以所有者的身份予以制止，而不再像此前一样无人过问。然而，私人或团体（此类属于伪环保主义者或理性经济人）并没有足够的激励将生态产品的产权分离为"非开发性所有权"和"开发性所有权"。现实的情况是，他们会尽最大的努力利用生态产品生产的具有市场经济价值的物质产品而忽略其生态价值，那么，一个可能的后果就是存在生态产品的过度使用，严重破坏其服务功能，致使生态产品生产能力迅速下降。

生态产权制度优化的实质是通过分离生态产品产权的"非开发性所有权"，从而形成以"非开发性所有权"为交易商品的特殊产权市场，实现生态产品的外部性内部化或市场化。生态产权制度之所以失效或低效，部分原因是因为对生态产品及其市场特征认知的模糊，忽略了生态产品强烈的外部性特性以及不存在外部性市场的事实。通过分离出生态产品产权的"非开发性所有权"和"开发性所有权"，使得生态产品的经济价值和生态价值分别在不同的市场得到体现，生态产品与生态产品外部性在一定程度上都转化为"私人品"，一方面形成了外部性市场，破解"市场失灵"问题；另一方面内化了生态产品的外部性收益或成本，可以消除"搭便车"问题。产权机制设计具有广泛的适用范围，应成为生态环境政策的核心和基础性机制。

二　政策机制之二：生态红线与生态功能区规划

本小节，对生态文明建设中的生态红线和生态功能区问题展开分析讨论。

为规范对生态资源的开发和利用，保护生态资源的生态价值，中国正加快建设生态红线和生态功能区制度建设与实施。生态保护红线是指在生态空间范围内具有特殊重要生态功能，必须强制性严格保护的区域，是保障和维护国家生态安全的底线和生命线。通常包括具有重要水源涵养、生态多样性维护、水土保持、防风固沙、海岸生态稳定等功能的生态功能重要区域，及水土流失、土地沙化、石漠化、盐渍化等生态环境敏感脆弱区域。

2005 年，广东省《珠江三角洲环境保护规划纲要》划定了"红线调控、绿线提升、蓝线建设"三线调控区。2011 年《国务院关于加强环境保护重点工作的意见》首次以规范性文件形式提出"生态红线"的概念，此处的"生态红线"仅指生态空间保护领域。2013 年 5 月 24 日，习近平在中央政治局第六次集体学习时，明确要求"划定并验收红线，构建科学合理的城镇化推进格局、农业发展格局、生态安全格局，保障国家和地区生态安全，提高生态服务功能"。2014 年，环保部印发了《国家生态保护红线—生态功能基线划定技术指南（试行）》，成为中国首个生态保护红线划定的纲领性技术指导文件。2014 年，完成"国家生态保护红线"划定工作。2015 年环保部发布《生态红线划定技术指南》。其中 2013 年《中共中央关于全面深化改革若干重大问题的决定》和 2014 年环保部《国家生态保护红线—生态功能基线划定技术指南（试行）》（环发

〔2014〕10号）将生态红线的适用范围扩展至自然资源和环境质量领域。2015年环保部发布《生态红线划定技术指南》（环发〔2015〕56号）以及2017年2月中办国办《关于划定并严守生态保护红线的若干意见》又将生态保护红线从生态、资源、环境整体框架中再次分离出来，着重强调地理生态空间的保护与管控。2017年5月，环境保护部办公厅、国家发展和改革委员会办公厅关于印发《生态保护红线划定指南》的通知，提出基于生态重要性评价划定生态红线的思路和方法。

生态功能保护区的建立主要用于保护区域重要生态功能，防止和减轻自然灾害，协调流域及区域生态保护与经济社会发展，对保障国家和地方生态安全具有重要意义。生态功能保护区属于限制开发区，应坚持保护优先、限制开发、点状发展的原则，因地制宜地制定生态功能保护区的财政、产业、投资、人口和绩效考核等社会经济政策，强化生态环境保护执法监督，加强生态功能保护和恢复，引导资源环境可承载的特色产业发展，限制损害主导生态功能的产业扩张，走生态经济型的发展道路（《国家重点生态功能保护区规划纲要》）。2000年国务院颁布的《全国生态环境保护纲要》明确提出，要通过建立生态功能保护区，保护和恢复区域生态功能。《中华人民共和国国民经济和社会发展第十一个五年规划纲要》将生态功能保护区建设作为推进形成主体功能区，构建资源节约型、环境友好型社会的重要任务。《国务院关于落实科学发展观加强环境保护的决定》将保持生态功能保护区的生态功能基本稳定作为中国环境保护的目标。此外，国家环境保护总局于2007年10月编制了《国家重点生态功能保护区规划纲要》，该规划将统筹安排中国重点生态功能保护区的布局和建设，对指导和推进生态功能保护区建设，维护中国生态安全具有重要意义。

2016年9月国务院印发《关于同意新增部分县（市、区、旗）纳入国家重点生态功能区的批复》，至此，国家重点生态功能区的县市区数量由原来的436个增加至676个，占国土面积的比例从41%提高到53%，此举将有利于进一步提高生态产品供给能力和国家生态安全保障水平。当前，中国重要生态功能区保护建设仍存在一些问题，如环境监管力度不够、多部门管理权责不清、公众参与度低、生态保护观念淡薄等（李勤等，2013），相关制度机制设计和政策工具的实施应围绕这些问题展开。

结合产业政策，对于生态功能区的保护和开发国家又进一步提出生态功能区产业准入负面清单制度，2015 年 7 月，国家发展改革委《关于建立国家重点生态功能区产业准入负面清单制度的通知》（发改规划〔2015〕1760 号），正式启动负面清单工作，作为建立健全主体功能区的重要举措。孙伟（2011）以江苏省无锡市为例综合考虑水环境容量和压力条件下，提出水环境约束分区方法，将研究区划分为高压高容区、高压低容区、低压高容区、低压低容区四种类型，分别提出产业准入与布局调整导向。邱倩和江河（2016）在对重点生态功能区产业准入清单制度深入分析的基础上，提出建立重点产业生态功能区产业准入负面清单的五项原则，即顺应保护自然，严把项目准入关，严控资源开发范围，严控开发强度和以人为本。高宝等（2017）将准入方案分为政策准入、空间准入、总量准入、业态准入和技术准入五个方面，并以常州市为例进行产业环境准入研究，分别得出环境准入方案。

城市层面采取了类似的措施，保护城市内的生态资源开发和利用，如城市湿地公园保护政策。城市湿地作为城市独特的生态环境系统，具有环境调节、资源供应、灾害防控、生命支持和社会文化等功能（张慧等，2016），由于位于或邻近城市，易受城市环境系统、城市经济发展和社会文化形态的影响。随着城市的快速发展以及水资源的过度利用，城市湿地正普遍面临迅速消失，生态系统非常脆弱的尴尬境地（闫长平、马延吉，2010）。因此，在实现城市经济发展的同时，为实现城市湿地的全面保护、生态优先、合理利用和良性发展，建设部推出城市湿地公园保护政策。城市湿地公园是指纳入在城市规划区范围内，以保护城市湿地资源为目的，兼具科普教育、科学研究、休闲游览等功能的公园绿地，[①] 具有生态效益、经济效益和社会效益，是城市重要的生态基础设施。《城市湿地管理办法》[②] 目的是为保护城市湿地资源，加强城市湿地

---

① 中华人民共和国建设部：《城市湿地公园规划设计导则》，2017 - 10 - 11，http://www.mohurd.gov.cn/wjfb/201710/t20171020_ 233671.html。

② 中华人民共和国住房和城乡建设部：《城市湿地公园管理办法》，2017 - 10 - 13，http://www.mohurd.gov.cn/wjfb/201710/t20171020_ 233670.html。

公园管理，维护自然生态平衡，促进城市可持续发展，通过设立城市湿地公园等形式，实施城市湿地资源全面保护，在不破坏湿地的自然良性演替的前提下，充分发挥湿地的社会效益，满足人民群众休闲休憩和科普教育需求；此外，在城市湿地公园及保护地带的重要地段不得设立开发区、度假区，禁止出租转让湿地资源，禁止建设污染环境、破坏生态的项目和设施，不得从事挖湖采沙、围湖造田、开荒取土等改变地貌和破坏环境、景观的活动；维护生态平衡，保护湿地区域内生物多样性及湿地生态系统结构与功能的完整性、自然性；严禁破坏城市湿地水体水系资源等。

2005 年山东荣成市桑沟湾国家城市湿地公园确定为第一批唯一的国家城市湿地公园，截至 2017 年江苏盐城市大洋湾城市湿地公园等五个不同省份的湿地公园被确定为第十二批国家城市湿地公园，中国国家城市湿地公园数量已经达到 57 个。但相比国际上其他一些国家，中国对城市中的湿地管理机制尚不完善方面，涉及农业、林业、住房建设、水利、环境保护和旅游等多个政府部门。这种多部门管理易造成管理混乱、协调性差、权责不清及有效措施难以落实到位，导致湿地生态环境保护与经济效益之间形成多种矛盾，并造成各部门间的矛盾和摩擦（张庆辉等，2013）。因此，城市生态文明建设中要加大对城市内部生态资源的限制开发和保护工作，相关制度机制设计和政策工具的实施应有所倾斜和侧重。

以上是对中国实施的生态红线和生态功能区规划的若干举措的梳理。我们对于这一问题的政策主张是：（1）建立法律制度维护生态红线区域永久禁止开发；（2）在生态红线区域内，探索"非开发性权益"制度，以探索实现生态永久保护的可行性制度；（3）在划定各区域生态红线过程中，应适当考虑各区域生态承载力的差异，对于生态承载力较低的生态西部、生态中部，其生态红线的划定范围宜适当扩大，以使相关区域的生态负载相对降低，才能更有效地实现"改善生态环境质量"的核心目标；（4）在国家及省级生态红线之外，对于较小区域范围的小片生态功能区、生态脆弱区，各级政府也应划定其"生态红线"，予以有效保护。

三　政策机制之三：生态资源补偿和赎买

本小节，拟对生态文明建设中的生态资源补偿和赎买问题展开分析讨论。

在树立和践行"绿水青山就是金山银山"的理念下，中国正加快统筹山水林田湖草系统治理，实行最严格的生态环境保护制度。为兼顾森林等生态资源的生态和经济价值，中国政府正展开对生态区位商品林的补偿、赎买以及投融资等试点研究，其核心目的即是"以激励换取生态保护"，是政府主动将产权制度与市场化手段相结合。

生态补偿方面，毛显强等（2002）从经济学视角出发，认为生态补偿是通过经济调节手段实现利益相关者之间的价值平衡，从而保证生态资源的优化配置；段显明等（2001）从环境学视角出发，认为生态补偿是在产品的设计、生产、流通和消费的整个过程中，充分考虑其对环境的影响，通过科技手段和财政手段减少对环境的破坏。生态补偿的设计的领域包括森林、草原、湿地、自然保护区等，政府通过对私人森林进行收购、建立森林公园及自然保护区的形式，加强对于生态脆弱地区和具有重要生态价值森林的保护和管理。生态补偿在执行中仍然面临很多问题，如补偿标准偏低且补偿标准静态化等，为了提高农民参与生态管护的激励，补偿标准必须结合当地的经济发展水平，森林质量与实际生态价值等。

在补偿制度基础上，在保障生态价值的同时为获得合理的经济效益，部分地区尝试了赎买政策。福建省成立了首个国家生态文明试验区并展开建设，为重点生态区位商品林及其他生态资源的赎买投融资提供了经验。重点生态区位商品林具有良好的生态效益，符合生物多样性保护、国土生态安全和经济社会可持续发展的需要，具有"公共物品"的性质，应将其视为生态公益林加以保护。但拥有林地使用权和林木经营权的农户作为理性的经济人，一旦林木到达伐木期更倾向于砍伐以获取经济效益而忽视生态价值，导致"林农要利益，政府要生态"的矛盾日渐严峻。福建省对位于重点生态区位内尚未纳入生态公益林管理的商品林实施限伐，以达到生态保护的需要。但相应的补偿机制尚未落实，导致"政府要生态，林农要利益"的矛盾日益突出。为此，福建省先行先试，试图通过赎买、改造提升等改革方式将重点区位内的商品林逐步调整为生态公益林。永安、顺昌、沙县、柘荣形成了各具特色的赎买融资模式，赎买资金分别来自专项资金，地方财政，银行贷款，社会筹集等，政府赎买后，通过科学的经营方式发展林下经济，最大限度发挥森林的生态效益和经济效益（林慧琦等，2018）。

其相应的政策的启示包括：政府要加大对重点生态区位商品林赎买的财政投入力度，将重点生态区位商品林保护作为政府一项重要任务，进行系统、全面的建设规划。增加中央和地方财政专项赎买资金投入，提高重点生态区位商品林保护资金在国家和地方生态建设投资的比重，加快重点生态区位商品林的保护进程。政府在重点生态区位商品林赎买的投融资中，要充分发挥政府、市场、社会的各方力量为重点生态区位商品林赎买进行多层次、多渠道、多形式的资金筹集，拓宽融资渠道，实现重点生态区位商品林赎买融资方式多样化，并加强资金管理。

四 其他生态政策机制

除了生态功能区、生态补偿和赎买外，中国还创新提出并实施了其他生态政策机制设计，如退耕还林（草）政策、河长制和湖长制等。退耕还林工程始于1999年，《退耕还林条例》自2003年1月20日起正式实施，退耕还林是迄今为止中国政策性最强、投资量最大、涉及面最广、群众参与程度最高的一项生态建设工程，也是最大的强农惠农项目，仅中央投入的工程资金就超过4300多亿元，是迄今为止世界上最大的生态建设工程。李宗杰等（2014）通过 MODIS NDVI 数据的解译对甘肃省会宁县退耕还林还草工程实施后的植被状况进行了分析。结果表明该区植被覆盖度明显提高，植被群落趋于稳定且呈现出良好的生长势头，水土流失和山洪暴发得到了遏制，多数农户的家庭对退耕还林还草工程广泛认同且家庭经济收入呈现增加趋势。韩洪云和喻永红（2014）通过分析重庆万州的农户调查数据并采用土地生产函数对索洛余值的估计，得出：退耕还林明显改善土地的生产力，使玉米和小麦单产提高；此外还得出：配合采取促进相邻土地的流转与集中政策，加大对农民的农技培训力度等措施，可进一步提高工程区土地生产力和退耕还林项目可持续性。

河流等生态资源作为公共品往往经过多个行政地区，产生跨境生态环境问题，上下游之间在资源开发利用和污染治理责任分担方面进行博弈，在经济效益导向下造成"公地悲剧"，中国多条重要河流水质严重污染。在此背景下，2016 年 12 月，中共中央办公厅、国务院办公厅印发了《关于全面推行河长制的意见》，以坚持生态优先，绿色发展为基本原则，提出必须处理好河湖管理保护与开发利用的关系，强化规划约束，促进河湖休养生息，维护河湖生态功能；坚持问题导向，因地制宜。立足不同地区不同河湖实际，统筹上下游、左右岸，实行一河一策、一湖一策，解决好河湖管理保护的突出问题。截至 2018 年 6 月底，全国 31 个省区市已全面建立河长制。河长制源于地方政府环境治理制度的创新，其优点在于职责归属明确，权责清晰，治污效率高，是合理路径依赖基础上的制度创新，但同时也存在不足之处，如无法根除委托　代理问题，缺乏透明的监督机制，容易出现利益合谋，忽视社会力量，行政问责难落实等问题（王书明、蔡萌萌，2011）。河长制具有过渡性，应在发展中扬长避短，不断完善，应通过它形成全社会参与环境管理的机制，建立可持续发展的环境治理制度。

除此之外，相关政策工具设计还包括森林碳汇、对生态资源或生态产品征收"生态税"、委托管理等，然而这些政策工具应用的范围仍比较有限，且较为分散，下一步政策改革和优化方向即是要加大这些政策工具的探索和使用，并逐步完善生态资源保护和开发的政策工具体系。

我们对相关问题的政策主张是：（1）"退耕还林"等政策，生态利益是首要政策目标，不应过多强调"经济—生态双赢"。生态补偿是实施"退耕还林"资金的根本来源，所以"生态补偿"必须持续地长久地进行。（2）区域间的生态补偿，应基于生态利益分享者与生态保护责任承受者之间的利益博弈均衡来确定，而不应基于强制性的行政要求。区域间的生态补偿，必须是长期的互信的协作，而不是一次性的补偿，更不是发达地区对欠发达地区的"援助"。（3）"河长制"等制度核心是，"生态利益"的代表与"经济利益"的代表相互之间应当是制衡的关系，而不应是同一主体的"生态—经济"双重目标的权衡。（4）"森林碳汇"，应纳入各地生态责任分担的制度之中，应借鉴"清洁发展机制"，使"森林碳汇"能够替代自身的碳减排责任，或者通过交易替代其他地区的碳减排责任。

五　本节小结

本节从生态产权制度、生态红线和生态功能区制度、生态资源补偿制度等方面，梳理了有关生态保护的若干政策机制，并对相关问题提出了相应的政策主张，主要包括：（1）要通过分离生态产品产权的"非开发性所有权"，形成以"非开发性所有权"为交易商品的特殊产权市场，实现生态产品的外部性内部化或市场化；（2）建立法律制度维护生态红线区域永久禁止开发，探索实现生态永久保护的可行性制度；（3）各级政府要加大对重点生态区位商品林赎买的财政投入力度，提高重点生态区位商品林保护资金在国家和地方生态建设投资的比重；（4）"退耕还林"政策，区际生态补偿政策，生态利益都是首要政策目标，"生态补偿"必须持续地长久地进行，一次性补偿不是有效的制度安排。

第四节　政策启示与政策主张

本章对生态文明建设的各种政策工具及其成效展开了分析，这些分析对于中国城市生态文明建设有以下政策启示，亦是本书作者基于分析所主张的制度或政策。

一　生态文明建设中应强化生态环境治理体系和治理能力

环境治理能力现代化，是国家治理能力现代化的重要组成部分，被认为是政府与市场对经济主体进行调节的能力和效率。邓集文（2012）将政府环境治理能力定义为"为完成政府环保职能规范的目标和任务，拥有一定的公共权力的政府组织所具有的维持本组织的稳定存在和发展，并有效地治理环境的能量和力量的总和"，环境治理作为中国国家治理的一项重要内容，与经济治理、政治治理、文化治理和社会治理同等重要，不可或缺，在国家治理中占有越来越重要的地位。从政府的职能定位来看，政府不仅负有促进经济增长的职能，同时作为环境规制的主体，也承担着保护环境的责任，这要求政府在谋求社会福利最大化的决策时，不仅要促进经济的平稳发展，还要规制污染减排，保证环境质量。政府环境治理能力是一个综合的概念，它包括政府环境政策能力、政府环境监管能力、政府环境正义维护能力和政府环境制度创新能力等。提高政府的环境治理能力，构建国家环境治理体系是由中国现今的基本国情和经济、社会发展的客观需求所决定的，也是生态文明建设的根本要求。

在国内外相关做法和经验基础上，中国政府根据经济活动全过程的不同阶段，加快建立环境经济政策体系。如在污染物排放、处置和综合利用环节，不仅实施了排污收费等惩罚性经济措施，还大量运用了税收优惠等激励性政策，在排污交易制度构建方面也进行了较大范围的探索实践；为调整高污染高耗能产业结构，政府在财政支出方面也起到了带头引导作用，优先采购节能和环保标志产品，逐步建立政府绿色采购政策，并加大环保财政支出。总体上看，中国环境经济政策体系已形成比较清晰的结构，但从政策应用所需要的研究基础或政策应用的实际情况来看，环境税改革刚刚实施，环保财政的环境治理能力和效率仍有待研究。党的十九大报告明确指出，生态环境保护任重道远，要着力解决突出环境问题，"构建政府为主导、企业为主体、社会组织和公众共同参与的环境治理体系"，提高中国环境治理能力，改善生态和生活环境，既有迫切的现实需求，也有坚定的政治意愿。提高中国环境治理能力必须首先明确当前环境治理存在的问题和不足，有的放矢，着眼中国环境治理需要协调的五大基本矛盾，构建适合中国"经济—环境—民生"发展的生态文明制度体系。

首先，在协调各方利益方面，中央政府与地方政府间在环境治理方面也存在着权责利益分歧。戚学祥（2017）分析中央与地方关系视野下中国环境治理的主要困境，突出表现在监管与执行、整体与局部、集权与分权等方面。而中央政府与地方政府的利益分歧，权责不一与权力交错是研究中国环境治理困境的逻辑起点。地方政府作为区域范围内独立的利益主体，其参与环境治理的动机往往是环境收益内化与治理成本外部化，容易采用局部性、易于量化、短期见效的策略或行为来应付政绩考核和上级检查。这种狭隘思维引导出的短期行为加大了环境治理的难度，影响环境治理的可持续性。地方政府行使主要的地区环境治理职能。中国实行"各级政府对当地环境质量负责、环保部门统一监督管理、各有关部门依照法律规定实施监督管理"的环境管理体制。中国地方政府在当地实际环境治理过程中发挥实质性作用，地方环保职能部门一方面接受上级环保职能部门的领导，另一方面接受所属地方政府的领导，这种双重管理是不平衡的。要破解中央政府宏观规划与地方政府碎片治理的困境，需以利益为突破点，转变传统发展方式和思维，构建跨区域环境协同治理机制和经济—社会—生态利益协调机制。

其次，注重各项环境治理工具的协调和配合。随着市场经济体系的建立和不断完善，中国以命令—控制手段为主要特征的环境管理面临着严峻挑战，主要表现为政策实施成本高昂，政策效果不稳定，政策效率不高，影响社会公平等问题。面对中国建设生态文明和探索环保新道路的新形势，针对命令—控制型政策手段的种种弊端，中国政府近年来对建立健全环境治理体系，提高环境治理能力给予了前所未有的重视，也提出了新的要求。

基于不同约束方式的划分与环境规制手段的演进扩展基本一致，且认同较广，将环境规制分为三类：命令控制型环境规制（command and control，CAC），以市场为基础的激励性环境规制（market – based instrument，MBI）和自愿型环境管理（Voluntary approach）。以市场为基础的激励性环境规制政策指的是政府利用市场机制设计的，通过改变经济主体的成本或收益，间接导致环境友好型行为的发生，也称价格型政策，包括税收、收费、可交易的许可证、不可交易的排放许可证等，旨在借助市场信号引导企业排污行为，激励排污者降低排污水平，或使社会整体污染状况趋于受控和优化的制度。属于该类型的工具包括排污税费、产品税费、补贴、可交易的排污许可证、押金返还等。以市场为基础的激励性环境规制使经济主体获得一定程度选择和采取行动的自由，为企业采用廉价和较好的污染控制技术提供了较强的刺激。中国正加快推动环境保护费改税，《中华人民共和国环境保护税法》明确其目的是"为了保护和改善环境，减少污染物排放，推进生态文明建设"。环保税改革是一项涉及多领域多部门的改革，中国环境税改革刚刚起步，任重道远，应以环保税改革为契机，建立健全基于中国实际的环保财税体系，提高政府环境治理能力，减少污染排放，促进经济和环境的可持续发展。

再次，加强各区域间的环境规制竞争与协同治理。中国地域面积辽阔，各地区自然资源禀赋和经济发展水平都存在显著差异，就环境问题而言，各省份不仅在污染物排放总量上存在巨大差距，其经济增长的环境代价也存在着显著的不均衡，因而环境治理要求因地制宜，充分考虑到本地区的经济发展水平与自然环境承载力。但由于环境污染负外部性的存在，环境治理很难仅仅依靠某个地区的单方行动取得成效，必须通过区际协同行动才能从根本上解决问题。从区域间影响来看，大量研究表明地区间存在着环境策略竞争。张可（2016）构建了一个地区间环保投入策略互动和污染排放空间溢出的理论模型，认为中国地方政府在环保投入上存在"你多投，我就少投"，并因为增长竞争和环保投入策略互动而导致"你多排，我也多排"的现实情况。无论是环境"逐底"竞争（地方政府间为实现经济增长竞相设定更低的环境标准），还是环境"逐顶"竞争（为保护本地环境质量而竞相提高环境标准或加强环境规制），都是基于地方政府可以自主制定环境标准，从而实现经济和环境目标。由于地方政府与中央政府的目标函数并不一致，地方政府为最大化自身效用有动机扭曲执行国家的环境政策，而区域协同有利于依靠实现目标和规制强度的一致性从而改善环境质量。戚学祥（2017）分析指出，破解跨区域环境问题与地方政府局部治理的矛盾要立足环境的整体性，以利益协调为突破点，健全纵向生态补偿机制，构建合理的跨区域协同治理机制和横向生态补偿机制，对于区域性、互惠型的生态公共服务应由区域内的所有受益者共同承担、补偿，以此协调不同区域间经济发展、环境治理与生态保护的关系。

又次，短期环境治理与长期环境治理的协调。就政府的治理目标来看，短期内更加注重环境质量，为了达到更高的环境目标，实施更为严格的规制措施。规制的标准和强度决定了经济成本，其经济成本不仅包括政府为实施规制而投入的督查监管的人力和资金投入，也包括受环境规制影响而损失的经济产出，如征收能源税同时也可能会增加经济成本，削弱企业和产业的国际竞争力减少经济产出，从而损害经济增长。短期治理效果显著，但不能否认大气污染治理的长期性和艰巨性。短期环境规制将环境目标先于经济目标，通过削减经济生产活动的严厉减排措施难以长期持续。而长期环境规制面临的是经济发展和环境目标的权衡问题，要实现空气质量的持续改善，需要建立长效合理的规划，把短期的"应急减排"变为合理的"常态减排"，变"事件蓝"为"常态蓝"。基于长短期减排成本，长期改善空气质量，需要确立更为合理的环境目标，根据长短期环境规制手段的不同作用机制科学制定减排策略，通过制度和技术性手段增强环境规制的效果，如在短期治理手段的实施过程中，对利益相关者承受的损益补偿应基于公平原则做出制度性的安排。

最后，注重国内治理与参加全球环境治理相协调。党的十九大报告明确指出，中国将继续发挥负责任大国作用，积极参与全球治理体系改革和建设，不断贡献中国智慧和力量。随着中国的国际影响力不断增强，相关学术研究也开始关注中国参与全球环境治理。孙新章等（2013）以全球视野考量中国的生态文明建设，生态文明建设理念的形成，丰富和发展了全球可持续发展理念，为中国进入全球可持续发展理念创新与实践探索的前沿创造了条件，标志着"中国式可持续发展道路"的全面形成。在推进生态文明建设的过程中，我们应充分认识当前中国作为发展中国家和经济大国的双重身份所带来的"双重压力"，西方发达国家"再工业化"趋势，中国自身绿色科技创新能力薄弱并面临"中等收入困境"等国内外因素，应以全球视野进行谋划和布局。

黄智宇（2017）说明了随着全球化的扩张和全球环境问题的日益严重，越来越多的国家和行为主体积极参与到全球治理中，中国也不例外。从 20 世纪末到 21 世纪初，中国在国际环境治理过程中经历了从被动到主动的转变。伴随着中国经济的崛起和在可持续发展理念上的不断创新，中国在全球可持续发展治理中的角色已经开始从一个被动参与者向主导者的方向转变。从理念创新看，中国所提出的生态文明理念，丰富和发展了全球可持续发展理念，标志着"中国式可持续发展道路"的全面形成，为中国进入全球可持续发展理念创新与实践探索的前沿，从而引领全球可持续发展创造了条件。但在推进生态文明建设的过程中，我们应充分认识当前中国作为发展中国家和经济大国的双重身份所带来的"双重压力"，担负起全球环境治理的合理责任。

二 生态文明建设过程中应合理选择适用的政策工具

生态文明建设，有各种政策工具，但是针对不同的现实背景，不同的生态环境问题和"生态—经济—民生"协调问题，应根据其成效，选择适用的政策工具。本节针对这一问题，展开相关讨论。

（一）环境经济政策的选择与适用问题

环境经济政策同时具有的环境和经济属性，要求环境经济政策工具的制定和实施必须兼顾其产生的"经济—环境"影响，并充分利用其传导和影响机制，发挥事半功倍的效果。

首先，环保财政和投资方面，政府的环保财政支出数量和结构不仅传递出通过财政工具保护生态环境、治理环境污染的信号，而且对于社会资金的投向和使用具有引导和刺激作用，因此要积极发挥政府环保财政支出对社会环保投资可能产生的乘数效应，增加社会环保资金数量和使用效率。具体来看，一是关于环保财政支出的预算。基于环保财政支出的资金数额对经济环境的重要影响，各级政府应该提高对相关环境支出的重视程度，增强其政策目标中对环境质量和污染减排的偏好。根据本地区经济发展水平和污染排放实际，科学合理地制定环保财政预算，提高环保财政支出的数额和比例，优化公共支出的结构，加快建立环境友好型的政府财政预算和支出体系。二是关于环保财政支出的执行。根据环保财政支出在经济环境系统中的作用机制，政府应明确自身定位，发挥环保财政支出对经济投资的引致作用以及对环境治理的规制导向作用。在环保支出的具体用途方面，要明确政策目标，确定支出方向，专款专用，如为了督促污染减排，应提高用于规制工业污染源治理支出的比例。在环保财政支出的使用过程中，应定时评估环保财政支出的使用效率，以起到监督和保障作用，并根据实际问题对环保财政支出做出及时调整，致力于促进经济增长和环境保护的"双赢"。

其次，环境保护税费方面，中国正在加快推进环境保护税费改革，此次环境保护税制改革以"排污费改税"为核心，此前的排污费与环境相关税收，到改革后的独立的环境保护税与环境相关税收，主要意义在于：一是在环境治理法制层面上明确了环境保护"税收法定"的基本原则，强化了环境税收的法律保障。二是通过改革获得部门协调、提高政府征收能力、通过整合环境税费降低企业负担等制度红利。具体来看，直接针对污染排放的排污费具有更为直接的污染减排效果，而环境相关税收则主要通过间接机制。这就要求独立的环境保护税应与其他环境相关税收明确定位，独立的环境保护税需要继续保持原有排污税针对污染排放征收从而直接规制企业排放的优势，注重对新独立的环境保护税的执行，提高对环境保护税的执行能力和征收效率，促进污染减排；其他环境相关税收应利用对污染减排的作用机制，通过环境优惠等鼓励企业采用绿色生产方式，促进产业结构和消费结构调整。长期内，应注重环境保护税的制度红利，完善环境保护税收体系和配套制度建设，注重环境保护税费政策对企业的影响，还应兼顾其他税费政策，整体上践行税收中性原则，减少税收交叉可能造成的收入扭曲，形成有利于污染减排、减轻企业税费负担的长效机制，加强环境、税务、执法等部门之间的职责明确和协同配合，结合环保财政以及环境监管处罚等，构建更加细化、全面的中国环境保护税费体系。

但同时还应看出，中国的环境税改革并不是一蹴而就、一劳永逸的，在环境保护税额确定、污染源覆盖范围、环境保护税费使用等方面，环境税改革依然任重道远。结合相关研究，当前环境税改革存在的问题及下一步改革方向包括：在征收方面，环境保护税税率的确定并没有科学地反映出企业污染排放所造成社会环境福利损失，且仍然存在地区间的环保竞争。因而应进一步提高环境保护税率的科学性，使环境保护税真正成为针对污染排放、弥补环境损害的税收。在使用方面，此前的排污费被列入环境保护专项资金进行管理，而《中华人民共和国环境保护税法》实施后，明确环境保护税全部作为地方收入纳入一般公共预算，即环境保护"费改税"对税收收入的分配提高了地方政府的积极性，但同时也需要财政预算法律规定地方政府的环保财政使用，以保障环境治理具有足够的环境保护财政支出。在环境保护税收的征收和使用方面形成一个良性的环境保护资金链，提高政府的环境资金使用能力和效率，完善环境保护制度体系和污染减排的治理能力。

（二）环境行政政策的选择与适用问题

虽然中国正在加快建设以市场机制为决定作用的经济治理体系，但生态环境问题所具有的典型的公共品与负外部性特征要求政府必须采取必要的行政和法律手段加以规制。中国现有环境行政政策包括行政许可和行政处罚等，但由前文政策工具分析之五中所得结果可以发现，既有环境行政政策在标准确定和执行过程中都存在着大量问题。基于对环境行政处罚等分析，提出以下政策主张。

第一，在处罚标准确定方面，环境处罚标准确定的科学性需要相应的理论作为支撑，必须构建基于中国实际的理论模型，考虑到实际运行过程中可能存在的抵消影响，计算处罚基准值。以环境罚款为例，根据不同情形、不同测算方法得到的环境罚款基准数额可能存在差异：对企业具有威慑效果的处罚标准要求其对企业造成的预期损失必须大于企业的预期违规收益，考虑到政府部门的监察和处罚力度以及企业的风险偏好，这一数额标准应成比例地提高，且为使违规企业进行整改，改变企业长期的利润函数，罚款数额不仅要与企业当期的违规收益挂钩，还要具有追溯机制，并辅之以严格的监管力度。如果单纯考虑环境治理，最简单的决策依据即是选择额度最高的罚款标准，当然，这会造成相应的经济损失。根据确定的处罚标准，可以通过评估不同处罚措施对企业造成的利润损失从而选择对应的处罚方式或组合，如借鉴其他国家的成功经验，或具体执行时以违法动态收益为基础。

第二，在环境处罚执行方面，最根本的是要提高政府环境处罚的执行能力和效率。近年来，中央政府为加强环境治理出台了一系列法律法规，不断细化处罚程序，规范处罚行为，如发布《环境行政处罚办法》（环境保护部令第8号），以规范环保部门办理行政处罚案件的基本程序；发布《主要环境违法行为行政处罚自由裁量权细化参考指南》，以指导地方环保部门规范行政处罚自由裁量权；印发《环境行政处罚案件办理程序暂行规定》，细化环境保护部环境监察局办理处罚案件的内部工作程序，为地方环保部门做好示范。因而短期内对违规企业环境处罚的重点仍然是落实法律法规，提高执行能力和效果。如执法形式上，要兼顾处罚违法与纠正违法，强调执法效果，在监督形式上，实行内外结合，形成全方位的监督网络等。这不仅要求地方政府强化环境规制的意愿，将环境治理作为重要的政策目标，还要加大对环境监察和执法方面的人力财力投入，改善用于监察和执法的技术和设备等基础建设，对督查整改情况开展"回头看"，对企业形成长效的约束；拓宽信息公开的范围，提高政策执行的透明度。

第三，其他配套措施方面，当前的环境处罚属于一种环境行政政策，还需要与其他环境经济、法律政策相互配合。如已经开始起步的环境财税改革，规定征收独立的环境保护税并纳入地方统一财政预算，一方面政府可以通过对环境保护财税资金的合理规划和分配，为实施环境处罚提供资金和技术支持；另一方面，通过对企业所负各项经济和环境税费进行优化分配，符合对企业整体"降税减费"的趋势，有利于促进企业生产效率的提高。另外，在制度体系建设方面，各政府部门间要注重环境管理和治理的制度建设，环境部门对企业的独立、垂直管理有助于明确环境目标，但同时仍然要求相关环保监察、执法、法律、财税等各个部门进一步加强协作，权责明确，补充配合，提高政策合力。

（三）环境社会政策的选择与适用问题

除了利用市场机制的环境经济政策以及政府直接干预的环境行政外，构建生态文明政策体系还需要积极拓展环境社会政策，通过构建良好的制度环境鼓励并引导消费者和居民参与生态环境的保护和治理，拓宽社会参与环境保护和治理的渠道，提高社会整体对生态保护和环境治理的能力。环境质量直接关系到公众的生存，应该给予公众足够参与环境管理的权利，因此，中央政府和上级政府应该充分关注公众对地方环境的诉求，督促地方政府在制定环境决策时注重居民对环境的要求；鼓励公众"用手投票"，增加公众直接参与环境政策制定的权利和途径；给予公众更大的"用脚投票"的权利，放松户籍制度，允许公众自由选择生活环境。具体而言，中国财政分权具有其优势，如果合理利用，可以对环境规制水平的提高起到正面作用。如果一个地区居民因环境问题信访过多，就会或多或少对地方官员的提拔产生影响，公众能够通过这种方式间接对地方政府污染治理产生督促作用。目前，中国的公众参与主要通过间接方式发挥作用，通过信访等方式向上级反映环境诉求。如果短期内无法大规模推行公众直接参与环境管理的制度，那么中央政府在提拔地方官员时，可以将公众意见纳入考核范围，激励地方政府重视公众对环境等公共品的要求，保证公众参与，并充分发挥中国式财政分权能在短期内集中力量办大事的优势。

另外，包括社会型政策的各项政策措施的组合制定和实施过程中，必须注重各项政策之间的协调配合和统一优化。环境政策的实施要兼顾政策组合产生的经济和生态环境影响，不仅要选择适当的环境政策工具即有效性问题，还要考虑到政策的成本和可持续性，合理确定政策强度。如短期治理效果显著，也不能否认大气污染治理的长期性和艰巨性。短期环境规制将环境目标先于经济目标，通过削减经济生产活动的严厉减排措施难以长期持续。而长期环境规制面临的是经济发展和环境目标的权衡问题，要实现空气质量的持续改善，需要建立长效合理的规划，把短期的"应急减排"变为合理的"常态减排"，变"事件蓝"为"常态蓝"。基于长短期减排成本，长期改善空气质量，需要确立更为合理的环境目标，根据长短期环境规制手段的不同作用机制科学制定减排策略，通过制度和技术性手段提高环境规制的效果，如在短期治理手段的实施过程中，对利益相关者承受的损益补偿应基于公平原则做出制度性的安排。总之，通过环境规制改善环境质量是一项长期的、系统性工程，不仅需要预先科学规划，选择合理有效的规制措施，还需要统筹安排，加强区域与部门间的协同配合，不断提高环境治理能力，完善现代化环境治理体系。

三　生态文明建设中应强化"多元共治"制度构建

生态文明建设制度与政策不仅需要构建有形的制度体系，并选择合适的政策工具，同时还需要形成良好的社会氛围，引导企业和消费者形成保护生态环境的生产和消费方式，鼓励公众参与生态环境保护和治理。党的十九大明确提出了要构建"政府主导、社会协同、公众参与、法治保障"的生态文明建设新局面。目前，中国公众参与生态文明建设的积极性不高，公众参与生态文明建设的层次不高，参与的广度和深度不足。为了增强公众参与生态文明建设的能力和意愿，更广泛地动员公众参与环境保护，必须加强相关社会保障措施，拓宽参与渠道和平台。具体措施如加大环保宣传和环保信息发布力度，保障公众对生态环境现状和政策享有充分的知情权，以便监督环保政策和工作；在法制和制度建设方面，保证渠道畅通，程序明晰，引导公民合法合规参与环境影响评价等活动，同时建立健全生态环境相关的社会化服务体系，为公众参与环境治理提供多方面的服务和保障。一方面，政府要通过政策和法律制度引导公众参与；另一方面，公众要热心公益事业，主动参与。加强生态文明建设的教育和宣传，在培育公民文化的同时，使公众能够自觉参与生态文明建设。

借鉴国外公众参与环境治理的经验，基于中国实际可以逐步拓展公众参与生态环境治理的方式，如通过投票、建议和倡议的方式对相关生态环境决策的制定和修改完善提出意见，通过召开听证会表达意见并积极关注自身生态环境利益；构建政府与公众交互平台，使公民与政府形成良性互动。保障公民知情权，公众理性高效参与生态文明建设的前提之一是对相关信息知情。政府应尽快完善关于 NGO 的法律制度体系，支持环保 NGO 参与生态环境的保护和治理，建立政府与环保 NGO 组织的对话渠道，并积极扶持相对成熟的环保志愿活动，为公众参与提供有力帮助。

政府、企业和居民是社会经济活动的主体，由于参与社会经济和环境活动的身份和角度不同，必然会形成各自的偏好。就在环境治理体系中扮演的角色而言，企业是主要的污染排放者，其生产和排放行为会直接影响环境质量；政府是环境规制的主体，可以通过各项政策工具规制企业的生产和排放行为，作为规制者的政府和被规制者的企业通常存在博弈行为；居民是环境质量的需求者，同时可通过形成社会舆论影响政府的政策决策，随着近年来经济水平的进一步提升以及资源环境承载压力的日益显化，公众对绿色发展也有着很高的诉求与期待。基于各主体利益的矛盾与博弈，"多元共治"环境治理体系将多主体治理与协作性治理统合起来，除了政府之外，包括个人、企业、家庭以及各类社会组织机构在内的社会力量都是环境治理的主体，倡导综合运用行政力量与其他社会力量，多主体、多形式地保护生态环境，有效预防和化解由环境问题引起的社会矛盾，明确各主体和部门的环境保护职能定位，各自利用自身优势发挥不同作用。

第 八 章

有针对性地促进城市生态文明建设的政策主张

生态文明建设，是中国"五位一体"总体发展战略的重要组成部分。城市生态文明建设，则是城市发展战略的核心内容和关键性内容之一。各个城市在推进生态文明建设过程中，要针对自身的发展条件、发展阶段和发展特点，来确定其发展路径。本书，对城市生态文明建设进行了核心评价分析、综合性评价分析，并对环境规制的"生态—经济—民生"效应、各类政策工具的实施效果进行了分析。根据这些分析，可从三个方面归纳总结出有针对性地促进城市生态文明建设的政策主张。

其一，从生态承载力、生态超载程度、生态效率水平、生态绿色贡献程度，从经济增长—环境污染脱钩状态及追赶脱钩状态、生态宜居水平、协调发展水平等视角，对各城市进行分类，由此可认识各个城市在各个视角下所处的发展状态和发展特征，进而认识该城市的生态文明建设差异化路径。

其二，从环境规制的"生态—经济—民生"效应角度，提出城市生态文明建设过程中的差异化环境规制选择。

其三，从各种类型的政策工具的"经济—环境"影响效果角度，有针对性地提出各种条件和目标下如何选择适用的差异化政策工具。

第一节 关于城市生态文明建设差异化
路径的政策主张

前文研究中分别测度分析了若干城市的生态承载力、生态超载程度、生态效率水平、生态绿色贡献程度，测度和分析了若干城市的经济增长—环境污染脱钩状态及追赶脱钩状态、生态宜居水平、协调发展水平。本节则在这些测度分析的基础上，对各城市进行分类，并对各种类型城市进行简要的分析。

一 既有研究简述

（一）关于城市生态文明建设路径的既有研究简述

有学者针对中国的东部城市、西部城市和一些省份的城市的生态文明建设进行了研究。也有对生态文明下中国城市化进行研究的，并提出了相应的路径和政策建议。

西部城市生态文明建设的五大发展策略：以差异化、非均衡、品牌化三个特点统筹规划；以低碳与创新推动经济可持续发展；以环境保护推动生态可持续发展，守住生态环保底线；从生态文明先行区建设，大气污染治理和城市环境基础设施建设三个方面重点加强生态环境保护；以人为本，结合西部城市总体发展落后，区域、历史、文化特色，重点从 TOD 模式、城市名片和智慧城市建设三方面推进生态文明建设；以生态承载力决定城市规划布局，以所在城市的资源承载力、环境承载力为基准，时刻坚守生态功能保障基线、环境质量安全底线、自然资源利用上线（许国成，2018）。

转变经济发展方式，从环境与发展两难选择转向环保驱动发展；效率导向转向总量控制，数量控制转向质量改善；推动生态文明建设的国土空间规划体系构建；构建集约高效、宜居适度的城市化格局；通过城市产业转型升级，促进工业化与城镇化协调发展；推动生态文明建设的区域利益协调机制建立；建立生态文明制度体系，促进地方政府统筹协调经济社会发展与生态环境保护的关系（李悦，2015）。

推进长江中游城市群生态文明建设：构建跨区域生态环境保护联防

联控体系；以资源环境承载力为基础，提升资源环境承载力；依托主体功能区规划，优化国土空间开发格局；加快推进产业绿色转型发展，提升城市群生态效率；加强生态系统保护与修复，改善环境质量；共建科学完备的生态文明政绩考评体系（黄志红，2016）。

中国人口众多，经济总量庞大，推进人类社会内部、人与自然协调的长期可持续的城市化发展，化解人类发展与资源环境之间关系的矛盾必须用生态文明为指导，将生态文明理念贯穿于中国未来城市化进程中。从观念上改变物质生产消费越多越好的认识，提倡节约消费意识；技术上提高生产效益；制度上推进机制建设。实现城市人口规模适度增长，城市人口比重逐步增加，城市空间合理布局，人均经济产出适度增加，产业结构升级，自然资源适度消耗，人与自然协调的发展态势。因此要大胆革新发展理念，积极促进集约发展，全力推进制度创新以及开展动态监测预警（杨帆，2013）。

（二）关于城市差异化发展的既有研究简述

差异化发展是全球化、信息化时代城市发展的新方向，作为各种经济和发展资源集聚地的城市因为差异化发展将更加符合生态文明建设的要求。纵观经济学理论，城市差异化发展具有深厚的理论渊源，主要包括比较优势理论、价值链理论、熊彼特创新理论、城市历史文明价值理论、产业组织中的差异化理论、城市地域分工理论、博弈论等（胡俊成，2005）。（1）比较优势理论。由于自然禀赋、发展阶段等的不同使得不同城市同一决策的机会成本有所不同，导致城市之间应当选择差异化的发展路径。（2）要素禀赋理论。城市在区位、自然资源、社会资源等方面所具有的其他地区无法移植和模拟的先天禀赋或者短期内无法实现的历史积累，都将导致城市的差异化发展，特别是在迫切需要实现高质量发展的今天，生态承载力的不同将对城市的发展路径选择起到至关重要的作用。（3）地域分工理论。不同城市间优势的不同使得城市在全球生产网络和产业链中所处的位置不同，为避免同类项目的争夺以及产业结构同构带来的经济效益的降低，同区域城市应当选择不同的发展路径。（4）博弈理论。在获取超额利润的动机下，城市间不断进行的博弈将使得城市采取差异化发展的竞争手段。

东部地区是中国经济最发达、工业水平最高、能源消耗最大的地区，对其差异化发展进行研究，对推动中国中、西部和东北老工业基地各城市的生态文明建设起到一定的借鉴作用。由于东部各地区经济基础、社会发展和环境资源的差异，导致各省市的低碳经济发展水平呈现出明显的差异化趋势，提出以低碳技术为支撑的低碳生产发展路径，以节能环保为主导的低碳消费发展路径，以公共政策为保障的低碳社会发展路径和以自然资源开发为引领的低碳生态发展路径（张璇，2015）。

中国地域辽阔，由于各城市的自然资源、经济基础、社会发展水平、环境保护状况及历史风俗各不相同，其生态文明建设参差不齐，探索适合中国城市生态文明建设的差异化路径十分困难。根据区域经济非均衡发展理论，城市生态文明建设能够按照"发达地区—周边地区—落后地区"的运动轨迹，逐步探索适合各城市生态文明建设差异化的发展路径，最终走出一条适合中国城市生态文明建设的特色道路。不同类型城市的发展要结合本地的资源禀赋等选择有利于发挥本地优势的模式。发展方式的选择，发展路径的设计，政策支撑，因地制宜扬长避短形成各自的特色，追求差异是选择模式的差别，总之是缩小"差距"。不同类型城市从发展价值角度进行考量和评判，保障不同城市的公平发展权，最终完善城市的生态文明建设。

在对城市生态文明建设路径的既有研究进行简述的基础上，以下，基于系统研究的分析，首先，从生态承载力、生态效率、生态公平及脱钩、生态宜居、发展协调的多元视角来认识城市生态文明建设的差异性；而后，从生态承载力及其生态超载状态角度，从经济增长—环境污染脱钩状态角度，分别提出各种特性城市的生态文明建设差异化路径。

二 基于生态承载力水平的城市生态文明建设差异化路径

各个城市的生态承载力水平，是判断其城市发展的首要特征，也是城市生态文明建设的基础性条件。只有认识了其自身的生态承载力，才能为其经济社会发展规划确定前置性约束条件。基于胡焕庸线对中国城市的相对生态承载力进行了测度，在此基础上可按照生态承载力的差异程度，给城市划分类型。

（一）基于生态承载力差异的城市分类——生态东部、生态中部、生态西部

Forrester、Meadows 等学者指出，各城市经济活动受制于四个方面的刚性约束：地理空间的有限性；自然资源的有限性；生态服务能力和环境自净能力的限制性；科技水平和管理能力的限制性（胡俊成，2005）。由此可知，生态承载力（即各区域单位土地面积可合理承载人口数，或单位土地面积可合理承载经济规模）对于一个城市实现未来可持续发展的重要性。

改革开放以来，中国城市经过 40 多年的高速发展之后，在取得了令世界瞩目的成就的同时也出现了"城市病"的集中爆发现象，其根源在于缺乏总量制约，缺乏生态承载力约束的粗放的城市发展方式。生态承载力是一个区域质量好坏的重要基础，显示了区域生态系统功能的自我维持和调节能力，更是一个地区经济发展的前提约束。生态承载力高，则其可承载的经济规模和人口规模就越大；反之，如果经济承载力较低，且承载的经济规模和人口规模较大，则其环境质量必然较低。为实现城市生态文明建设与可持续发展的目标，未来的发展阶段中须将城市生态承载力作为关键性约束、顶层约束、硬约束，集约利用各种发展要素。城市应在生态承载力约束下，综合考虑"生态承载力"与"生态负载"选择差异化的发展取向。

从生态承载力角度，现行的中国东—中—西三大区域的划分方案是"七五"时期确立的，方案形成后偶有微调，但基本格局变化不大。该划分方案大体上反映了中国宏观区域经济发展水平由西向东逐步递增的基本态势，然而这一方案，一方面未考虑各区域生态条件的差异，另一方面未细化到城市层面。根据研究分析，中国可以以"烟台—河池线"和"瑷珲—腾冲线"划分为具有明显差异的三个区域："生态西部"（"生态承载力表征指标"小于 30 的区域）、"生态中部"（"生态承载力表征指标"在 30—90 的区域）、"生态东部"（"生态承载力表征指标"大于 90 的区域）。据此划分的东、中、西部可以更好地将生态承载力与发展取向相匹配。

根据前文计算的生态承载力值，得到中国 337 个城市及地区基于生态承载力差异视角的东—中—西部分类。生态西部地区亦即胡焕庸线上方

之西北区域，包括 63 个地级行政区，其"生态承载力表征指标"小于 31；中部地区为胡焕庸线以东且靠近该线的区域，该区域的"生态承载力表征指标"约在 31 到 90 之间，其中山东烟台市的相对生态承载力为 87.87，广西河池市的"生态承载力表征指标"为 88.13，因此，在"生态承载力表征指标"为 90 附近做一条与"瑷珲—腾冲线"大致平行的连线"烟台—河池线"，这两条线中间区域即为中部地区，包括 161 个地级行政区；东部地区显然为"烟台—河池线"以东区域，包括 113 个地级行政区，其"生态承载力表征指标"大于 90。城市（地区）分布如表 8—1 所示。

在计算得到各城市"生态承载力表征指标"的基础上，基于生态承载力的视角借助 ArcGIS 软件将中国按生态承载力差异分为三个区域。这种对中国东—中—西部的重新划分一方面更加清晰明了地反映了中国区域的生态承载力的相对差异，另一方面与现行的大致反映经济发展状况东—中—西部划分方案有所重合，此外又将区域的划分具体到了城市层面，这样既细化了研究结论，使各地区生态承载力更为清晰，亦有利于政策制定者采取差别化政策以兼顾经济发展与生态环境保护。

表 8—1　　　　　　　　　生态承载力差异视角的城市分类

城市分类	分类标准	城市（地区）
生态东部	生态承载力表征指标 90 以上	孝感、宿州、阜阳、威海、日照、青岛、武汉、岳阳、宿迁、益阳、连云港、淮南、蚌埠、邵阳、娄底、黄冈、鄂州、咸宁、崇左、六安、长沙、黄石、淮安、柳州、桂林、湘潭、合肥、永州、南宁、来宾、株洲、滁州、衡阳、盐城、九江、萍乡、贵港、南京、防城港、安庆、钦州、马鞍山、扬州、池州、铜陵、宜春、镇江、芜湖、泰州、新余、南昌、贺州、郴州、北海、玉林、宣城、常州、梧州、景德镇、吉安、南通、无锡、抚州、黄山、鹰潭、湖州、苏州、韶关、湛江、云浮、茂名、赣州、上饶、清远、肇庆、杭州、嘉兴、上海、衢州、海口、阳江、绍兴、佛山、广州、金华、江门、东莞、三亚、三沙、中山、河源、宁波、丽水、珠海、三明、惠州、南平、深圳、舟山、梅州、龙岩、台州、温州、汕尾、宁德、揭阳、潮州、福州、漳州、汕头、莆田、厦门、泉州（113/337）

城市分类	分类标准	城市（地区）
生态中部	生态承载力指标为31—90	黑河、庆阳、丽江、德宏傣族景颇族自治州、雅安、保山、大同、朔州、宝鸡、延安、绵阳、德阳、齐齐哈尔、成都、广元、眉山、张家口、大理白族自治州、吕梁、凉山彝族自治州、乐山、汉中、铜川、忻州、资阳、攀枝花、白城、咸阳、太原、西安、巴中、临沧、大庆、遂宁、晋中、渭南、自贡、南充、内江、赤峰、临汾、阳泉、楚雄彝族自治州、宜宾、北京、昭通、伊春、承德、运城、绥化、广安、保定、商洛、石家庄、达州、通辽、泸州、安康、松原、廊坊、三门峡、长治、哈尔滨、重庆、普洱、昆明、邢台、晋城、朝阳、玉溪、鹤岗、天津、西双版纳傣族自治州、衡水、毕节、唐山、邯郸、曲靖、阜新、洛阳、六盘水、沧州、焦作、佳木斯、安阳、十堰、鹤壁、长春、锦州、德州、四平、秦皇岛、新乡、葫芦岛、双鸭山、郑州、濮阳、遵义、盘锦、铁岭、聊城、红河哈尼族彝族自治州、吉林、恩施土家族苗族自治州、黔西南布依族苗族自治州、辽源、沈阳、开封、安顺、平顶山、南阳、抚顺、许昌、营口、贵阳、七台河、鞍山、济南、辽阳、滨州、菏泽、文山壮族苗族自治州、襄阳、本溪、漯河、鸡西、泰安、牡丹江、东营、淄博、宜昌、济宁、莱芜、周口、驻马店、商丘、黔南布依族苗族自治州、荆门、大连、黔东南苗族侗族自治州、通化、张家界、白山、湘西土家族苗族自治州、铜仁、潍坊、随州、亳州、信阳、荆州、枣庄、丹东、百色、延边朝鲜族自治州、怀化、淮北、临沂、徐州、常德、烟台、河池（161/337）
生态西部	生态承载力表征指标31以下	喀什地区、克孜勒苏柯尔克孜自治州、伊犁哈萨克自治州、塔城地区、博尔塔拉蒙古自治州、阿克苏地区、和田地区、克拉玛依、阿勒泰地区、昌吉回族自治州、巴音郭楞蒙古自治州、乌鲁木齐、阿里地区、吐鲁番地区、哈密地区、日喀则、那曲地区、嘉峪关、酒泉、拉萨、海西蒙古族藏族自治州、山南地区、张掖、林芝地区、玉树藏族自治州、金昌、海北藏族自治州、海南藏族自治州、武威、昌都地区、西宁、果洛藏族自治州、海东、黄南藏族自治州、巴彦淖尔、阿拉善盟、乌海、石嘴山、临夏回族自治州、白银、兰州、中卫、甘南藏族自治州、银川、大兴安岭地区、呼伦贝尔、吴忠、定西、包头、阿坝藏族羌族自治州、鄂尔多斯、固原、兴安盟、呼和浩特、迪庆藏族自治州、锡林郭勒盟、天水、平凉、甘孜藏族自治州、陇南、榆林、怒江傈僳族自治州、乌兰察布（63/337）

（二）生态东部、生态中部、生态西部城市的生态文明建设路径

（1）生态东部城市。这些城市，生态承载力较高，且福州、宁波、舟山、杭州、厦门、珠海、中山等城市仍然在生态承载力范围内能够保持良好的环境质量，具较大的发展潜力，此类城市在遵循生态文明理念的前提下，适度增加人口，经济规模，在外部宏观经济不发生重大调整的情况下，不必做出较大的调整。当然生态承载力最高的地区也存在超载的城市，例如南京、上海、青岛等城市，此类城市一方面可以利用自身实力，通过技术创新等途径降低经济活动造成的环境压力，另一方面鼓励经济活动向可适度增加规模的城市转移，以此实现整个生态东部地区的生态文明建设。

（2）生态中部城市。这一类型城市，生态承载力虽然介于生态东部地区与生态西部地区之间，但是由于其聚集了大规模的人口经济，使得生态中部特别是离胡焕庸线垂直距离较近城市成为生态环境问题最严重的地区，这些城市是生态环境治理最有可能取得成效的区域，也是生态环境治理最应着力的区域。

此类城市出现的问题可归结为过去在产业结构和能源结构不合理情况下的粗放型高速度增长，因此，面临资源约束趋紧，生态环境恶化的城市，就其自身而言面临着转型发展的发展路径，其发展重心需要由经济增长转变为经济社会全面发展，以信息化、高技术产业发展为契机，通过加强城市内部旧城改造，提高公共基础设施的利用率，调整产业结构，实现集约利用。其次，利用城市群之间的分工与协作，提高区域内要素利用效率。例如京津冀地区可以通过京津地区先进技术、研究成果等向河北地区的扩散降低区域内经济活动对环境的影响。同时城市群内部的城市之间，还可以通过产业转移的方式进行经济和人口规模的疏散，实现协同发展，甚至可以寻求与生态承载力更高的地区协同，实现东南沿海地区在生态承载力约束下的可持续发展。另外，中部地区根据其现实的生态环境状况，其生态红线的划定范围与生态东部相比应适当扩大，使其成为一种硬约束降低相关区域的生态负载。最后，生态中部地区很多城市面临着环境污染外部性的问题，因此针对某些城市本身生态负载不高，但由于周边城市生态负载过高导致的生态承载力和实际环境质量偏低的情况，应基于各城市承受生态环境不公平使生态负载过高城市给

予受影响城市合理的生态补偿，以此降低生态负载。

（3）生态西部城市。这些城市，生态承载力最低，其是中国大江大河的主要发源地，是森林、草原湿地和湖泊等的集中分布地，构建国家生态安全屏障，生态地位重要又十分脆弱。因此，位于生态西部地区的城市，面临最严峻生态约束，在生态红线划定时也应当适当扩大范围。此类城市需要将保护区域内生态屏障、风景区与保护区，提升生态服务功能放在重中之重的位置，在城市发展过程中优先考虑城市生态安全区域的保护。在新一轮产业转移的过程中，生态西部地区作为一个集中的产业承接地，应考虑承接产业对地区生态可能造成的未来影响，提高承接产业的门槛，不接受不符合本地生态文明建设要求的产业。由于生态承载力导致的生态西部地区在生态环境方面的不公平，需要政府建立用于生态西部地区生态补偿的生态文明制度。

尽管区域之间生态承载力的显著差异导致不同城市之间面临不同的发展路径，但它们都需要以"尊重自然、顺应自然、保护自然"为理念，在生态承载力的硬性约束前提下确定城市的发展取向。

综上，中国当前几个重要的经济区和城市群的生态承载力有着显著的差异，在落实相关区域发展战略过程中，必须对此予以充分关注。在生态承载力范围内，可增加一定经济—人口规模的大城市和城市群，应适当吸纳来自生态承载力较低区域的产业转移和人口转移。在落实京津冀协同发展战略过程中，应充分注意到这一区域"生态承载力较低、经济密度及人口密度偏高"的特点及其生态环境问题的严重性，将其作为当前全国生态环境治理的重点区域，出台更具针对性的环境治理与绿色发展政策，不仅要注重京津冀区域内部的协同发展，还应积极探索生态承载力较低的区域（如，京津冀及其周边区域）与生态承载力较高的其他区域之间更大范围的协同发展路径。

三　基于生态超载状态的城市生态文明建设差异化路径

各个城市经济社会长期发展形成的生态负载，与其自身的生态承载力相比，是否已经超载，超载程度如何，是判断一个城市未来发展取向的根本条件。本书作者，基于胡焕庸线生态含义测度了各城市的相对生态承载力，并以各城市的人口密度作为其生态负载的表征性指标，测度了各城市的生态超载状态。基于这一测度，可对城市进行分类分析。

（一）基于生态超载状态的城市分类——可适度扩张，宜维持，已超载，显著超载，严重超载

基于前文对环保重点城市和长江经济带城市的生态超载状态所做的分析，对这些城市做以下分类。如表8—2所示。

表8—2　　基于生态超载状态的城市分类（环保重点及长江经济带共104个城市）

城市分类	分类标准	城市
可适度扩张	生态盈余率 $R_i > 30\%$	福州、杭州、拉萨、宁波、厦门、南宁、海口、承德、宁波、杭州、台州、温州、丽水、舟山、衢州、金华、绍兴、湖州、惠州、江门、肇庆、珠海、池州、景德镇、九江、湖州、安庆、咸宁、宜昌、十堰
宜维持	$-30\% < R_i < 30\%$	南通、南昌、嘉兴、哈尔滨、扬州、中山、淮安、泰州、镇江、长沙、张家口、盐城、苏州、广州、常州、连云港、佛山、呼和浩特、恩施、常德、马鞍山、岳阳、荆门、黄冈、铜陵、芜湖、攀枝花、遵义、襄阳、黄石、荆州
已超载	$-30\% > R_i > -150\%$	无锡、宿迁、合肥、大连、长春、青岛、秦皇岛、重庆、南京、东莞、徐州、贵阳、衡水、沧州、沈阳、深圳、鄂州、昭通、昆明、毕节、泸州、达州、宜宾
显著超载	$-150\% > R_i > -300\%$	唐山、保定、兰州、邢台、上海、武汉、济南、西宁、邯郸、石家庄、廊坊、太原、广安
严重超载	$R_i < -300\%$	乌鲁木齐、成都、北京、天津、西安、银川、郑州

（二）不同生态超载状态城市的生态文明建设路径

（1）"可适度扩张"类型的城市，意味着，它们尚处在生态承载力范围内，且能够保证良好环境质量，尚有可增加一定经济—人口规模的发展空间。基于前文分析可知：相对有较大发展潜力的大城市或城市群是：福州、宁波（结合舟山）、杭州（结合绍兴及嘉兴）、厦门（结合海峡西

岸区域）、珠海（结合澳门及中山）等。为此，建议：国家层面针对该区域的生态承载力及发展潜力，确立"东南沿海新发展战略"。通过这一新发展战略，适当吸纳生态承载力较低区域的劳动力等要素转移，使经济活动对生态系统的负载适度从生态承载力低区域向生态承载力较高区域转移。

（2）"宜维持"类型的城市，意味着，其经济—人口规模不宜大幅度地扩大，今后的发展，应把基本维持现有经济—人口规模作为发展的前提条件。这样就能够维持较好的生态环境质量水平，实现"生态—经济—民生"的协调发展。这类城市，一旦在生态环境治理努力程度和治理绩效方面有所懈怠，则极有可能滑落到生态环境质量一般水平甚至滑落到较差水平，这是它们在生态文明建设中必须防范的可能倾向。

（3）"已超载"类型的城市，意味着，其经济—人口规模已经没有继续扩张的生态空间，今后的发展，应把维持现有经济—人口规模作为发展的前提条件，并努力通过内涵式发展来消化既有的超载。这类城市，必须在生态环境治理努力程度和治理绩效方面积极作为，才能有效防范生态环境质量水平进一步恶化，这是它们在生态文明建设中必须重视的问题。

（4）"显著超载""严重超载"类型的城市，意味着，其经济—人口规模不仅没有继续扩张的生态空间，而且还有较大规模的生态赤字。今后的发展，应把适当化解城市的核心功能，以削减生态赤字作为发展的基本方向，并努力通过持续的较大规模的产业结构调整等内涵式发展来持续消化既有的超载。

四　基于"生态效率"分析的城市生态文明建设差异化路径

（一）基于"生态效率提升源泉"的城市分类——纯效率改进型，纯技术进步型，规模效率提升型，技术规模增进型

基于前文对城市生态效率提升源泉的分析，通过比较2006—2015年累计生态效率的四个分解效率值（PEC、PTC、SEC和STC）的大小，将105个城市分为四类，如表8—3所示。

表8—3   基于"生态效率提升源泉"的城市分类（105 个城市）

城市类别	城市
纯效率改进型 （57/105）	重庆、包头、常州、日照、武汉、曲靖、赤峰、南京、青岛、桂林、绍兴、安阳、昆明、西宁、杭州、长春、开封、济南、阳泉、潍坊、宜宾、温州、泸州、平顶山、荆州、石家庄、福州、本溪、银川、韶关、扬州、徐州、宝鸡、抚顺、遵义、柳州、湘潭、呼和浩特、绵阳、大同、兰州、连云港、常德、泉州、株洲、湖州、湛江、秦皇岛、九江、宁波、郑州、吉林、泰安、攀枝花、咸阳、长治、临汾
纯技术进步型 （36/105）	天津、广州、上海、北京、北海、成都、乌鲁木齐、淄博、焦作、沈阳、保定、邯郸、洛阳、南宁、长沙、济宁、贵阳、宜昌、西安、南通、唐山、太原、无锡、苏州、哈尔滨、合肥、汕头、岳阳、海口、厦门、南昌、大连、珠海、烟台、鞍山、张家界
规模效率提升型 （7/105）	石嘴山、齐齐哈尔、枣庄、延安、芜湖、铜川、锦州
技术规模增进型 （5/105）	深圳、克拉玛依、金昌、马鞍山、牡丹江

（二）基于"生态效率提升源泉"分类的城市发展路径

观察表8—3 可知：（1）一半以上城市的生态效率改进来源于纯效率改进，对于这些城市而言，可通过加大科研创新投入，改进生产和治污技术，提高规模经济等手段来弥补其在技术效率和规模效率方面的不足。（2）1/3 城市的生态效率改进源于纯技术进步，这些城市应该保持其创新能力的基础上，革新管理和制度方式，吸引人口和生态友好型产业，提高生产和经营规模，进一步提高利用技术进步改善生态效率的能力。（3）规模效率提升型城市所占比重不到10%，这些城市生态效率改进的最大因素为规模经济，这些城市应在此基础上，引进先进的管理经验，培育绿色的营商环境，革新生产和治污技术，提高生态效率。（4）技术规模增进型城市仅有 5 个，也就是说，这些城市生态效率的改进源于技术的规模报酬，对于这些城市而言，应利用这种优势，通过改进管理制度，改善生产生活环境等手段提高利用技术的能力，将技术成果进一步转化为生态效率的提高。

根据生态效率和生态效率提升源泉的分析，总体上的政策主张是：各城市应以深圳为标杆，即，在促进技术创新的同时，还要促进技术的规模效应及其对生态环境治理能力的同步提高。单纯的生产技术创新，单纯的环境治理技术创新，都不能更有效地提升生态效率。国家及地方政府，在制定产业技术创新支持政策时，应特别重视并鼓励两类技术创新能够有机结合的高新产业和产业新技术。

五　基于"绿色贡献系数"水平的城市生态文明建设差异化路径

生态文明的一个重要理念，就是尽可能地减少经济社会发展中，对其他地区、对区域或区域的生态环境系统带来外部性影响，亦即，尽可能地降低因经济发展差距所带来的"经济不公平"进而转化为"生态不公平"。也就是说，生态文明建设的一个重要目标是推进"生态公平"。因此，城市生态文明建设过程中，也应不断推进其生态公平程度。本书作者，从"绿色贡献系数"角度，对各城市的"生态公平"城市进行了测度。据此，可对各城市进行分类分析。

（一）基于"绿色贡献系数"的城市分类——绿色贡献高，绿色贡献较高，绿色贡献中等，绿色贡献偏低

基于前文对"绿色贡献系数"的测度分析，对各城市进行分类，如表8—4所示。

表8—4　　　基于"绿色贡献系数"的城市分类（285 个城市）

城市分类	分类标准	城市
绿色贡献高	GCC > 2	海口、深圳、惠州、北京、揭阳、宜昌、南充、肇庆、中山、漳州、广州、常州、长沙、长春、潮州、威海、青岛、苏州、佛山、上海、泉州、无锡、厦门、烟台、庆阳、绍兴、沈阳、杭州、合肥、黄山、汕尾、盐城、珠海、泰州、南通、金华、盘锦、天津、沧州、周口、台州、延安、大连、许昌、漯河、资阳、巴中、南昌、温州、江门、汕头、福州、大庆、绥化

续表

城市分类	分类标准	城市
绿色贡献较高	1 < GCC < 2	扬州、德阳、濮阳、酒泉、南京、遂宁、莆田、成都、宁波、济南、雅安、河源、安庆、东营、玉溪、芜湖、宣城、镇江、潍坊、武汉、东莞、丽水、阳江、滁州、随州、临沂、十堰、宿迁、黄冈、六安、聊城、亳州、嘉兴、齐齐哈尔、湖州、哈尔滨、郑州、蚌埠、宁德、舟山、吉林、廊坊、淮安、阜阳、连云港、克拉玛依、保定、徐州、梧州、湛江、德州、茂名、驻马店、咸宁、襄樊、岳阳、辽阳、菏泽、清远、淄博
绿色贡献中等	0.5 < GCC < 1	邵阳、西安、新乡、宿州、营口、泰安、赣州、焦作、枣庄、松原、日照、武威、银川、石家庄、玉林、开封、眉山、攀枝花、通辽、鹰潭、信阳、南平、天水、安康、荆门、郴州、济宁、鞍山、南阳、兰州、自贡、商丘、南宁、北海、绵阳、抚州、昆明、马鞍山、上饶、抚顺、衢州、通化、锦州、衡水、株洲、辽源、宝鸡、三明、崇左、湘潭、唐山、荆州、丹东、孝感、巢湖、常德、白城、本溪、铜陵、白山、永州、柳州、龙岩、秦皇岛、梅州、鄂州、昭通、中卫、临沧、洛阳、防城港、丽江、泸州、九江、吉安、邯郸、嘉峪关、定西、衡阳、四平、滨州、葫芦岛
绿色贡献偏低	GCC < 0.5	安阳、萍乡、铜川、铁岭、莱芜、临汾、牡丹江、韶关、乌鲁木齐、邢台、鹤壁、太原、新余、佳木斯、陇南、咸阳、桂林、承德、重庆、乐山、淮北、黄石、景德镇、宜春、云浮、呼和浩特、朝阳、保山、平顶山、三门峡、钦州、鸡西、包头、伊春、池州、益阳、张掖、商洛、吕梁、榆林、贵阳、汉中、西宁、长治、内江、遵义、思茅、广元、怀化、曲靖、鹤岗、晋中、娄底、七台河、运城、贺州、宜宾、双鸭山、广安、鄂尔多斯、张家界、贵港、张家口、晋城、达州、巴彦淖尔、呼伦贝尔、阜新、固原、淮南、乌兰察布、大同、六盘水、赤峰、忻州、朔州、石嘴山、阳泉、黑河、金昌、河池、渭南、平凉、吴忠、乌海、安顺、金昌、来宾、百色

（二）基于"绿色贡献系数"分类的城市发展路径

将各城市的绿色贡献系数进行平均并排序可以发现，均值大于 1 的城市共有 115 个，其中超过 2 的城市有 54 个，均值处于 1—2 之间的城市有 60 个。绿色贡献系数均值小于 1 的城市共计 171 个，目前大部分城市属于这一类别，其中均值处于 0.5—1 之间的城市共有 82 个，均值小于 0.5 的共有 89 个。综合而言，可以得出以下认识。

（1）均值超过 2 的城市大多为经济较为发达的城市，且东南沿海城市排名相对更加靠前，北京、上海、广州、深圳、天津等大城市都处于这一类别，其中还包括了沈阳、杭州、合肥、长沙、长春等省会城市及其他地区经济相对发达城市。这些城市一般不再依靠单纯的工业生产，污染排放来实现经济产出，因而具有更高的绿色贡献系数。此类城市应该注重当前发展方式的可持续性，继续促进经济和生态、社会相协调，并积极发挥自身辐射作用，发挥自身优势，带动地区经济协调发展。

（2）均值处于 1—2 之间的城市大多为中部城市，一般为区域性较大城市。这些城市的绿色贡献系数大于 1，说明其经济贡献率大于其污染贡献率，或者说，从全国来，其经济增速大于其污染排放的增速，从单位产出来看已经逐步进入一种绿色生产方式。但绿色贡献系数大于 1 仍要注意污染排放的总量规模，加强对污染排放总量的控制，进一步提高生态环境质量。

（3）绿色贡献率小于 1 的城市通常经济产出也相对较低，其经济贡献率小于污染排放的贡献率，从地理位置上看大都处于中西部地区，尤其是西北地区，生态承载力不高，仍然依靠高投入高排放来实现经济增长。

（4）均值小于 0.5 的城市中存在较多资源型城市，如包头、鄂尔多斯、金昌等，以资源为支柱产业极易导致其绿色贡献系数过低。虽然绿色贡献系数只是一个相对的绿色产出水平，但这些城市应该重视自身的发展战略选择，尤其是资源型城市需求发展转型。中西部城市在承接产业转移或引进外资时也应加以甄别选择，不能为了短期经济增长而对当地生态环境过度开发和污染，最终导致发展的不可持续。总体而言，中西部地区当前在追求经济发展的同时应该确定科学合理的城市规划和发展战略，促进经济与生态，民生协调发展，注重弥补短板，打造自身优势，寻求特色发展。

六 基于"生态宜居指数"水平的城市生态文明建设差异化路径

从生态文明的本质含义来看，重视生态环境问题，重视经济建设、社会建设与生态环境的协调，并非最终目的。其最终目的是人类世代可持续传承和发展，即当代人的宜居生活与后代人的永续传承。所以，城市生态文明建设的重要目标是，为当代人创造宜居生产生活条件，也为当代人更好地维护后代人利益创造相应的条件。笔者从城市生态宜居的角度对此进行了测度分析，据此可对各城市进行分类分析。

（一）基于"生态宜居指数"的城市分类——宜居、较宜居、一般、不宜居

根据生态宜居城市评价分级指标，把城市分为宜居、较宜居、一般和不宜居四类，105 个城市中三分之一的城市处于宜居水平，66 个城市比较宜居，4 个城市处于一般水平，没有城市完全处于不宜居状态。具体如表 8—5 所示。

根据前文构建中国生态宜居城市指标体系测算出的 105 个城市的生态宜居指数，对 2015 年的得分进行排名，具体数值如表 8—6 所示。

表 8—5　　　　　　105 个生态宜居型城市分类（2015 年）

城市分类	分类标准	城市
宜居	生态宜居指数 > 0.5	深圳、北京、广州、贵阳、呼和浩特、珠海、武汉、福州、合肥、太原、昆明、济南、长沙、杭州、上海、兰州、海口、乌鲁木齐、厦门、宁波、南宁、青岛、克拉玛依、南京、西安、西宁、株洲、烟台、郑州、温州、天津、九江、无锡、银川、南昌（35/105）

城市分类	分类标准	城市
较宜居	0.4＜生态宜居指数＜0.5	成都、包头、苏州、秦皇岛、桂林、柳州、大连、泉州、马鞍山、芜湖、洛阳、咸阳、邯郸、沈阳、哈尔滨、绵阳、常州、潍坊、南通、湘潭、长春、石家庄、遵义、赤峰、曲靖、重庆、泰安、锦州、长治、湛江、开封、湖州、宜昌、扬州、济宁、徐州、石嘴山、攀枝花、韶关、日照、淄博、绍兴、唐山、阳泉、安阳、大同、荆州、宝鸡、吉林、岳阳、齐齐哈尔、牡丹江、保定、铜川、焦作、常德、泸州、汕头、连云港、抚顺、金昌、北海、平顶山、临汾、延安、宜宾（66/105）
一般	0.3＜生态宜居指数＜0.4	枣庄、鞍山、本溪、张家界（4/105）
不宜居	生态宜居指数＜0.3	（0/105）

表8—6　　　　105个城市生态宜居指数及排名（2015年）

排名	城市	生态宜居指数	排名	城市	生态宜居指数	排名	城市	生态宜居指数
1	深圳	0.62609	36	成都	0.49627	71	徐州	0.43863
2	北京	0.59474	37	包头	0.49487	72	石嘴山	0.43850
3	广州	0.57437	38	苏州	0.49177	73	攀枝花	0.43714
4	贵阳	0.57054	39	秦皇岛	0.48635	74	韶关	0.43666
5	呼和浩特	0.57051	40	桂林	0.48520	75	日照	0.43643
6	珠海	0.56867	41	柳州	0.47870	76	淄博	0.43557
7	武汉	0.56752	42	大连	0.47700	77	绍兴	0.43468
8	福州	0.55954	43	泉州	0.47653	78	唐山	0.43434
9	合肥	0.55271	44	马鞍山	0.47628	79	阳泉	0.43208
10	太原	0.55244	45	芜湖	0.47263	80	安阳	0.43196
11	昆明	0.54601	46	洛阳	0.47066	81	大同	0.43153
12	济南	0.53675	47	咸阳	0.46824	82	荆州	0.43123
13	长沙	0.53593	48	邯郸	0.46673	83	宝鸡	0.43056
14	杭州	0.53189	49	沈阳	0.46629	84	吉林	0.42761

排名	城市	生态宜居指数	排名	城市	生态宜居指数	排名	城市	生态宜居指数
15	上海	0.52901	50	哈尔滨	0.46585	85	岳阳	0.42740
16	兰州	0.52457	51	绵阳	0.46568	86	齐齐哈尔	0.42665
17	海口	0.52398	52	常州	0.46405	87	牡丹江	0.42447
18	乌鲁木齐	0.52324	53	潍坊	0.46376	88	保定	0.42435
19	厦门	0.52236	54	南通	0.46269	89	铜川	0.42364
20	宁波	0.52034	55	湘潭	0.46244	90	焦作	0.42302
21	南宁	0.51904	56	长春	0.46131	91	常德	0.42298
22	青岛	0.51896	57	石家庄	0.46039	92	泸州	0.41985
23	克拉玛依	0.51529	58	遵义	0.45966	93	汕头	0.41883
24	南京	0.51518	59	赤峰	0.45557	94	连云港	0.41831
25	西安	0.51428	60	曲靖	0.45299	95	抚顺	0.41432
26	西宁	0.50975	61	重庆	0.45169	96	金昌	0.41232
27	株洲	0.50902	62	泰安	0.44893	97	北海	0.40724
28	烟台	0.50778	63	锦州	0.44676	98	平顶山	0.40722
29	郑州	0.50584	64	长治	0.44428	99	临汾	0.40212
30	温州	0.50353	65	湛江	0.44278	100	延安	0.40209
31	天津	0.50330	66	开封	0.44004	101	宜宾	0.40132
32	九江	0.50086	67	湖州	0.43984	102	枣庄	0.38882
33	无锡	0.50074	68	宜昌	0.43946	103	鞍山	0.37726
34	银川	0.50041	69	扬州	0.43929	104	本溪	0.36843
35	南昌	0.49804	70	济宁	0.43867	105	张家界	0.35846

（二）不同宜居水平城市的生态文明建设路径

生态宜居城市，是经济、社会、生态多方面均衡发展的城市，适宜于人类居住和生活的城市。根据前文分析，不同城市在提高生态宜居水平方面具有各异的"短板"，一般而言，西部城市的短板在于经济发展落后，人均收入较低，传统工业城市的短板在于发展方式粗放，产业结构亟待优化，能源型城市的短板在于污染排放严重，治理能力低下等。城市的生态文明建设不应"一刀切"，政府应在切实分析自身情况的基础上，采取有针对性的对策和差异化的发展路径（李干杰，2014）。

（1）宜居城市。基本特征是经济发达，产业结构高度化，技术水平相对更好，发展相对均衡，在绿色生产、绿色生活、绿色环境和绿色制度方面都做得比较好。这类城市可以通过改革促进农业人口转入城市，为他们提供与城市居民同等的社会服务，促进包容性城镇化的发展。提供符合人民愿望的城市生活质量，实现与生态环境相适应的可持续的城镇化。根据生态承载能力科学规划城市建设规模和开发强度，制定合理的政策促使人口迁移健康有序。这些城市，持续维持其"宜居"状态是其发展目标，一旦在某些方面出现反复，就有可能转化为"较宜居"甚至是"一般"状态。

（2）较宜居城市。需进一步加强环境保护，生态制度的建设；提高资源管理水平，加快绿色转型发展，适度进行国土空间的开发利用。这些城市，一方面，要对比"宜居城市"的标杆找出自身发展的短板，逐步向"宜居城市"转化迈进；另一方面，也要切实防范向"一般"宜居水平滑落。所以，需要进一步改善产业结构，促进技术进步，完善基础设施，提高污染治理能力。

（3）生态宜居水平一般的城市。这类城市需加强资源管理能力，实施创新驱动发展战略，促进绿色转型发展。这些城市生态宜居水平的改进，不仅依赖于经济发展水平的提高和产业结构的改善，更是依赖于科学技术的改进，基础设施的完善，污染治理能力的提高和环境质量的改善。而其中最根本的路径是，逐步改变原有的经济发展模式。如，发挥市场机制作用，激发资源型城市转型创新能力；引入先进主体参与转型制度设计，激活资源型城市经济活力。

七　基于"城市协调发展指数"水平的城市生态文明建设路径

基于生态文明的本质含义来认识生态文明建设，并非是单纯地重视生态环境问题，而是经济建设、社会建设与生态文明建设的协调。所以，城市生态文明建设的重要意涵，就是城市经济建设、社会建设的各个方面与生态文明建设的相关方面协调发展，尽可能不出现明显的短板。笔者从城市协调发展角度，对各城市的协调发展指数进行了测度分析。基于这一测度分析，可对各城市进行分类分析。

（一）基于"城市协调发展指数"的城市分类——高度协调、较高协调、中等协调、一般协调

根据前文分析，已核算得出的城市协调发展水平指数（见表8—8），可将中国城市分类，如表8—7所示。

表8—7　　　　　　105个协调发展型城市分类（2015年）

城市分类	分类标准	城市
高度协调	协调发展指数0.75—1	深圳（1/105）
较高协调	协调发展指数0.5—0.75	珠海、合肥、北京、济南、呼和浩特、青岛、天津、长沙、杭州、广州、武汉、宁波、苏州、昆明、无锡、厦门、福州、乌鲁木齐、贵阳、南京、郑州、烟台（22/105）
中等协调	协调发展指数0.25—0.5	成都、芜湖、银川、九江、温州、常州、上海、西安、大连、太原、南宁、兰州、长春、哈尔滨、泉州、南通、宜昌、包头、海口、克拉玛依、绵阳、沈阳、株洲、湖州、潍坊、开封、扬州、绍兴、岳阳、泰安、湘潭、桂林、西宁、荆州、柳州、秦皇岛、淄博、洛阳、徐州、韶关、马鞍山、南昌、常德、济宁、攀枝花、延安、齐齐哈尔、重庆、张家界、曲靖、遵义、锦州、日照（53/105）
一般协调	协调发展指数0—0.25	石家庄、吉林、宝鸡、长治、连云港、泸州、保定、唐山、牡丹江、安阳、焦作、湛江、邯郸、咸阳、赤峰、北海、阳泉、大同、宜宾、抚顺、石嘴山、临汾、鞍山、平顶山、枣庄、本溪、金昌、铜川、汕头（29/105）

表8—8　　　　　　105个城市协调发展指数及排名（2015年）

城市	协调发展指数	排名	城市	协调发展指数	排名	城市	协调发展指数	排名
深圳	0.7685	1	长春	0.4234	36	重庆	0.2622	71
珠海	0.6571	2	哈尔滨	0.4210	37	张家界	0.2585	72
合肥	0.6308	3	泉州	0.4191	38	曲靖	0.2582	73
北京	0.6100	4	南通	0.4135	39	遵义	0.2575	74

续表

城市	协调发展指数	排名	城市	协调发展指数	排名	城市	协调发展指数	排名
济南	0.6086	5	宜昌	0.4135	40	锦州	0.2518	75
呼和浩特	0.6025	6	包头	0.3972	41	日照	0.2517	76
青岛	0.5995	7	海口	0.3963	42	石家庄	0.2476	77
天津	0.5970	8	克拉玛依	0.3956	43	吉林	0.2461	78
长沙	0.5879	9	绵阳	0.3934	44	宝鸡	0.2401	79
杭州	0.5810	10	沈阳	0.3799	45	长治	0.2399	80
广州	0.5685	11	株洲	0.3769	46	连云港	0.2346	81
武汉	0.5595	12	湖州	0.3755	47	泸州	0.2314	82
宁波	0.5570	13	潍坊	0.372	48	保定	0.2311	83
苏州	0.5538	14	开封	0.3705	49	唐山	0.2309	84
昆明	0.5445	15	扬州	0.3593	50	牡丹江	0.2296	85
无锡	0.5408	16	绍兴	0.3516	51	安阳	0.2217	86
厦门	0.5367	17	岳阳	0.3467	52	焦作	0.2209	87
福州	0.5347	18	泰安	0.3457	53	湛江	0.2180	88
乌鲁木齐	0.5262	19	湘潭	0.3442	54	邯郸	0.2123	89
贵阳	0.5215	20	桂林	0.3393	55	咸阳	0.2024	90
南京	0.5167	21	西宁	0.3292	56	赤峰	0.2000	91
郑州	0.5122	22	荆州	0.3277	57	北海	0.1912	92
烟台	0.5076	23	柳州	0.3276	58	阳泉	0.1904	93
成都	0.4893	24	秦皇岛	0.3156	59	大同	0.1872	94
芜湖	0.4744	25	淄博	0.3149	60	宜宾	0.1844	95
银川	0.4679	26	洛阳	0.3097	61	抚顺	0.1738	96
九江	0.4652	27	徐州	0.3059	62	石嘴山	0.1660	97
温州	0.4606	28	韶关	0.3030	63	临汾	0.1593	98
常州	0.4550	29	马鞍山	0.3012	64	鞍山	0.1575	99
上海	0.4541	30	南昌	0.2975	65	平顶山	0.1572	100
西安	0.4506	31	常德	0.2934	66	枣庄	0.1427	101
大连	0.4438	32	济宁	0.2910	67	本溪	0.1293	102
太原	0.4342	33	攀枝花	0.288	68	金昌	0.1247	103
南宁	0.4327	34	延安	0.2751	69	铜川	0.1130	104
兰州	0.4252	35	齐齐哈尔	0.2652	70	汕头	0.0414	105

（二）不同协调类型城市的生态文明建设路径

无论是城市生态文明建设过程中的目标设置，或者是路径选择，都应当以解决城市发展中的最主要矛盾为中心，坚持经济发展，生态环境保护两手抓的主要原则。这也是城市建设的目标设定和路径设计所主要考虑的问题。经济增长的主要动力在于产业发展，因地制宜，因禀赋制宜地将高附加值，环境友好型产业培育作为城市生态文明建设的突破口，实现产业结构的调整是城市生态文明建设中目标设定和路径选择的基本思路。

（1）高度协调、较高协调城市。这些城市，一般是跨入发达水平行列的后工业化城市，发展水平较高的城市。考虑到其居民相对较高的教育水平和环境保护意识，城市生态文明建设在目标设置方面更应侧重总量控制，路径设计方面应强调市场工具的配置作用。除此之外，政府更应从高新产业引导入手，充分发挥东部地区人才和技术优势，快速找准自身在全国、全世界范围内的分工和定位，争取在高技术产业，清洁能源，清洁技术替代方面有所突破。一个需要注意的问题是，在东部沿海地区和贸易水平相对发达的地方，对于贸易所带来的污染，应当谨慎对待。在政策设计方面，更多地考虑效率提高的引导方向，设定合理的污染总量，针对不同特征的产业设定严格污染标准，建立市场配置，多元主体的，可交易的污染许可证市场，提高污染产出效率。政府方面，应建立更加科学合理的污染监测体系和污染数据分析系统，为针对性干预提供现实依据。

（2）中等协调城市。通常是处于生态相对脆弱、交通便利的中部地区，是高速工业化阶段的中等发达城市代表，因其自身在发展要素禀赋方面的特征以及在全国发展大局中的定位，在建设城市生态文明建设的过程中，其目标设置方面更应该把握好经济发展和环境保护两者之间的辩证关系，深刻理解"脱离环境保护谈经济发展是竭泽而渔，脱离经济发展谈环境保护是涸泽而渔"的"两渔"辩证关系，在城市生态文明建设的目标设置中应适度偏向对民生的改善和促进；在路径设计和政策选取方面，应相对地偏向于财税等经济政策。因中部地区作为正处于工业化和城镇化的过程中，对能源消耗和重工业产品（包括水泥、钢铁、化学工业产品）等建筑材料有不可或缺的刚性市场需求，环境保护事业的推进面临较大的阻力，环境污染形势相当严峻。受利益驱动，企业难以考虑和消化污染的外部性，意味着仅仅依赖市场作为污染调节和环境治理工具或面临捉襟见肘的困境（实际上，这也是中国环境问题不断恶化的重要原因）。因此，对于上述地区，以采取政府干预为主，市场调节为辅的路径和政策工具选择。在财政投入方面，更需要加大城市基础设施建设投资，为环境保护，生活污染处理提供便利，同时为承接东部地区产业转移做好准备和基础工作。需加大对教育、科研、文化和卫生事业的投入，以满足实现企业转型的人才需求。通过宣传教育等工作，提高群众的环境保护意识，进而影响其消费偏好，以倒逼企业在环境友好型产品方面的生产权重。在产业培育方面，可通过借助其地理位置优势发展现代物流产业，实现产业结构的转变和经济动能转换。

（3）一般协调城市。通常处于相对欠发达水平阶段，也即工业化起步阶段。这些城市，在生态文明建设的过程中，目标设置应当适度考虑经济激励型环境政策，使得经济主体在利益获得的过程中实现一定程度的环境保护。包括财政政策、税收政策在环境友好型产业的偏向引导和将经济建设、环境保护、民生事业三者相结合的思路；在环境保护中发展经济，在环境保护中发展民生，生态资源丰富的西部地区及有重要生态价值的城市，通过旅游业、服务业等环境友好型产业培育实现从"绿水青山"向"金山银山"的转换，是可取之策。在产业培育方面，因时因地制宜，培育特色产业，借助互联网等技术，扩大市场，做大蛋糕。适当引入东部地区的高新技术，实现"笨鸟先飞"的后发优势。

八　基于经济增长—环境污染脱钩视角的城市生态文明建设差异化路径

生态文明的本质含义，是使人类经济活动的规模和水平在自然生态承载力范围内进行。要达到这一目标，就必须实现经济增长—环境污染的脱钩。所以，讨论各城市经济增长—环境污染的脱钩，是评价分析城市生态文明建设水平的应有之义。

笔者通过"经济增长—环境污染脱钩法"对中国城市生态文明建设的水平进行综合评价。基于经济增长—环境污染脱钩视角，针对不同脱钩类型和追赶脱钩类型，可对城市进行分类，进而对其生态文明建设路径进行讨论。①

（一）基于脱钩类型的城市分类——绝对脱钩，相对脱钩，扩张负脱钩，增长连结

依据 Tapio 脱钩弹性系数模型，测算了 2005—2013 年中国 271 个地级以上城市关于经济增长与工业 SO_2 排放的脱钩弹性系数。按照 Tapio 关于脱钩类型的八种分类及其判定标准，对这 271 个城市的脱钩状态进行了相应的分类（见表 8—9）。

表 8—9　　　　基于脱钩类型的城市分类（271 个地级以上城市）

城市分类	分类标准	城市
扩张负脱钩	$\triangle Y > 0$，$\triangle E > 0$，$e \geqslant 1.2$	保山、亳州、潮州、阜新、赣州、海口、惠州、揭阳、酒泉、丽江、临沧、宁德、盘锦、萍乡、庆阳、曲靖、汕尾、沈阳、四平、宿州、通辽、阳江、银川、玉溪、漳州、肇庆、昭通（27/271）
增长连结	$\triangle Y > 0$，$\triangle E > 0$，$0.8 \leqslant e < 1.2$	阜阳、开封、丽水、六盘水、泉州、雅安、榆林、张家界（8/271）
相对脱钩	$\triangle Y > 0$，$\triangle E > 0$，$0 \leqslant e < 0.8$	安康、鞍山、安顺、安阳、保定、包头、巴彦淖尔、巴中、蚌埠、本溪、沧州、长春、长治、朝阳、承德、池州、滁州、大连、丹东、鄂州、防城港、福州、合肥、衡阳、河源、菏泽、呼和浩特、黄冈、黄山、黄石、葫芦岛、呼伦贝尔、江门、吉林、济南、荆州、金华、晋中、九江、昆明、廊坊、兰州、辽阳、临汾、临沂、六安、娄底、吕梁、漯河、泸州、马鞍山、梅州、南昌、攀枝花、平顶山、濮阳、秦皇岛、衢州、日照、商洛、上饶、汕头、石嘴山、唐山、天津、铜川、潍坊、乌海、芜湖、咸宁、孝感、西宁、信阳、新余、忻州、宣城、许昌、延安、营口、永州、运城、云浮、周口、驻马店、淄博、遵义（86/271）

①　本小节仅基于分析结果对各类城市的路径进行简要分析。详细分析参见夏勇《经济增长与环境污染脱钩的理论与实证研究》，南开大学博士学位论文，2015 年。

续表

城市分类	分类标准	城市
绝对脱钩	△Y>0，△E<0，e<0	安庆、白城、百色、白山、宝鸡、北海、北京、滨州、常德、长沙、常州、成都、郴州、赤峰、重庆、崇左、大庆、大同、达州、德阳、德州、东莞、东营、鄂尔多斯、佛山、抚州、抚顺、广安、广元、广州、贵港、桂林、贵阳、邯郸、杭州、汉中、哈尔滨、鹤壁、河池、鹤岗、黑河、衡水、贺州、淮安、淮北、怀化、淮南、湖州、佳木斯、吉安、焦作、嘉兴、晋城、景德镇、荆门、济宁、锦州、鸡西、来宾、莱芜、乐山、连云港、聊城、辽源、龙岩、洛阳、茂名、眉山、绵阳、牡丹江、南充、南京、南宁、南平、南通、南阳、内江、宁波、普洱、莆田、青岛、清远、钦州、齐齐哈尔、七台河、三门峡、三明、三亚、上海、商丘、韶关、绍兴、邵阳、深圳、石家庄、十堰、双鸭山、朔州、松原、绥化、遂宁、随州、宿迁、苏州、泰安、台州、太原、泰州、铁岭、通化、铜陵、乌兰察布、乌鲁木齐、威海、渭南、温州、武汉、无锡、梧州、厦门、西安、湘潭、襄阳、咸阳、邢台、新乡、徐州、盐城、阳泉、扬州、烟台、宜宾、宜昌、伊春、鹰潭、益阳、宜春、岳阳、玉林、枣庄、张家口、湛江、郑州、镇江、中山、舟山、珠海、株洲、自贡、资阳（150/271）

在八种脱钩类型当中，中国地级以上城市集中分布于绝对脱钩、相对脱钩、扩张负脱钩和增长连结四类状态中，而无一城市属于衰退脱钩、强负脱钩，弱负脱钩或衰退连结类型。

（二）基于"追赶脱钩"状态的城市分类——地区标杆，绝对追赶脱钩，相对追赶脱钩，未追赶脱钩

追赶脱钩城市及其类型如表8—10所示。

表 8—10　　　　追赶脱钩城市及其类型（264 个地级以上城市）

地区	绝对追赶脱钩（2/264）	相对追赶脱钩（23/264）	未追赶脱钩（239/264）
华北（以北京为标杆）		天津、张家口（2/33）	巴彦淖尔、包头、保定、沧州、赤峰、大同、呼和浩特、呼伦贝尔、晋城、廊坊、临汾、秦皇岛、通辽、乌海、乌兰察布、邢台、运城、长治、朔州、承德、鄂尔多斯、邯郸、衡水、晋中、吕梁、石家庄、太原、唐山、阳泉、张家口、忻州（31/33）
华中（以武汉为标杆）		焦作、洛阳、襄阳、长沙、株洲（5/52）	安阳、常德、郴州、鄂州、抚州、赣州、鹤壁、衡阳、怀化、黄冈、黄石、吉安、荆门、荆州、景德镇、九江、开封、娄底、漯河、南昌、南阳、平顶山、萍乡、濮阳、三门峡、商丘、上饶、邵阳、十堰、随州、咸宁、湘潭、孝感、新乡、新余、信阳、许昌、宜昌、宜春、益阳、鹰潭、永州、岳阳、张家界、郑州、周口、驻马店（47/52）
华东（以上海为标杆）			安庆、蚌埠、滨州、亳州、常州、池州、滁州、德州、东营、阜阳、杭州、合肥、菏泽、湖州、淮安、淮北、淮南、黄山、济南、济宁、嘉兴、金华、莱芜、丽水、连云港、聊城、临沂、六安、龙岩、马鞍山、南京、南平、南通、宁波、宁德、莆田、青岛、衢州、泉州、日照、三明、厦门、绍兴、苏州、台州、泰安、泰州、铜陵、威海、潍坊、温州、无锡、芜湖、宿迁、宿州、徐州、宣城、烟台、盐城、扬州、枣庄、镇江、舟山、淄博、漳州（65/65）

续表

地区	绝对追赶脱钩（2/264）	相对追赶脱钩（23/264）	未追赶脱钩（239/264）
华南（以深圳为标杆）	广州（1/35）	玉林、来宾、贵港、东莞、佛山（5/35）	潮州、崇左、防城港、桂林、河源、贺州、惠州、江门、揭阳、茂名、钦州、清远、汕头、汕尾、韶关、梧州、阳江、云浮、湛江、肇庆、中山、珠海、北海、海口、河池、梅州、南宁、三亚、百色（29/35）
西南（以成都为标杆）	重庆（1/32）	达州、贵阳（2/32）	安顺、广安、昆明、乐山、六盘水、泸州、内江、攀枝花、曲靖、宜宾、银川、玉溪、昭通、遵义、巴中、保山、德阳、广元、丽江、临沧、眉山、绵阳、南充、普洱、石嘴山、遂宁、雅安、资阳、自贡（29/32）
西北（以西安为标杆）		宝鸡、渭南、咸阳（3/14）	兰州、乌鲁木齐、西宁、安康、汉中、酒泉、庆阳、商洛、铜川、延安、榆林（11/14）
东北（以大庆为标杆）		鞍山、大连、哈尔滨、沈阳、长春、齐齐哈尔（6/33）	白城、白山、本溪、朝阳、丹东、抚顺、阜新、鹤岗、黑河、葫芦岛、吉林、佳木斯、辽阳、辽源、牡丹江、盘锦、七台河、双鸭山、四平、松原、绥化、铁岭、通化、伊春、营口、鸡西、锦州（27/33）

（三）基于脱钩类型和追赶脱钩状态分类的城市生态文明建设差异化路径

对于类似中国这样的发展非平衡的国家或地区来说，仅从整体上考察经济发展特征、"经济—环境（资源）"关系，不仅会掩盖区域发展的异质性特征，而且无法对不同城市（或地区）的生态文明建设提出针对性意见。为此，需要针对不同发展类型的城市（或地区）来横向对比建设生态文明的形态与特征，目标任务及实现路径，可以从"经济—环境"失衡的维度来考察城市生态文明差异化发展特征及路径（见表8—11）。

失衡类型有以下四种。

第一种"失衡"类型为环境差且经济差，体现为"未脱钩—低收入"特征：人均 GDP 尚未超过门槛值，且脱钩弹性系数仍然大于 0.8。这一类型城市，较为缓慢的经济增长消耗了大量的物质资源，并产生了大量的污染排放。因此，这类城市属于粗放扩张型，应该在确保污染排放不提高的前提下，努力提升经济增长的速度和规模。

第二种"失衡"类型表现为环境好而经济差，对应的是"绝对脱钩—低收入"和"相对脱钩—低收入"两种状态。其特点是经济发展缓慢但污染排放少。根据现实情况，可以将此种类型的城市归纳为尚未开发或开发较少的城市，或者工业占比不高，工业污染型企业较少的城市。上述产业结构决定了这类城市一方面经济发展水平较低，另一方面污染排放相对较少，由此形成了经济发展水平和污染排放水平"双低"的局面，因而也可称之为发展缓慢的绝对脱钩状态。这类城市的主要目标是在保证绝对脱钩状态的前提下，努力提高人均 GDP 水平，即发展绿色经济。

第三种"失衡"体现在环境变差而经济变好，对应于"未脱钩—高收入"状态：人均 GDP 超过门槛值，脱钩弹性系数也大于 0.8。其所表现出来的特点是经济增长的速度较快，规模较大，与此同时，工业污染排放的数量也急剧上升，城市经济增长与污染排放尚未脱钩。这意味着GDP 的快速增长，是以更多的资源消耗和污染排放为代价的。因此，此种"失衡"代表了低效扩张的城市发展类型，亦可视为脱钩发展滞后于经济发展的城市发展类型。对于这类城市而言，其首要任务是提高绿色技术创新与应用能力，从根本上扭转环境恶化的趋势，助推其从尚未脱钩向相对脱钩、再向绝对脱钩的方向转变。

第四类为"平衡"，表现为环境变好且经济变得更好，对应的状态有两种，分别为"绝对脱钩—高收入"和"相对脱钩—高收入"。其中，"绝对脱钩—高收入"代表的绿色发展城市的理想状态：高水平的人均收入和绝对脱钩状态的组合，既避免了单纯追求经济增长而增加环境负荷，又避免了单纯追求环境保护而降低经济发展质量。相比之下，"相对脱钩—高收入"状态城市的人均 GDP 水平跨过门槛值，同时，脱钩弹性系数值处在 0 到 0.8 之间。因此，"相对脱钩—高收入"状态代表了发展较快的集约扩张型城市，其主要任务是大力降低污染排放，提高资源利用和再利用的效率，助推经济高质量发展。

表 8—11　　　　　　　　　　"经济—环境"失衡

"经济—环境"失衡类型	特征	发展路径
环境差且经济差	未脱钩—低收入水平	在确保污染排放不提高的前提下，努力提升经济增长的速度和规模
环境好而经济差	绝对脱钩—低收入水平 相对脱钩—低收入水平	保证绝对脱钩状态的前提下，努力提高收入水平
环境变差而经济变好	未脱钩—高收入水平	提高绿色技术创新与应用能力，从根本上扭转环境恶化的趋势，助推其从尚未脱钩向相对脱钩、再向绝对脱钩的方向转变
环境变好且经济变得更好	绝对脱钩—高收入水平 相对脱钩—高收入水平	大力降低污染排放，提高资源利用和再利用的效率，助推经济高质量发展

此外，还可以从城市自身动态发展类型的维度，城市与城市之间非均衡发展的维度来考察。

九　基于碳排放绝对减排门槛视角来认识城市生态文明建设的差异性

为应对全球气候变化，中国提出了"二氧化碳排放 2030 年左右达到峰值并争取尽早达峰"等自主行动目标，根据这一目标测算，当人均 GDP 达到 14000 美元时，中国整体上即达到碳峰值而进入绝对减排阶段。所以，人均 GDP 接近或超过 14000 美元的发达城市，应率先进入绝对减排阶段。人均 GDP14000 美元这一门槛指标，主要是针对二氧化碳排放。但由于碳排放与其他污染排放的关联性，实际上也可判定，凡是须率先进入碳排放绝对减排的城市，同时也应是其他污染排放率先进入绝对减排阶段的城市。据此，可对城市所处"碳减排阶段"进行分类分析。

（一）基于碳排放绝对减排门槛视角的城市分类——绝对碳减排、碳减排将达峰、相对碳减排

根据各城市是否跨过了人均 GDP14000 美元这一"绝对碳减排"门槛，将城市的"碳减排阶段"类型划分为"绝对碳减排"（人均 GDP 高于 14000 美元）、"碳减排将达峰"（人均 GDP 为 9000—14000 美元）、"相对碳减排"（人均 GDP 低于 9000 美元）三类。如表 8—12 所示。

表 8—12　　　基于碳排放绝对减排门槛视角的城市分类

城市分类	分类标准	城市
绝对碳减排	绝对碳减排：人均 GDP 高于 14000 美元	榆林、大庆、济南、淄博、绍兴、泰州、海西蒙古族藏族自治州、烟台、锡林郭勒盟、舟山、大连、中山、南通、乌海、厦门、扬州、青岛、天津、宁波、武汉、威海、乌鲁木齐、上海、佛山、镇江、北京、杭州、长沙、常州、南京、包头、阿拉善盟、珠海、广州、无锡、苏州、克拉玛依、鄂尔多斯、东营、深圳（40/331）
碳排放将达峰	碳减排将达峰：人均 GDP 为 9000—14000 美元	廊坊、宁德、潍坊、衢州、重庆、泰安、洛阳、三门峡、辽源、莱芜、博尔塔拉蒙古自治州、焦作、石嘴山、滨州、株洲、兰州、鹰潭、日照、柳州、淮安、三沙、三亚、金华、漳州、盐城、莆田、沈阳、昆明、台州、襄阳、湘潭、铜陵、贵阳、北海、巴音郭楞蒙古自治州、徐州、马鞍山、昌吉回族自治州、哈密地区、太原、防城港、惠州、盘锦、海口、银川、龙岩、芜湖、湖州、三明、鄂州、嘉峪关、西安、成都、泉州、呼和浩特、唐山、合肥、东莞、南昌、攀枝花、福州、郑州、宜昌、嘉兴、新余（65/331）

城市分类	分类标准	城市
相对碳排放	相对碳减排：人均 GDP 低于 9000 美元	呼伦贝尔、忻州、和田地区、临夏回族自治州、定西、陇南、昭通、玉树藏族自治州、巴中、克孜勒苏柯尔克孜自治州、平凉、天水、果洛藏族自治州、喀什地区、甘南藏族自治州、阜阳、铁岭、河池、固原、甘孜藏族自治州、湘西土家族苗族自治州、文山壮族苗族自治州、亳州、邵阳、普洱、阜新、恩施土家族苗族自治州、临沧、武威、伊春、贵港、运城、齐齐哈尔、六安、梅州、怒江傈僳族自治州、葫芦岛、保山、白银、兴安盟、绥化、朝阳、丽江、宿州、七台河、贺州、德宏傣族景颇族自治州、黔东南苗族侗族自治州、广元、毕节、达州、汕尾、鹤岗、南充、周口、黄南藏族自治州、玉林、海北藏族自治州、赣州、临汾、海东、鸡西、大理白族自治州、来宾、上饶、黄冈、怀化、商丘、邢台、凉山彝族自治州、渭南、铜仁、河源、保定、庆阳、海南藏族自治州、阿坝藏族羌族自治州、黑河、红河哈尼族彝族自治州、永州、双鸭山、曲靖、淮南、菏泽、中卫、驻马店、大同、赤峰、张掖、吉安、丹东、西双版纳傣族自治州、云浮、抚州、南阳、商洛、吕梁、大兴安岭地区、荆州、楚雄彝族自治州、安顺、信阳、衡水、遂宁、张家口、揭阳、张家界、孝感、黔南布依族苗族自治州、内江、广安、阿克苏地区、吴忠、宜春、安康、安庆、伊犁哈萨克自治州、白城、泸州、黔西南布依族苗族自治州、百色、益阳、阿勒泰地区、锦州、晋中、四平、邯郸、汉中、湛江、清远、平顶山、通辽、雅安、娄底、滁州、

城市分类	分类标准	城市
相对碳排放	相对碳减排：人均 GDP 低于 9000 美元	眉山、钦州、山南地区、资阳、桂林、潮州、宜宾、临沂、新乡、辽阳、吐鲁番地区、淮北、铜川、通化、汕头、巢湖、随州、开封、长治、绵阳、衡阳、崇左、巴彦淖尔、漯河、遵义、梧州、延边朝鲜族自治州、安阳、濮阳、韶关、池州、抚顺、承德、宣城、蚌埠、乐山、自贡、鞍山、黄山、本溪、乌兰察布、茂名、阳泉、十堰、金昌、迪庆藏族自治州、秦皇岛、长春、咸宁、晋城、郴州、九江、六盘水、沧州、牡丹江、鹤壁、酒泉、景德镇、营口、聊城、塔城市、宿迁、肇庆、咸阳、德州、西宁、朔州、阳江、常德、德阳、济宁、萍乡、延安、吉林、岳阳、荆门、南宁、宝鸡、哈尔滨、连云港、白山、江门、枣庄、温州、石家庄、玉溪、松原、丽水、黄石、许昌、南平（226/331）

（二）基于碳排放绝对减排门槛视角分类的城市发展路径

（1）已经跨过绝对减排门槛的城市。如果其生态超载状态为"已超载""显著超载"，那么，它们唯一可行的发展方向是大幅降低单位经济规模的生态环境影响，主要途径是以生态环境效率较高的产能去替代生态环境效率较低的传统产能；如果其生态尚未超载，处于"可适度扩张""宜维持"状态，则其可能的发展方向是，适当降低单位经济规模的生态环境影响的同时，还可适当扩大经济—人口规模。

（2）尚未跨过绝对减排门槛、但即将达到碳排放峰值门槛的城市，如果其生态超载状态为"已超载""显著超载"，那么，它们可能采取的发展途径是：在逐步降低单位经济规模的生态环境影响的同时，向生态承载力较高的城市合理转移产业和人口；如果其生态尚未超载，处于

"可适度扩张""宜维持"状态，则其可能的发展方向是，通过适当降低单位经济规模的生态环境影响，同时适当吸纳生态承载力较低地区的转移产业和转移人口。

（3）尚未跨过绝对减排门槛、处于相对减排的城市，如果其生态超载状态为"已超载""显著超载"，那么，其发展中最根本的任务是维护生态脆弱区的生态功能，需要国家及周边区域给予生态补偿；如果，其生态尚未超载，处于"可适度扩张""宜维持"状态，则其可能的发展方向是，在进入到绝对减排门槛之前，有较大的时间空间进行结构调整，提升生态环境效率，为未来阶段的绝对减排做出较为充分的准备。

第二节　基于多元视角认识的城市生态文明建设差异化路径

上节，分别从生态承载力，生态超载程度，生态效率提升源泉，生态绿色贡献程度，经济增长—环境污染脱钩状态及追赶脱钩状态，生态宜居水平，协调发展水平，碳排放阶段等视角，对各城市进行了不同角度的分类，分析了各类城市差异化的发展路径或生态文明建设路径。本小节，则在这些分析的基础上，对各城市在各种视角分类中的类型做一归总，从多元视角来认识各城市生态文明建设状态及其差异化路径。

一　基于多元视角的城市生态文明建设状态

对各城市在各种视角分类中的类型归总，如表8—13所示。

二　基于多元视角对若干特色城市生态文明建设路径的分析

表8—13从生态承载力，生态超载程度，生态效率提升源泉，生态绿色贡献程度，经济增长—环境污染脱钩状态及追赶脱钩状态，生态宜居水平，协调发展水平，碳排放阶段等多元视角，展示各城市的生态文明建设的综合状态。以下针对若干有特色或有代表性的城市及其发展方向，进行讨论分析。

表8—13　基于多元视角的城市生态文明建设状态（142个城市）

城市	生态承载力类别	生态超载状态类别	生态效率提升源泉类别	绿色贡献水平类别	生态宜居水平类别	协调发展水平类别	脱钩状态类别	追赶脱钩状态类别	碳减排阶段类别
杭州	生态东部	可适度扩张	纯效率改进型	绿色贡献高	宜居	较高协调	绝对脱钩	未追赶脱钩	绝对碳减排
宁波	生态东部	可适度扩张	纯效率改进型	绿色贡献较高	宜居	较高协调	绝对脱钩	未追赶脱钩	绝对碳减排
厦门	生态东部	可适度扩张	纯技术进步型	绿色贡献高	宜居	较高协调	绝对脱钩	未追赶脱钩	绝对碳减排
丽水	生态东部	可适度扩张		绿色贡献较高			增长连接	未追赶脱钩	相对碳减排
舟山	生态东部	可适度扩张		绿色贡献较高			绝对脱钩	未追赶脱钩	绝对碳减排
衢州	生态东部	可适度扩张		绿色贡献中等			相对脱钩	未追赶脱钩	碳减排将达峰
金华	生态东部	可适度扩张	纯效率改进型	绿色贡献高	较宜居	中等协调	相对脱钩	未追赶脱钩	碳减排将达峰
绍兴	生态东部	可适度扩张	纯效率改进型	绿色贡献高			绝对脱钩	未追赶脱钩	绝对碳减排
湖州	生态东部	可适度扩张	纯效率改进型	绿色贡献较高	较宜居	中等协调	绝对脱钩	未追赶脱钩	碳减排将达峰
惠州	生态东部	可适度扩张		绿色贡献高			扩张负脱钩	未追赶脱钩	相对碳减排
江门	生态东部	可适度扩张		绿色贡献高			相对脱钩	未追赶脱钩	相对碳减排
肇庆	生态东部	可适度扩张	纯技术进步型	绿色贡献高			扩张负脱钩	未追赶脱钩	相对碳减排
珠海	生态东部	可适度扩张		绿色贡献高	宜居	较高协调	绝对脱钩	未追赶脱钩	绝对碳减排
池州	生态东部	可适度扩张		绿色贡献偏低			相对脱钩	未追赶脱钩	相对碳减排
景德镇	生态东部	可适度扩张		绿色贡献偏低			绝对脱钩	未追赶脱钩	相对碳减排
九江	生态东部	可适度扩张	纯效率改进型	绿色贡献中等	宜居	中等协调	相对脱钩	未追赶脱钩	相对碳减排

续表

城市	生态承载力类别	生态超载状态类别	生态效率提升源泉类别	绿色贡献水平类别	生态宜居水平类别	协调发展水平类别	脱钩状态类别	追赶脱钩状态类别	碳减排阶段类别
安庆	生态东部	可适度扩张		绿色贡献较高			绝对脱钩	未追赶脱钩	相对碳排放
咸宁	生态东部	可适度扩张		绿色贡献较高			相对脱钩	未追赶脱钩	相对碳排放
南通	生态东部	宜维持	纯技术进步型	绿色贡献高	较宜居	中等协调	绝对脱钩	未追赶脱钩	绝对碳减排
南昌	生态东部	宜维持	纯技术进步型	绿色贡献较高		中等协调	相对脱钩	未追赶脱钩	碳减排将达峰
嘉兴	生态东部	宜维持		绿色贡献较高		中等协调	绝对脱钩	未追赶脱钩	碳减排将达峰
扬州	生态东部	宜维持	纯效率改进型	绿色贡献较高	较宜居		绝对脱钩	未追赶脱钩	绝对碳减排
中山	生态东部	宜维持		绿色贡献高			绝对脱钩	未追赶脱钩	绝对碳减排
淮安	生态东部	宜维持		绿色贡献较高			绝对脱钩	未追赶脱钩	碳减排将达峰
泰州	生态东部	宜维持		绿色贡献高			绝对脱钩	未追赶脱钩	绝对碳减排
镇江	生态东部	宜维持		绿色贡献较高			绝对脱钩	未追赶脱钩	绝对碳减排
长沙	生态东部	宜维持	纯技术进步型	绿色贡献较高	宜居	较高协调	绝对脱钩	相对追赶脱钩	绝对碳减排
盐城	生态东部	宜维持		绿色贡献高			绝对脱钩	未追赶脱钩	碳减排将达峰
苏州	生态东部	宜维持	纯技术进步型	绿色贡献高	较宜居	较高协调	绝对脱钩	未追赶脱钩	绝对碳减排
广州	生态东部	宜维持	纯技术进步型	绿色贡献较高	宜居	较高协调	绝对脱钩	绝对追赶脱钩	绝对碳减排
常州	生态东部	宜维持	纯效率改进型	绿色贡献较高	较宜居	中等协调	绝对脱钩	未追赶脱钩	绝对碳减排
连云港	生态东部	宜维持	纯效率改进型	绿色贡献较高	较宜居	一般协调	绝对脱钩	未追赶脱钩	相对碳排放

续表

城市	生态承载力类别	生态超载状态类别	生态效率提升源泉类别	绿色贡献水平类别	生态宜居水平类别	协调发展水平类别	脱钩状态类别	追赶脱钩状态类别	碳减排阶段类别
佛山	生态东部	宜维持		绿色贡献高			绝对脱钩	相对追赶脱钩	绝对碳减排
马鞍山	生态东部	宜维持	技术规模增进型	绿色贡献中等	较宜居	中等协调	相对脱钩	未追赶脱钩	碳减排将达峰
岳阳	生态东部	宜维持	纯技术进步型	绿色贡献较高	较宜居	中等协调	绝对脱钩	未追赶脱钩	碳减排将达峰
黄冈	生态东部	宜维持		绿色贡献较高			相对脱钩	未追赶脱钩	相对碳减排放
铜陵	生态东部	宜维持		绿色贡献中等			绝对脱钩	未追赶脱钩	碳减排放
芜湖	生态东部	宜维持	规模效率提升型	绿色贡献较高	较宜居	中等协调	相对脱钩	未追赶脱钩	碳减排将达峰
黄石	生态东部	宜维持		绿色贡献偏低			相对脱钩	未追赶脱钩	相对碳减排放
无锡	生态东部	已超载	纯技进步型	绿色贡献高	宜居	较高协调	绝对脱钩	未追赶脱钩	绝对碳减排
宿迁	生态东部	已超载		绿色贡献较高			绝对脱钩	未追赶脱钩	相对碳减排放
合肥	生态东部	已超载	纯技术进步型	绿色贡献高	宜居	较高协调	相对脱钩	未追赶脱钩	碳减排达峰
青岛	生态东部	已超载	纯效率改进型	绿色贡献高	宜居	较高协调	绝对脱钩	未追赶脱钩	绝对碳减排
南京	生态东部	已超载	纯效率改进型	绿色贡献较高	宜居	较高协调	绝对脱钩	未追赶脱钩	绝对碳减排
东莞	生态东部	已超载		绿色贡献较高			绝对脱钩	相对追赶脱钩	碳减排达峰
深圳	生态东部	已超载	技术规模增进型	绿色贡献高	宜居	高度协调	绝对脱钩	区域标杆	绝对碳减排
鄂州	生态东部	已超载		绿色贡献中等			相对脱钩	未追赶脱钩	碳减排将达峰
日照	生态东部	已超载	纯效率改进型	绿色贡献中等	较宜居	中等协调	相对脱钩	未追赶脱钩	碳减排将达峰

续表

城市	生态承载力类别	生态超载状态类别	生态效率提升源类别	绿色贡献水平类别	生态宜居水平类别	协调发展水平类别	脱钩状态类别	追赶脱钩状态类别	碳减排阶段类别
上海	生态东部	显著超载	纯技术进步型	绿色贡献高	宜居	中等协调	绝对脱钩	区域标杆	绝对碳减排
武汉	生态东部	显著超载	纯效率改进型	绿色贡献较高	宜居	较高协调	绝对脱钩	区域标杆	绝对碳减排
泉州	生态东部		纯效率改进型	绿色贡献较高	较宜居	中等协调	增长连接	未追赶脱钩	碳减排将达峰
株洲	生态东部		纯效率改进型	绿色贡献中等	宜居	中等协调	绝对脱钩	相对追赶脱钩	碳减排将达峰
湛江	生态东部		纯效率改进型	绿色贡献较高	较宜居	一般协调	绝对脱钩	未追赶脱钩	相对碳减排
汕头	生态东部		纯技术进步型	绿色贡献高	较宜居	一般协调	相对脱钩	未追赶脱钩	相对碳减排
海口	生态东部	可适度扩张	纯效率改进型	绿色贡献高	宜居	中等协调	扩张负脱钩	未追赶脱钩	碳减排将达峰
柳州	生态东部		纯效率改进型	绿色贡献中等	较宜居	中等协调	绝对脱钩	未追赶脱钩	碳减排将达峰
湘潭	生态东部		纯技术进步型	绿色贡献中等	较宜居	中等协调	绝对脱钩	未追赶脱钩	碳减排将达峰
南宁	生态东部	可适度扩张	纯效率改进型	绿色贡献中等	宜居	中等协调	绝对脱钩	未追赶脱钩	相对碳减排
北海	生态东部		纯技术进步型	绿色贡献中等	较宜居	一般协调	绝对脱钩	未追赶脱钩	碳减排将达峰
桂林	生态东部		纯效率改进型	绿色贡献偏低	较宜居	中等协调	绝对脱钩	未追赶脱钩	相对碳减排
韶关	生态东部		纯效率改进型	绿色贡献偏低	较宜居	中等协调	绝对脱钩	未追赶脱钩	相对碳减排
台州	生态东部	可适度扩张		绿色贡献高			绝对脱钩	未追赶脱钩	碳减排将达峰
温州	生态东部	可适度扩张	纯效率改进型	绿色贡献高	宜居	中等协调	绝对脱钩	未追赶脱钩	相对碳减排
福州	生态东部	可适度扩张	纯效率改进型	绿色贡献高	宜居	较高协调	相对脱钩	未追赶脱钩	碳减排将达峰

续表

城市	生态承载力分类别	生态超载状态类别	生态效率提升源泉类别	绿色贡献水平类别	生态宜居水平类别	协调发展水平类别	脱钩状态类别	追赶脱钩状态类别	碳减排阶段类别
承德	生态中部	可适度扩张		绿色贡献偏低			相对脱钩	未追赶脱钩	相对碳排放
宜昌	生态中部	可适度扩张	纯技术进步型	绿色贡献高	较宜居	中等协调	绝对脱钩	未追赶脱钩	碳减排将达峰
十堰	生态中部	可适度扩张		绿色贡献较高			绝对脱钩	未追赶脱钩	相对碳排放
张家口	生态中部	宜维持		绿色贡献偏低			绝对脱钩	未追赶脱钩	相对碳排放
哈尔滨	生态中部	宜维持	纯技术进步型	绿色贡献较高	较宜居	中等协调	绝对脱钩	相对追赶脱钩	相对碳排放
常德	生态中部	宜维持	纯效率改进型	绿色贡献中等	较宜居	中等协调	绝对脱钩	未追赶脱钩	相对碳排放
荆门	生态中部	宜维持		绿色贡献中等			绝对脱钩	未追赶脱钩	相对碳排放
攀枝花	生态中部	宜维持	纯效率改进型	绿色贡献中等	较宜居	中等协调	相对脱钩	未追赶脱钩	碳减排将达峰
遵义	生态中部	宜维持	纯效率改进型	绿色贡献偏低	较宜居	中等协调	相对脱钩	未追赶脱钩	相对碳排放
襄阳	生态中部	宜维持					绝对脱钩	相对追赶脱钩	碳减排将达峰
荆州	生态中部	宜维持	纯效率改进型	绿色贡献中等	较宜居	中等协调	相对脱钩	未追赶脱钩	相对碳排放
大连	生态中部	已超载	纯技术进步型	绿色贡献高	较宜居	中等协调	相对脱钩	相对追赶脱钩	绝对碳减排
长春	生态中部	已超载	纯效率改进型	绿色贡献高	较宜居	中等协调	相对脱钩	相对追赶脱钩	相对碳排放
秦皇岛	生态中部	已超载	纯效率改进型	绿色贡献中等	较宜居	中等协调	相对脱钩	未追赶脱钩	相对碳排放
重庆	生态中部	已超载	纯效率改进型	绿色贡献偏低	较宜居	中等协调	绝对脱钩	绝对追赶脱钩	相对碳排放
徐州	生态中部	已超载	纯效率改进型		较宜居		绝对脱钩	未追赶脱钩	碳减排将达峰

续表

城市	生态承载力类别	生态超载状态类别	生态效率提升源泉类别	绿色贡献水平类别	生态宜居水平类别	协调发展水平类别	脱钩状态类别	追赶脱钩状态类别	碳减排阶段类别
贵阳	生态中部	已超载	纯技术进步型	绿色贡献偏低	宜居	较高协调	绝对脱钩	相对追赶脱钩	碳减排将达峰
衡水	生态中部	已超载		绿色贡献中等			绝对脱钩	未追赶脱钩	相对碳排放
沧州	生态中部	已超载		绿色贡献较高			相对脱钩	未追赶脱钩	相对碳排放
沈阳	生态中部	已超载	纯技术进步型	绿色贡献偏高		中等协调	扩张负脱钩	相对追赶脱钩	碳减排将达峰
昭通	生态中部	已超载		绿色贡献中等	宜居		扩张负脱钩	未追赶脱钩	相对碳排放
昆明	生态中部	已超载	纯效率改进型	绿色贡献中等		较高协调	相对脱钩	未追赶脱钩	碳减排将达峰
泸州	生态中部	已超载	纯效率改进型	绿色贡献中等	较宜居	一般协调	相对脱钩	未追赶脱钩	相对碳排放
达州	生态中部	已超载		绿色贡献较高	较宜居		绝对脱钩	相对追赶脱钩	相对碳排放
宜宾	生态中部	已超载	纯效率改进型	绿色贡献偏低	较宜居	一般协调	绝对脱钩	未追赶脱钩	相对碳排放
唐山	生态中部	显著超载	纯技术进步型	绿色贡献偏低	较宜居	一般协调	相对脱钩	未追赶脱钩	相对碳减排
保定	生态中部	显著超载	纯效率改进型	绿色贡献较高	较宜居	一般协调	相对脱钩	未追赶脱钩	相对碳排放
邢台	生态中部	显著超载		绿色贡献偏低			绝对脱钩	未追赶脱钩	相对碳排放
济南	生态中部	显著超载	纯效率改进型	绿色贡献较高	宜居	较高协调	相对脱钩	未追赶脱钩	绝对碳减排
邯郸	生态中部	显著超载	纯技术进步型	绿色贡献中等		一般协调	绝对脱钩	未追赶脱钩	相对碳排放
石家庄	生态中部	显著超载	纯效率改进型	绿色贡献中等	较宜居	一般协调	绝对脱钩	未追赶脱钩	相对碳排放
廊坊	生态中部	显著超载		绿色贡献较高			相对脱钩	未追赶脱钩	碳减排将达峰

续表

城市	生态承载力类别	生态超载状态类别	生态效率提升源泉类别	绿色贡献水平类别	生态宜居水平类别	协调发展水平类别	脱钩状态类别	追赶脱钩状态类别	碳减排阶段类别
太原	生态中部	显著超载	纯技术进步型	绿色贡献偏低	宜居	中等协调	绝对脱钩	未追赶脱钩	碳减排将达峰
广安	生态中部	显著超载		绿色贡献偏低		中等协调	绝对脱钩	未追赶脱钩	相对碳排放
成都	生态中部	严重超载	纯技术进步型	绿色贡献较高	较宜居	较高协调	绝对脱钩	区域标杆	碳减排将达峰
北京	生态中部	严重超载	纯技术进步型	绿色贡献较高	宜居	中等协调	绝对脱钩	区域标杆	绝对碳减排
天津	生态中部	严重超载	纯技术进步型	绿色贡献高	宜居	较高协调	相对脱钩	相对追赶脱钩	绝对碳减排
西安	生态中部	严重超载	纯技术进步型	绿色贡献中等	宜居	中等协调	绝对脱钩	区域标杆	碳减排将达峰
郑州	生态中部	严重超载	纯效率改进型	绿色贡献较高		较高协调	绝对脱钩	未追赶脱钩	相对碳排放
曲靖	生态中部		纯效率改进型	绿色贡献偏低	较宜居	中等协调	扩张负脱钩	未追赶脱钩	相对碳排放
赤峰	生态中部	显著超载	纯效率改进型	绿色贡献偏低	较宜居	一般协调	绝对脱钩	未追赶脱钩	相对碳排放
开封	生态中部	显著超载	纯效率改进型	绿色贡献中等	较宜居	中等协调	增长连接	未追赶脱钩	相对碳排放
阳泉	生态中部	已超载	纯效率改进型	绿色贡献偏低	较宜居	一般协调	绝对脱钩	未追赶脱钩	相对碳排放
潍坊	生态中部		纯效率改进型	绿色贡献较高	较宜居	中等协调	相对脱钩	未追赶脱钩	碳减排将达峰
淄博	生态中部	已超载	纯技术进步型	绿色贡献较高	较宜居	中等协调	相对脱钩	未追赶脱钩	绝对碳减排
焦作	生态中部	显著超载	纯技术进步型	绿色贡献中等	较宜居	一般协调	绝对脱钩	相对追赶脱钩	碳减排将达峰
平顶山	生态中部		纯效率改进型	绿色贡献偏低	较宜居	一般协调	相对脱钩	未追赶脱钩	相对碳排放
本溪	生态中部		纯效率改进型	绿色贡献中等	一般	一般协调	相对脱钩	未追赶脱钩	相对碳排放

续表

城市	生态承载力类别	生态超载状态类别	生态效率提升源泉类别	绿色贡献水平类别	生态宜居水平类别	协调发展水平类别	脱钩状态类别	追赶脱钩状态类别	碳减排阶段类别
洛阳	生态中部	已超载	纯技术进步型	绿色贡献中等	较宜居	中等协调	绝对脱钩	相对追赶脱钩	碳减排将达峰
安阳	生态中部		纯效率改进型	绿色贡献偏低	较宜居	一般协调	相对脱钩	未追赶脱钩	相对碳排放
宝鸡	生态中部		纯效率改进型	绿色贡献中等	较宜居	一般协调	绝对脱钩	相对追赶脱钩	相对碳排放
抚顺	生态中部		纯效率改进型	绿色贡献中等	较宜居	一般协调	绝对脱钩	未追赶脱钩	相对碳排放
济宁	生态中部	已超载	纯技术进步型	绿色贡献中等	较宜居	中等协调	绝对脱钩	未追赶脱钩	相对碳排放
绵阳	生态中部		纯效率改进型	绿色贡献中等	较宜居	中等协调	绝对脱钩	未追赶脱钩	相对碳排放
大同	生态中部		纯效率改进型	绿色贡献偏低	较宜居	一般协调	绝对脱钩	未追赶脱钩	相对碳排放
齐齐哈尔	生态中部		规模效率提升型	绿色贡献较高	较宜居	中等协调	绝对脱钩	相对追赶脱钩	相对碳排放
枣庄	生态中部		规模效率提升型	绿色贡献中等	一般	一般协调	绝对脱钩	未追赶脱钩	相对碳排放
吉林	生态中部		纯效率改进型	绿色贡献较高	较宜居	一般协调	相对脱钩	未追赶脱钩	相对碳排放
秦安	生态中部	已超载	纯效率改进型	绿色贡献中等	较宜居	中等协调	绝对脱钩	未追赶脱钩	碳减排将达峰
延安	生态中部	可适度增加	规模效率提升型	绿色贡献高	较宜居	中等协调	相对脱钩	相对追赶脱钩	相对碳排放
咸阳	生态中部		纯效率改进型	绿色贡献偏低		一般协调	绝对脱钩	相对追赶脱钩	相对碳排放
长治	生态中部		纯技术进步型	绿色贡献偏低	较宜居	一般协调	相对脱钩	未追赶脱钩	相对碳排放
鞍山	生态中部		纯技术进步型	绿色贡献中等	一般	一般协调	相对脱钩	相对追赶脱钩	相对碳排放
临汾	生态中部	宜维持	纯效率改进型	绿色贡献偏低	较宜居	一般协调	相对脱钩	未追赶脱钩	相对碳排放

续表

城市	生态承载力类别	生态超载状态类别	生态效率提升源泉类别	绿色贡献水平类别	生态宜居水平类别	协调发展水平类别	脱钩状态类别	追赶脱钩状态类别	碳减排阶段类别
张家界	生态中部		纯技术进步型	绿色贡献偏低	一般	中等协调	增长连接	未追赶脱钩	相对碳排放
铜川	生态中部		规模效率提升型	绿色贡献偏低	较宜居	一般协调	相对脱钩	未追赶脱钩	相对碳排放
锦州	生态中部		规模效率提升型	绿色贡献中等	较宜居	中等协调	绝对脱钩	未追赶脱钩	相对碳排放
牡丹江	生态中部		技术规模增进型	绿色贡献偏低	较宜居	一般协调	绝对脱钩	未追赶脱钩	相对碳减排
烟台	生态中部		纯技术进步型	绿色贡献偏高	宜居	较高协调	绝对脱钩	未追赶脱钩	绝对碳减排
河池	生态中部						绝对脱钩	未追赶脱钩	相对碳排放
拉萨	生态西部	可适度扩张							相对碳排放
呼和浩特	生态西部	宜维持	纯效率改进型	绿色贡献偏低	宜居	较高协调	相对脱钩	未追赶脱钩	碳减排将达峰
西宁	生态西部	显著超载	纯效率改进型	绿色贡献偏低	宜居	中等协调	相对脱钩	未追赶脱钩	相对碳减排
兰州	生态西部	显著超载	纯效率改进型	绿色贡献中等	宜居	中等协调	相对脱钩	未追赶脱钩	碳减排将达峰
乌鲁木齐	生态西部	严重超载	纯技术进步型	绿色贡献偏低	宜居	较高协调	绝对脱钩	未追赶脱钩	绝对碳减排
银川	生态西部	严重超载	纯效率改进型	绿色贡献中等	宜居	中等协调	扩张负脱钩	未追赶脱钩	碳减排将达峰
包头	生态西部	宜维持	纯效率改进型	绿色贡献偏低	较宜居	中等协调	相对脱钩	未追赶脱钩	绝对碳减排
石嘴山	生态西部	已超载	规模效率提升型	绿色贡献偏低	较宜居	一般协调	相对脱钩	未追赶脱钩	碳减排将达峰

（一）生态文明建设的标杆城市——深圳

如表8—13所示，深圳在各种视角分类中的类型归总中，表现突出。

深圳的生态承载力表征指标为488，生态环境质量表征指标为231。属于"生态环境质量表征指标小于600而大于155的城市"（即，环境质量为"较差"的概率极小）的城市。对比合意环境质量目标，深圳市属于"已经有所超载，但超载程度不严重"的城市；深圳的生态效率主要来源于技术规模增进，即，其生态效率的改进源于技术的规模报酬，将技术成果转化为生态效率的提高；深圳的绿色贡献高，表明其污染物排放的贡献率远小于GDP的贡献率，体现的是一种绿色发展的模式；深圳属于生态宜居城市；在城市协调发展方面属于高度协调；在经济增长—环境污染脱钩方面属于绝对脱钩，且在追赶脱钩方面是区域标杆；发展程度已经进入了"绝对碳减排"门槛。

以上是深圳生态文明建设的基本状态，综合来看，深圳堪为全国生态文明建设的标杆。其今后的发展路径应为，维持其在全国的领先水平，进一步为生态环境维护承担更大的区域责任和全国性责任，为区域和全国的生态公平做出更大努力。由于其经济—人口规模处于"已超载"状态，且早已进入"绝对碳减排"门槛，所以，今后的发展，应把维持现有经济—人口规模作为发展的前提条件，努力通过内涵式发展来消化既有的超载。

与深圳生态文明建设水平较为接近的是广州。但相比深圳，广州在城市协调发展方面、生态效率提升源泉方面，较深圳逊色。广州的生态效率提升主要来源于纯效率改进，即，通过科技创新，改进生产技术和治污技术实现改进技术效率和规模效率的能力有所不足。

（二）生态文明建设的优秀城市——宁波、厦门、福州

如表8—13所示，宁波、厦门、福州都是生态承载力表征指标、生态环境质量表征指标较高的城市，且都是生态不超载而处于"可适度扩张"状态，这在特大城市中是极为难得的。这几个城市的绿色贡献高，均为生态宜居城市，城市协调发展程度较高。但在生态效率提升源泉方面，脱钩追赶方面，还有改进空间。由于它们都已进入或即将进入"绝对碳减排"门槛，所以，今后的发展，在适当降低单位经济规模的生态环境影响的同时，还可适当扩大经济—人口规模。

与上述三个城市类似的还有杭州。但是，杭州存在另外一个方面的问题，即，相比其合理条件下应达到的生态环境质量水平（生态环境质量表征指标），其实际的环境质量状态偏低，反映其环境治理绩效和努力程度还有待改进。

（三）生态文明建设的优势劣势互见的城市——上海、武汉

如表8—13所示，上海、武汉都处于"生态东部"，但是都已经处于生态"显著超载"状态，都早已进入"绝对碳减排"阶段。它们的优势是，绿色贡献高或较高，属于生态宜居城市，在经济增长—环境污染脱钩和追赶脱钩方面都是区域标杆；但是，在城市协调发展方面，上海仅处于中等协调水平，武汉处于较高协调水平；在生态效率提升源泉方面，上海主要来源于纯技术进步，武汉主要来源于纯效率改进，即，上海技术创新能力强，但创新能力带来生态友好型产业，改善生态效率的能力有待提升，武汉则技术创新能力和以技术创新带动生态效率改进的能力都有待提升。未来的发展方向是，以技术创新促进较大幅度地降低单位经济规模的生态环境影响。

上海、武汉都在环境治理绩效和努力程度方面存在问题，即，相比其合理条件下应达到的生态环境质量水平，其实际的环境质量状态偏低。上海体现在空气质量、水体质量治理方面，武汉则主要体现在水体质量治理方面。反映出它们的环境治理绩效和努力程度都有待改进。

（四）生态文明建设的任重道远的城市——北京、天津、成都、郑州、西安

如表8—13所示，北京、天津、成都、郑州、西安都处于"生态中部"，而"生态中部"正是中国当前阶段生态环境最为严峻的区域，根本问题在于生态承载力偏低而生态负载偏高。因此，这五个大城市都处于生态"严重超载"状态，且这些城市都已经进入或即将进入"绝对碳减排"阶段。尽管它们的绿色贡献水平高或较高，均达到生态宜居或较宜居水平，在经济增长—环境污染脱钩方面处于绝对脱钩，在追赶脱钩方面处于区域标杆或绝对追赶脱钩状态；但是，城市协调发展水平仅处于较高协调或一般协调状态；而生态效率主要来源于纯技术进步，即，这些城市创新能力较强，但创新能力带来生态友好型产业，改善生态效率的能力有待提升。这些城市的发展方向是，在消解城市非核心功能的目

标下，持续地进行产业结构调整，大幅降低单位经济规模的生态环境影响，以生态环境效率较高的产能去替代生态环境效率较低的传统产能。

（五）生态西部典型城市——西宁、兰州、银川

如表8—13所示，西宁、兰州、银川都处于"生态西部"，都处于生态"显著超载"或"严重超载"状态；绿色贡献水平"中等"或"偏低"，从经济活动角度来看，这些城市实际上是对区域及周边城市施加了"生态不公平"；城市协调发展水平"中等"或"一般"，表明：这些城市在经济建设、社会建设和生态文明建设的协调方面存在短板，存在不均衡；生态效率提升的主要来源均为"纯效率改进型"，表明：这些城市技术创新能力和以技术创新带动生态效率改进的能力都有待提升；这几个城市的生态宜居水平为"宜居"状态，表明：这些城市在权重较高的污染治理、教育卫生、基础设施等方面相对较好，这与这些城市都是省会城市或自治区首府城市有关。这些城市未来的发展方向，一方面不能以"西部大开发"为名继续粗放型增长模式，应适当地向生态承载力较高地区的转移产业和转移人口；另一方面，通过提升技术创新能力和以技术创新带动生态效率改进，进而带动产业结构的持续调整，尽管有难度，但也势在必行，即使不能立见成效，也应久久为功。

第三节　关于城市生态文明建设差异化
环境规制的政策主张

前文从"生态—经济—民生"效应对环境规制问题进行多角度的分析。基于这些方面的分析，在城市生态文明建设过程中，应对环境规制进行哪些差异化的选择呢？本节对此做一归纳。

一　基于发达程度和区域特征的环境规制差异化选择

根据中国不同区域的社会经济发展状况和区域特征，将中国各省级行政区做如下划分。较高发达程度地区（东部沿海地区）：北京市、天津市、河北省、辽宁省、上海市、江苏省、浙江省、福建省、山东省、广东省、海南省；中等发展程度地区（中部地区）：吉林省、黑龙江省、山西省、安徽省、江西省、河南省、湖北省、湖南省；一般发展程度地区

（西部地区）：内蒙古自治区、广西壮族自治区、重庆市、四川省、贵州省、云南省、西藏自治区、陕西省、甘肃省、青海省、宁夏回族自治区、新疆维吾尔自治区。

（一）不同区域的不同环境规制特征

总结前文对于环境规制各种效应的分析，对各区域的环境规制特征归纳如下。

1. 较高发达程度地区（东部沿海地区）的环境规制特征

其一，环境规制不仅对东部城市的"经济增长与环境污染"脱钩状态产生显著影响，而且进一步随着东部地区各城市间的环境规制强度趋同，东部城市间的脱钩状态最终也会趋于收敛。

其二，环境规制不会显著影响东部地区企业规模分布，因为东部地区经济较为发达，竞争相对公平，中小企业能够获得充分发展，企业规模分布比较均匀，因此随着环境规制的提高，大型企业和中小企业的相对发展速度并没有较大差异，对企业规模分布的影响并不明显。

其三，环境规制，有助于改善东部地区企业生产率分布的离散度，东部地区经济较为发达，区位优势更有益于企业的发展。

其四，环境规制与产业转移和结构升级呈现"U 型"关系，且前者的拐点位于后者拐点的左侧，根据这两个拐点划分为外延式发展阶段、半内涵式发展阶段和内涵式发展阶段，全国样本处于半内涵式发展阶段，即环境规制可以推动地区产业转移，但无法促进地区产业结构的本地升级。东部地区主要处于半内涵式发展阶段。

2. 中等发展程度地区（中部地区）和一般发展程度地区（西部地区）的环境规制特征

其一，环境规制也会对中西部地区的"经济增长与环境污染"脱钩状况产生影响，且中西部地区各城市之间经济增长与环境污染脱钩的差距在收敛，收敛速度高于东部地区。

其二，环境规制提高了中西部地区企业规模分布指数，有利于中西部企业规模分布变得更加均匀。

其三，环境规制的提高能够有效地提高中西部地区资源配置效率，进而改善企业生产率的分散程度。

其四，就环境规制与产业结构的"U 型"关系而言，中部地区处于半内涵式发展阶段，西部地区处于外延式发展阶段，即尚未跨过环境规制与产业转移的拐点，如图8—1所示。

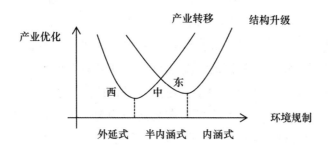

图8—1 环境规制与产业优化"U型"关系

（二）针对发达程度和区域特征的环境规制差异化的政策主张

其一，中西部内陆城市的脱钩收敛速度要远远高于东部沿海城市，表明二者的脱钩状态的组间差距在拉大。在环境规制的具体执行过程中，对于不同发展水平的地区和城市应摒弃"一刀切"式的执行标准，要充分考虑到城市自身的经济发展水平，因地制宜地制定有差别化的规制政策。如就脱钩效果而言，对东部地区城市制定差别化的环境规制政策；对中西部城市制定和实施差别较小或环境规制强度相近的政策则更为合理。

其二，针对环境规制，产业结构与城市空气质量，环境规制一方面可以通过治理效果直接改善城市空气质量，另一方面还可以通过产业结构的合理化和高度化进一步降低污染产业比重和提高产业的治污技术水平来改善环境质量。并且，环境规制强度对产业结构合理化和高度化的影响是"U型"的，即只有当环境规制强度跨过某一门槛时，环境规制才会降低污染产业的相对比重，才会诱导企业进行技术创新进而使得产业结构向合理化和高度化水平调整，从而达到改善城市空气质量的效果。因此，应通过加强环境监管力度，提高环境治理投入，提高污染排放标准，强化排污者责任等手段逐步提高环境规制水平。较高发达程度的东部地区，发展程度中等和一般的中西部地区，应根据其产业结构合理化和高度化所处位置，合理地确定其产业结构合理化和高度化对策和进程。

其三，各地区从自身实际情况出发，在满足国家基本环境规制标准的基础上，进一步细化环境规制标准。对于较高发达程度的东部地区，力求进一步提高企业生产率，促使企业规模分布合理化；对于发展程度中等和一般的中西部地区，提高环境规制强度和执行力度仍然是十分必要的，在满足环境标准的同时，要注重环境规制对企业生产率的提升效应，促使大型企业带动当地中小企业的发展，使环境规制成为众多中小企业发展的动力，促使企业规模分布趋向于均匀。国家若对中西部适当布局高环境标准的大企业，可通过其对关联产业企业的环境质量起到"倒逼"作用，有助于带动中西部整体企业环境标准的提升。

其四，采取因地制宜的环境规制政策，尤其是一般发展程度的西部地区环境规制强度与发达地区相比还存在较大差距，未达到门槛值，环境规制无法有效促进地区产业转移和结构升级。因此，西部地区必须重视环境问题，增强环境规制强度，尽早跨过环境规制—产业结构"U型"曲线的拐点，从外延式发展逐步向半内涵式、内涵式发展过渡，实现环境规制在改善环境的同时达到促进产业结构优化升级的目的。中央政府应对其既有压力目标，又有相应的支持和激励政策。

二 基于重度污染、中度污染、轻度污染行业特征的环境规制差异化选择

前文采用两种方法测量产业或行业的污染程度，以此将产业划分为轻度污染行业、中度污染行业和重度污染行业。方法一：选取各行业废水排放总量、二氧化硫排放量、烟尘排放量、粉尘排放量和固体废弃物排放量 5 个单项指标，采用线性标准化及等权加平均的方法计算行业污染强度；方法二：选取各行业工业废水排放量、工业废气排放量、工业固体废物产生量 3 个单项指标，采用改进的熵值法计算各行业污染排放的强度。

（一）不同污染程度行业的不同环境规制特征

总结前文对于环境规制各种效应的分析，对重度污染、中度污染、轻度污染行业的环境规制特征归纳如下。

1. 中度污染和轻度污染行业的环境规制特征

其一，环境规制对中度污染行业和轻度污染行业的企业规模分布的影响不显著。

其二，环境规制与轻度污染行业的企业产品创新决策，创新规模和创新密集度均呈现"U型"关系，且对应的"U型"曲线拐点相对比较靠左。

其三，环境规制并不利于改善轻度污染按行业的生产率分布，可能的原因是轻度污染行业对环境的危害相对较小，环境规制水平过高不仅无法促使企业进行创新活动，还会导致这类企业的经营困难，从而无法降低生产率离散度；环境规制对轻度污染行业的就业影响不显著。

2. 重度污染行业的环境规制特征

其一，就环境规制对企业规模分布的影响而言，随着环境规制的加强，重度污染行业企业规模分布指数得到提高，企业规模分布趋向均匀。

其二，环境规制与重污染行业的企业产品创新决策、创新规模和创新密集度均呈现"U型"关系，且对应的"U型"曲线拐点相对比较靠右，意味着更高强度的环境规制才能实现环境与创新双赢，且在样本的考察期内，重度污染行业环境规制强度的均值反而小于轻度污染行业，整体上中国环境规制强度仍处于"U型"曲线的下降阶段，还没有达到曲线的拐点，如图8—2所示。

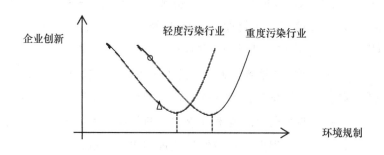

图8—2　环境规制与企业产品创新的"U型"关系

其三，就业效应受环境规制影响较大的是重度污染行业和中度污染行业，且环境规制与重度和中度污染行业的就业呈现"U型"关系，进一步分析发现重度污染行业的"U型"拐点在中度污染行业的"U型"拐点的右侧，即重度污染行业需要较高的环境规制才能实现环境与就业的双赢，结合实际来看，在2011年重度污染行业的环境规制强度反而小于中度污染行业，因而，重度污染行业的环境规制强度离"U型"曲线的拐点还存在一定的距离。同时，重度污染行业的"U型"曲线处于中度污染行业的下方，表明要想达到同样的就业水平，重度污染行业对应着更高的环境规制强度，而中度污染行业的环境规制均值跨过了"U型"曲线的拐点，所以中度污染行业的环境规制状况相对较好，优于重度污染行业的情况，如图8—3所示。

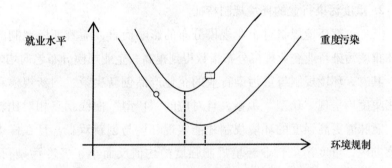

图8—3 环境规制与就业的"U型"关系：基于行业视角

另外，从三次产业的角度研究环境规制与就业的关系，可以看出环境规制以第一和第三产业就业呈"倒U型"关系，与第二产业就业呈"U型"关系。造成这一结果的主要原因是产业层面就业流动性；从行业技术水平的高低研究环境规制对于就业的影响，研究发现环境规制无论与中低技术水平还是与高技术行业的就业均呈"U型"曲线，且高技术行业的"U型"曲线在中低技术行业"U型"曲线的左上方，这表示高技术行业的"U型"拐点处对应的环境规制水平较低，且在同等环境规制下，高技术行业可以达到更高的就业水平。

（二）针对不同污染程度行业特征的环境规制差异化的政策主张

其一，依据行业污染强度，适度提高环境规制水平。在适度提高重度污染行业环境规制标准的同时，着重提高中度污染行业和轻度污染行业的环境规制水平。尤其是轻度污染行业对环境的损害相对更小，因此有必要适度提高这类行业的环境规制水平，既不让过于严苛的环境规制标准造成企业经营困难，也要力求环境规制能够充分发挥企业的创新能力，给予行业内中小企业更好的成长环境，从而降低企业规模分布的不均匀程度。

其二，环境规制无论与重度污染行业还是与轻度污染行业的产品创新决策，创新规模和创新密集度均呈"U型"关系，表明环境规制对于企业产品创新在短期内会有负面影响，即处于"U型"曲线的下降阶段，所以我们不应受限于短期的损失，要用发展的眼光看待环境规制与企业产品创新之间的关系，适度加强环境规制以使其越过"U型"曲线的拐点。同时，重度污染行业的"U型"拐点在轻度污染行业的"U型"拐点的右侧，说明针对重度污染行业需要更高水平的环境规制才能实现环境与创新的双赢。

其三，不同污染行业环境规制对于就业的影响是有差别的，这就要求在制定环境政策时切不可在所有行业内实施无差异政策，对于重度污染行业和中度污染行业应该分类讨论，区别对待，根据行业的异质性制定不同的环境政策，应大力提高中国重度污染行业的环境规制强度，这对于环境的改善，就业的增加都具有重要意义。

三　基于激励而非削弱企业生产率提升视角的环境规制选择

企业作为经济活动的微观主体，其生产率和竞争力直接关系到一国（或地区）整体经济竞争力的提升和持续增长，同时，企业也是环境污染问题的主要制造者和污染外部性的实施者，以利润最大化为生产经营目标的企业并不会主动进行环境保护考量。"环境规制"势必成为制约企业污染行为的重要方式，而强化环境规制必定会降低企业的生产率进而影响企业的发展吗？是否可能通过合理的环境规制强度，促使企业通过"创新效应""学习效应"以及"竞争效应"而倒逼其积极因应环境规制，倒逼其创新、转型与升级呢？

（一）合理的环境规制强度有利于提高企业生产率

理论分析和实证分析表明：环境规制强度与企业生产率之间是"倒N型"关系。即，较弱的环境规制造成的企业环境成本较小，企业技术创新（尤其是环保创新）的动机不够，环境成本虽低也会对企业的生产经营产生"挤出效应"，造成企业生产率下降；当环境规制增加到足以促进企业技术创新（或使用环保新技术）时，在合理的环境规制强度内，企业会通过"学习效应"和"创新补偿效应"提高企业生产率；当然，环境规制强度也能无限制提高，因为一旦环境规制强度过高，超过企业所能承受的负担，就会影响企业生产和经营，大幅降低企业生产率。这一分析结论表明："倒 N 型"曲线上的两个拐点，体现了环境规制强度与企业生产率之间属于哪一阶段性，是否有利于促进生产率。其政策含义是：确定环境规制强度，须符合阶段特征的"适时性"，符合有利促进生产率提升的"适当性"。

结合中国环境规制强度与企业生产率关系的现状来讨论。通过把各行业的当前环境规制水平标注在"倒 N 型"曲线上，可以得出，中国各工业行业尚未跨越第二个拐点，没有达到由于环境规制过于严格对企业生产率产生不利影响的阶段。非金属制造（行业代码 31）、电力生产（44）和造纸业（22）3 个重度污染行业位于第一个拐点和第二个拐点之间（亦即这三个行业由于环境规制程度到位，已经起到了激励企业活力的效果，而电力生产、造纸业尚有进一步加大环境规制而促进企业提升生产率的空间）。而大多数行业的环境规制强度仍然位于第一个拐点之前，对于这些行业而言，加大环境规制确实降低了生产率，但这并不是放松环境规制的理由，相反却说明，需要强化提高环境规制水平，各个行业的发展都不得不经历这一"痛苦期"，因为只有提高环境规制才能刺激或者激励企业进行技术创新或者使用新技术，尽早突破第一个拐点，进入环境规制与企业生产率的正相关阶段，才能实现环境规制激励企业生产率提升的"双赢"状态。以强化环境规制的"短痛"换来长期的经济活力和竞争力是值得的，决策者应认识到这一点。

就现状而言，中国环境规制强度整体较低，除了电力、非金属制造、造纸等行业的环境规制水平较为合理外，其他行业的环境规制强度都有待强化提高。"环境规制降低了企业生产率"的思维之所以存在，就是因为较低的环境规制没有达到促进企业技术创新的强度水平，虽然增加了企业的环境成本，却没有激发企业强化环保技术创新的动力。其政策含义是：要想真正实现通过环境规制促进企业创新、转型、升级，就必须经过一个阵痛期，将环境规制水平提高，以达到刺激或者激励企业进行技术创新的程度，达到既能够整体上提高企业生产率，又不会在整体上使企业陷入发展困境。

（二）合理的环境规制强度有利于形成企业优胜劣汰，保证存活企业的质量

要用发展的眼光来看待环境规制与企业创新的关系，尽管在环境规制的初始阶段会经历一段"痛苦阶段"，即环境规制不利于企业的创新，但只要使得环境规制强度跨过"U 型"曲线拐点，就能使环境规制成为推动企业创新的动力，从而实现经济的高质量发展；再者，环境对于企业创新的影响体现出行业异质性，这就要求要实行有区别、有针对性的环境规制，尤其是对于重度污染行业要提高环境规制水平，使其尽早跨过"U 型"曲线拐点，从而实现环境与创新的双赢。

合理的环境规制强度制约了在位企业的污染行为，同时，对潜在进入的企业也起到威慑作用。在某一行业确立了适当的环境规制强度的情形下，对于潜在进入企业而言，如果企业认为环境成本超过了其预期收入，那么企业就不会进入该行业，也就是说环境规制抑制了"低适应能力"的企业进入。只有那些生产率较高，"适应创新能力强"的企业，才会考虑进入。亦即，适当的环境规制提高了企业进入该行业的生产率门槛。在某一行业确立了适当的环境规制强度的情形下，对于在位企业而言，生产率低的企业注定要被淘汰，环境规制增加的成本，导致企业生产率的降低，相当于"压死骆驼的最后一根稻草"，迫使其退出。而具有创新活力的企业，能够通过创新消化其环境规制成本，则企业能够存活下去，亦即，环境规制促进了企业的优胜劣汰，使得存活企业都是质量较高的企业。

（三）有效发挥环境规制促进企业生产率提升作用的政策主张

第一，对于中国环境规制的现状而言，重度污染型行业，环境规制强度，反倒是更为接近合理水平的行业，部分重度污染型行业已经进入了激励企业生产率水平提高的阶段。我们认为，大部分重度污染型的环境规制强度也接近进入有利阶段，只需稍作提高就可实现激励企业生产率提升的效果。所以，对于重度污染型行业的环境规制政策目标，是尽快跨过"阵痛期"，尽早迎来环境规制提升企业生产率阶段的到来。应认

识到，大部分重度污染型行业正处在生产率最低水平，却处于生产率即将转升的阶段，环境规制程度稍作提升就可跨过这一"阵痛期"，很快就可以迎来生产率上升期了，何不努力为之？

第二，对于中国现状而言，轻度污染型行业，环境规制强度离激励企业生产率提升的阶段还很远，如果要强化其环境规制，那就要经历较长时间的生产率下降阶段。我们认为，由于轻度污染型行业本身要降低污染程度，其技术难度更大，边际成本更高，所以，现阶段不宜"一刀切"地强化环境规制水平。否则，不仅环保改善效果有限，而企业生产率也会受到较大程度的影响。

第三，对于中国现状而言，中度污染型行业，环境规制强度离激励企业生产率提升的阶段还有距离。我们认为，对于中度污染型行业要有所区分，对于那些降污降耗成本高，且对就业等民生事项影响较大，在"倒 N 型"曲线中离第一拐点尚远的行业，不宜强化环境规制水平，而宜使其保持在一个生产率较高的发展阶段；而对于那些降污降耗成本相对较低，且对就业等民生事项影响相对较小，在"倒 N 型"曲线中已经接近第一拐点的行业，宜强化环境规制水平，使其尽快跨过"阵痛期"，尽早迎来环境规制提升企业生产率阶段的到来。

第四，从各地区的发展水平差异角度来看，国家对各行业制定的环境规制应当统一还是差异化？我们认为，由于不同地区的发展水平存在显著差异，东部地区无疑是中国市场经济最活跃和最完善的地区，企业活力和竞争力较强，承受和适应环境规制成本的能力也较强。所以，国家对于东部发达地区制定环境规制强度时，应尽可能地使之逐步接近"倒 N 型"曲线的第二个拐点，以此激励东部企业最大可能地实现最大生产率，并在国际竞争中形成竞争优势。

而对于经济发展水平较低，市场经济欠发达的中西部地区，国家制定环境规制强度时，则要求高度污染型行业企业，尽快跨过"倒 N 型"曲线的第一个拐点，而让企业自主地适应，在"倒 N 型"曲线的第一个拐点与第二个拐点之间选择适当的环境规制水平，使之自主地逐步向第二个拐点方向发展。对于中西部发展压力大的地区，其产业政策应更多地倾向于发展那些消耗排放较小，且对就业等民生事项影响较大，在"倒 N 型"曲线中离第一拐点尚远的"轻度污染"行业和"中度污染"

行业。

第五，从环境规制的制定主体来看，应建立行业协会、企业参与环境规制制定的渠道。目前，中国的环境管理主要是政府主导，管理成本较高，且不容易得到符合行业企业发展真实状况的信息，在信息不完备的情形下，所制定的环境规制强度水平就难以符合能够激励企业活力和生产率的恰当水平。换言之，企业处于"倒N型"曲线的哪一阶段，离第一个拐点、第二个拐点有多远这些信息，行业协会和企业自身是最为清楚的。如果建立了行业协会、企业参与了环境规制制定的过程，那么，共同制定的"环境规制强度"就最有利于刺激企业活力和生产率提升。

四　基于环境—就业"双重红利"考量的环境规制选择

环境规制会通过改变企业的成本函数、劳动力份额、生产规模对就业产生一定的影响，那么，环境规制对就业的影响到底是正向的，还是负向的，或者是不确定的？如果环境规制对就业产生正面的推动作用，我们应该如何更好地利用这种环境规制与就业的双重红利？如果是负面的影响，那么如何利用环境规制在改善环境和提高民生之间进行权衡呢？抑或环境规制对就业的影响是不确定的，依赖于环境规制本身的累积程度呈现出非线性关系？这是政策制定者需关注的问题。

（一）环境规制与就业的"U型"关系

理论分析表明：环境规制会通过改变企业产出水平和要素使用份额对就业产生影响，即负向的规模效应和正向的替代效应。首先，环境规制会增加企业成本，如果企业将这部分成本转嫁给消费者，则会降低消费者需求，如果企业自己承担这部分成本，则企业成本增加会削弱企业的竞争优势，因此，企业由于成本上升最终会缩小生产规模，从而对就业产生负向的规模效应。其次，环境规制强度越高则资源能源类生产要素的价格也相应越高，环境规制会促使企业改变可变生产要素的投入比例，通过要素的优化配置实现成本的最小化：一方面，企业劳动力要素会对资源、能源类要素进行部分替代，企业倾向于使用更多的劳动力要素；另一方面，受规制企业会采取更多的治污与减排举措以达到较高的环境标准，需要相应增加治污与减排的劳动力投入。综上，环境规制还会对就业造成正向的替代影响。环境规制对就业的影响途径如图8—4

所示。

环境规制通过规模效应和替代效应对总就业的综合作用是：一方面，环境规制增加企业的生产成本削弱企业的竞争优势使企业缩小生产规模造成就业的减少，负效应在环境规制的初期十分明显。但是随着环境规制强度的增强，企业会进行资源的优化配置，成本增加的速度放缓，并且根据"波特假说"适当的环境规制将刺激技术革新，提高产品质量，这样可能使企业重新获得竞争优势，因此，企业规模缩小的程度会逐渐放缓，环境规制通过企业的规模效应造成的就业减少不再起主要作用。另一方面，环境规制通过替代效应对就业产生正向影响，环境规制强度的提高，相当于资源型要素的价格越来越高，正向的替代影响随着环境规制强度的提高逐渐增强，会超过规模效应的负向影响，逐渐表现出环境规制与总就业的正向关系。综上，在不同时期、不同发展阶段，伴随着环境规制的不同强度，各种效应的影响是不同的，所表现出的对于总就业的综合影响方向也会有所改变。可以合理推断，环境规制对于就业的影响依赖于环境规制本身的累积程度，可能表现出非线性的"U型"关系。

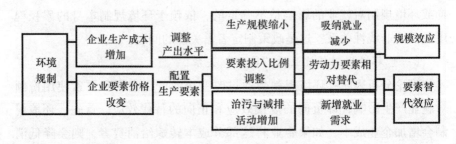

图8—4　环境规制对就业的影响途径

实证分析，可得到如下结论：（1）从地区层面分析，首先环境规制与就业呈现"U型"关系，因此，存在一个拐点，在拐点之前，随着环境规制的提高就业将会减少，而只要超过曲线的拐点，二者将会呈现出正向的关系，达到环境改善与就业提高的双重效果。进一步讨论拐点的位置，从全国样本来看，环境规制平均强度仍然小于拐点，分地区来看，各地区环境规制强度有所差异，东部地区位于"U型"曲线拐点的右侧，中部地区位于拐点的附近，而西部地区则处于拐点的左侧。同时，随着地区产业结构升级，环境规制与就业的"U型"曲线向左上方移动，这种移动的意义为：在较低的环境规制强度下达到"U型"曲线的拐点实现就业与环境的双赢，并且在同等环境规制强度下达到更高的就业水平。（2）从行业层面分析，环境规制与就业之间也呈"U型"关系，当前中国大多数行业环境规制强度依然处于下降阶段。依据污染程度划分就业结构，发现行业的异质性导致"U型"曲线的形态及位置存在显著差异。重度污染行业的"U型"曲线位于中度和轻度污染行业的右下方，即"U型"曲线的拐点较大，但是常数项较小，这意味着重度污染行业实现环境规制促进就业的拐点较高并且要想达到同等的就业水平需要更高的环境规制强度，这些都充分验证了现阶段增强中国重度污染行业环境规制水平的必要性。并且依据技术水平进行行业划分，高技术行业位于中低技术行业的左上方，因此，促进行业技术升级对于实现环境改善与就业提高的双重红利具有重要意义。

（二）实现环境规制与就业双重红利的政策主张

第一，政策制定者必须明确环境规制与就业并不是简单的非正即负的线性关系，改变传统的环境规制会对就业造成负面影响的认知。环境规制与就业的"U型"曲线意味着，一方面，增强环境规制对就业造成负面影响是一种短期效果，环境规制一旦越过"U型"曲线的拐点，环境规制对于就业正向的替代效应将会超过负向的规模效应，可以实现环境与就业的双重红利。虽然目前中国仍然处于"U型"曲线的下降阶段，但已经破坏了的环境不可以不治理，环境规制是需要并且必需的；另一方面，提高环境规制强度还需要综合经济—生态—民生各方面的影响来考虑，环境规制也不是一蹴而就的。因此，"U型"曲线的下降阶段就如同一个必须经历的"痛苦阶段"，在这个阶段中，要想达到环境的改善可能会损害人们的当前福利，但不应受限于短期的就业损失，加强环境规制的强度以使其越过"U型"曲线的拐点，构建完善的环境法治制度、环境管控制度和环境经济制度，使得中央政府、地方政府、企业和个人应该目标一致并担负起各自的责任，形成多方共治的环境规制体系，产生最大合力。只有用发展的眼光看待环境与就业的关系，才能最终实现环境改善与就业提高的双重红利。

第二，政府应当针对各地区、各行业的现状，实施差别化的环境规制政策。当前的中国，不同地区的经济发展水平，环境容量和规制现状都存在很大的差异，政策制定者必须结合各地区的实际情况，因地制宜，切不可在全国范围内实施无差异政策。虽然国家制定的环境保护政策法规对各地区具有统一的规范性，但在环境规制的具体执行过程中，不同地区应该制定出适合于当地的实施细则，环境治理必须更具针对性，必须走向精细化。例如，针对欠发达的中西部地区，其一味地追求经济增长而忽略了环境问题的重要性，因此，必须结合当地现状，因地制宜，中西部地区只有大力提高环境规制强度才能在改善环境质量的同时有效解决就业问题。同样，在行业层面，对于重度污染行业、中度污染行业和轻度污染行业应该分类讨论，区别对待，根据行业的异质性制定更有针对性的环境政策。例如，对于重度污染行业，其环境规制强度远未达到需要的水平，因此，必须大力提高中国重度污染行业的环境规制强度。具体来说，像电力、热力的生产和供应业、石油加工、炼焦及核燃料加工业、煤炭开采和洗选业等重度污染行业，其对于生态环境的污染破坏程度较大，在制定环境政策时必须适当从严；而对于其他一些轻度污染行业，例如新能源产业、环保先进技术研发产业和资源再利用产业等，其对于环境的影响相对较小，制定环境政策时可以适当从宽。

第三，要想实现改善环境与提高就业的双重红利，政策制定者还可以通过一些政策工具调节"U型"曲线的位置，使"U型"曲线朝政策预期方向移动。从地区层面来看，产业结构调整可以使得环境规制与就业的"U型"曲线向左上方移动，这意味着产业结构调整可以减小"U型"曲线的拐点，并且提高同等环境规制强度对应的就业水平。因此，中国现阶段基于环境与就业和谐的视角，有必要重点强调促进产业结构优化升级，包括产业结构的高级化、协调化和生态化。首先，产业结构高级化，有必要形成产业结构调整与环境改善的良性循环，一方面，加大第三产业占比有利于协调环境与就业，通过推进产业结构的高级化可以降低经济增长对于环境负影响；另一方面，通过资源与环境的硬约束倒逼，加快产业结构的升级。其次，产业结构协调化，优化各个产业内部的结构，加强农业的基础地位，提升农业的可持续水平，走新型工业化道路，建立节能、节材的清洁型工业生产体系，重点向物质资源消耗少、综合效益高、成长潜力大的产业转移，同时，积极发展第三产业，注重第三产业的生态效果。最后，产业结构生态化，加快对传统产业的生态化改造，探索良性发展的循环经济模式，促进高污染、高能耗的行业尽快实现知识化、技术化，同时，大力发展专业化、规模化的环保产业，高度重视高技术产业的优先发展。

第四，从行业层面看，技术进步一方面可以降低单位经济增长对于环境质量的负影响，对于解决环境问题具有重要意义；另一方面，技术进步又可以提高产出效益，扩大生产规模，为吸纳更多的就业提供产业基础，因此，技术升级对于实现环境改善与就业提升的双重红利具有促进作用。利用技术创新作为可调控的政策工具，这样才能更好地通过"U型"曲线的动态性调整达到环境与就业的双重红利。高技术行业环境规制与就业"U型"曲线位于中低技术行业的左上方，这意味着：高技术行业对应着比较容易达到的较低的"U型"曲线拐点，并且同等的环境规制强度对应着更高的就业水平，更容易创造更大的就业空间。因此，促进行业技术升级对于实现环境改善与就业提升的双重红利具有重要意义，现阶段中国应该以市场为导向，以企业技术创新为基础，以提高产业竞争力为目标，积极落实各项技术创新政策。加强对企业开发高新技术产品的引导，提高政府科研创新投入经费，加大对于企业创新国家政策的支持力度，同时进一步鼓励企业增加研发投入。此外，支持有条件的企业建立企业技术中心，或与大学、科研机构联合建立研发机构，提高自主创新能力，从点到面，从个别企业扩散至整个行业，提高行业整体的技术水平。综上，在新常态经济下，促进技术进步不仅可以改善环境质量，还可以提供新的就业增长点，为吸纳更多的就业提供产业基础，因此，现阶段应大力支持技术进步，鼓励企业加大科技研发的投入，但另一方面任何技术对于生态的影响都是具有不确定性的，长远来看，在提倡技术升级的基础上也要警惕技术进步的生态风险。

总体上看，建议：以"生态—经济—民生"相协调为原则，应提高环境规制政策的有效性。强化环境规制的政策出台前，应进行经济—民生影响评估，还应构建应对环境规制民生影响的社会保障制度。

五　基于提高生态效率的环境规制差异化选择

从前文对生态效率的测度分析中，可以得出以下几点基于提高生态效率的环境规制差异化的政策主张。

（1）环境规制政策，特别是短期强势的环境规制措施，对城市生态效率带来的冲击是显著的。如，加大环保巡视力度，利用行政手段降低污染排放总量，"倒逼"企业环保技术的提高，这在一定程度上带来了生态效率的提高，然而，这种强势的环保政策效果的持续性具有异质性：发达地区城市和区域性中心城市面临着强势环保政策，可以在抵御强势环保风暴的同时，尽可能地降低对经济增长的冲击，而欠发达城市经济基础和环境治理能力较差，抵御环保风暴的能力较差。因此，不应采取"一刀切"式的强势环保政策以追求短期的环境治理效应。

（2）近十年中国主要城市的生态效率改进，主要来源于"纯效率改进"和"纯技术进步"，即，城市生态效率的提高得益于一定技术条件下的效率改进和生产技术本身的进步。而通过技术创新，既带来新的增长，同时又带来生态环境效率提升（减排降污技术水平）的能力相对缺乏。因此，各级政府在促进技术创新的同时，应激励企业产业创新兼顾提升生态效率的成效，而不要使两类技术（促进经济增长的技术，促进污染减少的技术）各自独立发展。

（3）生态效率的来源具有异质性，因此政策的制定应具有差异化。生态东部城市和生态中部城市，应在改进效率和利用技术的同时，提高规模效率，提高规模经济效应；生态西部城市，则应加强与生态中部、东部城市的联系，利用知识外溢效益等途径享受到技术进步带来的生态效率改进。

（4）针对环境治理问题，往往会提出"依靠技术创新"的主张。但应认识到有两类不同取向的技术创新，一类是促进经济增长的技术创新，这类技术创新在促进经济增长的同时也会加剧环境影响；另一类则是提高生态效率的技术创新，此类技术创新未必能够促进经济增长，而只是生态效率较低的产能替代生态效率较高的产能。两类技术如何发展，很大程度上也就决定了生态效率提升的源泉问题。建议：各城市应以深圳为标杆，即，在促进技术创新的同时，还要促进技术的规模效应及其对生态环境治理能力的同步提高。国家及地方政府，在制定产业技术创新支持政策时，应特别重视并鼓励两类技术创新能够有机结合的高新产业和产业新技术。

六　基于企业所有权特征的环境规制差异化选择

基于企业所有权的分类，可将企业分为非民营企业和民营企业。两类企业对于环境规制有着不同的响应特征。

非民营企业（包括国有企业和外资企业）的环境规制特征是：环境规制对非民营企业的生产率分布无显著影响，因为国有企业较少存在融资约束，面对环境规制强度的不断提高，其自身完全有能力通过引进先进的生产技术或者自主创新达到环境规制标准。

民营企业的环境规制特征是：环境规制，降低了民营企业生产率离散程度；环境规制对民营企业和非民营企业出口选择发达国家及出口发达国家企业生产率都起到了显著的促进作用。

所以，基于企业所有权特征的环境规制差异化对策是：对于非民营企业（包括国有企业和外资企业）的环境规制应以强化合理的环境标准为主要途径；对于民营企业的环境规制则应以提高环境规制以刺激企业创新为主要途径，通过技术创新或者采用新的生产技术与工艺来达到环境标准，同时还可提高生产率，有助于民营企业生产率分布更加均匀，也有助于激励民营企业和非民营企业积极开拓海外市场，将产品出口到发达国家市场。政府在促进民营企业创新方面，应结合环境政策综合施策。

第四节　关于城市生态文明建设选择适用政策工具的主张

前文，对生态文明建设（特别是环境治理）中涉及的若干政策工具，对其"经济—环境"影响进行了分析，本节基于这些分析，对相关政策工具适用选择的主张，做一归纳。

一　对于环保财税政策工具的适用选择主张

（一）关于"环保财政支出"的政策主张

从"环保财政支出"政策工具的现实实施效果来看，其经济作用更为显著。通过对比政府财政支出的流向与工业污染治理投资的资金来源来看，环保财政支出中直接用于控制污染物减排的比例不高，主要通过政策导向引致社会投资并引导社会投资方向，促进提高技术水平，影响经济产出和污染减排。

政策主张：（1）"环保财政支出"不应作为促进投资、促进增长的手段；（2）"环保财政支出"的规模和增速，不应受当前经济景气状态出现明显的波动；（3）应将"环保财政支出"，更多地，更具规模效率地投资于工业污染源治理方面；（4）"环保财政支出"的数额和比例应在财政预算中予以保障并稳定增长；（5）应着重提高"环保财政支出"的效率，使每一笔环保财政支出能够产生更高的效益，更持久地发挥作用，不能只抓环保支出，不考核环保支出所产生的效益。

（二）关于"环保投资"的政策主张

虽然近年来中国各区域的"环保投资"的规模逐年上升，但是"环保投资"的"经济—环境—民生"综合绩效偏低且逐年下降。财政分权，工业化程度提高是造成中国环保投资的综合绩效低下及区域差异的原因。

政策主张：（1）"环保投资"政策工具，首先要关注和解决的是"环保投资"的"经济—环境—民生"综合绩效，一方面要促进江苏、山东、广东等综合绩效较高的地区，能够通过制度构建和完善促进其综合绩效稳定向好，另一方面要促使安徽、青海、江西、海南等综合绩效较低的省份，通过有针对性的治理，使得其综合绩效出现显著的改进，并持续向好。（2）通过完善的制度，减少强制性"环保投资"过程中的不确定性和交易费用，提高环保投资的综合绩效。（3）针对财政分权，工业化程度提高造成中国环保投资的综合绩效低下及区域差异的成因，有的放矢地制定确保环保投资效率水平的制度和政策措施。

（三）关于完善"环境税"的政策主张

政策主张：（1）对环境规制的影响进行全面评估。第一，整体来看，环境税，提高污染源治理投资，激励企业引入先进治理设备或者增加污染治理设备运行次数，增加排污费征收等措施都是环境规制的方式。不同方式对企业，消费者甚至整个经济体产生什么样的影响，这个问题是需要事先明确的。第二，对不同地区和不同产业而言，环境规制不同方式的影响也需要进行评价。（2）环境税主要针对企业污染物排放进行征税，这引申出相关问题：污染物排放的征收范围是什么以及如何征税。

第一，不同产品从生产到消费所排放的污染物种类和数量是不同的，例如造纸业等高污染产业决定其产品也具有高污染性质，如果使用同等税收标准，可能对这些产业造成较大冲击。在制定环境税收标准时，要根据产品性质（是否必需品，是否是高污染产品）制定不同环境规制税收标准，不能实施"一刀切"的标准。第二，因税收存在转嫁问题，无疑加重了低收入群体的负担，因此环境税存在"累退性"。对于这种情况，在征收环境税时，给予低收入群体部分补贴以减少其负担。（3）"环境税"的用途问题，如果"环境税"只是财政收入的一个来源，而不限定其用途的话，那么，最终可能转化为经济投资，而增加环境影响，这就可能导致环境税目标的弱化。所以，"环境税"应明确用于生态环境保护方面，且与财政正常预算中的生态环境保护支出不能"此消彼长"。

（四）关于"环境相关税收"的政策主张

环境相关税收主要通过环保优惠从而激励企业减排，与环境相关税收收入相比，税收征收能力反映了政府利用本地各项资源的能力以及对本地环境政策的执行力度，对污染排放具有更为显著的负向影响。另外，单纯地增加环保相关税收会导致地区企业税收负担加重。

政策主张：（1）环境相关税收总额并非衡量其效果的唯一标准，更应该注重征收能力和效率。（2）经济发展水平，科技研发能力及贸易开放程度等越高，地区的社会经济发展外部环境越好，越可能具有完善的各项制度，从而有利于提高税收的征收效率，因此应加快完善环境相关税收的制度管理和技术支持。（3）在当前对企业"降税减费"的总体指导原则下，应进一步协调各税种之间的征收标准，减少税收交叉可能造成的收入扭曲，加大环保优惠激励，形成有利于污染减排，减轻企业税费负担的长效机制，在规制企业减排的同时，总体上减轻企业负担。

（五）关于"排污费"的政策主张

"排污费"，直接针对企业的污染排放起到了规制污染减排的作用。实证结果表明，征收排污费具有促进污染减排和经济增长的效果。人均地区 GDP 水平，科技水平的提高能够显著提高地区排污费收缴能力，但排污存在着费率标准偏低，执行不到位以及地区间的环保竞争等现实问题。"排污费改税"为基准的环境税改革后，独立的环境保护税已经取代了原有排污费制度，改进了征收标准与制度保障。

政策主张：（1）"环境保护税"取代"排污费"后应继续发挥针对污染物排放的直接规制作用，"倒逼"企业改进生产技术，采用绿色生产方式，减少污染排放。（2）面对原有排污费政策执行不到位问题，新的环境保护税应提高环境、税务、执法等部门之间的职责明确和协同配合，并相互监督和制约。（3）面对地区间经济增长与政府增收的竞争，应围绕污染减排的环境治理效果构建考核机制，缓解地区间的收入或增长单一竞争。

（六）关于"环境行政罚款"的政策主张

环境处罚，是通过惩罚性措施规制环境违法违规行为的政策，通过处罚的威慑力迫使潜在的违法者守法才是立法的真正目的。虽然近年来中国不断强化环境执法与处罚力度，但自由裁量，后续监管不力等问题弱化了环境处罚的效果。

政策主张：（1）对企业具有威慑效果的处罚标准要求其对企业造成的预期损失必须大于企业的预期违规收益，考虑到政府部门的监察和处罚力度以及企业的风险偏好，这一数额标准应成比例地提高。（2）罚款数额不仅要与企业当期的违规收益相挂钩，还要具有追溯机制，并辅之以严格的监管力度，对督查整改情况开展"回头看"。（3）在环境处罚执行方面，提高政府环境处罚的执行能力和效率，加大对环境监察和执法方面的人力财力投入，改善用于监察和执法的技术和设备等基础建设。

二 对于环境治理政策工具的适用选择主张

（一）关于"环境标准"的政策主张

"环境标准"作为环境治理的政策工具，以机动车排放标准为例，机动车排放标准是一项针对机动车尾气污染的环境规制政策，强化提高机动车排放标准是减少机动车排放污染，治理雾霾污染的重要措施。研究结果表明：机动车排放标准的提升，虽然短期内雾霾治理效果有限，但长期来看有助于PM2.5浓度的下降。

政策主张：（1）提高机动车排放标准有利于改善环境，治理雾霾，应尽快在全国范围内推广第五阶段机动车排放标准，应结合其他减排措施实现空气质量的改善。（2）应着力于从污染源出发，一方面为机动车或其燃油寻找替代品，改善公共交通体系，开发新能源汽车和替代燃料，降低机动车尾气造成的大气污染；另一方面加强对主要污染产业污染物排放的监管力度，有针对性地选择污染产业进行调控，降低高耗能产业的污染物排放强度。

（二）关于"短期环境规制"的政策主张

短期环境规制措施，具有更加单一的污染减排目标，更高的规制强度和更多样的政策工具配合。研究结果表明，短期内机动车单双号限行，工业企业停产限产以及各地区协同配合等措施显著改善了空气质量，但也付出了极大的经济成本。

政策主张：（1）提高环境规制的针对性和有效性，针对治理成效最显著，关联性作用最大的领域施策，机动车排放，燃煤供暖以及工业生产等产业领域的源头性降污减排仍是重点方向。（2）提高城市精细化管理水平，将减排措施细化到企业，严厉查处违规排放行为，全面促进空气质量保障各项措施的有效落实。（3）合理选择环境规制的策略和强度，基于长短期减排成本，长期改善空气质量，需要确立更为合理的环境目标，根据长短期环境规制手段的不同作用机制科学制定减排策略，通过制度和技术性手段提高环境规制的效果。（4）注重环境规制的区域和部门协同，打破地方保护，部门保护，协调利益关系，制定相应的法律法规，合理确定可执行的减排目标和份额。

（三）关于"能源政策"的主张

能源政策与能源效率，直接影响城市的能源消费和环境污染。在中国城市化进程仍伴随着城市能源强度的增加的背景下，能源政策，是城市生态文明建设的重要政策工具之一。虽然城市化水平对能源强度的影响是正向的，但这种影响完全可以因人均收入水平的提高而被抵消，着力提升能源效率是城市可持续发展和新型城镇化建设的必然选择。

政策主张：（1）政府应兼顾城市发展，新型城镇化建设与单位 GDP 能耗增速减缓甚至下降，从而全面提升城市，新型城镇治理水平，在未来经济发展中显著提升能源效率。（2）进一步优化产业结构的同时要着力引进高新技术产业和大力发展清洁能源，并给予政策扶持，积极引导生产者、消费者购买使用节能技术产品。

（四）关于"公众参与"的政策主张

目前，环境规制主要由政府推动，公众参与起步比较晚，公众参与意识相对欠缺，相应的能力和途径较为缺乏。公众参与对环境规制虽然起到督促作用，但参与度较低，且参与方式是间接的。

政策主张：（1）政府应该充分关注公众对地方环境的诉求，督促地方政府在制定环境决策时注重居民对环境的要求，鼓励公众"用手投票"，增加公众直接参与环境政策制定的权利和途径。（2）结合财政分权制度的优势，对于官员绩效评价，可将公众意见纳入考核范围，激励地方政府部门重视公众对环境等公共品的诉求。

三　对于生态保护政策机制设计的主张

相较环境治理以"治"为主的污染治理目标，生态保护以保护现有生态环境资源的质量和数量为目标，以"保"为主，更加侧重通过合理的机制设计实现生态和经济效益的双赢。但中国目前生态文明建设中对生态产品和生态价值的保护和开发，起到利益激励性作用的制度政策尚待完善。

政策主张：（1）应将产权制度作为生态环境政策的核心和基础性机制，"非开发性所有权"要求生态产品存在的最终目的是为了获得生态产品提供的功能服务，其本质是保障其正外部性的存在，必须在"非开发性所有权"的硬约束下释放生态产品"开发性所有权"的利益。（2）参照国家生态红线与生态功能区规划，各城市生态文明建设中要加大对城市内部生态资源的限制性开发和保护工作，因地制宜划定本城市发展的生态红线和城市内部生态功能区。（3）各城市应加大生态资源补偿和赎买力度，调节自身经济发展与周边城乡生态的利益相关者之间的价值平衡，通过科学的中长期规划（而不是基于短期利益的规划），增强城市可持续发展的能力。（4）基于共同利益和共同而有区别的责任，加快推进河长制、湖长制等制度建设，加强地区间协同合作，促进形成全社会参与环境管理的机制，建立可持续发展的环境治理制度。

参考文献

著作

柴志贤：《环境管制、产业转移与中国全要素生产率的增长》，经济科学出版社 2014 年版。

戴星翼、俞厚未、董梅：《生态服务的价值实现》，科学出版社 2005年版。

丹尼斯·米都斯：《增长的极限：罗马俱乐部关于人类困境的报告》，吉林人民出版社 1997 年版。

刘生龙：《基础设施与经济发展》，清华大学出版社 2011 年版。

孙智君：《产业经济学》，武汉大学出版社 2010 年版。

赵细康：《环境保护与产业国际竞争力：理论与实证分析》，中国社会科学出版社 2003 年版。

中国大百科全书编委会：《中国大百科全书》，中国大百科全书出版社 2002 年版。

钟茂初：《可持续发展经济学》，经济科学出版社 2006 年版。

钟茂初等：《可持续发展的公平经济学》，经济科学出版社 2013年版。

钟茂初、史亚东、孔元：《全球可持续发展经济学》，经济科学出版社 2011 年版。

期刊

包群、邵敏、杨大利：《环境管制抑制了污染排放吗?》，《经济研究》

2013 年第 12 期，第 42—54 页。

蔡乌赶、周小亮：《中国环境规制对绿色全要素生产率的双重效应》，《经济学家》2017 年第 9 期，第 27—35 页。

曹翠：《城市化对能源效率的影响研究》，《资源开发与市场》2014 年第 30（7）期，第 821—823 页。

曹静、王鑫、钟笑寒：《限行政策是否改善了北京市的空气质量?》，《经济学》（季刊）2014 年第 13（3）期，第 1091—1126 页。

查建平、唐方方、傅浩：《中国能源消费、碳排放与工业经济增长——一个脱钩理论视角的实证分析》，《当代经济科学》2011 年第 33（6）期，第 81—89 + 125 页。

常健：《跳出政策刚性执行与弹性执行的恶性循环——政策执行"一阵风"现象的形成机理剖析》，《人民论坛》2018 年第 9 期，第 61—63 页。

陈斌、邓力平：《对我国环境保护税立法的五点认识》，《税务研究》2016 年第 9 期，第 71—78 页。

陈德敏、张瑞：《环境规制对中国全要素能源效率的影响——基于省际面板数据的实证检验》，《经济科学》2012 年第 4 期，第 49—65 页。

陈刚、李树：《中国式财政分权下的 FDI 竞争与环境规制》，《财经论丛》2009 年第 4 期，第 1—7 页。

陈洪波、潘家华：《我国生态文明建设理论与实践进展》，《中国地质大学学报》（社会科学版）2012 年第 12（5）期，第 13—17 页。

陈鸿宇：《空间视角下的不平衡发展问题辨析》，《南方经济》2017 年第 10 期，第 2—4 页。

陈凯玲、林荫、李晓宇：《新能源电力可持续发展影响因素研究》，《能源与环境》2017 年第 3 期，第 7—9 页。

陈明星、李扬、龚颖华等：《胡焕庸线两侧的人口分布与城镇化格局趋势——尝试回答李克强总理之问》，《地理学报》2016 年第 71（2）期，第 179—193 页。

陈诗一：《边际减排成本与中国环境税改革》，《中国社会科学》2011 期第 3 期，第 85—100 + 222 页。

陈诗一、陈登科：《雾霾污染、政府治理与经济高质量发展》，《经济研究》2018 年第 2 期，第 20—34 页。

陈硕、陈婷：《空气质量与公共健康：以火电厂二氧化硫排放为例》，《经济研究》2014 年第 8 期，第 158—169 页。

陈素梅、何凌云：《环境、健康与经济增长：最优能源税收入分配研究》，《经济研究》2017 年第 52（4）期，第 120—134 页。

陈太清：《行政罚款与环境损害救济——基于环境法律保障乏力的反思》，《行政法学研究》2012 年第 79（3）期，第 54—60 页。

陈昕、张龙江、蔡金榜等：《公众参与环境保护模式研究：社区磋商小组》，《中国人口·资源与环境》2014 年第 24（S1）期，第 42—45 页。

陈媛媛：《行业环境管制对就业影响的经验研究：基于 25 个工业行业的实证分析》，《当代经济科学》2011 年第 33（3）期，第 67—73 页。

陈仲常、姜建慧、龚锐：《城市基础设施现代化评价模型研究》，《经济与管理研究》2010 年第 6 期，第 70—76 页。

程雨燕：《环境罚款数额设定的立法研究》，《法商研究》2008 年第 1 期，第 121—132 页。

储德银、何鹏飞、梁若冰：《主观空气污染与居民幸福感——基于断点回归设计下的微观数据验证》，《经济学动态》2017 年第 2 期，第 88—101 页。

邓集文：《中国城市环境治理信息型政策工具选择的政治逻辑——政府环境治理能力向度的考察》，《中国行政管理》2012 年第 7 期，第 116—120 页。

丁煌：《政策制定的科学性与政策执行的有效性》，《南京社会科学》2002 年第 1 期，第 38—44 页。

董健、刘伟、薛景：《环境规制、要素投入结构与工业行业转型升级》，《经济研究》2016 年第 7 期，第 43—57 页。

董金明：《论自然资源产权的效率与公平——以自然资源国家所有权的运行为分析基础》，《经济纵横》2013 年第 4 期，第 7—13 页。

董敏杰、梁泳梅、李钢：《环境规制对中国出口竞争力的影响——基于投入产出表的分析》，《中国工业经济》2011 年第 3 期，第 57—67 页。

杜威剑、李梦洁：《环境规制对企业产品创新的非线性影响》，《科学学研究》2016 年第 34（3）期，第 462—470 页。

杜勇：《我国资源型城市生态文明建设评价指标体系研究》，《理论月刊》2014 年第 4 期，第 138—142 页。

段显明、许玫、林永兰：《关于森林生态效益经济补偿机制的探讨》，《林业经济问题》2001 年第 21（2）期，第 79—82 页。

方创琳、鲍超、张传国：《干旱地区生态—生产—生活承载力变化情势与演变情景分析》，《生态学报》2003 年第 23（9）期，第 1915—1923 页。

方瑜、欧阳志云、郑华等：《中国人口分布的自然成因》，《应用生态学报》2012 年第 23（12）期，第 3488—3495 页。

冯俊诚：《大而少罚？——来自重庆市工业企业环境行政处罚的经验证据》，《经济学报》2017 年第 3 期，第 127—144 页。

傅京燕、李丽莎：《环境规制、要素禀赋与产业国际竞争力的实证研究——基于中国制造业的面板数据》，《管理世界》2010 年第 10 期，第 87—98 页。

傅勇、张晏：《中国式分权与财政支出结构偏向：为增长而竞争的代价》，《管理世界》2007 年第 3 期，第 4—12 页。

盖美、胡杭爱、柯丽娜：《长江三角洲地区资源环境与经济增长脱钩分析》，《自然资源学报》2013 年第 28（2）期，第 185—198 页。

高宝、傅泽强：《产业环境准入框架构建及案例研究——以常州市为例》，《环境工程技术学报》2017 年第 7（4）期，第 525—532 页。

高吉喜：《区域可持续发展的生态承载力研究》，中国科学院地理科学与资源研究所，1999 年。

高珊、黄贤金：《基于绩效评价的区域生态文明指标体系构建——以江苏省为例》，《经济地理》2010 年第 30（5）期，第 823—828 页。

高树婷、苏伟光、杨琦佳：《基于 DEA - Malmquist 方法的中国区域排污费征管效率分析》，《中国人口·资源与环境》2014 年第 24（2）期，第 23—29 页。

龚新蜀、王曼、张洪振：《FDI、市场分割与区域生态效率：直接影响与溢出效应》，《中国人口·资源与环境》2018 年第 28（8）期，第 95—104 页。

龚艳冰、张继国、梁雪春：《基于全排列多边形综合图示法的水质评价》，《中国人口·资源与环境》2011 年第 21（9）期，第 26—31 页。

关海玲：《基于熵值法的城市生态文明发展水平评价的实证研究》，《工业技术经济》2015 年第 1 期，第 116—122 页。

关琰珠、郑建华、庄世坚：《生态文明指标体系研究》，《中国发展》2007 年第 2 期，第 21—27 页。

郭显光：《改进的熵值法及其在经济效益评价中的应用》，《系统工程理论与实践》1998 年第 12 期，第 98—102 页。

郭秀锐、毛显强、冉圣宏：《国内环境承载力研究进展》，《中国人口·资源与环境》2000 年第 10（3）期，第 28 页。

国家发改委国地所课题组，肖金成：《我国城市群的发展阶段与十大城市群的功能定位》，《改革》2009 年第 187（9）期，第 5—23 页。

韩超、刘鑫颖、王海：《规制官员激励与行为偏好——独立性缺失下环境规制失效新解》，《管理世界》2016 年第 2 期，第 82—94 页。

韩洪云、喻永红：《退耕还林的土地生产力改善效果：重庆万州的实证解释》，《资源科学》2014 年第 36（2）期，第 389—396 页。

韩会朝、徐康宁：《中国产品出口"质量门槛"假说及检验》，《中国工业经济》2014 年第 4 期，第 58—70 页。

韩晶、陈超凡、施发启：《中国制造业环境效率、行业异质性与最优规制强度》，《统计研究》2014 年第 3 期，第 61—67 页。

何才华、熊康宁、粟茜：《贵州喀斯特生态环境脆弱性类型区及其开发治理研究》，《贵州师范大学学报》（自然科学版）1996 年第 1 期，第 1—9 页。

何天祥、廖杰、魏晓：《城市生态文明综合评价指标体系的构建》，《经济地理》2011 年第 31（11）期，第 1897—1900 + 1879 页。

何元庆：《对外开放与 TFP 增长：基于中国省际面板数据的经验研究》，《经济学》（季刊）2007 年第 4 期，第 1127—1142 页。

贺灿飞、张腾、杨晟朗：《环境规制效果与中国城市空气污染》，《自然资源学报》2013 年第 28（10）期，第 1651—1663 页。

侯鹰、李波、郝利霞等：《北京市生态文明建设评价研究》，《生态经济》（学术版）2012 年第 1 期，第 436—440 页。

胡滨：《生态资本化：消除现代性生态危机何以可能》，《社会科学》

2011 年第 8 期，第 55—61 页。

胡飞：《产业结构升级、对外贸易与环境污染的关系研究——以我国东部和中部地区为例》，《经济问题探索》2011 年第 7 期，第 113—118 页。

胡焕庸：《中国人口之分布——附统计表与密度图》，《地理学报》1935 年第 2（2）期，第 33—74 页。

胡俊成：《差异化——21 世纪城市发展的新战略》，《现代城市研究》2005 年第 6 期，第 39—43 页。

胡熠、黎元生：《论生态资本经营与生态服务补偿机制构建》，《福建师范大学学报》（哲学社会科学版）2010 年第 4 期，第 11—16 页。

环境保护部环境监察局：《细化处罚程序规范处罚行为——修订后的〈环境行政处罚办法〉解读》，《环境保护》2010 年第 4 期，第 12—14 页。

郇庆治：《生态文明及其建设理论的十大基础范畴》，《中国特色社会主义研究》2018 年第 4 期，第 16—27 页。

黄宝荣、崔书红、李颖明：《中国 2000—2010 年生态足迹变化特征及影响因素》，《环境科学》2016 年第 37（2）期，第 420—426 页。

黄嘉文：《教育程度、收入水平与中国城市居民幸福感——一项基于 CGSS 2005 的实证分析》，《社会》2013 年第 33（5）期，第 181—203 页。

黄嘉文：《收入不平等对中国居民幸福感的影响及其机制研究》，《社会》2016 年第 36（2）期，第 123—145 页。

黄建军、李萌竹：《中国政府对排污企业施行罚款的实效分析及对策研究》，《中共四川省委党校学报》2015 年第 1 期，第 89—92 页。

黄娟、汪明进：《科技创新、产业集聚与环境污染》，《山西财经大学学报》2016 年第 38（4）期，第 50—61 页。

黄亮雄、安苑、刘淑琳：《中国的产业结构调整：基于三个维度的测算》，《中国工业经济》2013 年第 10 期，第 70—82 页。

黄勤、曾元、江琴：《中国推进生态文明建设的研究进展》，《中国人口·资源与环境》2015 年第 25（2）期，第 111—120 页。

黄寿峰：《环境规制、影子经济与雾霾污染——动态半参数分析》，

《经济学动态》2016 年第 11 期，第 33—44 页。

黄永春、石秋平：《中国区域环境效率与环境全要素的研究——基于包含 R&D 投入的 SBM 模型的分析》，《中国人口·资源与环境》2015 年第 25（12）期，第 25—34 页。

黄永明、何凌云：《城市化、环境污染与居民主观幸福感——来自中国的经验证据》，《中国软科学》2013 年第 12 期，第 82—93 页。

黄智宇：《生态文明语境下我国自然资源多元治理体系之优化》，《江西社会科学》2017 年第 10 期，第 218—226 页。

霍海燕：《当前我国政策执行中的问题与对策》，《理论探讨》2004 年第 4 期，第 87—90 页。

姬奇武：《山西省湿地公园建设与发展问题浅析》，《山西林业科技》2017 年第 4 期，第 60—61 页。

贾冯睿、郎晨、刘广鑫、孙琪、马丹竹、岳强：《基于物质流分析的中国金属铜资源生态效率研究》，《资源科学》2018 年第 40（9）期，第 1706—1715 页。

江景星：《湖南省能源消费与经济发展的灰色关联分析》，《湖南社会科学》2010 年第 5 期，第 135—137 页。

姜楠：《环保财政支出有助于实现经济和环境双赢吗?》，《中南财经政法大学学报》2018 年第 1 期，第 95—103 页。

姜永宏、蒋伟杰：《中国上市商业银行效率和全要素生产率研究——基于 Hicks - Moorsteen TFP 指数的一个分析框架》，《中国工业经济》2014 年第 9 期，第 109—121 页。

蒋伏心、王竹君、白俊红：《环境规制对技术创新影响的双重效应——基于江苏制造业动态面板数据的实证检验》，《中国工业经济》2013 年第 304（7）期，第 44—55 页。

蒋为：《环境规制是否影响了中国制造业企业研发创新？——基于微观数据的实证研究》，《财经研究》2015 年第 41（2）期，第 76—87 页。

颉茂华、王瑾、刘冬梅：《环境规制、技术创新与企业经营绩效》，《南开管理评论》2014 年第 17（6）期，第 106—113 页。

景维民、张璐：《环境管制、对外开放与中国工业的绿色技术进步》，《经济研究》2014 年第 49（9）期，第 34—47 页。

阚大学、罗良文：《我国城市化对能源强度的影响——基于空间计量经济学的分析》，《当代财经》2010 年第 3 期，第 83—88 页。

蓝庆新、彭一然、冯科：《城市生态文明建设评价指标体系构建及评价方法研究——基于北上广深四城市的实证分析》，《财经问题研究》2013 年第 9 期，第 98—106 页。

黎文靖、郑曼妮：《空气污染的治理机制及其作用效果——来自地级市的经验数据》，《中国工业经济》2016 年第 4 期，第 93—109 页。

李斌、彭星、陈柱华：《环境规制、FDI 与中国治污技术创新——基于省级动态面板数据的分析》，《财经研究》2011 年第 37 （10） 期，第 92—102 页。

李斌、赵新华：《经济结构、技术进步与环境污染——基于中国工业行业数据的分析》，《财经研究》2011 年第 37 （4） 期，第 112—122 页。

李东方、杨柳青青：《我国城市生态效率的空间关联与空间溢出效应》，《中南民族大学学报》（人文社会科学版）2018 年第 38 （4） 期，第 176—180 页。

李锋、刘旭升、胡聃等：《城市可持续发展评价方法及其应用》，《生态学报》2007 年第 11 期，第 4793—4802 页。

李干杰：《"生态保护红线"——确保国家生态安全的生命线》，《求是》2014 年第 2 期，第 44—46 页。

李钢、董敏杰、沈可挺：《强化环境管制政策对中国经济的影响——基于 CGE 模型的评估》，《中国工业经济》2012 年第 11 期，第 5—17 页。

李健、郭俊岑、苑清敏：《两指数分解下京津冀经济非均衡发展的空间计量分析》，《干旱区资源与环境》2017 年第 12 期，第 20—26 页。

李君：《我国区域发展不平衡的现状分析》，《现代商贸工业》2017 年第 32 期，第 25—26 页。

李兰冰：《中国全要素能源效率评价与解构——基于"管理—环境"双重视角》，《中国工业经济》2012 年第 6 期，第 57—69 页。

李玲、陶锋：《中国制造业最优环境规制强度的选择——基于绿色全要素生产率的视角》，《中国工业经济》2012 年第 5 期，第 70—82 页。

李龙强、李桂丽：《民生视角下的生态文明建设探析》，《中国特色社会主义研究》2016 年第 6 期，第 82—87 页。

李梦洁：《环境规制、行业异质性与就业效应——基于工业行业面板数据的经验分析》，《人口与经济》2016 年第 1 期，第 66—77 页。

李梦洁：《环境污染、政府规制与居民幸福感——基于 CGSS（2008）微观调查数据的经验分析》，《当代经济科学》2015 年第 37（5）期，第 59—68 页。

李梦洁、杜威剑：《产业转移对承接地与转出地的环境影响研究——基于皖江城市带承接产业转移示范区的分析》，《产经评论》2014 年第 5 期，第 38—47 页。

李梦洁、杜威剑：《环境规制与就业的双重红利适用于中国现阶段吗？——基于省际面板数据的经验分析》，《经济科学》2014 年第 4 期，第 14—26 页。

李梦洁、杜威剑：《环境规制与企业出口产品质量：基于制度环境与出口持续期的分析》，《研究与发展管理》2018 年第 30（3）期，第 111—120 页。

李梦洁、杜威剑：《空气污染对居民健康的影响及群体差异研究——基于 CFPS（2012）微观调查数据的经验分析》，《经济评论》2018 年第 3 期，第 142—154 页。

李鹏：《产业结构调整恶化了我国的环境污染吗？》，《经济问题探索》2015 年第 6 期，第 150—156 页。

李平星、陈雯、高金龙：《江苏省生态文明建设水平指标体系构建与评估》，《生态学杂志》2015 年第 34（1）期，第 295—302 页。

李茜、胡昊、李名升等：《中国生态文明综合评价及环境、经济与社会协调发展研究》，《资源科学》2015 年第 37（7）期，第 1444—1454 页。

李强：《环境规制与产业结构调整——基于 Baumol 模型的理论分析与实证研究》，《经济评论》2013 年第 5 期，第 100—108 页。

李勤、赵凌宇、周婷婷：《苏州重要生态功能保护区优化调整分析及对策探讨》，《环境科学与管理》2013 年第 38（6）期，第 93—97 页。

李珊珊：《环境规制对异质性劳动力就业的影响——基于省级动态面板数据的分析》，《中国人口·资源与环境》2015 年第 25（8）期，第 135—143 页。

李胜兰、初善冰、申晨：《地方政府竞争、环境规制与区域生态效率》，《世界经济》2014 年第 4 期，第 88—110 页。

李树、陈刚：《环境管制与生产率增长——以 APPCL 2000 的修订为例》，《经济研究》2013 年第 1 期，第 17—31 页。

李顺毅：《绿色发展与居民幸福感——基于中国综合社会调查数据的实证分析》，《财贸研究》2017 年第 1 期，第 1—12 页。

李小平、卢现祥、陶小琴：《环境规制强度是否影响了中国工业行业的贸易比较优势》，《世界经济》2012 年第 4 期，第 62—78 页。

李笑诺、施晓清、王成新等：《烟台生态城市建设指标体系构建与评价》，《生态科学》2012 年第 31（2）期，第 206—213 页。

李效顺、曲福田、郭忠兴、蒋冬梅、潘元庆、陈兴雷：《城乡建设用地变化的脱钩研究》，《中国人口·资源与环境》2008 年第 5 期，第 179—184 页。

李欣、曹建华：《环境规制的污染治理效应：研究述评》，《技术经济》2018 年第 37（6）期，第 83—92 页。

李欣、杨朝远、曹建华：《网络舆论有助于缓解雾霾污染吗？——兼论雾霾污染的空间溢出效应》，《经济学动态》2017 年第 6 期，第 45—57 页。

李永友、沈坤荣：《辖区间竞争、策略性财政政策与 FDI 增长绩效的区域特征》，《经济研究》2008 年第 5 期，第 58—69 页。

李永友、文云飞：《中国排污权交易政策有效性研究——基于自然实验的实证分析》，《经济学家》2016 年第 5 期，第 19—28 页。

李争、朱青、花明等：《基于 PSR 模型的江西省生态文明建设评价》，《贵州农业科学》2014 年第 42（12）期，第 249—252＋258 页。

李忠民、庆东瑞：《经济增长与二氧化碳脱钩实证研究——以山西省为例》，《福建论坛》（人文社会科学版）2010 年第 2 期，第 67—72 页。

李宗杰、杨彩红、马瑞等：《会宁县退耕还林还草工程实施后植被状况调查》，《水土保持通报》2014 年第 34（1）期，第 214—219 页。

连玉君、黎文素、黄必红：《子女外出务工对父母健康和生活满意度影响研究》，《经济学》（季刊）2014 年第 1 期，第 185—202 页。

廖明球：《基于"节能减排"的投入产出模型研究》，《中国工业经济》2011 年第 7 期，第 26—34 页。

林伯强、黄光晓：《梯度发展模式下中国区域碳排放的演化趋势——

基于空间分析的视角》,《金融研究》2011年第12期,第35—46页。

林伯强、蒋竺均:《中国二氧化碳的环境库兹涅茨曲线预测及影响因素分析》,《管理世界》2009年第4期,第27—36页。

林伯强、刘希颖:《中国城市化阶段的碳排放:影响因素和减排策略》,《经济研究》2010年第8期,第66—78页。

林慧琦、王文意、郑晶:《重点生态区位商品林赎买的投融资模式研究——以福建省为例》,《中国林业经济》2018年第3期,第1—5+16页。

林立强、楼国强:《外资企业环境绩效的探讨——以上海市为例》,《经济学》(季刊)2014年第4期,第515—536页。

林震、双志敏:《省会城市生态文明建设评价指标体系比较研究——以贵阳市、杭州市和南京市为例》,《北京航空航大大学学报》(社会科学版)2014年第27(5)期,第22—28页。

蔺雪春:《通往生态文明之路:中国生态城市建设与绿色发展》,《当代世界与社会主义》2013年第2期,第32—36页。

刘长生、简玉峰、陈华:《中国不同省份自然资源禀赋差异对经济增长的影响》,《资源科学》2009年第31(6)期,第1051—1060页。

刘春腊、刘卫东、陆大道等:《2004—2011年中国省域生态补偿差异分析》,《地理学报》2015年第70(12)期,第1897—1910页。

刘航、赵景峰、吴航:《中国环境污染密集型产业脱钩的异质性及产业转型》,《中国人口·资源与环境》2012年第22(4)期,第150—155页。

刘华军、刘传明、杨骞:《环境污染的空间溢出及其来源——基于网络分析视角的实证研究》,《经济学家》2015年第10期,第28—35页。

刘江宜、余瑞祥:《西部地区生态资本、人力资本、金融资本比较评价》,《云南财贸学院学报》2004年第20(6)期,第96—100页。

刘洁、李文:《中国环境污染与地方政府税收竞争——基于空间面板数据模型的分析》,《中国人口·资源与环境》2013年第23(4)期,第81—88页。

刘凯、任建兰、穆学英、陈延斌:《中国地级以上城市绿色化水平测度与空间格局》,《经济问题探索》2017年第11期,第77—83页。

刘晔、张训常:《碳排放交易制度与企业研发创新——基于三重差分模型的实证研究》,《经济科学》2017 年第 3 期,第 102—114 页。

刘竹、耿涌、薛冰、董会娟、韩昊男:《基于"脱钩"模式的低碳城市评价》,《中国人口·资源与环境》2011 年第 21（4）期,第 19—24 页。

刘钻石、张娟:《国际贸易对发展中国家环境污染影响的动态模型分析》,《经济科学》2011 年第 3 期,第 79—92 页。

龙冬平、李同昇、苗园园等:《中国农业现代化发展水平空间分异及类型》,《地理学报》2014 年第 69（2）期,第 213—226 页。

卢洪友、祁毓:《环境质量、公共服务与国民健康——基于跨国（地区）数据的分析》,《财经研究》2013 年第 39（6）期,第 106—118 页。

陆杰华、孙晓琳:《环境污染对我国居民幸福感的影响机理探析》,《江苏行政学院学报》2017 年第 94（4）期,第 51—58 页。

陆天静:《环境行政处罚裁量基准的监督制约》,《环境保护》2011 年第 14 期,第 53—55 页。

陆旸:《环境规制影响了污染密集型商品的贸易比较优势吗?》,《经济研究》2009 年第 4 期,第 28—40 页。

陆旸:《中国的绿色政策与就业:存在双重红利吗?》,《经济研究》2011 年第 7 期,第 42—54 页。

陆钟武、王鹤鸣、岳强:《脱钩指数:资源消耗、废物排放与经济增长的定量表达》,《资源科学》2011 年第 33（1）期,第 2—9 页。

吕彬、杨建新:《生态效率方法研究进展与应用》,《生态学报》2006 年第 11 期,第 3898—3906 页。

吕冰洋、郭庆旺:《中国税收高速增长的源泉:税收能力和税收努力框架下的解释》,《中国社会科学》2011 年第 2 期,第 76—90 页。

罗知、李浩然:《"大气十条"政策的实施对空气质量的影响》,《中国工业经济》2018 年第 9 期,第 136—154 页。

马道明:《生态文明城市构建路径与评价体系研究》,《城市发展研究》2009 年第 16（10）期,第 80—85 页。

马文斌、杨莉华、文传浩:《生态文明示范区评价指标体系及其测度》,《统计与决策》2012 年第 6 期,第 39—42 页。

马晓君、李煜东、王常欣等:《约束条件下中国循环经济发展中的生态效率——基于优化的超效率 SBM – Malmquist – Tobit 模型》，《中国环境科学》2018 年第 38（9）期，第 3584—3593 页。

毛建素、曾润、杜艳春、姜畔：《中国工业行业的生态效率》，《环境科学》2010 年第 31（11）期，第 2788—2794 页。

毛其淋：《西部大开发有助于缩小西部地区的收入不平等吗——基于双倍差分法的经验研究》，《财经科学》2011 年第 9 期，第 94—103 页。

毛显强、钟瑜、张胜：《生态补偿的理论探讨》，《中国人口·资源与环境》2002 年第 12（4）期，第 38—41 页。

苗艳青、陈文晶：《空气污染和健康需求：Grossman 模型的应用》，《世界经济》2010 年第 6 期，第 140—160 页。

穆怀中、范洪敏：《环境规制对农民工就业的门槛效应研究》，《经济学动态》2016 年第 10 期，第 4—14 页。

聂辉华、贾瑞雪：《中国制造业企业生产率与资源误置》，《世界经济》2011 年第 7 期，第 27—42 页。

潘慧峰、王鑫、张书宇：《雾霾污染的持续性及空间溢出效应分析——来自京津冀地区的证据》，《中国软科学》2015 年第 12 期，第 134—143 页。

潘家华、张丽峰：《我国碳生产率区域差异性研究》，《中国工业经济》2011 年第 5 期，第 47—57 页。

潘杰、雷晓燕、刘国恩：《医疗保险促进健康吗？——基于中国城镇居民基本医疗保险的实证分析》，《经济研究》2013 年第 4 期，第 130—142 + 156 页。

潘胜强、马超群：《城市基础设施发展水平评价指标体系》，《系统工程》2007 年第 25（7）期，第 88—91 页。

彭可茂、席利卿、雷玉桃：《中国工业的污染避难所区域效应——基于 2002—2012 年工业总体与特定产业的测度与验证》，《中国工业经济》2013 年第 10 期，第 44—56 页。

彭水军、刘安平：《中国对外贸易的环境影响效应：基于环境投入—产出模型的经验研究》，《世界经济》2010 年第 33（5）期，第 140—160 页。

戚伟、刘盛和、赵美风：《"胡焕庸线"的稳定性及其两侧人口集疏模式差异》，《地理学报》2015 年第 70（4）期，第 551—566 页。

戚学祥：《我国环境治理的现实困境与突破路径——基于中央与地方关系的视角》，《党政研究》2017 年第 6 期，第 115—121 页。

齐亚伟、陶长琪：《我国区域环境全要素生产率增长的测度与分解——基于 Global Malmquist – Luenberger 指数》，《上海经济研究》2012 年第 24（10）期，第 3—13 + 36 页。

祁毓、卢洪友：《污染、健康与不平等——跨越"环境健康贫困"陷阱》，《管理世界》2015 年第 9 期，第 32—51 页。

祁毓、卢洪友、张宁川：《环境规制能实现"降污"和"增效"的双赢吗？——来自环保重点城市"达标"与"非达标"准实验的证据》，《财贸经济》2016 年第 37（9）期，第 126—143 页。

钱龙：《中国城市绿色经济效率测度及影响因素的空间计量研究》，《经济问题探索》2018 年第 8 期，第 160—170 页。

钱敏蕾、李响、徐艺扬等：《特大型城市生态文明建设评价指标体系构建——以上海市为例》，《复旦学报》（自然科学版）2015 年第 54（4）期，第 389—397 页。

钱再见、金太军：《公共政策执行主体与公共政策执行"中梗阻"现象》，《中国行政管理》2002 年第 2 期，第 56—57 页。

钱争鸣、刘晓晨：《中国绿色经济效率的区域差异与影响因素分析》，《中国人口·资源与环境》2013 年第 7 期，第 104—109 页。

乔丽霞、王斌、张琪：《基于基尼系数对中国区域环境公平的研究》，《统计与决策》2016 年第 8 期，第 27—31 页。

乔艳丽、王振兴、王烨：《全排列多边形图示指标法区域能效评价》，《煤气与热力》2015 年第 35（4）期，第 24—29 页。

秦昌波、王金南、葛察忠等：《征收环境税对经济和污染排放的影响》，《中国人口·资源与环境》2015 年第 25（1）期，第 17—23 页。

秦江波、孙永波、张德江：《中国能源可持续发展模式研究》，《学术交流》2015 年第 250（1）期，第 136—140 页。

秦伟山、张义丰、袁境：《生态文明城市评价指标体系与水平测度》，《资源科学》2013 年第 35（8）期，第 1677—1684 页。

邱倩、江河：《论重点生态功能区产业准入负面清单制度的建立》，《环境保护》2016 年第 44（14）期，第 41—44 页。

屈小娥：《中国工业行业环境技术效率研究》，《经济学家》2014 年第 7 期，第 55—65 页。

任海军、姚银环：《资源依赖视角下环境规制对生态效率的影响分析——基于 SBM 超效率模型》，《软科学》2016 年第 30（6）期，第 35—38 页。

任力、黄崇杰：《国内外环境规制对中国出口贸易的影响》，《世界经济》2015 年第 5 期，第 59—80 页。

申晨、贾妮莎、李炫榆：《环境规制与工业绿色全要素生产率——基于命令控制型与市场激励型规制工具的实证分析》，《研究与发展管理》2017 年第 29（2）期，第 144—154 页。

沈坤荣、金刚、方娴：《环境规制引起了污染就近转移吗?》，《经济研究》2017 年第 5 期，第 44—59 页。

盛斌、马涛：《中国工业部门垂直专业化与国内技术含量的关系研究》，《世界经济研究》2008 年第 8 期，第 61—67 页。

盛丹、张慧玲：《环境管制与我国的出口产品质量省级——基于两控区政策的考察》，《财贸经济》2017 年第 38（8）期，第 80—97 页。

施炳展：《中国企业出口产品质量异质性：测度与事实》，《经济学》（季刊）2013 年第 1 期，第 263—284 页。

施炳展、邵文波：《中国企业出口产品质量测算及其决定因素——培育出口竞争新优势的微观视角》，《管理世界》2014 年第 9 期，第 90—106 页。

施美程、王勇：《环境规制差异、行业特征与就业动态》，《南方经济》2016 年第 7 期，第 48—62 页。

石庆玲、郭峰、陈诗一：《雾霾治理中的"政治性蓝天"——来自中国地方"两会"的证据》，《中国工业经济》2016 年第 5 期，第 40—56 页。

史贝贝、冯晨、张妍等：《环境规制红利的边际递增效应》，《中国工业经济》2017 年第 12 期，第 40—58 页。

史丹、王俊杰：《基于生态足迹的中国生态压力与生态效率测度与评价》，《中国工业经济》2016 年第 338（5）期，第 5—21 页。

史亚东：《城市化与能源强度的非线性关系研究——采用跨国数据的

门限效应分析》,《西部论坛》2015 年第 25 (3) 期,第 91—99 页。

史亚东:《各国二氧化碳排放责任的实证分析》,《统计研究》2012 年第 29 (7) 期,第 61—67 页。

史宇鹏、周黎安:《地区放权与经济效率:以计划单列为例》,《经济研究》2007 年第 1 期,第 17—28 页。

舒小林、高应蓓、张元霞等:《旅游产业与生态文明城市耦合关系及协调发展研究》,《中国人口·资源与环境》2015 年第 25 (3) 期,第 82—90 页。

宋马林、王舒鸿:《环境规制、技术进步与经济增长》,《经济研究》2013 年第 3 期,第 122—134 页。

宋文飞、李国平、韩先锋:《价值链视角下环境规制对 R&D 创新效率的异质门槛效应——基于工业 33 个行业 2004—2011 年的面板数据分析》,《财经研究》2014 年第 40 (1) 期,第 93—104 页。

孙军、高彦彦:《技术进步、环境污染及其困境摆脱研究》,《经济学家》2014 年第 8 期,第 52—58 页。

孙坤鑫:《机动车排放标准的雾霾治理效果研究——基于断点回归设计的分析》,《软科学》2017 年第 31 (11) 期,第 93—97 页。

孙坤鑫、钟茂初:《环境规制、产业结构优化与城市空气质量》,《中南财经政法大学学报》2017 年第 6 期,第 63—72 + 159 页。

孙伟:《经济发达地区水环境约束分区与产业准入研究——以无锡市区为例》,《长江流域资源与环境》2011 年第 7 期,第 879—885 页。

孙晓、刘旭升、李锋等:《中国不同规模城市可持续发展综合评价》,《生态学报》2016 年第 36 (17) 期,第 5590—5600 页。

孙新章、王兰英、姜艺等:《以全球视野推进生态文明建设》,《中国人口·资源与环境》2013 年第 23 (7) 期,第 9—12 页。

孙学敏、王杰:《环境规制对中国企业规模分布的影响》,《中国工业经济》2014 年第 12 期,第 44—56 页。

孙耀华、李忠民:《中国各省区经济发展与碳排放脱钩关系研究》,《中国人口·资源与环境》2011 年第 21 (5) 期,第 87—92 页。

孙钰、王坤岩、姚晓东:《城市公共基础设施环境效益研究》,《中国人口·资源与环境》2015 年第 25 (4) 期,第 92—100 页。

覃成林、熊雪如：《我国制造业产业转移动态演变及特征分析：基于相对净流量指标的测度》，《产业经济研究》2013 年第 1 期，第 12—21 页。

汤韵、梁若冰：《两控区政策与二氧化硫减排——基于倍差法的经验研究》，《山西财经大学学报》2012 年第 34（6）期，第 9—16 页。

陶然、陆曦、苏福兵等：《地区竞争格局演变下的中国转轨：财政激励和发展模式反思》，《经济研究》2009 年第 7 期，第 21—33 页。

涂正革、谌仁俊：《排污权交易机制在中国能否实现波特效应?》，《经济研究》2015 年第 7 期，第 160—173 页。

汪劲、严厚福：《构建我国环境立法中的按日连续处罚制——以〈水污染防治法〉的修改为例》，《法学》2007 年第 12 期，第 18—27 页。

王班班、齐绍洲：《市场型和命令型政策工具的节能减排技术创新效应——基于中国工业行业专利数据的实证》，《中国工业经济》2016 年第 6 期，第 91—108 页。

王兵、吴延瑞、颜鹏飞：《环境管制与全要素生产率增长：APEC 的实证研究》，《经济研究》2008 年第 5 期，第 19—32 页。

王兵、吴延瑞、颜鹏飞：《中国区域环境效率与环境全要素生产率增长》，《经济研究》2010 年第 45（5）期，第 95—109 页。

王菲、董锁成、毛琦梁、黄永斌、李俊：《宁蒙沿黄地带产业结构的环境污染特征演变分析》，《资源科学》2014 年第 36（3）期，第 620—631 页。

王海滨、邱化娇、程序等：《实现生态服务价值的新视角（一）——生态服务的资本属性与生态资本概念》，《生态经济》2008 年第 6 期，第 44—48 页。

王海滨、邱化蛟、程序、齐晔、朱万斌：《实现生态服务价值的新视角（三）——生态资本运营的理论框架与应用》，《生态经济》2008 年第 8 期，第 36—40 页。

王佳赫：《地方政府"环保财政"效率评价实证研究》，《财经理论研究》2014 年第 3 期，第 48—55 页。

王家贵：《试论"生态文明城市"建设及其评估指标体系》，《城市发展研究》2012 年第 19（9）期，第 138—140 页。

王杰：《中国城市生态文明建设的问题及出路》，《郑州大学学报》（哲学社会科学版）2015年第2期，第76—80页。

王杰、刘斌：《环境规制与企业全要素生产率——基于中国工业企业数据的经验分析》，《中国工业经济》2014年第3期，第44—56页。

王杰、刘斌：《环境规制与企业生产率：出口目的地真的很重要吗?》，《财经论丛》2015年第192（3）期，第98—104页。

王杰、刘斌：《环境规制与中国企业出口表现》，《世界经济文汇》2016年第1期，第68—86页。

王杰、孙学敏：《环境规制对中国企业生产率分布的影响研究》，《当代经济科学》2015年第37（3）期，第63—70页。

王金南、逯元堂、周劲松等：《基于GDP的中国资源环境基尼系数分析》，《中国环境科学》2006年第1期，第111—115页。

王俊霞、王晓峰：《基于生态城市的城市化与生态文明建设协调发展评价研究——以西安市为例》，《资源开发与市场》2011年第27（8）期，第709—712页。

王蕾、魏后凯：《中国城镇化对能源消费影响的实证研究》，《资源科学》2014年第36（6）期，第1235—1243页。

王青、赵景兰、包艳龙：《产业结构与环境污染关系的实证分析——基于1995—2009年的数据》，《南京社会科学》2012年第3期，第14—19页。

王秋贤、高志强、宁吉才：《基于公平的中国省域碳排放差异模型构建探讨——以中国2010年碳排放为例》，《资源科学》2014年第36（5）期，第998—1004页。

王如松：《城市生态文明的科学内涵与建设指标》，《前进论坛》2010年第10期，第53—54页。

王书斌、徐盈之：《环境规制与雾霾脱钩效应——基于企业投资偏好的视角》，《中国工业经济》2015年第4期，第18—30页。

王书明、蔡萌萌：《基于新制度经济学视角的"河长制"评析》，《中国人口·资源与环境》2011年第21（9）期，第8—13页。

王晓岭、武春友、赵奥：《中国城市化与能源强度关系的交互动态响应分析》，《中国人口·资源与环境》2012年第22（5）期，第147—

152 页。

王垚、年猛、王春华：《产业结构、最优规模与中国城市化路径选择》，《经济学》（季刊）2017 年第 16（2）期，第 441—462 页。

王勇、施美程、李建民：《环境规制对就业的影响——基于中国工业行业面板数据的分析》，《中国人口科学》2013 年第 3 期，第 54—64 页。

魏楚、沈满洪：《能源效率及其影响因素：基于 DEA 的实证分析》，《管理世界》2007 年第 167（8）期，第 66—76 页。

巫强、周波：《绝对收入、相对收入与伊斯特林悖论：基于 CGSS 的实证研究》，《南开经济研究》2017 年第 4 期，第 41—58 页。

吴丹：《中国经济发展与水资源利用脱钩态势评价与展望》，《自然资源学报》2014 年第 29（1）期，第 46—54 页。

吴明琴、周诗敏、陈家昌：《环境规制与经济增长可以双赢吗？——基于我国"两控区"的实证研究》，《当代经济科学》2016 年第 38（6）期，第 44—54 页。

吴琼、王如松、李宏卿等：《生态城市指标体系与评价方法》，《生态学报》2005 年第 8 期，第 2090—2095 页。

吴悦颖、李云生、刘伟江：《基于公平性的水污染物总量分配评估方法研究》，《环境科学研究》2006 年第 2 期，第 66—70 页。

武康平、童健、储成君：《环境质量对居民幸福感的影响——从追求健康水平的消费动机出发》，《技术经济》2015 年第 34（6）期，第 95—105 页。

席鹏辉、梁若冰：《空气污染对地方环保投入的影响——基于多断点回归设计》，《统计研究》2015 年第 32（9）期，第 76—83 页。

夏勇：《脱钩与追赶：中国城市绿色发展路径研究》，《财经研究》2017 年第 43（9）期，第 122—133 页。

夏勇、钟茂初：《环境规制能促进经济增长与环境污染脱钩吗？——基于中国 271 个地级城市的工业 SO_2 排放数据的实证分析》，《商业经济与管理》2016 年第 11 期，第 69—78 页。

向堃、宋德勇：《中国省域 PM2.5 污染的空间实证研究》，《中国人口·资源与环境》2015 年第 25（9）期，第 153—159 页。

肖文、王平：《外部规模经济、拥挤效应与城市发展：一个新经济地理学城市模型》,《浙江大学学报》(人文社会科学版) 2011 年第 41 (2) 期,第 94 页。

肖兴志、李少林:《环境规制对产业升级路径的动态影响研究》,《经济理论与经济管理》2013 年第 6 期,第 102—112 页。

徐敏燕、左和平:《集聚效应下环境规制与产业竞争力关系研究——基于"波特假说"的再检验》,《中国工业经济》2013 年第 3 期,第 72—84 页。

徐双明:《基于产权分离的生态产权制度优化研究》,《财经研究》2017 年第 43 (1) 期,第 63—74 页。

徐以祥、梁忠:《论环境罚款数额的确定》,《法学评论》2014 年第 32 (6) 期,第 152—160 页。

徐映梅、夏伦:《中国居民主观幸福感影响因素分析——一个综合分析框架》,《中南财经政法大学学报》2014 年第 2 期,第 12—19 页。

徐志伟:《经济联系、产业结构与"标杆协同"减排效应》,《经济评论》2016 年第 5 期,第 24—37 页。

许海平、钟茂初:《海南省新型城镇化对能源效率影响的实证研究》,《现代城市研究》2017 年第 6 期,第 128—132 页。

许正松、孔凡斌:《经济发展水平、产业结构与环境污染——基于江西省的实证分析》,《当代财经》2014 年第 8 期,第 15—20 页。

闫长平、马延吉:《人类产业活动对湿地环境的影响研究进展》,《湿地科学》2010 年第 8 (1) 期,第 98—104 页。

闫文娟、郭树龙:《中国环境规制如何影响了就业——基于中介效应模型的实证研究》,《财经论丛》2016 年第 10 期,第 105—112 页。

闫文娟、郭树龙、史亚东:《环境规制、产业结构升级与就业效应:线性还是非线性》,《经济科学》2012 年第 6 期,第 23—32 页。

闫文娟、熊艳:《我国环境治污技术的就业效应检验》,《生态经济》2016 年第 32 (4) 期,第 157—161 页。

闫祯、陈潇君:《我国"十三五"能源与环境协同发展策略研究》,《环境与可持续发展》2017 年第 42 (2) 期,第 31—35 页。

严厚福:《环境行政处罚执行难中的司法因素:基于实证的分析》,《中国地质大学学报》(社会科学版) 2011 年第 11 (6) 期,第 25—

30 页。

燕守广、沈渭寿、邹长新等：《重要生态功能区生态补偿研究》，《中国人口·资源与环境》2010 年第 3 期，第 11—14 页。

杨浩哲：《低碳流通：基于脱钩理论的实证研究》，《财贸经济》2012 年第 7 期，第 95—102 页。

杨红娟、张成浩：《环境规制对生态文明建设的有效性研究》，《学术探索》2017 年第 3（3）期，第 64—71 页。

杨继东、章逸然：《空气污染的定价：基于幸福感数据的分析》，《世界经济》2014 年第 12 期，第 162—188 页。

杨继生、徐娟、吴相俊：《经济增长与环境和社会健康成本》，《经济研究》2013 年第 12 期，第 17—29 页。

杨仁发：《产业集聚能否改善中国环境污染》，《中国人口·资源与环境》2015 年第 25（2）期，第 23—29 页。

杨嵘、常烜钰：《西部地区碳排放与经济增长关系的脱钩及驱动因素》，《经济地理》2012 年第 32（12）期，第 34—39 页。

杨万平、袁晓玲：《环境库兹涅茨曲线假说在中国的经验研究》，《长江流域资源与环境》2009 年第 18（8）期，第 704—710 页。

姚昕、刘希颖：《基于增长视角的中国最优碳税研究》，《经济研究》2010 年第 11 期，第 48—58 页。

易如、张世秋、谢旭轩等：《北京市机动车尾号限行和油价上调政策效果比较》，《中国人口·资源与环境》2011 年第 S2 期，第 108—112 页。

尹恒、徐琰超：《地市级地区间基本建设公共支出的相互影响》，《经济研究》2011 年第 7 期，第 55—64 页。

于立宏、贺媛：《能源替代弹性与中国经济结构调整》，《中国工业经济》2013 年第 4 期，第 30—42 页。

余长林、高宏建：《环境管制对中国环境污染的影响——基于隐性经济的视角》，《中国工业经济》2015 年第 7 期，第 21—35 页。

余建辉、李佳洺、张文忠：《中国资源型城市识别与综合类型划分》，《地理学报》2018 年第 73（4）期，第 677—687 页。

原华荣：《中国人口分布的合理性研究》，《地理研究》1993 年第 12（1）期，第 64—69 页。

原毅军、谢荣辉：《产业集聚、技术创新与环境污染的内在联系》，《科学学研究》2015 年第 33（9）期，第 1340—1347 页。

原毅军、谢荣辉：《环境规制的产业结构调整效应研究——基于中国省际面板数据的实证检验》，《中国工业经济》2014 年第 8 期，第 57—69 页。

岳立、李文波：《环境约束下的中国典型城市土地利用效率——基于 DDF – Global Malmquist – Luenberger 指数方法的分析》，《资源科学》2017 年第 39（4）期，第 597—607 页。

臧旭恒、赵明亮：《垂直专业化分工与劳动力市场就业结构——基于中国工业行业面板数据的分析》，《中国工业经济》2011 年第 6 期，第 47—57 页。

张彩云、郭艳青：《污染产业转移能够实现经济和环境双赢吗？——基于环境规制视角的研究》，《财经研究》2015 年第 41（10）期，第 96—108 页。

张彩云、郭艳青：《中国式财政分权、公众参与和环境规制——基于 1997—2011 年中国 30 个省份的实证研究》，《南京审计学院学报》2015 年第 12（6）期，第 13—23 页。

张彩云、张运婷：《碳排放的区际比较及环境不公平——消费者责任角度下的实证分析》，《当代经济科学》2014 年第 36（3）期，第 26—34 页。

张成、蔡万焕、于同申：《区域经济增长与碳生产率——基于收敛及脱钩指数的分析》，《中国工业经济》2013 年第 5 期，第 18—30 页。

张成、陆旸、郭路等：《环境规制强度和生产技术进步》，《经济研究》2011 年第 2 期，第 113—124 页。

张成、于同申：《环境规制会影响产业集中度吗？—— 一个经验研究》，《中国人口·资源与环境》2012 年第 22（3）期，第 98—103 页。

张国兴、张振华、高杨等：《环境规制政策与公共健康——基于环境污染的中介效应检验》，《系统工程理论与实践》2018 年第 38（2）期，第 361—373 页。

张华：《地区间环境规制的策略互动研究——对环境规制非完全执行普遍性的解释》，《中国工业经济》2016 年第 7 期，第 74—90 页。

张华、魏晓平：《绿色悖论抑或倒逼减排——环境规制对碳排放影响的双重效应》，《中国人口·资源与环境》2014 年第 24（9）期，第 21—29 页。

张欢、成金华：《湖北省生态文明评价指标体系与实证评价》，《南京林业大学学报》（人文社会科学版）2013 年第 13（3）期，第 44—53 页。

张欢、成金华、冯银等：《特大型城市生态文明建设评价指标体系及应用——以武汉市为例》，《生态学报》2015 年第 35（2）期，第 547—556 页。

张慧、李智、刘光等：《中国城市湿地研究进展》，《湿地科学》2016 年第 14（1）期，第 103—107 页。

张景奇、孙萍、徐建：《我国城市生态文明建设研究述评》，《经济地理》2014 年第 34（8）期，第 137—142 + 185 页。

张静、夏海勇：《生态文明指标体系的构建与评价方法》，《统计与决策》2009 年第 21 期，第 60—63 页。

张俊：《环境规制是否改善了北京市的空气质量——基于合成控制法的研究》，《财经论丛》2016 年第 6 期，第 104—112 页。

张可、汪东芳、周海燕：《地区间环保投入与污染排放的内生策略互动》，《中国工业经济》2016 年第 2 期，第 68—82 页。

张路路、郑新奇、张春晓等：《基于变权模型的唐山城市脆弱性演变预警分析》，《自然资源学报》2016 年第 31（11）期，第 1858—1870 页。

张鹏、李萍、李文辉：《基于适度人口容量的生态文明城市建设研究——以广东省惠州市为例》，《中国人口·资源与环境》2017 年第 27（8）期，第 159—166 页。

张庆辉、赵捷、朱晋等：《中国城市湿地公园研究现状》，《湿地科学》2013 年第 11（1）期，第 129—135 页。

张文彬、张理芃、张可云：《中国环境规制强度省际竞争形态及其演变——基于两区制空间 Durbin 固定效应模型的分析》，《管理世界》2010 年第 12 期，第 34—44 页。

张文忠：《宜居城市的内涵及评价指标体系探讨》，《城市规划学刊》2007 年第 3 期，第 30—34 页。

张翔、李伦一、柴程森等：《住房增加幸福：是投资属性还是居住属性?》,《金融研究》2015 年第 10 期,第 17—31 页。

张悦、林爱梅:《我国环保投资现状分析及优化对策研究》,《技术经济与管理研究》2015 年第 4 期,第 3—9 页。

张子龙、薛冰、陈兴鹏、李勇进:《中国工业环境效率及其空间差异的收敛性》,《中国人口·资源与环境》2015 年第 25(2)期,第 30—38 页。

章波、黄贤金:《循环经济发展指标体系研究及实证评价》,《中国人口·资源与环境》2005 年第 3 期,第 22—25 页。

章秀琴、张敏新:《环境规制对我国环境敏感性产业出口竞争力影响的实证分析》,《国际贸易问题》2012 年第 5 期,第 128—135 页。

赵东杰:《浅析环境行政处罚中的自由裁量权》,《法制与社会》2012 年第 13 期,第 140—141 页。

赵放、刘秉镰:《行业间生产率联动对中国工业生产率增长的影响——引入经济距离矩阵的空间 GMM 估计》,《数量经济技术经济研究》2012 年第 29(3)期,第 34—48 页。

赵红:《环境规制对产业技术创新的影响》,《产业经济研究》2008 年第 34(3)期,第 35—40 页。

赵连阁、钟搏、王学渊:《工业污染治理投资的地区就业效应研究》,《中国工业经济》2014 年第 5 期,第 70—82 页。

赵敏:《环境规制的经济学理论根源探究》,《经济问题探索》2013 年第 4 期,第 152—155 页。

赵兴国、潘玉君、赵波、和瑞芳、刘树芬、杨小燕、李会仙:《区域资源环境与经济发展关系的时空分析》,《地理科学进展》2011 年第 30(6)期,第 706—714 页。

赵玉民、朱方明、贺立龙:《环境规制的界定、分类与演进研究》,《中国人口·资源与环境》2009 年第 19(6)期,第 85—90 页。

郑佳佳:《区际 CO_2 排放不平等性及与收入差距的关系研究——基于中国省际数据的分析》,《科学学研究》2014 年第 32(2)期,第 218—225 页。

郑佳佳:《西部大开发提高了西部地区的碳排放绿色贡献度吗?——基于双倍差分法的经验分析》,《经济经纬》2016 年第 4 期,第 26—

31 页。

郑佳佳：《西部大开发对西部地区碳排放演变的影响》，《西部论坛》2017 年第 27（4）期，第 48—58 页。

郑君君、刘璨、李诚志：《环境污染对中国居民幸福感的影响——基于 CGSS 的实证分析》，《武汉大学学报》（哲学社会科学版）2015 年第 68（4）期，第 66—73 页。

郑思齐、万广华、孙伟增等：《公众诉求与城市环境治理》，《管理世界》2013 年第 6 期，第 72—84 页。

钟茂初：《生态保护区的发展，谁来担其责?》，《生态经济》2005 年第 9 期，第 40—42 页。

钟茂初：《生态功能区保护的科斯机理与策略》，《中国地质大学学报》（社会科学版）2014 年第 14（2）期，第 11—16 页。

钟茂初：《"生态可损耗配额"：生态文明建设的核心机制》，《学术月刊》2014 年第 6 期，第 60—67 页。

钟茂初：《产业绿色化内涵及其发展误区的理论阐释》，《中国地质大学学报》（社会科学版）2015 年第 15（3）期，第 1—8 页。

钟茂初：《协调利益＋扩大内需助力可持续城镇化》，《中国城市报》2015 年 2 月 16 日。

钟茂初：《容量约束下的城市经济—民生—生态承载力研究》，《学习与探索》2016 年第 1 期，第 7—15 页。

钟茂初：《如何表征区域生态承载力与生态环境质量? ——兼论以胡焕庸线生态承载力涵义重新划分东中西部》，《中国地质大学学报》（社会科学版）2016 年第 16（1）期，第 1—9 页。

钟茂初：《经济增长—环境规制从"权衡"转向"制衡"的制度机理》，《中国地质大学学报》（社会科学版）2017 年第 17（3）期，第 64—73 页。

钟茂初：《中国城市生态承载力、生态赤字与发展取向——基于"胡焕庸线"生态涵义对 74 个重点城市的分析》，《天津社会科学》2017 年第 5 期，第 102—109 页。

钟茂初：《以新发展理念推动资源型城市转型》，《国家治理》2018 年第 24 期，第 5—11 页。

钟茂初：《人与自然和谐共生的新发展理念》，《中国社会科学报》2018年1月31日第4版。

钟茂初：《长江经济带生态优先绿色发展的若干问题分析》，《中国地质大学学报》（社会科学版）2018年第6期，第8—22页。

钟茂初、李梦洁：《环保投资的经济—环境—民生综合绩效测算及影响因素研究——基于省际面板数据的分析》，《云南财经大学学报》2015年第5期，第30—39页。

钟茂初、李梦洁、杜威剑：《环境规制能否倒逼产业结构调整——基于中国省际面板数据的实证检验》，《中国人口·资源与环境》2015年第25（8）期，第107—115页。

钟茂初、孙坤鑫：《依据生态承载力重新划分区域》，《中国社会科学报》2017年4月12日第4版。

钟茂初、孙坤鑫：《中国城市生态承载力的相对表征——从胡焕庸线出发》，《地域研究与开发》2018年第5期，第152—157页。

钟茂初、闫文娟：《环境公平问题既有研究述评及研究框架思考》，《中国人口·资源与环境》2012年第22（6）期，第1—6页。

钟晓青、张万明、李萌萌：《基于生态容量的广东省资源环境基尼系数计算与分析——与张音波等商榷》，《生态学报》2008年第28（9）期，第4486—4493页。

仲伟周、孙耀华、庆东瑞：《经济增长、能源消耗与二氧化碳排放脱钩关系研究》，《审计与经济研究》2012年第27（6）期，第99—105页。

周黎安：《我国地方官员的晋升锦标赛模式研究》，《经济研究》2007年第7期，第36—50页。

周绍杰、王洪川、苏杨：《中国人如何能有更高水平的幸福感——基于中国民生指数调查》，《管理世界》2015年第6期，第8—21页。

周伟、曹银贵、乔陆印：《基于全排列多边形图示指标法的西宁市土地集约利用评价》，《中国土地科学》2012年第26（4）期，第84—90页。

周骁然：《论环境罚款数额确定规则的完善》，《中南大学学报》（社会科学版）2017年第23（2）期，第76—84页。

朱德米、周林意：《当代中国环境治理制度框架之转型：危机与应对》，《复旦学报》（社会科学版）2017年第59（3）期，第180—188页。

朱浩、傅强、魏琪：《地方政府环境保护支出效率核算及影响因素实证研究》，《中国人口·资源与环境》2014 年第 24 （6） 期，第 91—96 页。

朱平芳、张征宇、姜国麟：《FDI 与环境规制：基于地方分权视角的实证研究》，《经济研究》2011 年第 6 期，第 3—7 页。

朱小会、陆远权：《开放经济、环保财政支出与污染治理——来自中国省级与行业面板数据的经验证据》，《中国人口·资源与环境》2017 年第 10 期，第 10—18 页。

朱英明、杨连盛、吕慧君等：《资源短缺、环境损害及其产业集聚效果研究——基于 21 世纪我国省级工业集聚的实证分析》，《管理世界》2012 年第 11 期，第 28—44 页。

朱玉林、李明杰、刘旖：《基于灰色关联度的城市生态文明程度综合评价——以长株潭城市群为例》，《中南林业科技大学学报》（社会科学版）2010 年第 4 （5） 期，第 77—80 页。

诸大建、朱远：《生态效率与循环经济》，《复旦学报》（社会科学版）2005 年第 2 期，第 60—66 页。

论文

户艳领：《区域土地综合承载力评价及应用研究》，中国地质大学博士学位论文，2014 年。

黄志红：《长江中游城市群生态文明建设评价研究》，中国地质大学博士学位论文，2016 年。

李红利：《中国地方政府环境规制的难题及对策机制分析》，华东师范大学博士学位论文，2008 年。

李梦洁：《环境规制的民生效应研究》，南开大学博士学位论文，2016 年。

李悦：《基于我国资源环境问题区域差异的生态文明评价指标体系研究》，中国地质大学博士学位论文，2015 年。

孙坤鑫：《环境规制、产业特征与环境效率》，南开大学博士学位论文，2018 年。

王奎峰：《山东半岛资源环境承载力综合评价与区划》，中国矿业大学博士学位论文，2015 年。

魏超：《长三角沿海八市区域承载力评价与预测方法研究》，华东师范大学博士学位论文，2015 年。

夏勇：《经济增长与环境污染脱钩的理论与实证研究》，南开大学博士学位论文，2017 年。

许国成：《西部地区城市生态文明评价及发展研究》，中国地质大学博士学位论文，2018 年。

杨帆：《生态文明视野下的中国城市化发展研究》，西南财经大学博士学位论文，2013 年。

张璇：《区域低碳经济差异化发展》，福建师范大学硕士学位论文，2015 年。

郑佳佳：《区际碳排放差异性问题研究》，南开大学博士学位论文，2014 年。

邹蔚然：《中国工业污染排放的空间特征研究》，南开大学博士学位论文，2018 年。

外文

Alesina A. , Tella R. D. , Macculloch R. Inequality and Happiness：Are Europeans and Americans Different? . Journal of Public Economics, 2001, 88 (9)：2009 – 2042.

Almond D. , Chen Y. , Greenstone M. , et al. Winter Heating or Clean Air? Unintended Impacts of China's Huai River Policy. American Economic Review, 2009, 99 (2)：184 – 190.

Alpay E. , Kerkvliet J. , Buccola S. Productivity Growth and Environmental Regulation in Mexican and US Food Manufacturing . American Journal of Agricultural Economics, 2002, 84 (4)：887 – 901.

Antweiler W. , Copeland B. R. , Taylor M. S. Is Free Trade Good for the Environment? . American Economic Review, 2001, 91 (4)：877 – 908.

Barbera A. J. , McConnell V. D. The Impact of Environmental Regulations on Industry Productivity：Direct and Indirect Effects. Journal of Environmental Economics and Management, 1990, 18 (1)：50 – 65.

Barnett A. G. , Knibbs L. D. Higher Fuel Prices Are Associated with Lower Air Pollution Levels. Environment International, 2014, 66 (2): 88 –91.

Becker R. A. Local Environmental Regulation and Plant – Level Productivity. Ecological Economics, 2010, 70 (12): 2516 –2522.

Berman E. , Bui L. T. M. Environmental Regulation and Labor Demand: Evidence from the South Coast Air Basin. Journal of Public Economics, 1997, 79 (2): 265 –295.

Bouvier R. Distribution of Income and Toxic Emissions in Maine, United States: Inequality in Wwo Dimensions. Ecological Economics, 2014, 102 (2): 39 –47.

Brajer V. , Mead R. W. , Xiao F. Searching for an Environmental Kuznets Curve inChina's air Pollution. China Economic Review, 2011, 22 (3): 383 –397.

Broberg T. , Marklund P. , Samakovlis E. , et al. Testing the Porter Hypothesis: The Effects of Environmental Investments on Efficiency in Swedish Industry. Journal of Productivity Analysis, 2013, 40 (1): 43 –56.

Cagatay S. , Mihci H. Degree of Environmental Stringency and the Impact on Trade Patterns. Journal of Economic Studies, 2006, 33 (1): 30 –51.

Cahuc P. Labor Economics. Cambridge: MIT Press, 2004.

Cameron A. C. , Trivedi P. K. Microeconometrics: Methods and Applications. Cambridge: Cambridge University Press, 2005.

Caneghem J. V. , Block C. , Cramm P. , et al. Improving Eco – efficiency in the Steel Industry: The ArcelorMittal Gent Case. Journal of Cleaner Production, 2010, 18 (8): 807 –814.

Chambers R. G. , Chung Y. , Färe R. Benefit and Distance Functions. Journal of Economic Theory, 1996, 70 (2): 407 –419.

Chen Y. , Jin G. Z. , Kumar N. , et al. The Promise of Beijing: Evaluating the Impact of the 2008 Olympic Games on Air Quality. Journal of Environmental Economics & Management, 2013, 66 (3): 424 –443.

Clarke – Sather A. , Qu J. S. , Wang Q. , et al. Carbon Inequality at the

Sub – national Scale: A Case Study of Provincial – level Inequality in CO_2 Emissions in China 1997 – 2007. Energy Policy, 2011, 39 (9): 5420 – 5428.

Coase R. H. The Problem of Social Cost. Journal of Law and Economics, 1960 (3): 1 – 44.

Cole M. A. , Elliott R. J. R. Determining the Trade – environment Composition Effect: The Role of Capital, Labor and Environment regulation. Journal of Environmental Economicssunyao & Management, 2003, 46 (3): 363 – 383.

Conley T. G. , Dupor B. A. Spatial Analysis of Sectoral Complementarity. Social Science Electronic Publishing, 2003, 111 (2): 311 – 352.

Copeland B. R. North – South Trade and the Environment. Quarterly Journal of Economics, 1994, 109 (3): 755 – 787.

Costanza et al. The Value of the World's Ecosystem Services and Natural Capital. Nature, 1997 (387): 253 – 260.

Currie J. , Neidell M. , Schmieder J. F. Air Pollution and Infant Health: Lessons from New Jersey. Journal of Health Economics, 2009, 28 (3): 688 – 703.

Davis L. W. The Effect of Driving Restrictions on Air Quality in Mexico City. Journal of Political Economy, 2008, 116 (1): 38 – 81.

Deily M. E. , Gray W. B. Enforcement of Pollution Regulations in a Declining Industry. Journal of Environmental Economics and Management, 1991, 21 (3): 260 – 274.

Demsetz H. Perspectives on Positive Political Economy: Amenity Potential, Indivisibilities, and Political Competition. New York: Cabridge University Press, 1990.

Derwall J. , Guenster N. , Bauer R. , et al. The Eco – efficiency Premium puzzle. Financial Analysts Journal, 2006, 61 (2): 51 – 63.

Drake D. F. , Just R. L. Ignore, Avoid, Abandon, and Embrace: What Drives Firm Responses to Environmental Regulation? . Environmentally Responsible Supply Chains, 2016 (3): 199 – 222.

Ebenstein A. , Fan M. Y. , Michael G. , et al. Growth, Pollution and Life Expectancy: China from 1991 – 2012. American Economic Review, 2015 (5): 226 – 231.

Ebenstein A. , Fan M. Y. , Michael G. , et al. New Evidence on the Impact of Sustained Exposure to Air Pollution on Life Expectancy from China's Huai River Policy. Proceedings of the National Academy of Sciences of the United States of America, 2017, 114 (39): 10384 – 10389.

Ellison G. , Glaeser E. L. Geographic Concentration in U. S. Manufacturing Industries: A Dartboard Approach. Journal of Political Economy, 1997, 105 (5): 889 – 927.

Felder S. , Schleiniger R. Environmental Tax Reform: Efficiency and Political Feasibility. Ecological Economics, 2002, 42 (1): 107 – 116.

Figge F. , Hahn T. Sustainable Value Added—Measuring Corporate Contributions to Sustainability Beyond Eco – efficiency. Ecological Economics, 2004, 48 (2): 173 – 187.

Fisman, R. , Svensson, J. Are Corruption and Taxation Really Harmful to Growth? Firm Level Evidence. Journal of Development Economics, 2007, 83 (1): 63 – 75.

Gabaix X. , Ibragimov R. Rand – 1/2: A Simple Way to Improve the OLS Estimation of Tail Exponents. Journal of Business and Economic Statistics, 2011, 29 (1): 24 – 39.

Giovanni J. D. , Levchenko A. A. , Ranciere R. Power Laws in firm Size and Openness to Trade: Measurement and Implication. Journal of International Economics, 2011, 85 (1): 42 – 52.

Glaeser E. L. , Kahn M. E. , Rappaport J. Why do the Poor Live in Cities? The Role of Public Transportation. Journal of Urban Economics, 2008, 63 (1): 1 – 24.

Grossman M. On the Concept of Health Capital and the Demand for Health. Journal of Political Economy, 1972, 80 (2): 223 – 255.

Grossman G. M. , Krueger A. B. Economic Growth and the Environment. Quarterly Journal of Economics, 1995, 110 (2): 353 – 337.

Crossman G. M. , Krueger A. B. Environmental Impacts of a North American Free Trade Agreement. Social Science Electronic Publishing, 1992, 8 (2): 223 – 250.

Hadwen I. A. S. , Palmer L. J. Reindeer in Alaska. Washington: US Department of. Agriculture, 1922.

Haggett P. Locational Analysis in Human Geography. London: Edward Arnold, 1965.

Hallak J. C. , Schott P. K. Estimating Cross – Country Differences in Product Quality. Quarterly Journal of Economics, 2008, 126 (1): 417 –474.

Heckman J. Sample Selection Bias as a Specification Error. Econometrica, 1979 (47): 153 – 161.

Heil M. T. , Wodon Q. T. Inequality in CO_2 Emissions Between Poor and Rich Countries. Journal of Environment and Development, 1997 (6): 426 –452.

Hering L. , Poncet S. Environmental Policy and Exports: Evidence from Chinese Cities. Journal of Environmental Economics and Management, 2014, 68 (2): 296 –318.

Islam N. Growth Empirics: A Panel Data Approach. Quarterly Journal of Economics, 1995, 110 (4): 1127 – 1170.

Jaffe A. B. , Palmer K. Environmental Regulation and Innovation: A Panel Data Study. Review of Economics and Statistics, 1997, 79 (4): 610 –619.

Kapp K. W. The Social Costs of Private Enterprise. New York: Schocken Books, 1950.

Knight J. , Song L. , Gunatilaka R. Subjective Well – being and Its Determinants in Rural China. China Economic Review, 2009, 20 (4): 635 –649.

Krugman P. Increasing Returns and Economic Geography. Journal of Political Economy, 1991, 99 (3): 483 –499.

Lanoie P. , Patry M. , Lajeunesse R. Environmental Regulation and Productivity: Testing the Porter Hypothesis. Journal of Productivity Analysis, 2008, 30 (2): 121 – 128.

Levinson A. Environmental Regulations and Manufacturers' Location Choices: Evidence from the Census of Manufactures. Journal of Public Economics, 1996, 62: 5 – 29.

Levinsohn J. , Petrin A. Estimating Production Function Using Inputs to Control for Unobservable. NBER Working Paper, 2003 (7819) .

Levinson Taylor. Unmasking the Pollution Haven Effect . International Economic Review, 2008, 49 (1): 223 –254.

Liao P. S. , Shaw D. , Lin Y. M. Environmental Quality and Life Satisfaction: Subjective Versus Objective Measures of Air Quality. Social Indicators Research, 2015, 124 (2): 599 –616.

Litwak E. , Messeri P. , Wolfe S. , et al. Organizational Theory, Social Supports, and Mortality Rates: A Theoretical Convergence. American Sociological Review, 1989, 54 (1): 49 –66.

Luechinger S. Valuing Air Quality Using the Life Satisfaction Approach. The Economic Journal, 2009 (119): 482 –515.

MacKerron G. , Mourato S. Life Satisfaction and Air Quality in London. Ecological Economics, 2009, 68 (5): 1441 –1453.

Maddison D. Environmental Kuznets Curves: A Spatial Econometric Approach. Journal of Environmental Economics & Management, 2006, 51 (2): 218 –230.

Magat W. A. , Viscusi W. K. Effectiveness of the EPA's Regulatory Enforcement: the Case of Industrial Effluent Standards. Journal of Law & Economics, 1990, 33 (2): 331 –360.

Main M. , Wheeler D. In Search of Pollution Havens? Dirty Industry in the World Econnomy, 1960 to 1995. Journal of Environment & Development, 1998, 7 (3): 215 –247.

Martin P. , Ottaviano G. I. P. Growth and Agglomeration. International Economic Review, 2001, 42 (4): 947 –968.

Millimet D. L. , Sloffje D. An Environmental Paglin – Gini. Applied Economics Letters, 2002, 9 (4): 271 –274.

Miret M. , Caballero F. F. , Chatterji S. , et al. Health and Happiness: Cross – sectional Household Surveys in Finland, Poland and Spain. Bulletin of the World Health Organization, 2014, 92 (10): 716 –725.

Mohr R. D. Technical Change, External Economics and the Porter Hypothesis. Journal of Environmental Economics and Management, 2002, 43 (1): 158 –168.

Morgenstern R. Environmental Taxes: Is There a Double Dividend?. Environment Science & Policy for Sustainable Development, 1996, 38 (3): 16 – 34.

Odum H. T. , Odum E. C. , Blissett M. Ecology and Economy: "Emergy" Analysis and Public Policy in Texas. Texas: The Office of Natural Resource and Texas Department of Agriculture, 1987: 163 – 171.

Olley G. S. , Pakes A. The Dynamics of Productivity in the Telecommunications Equipment Industry. Econometrica, 1996, 64 (6): 1263 – 1297.

Odum E. P. Fundamentals of Ecology: An Introduction. Philadclphia: W. B. Saunders, 1953.

Organization for Economic Co – operation and Development. Indicators to Measure Decoupling of Environment Pressure from Economic Growth. Paris: OECD, 2002.

Park R. E. , Burgess E. W. Introduction to the Science of Sociology. Chicago, Illinois: University of Chicago Press, 1921.

Patuelli R. , Nijkamp P. , Pels E. Environmental Tax Reform and the Double Dividend: A Meta – analytical Performance Assessment. Ecological Economics, 2005, 55 (4): 564 – 583.

Pearce D. The Role of Carbon Taxes in Adjusting to Global Warming. Economic Journal, 1991, 101 (407): 938 – 948.

Plümper T. , Troeger V. E. Efficient Estimation of Time – Invariant and Rarely Changing Variables in Finite Sample Panel Analyses with Unit Fixed Effects. Political Analysis, 2007, 15 (2): 124 – 139.

Porter M. E. , Linde C. Toward a New Conception of the Environment – competitiveness Relationship. Journal of Economc Perspectives, 1995, 9 (4): 97 – 118.

Porter M. E. America's Green Strategy . Scientific American, 1991 (4): 193 – 246.

Polinsky A. M. , Shavell S. The Economic Theory of Public Enforcement of Law. Journal of Economic Literature, 2000, 38 (1): 45 – 76.

Rauschmayer F. , Paavola J. , Wittmer H. European Governance of Natural Resources and Participation in a Multi – level Context: An Editorial. Environmental Policy & Governance, 2010, 19 (3): 141 – 147.

Rees W. E. Ecological Footprints and Appropriated Carrying Capacity: What Urban Economics Leaves Out. Focus, 1992, 6 (2): 121 – 130.

Rehdanz K. , Maddison D. Local Environmental Quality and Life – satisfaction in Germany. Ecological Economics, 2008, 64 (4): 787 – 797.

Romer P. M. Increasing Returns and Long – Run Growth. Journal of Political Economy, 1986, 94 (5): 1002 – 1037.

Ruffing K. G. The Role of the Organization for Economic Cooperation and Development in Environmental Policy Making Review of Environmental Economics and Policy, 2010, 4 (2): 199 – 220.

Seidl I. , Tisdell C. A. Carrying Capacity Reconsidered: From Malthus' Population Theory to Cultural Carrying Capacity. Ecological Economics, 1999, 31 (3): 395 – 408.

Shi X. Z. , Xu Z. F. Environmental Regulation and firm Exports: Evidence from the Eleventh Five – Year Plan in China. Journal of Environmental Economics and Management, 2018 (89): 187 – 200.

Smyth R. , Mishra V. , Qian X. L. The Environment and Well – Being in Urban China . Ecological Economics, 2008 (68): 547 – 555.

Solow R. M. A Contribution to the Theory of Economic Growth. Quarterly Journal of Economics, 1956, 70 (1): 65 – 94.

Sun C. , Kahn M. E. , Zheng S. Q. Self – protection Investment Exacerbates Air Pollution Exposure Inequality in Urban China. Ecological Economics, 2017 (131): 468 – 474.

Tapio P. Towards a Theory of Decoupling: Degree of Decouplingin the EU and the Case of Road Traffic in Finland between 1970 and 2001. Transport Policy, 2005, 12 (2): 137 – 151.

Verhulst P. F. Notice Sur la Loi Que la Population Suit dans Son Accroissement. Correspondence Mathematique et Physique, 1838 (10): 113 – 121.

Welsch H. Preferences over Prosperity and Pollution: Environmental Valuation Based on Happiness Surveys. Kyklos, 2002, 55 (4): 473 – 494.

Withers G. A. Unbalanced Growth and the Demand for Performing Arts:

An Econometric Analysis. Southern Economic Journal, 1980, 46 (3): 735 – 742.

Westman W. How Much are Nature's Services Worth? . Science, 1977: 197.

Wu Y. , Wang R. J. , Zhou Y. , et al. On – Road Vehicle Emission Control in Beijing: Past, Present, and Future. Environmental Science & Technology, 2011, 45 (1): 147 – 53.

Yang M. Z. , Chou S. Y. The Impact of Environmental Regulation on Fetal Health: Evidence from the Shutdown of a Coal – fired Power Plant Located Upwind of New Jersey. Journal of Environmental Economics & Management, 2018 (90): 269 – 293.

Yung En Chee. An Ecological Perspective on the Valuation of Ecosystem Services. Biological Conservation, 2004 (12): 68 – 88.

Zhang B. , Chen X. , Guo H. Does Central Supervision Enhance Local Environmental Enforcement? Quasi – experimental Evidence from China. Journal of Public Economics, 2018, 164: 70 – 90.

Zhang X. B. , Xing L. , Fan S. G. , et al. Resource Abundance and Regional Development in China. Economics of Transition, 2008, 16 (1): 7 – 29.

Zhang X. L. , Kumar A. Evaluating Renewable Energy – based Rural Electrification Program in Western China: Emerging Problems and Possible Scenarios. Renewable & Sustainable Energy Reviews, 2011, 15 (1): 773 – 779.

Zhang X. , Zhang X. B. , Chen X. Happiness in the Air: How does a Dirty Sky Affect Mental Health and Subjective Well – Being. Journal of Environmental Economics and Management, 2017 (85): 81 – 94.

Zheng S. Q. , Kahn M. E. Understanding China's Urban Pollution Dynamics. Journal of Economic Literature, 2013, 51 (3): 731 – 772.

Zipf G. K. Human Behavior and the Principle of Least Effort. Cambridge: Addison – Wealey, 1949.